Optic, Laser, Wellenleiter

Springer
*Berlin*
*Heidelberg*
*New York*
*Barcelona*
*Budapest*
*Hongkong*
*London*
*Mailand*
*Paris*
*Santa Clara*
*Singapur*
*Tokio*

Matt Young

# Optik, Laser, Wellenleiter

Neubearbeitet und übersetzt von
B. Fleck, A. Kießling, R. Kowarschik, H. Rehn, L. Wenke

Mit 286 Abbildungen, zahlreichen Beispielen
und 133 Aufgaben mit vollständigen Lösungen

Springer

Matt Young, Ph. D.
3145 Fremont, Boulder, CO 80304, USA

*Übersetzer:*
Dr. B. Fleck
Dr. A. Kießling
Prof. Dr. R. Kowarschik
Dr. H. Rehn
Prof. Dr. L. Wenke
Institut für Angewandte Optik
Universität Jena
Max-Wien-Platz 1
D-07743 Jena

---

Die vorliegende Übersetzung basiert auf der folgenden englischen Originalausgabe: *Matt Young*, Optics and Lasers, Including Fibers and Optical Wave Guides, Fourth Revised Edition, Second Corrected Printing, ISBN 3-540-55010-0, © Springer Verlag 1993

---

Die Deutsche Bibliothek – CIP-Einheitsaufnahme

**Young, Matt:** Optik, Laser, Wellenleiter: mit zahlreichen Beispielen und 133 Aufgaben mit vollständigen Lösungen / neubearb. und übers. von B. Fleck... – Berlin; Heidelberg; New York; Barcelona; Budapest; Hong Kong; London; Mailand; Paris; Santa Clara; Singapur; Tokio: Springer, 1997.
ISBN-13: 978-3-540-60358-0
Einheitssacht.: Optics and lasers <dt.>
NE: Fleck, B. [Bearb.]

ISBN-13: 978-3-540-60358-0 e-ISBN-13: 978-3-642-60369-3
DOI: 10.1007/978-3-642-60369-3

ISBN-13: 978-3-540-60358-0 4th Ed. Springer-Verlag Berlin Heidelberg New York



Satz: Reproduktionsfertige Vorlage der Übersetzer mit Springer TEX-Makros
Einbandgestaltung: *design & production* GmbH, Heidelberg
SPIN: 10490215 56/3144-543210 – Gedruckt auf säurefreiem Papier

*Meinem Vater,*
*Professor Arthur K. Young,*
*von dem ich noch immer*
*die Kunst des klaren Denkens lerne.*

Und Gott sprach: Es werde Licht! Und es ward Licht.
Und Gott sah, daß das Licht gut war.
Da schied Gott das Licht von der Finsternis.
THORA

Süß ist dem Auge das Licht,
und köstlich ist es, die Sonne zu schauen.
KOHELET

Welch zartes Licht erscheint an jenem Fenster?
Es ist der Morgen, Julia, und du die Sonne!
SHAKESPEARE

Das Licht verwelkt, wo keine Sonne scheint!
DYLAN THOMAS

Trauer tragen die bebenden Schwingen des Morgens.
Und aus des Dunkels Mitte tritt das Licht.
JEAN GIRAUDOUX

Laß uns baden im kristallklaren Lichte!
EDGAR ALLEN POE

...jenen Strom, kristallen-helle,
mündend in das Meer aus Tau.
EUGENE FIELD

Ich sehe ein schwarzes Licht
VICTOR HUGO (seine letzten Worte)

Geh nicht friedlich hinein in dem Abend des Lebens...
Rase, rase gegen das Sterben des Lichts.
DYLAN THOMAS

# Vorwort

In dieser vierten Auflage des Buches „Optics and Lasers“ habe ich Abschnitte über die konfokale Scanningmikroskopie und die Videomikroskopie, über digitale Bildverarbeitung und Kantenantwort sowie über optische Faserverbinder und Flüssigkristalle hinzugefügt. Zusätzlich wurden von mir viele Passagen überarbeitet, um die Klarheit und die Genauigkeit der Darstellung zu verbessern sowie kleinere Fehler hinsichtlich der Zeichensetzung und andere ähnlich geringfügige Details zu korrigieren.

Das Buch enthält nunmehr weit über 100 Aufgaben, die es, so hoffe ich, für die Lehre noch nützlicher machen werden. Wie bereits zuvor werden mit einigen dieser Aufgaben besonders wichtige oder nützliche Resultate abgeleitet. Diese Aufgaben sind deswegen in den Textteil des Buches mit aufgenommen worden. In diesen Fällen habe ich immer das Ergebnis angegeben und dieses oft mit einer Gleichungsnummer versehen bzw. in das Stichwortverzeichnis aufgenommen. Diejenigen, die dieses Buch in der Lehre verwenden wollen, können die Lösungen dieser Aufgaben von mir erhalten, indem sie mir auf Briefpapier mit einem gedruckten Briefkopf schreiben.[1]

Die Optik hat sich in den letzten 30 Jahren seit der Erfindung des Lasers wesentlich verändert. Teilweise wegen der angewandten oder technischen Natur eines Teils der modernen Optik bestand Bedarf nach einem praktischen Text, der das gesamte Feld überdeckt. Solch ein Buch sollte kein Lehrbuch der klassischen Optik sein, sondern stark auf Prinzipien, Anwendungen und gerätetechnische Lösungen ausgerichtet sein. Dies beinhaltet die Lasertechnik, die Holographie und kohärentes Licht, sowie optische Wellenleiter und integrierte Optik. Andererseits sollte es sich nur verhältnismäßig wenig mit solch zugegebenermaßen interessanten Aspekten wie der Entstehung eines Regenbogens oder der genauen Bestimmung der Lichtgeschwindigkeit beschäftigen.

Meine Absicht war es deshalb, ein aktuelles Lehrbuch zu schreiben, das die Angewandte oder Technische Optik unter Einbeziehung von Lasern, der optischen Informationsverarbeitung, optischer Wellenleiter und anderer Gebiete, die als moderne Optik bezeichnet werden können, überdeckt. Ich habe versucht, jedes Thema in einer solchen Tiefe zu behandeln, die einen be-

[1] Anm. der Übersetzer: In der vorliegenden deutschen Ausgabe sind alle Lösungen hinten angegeben.

trächtlichen praktischen Nutzen erlaubt, dabei aber so wenig wie möglich ins mathematische Detail zu gehen. Da ich die Angewandte Optik auf sehr allgemeine Weise betrachtet habe (mit bedeutend mehr Inhalten, als ich es in einem einsemestrigen College-Kurs versuchen würde), sollte dieses Buch ebenfalls ein nützliches Nachschlagewerk für den praktisch arbeitenden Physiker oder Ingenieur sein, der von Zeit zu Zeit mit Optik zu tun hat. Jeder Teil ist für einen einführenden Kurs in Optik für Studenten niedriger Semester geeignet; ebenso ist das Werk insgesamt für Studenten höherer Semester und Physiker in der Praxis mit geringen Optikkenntnissen nützlich.

Dieses Buch basiert auf Vorlesungsmanuskripten für mehrere einsemestrige Vorlesungen, die ich im Rahmen des Elektroingenieurstudiums am Rensselaer Polytechnic Institute und im Physics Department of the University of Waterloo (Canada) hielt, bevor ich Mitarbeiter in der Electromagnetic Technology Division des National Institute of Standards and Technology (NIST) wurde. Die meisten dieser Vorlesungen waren für Studenten des 2. und des 4. Studienjahres ausgelegt, aber ich habe zusätzliches Material aus Vorlesungen für Studenten höherer Semester über Laser und verwandte Gebiete verwendet. Ich habe dieses Buch auch als Lehrbuch für Kurse im Electrical and Computer Engineering Department der University of Colorado und im Electronics Department des Weizmann Institute of Science benutzt. Um dieses Buch einem möglichst breiten Leserkreis zugänglich zu machen, habe ich ebenfalls kurze Übersichten über solche Themen wie die komplexe Exponentialdarstellung, die Überlagerung von Wellen und atomare Energieniveaus eingefügt. Dieses Buch ist mein privates Unternehmen. Es wurde sozusagen in meinem Keller geschrieben und hat keinerlei Bezug zum National Institute of Standards and Technology.

Nahezu alle Literaturhinweise beziehen sich auf Bücher bzw. Übersichtsartikel und sind so gewählt, daßder Leser sich in jedes Gebiet genauer einarbeiten kann. Die Aufgaben sind so gestellt, daßdas Verständnis des Lesers vertieft wird und nutzbare Resultate abgeleitet werden. Bestimmte Teile des Inhalts sind weitgehend beschreibend. Dazu habe ich dann nur vergleichsweise wenige Aufgaben gestellt.

Es ist mir eine überaus große Freude, mich für die unschätzbare Hilfe des ersten Herausgebers dieses Buches, David MacAdam, zu bedanken, dessen Beratung und Hinweise zu einem klareren, lesbareren und vollständigeren Buch führten. Mein früherer Arbeitskollege am Rensselaer Polytechnic Institute, William Jennings, las die ersten Versionen mit großer Sorgfalt, machte exzellente Vorschläge und gelegentlich brachte er mich dazu, die gleichen Abschnitte mehrfach umzuschreiben mit einer sehr heilsamen Wirkung. Helmut Lotsch vom Springer-Verlag hat die Produktion dieses Buches geschickt überwacht und dabei auf dem höchsten Standard bestanden.

Ich möchte ebenfalls meinen früheren Professoren und Kommilitonen am Institute of Optics of the University of Rochester danken. Meine engsten Ratgeber hier waren Michael Hercher und Albert Gold. Freundliche Erinnerungen verbinden sich ebenso mit den Namen Philip Baumeister, Parker Givens und andere. Meine erste Optikvorlesung war Rudolf Kingslakes Einführung in die Optik, und selbst heute noch greife ich gelegentlich auf seine kopierten Vorlesungsskripten zurück.

Ich habe auf dem Gebiet der optischen Nachrichtentechnik mit Fasern mit Unterbrechungen seit 1972 gearbeitet. Die Anzahl der Leute, von denen ich dabei gelernt habe, ist praktisch unzählbar. Dennoch möchte ich besonders meinen früheren Kollegen und Mitherausgebern des Optical Waveguide Communications Glossary danken, insbesondere Robert Gallawa und Gordon Day vom NIST in Boulder. Keiner dieser fähigen Wissenschaftler ließmich je im Stich. Bob Gallawa hat viele gehaltvolle Kommentare bezüglich der Kapitel über optische Wellenleiter geliefert. Ernest Kim bin ich gleichermaßen dankbar für seine kritische Durchsicht der gesamten 3. Auflage. Kevin Malone and Steven Mechels vom NIST lasen das meiste des in diese Auflage neu aufgenommenen Materials und schlugen zahlreiche lohnenswerte Verbesserungen vor.

Schließlich danke ich noch Theodor Tamir, dem Bandherausgeber der 2. Auflage, für Dutzende wertvoller Vorschläge und ebenso meinem Glück, daßich Gastwissenschaftler am Weizmann Institute of Science war. Eine Vorlesung, die ich dort hielt, gab mir den Anstoß, meine Aufgaben zu ordnen, zu editieren und zu vervollständigen und schließlich in dieses Buch einzubeziehen.

Boulder, Colorado<br>August 1991

Matt Young

# Vorwort der deutschen Übersetzer

Dieses Buch wurde von Professor Matt Young als Einführung in die Angewandte und Technische Optik konzipiert, wobei er auf eine ausführliche theoretische Grundlegung zugunsten der Darstellung praktischer Ergebnisse bis hin zu optischen Systemen und Geräten verzichtet. Das Lehrbuch wendet sich vorrangig an Studenten der Natur- und Technikwissenschaften, die sich in die Gebiete der modernen Optik und ihre Anwendungen einarbeiten wollen. Dazu bieten die zalreichen Beispiele und Aufgaben vielfältige Möglichkeiten. Auf Anregung des Verlages wurden die Lösungen der Aufgaben und Beispiele von Prof. Young in die deutsche Ausgabe mit aufgenommen, so daß der Leser seine Kenntnisse überprüfen kann.

Darüber hinaus wendet sich dieses Werk auch an Ingenieure, Techniker und experimentell auf optischem Gebiet arbeitende Wissenschaftler, die sich mit Problemen der geometrischen Optik und der Wellenoptik sowie mit anderen modernen optischen Fragestellungen (Laser, optische Meßtechnik, Holographie, Integrierte Optik, Faseroptik) beschäftigen. Nach wie vor ist die Optik ein Gebiet der Naturwissenschaften, aus dem ständig neue Anwendungsfelder hervorgehen, die unseren Alltag prägen und auch in Zukunft ganz entscheidend beeinflussen werden. Augenfällige Beispiele sind die optische Informationsübertragung und -verarbeitung, das große Gebiet der Lasertechnik, aber auch medizinische Diagnoseverfahren. Ein Anliegen dieses Buches ist es auch, für diese Entwicklungen Interesse und Verständnis zu wecken.

Die Übersetzer haben sich bemüht, dem Stil von Prof. Young, der sich durchaus von dem anderer Lehrbücher unterscheidet, auch bei der Übersetzung ins Deutsche gerecht zu werden. Soweit es erforderlich erschien, haben wir jedoch den Text an die in Deutschland üblichen Notationen und Darstellungsweisen angepaßt.

Herrn Prof. Young sei an dieser Stelle für seine stete Bereitschaft zur Diskussion aller auftretenden Probleme herzlich gedankt.

Unser Dank gilt auch dem Springer-Verlag, insbesondere Herrn Dr. Kölsch, für die gute und flexible Zusammenarbeit. Frau H. Fietze und Herrn D. Wostl gebührt Dank für die Hilfe bei der technischen Erstellung des Manuskriptes.

Jena, im Dezember 1996

*B. Fleck, S. Kießling, R. Kowarschik, H. Rehn, L. Wenke*

# Inhaltsverzeichnis

# 1. Einleitung

Dies ist ein Buch über angewandte Optik. Geschrieben wurde es für Studenten der Physik und der Ingenieurwissenschaften, die optische Systeme in Geräte integrieren oder die optische Komponenten in Laborexperimenten verwenden wollen. Mein Ziel ist es, ein Bild der modernen Optik unter Verwendung eines Minimums an höherer Mathematik zu präsentieren, das so komplett wie möglich ist und dabei so weit wie möglich in die Tiefe geht.

In diesem Buch werden wir ein Lichtbündel oft als ein Ensemble von Strahlen betrachten. Wenn es für das Verständnis der Interferenz und der Beugung notwendig ist, werden wir zu diesem Strahlenmodell zusätzlich noch Welleneigenschaften hinzunehmen. Die Teilchennatur des Lichts und damit die Betrachtung eines Strahls als Teilchenstrom werden wir dagegen weit weniger nutzen. Wenn Sie wollen, können Sie dies als die *Dreieinigkeit* des Lichts bezeichnen – Strahlen, Wellen und Teilchen. Wir werden die Wellen- und Teilchennatur des Lichts ohne Beweis und ohne philosophische Begründung verwenden, d.h. wir benutzen sie als eine heuristische Grundlage, die es uns ermöglicht, bestimmte Phänomene in einer solchen Tiefe zu verstehen, wie wir sie für die Gestaltung und das Verständnis optischer Instrumente und Systeme benötigen. Ein tieferes Verständnis der Wellen- und Teilchennatur des Lichts wird in Vorlesungen über Quantenelektrodynamik geboten. Lassen Sie mich hier ohne weitere Begründung sagen, daß es in Abhängigkeit von der Art des Experiments, das wir durchführen, günstiger ist, Licht manchmal als eine Welle und manchmal als ein Teilchen zu betrachten. Trotzdem ist bei der Durchführung von Experimenten einiges noch rätselhaft. Ein Beispiel dafür ist das Doppelspalt-Experiment (Kap. 5), bei dem sich das Licht genau wie eine Welle ausbreitet und Interferenz zeigt. Wird das Interferenzmuster allerdings mit einem Quantendetektor (Kap. 4) registriert, wechselwirkt dieser mit dem Licht, als ob dieses ein Teilchenstrom wäre. Die allgemeinste Erklärung, daß sich die Teilchen in der subatomaren Welt in einer Art und Weise verhalten, die wir nicht intuitiv erfassen, ist nicht sehr befriedigend und bringt uns an unseren Ausgangspunkt zurück. Wir müssen das Licht, wenn es sich ausbreitet, bis zu einem gewissen Grad als Welle betrachten, aber als Teilchen, wenn es durch Materie absorbiert wird. Wenn die Welleneigenschaften, wie bei den meisten einfachen aus Linsen bestehenden Instrumenten, nicht wichtig sind, ignorieren wir diese und nutzen einen Formalismus, der auf Strahlen beruht. Das Buch beginnt mit zwei Kapiteln über geometrische oder Strahlenoptik. Im Kap. 2 werde ich soviel Strahlenoptik behandeln, wie ich es für ein komplettes Verständnis der optischen Instrumente, die im Kap. 3 eingeführt werden, für notwendig erachte. Insbesondere wird im Kap. 2 die Abbildungsgleichung hergeleitet, welche die Berechnung der Objekt- und Bildlagen erlaubt. Weiterhin wird die geometrische Konstruktion der Strahlausbreitung durch Linsensysteme gezeigt. Die optischen Instrumente in Kap. 3 werden fast gänzlich in *paraxialer Näherung* beschrieben. Im Rahmen dieser Näherung geht man davon aus, daß alle Strahlen nahe der Achse verlaufen und sich aus diesem Grund eine nahezu ideale Abbildung ergibt. Ich benutze diese Näherung unter der Annahme, daß die *Theorie der Abbildungsfehler* nur von geringem praktischen Interesse für den Nichtspezialisten ist. Dieses Kapitel enthält auch einen Hinweis darauf, daß Linsen für solche Aufgaben eingesetzt werden müssen, für die sie entworfen worden sind: z.B. Mikroskopobjektive für nahe Objekte und Photoobjektive für entfernte Objekte.

Das Kap. 3 beginnt mit der Behandlung des menschlichen Auges als optisches Instrument, wobei allerdings die meisten physiologischen oder psychologischen Aspekte nicht berücksichtigt werden. Das Kapitel fährt mit der Beschreibung des Grundaufbaus einer Kamera unter Berücksichtigung der wichtigsten Eigenschaften der photographischen Emulsion fort. Es folgt die detaillierte Behandlung des Fernrohrs, des Mikroskops und des relativ neuen *konfokalen Scanning-Mikroskops.* Das Kapitel schließt mit der Vorwegnahme eines Ergebnisses der Wellenoptik und nutzt dieses Resultat zur Berechnung der theoretischen Auflösungsgrenze des Mikroskops und des Fernrohrs sowie zur Herleitung praktischer Obergrenzen für deren Vergrößerung.

Das Kap. 4 „Lichtquellen und Detektoren“ beginnt mit der *Radiometrie* und der *Photometrie*, die sich mit der Ausbreitung

und der Messung der optischen Leistung beschäftigen, z.B. von einer Quelle zu einem Schirm oder zu einem Detektor. Die Radiometrie beinhaltet die Messung der Strahlungsleistung im allgemeinen; im Gegensatz dazu schließt die Photometrie die visuelle *Lichtleistung* (Lichtstrom) ein, also die Leistung, die sich auf das menschliche Auge als Detektor bezieht. Das Kapitel erklärt dieses manchmal verwirrende Thema durch Festhalten an einem konsistenten Satz von Einheiten und durch Verzicht auf eine formale Unterscheidung zwischen der Strahlungsleistung, die ein Detektor registriert, und dem Lichtstrom, den das menschliche Auge sieht. Der Abschnitt über Radiometrie und Photometrie schließt mit einer Erklärung der *Leuchtdichte* (umgangssprachlich Helligkeit) und zeigt, warum die Helligkeit nicht mit Linsen gesteigert werden kann.

Im Kap. 4 wird ein Überblick über Lichtquellen gegeben: schwarze Körper, breitbandige und schmalbandige Quellen. Das Kapitel schließt mit einem Abschnitt über Detektoren für den sichtbaren und den nahen Infrarot-Bereich und zeigt unter anderem, wie die niedrigste Leistung berechnet wird, die ein spezifischer Detektor nachweisen kann.

Ich habe bewußt die elektromagnetische Theorie im Kap. 5 „Wellenoptik" weggelassen. In diesem Kapitel werden die Elemente der Interferenz und der Beugung im wesentlichen hinsichtlich ihrer Anwendung im nächsten Kapitel ausgearbeitet. Hier diskutieren wir die Interferenz, die durch zwei- oder mehrmalige Reflexion an teilweise reflektierenden Oberflächen hervorgerufen wird, sowie die Interferenz, die durch die geometrische Teilung eines Bündels in Segmente, wie z.B. im Doppelspaltexperiment, entsteht. Diese werden durch die mathematisch einfache *Fernfeld-* oder *Fraunhoferbeugungstheorie* behandelt, einen Formalismus, der für die Mehrzahl der Anwendungen, auch für die Linsenoptik, geeignet ist. Das Kap. 5 enthält jedoch auch genügend Theorie der *Nahfeldbeugung*, um das Verständnis der Rolle der *Fresnelschen Zonenplatte* in der Holographie zu ermöglichen.

Die *Kohärenz* ist verbunden mit der *Fähigkeit* eines Lichtbündels, Interferenzmuster zu bilden. Zum Beispiel ist es mit inkohärentem Licht unmöglich, Interferenzmuster zu erzeugen. Die Kohärenzeigenschaften eines Lichtbündels beeinflussen die Bildentstehung; selbst die Auflösung ist bei inkohärentem Licht anders als bei kohärentem Licht. Die Diskussion von Kohärenz in Zusammenhang mit Abbildung und Auflösung im Kap. 5 ist ungewöhnlich, vielleicht sogar einzigartig für ein Buch auf diesem Niveau.

Das Kap. 6 „Interferometrie und verwandte Gebiete" umfaßt *Beugungsgitter* und *Interferometer.* Dies sind Instrumente, die benutzt werden können, um Licht so zu zerlegen, daß die verschiedenen Wellenlängen getrennt werden können. Andere Interferometer werden zur Entfernungsmessung oder für die Prüfung von Optiken eingesetzt. Das Kapitel schließt mit einer Beschreibung von *Mehrschichtspiegeln* und von *Interferenzfiltern*, die als hocheffiziente Reflektoren bzw. für die Selektion sehr schmalbandiger Wellenlängenbereiche benutzt werden können.

Das Kap. 7 „Holographie und Bildverarbeitung" beginnt mit einer fast vollständig auf Fresnelschen Zonenplatten und Beugungsgittern beruhenden Beschreibung der Holographie. Es nutzt einfache Argumente z.B. für die Ableitung des maximalen Gesichtsfeldes eines Hologramms als Funktion des Auflösungsvermögens des Aufzeichnungsmediums und des minimalen Winkels zwischen dem *Referenz-* und dem *Objektbündel.* Das Kap. 7 fährt fort mit der Beschreibung der *Fourier-Optik* und enthält die *Abbesche Theorie* des Mikroskops und Methoden zur Beeinflussung eines Bildes, wie sie unter anderem in der *Phasenkontrastmikroskopie* und der *Raumfrequenzfilterung* eingesetzt werden. So kann z.B. die Phasenkontrastmikroskopie zur Sichtbarmachung des Bildes eines Objekts benutzt werden, welches ausschließlich aus transparenten Strukturen besteht, die jedoch unterschiedliche Brechungsindizes besitzen. Das Kapitel fährt fort mit Ausführungen zu Übertragungsfunktionen und schließt mit einem Abschnitt über Scanning-Mikroskopie, Video-Mikroskopie und digitale Bildverarbeitung. Die Behandlung der konfokalen Scanning-Mikroskopie enthält, meine ich, eine neue heuristische Ableitung der Impulsantwort dieses Instrumentes.

Das Kap. 8 „Laser“ dient der Einführung der Begriffe und Konzepte, die mit Lasern und *optischen Resonatoren* zusammenhängen. Es beginnt mit der Diskussion der Anregungsdynamik eines Lasermaterials für den kontinuierlichen Laserbetrieb; so z.B. für einen *gütegeschalteten* (*Q-switched* oder *Riesenimpuls-*) *Laser*, der Impulse mit einer Dauer von einigen Nanosekunden und mit Spitzenleistungen von mehreren Hundert Megawatt emittiert und für einen *modengekoppelten Laser*, der Impulse kürzer als 1 ps erzeugen kann. Dieses Kapitel fährt mit der Beschreibung optischer Resonatoren fort; mit *Lasermoden* bzw. erlaubten Feldverteilungen und der Ausbreitung von *Gaußschen Bündeln*, die sich grundlegend von der Ausbreitung homogener Bündel, wie sie in der gewöhnlichen, inkohärenten Optik auftreten, unterscheidet. Das Kapitel schließt mit einer Diskussion der wichtigsten Festkörper-, Flüssigkeits- und Gaslaser und mit Ausführungen über Lasersicherheit.

Das Kap. 9 „Elektromagnetische und Polarisationseffekte“ beginnt mit der Erläuterung, daß Licht eine *transversale Welle* ist und zeigt einige Konsequenzen dieser Tatsache. So ist zum Beispiel der *Brewster-Winkel* der Einfallswinkel, bei dem eine Welle mit einem bestimmten Polarisationszustand nur eine sehr geringe oder gar keine Reflexion zeigt. Das Kapitel fährt fort mit der Beschreibung der Reflexion an dielektrischen Grenzflächen. Die *Totalreflexion* wird wegen ihres Bezuges zu den optischen Wellenleitern detaillierter behandelt, und die Phasenänderung bei der Reflexion wird auf eine neue Art und Weise dargestellt, und zwar so, daß die Variation der Phasenänderung zwischen 0 und $\pi$ im Gebiet der Totalreflexion klar ersichtlich wird. Kapitel 9 schließt mit Diskussionen über Polarisationsoptik, nichtlineare Optik, Elektro- und Magnetooptik sowie über Akustooptik.

Zu den wesentlichen Ergebnissen der modernen Optik gehört die Entwicklung der optischen Kommunikationstechnik und der integrierten Optik. Kapitel 10 „Optische Wellenleiter“ entwickelt die optische Wellenleitertheorie hauptsächlich auf der Basis der Strahlenoptik und der Interferenz in planaren Wellenleitern. Wenn es jedoch notwendig ist, gebe ich genauere Resultate von Wellenleitern mit kreisförmigen Querschnitten an. Prismen- und Gitterkoppler sind in dieses Kapitel aus didaktischen Gründen eingeschlossen. Sie hätten ihren Platz aus logischen Gründen ebenso in dem Kapitel über integrierte Optik finden können. Im Kap. 10 werden Moden in Wellenleitern, Monomode-Wellenleiter, Gradienten-Index-Fasern, Leckwellen und die Arten von *Einstrahlbedingungen*, die für viele Messungen genutzt werden, diskutiert. Es schließt mit einer Behandlung der Verluste in gespleißten und gesteckten Verbindungen sowohl zwischen Multimode- als auch zwischen Monomode-Fasern.

Kapitel 11 „Optische Messungen an Fasern“ beschäftigt sich mit Dämpfung, Bandbreite, Brechungsindexprofil und Kerndurchmesser, der optischen Reflektometrie im Zeitbereich, der numerischen Apertur sowie mit Techniken, um diese zu messen. Für die Messung des Brechungsindexprofils habe ich das Nahfeldscanning und die Methode der gebrochenen Strahlen gewählt, weil das weitverbreitete und anerkannte Verfahren der Telecommunications Industry Association sind.

Kapitel 12 „Integrierte Optik“ gibt eine etwas künstliche Unterscheidung zwischen *optischen integrierten Schaltkreisen* und *planaren optischen Bauelementen*. Optische integrierte Schaltkreise

führen Funktionen analog zu elektronischen oder Mikrowellenschaltkreisen aus, während planare optische Elemente planare Versionen optischer Bauelemente wie Linsen, Beugungsgitter oder optischer Prozessoren sind. Der Abschnitt über optische integrierte Schaltkreise ist weitgehend beschreibend, da ich die notwendige Physik in früheren Kapiteln bereits vorweggenommen habe. Er enthält die Beschreibungen von *Kanal-* oder *Streifenwellenleitern*, das sind Wellenleiter, die das Licht in zwei Dimensionen führen; ebenso von Verzweigern, Kopplern und Modulatoren, um das Licht im Schaltkreis zu beeinflußen sowie ein- und auszukoppeln.

Der Abschnitt über planare Elemente nutzt den planaren *Spektrenanalysator* als Ausgangspunkt, an dem einige Komponenten, besonders die planaren Linsen, diskutiert werden. Das Kapitel beschreibt als nächstes eine Vielzahl von Gitteranwendungen in der planaren Optik: als Linsen, als Koppler zu anderen Wellenleitern, als Koppler sowohl aus der Ebene des Elements heraus als auch als Koppler zwischen integrierten (elektronischen) Schaltkreisen. Das Kapitel schließt mit einer Beschreibung der *oberflächenemittierenden Laser*, welche sich von den gebräuchlicheren stirnflächenemittierenden Lasern unterscheiden und die als Arrays hergestellt oder effizient mit optischen Fasern verbunden werden können.

# 2. Strahlenoptik

## 2.1 Reflexion und Brechung

In diesem Kapitel werden Lichtbündel als Strahlen behandelt, die sich entlang von Geraden ausbreiten. Ausgenommen sind dabei die Grenzflächen zwischen verschiedenen Materialien, an denen die Strahlen *abgelenkt* oder *gebrochen* werden können. Dieser Zugang, der bis zur Entdeckung der Wellennatur des Lichts als völlig richtig angenommen wurde, führt zu einer Vielzahl brauchbarer Resultate im Hinblick auf Abbildungsoptiken und optische Instrumente.

### 2.1.1 Brechung

Wenn ein Lichtstrahl unter einem Winkel auf eine ebene Grenzfläche zwischen zwei transparenten Medien trifft, wird er gebrochen. Jedes Medium kann durch einen *Brechungsindex* $n$ charakterisiert werden, der ein nützlicher Parameter zur Beschreibung der Stärke der Brechung an der Grenzfläche ist. Der Brechungsindex von Luft (genauer gesagt des Vakuums) wird willkürlich gleich 1 gesetzt. Im einfachsten Fall wird $n$ als ein Parameter betrachtet, dessen Größe experimentell bestimmt wird. Heute wissen wir, daß die physikalische Bedeutung von $n$ darin besteht, das Verhältnis der Lichtgeschwindigkeit im Vakuum zur Lichtgeschwindigkeit im Medium anzugeben.

Angenommen der Strahl in Abb. 2.1 trifft auf die Grenzfläche im Punkt $O$. Er wird so gebrochen, daß

$$n \sin i = n' \sin i' \tag{2.1}$$

gilt, unabhängig von der Richtung des auf die Oberfläche einfallenden Strahls. $n$ ist der Brechungsindex des ersten Mediums, $n'$ der des zweiten. Der *Einfallswinkel* $i$ ist der Winkel zwischen dem einfallenden Strahl und der Oberflächennormalen; der *Brechungswinkel* $i'$ ist der Winkel zwischen dem gebrochenen Strahl und der Normalen. Die Gleichung (2.1) ist als *Brechungsgesetz* oder als *Snelliussches Gesetz* bekannt.

### 2.1.2 Der Brechungsindex

Die meisten der gebräuchlichen optischen Materialien sind im sichtbaren Bereich des Spektrums, dessen Wellenlänge von 400 nm bis 700 nm reicht, trans-

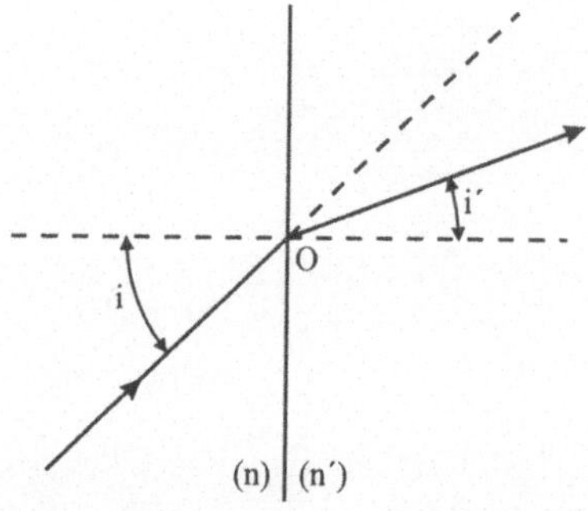


**Abb. 2.1.** Brechung an einer Grenzfläche

parent. Sie zeigen bei kürzeren Wellenlängen, gewöhnlich bei 200 nm und darunter, eine starke *Absorption.*

Der Brechungsindex eines gegebenen Materials hängt von der Wellenlänge ab, im allgemeinen steigt er mit abnehmender Wellenlänge leicht an. (Der Brechungsindex von Glas wächst rapide in der Nähe der Absorptionskante bei 200 nm.) Dieses Phänomen ist als *Dispersion* bekannt; die Dispersionskurven von verschiedenen gebräuchlichen Gläsern sind in Abb. 2.2 dargestellt. Die Dispersion kann für die Erzeugung eines Spektrums mit einem Prisma genutzt werden; außerdem ist sie Ursache für unerwünschte Variationen der Linseneigenschaften mit der Wellenlänge.

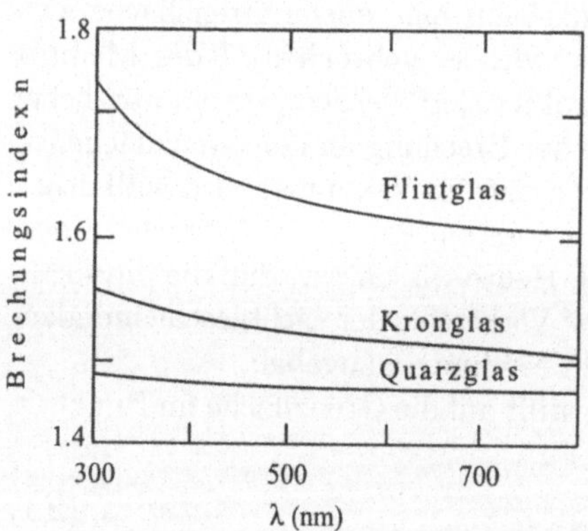


**Abb. 2.2.** Der Brechungsindex einiger Materialien als Funktion der Wellenlänge

Im allgemeinen werden optische Gläser sowohl durch den Brechungsindex $n$ (siehe Tabelle 2.1) als auch durch die als Dispersion $\nu$ bekannte Größe charakterisiert

$$\nu = \frac{n_\mathrm{F} - n_\mathrm{C}}{n_\mathrm{D} - 1} \,. \tag{2.2}$$

Dabei beziehen sich die Indizes F, D und C auf Brechungsindizes für bestimmte kürzere, mittlere und längere Wellenlängen (blau, gelb, rot).

**Tabelle 2.1.** Brechungsindex verschiedener optischer Materialien

| Material | Brechungs-index $n$ | Material | Brechungs-index $n$ |
|---|---|---|---|
| Luft | 1,0003 | Natriumchlorid | 1,54 |
| Wasser | 1,33 | leichtes Flintglas | 1,57 |
| Methanol | 1,33 | Kohlenstoffdisulfid | 1,62 |
| Äthanol | 1,36 | mittleres Flintglas | 1,63 |
| Magnesiumfluorid | 1,38 | schweres Flintglas | 1,66 |
| Quarzglas | 1,46 | Saphir | 1,77 |
| Pyrex Glas | 1,47 | extraschweres Flintglas | 1,73 |
| Benzen | 1,50 | schwerstes Flintglas | 1,89 |
| Xylen | 1,50 | Zinksulfid (dünne Schicht) | 2,3 |
| Kronglas | 1,52 | Titandioxid (dünne Schicht) | 2,4 – 2,9 |
| Kanadabalsam (Kitt) | 1,53 | | |

### 2.1.3 Reflexion

Bestimmte hochpolierte Metalloberflächen und andere Grenzflächen können das gesamte oder fast das gesamte auf diese Oberflächen fallende Licht reflektieren. Normale, transparente Gläser reflektieren dagegen nur wenige Prozent des einfallenden Lichts und transmittieren den Rest.

Die Abb. 2.3 stellt eine reflektierende Oberfläche dar. Der Einfallswinkel sei $i$ und der *Reflexionswinkel* $i'$. Das Experiment zeigt, daß die Einfalls- und Reflexionswinkel gleich sind, ausgenommen einige sehr wenige spezielle Fälle. Wir werden später die Vereinbarung treffen, daß $i$, so wie dargestellt, positiv ist. Das heißt, wenn sich der spitze Winkel zwischen der Normalen und dem Strahl entgegengesetzt zum Uhrzeigersinn öffnet, ist $i$ positiv. Das Vorzeichen von $i'$ ist offensichtlich entgegengesetzt zu dem von $i$. Aus diesem Grund schreiben wir das Reflexionsgesetz als

$$i' = -i \,. \tag{2.3}$$

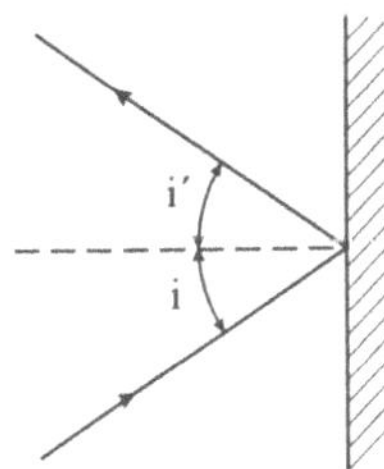


**Abb. 2.3.** Reflexion an einer Grenzfläche

### 2.1.4 Totalreflexion

Jetzt betrachten wir einen Strahl, der von der höherbrechenden Seite her auf eine Grenzfläche trifft, z.B. beim Übergang von Glas in Luft (und nicht von Luft in Glas). Dieser Vorgang ist als *innere Brechung* bekannt. Das Brechungsgesetz zeigt, daß in diesem Fall der einfallende Strahl beim Durchgang durch die Grenzfläche vom Lot weggebrochen wird (Abb. 2.4). Somit wird es einen Einfallswinkel geben, für den sich der gebrochene Strahl gerade parallel zur Grenzfläche ausbreitet. In diesem Fall ($i' = 90°$) hat das Brechungsgesetz die Form

$$n \sin i_c = n' \sin 90° . \tag{2.4}$$

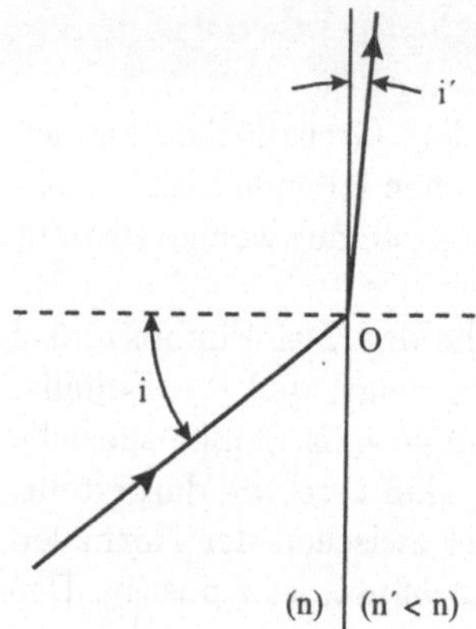


**Abb. 2.4.** Brechung in der Nähe des Grenzwinkels der Totalreflexion

Dabei ist $i_c$ der bekannte *Grenzwinkel der Totalreflexion.* Mit $\sin 90° = 1$ ergibt sich

$$\sin i_c = \left(\frac{n'}{n}\right) . \tag{2.5}$$

Wenn $i$ größer als $i_c$ wird, ergibt sich $n \sin i > n'$; das Brechungsgesetz verlangt dann, daß $\sin i$ größer als 1 wird. Da dies aber nicht möglich ist, kann man schlußfolgern, daß es in diesem Fall keinen gebrochenen Strahl geben kann. Allerdings kann das Licht nicht einfach verschwinden, deshalb ist es nicht überraschend, daß es vollständig reflektiert werden muß. Das ist in der Tat der Fall. Dieses Phänomen wird als *Totalreflexion* bezeichnet. Es tritt auf für

$$i > \arcsin(n'/n) . \tag{2.6}$$

Das reflektierte Licht erfüllt das Reflexionsgesetz.

Für eine typische Grenzfläche zwischen Glas und Luft mit $n = 1{,}5$ ist der Grenzwinkel der Totalreflexion ca. 42°. Glasprismen, die Totalreflexion zeigen, werden deshalb üblicherweise als Spiegel bei einem Einfallswinkel von ca. 45° benutzt.

### 2.1.5 Reflexionsprismen

Es gibt sehr viele verschiedene Arten von Reflexionsprismen. Die gebräuchlichsten sind Prismen, deren Querschnitte rechtwinklige, gleichschenklige Dreiecke sind. Abbildung 2.5 zeigt ein solches Prisma, das an Stelle eines ebenen Spiegels benutzt wird. Ein Vorteil des Prismas im Vergleich zu einem metallbeschichteten Spiegel besteht darin, daß die Reflektivität nahezu 100% erreicht, wenn die normal zum Licht stehenden Eintrittsflächen mit einer Antireflexionsschicht belegt sind (Abschn. 6.4). Außerdem ändern sich die Eigenschaften eines Prismas nicht, wenn das Prisma altert, während metallische Spiegel durch Oxidation beeinflußt bzw. relativ leicht zerkratzt werden können. Ein Glasprisma ist hinreichend beständig, so daß es selbst intensivster Laserstrahlung standhält.

In abbildenden Systemen müssen solche Prismen mit parallelem Licht benutzt werden, um das Einbringen von Abbildungsfehlern in das Bild zu vermeiden.

Abbildung 2.5 zeigt außerdem die Nutzung eines solchen Prismas, um einen Strahl zurückzureflektieren. Prismen, die in dieser Art und Weise genutzt werden, werden oft als *Porro-Prismen* oder *Dachkantprismen* bezeichnet. In einer Aufgabe soll der Leser zeigen, daß ein einfallender Strahl immer parallel zu sich selbst reflektiert wird, nur vorausgesetzt, der einfallende Strahl liegt in einer Ebene senkrecht zur Prismeneintrittsfläche (Aufgabe 2.1).

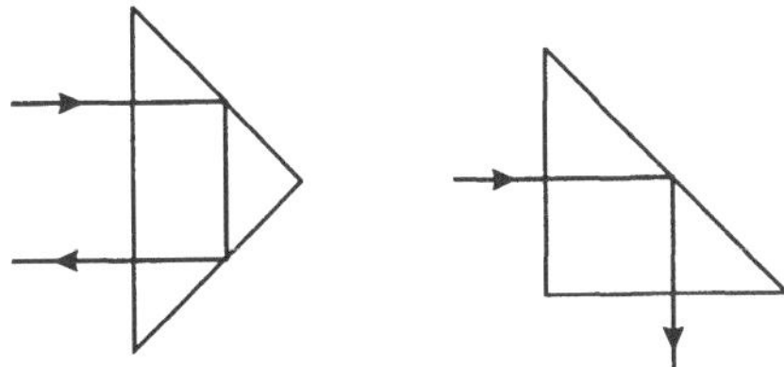

**Abb. 2.5.** Reflexionsprismen

Ein *Tripelspiegel* oder *Retroreflektor* ist ein Prisma mit drei Kanten, die sich so wie die Kanten eines Würfels alle im rechten Winkel schneiden. Solch ein Prisma ist eine Verallgemeinerung des Dachkantprismas und reflektiert jeden Strahl parallel zu sich selbst zurück, unabhängig von seiner Orientierung. Ein Beobachter, der auf einen solchen Retroreflektor schaut, sieht nur die Pupille seines Auges im Zentrum des Reflektors.

## 2.2 Abbildung

### 2.2.1 Sphärische Oberflächen

Da eine einfache Linse aus einem Stück Glas mit im allgemeinen zwei sphärischen Oberflächen besteht, ist es nötig, einige Eigenschaften der einzelnen sphärischen brechenden Oberfläche zu untersuchen. Der Leser wird sicher die etwas ungewöhnliche Bezeichnung „Lin“ akzeptieren, die wir der Einfachheit halber für eine solche Oberfläche wählen, wie sie in Abb. 2.6 dargestellt ist. Zwei von diesen bilden eine Linse. Um Mißverständnisse zu vermeiden, wird der Begriff „Lin“ stets in Anführungszeichen gesetzt.

Wir interessieren uns für die Abbildungseigenschaften einer „Lin“. Dazu betrachten wir einen leuchtenden Punkt $A$ und definieren die Achse entlang der Linie $AC$, wobei $C$ der Mittelpunkt der Sphäre ist. Wir untersuchen einen Strahl $AP$, der die „Lin“ im Punkt $P$ trifft. Von Interesse ist der Punkt $A'$, in dem dieser Strahl die Achse schneidet.

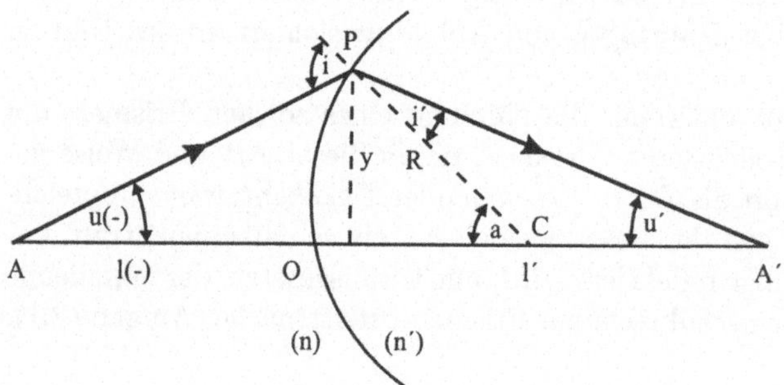


**Abb. 2.6.** Brechende sphärische Oberfläche

Bevor wir weiter fortfahren, müssen wir eine *Vorzeichenkonvention* vereinbaren. Die Wahl dieser Vereinbarung ist natürlich willkürlich, aber nach der Einführung einer solchen Vereinbarung muß an ihr festgehalten werden. Die Vereinbarung, die hier getroffen wird, erscheint zunächst recht kompliziert. Wir wählen sie unter anderem deshalb, weil sie universell anwendbar ist. Mit ihr ist es nicht nötig, für sphärische Spiegel eine spezielle Vereinbarung zu treffen.

Zunächst stellt man sich ein kartesisches Koordinatensystem mit dem Ursprung $O$ vor. Die Entfernungen werden vom Ursprung aus gemessen. Entfernungen, die von $O$ aus nach rechts gemessen werden, seien positiv; diejenigen, die von $O$ aus nach links gemessen werden, negativ. Zum Beispiel sind $OA'$ und $OC$ positiv, während $OA$ negativ ist. Analog sind Distanzen, die oberhalb der Achse gemessen werden, positiv und die darunterliegenden negativ. Dies ist unsere erste Vorzeichenkonvention.

Jetzt wird eine Konvention für die Vorzeichen von Winkeln wie die der Winkel $OAP$ oder $OA'P$ eingeführt. Ihre Vorzeichen werden trigonometrisch bestimmt. Zum Beispiel ist der Tangens des Winkels $OAP$ ungefähr

$$\tan OAP \simeq y/OA\,, \tag{2.7}$$

wobei $y$ der eingezeichnete Abstand zwischen $P$ und der Achse ist. Unsere vorhergehende Vereinbarung zeigt, daß $y$ positiv und $OA$ negativ ist. Damit ist $\tan OAP$ negativ und so auch $OAP$. Aus dem gleichen Grund sind $OA'P$ und $OCP$ positiv.

Dies ist unsere zweite Vorzeichenkonvention. Eine äquivalente Aussage ist die, daß der Winkel $OA'P$ (als Beispiel) positiv ist, wenn er sich im Uhrzeigersinn von der Achse her öffnet bzw. negativ im anderen Fall. Wahrscheinlich ist es das Einfachste, sich nur zu merken, daß der Winkel $OAP$, so wie er in Abb. 2.6 gezeichnet ist, negativ ist.

Schließlich arbeiten wir mit Einfalls- und Brechungswinkeln, wie dem Winkel $CPA'$. Am gebräuchlichsten ist es, den Winkel $CPA'$, wie in Abb. 2.6 dargestellt, positiv zu definieren. Diese Vereinbarung wurde formal bereits in Verbindung mit Abb. 2.3 formuliert. Der Einfalls- oder Brechungswinkel ist positiv, wenn er sich in Uhrzeigerrichtung von der Normalen her öffnet (in diesem Fall ist sie der Radius der spärischen Fläche).

Leider unterscheidet sich die so getroffene letzte Vereinbarung von der, die sich auf Winkel (wie z.B. den Winkel $OAP$) bezieht, die durch den Schnitt eines Strahls mit der Achse gebildet werden. Das beste ist, die Vorzeichenkonvention zu lernen, indem man sich die Vorzeichen aller wichtigen Winkel in Abb. 2.6 einprägt. Nur der Winkel $OAP$ ist negativ.

Wir wollen nun den wichtigeren Größen in Abb. 2.6 Symbole zuordnen. Der Punkt $A'$ befindet sich in der Entfernung $l'$ rechts von $O$, und der Strahl schneidet die Achse in $A'$ unter einem Winkel $u'$. Die Größen $u$ und $l$ werden analog definiert. Der Radius $R$ durch den Punkt $P$ bildet einen Winkel $\alpha$ mit der Achse. Die Einfalls- und Brechungswinkel sind $i$ und $i'$.

Die Parameter im *Bildraum* werden durch Zeichen mit einem Strich charakterisiert, die im *Objektraum* durch Zeichen ohne Strich. Das ist eine weitere Vereinbarung. Das Objekt und das Bild können sich auf verschiedenen Seiten der Linse befinden, oder sie können, wie wir sehen werden (Abb. 2.10), auch auf der gleichen Seite liegen. Somit impliziert diese Vereinbarung nicht, daß z.B. Entfernungen nach links von der Linse ungestrichen und Entfernungen nach rechts gestrichen sind. Tatsächlich kann ein Objekt oder ein Bild auf jeder Seite der Linse liegen, damit können gestrichene und ungestrichene Größen sowohl negativ als auch positiv sein.

Bei der Bestimmung der Vorzeichen von $l$ und $u$ müssen wir sorgfältig sein, entsprechend der getroffenen Vorzeichenkonvention sind beide negativ. Dieser Sachverhalt ist in der Abb. 2.6 mit den Minuszeichen in Klammern dargestellt. Später wird es sich als notwendig erweisen, nach einer Ableitung, die nur auf der Geometrie beruht, alle Formeln zu überprüfen und bei allen

Größen die Vorzeichen zu ändern, die algebraisch negativ sind. Der Grund liegt darin, daß unsere Vorzeichenkonvention nicht identisch mit der ist, die in der gewöhnlichen Geometrie benutzt wird. Um unsere Formeln sowohl algebraisch als auch numerisch korrekt zu gestalten, müssen wir, wie bereits ausgeführt, unsere Vorzeichenkonvention durch geeignete Änderung der Vorzeichen einführen.

### 2.2.2 Objekt-Bild-Beziehung

Wir versuchen, eine Beziehung zwischen den Größen $l$ und $l'$ für eine gegebene Geometrie zu finden. Dazu setzen wir als erstes die Winkel $u$ und $i$ in Beziehung zum Winkel $\alpha$. Die drei Winkel im Dreieck $PAC$ sind $u$, $\alpha$ und $\pi - i$. Da die Summe der Winkel $\pi$ sein muß, erhalten wir

$$u + \alpha + (\pi - i) = \pi , \tag{2.8}$$

oder

$$i = \alpha + u . \tag{2.9a}$$

Ähnlich erhält man

$$i' = \alpha - u' . \tag{2.9b}$$

An diesem Punkt ist es üblich, die *paraxiale Näherung* zu benutzen, nämlich die Näherung, daß der Strahl $AP$ genügend nahe der Achse verläuft, und die Winkel $u$ , $u'$, $i$ und $i'$ so klein sind, daß ihr Sinus oder Tangens durch sein Argument ersetzt werden kann; d.h.

$$\sin\theta = \tan\theta = \theta , \tag{2.10}$$

wobei $\theta$ im Bogenmaß gemessen wird.

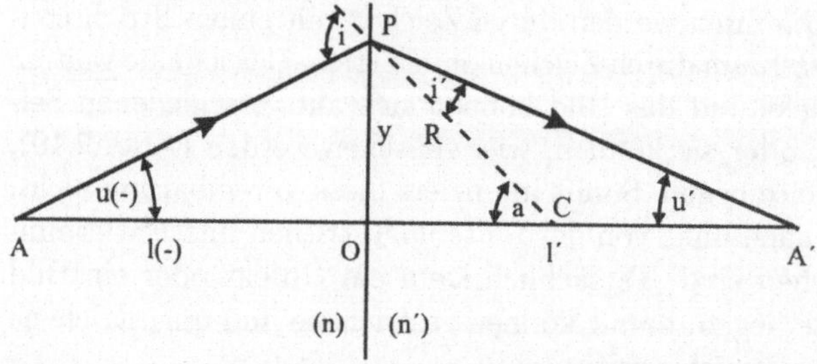


**Abb. 2.7.** Brechende sphärische Fläche in der paraxialen Näherung

Da es schwierig ist, Strahlen zu zeichnen, die dicht entlang der Achse verlaufen, zeichnen wir in Abb. 2.6 eine stark gestreckte vertikale Achse, während die horizontale Achse unverändert bleibt. Das Ergebnis ist in Abb. 2.7 dargestellt. Die vertikale Achse wurde dabei so stark gestreckt, daß die Oberfläche wie eine Ebene aussieht. Da nur eine Achse gedehnt wurde, sind alle Winkel stark verzerrt und können deswegen nur mit Hilfe des Tangens beschrieben werden. So gilt zum Beispiel in der paraxialen Näherung

$$u = y/l \tag{2.11a}$$

und

$$u' = y/l' \; . \tag{2.11b}$$

Deswegen werden große Winkel verfälscht wiedergegeben. Obwohl der Radius orthogonal zur Oberfläche steht, sieht dies in der paraxialen Näherung nicht orthogonal aus. Zum Ausgangsproblem zurückkehrend lautet damit das Brechungsgesetz in der paraxialen Näherung

$$ni = n'i' \; ; \tag{2.12}$$

und ausgehend von 2.9 und 2.12 schreiben wir

$$n(\alpha + u) = n'(\alpha - u') \; . \tag{2.13}$$

Da $OC = R$ ist, kann man $\alpha$ in der Form

$$\alpha = y/R \tag{2.14}$$

darstellen. Gleichung 2.13 wird somit zu

$$n\left(\frac{y}{R} + \frac{y}{l}\right) = n'\left(\frac{y}{R} - \frac{y}{l'}\right) \; . \tag{2.15}$$

Der Faktor $y$ taucht in jedem Term auf und kann gekürzt werden. Wir schreiben Gleichung 2.15 um in

$$\frac{n'}{l'} + \frac{n}{l} = \frac{n' - n}{R} \; . \tag{2.16}$$

Bei diesem Punkt wurde die Vorzeichenkonvention nicht erwähnt. Die vorliegende Gleichung haben wir nur aus der Geometrie abgeleitet. Entsprechend unserer Vorzeichenkonvention sind alle Terme der Gleichung mit Ausnahme des negativen $l$ positiv. Um die Gleichung algebraisch korrekt zu machen, müssen wir deshalb das Vorzeichen des Terms, der $l$ enthält, ändern. Durch diesen Wechsel verändert sich die Gleichung zu

$$\frac{n'}{l'} - \frac{n}{l} = \frac{n' - n}{R} \; , \tag{2.17}$$

die wir als „Lin"-Gleichung (Abbildungsgleichung für eine einzelne Fläche) bezeichnen.

Es existiert keine Abhängigkeit von $y$ in dieser „Lin" -Gleichung. Das heißt, daß in der paraxialen Näherung jeder Strahl, der $A$ verläßt (und die Oberfläche trifft), die Achse in $A'$ schneidet. Aus diesem Grund bezeichnen wir $A'$ als das *Bild* von $A$. $A$ und $A'$ werden *konjugierte Punkte* und die *Objektweite* $l$ und die *Bildweite* $l'$ werden *konjugierte Weiten* genannt.

Ohne diese paraxiale Näherung wäre die $y$-Abhängigkeit des Bildpunktes nicht verschwunden. Strahlen, die die Linse unter großen Werten von $y$ treffen, schneiden die Achse nicht exakt im Punkt $A'$ . Diese Abhängigkeit von y ist relativ gering, so daß wir $A'$ noch als Bildpunkt bezeichnen können. Wir sprechen von einem *aberrationsbehafteten* Bild, wenn nicht alle geometrischen Strahlen die Achse in einer bestimmten Entfernung $A'$ schneiden.

### 2.2.3 Anwendung der Vorzeichenkonvention

Bezüglich der Vorzeichen in den algebraischen Ausdrücken erscheint ein Wort der Warnung angebracht: Aufgrund der hier verwendeten Vorzeichenkonvention werden rein geometrische Ableitungen nicht notwendig zu einem korrekten Vorzeichen für einen gegebenen Term führen. Es gibt zwei Wege, um diesen Fehler zu korrigieren. Der erste, ein Minuszeichen vor jedem Symbol einer negativen Größe mitzunehmen, ist zu unhandlich und zu verwirrend für den allgemeinen Gebrauch. Deswegen gehen wir hier den zweiten, bei dem die Endformel überprüft wird und das Vorzeichen jeder negativen Größe geändert wird. Diese Prozedur wurde bereits in Verbindung mit der „Lin“-Gleichung angewendet und ist, wie bereits bemerkt, notwendig, um diese Gleichung algebraisch korrekt zu schreiben. Es ist wichtig, die Vorzeichen nicht vor dem letzten Schritt zu ändern, weil sonst manche Vorzeichen zweimal geändert werden müssen.

### 2.2.4 Die Abbildungsgleichung

Eine *dünne Linse* besteht lediglich aus zwei aufeinanderfolgenden sphärischen brechenden Oberflächen mit einem sehr geringen Abstand. In Abb. 2.8 ist eine dünne Linse in Luft dargestellt. Der Brechungsindex der Linse ist $n$. Die beiden brechenden Oberflächen besitzen die Radien $R_1$ und $R_2$, und beide sind positiv dargestellt.

Wir können nun eine Gleichung durch die getrennte Betrachtung der Wirkung beider Oberflächen ableiten, die die Objektweite $l$ mit der Bildweite $l'$ in Beziehung bringt. Die erste Oberfläche allein würde ein Bild des Punktes $A$ in einen Punkt $A'_1$ projizieren. Wenn $A'_1$ sich in einer Entfernung $l'_1$ rechts von der ersten Oberfläche befindet, ergibt die „Lin“-Gleichung in paraxialer Näherung

$$\frac{n}{l'_1} - \frac{1}{l} = \frac{n-1}{R_1} , \tag{2.18}$$

wobei der Brechungsindex des Glases (des zweiten Mediums) $n$ und der der Luft 1 ist.

Der Strahl erreicht $A'_1$ nicht, weil er durch die zweite Oberfläche unterbrochen wird. Ganz gleich wie auch immer der Strahl die zweite Oberfläche trifft,

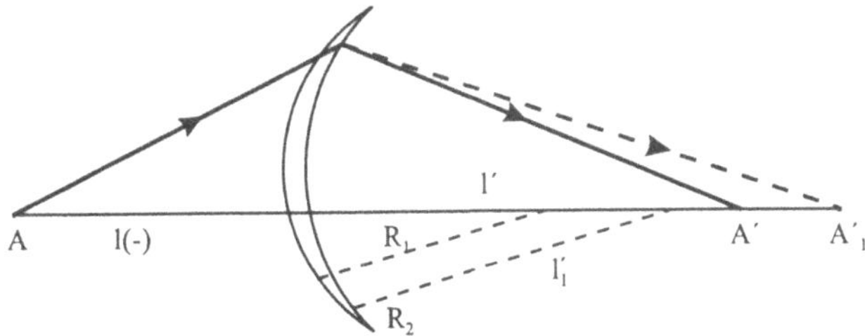


**Abb. 2.8.** Die dünne Linse

verhält er sich so, als ob ein Objekt in $A'_1$ lokalisiert wäre. Die Objektweite ist $l'_1$, wenn wir die Dicke der Linse vernachlässigen. Wird die „Lin"-Gleichung auf die zweite Oberfläche angewendet, müssen wir berücksichtigen, daß der Strahl die Grenzfläche Glas-Luft passiert. Somit ist $n$ jetzt der Brechungsindex des ersten Mediums und 1 der des zweiten. Der endgültige Bildpunkt $A'$ ist demnach der Bildpunkt, den die Linse als Ganzes erzeugt hat. Wenn wir die entsprechende Bildweite $l'$ nennen, dann ergibt die „Lin"-Gleichung für die zweite Oberfläche

$$\frac{1}{l'} - \frac{n}{l'_1} = \frac{1-n}{R_2} \,. \tag{2.19}$$

Um $l'_1$ zu eliminieren, addieren wir die beiden letzten Gleichungen algebraisch und erhalten

$$\frac{1}{l'} - \frac{1}{l} = (n-1) \frac{1}{R_1} - \frac{1}{R_2} \,. \tag{2.20}$$

Dieser Ausdruck ist als *Linsen-Formel* bekannt. Die Linsen-Formel wurde aus der „Lin"-Gleichung rein algebraisch abgeleitet. Es müssen keine Vorzeichen verändert werden, weil dieser Schritt bereits in der Ableitung der „Lin"-Gleichung erfolgte.

Wir können jetzt eine Größe $f'$ definieren, deren Reziprokes gleich der rechten Seite der Linsen-Formel ist:

$$\frac{1}{f'} = (n-1) \frac{1}{R_1} - \frac{1}{R_2} \,. \tag{2.21}$$

Die Linsen-Formel kann dann in der Form

$$\frac{1}{l'} - \frac{1}{l} = \frac{1}{f'} \tag{2.22}$$

geschrieben werden, wobei $f'$ die *Brennweite* der Linse ist. Wir bezeichnen diese Gleichung als die *Abbildungsgleichung*.

Die Bedeutung von $f'$ können wir in folgendem erkennen. Wenn das Objekt unendlich weit von der Linse entfernt ist, gilt $l = \infty$ (Abb. 2.9.). Die Abbildungsgleichung ergibt dann, daß der Bildabstand gleich $f'$ ist. Wenn das Objekt auf der Linsenachse lokalisiert ist, entsteht das Bild ebenfalls auf der Achse. In diesem Fall nennen wir den Bildpunkt den *bildseitigen Brennpunkt* $F'$. Jeder Strahl, der sich parallel zur Achse ausbreitet, wird durch die Wirkung der Linse durch $F'$ gehen, eine Beobachtung, die sich später als besonders nützlich erweisen wird.

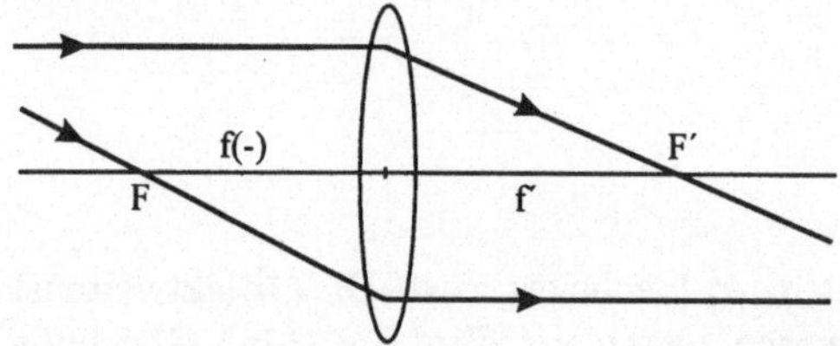


**Abb. 2.9.** Objektseitige und bildseitige Brennweiten

Wir definieren den *objektseitigen Brennpunkt* $F$ analog. Die objektseitige Brennweite $f$ ist der Objektabstand, für den $l' = \infty$ ist. Die Abbildungsgleichung ergibt somit

$$f' = -f \,. \tag{2.23}$$

Damit haben die objektseitige und die bildseitige Brennweite den gleichen Betrag. Jeder Strahl, der von links kommend durch $F$ geht, wird durch die Linse parallel zur Achse gerichtet. Wenn ein Strahl in das optische System von rechts eintritt, wird in (2.22) $f$ anstelle von $f'$ verwendet. (Das heißt, das Negative von $f'$ wird benutzt.)

Im allgemeinen Fall kann eine Linse schließlich unterschiedliche Medien auf beiden Seiten haben. In diesem Fall wird die Abbildungsgleichung zu

$$\frac{n'}{l'} - \frac{n}{l} = \frac{n'}{f'} = -\frac{n}{f} \,, \tag{2.24}$$

wobei $n$ und $n'$ die Brechungsindizes im ersten bzw. im zweiten Medium sind. Die objektseitige und die bildseitige Brennweite sind dann allerdings nicht gleich, sondern durch

$$f'/f = -n'/n \tag{2.25}$$

verknüpft.

**Beispiel 2.1**. Zeigen Sie, daß die resultierende Brennweite zweier dünner Linsen, die sich berühren, durch die Gleichung

$$1/f'_{\text{eff}} = 1/f'_1 + 1/f'_2 \tag{2.26}$$

gegeben ist. Beginnen Sie mit einer endlichen Objektweite $l$ und zeigen Sie, daß diese Kombination die Abbildungsgleichung mit der *effektiven Brennweite* $f'_{\text{eff}}$ ergibt. Allgemein ist es möglich zu zeigen, daß die effektive Brennweite zweier dünner Linsen, die einen Abstand $d$ haben, durch

$$1/f'_{\text{eff}} = 1/f'_1 + 1/f'_2 - d/f'_1 f'_2 \,, \tag{2.27}$$

gegeben ist.

**Beispiel 2.2.** Es ist möglich, ein *achromatisches Okular* aus zwei dünnen Linsen herzustellen, selbst wenn die Linsen aus demselben Glas mit demselben Brechungsindex und derselben Dispersion hergestellt sind. D.h., in erster Näherung hängt die Brechkraft des Okulars nicht von der Wellenlänge ab. Beginnend mit der Formel für die Brechkraft von zwei dünnen Linsen, die den Abstand $d$ haben, soll gezeigt werden, daß die Brechkraft des Okulars annähernd unabhängig vom Brechungsindex ist, wenn der Abstand zwischen den Linsen durch

$$d = \frac{1}{2}(f_1' + f_2') \tag{2.28}$$

gegeben ist. Da der Brechungsindex von der Wellenlänge abhängt, ist es äquivalent zu zeigen, daß die Brechkraft unabhängig von einer kleinen Änderung des Brechungsindex ist, wenn $d$ durch (2.28) gegeben ist. Ein Okular, welches entsprechend dieser Formel hergestellt ist, wird als *Huygenssches Okular* bezeichnet. △

### 2.2.5 Klassifikation der Linsen und Bilder

Der Inhalt dieses Abschnitts erklärt sich weitgehend selbst und ist in der Abb. 2.10 illustriert. Eine *Sammellinse* oder *Positivlinse* macht aus einem Parallelbündel ein Bündel, das in einem Punkt konvergiert. Der bildseitige Brennpunkt liegt rechts von der Linse, deswegen ist $f'$ positiv. Eine solche Linse ist in der Lage, das Bild eines relativ weit entfernten Objektes auf einen Schirm abzubilden. Ein Bild, das auf einen Schirm projiziert werden kann, wird als *reelles Bild* bezeichnet. Im allgemeinen erzeugt eine Sammellinse ein reelles, *umgekehrtes* Bild eines Objektes, das sich links von ihrem objektseitigen Brennpunkt $F$ befindet. Steht das Objekt in $F$, wird das Bild nach $\infty$ projiziert. Die Linse ist nicht stark genug, um ein Bild zu erzeugen, wenn sich das Objekt innerhalb von $F$ befindet. In diesem Fall erscheint ein aufrecht stehendes Bild, das sich von rechts gesehen hinter der Linse befindet und *virtuelles Bild* heißt.

Eine Sammellinse muß nicht, wie jene in Abb. 2.10, zwei *konvexe* Oberflächen besitzen. Sie kann auch die in Abb. 2.8 dargestellte *Meniskusform* haben. Wenn die Linse in der Mitte am dicksten ist, folgt aus der Linsen-Formel (2.20), daß sie als Sammellinse wirkt.

Eine ebenfalls in Abb. 2.10 dargestellte *Zerstreuungs- oder Negativlinse* hat ihren bildseitigen Brennpunkt auf der linken Seite. Sie kann kein reelles Bild eines *reellen Objektes* erzeugen, da die bildseitige Brennweite $f'$ negativ ist. Es entsteht ein aufrechtstehendes, virtuelles Bild eines Objektes. Nur in einem Fall kann eine Zerstreuungslinse ein reelles Bild erzeugen, nämlich dann, wenn eine Sammellinse ein reelles Bild durch die Zerstreuungslinse hindurch projiziert, die sich links von der Bildebene befindet. Da der Strahlengang der Sammellinse durch die Zerstreuungslinse unterbrochen wird, erscheint nicht das reelle Bild, sondern das Bild verhält sich wie ein *virtuelles Objekt*, welches, wie in der Abbildung dargestellt, dann durch die Zerstreuungslinse abgebildet wird.

Ähnlich wie eine Sammellinse muß eine Zerstreuungslinse nicht aus zwei *konkaven* Flächen bestehen, sondern kann ebenfalls ein Meniskus sein. Wenn die Linse in der Mitte am dünnsten ist, kann gezeigt werden, daß $f'$ negativ wird und damit die Linse eine Zerstreuungslinse ist.

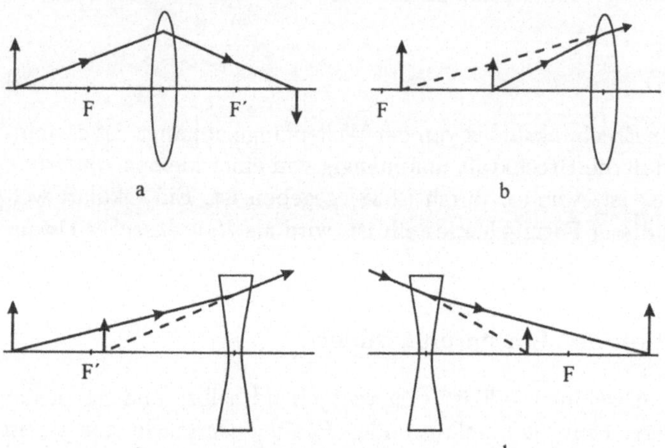


**Abb. 2.10.** (**a**) Sammellinse; reelles, umgekehrtes Bild (**b**) Sammellinse; virtuelles, aufrechtstehendes Bild (**c**) Zerstreuungslinse; virtuelles, aufrechtstehendes Bild (**d**) Zerstreuungslinse; reelles, aufrechtstehendes Bild

### 2.2.6 Sphärische Spiegel

Der benutzte Formalismus erlaubt die Behandlung der Spiegeloptik als einen Spezialfall der Linsenoptik. Zuerst berücksichtigen wir, daß das Reflexionsgesetz $i' = -i$ auch in der Form

$$(-1)\sin i' = 1 \sin i\,, \tag{2.29}$$

geschrieben werden kann. Dabei entspricht es exakt dem Brechungsgesetz mit $n' = -1$. Wir können deshalb einen Spiegel als eine einzelne brechende Fläche betrachten, an der sich der Brechungsindex von $+1$ auf $-1$ ändert. Der Leser möge selbst die „Lin“-Gleichung auf diesen Fall anwenden. Wir finden, daß die Brennweite eines Spiegels

$$f' = R/2 \tag{2.30}$$

beträgt, wobei $R$ der Krümmungsradius ist. Zusätzlich fallen die beiden Brennpunkte $F$ und $F'$ zusammen. Die Formel, die die konjugierten Größen für ein gekrümmtes Spiegelsystem verbindet, ist durch

$$(1/l') + (1/l) = 2/R \tag{2.31}$$

gegeben.

Spiegel werden üblicherweise in *konkave* und *konvexe* unterschieden. Die Abb. 2.11 zeigt, daß ein konkaver Spiegel normalerweise ein reelles, umgekehrtes Bild erzeugt, während am konvexen Spiegel ein aufrechtstehendes, virtuelles Bild eines reellen Objekts entsteht.

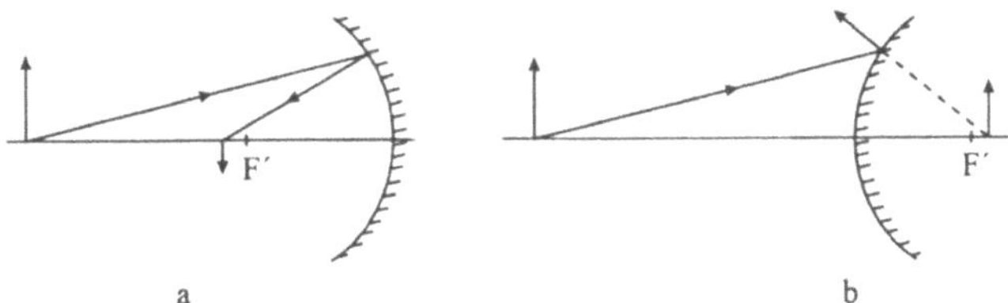


**Abb. 2.11.** (**a**) Konkavspiegel; reelles, umgekehrtes Bild (**b**) Konvexspiegel; virtuelles, aufrechtstehendes Bild

### 2.2.7 Dicke Linsen

Bis hierher haben wir nur Einzellinsen betrachtet und deren Dicke vernachlässigt. Die Näherung der dünnen Linsen ist allerdings nicht immer anwendbar. Zum Glück bedarf es nur relativ kleiner Änderungen, um den Formalismus auch an *dicke Linsen* oder Linsensysteme mit vielen Einzelelementen anzupassen.

Zu Beginn betrachtet man die in Abb. 2.12 dargestellte dicke Linse. Für die weiteren Ausführungen beschränken wir uns auf die paraxiale Näherung und arbeiten mit den Tangenten an die betrachteten Oberflächen der Linse. Bei Kenntnis der Radien der Oberflächen verfolgen wir den Weg eines Strahls, der sich ursprünglich parallel zur optischen Achse ausgebreitet hat. Der Strahl wird in diesem Fall an jeder Oberfläche nach unten gebrochen und schneidet die Achse in $F'$. Wenn wir nichts über die Linse wüßten, aber die einfallenden und austretenden Strahlen untersuchen würden, könnten wir feststellen, daß die Brechung des einfallenden Strahls scheinbar in $Q'$ erfolgt. Der Ort aller Punkte $Q'$, die Strahlen verschiedener Eintrittshöhe entsprechen, ist als *äquivalente brechende Oberfläche* bekannt. In der paraxialen Näherung ist diese äquivalente brechende Oberfläche eine Ebene, die als die *bildseitige Hauptebene* bezeichnet wird. Diese Hauptebene schneidet die Achse im *bildseitigen Hauptpunkt* $P'$.

Auf genau die gleiche Weise könnten wir einen Strahl verfolgen, der vom objektseitigen Brennpunkt $F$ ausgeht, und die *objektseitige Hauptebene* und den *objektseitigen Hauptpunkt* $P$ konstruieren. Im allgemeinen fallen $P$ und $P'$ nicht zusammen, einer oder auch beide können außerhalb der Linse liegen.

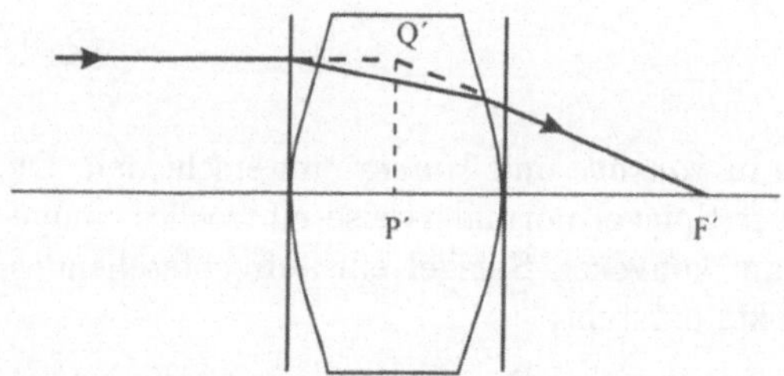


**Abb. 2.12.** Dicke Linse. Konstruktion der Bildhauptebene

Genau dieselbe Art der Konstruktion kann für Linsensysteme durchgeführt werden. Aus Gründen der Bequemlichkeit ersetzen wir, wie es in der Abb. 2.13 dargestellt ist, die Linse durch ihre Brennpunkte und Hauptebenen. Wir bezeichnen die Brennpunkte und die Hauptpunkte als die *Kardinalpunkte* der Linse.

Die Hauptebenen wurden durch die Untersuchung der Strahlen, die parallel zur Achse einfallen bzw. austreten, bestimmt. Weiterhin kann man zeigen, daß auch beliebige Strahlen mit Hilfe der Hauptebenen konstruiert werden können. Die Abb. 2.14 stellt die Konstruktion eines Bildpunktes dar. Alle Strahlen verhalten sich so, als ob sie zunächst die objektseitige Hauptebene schneiden, dann die Lücke zwischen den Hauptebenen ohne Höhenänderung überspringen und an der bildseitigen Hauptebene in Richtung des entsprechenden Bildpunktes abgelenkt werden. Der Bereich zwischen $P$ und $P'$ ist in gewissem Sinne toter Raum.

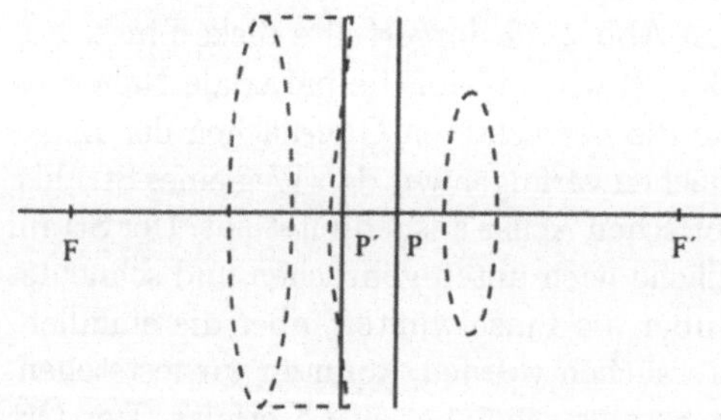


**Abb. 2.13.** Die Hauptpunkte eines optischen Systems

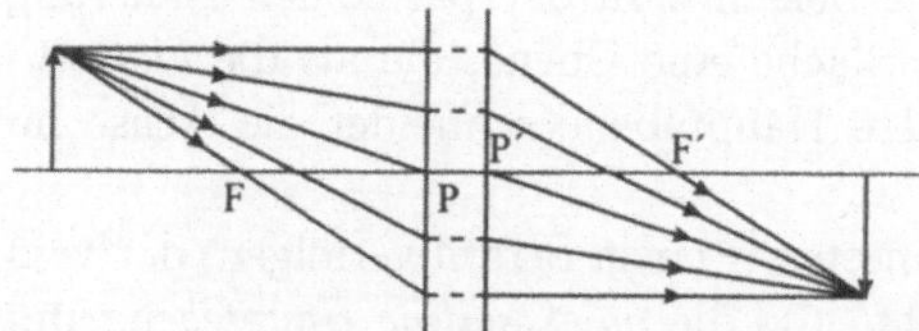


**Abb. 2.14.** Die Bildentstehung

Formeln wie die Abbildungsgleichung können unter der Voraussetzung auf dicke Linsen angewendet werden, daß die *Objekt-* und die *Bildweite* von $P$ bzw. $P'$ aus gemessen werden. Die Linsenbrennweiten sind somit $PF$ und $P'F'$. Aus diesem Grund ist zum Beispiel der Abstand von der hinteren Fläche der Linse zu $F'$ meist nicht gleich der Brennweite. Bekannt ist dieser Abstand als *Bildschnittweite* oder *Arbeitsabstand.* Wie letzterer Begriff schon aussagt, kann er besonders wichtig bei der mechanischen Gestaltung optischer Instrumente sein.

Die Brennweite einer dicken, einelementigen Linse mit dem Brechungsindex $n$ ist implizit gegeben durch

$$\frac{1}{f'} = (n-1)\left(\frac{1}{R_1} - \frac{1}{R_2}\right) + \frac{d\,(n-1)^2}{nR_1R_2}\,, \tag{2.32}$$

wobei $d$ die Dicke der Linse ist.

### 2.2.8 Bildkonstruktion

Um bestimmte Rechnungen durchzuführen, wird ein Bild im einfachsten Fall durch die Verfolgung von zwei oder drei speziellen Strahlen konstruiert. Zum Beispiel ist es für die Lokalisierung des Bildes in der Abb. 2.14 nur notwendig, zwei von den vielen Strahlen, die von der Pfeilspitze ausgehen, zu verfolgen. Ihr Schnittpunkt legt das Bild der Pfeilspitze in der paraxialen Näherung fest.

Für unsere Konstruktion wählen wir zuerst den Strahl aus, der die Pfeilspitze parallel zur optischen Achse verläßt. Er verläuft durch $F'$. Der zweite Strahl ist der, der durch $F$ geht. Er wird parallel zur Achse abgelenkt. Wo sich die Strahlen schneiden, zeichnen wir die Pfeilspitze und konstruieren das Bild wie dargestellt.

Neben diesen beiden Strahlen ist es oft nützlich, den Strahl auszuwählen, der durch $P$ hindurch geht. Dieser Strahl tritt bei $P'$ aus. Um den Weg dieses Strahls zu verfolgen, betrachtet man zuerst eine dünne Linse in der paraxialen Näherung. Man nehme nun einen Strahl an, der unter dem Winkel $w$ zur optischen Achse der Linse gerichtet ist. Da die Linse unendlich dünn ist, ist damit der Strahl gleichzeitig zum Scheitelpunkt der ersten Oberfläche gerichtet, das heißt in Richtung des Schnittpunktes der ersten Oberfläche mit der Achse. In der Nähe der Achse erscheint jedoch die Oberfläche als eine Ebene senkrecht zur Achse. Der Strahl wird unter dem Brechungswinkel $r$ gebrochen. Da die Linse unendlich dünn ist, geht er ohne Höhenänderung durch die Linse hindurch. Die zweite Oberfläche erscheint ebenfalls als eine Ebene senkrecht zur Achse, und durch eine zweite Anwendung des Snelliusschen Brechungsgesetzes (Gl. 2.1) folgt, daß der Austrittswinkel $w'$ aus der Linse gleich dem Einfallswinkel $w$ ist,

$$w' = w\,. \tag{2.33}$$

Anders ausgedrückt verhält sich eine dünne Linse bei paraxialer Näherung in der Nähe des Scheitelpunktes wie eine dünne parallele Platte, so daß kein Strahl, der durch den Mittelpunkt der Linse geht, durch diese Linse abgelenkt wird.

Eine Linse soll in Medien mit unterschiedlichen Brechungsindizes eingetaucht werden. Das bedeutet typischerweise, daß sich auf der einen Seite Luft und auf der anderen Seite Wasser oder Öl befinden. Das Argument, welches zu (2.33) führte, ergibt hier für den allgemeinen Fall

$$n'w' = nw \,, \tag{2.34}$$

wobei $n$ der Brechungsindex auf der linken Seite der Linse ist und $n'$ der auf der rechten Seite.

Gleichung 2.34 kann auf eine dicke Linse angewendet werden, indem einfach der Mittelpunkt der dünnen Linse durch die zwei Hauptebenen ersetzt wird. Für den in der Abb. 2.15 dargestellten Sachverhalt heißt das, daß ein Strahl unter einem Winkel $w$ zur Achse durch den objektseitigen Hauptpunkt $P$ geht. Der Winkel, unter dem der Strahl im bildseitigen Hauptpunkt $P'$ austritt, ist der durch (2.34) implizit gegebene Winkel $w'$. Dies ist ein wichtiges Resultat für die im folgenden dargestellten Anwendungen der Strahldurchrechnung.

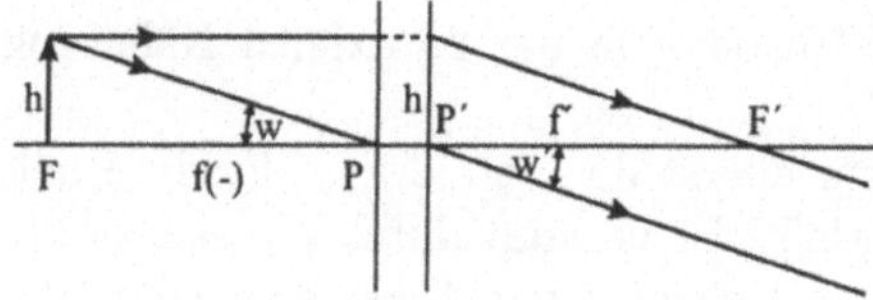


**Abb. 2.15.** In Richtung des primären Hauptpunktes gerichtete Strahlen

Ein auf $P$ gerichteter Strahl tritt in $P'$ ungeändert bzgl. seiner Richtung aus, vorausgesetzt, die Linse ist völlig von Luft oder einer Flüssigkeit umgeben. Punkte, die diese Eigenschaft aufweisen, nennt man die *Knotenpunkte* einer Linse. Nur wenn die Linse sich in Luft befindet, stimmen diese Knotenpunkte mit den Hauptpunkten überein.

Man kann die Eigenschaften der Knotenpunkte nutzen, um die Hauptebenen einer dicken Linse zu lokalisieren. Wäre ein Strahl genau nach $P$ gerichtet, würde er in $P'$ ohne Richtungsänderung austreten, auch wenn wir die Linse um eine Achse, die durch $P$ geht, drehen würden. Dabei wird ein Wertebereich von $w$ nicht durch Ändern der Richtung einfallender Strahlen, sondern durch die Drehung der Linse überstrichen. Dies ist so weil entsprechend (2.33) $w' = w$ unabhängig vom Wert von $w$ ist.

Um die Knotenpunkte zu bestimmen, wird die Linse um eine Achse senkrecht zur Linsenachse gedreht. Dann wird die Linse so lange parallel zu ihrer eigenen Achse verschoben, bis die Richtung der austretenden Strahlen nicht mehr durch die Drehung beeinflußt wird. Die Drehachse geht nun durch den objektseitigen Hauptpunkt. Ein optischer Aufbau, der diese Operationen, „Verschiebung und Drehung der Linse" ermöglicht, wird in der englischsprachigen Literatur als „nodal slide" bezeichnet. Dabei werden die Hauptpunkte durch Ausnutzung ihrer Knotenpunkteigenschaften lokalisiert. Die bildseitige Hauptebene wird durch das Umdrehen der Linse in diesem optischen Aufbau bestimmt.

### 2.2.9 Der Abbildungsmaßstab

Wir konstruieren ein Bild mit den beiden in Abb. 2.16 gezeigten Strahlen und fordern, daß $w = w'$ ist, wie wir gerade gezeigt haben. Durch einfache geometrische Betrachtungen finden wir, daß

$$w = h/l \tag{2.35a}$$

und

$$w = w' = h'/l' \ , \tag{2.35b}$$

gilt, wobei $h$ die Objekthöhe und $h'$ die Bildhöhe sind. Durch Gleichsetzen von $w$ und $w'$ finden wir

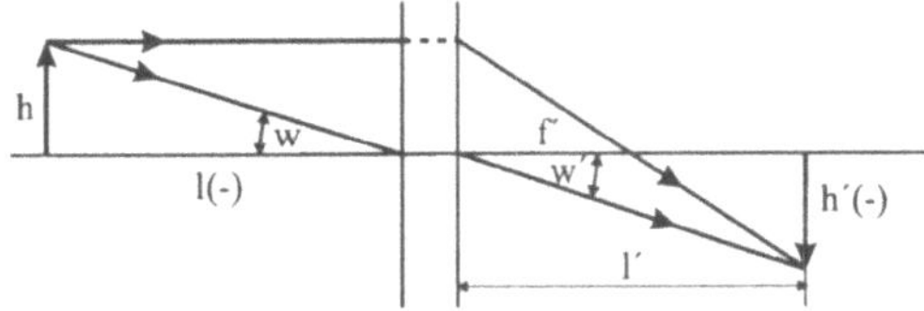


**Abb. 2.16.** Der Abbildungsmaßstab

$$h'/h = l'/l \ . \tag{2.36}$$

Wir definieren den *Abbildungsmaßstab* als das Verhältnis von Bildgröße zu Objektgröße,

$$m = h'/h \ . \tag{2.37}$$

In Termen von $l$ und $l'$ ergibt sich dann

$$m = l'/l \ . \tag{2.38}$$

Die Definition von $m$ enthält die Vorzeichen von $l$ und $l'$. Dadurch wird $m$ negativ, wenn das Bild wie in Abb. 2.16 umgekehrt ist, und positiv, wenn das Bild aufrecht steht.

Zusätzlich zum Abbildungsmaßstab $m$ existiert eine Größe, die als *Tiefenabbildungsmaßstab* $\mu$ bekannt ist. Das Konzept dafür ist in Abb. 2.17 dargestellt, wo sich ein kleines Objekt der Länge $\Delta l$ auf der optischen Achse befindet. Sein Bild ist reell mit der Länge $\Delta l'$. Das Verhältnis dieser Längen ist $\mu$. Der einfachste Weg, um $\mu$ zu berechnen, besteht darin, von der Abbildungsgleichung in Luft auszugehen,

$$(1/l') - (1/l) = 1/f' . \tag{2.39}$$

Wir differenzieren beide Seiten nach $l$ und erhalten, da $f'$ eine Konstante ist

$$-\left(1/l'^2\right)(\Delta l'/\Delta l) + 1/l^2 = 0 . \tag{2.40}$$

Definiert man $\mu$ durch

$$\mu = \Delta l'/\Delta l , \tag{2.41}$$

finden wir sofort, daß

$$\mu = (l'/l)^2 \tag{2.42}$$

oder

$$\mu = m^2 \tag{2.43}$$

gilt. Der Tiefenabbildungsmaßstab in Luft ist gleich dem Quadrat des Abbildungsmaßstabs.

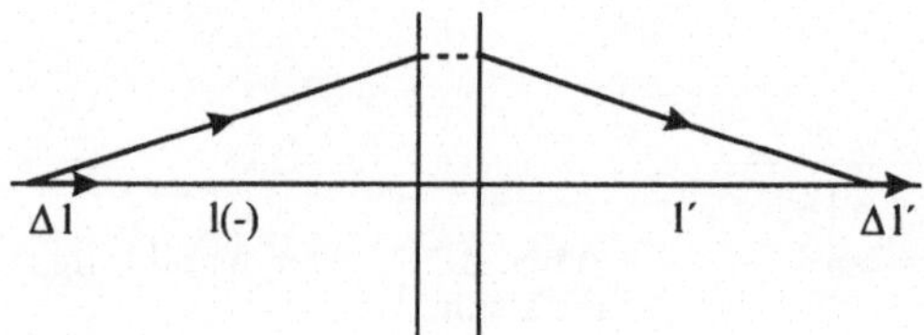


**Abb. 2.17.** Der Tiefenabbildungsmaßstab

**Beispiel 2.3**. Um die korrekte Belichtung für Nahaufnahmen zu bestimmen, wenn $m$ in der Größenordnung von $-1$ liegt, benutzen Photographen *effektive Blenden-* oder *F-Zahlen* $(f'/D)\,(1-m)$, wobei $m$ für ein reelles, umgekehrtes Bild negativ ist. Beweisen Sie die Gültigkeit dieser Aussage, indem Sie zeigen, daß $l' = f'\,(1-m)$ ist. Übrigens gilt auf der anderen Seite der Linse $l = f\,(1-1/m)$. [In der Photographie wird diese Beziehung üblicherweise als $(f'/D)\,(1+m)$ geschrieben, wobei $m$ hier der Betrag des Abbildungsmaßstabs ist.] △

### 2.2.10 Die Newtonsche Form der Abbildungsgleichung

Dies ist eine alternative Form der Abbildungsgleichung und äußerst nützlich, wenn einer der beiden zueinander konjugierten Punkte dicht bei einem der Brennpunkte liegt.

Wir definieren die Entfernung $x$ zwischen $F$ und dem Objektpunkt wie in Abb. 2.18 dargestellt. Da die beiden entgegengesetzten Winkel, die bei $F$ entstehen, gleich sind, gilt

$$h/x = h'/f \ . \tag{2.44a}$$

In einer ähnlichen Art und Weise definieren wir $x'$ und erhalten

$$h'/x' = h/f' \ . \tag{2.44b}$$

Nach Multiplikation von (2.44a) und (2.44b) finden wir

$$xx' = ff' \ . \tag{2.45}$$

Da $f$ und $x$ beide negativ sind, ist eine Vorzeichenänderung in der Gleichung nicht notwendig. Für eine Linse in Luft gilt $f' = -f$ . Damit wird die Gleichung zu

$$xx' = -f'^2 \ . \tag{2.46}$$

Das ist die sogenannte *Newtonsche Form* der Abbildungsgleichung.

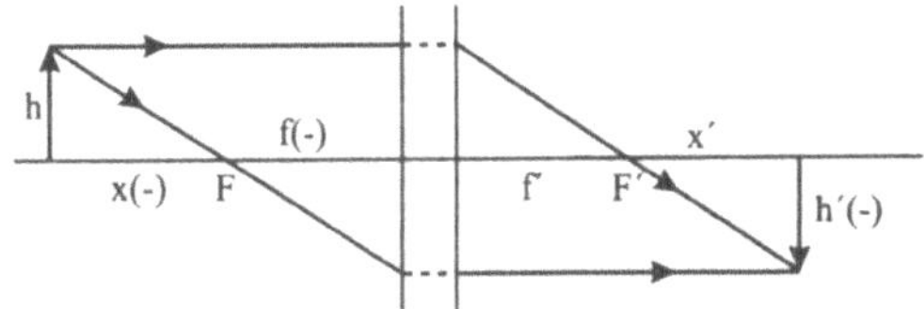


**Abb. 2.18.** Die Newtonsche Form der Abbildungsgleichung

### 2.2.11 Die Helmholtz-Lagrangesche Invariante

Um die als *Helmholtz-Lagrangesche Invariante* bekannte Größe abzuleiten, verfolgen wir, wie in Abb. 2.19 dargestellt, zwei Strahlen. Wir betrachten den allgemeinen Fall einer Linse mit verschiedenen Medien auf beiden Seiten. Es ist einfach, die bereits oben angeführte Gleichung (2.34) zu verallgemeinern und zu zeigen, daß die Relation

$$nw = n'w' \tag{2.47}$$

für jeden Strahl gilt, der zum objektseitigen Hauptpunkt $P$ gerichtet ist. Da $w = h/l$ und $w' = h'/l'$ ist, finden wir

$$n\,(h/l) = n'\,(h'/l') \ . \tag{2.48}$$

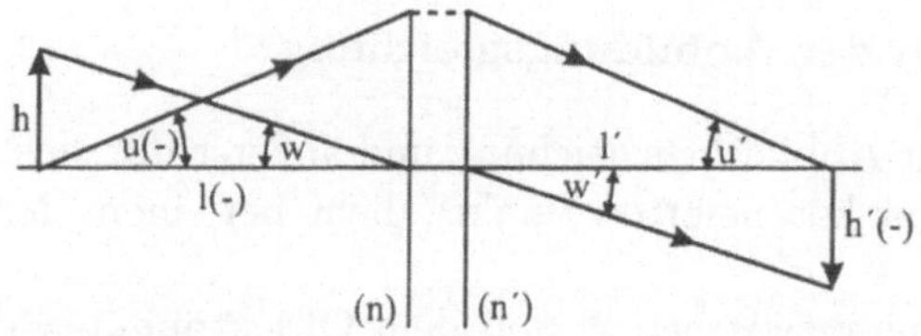


**Abb. 2.19.** Die Helmholtz-Lagrangesche Invariante

Wir verfolgen einen zweiten Strahl, der von der Achse (vom Pfeilende) herkommt. Wenn der Strahl die Hauptebene in der Höhe $y$ durchstößt, dann sind $l$ und $l'$ mit $u$ und $u'$ durch $u = y/l$ bzw. $u' = y/l'$ verknüpft. Somit finden wir

$$hnu = h'n'u' \,. \tag{2.49}$$

Das heißt, die Größe ($hnu$) bleibt konstant, wenn wir den Durchgang eines gegebenen Strahls durch das optische System verfolgen.

$hnu$ ist die *Helmholtz-Lagrangesche Invariante.* Wenn wir von der paraxialen Näherung absehen, finden wir, daß ein gut korrigiertes optisches System die Sinusbedingung erfüllen sollte, d.h.

$$hn \sin u = h'n' \sin u' \,. \tag{2.50}$$

$hn \sin u$ wird in der paraxialen Näherung zu $hnu$. Üblicherweise wird für $u$ der größte Winkel angenommen, unter dem ein Strahl in das optische System eintreten kann.

### 2.2.12 Aberrationen

Die Aberrationen für eine einfache, einelementige Linse können ziemlich stark sein, wenn der Durchmesser dieser Linse, verglichen mit der Bild- oder Objektweite, relativ groß ist oder wenn sich das Objekt weit entfernt von der Linsenachse befindet. Eine detaillierte Diskussion der Aberrationen ist hier nicht angebracht. Es soll die Aussage genügen, daß es notwendig ist, eine Linse wie z. B. ein Objektiv zu benutzen, deren Aberrationen weitgehend korrigiert sind, wenn eine einfache Linse nicht in der Lage ist, eine bestimmte Aufgabe zu erfüllen. Für spezifische Anwendungen müssen spezielle Linsen entwickelt und hergestellt werden.

Als Faustregel kann gelten, daß eine einfache Linse für allgemeine Zwecke der Optik benutzt werden kann, wenn ihr Durchmesser kleiner ist als ca. ein Zehntel der Objekt- oder Bildweite (je nachdem, welche kleiner ist) und wenn sich das Objekt relativ nahe der optischen Achse befindet. Mit diesen Einschränkungen kann die im Kap. 3 diskutierte theoretische Leistungsgrenze nahezu erreicht werden. Wenn die beiden konjugierten Weiten nicht gleich lang sind, ist die beste Form für eine einfache Linse die der annähernd plankonvexen, wobei die ebene Seite zur kürzeren Weite hinzeigt. Sind die beiden Konjugierten ungefähr gleich, sollte die Linse bikonvex sein.

Ein Teleskopobjektiv, welches aus zwei Elementen besteht (die üblicherweise miteinander verkittet sind), wird besonders im weißen Licht eine bessere Leistung zeigen als eine einfache Linse. Der Hauptvorteil bei der Benutzung eines solchen Objektivs besteht darin, daß es teilweise bezüglich der *chromatischen Aberration* korrigiert ist, die aus der Variation des Brechungsindex mit der Wellenlänge folgt. Viele Teleskopobjektive sind auf einer Seite annähernd eben; dies ist die Seite, die der kürzeren der beiden konjugierten Weiten zugewandt sein sollte.

Photographische Objektive werden normalerweise so gestaltet, daß eine der Konjugierten im Unendlichen liegt und die andere in der Nähe des Brennpunktes. Ein gutes Photoobjektiv kann ein adäquates Bild über einen Winkelbereich von 20° bis 25° abbilden. Wenn es notwendig sein sollte, ein Photoobjektiv so zu benutzen, daß sich das Objekt nahe des Brennpunktes befindet und daß das Bild in einer großen Entfernung entsteht, sollte man sorgfältig darauf achten, daß die Seite, die normalerweise zur Kamera hin gerichtet ist, jetzt zum Objekt zeigt. (Mit bestimmten modernen, hochaperturigen Linsen können in dieser Konfiguration allerdings Probleme mit der Ebenheit des Bildes auftreten.)

Gewöhnliche Kameraobjektive sind speziell für entfernte Objekte ausgelegt; sie funktionieren nicht sonderlich gut bei Vergrößerungen nahe 1. Dafür sind Linsen für Großaufnahmen (Makrolinsen), Kopiererlinsen oder Vergrößerungslinsen vorzuziehen. Kollimatorlinsen sind speziell für Parallelstrahlen gestaltet und sollten nicht für Abbildungen, die hohe Qualität über ein großes Gesichtsfeld erfordern, genutzt werden.

Hochspezialisierte Linsen, wie z.B. solche, die für Luftaufnahmen eingesetzt werden, können ein nahezu perfektes Bild über die Gesamtheit eines ziemlich großen Bildfeldes erzeugen.

Der durchschnittliche Nutzer von Optik benötigt keine Kenntnisse der Aberrationstheorie, trotz alledem ist er gut beraten, darauf zu achten, wofür eine Linse ursprünglich vorgesehen war.

## Aufgaben

**Aufgabe 2.1.** Zwei ebene Spiegel stehen unter einem festen Winkel ($\alpha < 180°$) zueinander. Ein Strahl fällt auf einen der Spiegel unter einem Winkel $a$. Wir definieren den *Ablenkungswinkel* $\delta$ als den spitzen Winkel zwischen dem einfallenden und dem austretenden Strahl.

a) Zeigen Sie, daß $\delta$ unabhängig von $a$ ist. Zwei solche Spiegel sind ein Beispiel für ein System mit konstanter Ablenkung. Dieses System wird so genannt, weil die Ablenkung unabhängig von $a$ ist.

b) Zeigen Sie weiterhin, daß ein Reflexionsprisma aus Glas nur als ein System mit konstanter Ablenkung benutzt werden kann, wenn der Prismenwinkel 90° ist und dann auch nur in der paraxialen Näherung.
c) Unter welchen Bedingungen wird ein einfallender Strahl den Winkelspiegel nach der zweiten Reflexion nicht mehr verlassen können?

**Aufgabe 2.2.** Zeigen Sie, daß in der paraxialen Näherung eine Glasplatte das von einer Linse erzeugte Bild um die Entfernung $d(1 - 1/n)$ verschiebt, wobei $d$ die Dicke der Platte und $n$ ihr Brechungsindex ist.

**Aufgabe 2.3.** Zeigen Sie durch eine geometrische Konstruktion (nicht durch die „Lin"-Gleichung), daß die Objekt-Bild-Beziehung für einen gekrümmten Spiegel durch (2.31) gegeben ist.

**Aufgabe 2.4.** Zeigen Sie, daß die effektive Brennweite $f'_{\text{eff}}$ einer Linse und eines Spiegels, die sich in engem Kontakt befinden, gegeben ist durch

$$1/f'_{\text{eff}} = (2/f') + (2/R) ,$$

wobei $f'$ die Brennweite der Linse und $R$ der Krümmungsradius des Spiegels ist.

**Aufgabe 2.5.**

a) Ein *Teleobjektiv* besteht aus einer Sammellinse, vor deren Brennpunkt sich eine Zerstreuungslinse befindet. Skizzieren Sie ein solches Objektiv und zeigen Sie, daß seine effektive Brennweite größer ist als die Entfernung zwischen der Sammellinse und der Brennebene des Linsensystems. Worin besteht der Vorteil eines solchen Objektivdesigns? (Das Prinzip des Teleobjektivs wird in der Astronomie benutzt, um die Brennweite zu vergrößern. Die Zerstreuungslinse wird als *Barlow-Linse* bezeichnet.)
b) Ein *umgekehrtes Teleobjektiv* besteht aus einer Sammellinse und einer vorgesetzten Zerstreuungslinse. Skizzieren Sie dieses Objektiv und lokalisieren Sie seine bildseitige Hauptebene. Worin besteht der Wert dieses Objektivdesigns? (In der Photographie wird für Weitwinkelobjektive oft das Prinzip des umgekehrten Teleobjektivs verwendet.)

**Aufgabe 2.6.** Eine dünne Linse bildet eine geneigte Objektebene ab. Zeigen Sie qualitativ oder geometrisch, daß die Abbildung in allen Punkten exakt ist, vorausgesetzt, daß die Verlängerungen der Objektebene, der Hauptebene der Linse und der Bildebene sich in einer Linie schneiden.

**Aufgabe 2.7.**

a) Eine dünne Linse hat in Luft die Brennweite $f'$. Ihr Brechungsindex ist $n$. Wie groß ist ihre Brennweite, wenn sie in ein Medium gebracht wird, dessen Brechungsindex $n'$ ist?
b) Können Sie allgemein die Brennweite einer dünnen Linse bestimmen, wenn sich auf der einen Seite Luft und auf der anderen Seite eine hochbrechende Flüssigkeit befindet?

c) Verfolgen Sie den objektseitigen Parallel-, Brennpunkt- und Mittelpunktstrahl in der Abb. 2.14 durch eine Linse, wobei sich auf der linken Seite Luft und auf der rechten Seite eine Flüssigkeit mit dem Brechungsindex $n'$ befindet. Zeigen Sie, daß sich alle drei Strahlen in einem Punkt schneiden.

**Aufgabe 2.8.** Ein Bündel paralleler Strahlen wird auch als kollimiert bezeichnet. Wir wollen ein Lichtbündel durch eine Linse mit 50 mm Brennweite kollimieren, indem wir eine Quelle in den objektseitigen Brennpunkt $F$ bringen. Um das zu erreichen, fokussieren wir die Quelle auf die Laborwand. Leider ist diese Laborwand nur 3 m von der Linse entfernt. Um welche Entfernung muß die Linse in Richtung der Quelle verschoben werden, um eine echte Kollimation zu erreichen?

Dies ist eine praktische Methode, ein Bündel zu kollimieren, wenn die Anforderungen nicht übermäßig sind.

**Aufgabe 2.9.** Eine transparente Kugel hat einen homogenen Brechungsindex von $n$. Das Bild eines entfernten Objekts liegt auf der Oberfläche der Kugel. Wie groß ist der Brechungsindex der Kugel?

**Aufgabe 2.10.** Eine perfekte Linse projiziert einen Strahlenkegel in Richtung des Punktes $O$, der sich in der Entfernung $l$ hinter einer Luft-Glas-Grenzfläche befindet (Abb. 2.20). Wenn die numerische Apertur groß ist, kreuzt ein Randstrahl die Achse im Punkt $O''$, der sich in einer anderen Entfernung $L' > l'$ von der Grenzfläche befindet als der paraxiale Bildpunkt $O'$. Der Radius $\delta$ des Zerstreuungskreises in der paraxialen Brennebene wird auch als *Queraberration* bezeichnet. Zeigen Sie, daß diese Queraberration durch $\delta = (n \tan u - n' \tan u')\,(l'/n')$ gegeben ist, wobei die Größen in Abb. 2.20. definiert sind. Nehmen Sie an, daß $\lambda = 0{,}55\,\mu\text{m}$, $\sin U = 0{,}65$, $l' = 170\,\mu\text{m}$, $n = 1$ und $n' = 1{,}5$ sind. Zeigen Sie, daß $\delta \cong 16\,\mu\text{m}$ ist. Vergleichen Sie dieses mit der durch die Beugung bedingten Auflösungsgrenze $0{,}61\lambda/NA$ (Abschn. 3.8).

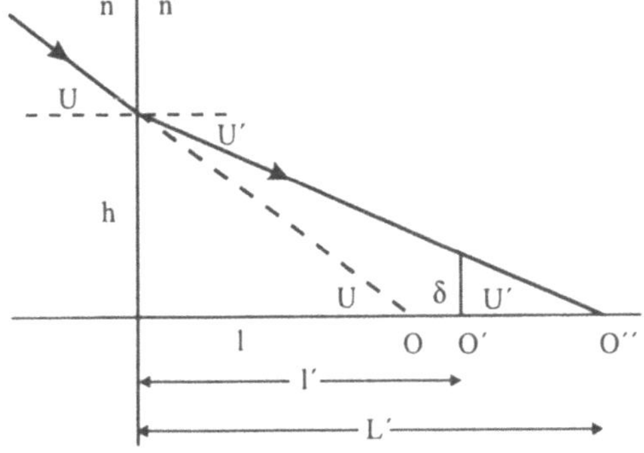


**Abb. 2.20.** Die sphärische Aberration eines konvergierenden Strahls an einer ebenen Grenzfläche

**Aufgabe 2.11.** Ein konkaver Glasspiegel ($n = 1,5$) in einem Farbstofflaser hat einen Krümmungsradius von 10 cm. In diesem Laser ist der Farbstoffjet im Krümmungsmittelpunkt dieses Spiegels lokalisiert. Der Spiegel reflektiert das Licht eines Argonlasers nur wenig, deshalb haben wir uns dafür entschieden, den Farbstoff durch direkte Fokussierung des Argonlaserstrahls unmittelbar durch den Spiegel hindurch anzuregen. Nehmen Sie an, daß der Spiegel auf der nichtreflektierenden Seite eben ist. Welche Brennweite muß eine Linse haben, um ein kollimiertes Bündel durch den Spiegel hindurch so abzubilden, daß es in den Krümmungsmittelpunkt fokussiert wird?

# 3. Optische Instrumente

In diesem Kapitel diskutieren wir optische Instrumente, die durch die geometrische Optik beschrieben werden. Das sind Geräte, deren wesentliche Komponenten Linsen sind. Unser Ziel ist es nicht vorrangig, diese Instrumente zu beschreiben, sondern genügend Material bereitzustellen, um sie vernünftig zu nutzen.

## 3.1 Das Auge (als optisches Instrument)

Für unsere Zwecke ist das optische System des menschlichen Auges (Abb. 3.1) die sphärische, transparente *Hornhaut* (*Cornea*) und die sich dahinter befindende *Linse* (*Kristallinse*). Das Innere des Auges besteht aus einer Flüssigkeit mit einem Brechungsindex, der gleich dem des Wassers von 1,33 ist. Die Linse hat einen etwas höheren Brechungsindex von 1,4. Das Auge ist in der Lage, sich selbst durch die Veränderung der Brechkraft der Linse mittels unbewußter Muskelkontraktionen scharf einzustellen.

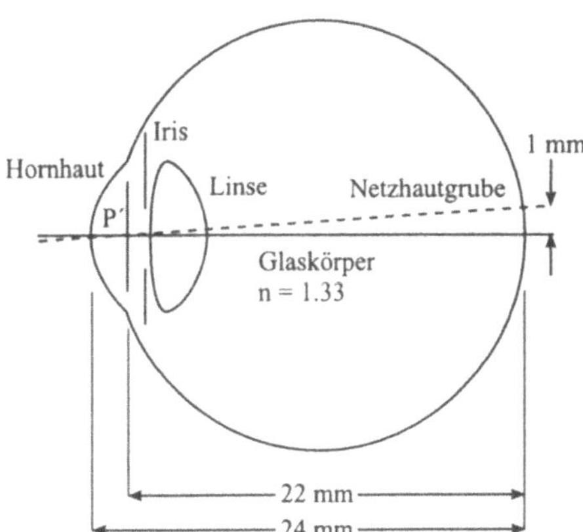


**Abb. 3.1.** Das optische System des menschlichen Auges

Die Hauptpunkte des Auges fallen annähernd zusammen und befinden sich ca. 2 mm hinter der Hornhaut und 22 mm von der lichtempfindlichen

Bildfläche, der *Netzhaut* (*Retina*), entfernt. Zusätzlich besitzt das Auge eine veränderliche Apertur vor der Linse, die *Iris*. Die Iris steuert ebenfalls durch unwillkürliche Muskelkontraktionen die Menge des Lichts, das auf die Netzhaut fällt.

In der physiologischen Optik wird statt der Brennweite üblicherweise die *Brechkraft* einer Linse benutzt. Die Brechkraft $P$ wird durch die Gleichung

$$P = n'/f' = n/f \;;$$

definiert. Die Maßeinheit der Brechkraft $P$ ist die Dioptrie (dpt), wobei $f'$ in Metern gemessen wird. Diese Größe ist nützlich, da sich die Brechkräfte dünner Linsen, die sich in Kontakt (oder annähernd in Kontakt) befinden, addieren [siehe (2.26) und (2.27)].

Die Brechkraft der Hornhaut eines normalen Auges beträgt ungefähr 43 dpt und die der Linse 17 dpt. Die Gesamtbrechkraft des Auges ergibt sich somit zu somit 60 dpt. Das Auge stellt auf nahe Objekte durch Veränderung der Brechkraft der Kristallinse mittels Muskelkontraktionen scharf. Dieser Vorgang wird als *Akkomodation* bezeichnet. Selbst das normale Auge verliert jedoch seine Akkomodationsfähigkeit mit zunehmendem Alter. Aus diesem Grund benötigen Menschen über Vierzig oft Korrekturlinsen zum Lesen. Dieser Prozeß der Abnahme der Akkomodationsfähigkeit ist ein allmählich auftretendes Phänomen. Im allgemeinen wird es zunächst nicht bemerkt, bis plötzlich „die Arme zu kurz werden“.

Die kürzeste Entfernung, auf die das Auge bequem scharfstellen kann, hängt von seiner maximalen Akkomodation ab. Wir bezeichnen diese Entfernung als die kürzeste Entfernung des deutlichen Sehens oder den *Nahpunkt* $d_\mathrm{v}$. Es ist üblich, die deutliche Sehweite mit 25 cm (oder 10 Zoll) zu definieren, was dem Nahpunkt des 40 Jahre alten Standardauges entspricht. Tatsächlich kann der Nahpunkt bedeutend kürzer sein: bis zu wenigen Zentimetern bei einem kleinen Kind.

Außer dem Verlust der Akkomodationsfähigkeit, die als *Alterssichtigkeit* (*Presbyopie*) bekannt ist, kann das optische System des Auges eine Brechkraft aufweisen, die im Verhältnis zur Größe des Augapfels unnormal ist. Wenn die Brechkraft des Auges zu groß oder der Augapfel zu lang ist, kann das Auge nicht auf entfernte Objekte scharfstellen, dieser Zustand wird als *Kurzsichtigkeit* (*Myopie*) bezeichnet. Umgekehrt spricht man von *Weitsichtigkeit* (*Hypermetropie*), wenn das optische System des Auges nicht hinreichend stark ist. Mitunter wird die Presbyopie mit der Weitsichtigkeit verwechselt; weitsichtige Menschen können allerdings nicht exakt auf $\infty$ scharfstellen, während Menschen, die an Presbyopie leiden, einen relativ weit entfernten Nahpunkt haben, auch wenn ihre Augen auf große Entfernungen korrekt scharf stellen können.

Ein myopisches Auge wird mit einer Zerstreuungslinse (Negativlinse) korrigiert; ein hypermetropisches Auge mit einer Sammellinse (Positivlinse). Ein presbyopisches Auge wird ebenfalls mit einer Sammellinse korrigiert. Diese

Korrekturlinse dient aber nur zum nahen Sehen; viele alterssichtige Menschen benötigen deshalb eine solche Korrektur nur zum Lesen und für kurze Arbeitsabstände.

Jemand, der sowohl myopisch als auch presbyopisch ist, kann Bifokal- oder sogar Trifokalgläser benutzen. Das sind Linsen, die in zwei (oder drei) Bereiche mit unterschiedlicher Brechkraft unterteilt sind; normalerweise korrigiert der obere Teil der Linse das Auge für das Weitsehen, während der untere Teil eine etwas geringere negative Brechkraft besitzt und beim Nahsehen korrigierend wirkt. Ebenso kann jemand, der sowohl hypermetropisch als auch presbyopisch ist, Bifokal- oder Trifokalgläser tragen. Schließlich gibt es noch das *astigmatische* Auge, dessen brechende Oberflächen schwach ellipsoid statt sphärisch sind. Astigmatismus wird durch eine Kombination von Zylinderlinsen und sphärischen Linsen korrigiert.

**Beispiel 3.1**. Zeigen Sie, daß die Abbildungsgleichung für das Auge in der Form

$$1/l = -(P_\mathrm{k} + P_\mathrm{a}) \,, \tag{3.1}$$

geschrieben werden kann, wobei $P_\mathrm{a}$ die Brechkraft des akkomodierten Auges ist, oder der Betrag, um den sich die Brechkraft der Augenlinse vergrößert hat, und $P_\mathrm{k}$ der Brechungsfehler, um den das Auge zu stark oder zu schwach ist. (Wenn eine Person nahsichtig mit +4 dpt ist, dann ist dies der Wert von $P_\mathrm{k}$.) △

Die Kontraktionen der Iris helfen dem Auge, auf verschiedene Helligkeiten zu *adaptieren*. Eine Öffnung wie die Iris, die die Lichtmenge begrenzt, welche in ein System eintritt, wird als *Aperturblende* bezeichnet; die Iris ist die Aperturblende des Auges. Der Durchmesser der Iris variiert von ca. 2 mm bei hellem Licht bis zu 8 mm in der Dunkelheit. Für viele Zwecke wird ihr Durchmesser mit 5 mm angenommen.

Die Netzhaut besteht aus vielen kleinen, lichtempfindlichen Detektoren, den *Stäbchen* und den *Zäpfchen*. Die Zäpfchen arbeiten bei großem Lichteinfall und sind für das Farbensehen verantwortlich. Bei geringen Leuchtdichten übernehmen die Stäbchen die Funktion des Sehprozesses. Allerdings können sie keine Farben unterscheiden. (Das ist ein Grund dafür, daß Gegenstände in der Dämmerung gleichmäßig farblos erscheinen.) Das Umschalten des Auges zwischen dem Stäbchen- und dem Zäpfchensehen erfolgt durch einen Mechanismus, der als *neuronale Inhibition* bezeichnet wird und der das Stäbchensehen abschaltet. Auf diesem Weg erreicht das Auge einen Dynamikbereich bezüglich der Leuchtdichte von bis zu $10^6 : 1$.

Die Region des schärfsten Sehens wird *Gelber Fleck* (*macula lutea*) genannt. Dieser Gelbe Fleck befindet sich dicht neben der optischen Achse des Systems. In der Nähe des Zentrums des Gelben Flecks gibt es einen Bereich, der als *Netzhautgrube* (*fovea centralis*) bezeichnet wird. Die Netzhautgrube enthält keine Stäbchen, sondern besitzt eine hohe Dichte von Zäpfchen und ermöglicht damit die größte Sehschärfe. Wenn das Auge auf einen bestimmten Punkt fixiert wird, das heißt beim „direkten Sehen", dann wird dieser Punkt auf die Netzhautgrube abgebildet. Die Sehschärfe nimmt mit dem Abstand von der Netzhautgrube sehr schnell ab. Das kann leicht gezeigt werden, indem man auf den zentralen Teil einer Zeile dieser Seite fixiert und gleichzeitig versucht, die ganze Zeile zu lesen.

Der größte Teil der Stäbchen befindet sich außerhalb der Netzhautgrube. Dort wiederum ist die Zahl der Zäpfchen klein. Innerhalb der Netzhautgrube selbst gibt es nur wenige Stäbchen, aus diesem Grund ist es schwierig, nachts deutlich zu sehen.

Die Zäpfchen sind in der Netzhautgrube dicht gepackt; jedes dieser Zäpfchen nimmt vom Hauptpunkt aus betrachtet einen Winkel von etwas weniger als 0,15 mrad $(0,5')$ ein. Das Auge kann zwei Punkte nur unterscheiden, wenn ihre Bilder durch den Abstand eines Zäpfchen voneinander getrennt sind; andernfalls erscheinen diese zwei Punkte nur als einer. Deswegen kann das Auge bestenfalls Punkte unterscheiden, die ungefähr 0,3 mrad $(1')$ voneinander getrennt sind. Für ein Objekt, welches sich in der Entfernung $d_\mathrm{v}$ befindet, entspricht dies einer *Auflösungsgrenze* von ca 0,1 mm. Die Sehschärfe nimmt mit dem Abstand von der Netzhautgrube rapide ab.

Die auf diesem Wege abgeschätzte Auflösungsgrenze stimmt bemerkenswert gut mit der theoretischen Auflösungsgrenze überein, die mit Hilfe der Beugungstheorie für eine 2 mm große Pupille berechnet werden kann (das entspricht ungefähr dem Pupillendurchmesser im hellen Sonnenlicht). Wären die Zäpfchen weniger dicht gepackt, würde darunter die Auflösung leiden. Wären andererseits die Zäpfchen bedeutend dichter gepackt, würde die Beugung dazu führen, daß das Licht von einem einzelnen Punkt anstatt auf ein Zäpfchen auf mehrere fällt. Das Resultat wäre ein dunkleres Bild, da relativ wenig Licht auf ein gegebenes Zäpfchen fallen würde. So gesehen war die Evolution sehr effizient, da sie die Zäpfchen in der Netzhautgrube nahezu in der optimalen Dichte angeordnet hat. Wird die Augenpupille größer als 2 mm, sinkt das Auflösungsvermögen auf Grund von Aberrationen; die Winkelauflösungsgrenze einer Pupille mit 6 mm Durchmesser beträgt nur noch ungefähr 0,8 mrad $(3')$.

Üblicherweise sagt man, daß der sichtbare Teil des Spektrums die Wellenlängen zwischen 400 und 700 nm enthält, obwohl das Auge auch schwach empfindlich außerhalb dieses Bereichs ist. Das Zäpfchensehen, welches auch als *photopisches* oder *helladaptiertes* Sehen bekannt ist, ist am empfindlichsten bei grünem Licht mit einer Wellenlänge von ca. 550 nm. Die relative Emission der Sonne ist ebenfalls bei dieser Wellenlänge am größten. Die Abb. 3.2 zeigt, wie die relative Empfindlichkeit $V_\lambda$ der Zäpfchen allmählich abnimmt und am Ende des sichtbaren Spektrums 0 erreicht.

Im Zwielicht, wo nur wenig direktes Sonnenlicht vorhanden ist, sehen wir nur auf Grund des durch die Atmosphäre gestreuten Lichts. Dieses Licht

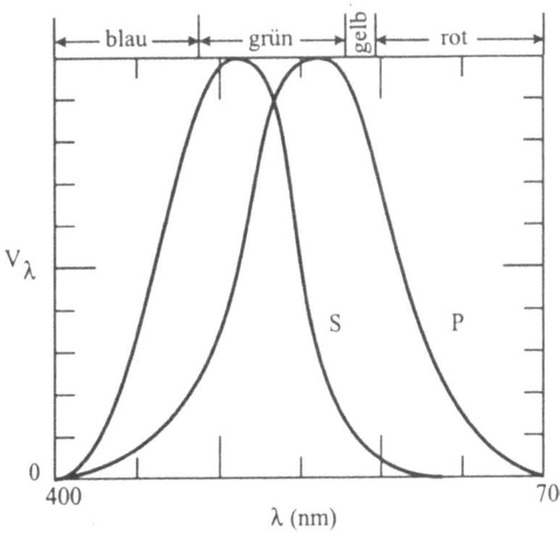


**Abb. 3.2.** Die relative Empfindlichkeit des menschlichen Auges. ($P$) photopisches oder helladaptiertes Sehen, ($S$) skotopisches oder dunkeladaptiertes Sehen

ist bläulich, dementsprechend sind die Stäbchen blauempfindlicher als die Zäpfchen. Das Stäbchensehen wird als *skotopisches* oder *dunkeladaptiertes* Sehen bezeichnet. Die Wellenlängenabhängigkeit dieses skotopischen Sehens ist auch in Abb. 3.2 dargestellt. Beide Kurven sind auf 1 normiert; tatsächlich arbeiten die Stäbchen bei bedeutend geringeren Intensitäten als die Zäpfchen.

## 3.2 Die photographische Kamera

Ähnlich wie das Auge besteht auch die Kamera aus einer Linse, einer Aperturblende und einem lichtempfindlichen Element, in diesem Fall dem *Film*. Die in Abb. 3.3 dargestellte Kamera besitzt eine Linse direkt hinter der Aperturblende. Moderne Kameras haben fast immer bedeutend komplexere Objektive mit der Aperturblende zwischen zwei Elementen. Die Aperturblende selbst ist eine *Irisblende*, deren Durchmesser verändert werden kann, um die Belichtung des Films zu regeln.

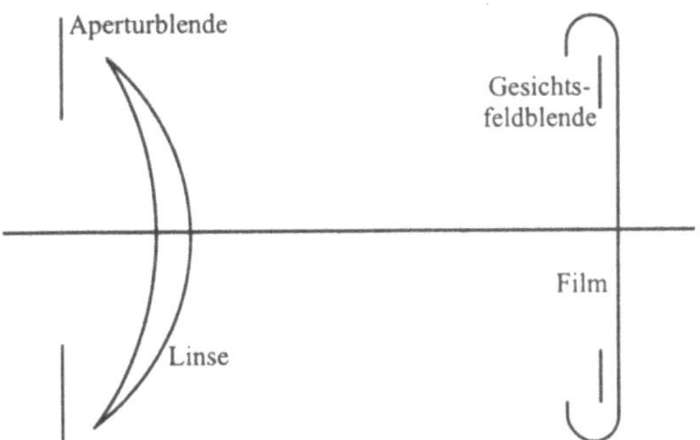


**Abb. 3.3.** Das optische System der photographischen Kamera

Eine Kamera, mit der ein ausgedehntes Objekt photographiert wird, zeichnet nicht alles auf, was sich vor ihr befindet. Der Film nimmt nur eine bestimmte Fläche ein. Objekte, die außerhalb dieses Bereichs abgebildet werden, werden nicht aufgezeichnet. Diese Fläche wird durch eine rechteckige Öffnung bestimmt, die zur Halterung des Films und zu seiner ebenen Positionierung dient. Da eine solche Öffnung das *Gesichtsfeld* auf Objekte innerhalb eines bestimmten Winkelbereichs beschränkt (von der Aperturblende aus gesehen), bezeichnet man sie auch als *Gesichtsfeldblende.*

### 3.2.1 Die photographische Schicht

Der Film besteht aus einer dünnen, lichtempfindlichen *Emulsion* auf einem festen *Untergrund* oder *Träger* aus Glas oder einem flexibleren Material (Abb. 3.4). Üblicherweise besitzt der Film auf der Rückseite einen *Lichthofschutz*, um Störeffekte durch das Streulicht zu reduzieren. Dieser aus einem Farbstoff bestehende Lichthofschutz wird im Entwicklungsprozeß gebleicht oder abgewaschen.

Der Begriff „Emulsion" ist eigentlich eine unpassende Bezeichnung, da die Emulsion eine Suspension von kleinen *Silberhalogenidkörnchen* in Gelatine ist. Diese Körnchen sind lichtempfindlich und werden durch Lichteinfall entwickelbar (Silberkeim). Ein Bild, das in der Emulsion erzeugt wurde, aber noch nicht entwickelt ist, wird als *latentes Bild* bezeichnet. Es kann nur durch die Entwicklung des Films nachgewiesen werden.

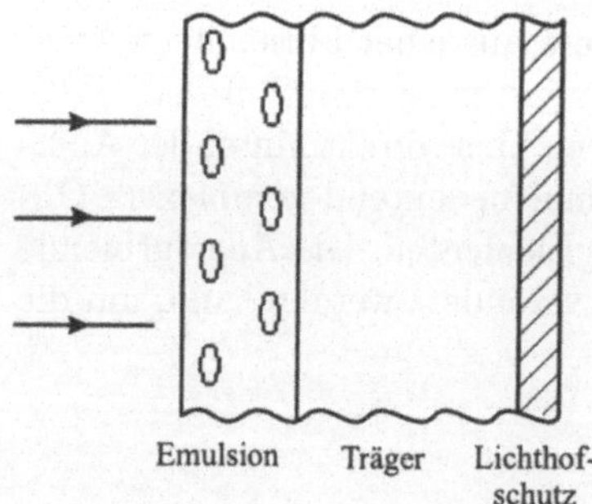


**Abb. 3.4.** Querschnitt durch einen typischen Film oder durch eine typische Photoplatte

Diese Entwicklung findet statt, wenn die Körnchen in einen *Entwickler* eingetaucht werden. Dieser besteht aus einer chemischen Lösung, die die Silberhalogenidkörnchen zu *metallischem Silber* reduziert. Belichtete Körnchen werden wesentlich schneller reduziert als unbelichtete. Die Entwicklung wird beendet, lange bevor viele der unbelichteten Körnchen reduziert werden. Das latente Bild wird somit in ein sichtbares *Silberbild* umgewandelt. Das Bild ist körnig, weil nur das ganze Körnchen zu Silber reduziert werden kann oder nicht. Mit Ausnahme der am stärksten belichteten Stellen gibt es Lücken zwischen benachbarten entwickelten Körnchen.

Um ein permanentes Bild zu erzeugen, werden die nicht entwickelten Körnchen chemisch herausgelöst. Der Film ist nicht mehr lichtempfindlich. Dieser Prozeß wird als *Fixierung* bezeichnet und das chemische Bad als *Fixierer*.

Das Bild besteht damit aus metallischem Silber und ist an den Stellen stärkster Belichtung nahezu undurchsichtig und durchsichtig, wo die Belichtung am schwächsten war. Die meisten modernen Filme zeichnen kontinuierlich getönte Objekte in kontinuierlichen Graustufen auf. Das Bild ist jedoch immer ein *Negativ*, da die hellen Bereiche des Objektes schwarz und die dunkleren Bereiche weiß aufgezeichnet werden. Meistens erhalten wir ein Positiv durch die Herstellung von *Abzügen* oder durch *Vergrößern*, welches im Grunde genommen ein Photographieren des Negativs mittels einer Emulsion auf einem Papierträger ist. (Farbdias werden als *Direktpositive* hergestellt. Dabei wird das entwickelte Silber herausgelöst und vor dem Fixieren den verbleibenden nicht entwickelten Körnchen die Möglichkeit zur Entwicklung durch Belichtung oder durch chemische Mittel genommen.)

Unbehandelte Silberhalogenidkörnchen selbst sind, wie in Abb. 3.5 dargestellt, nur im blauen und ultravioletten Bereich des Spektrums empfindlich. Die Filme können mit *Sensibilisierungsfarbstoffen* für den gesamten sichtbaren und nahen Infrarotbereich des Spektrums empfindlich gemacht werden. *Orthochromatische* Filme sind grünempfindlich, sie können bei speziellem roten Licht *(Dunkelkammerbeleuchtung)* entwickelt werden. Solche Filme werden oft für Kopierzwecke benutzt, wo die Reaktion gegenüber verschiedenen Farben unwichtig oder manchmal sogar unerwünscht ist. Die meisten Filme, die für Bilder genutzt werden, sind *panchromatisch* und reagieren auf das gesamte sichtbare Spektrum. Andere Filme können IR-empfindlich hergestellt werden, obwohl sie dabei ihre Empfindlichkeit gegenüber kurzen Wellenlängen genauso behalten.

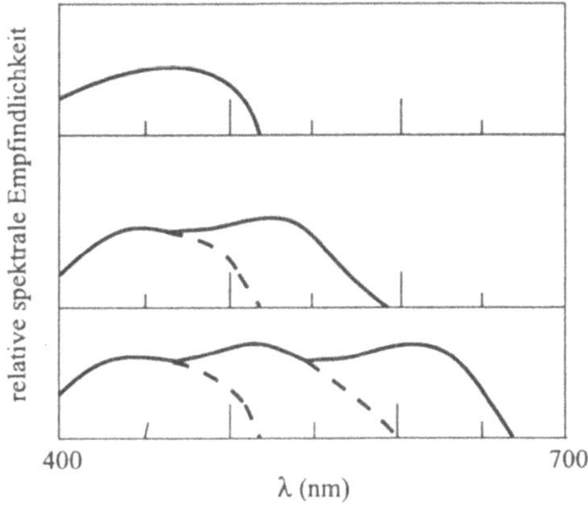


**Abb. 3.5.** Die relative spektrale Empfindlichkeit einer typischen photographischen Schicht. (*obere Kurve*) rohes Silberhalogenid, (*mittlere Kurve*) orthochromatisch, (*untere Kurve*) panchromatisch

### 3.2.2 Sensitometrie

Die Reaktion eines Films auf eine Belichtung wird üblicherweise in logarithmischen Einheiten dargestellt. Das ist aus verschiedenen Gründen angebracht. Erstens hängt die Masse des Silbers pro Flächeneinheit im entwickelten Bild vom Logarithmus der Transmission des Films ab. Zweitens weist eine in logarithmischen Einheiten dargestellte Kennlinie einen langen linearen Abschnitt auf. Und schließlich ist das Reaktionsverhalten des menschlichen Auges im hellen Licht annähernd logarithmisch.

Um die Kennlinie eines Films darzustellen, definieren wir zwei Größen, die *Schwärzung* $D$ und die *Exposition* oder *Belichtung* $\mathcal{E}$. Die Exposition ist die Lichtmenge, die auf eine bestimmte Fläche des Films fällt. Photographen schreiben die Exposition allgemein als das Produkt aus der *Beleuchtungsstärke* oder der *Bestrahlungsstärke* $E$ (früher auch vereinzelt Intensität genannt) und der Belichtungszeit $t$

$$\mathcal{E} = Et\,. \tag{3.2}$$

Diese Definition beruht auf dem *Reziprozitätsgesetz*, welches aussagt, daß über einen weiten Bereich der Beleuchtungsstärke und der Belichtungszeit die gleiche Exposition die gleiche Reaktion hervorruft. Extrem lange oder extrem kurze Expositionszeiten rufen eine geringere Reaktion hervor, als das Reziprozitätsgesetz vorhersagt. Diese Tatsache ist als die *Abweichung vom Reziprozitätsgesetz* bekannt.

Die Reaktion eines Films wird bestimmt durch die Messung der Schwärzung des entwickelten photographischen Materials. Wenn der entwickelte Film einen Anteil $T$ des auf ihn fallenden Lichts durchläßt, dann ist $T$ sein *Transmissionsgrad*, und seine Schwärzung ist durch die Gleichung

$$D = -\log T \tag{3.3}$$

definiert.

Das Minuszeichen dient nur dazu, um übereinstimmend mit der Vorstellung, daß ein Film um so geschwärzter ist, je dunkler er ist, $D$ positiv zu machen. Die Schwärzung wird auch oft in der äquivalenten Form $D = \log(1/T)$ definiert, wobei $1/T$ mitunter die *Opazität* genannt wird.

Die in der Abb. 3.6 dargestellte Kennlinie eines Films erhält man durch das Auftragen von $D$ über $\log \mathcal{E}$ (*photographische Schwärzungskurve*, im Englischen *H-and-D-curve*, Hurter-Driffield-curve). Bei sehr geringen Expositionen ist der Film nahezu transparent ($D \sim 0$). (Es existieren einige entwickelte, nicht belichtete Körnchen, die zu einer *Schleierschwärzung* beitragen. Zusätzlich führen Lichtverluste zu einer *Grundschwärzung*. Oberhalb einer bestimmten Belichtung beginnt die Schwärzung mit der Exposition zu wachsen. Dieser Bereich ist der *Fuß* der *photographischen Schwärzungskurve*. Höhere Expositionen ermöglichen einer größeren Anzahl von verfügbaren

Körnchen die Entwickelbarkeit, und die Kurve besitzt einen *linearen Bereich*, dessen Anstieg als *Gamma-Wert* ($\gamma$) bekannt ist. Das Antwortverhalten erreicht seine Sättigung an der *Schulter der Schwärzungskurve*, wenn alle verfügbaren Körnchen entwickelt sind.

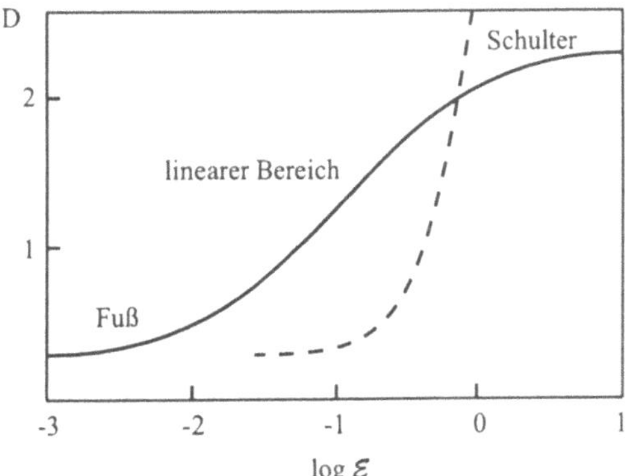


**Abb. 3.6.** Die Schwärzung als Funktion von *log E*. (*durchgezogene Kurve*) Film mit geringem Kontrast, (*gestrichelte Kurve*) Kopierfilm mit höherem Kontrast

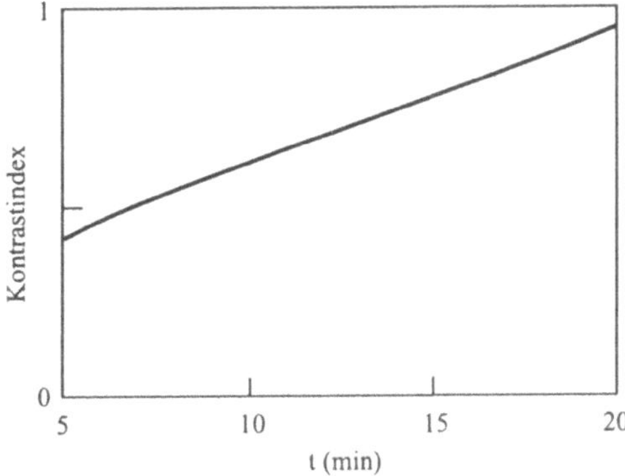


**Abb. 3.7.** Der Kontrastindex als Funktion der Entwicklungszeit für einen Film mit niedrigem Kontrast

Meist wird bei der allgemeinen, alltäglichen Photographie nur der Fuß und der untere Teil des linearen Bereichs der Schwärzungskurve genutzt. Der mittlere Anstieg oder *Kontrastindex* ist etwas geringer als der Gammawert; beide können als Maß für den *relativen Kontrast* verwendet werden. Höhere Kontrastindizes entsprechen einem höheren aufgezeichneten Kontrast. Für einen gegebenen Film und Entwickler kann der Kontrast vergrößert werden, indem die Entwicklungszeit verlängert wird; Kontrastindexkurven über der Zeit (Abb. 3.7) sind oft als Bezugskurven verfügbar.

In der künstlerischen Photographie ist der Kontrastindex des Negativs normalerweise etwas kleiner als 1. Um den Kontrast der Originalszenerie richtig wiederzugeben, werden Abzüge vom Negativ so hergestellt, daß der aufgezeichnete Kontrast dann ungefähr 1 ist. *Dokumentenfilme* und andere

Spezialfilme können einen viel höheren Kontrast haben. Andererseits kann Gamma auf Werte viel kleiner als 1 begrenzt werden z.B. für große Expositionsschwankungen.

Die meisten Kameras besitzen Irisblenden, deren Größe in *Blendenwerten* kalibriert ist. Der Wechsel von einem Blendenwert zum nächsten ändert die Belichtung um den Faktor 2. Ähnlich sind die verfügbaren *Öffnungszeiten* (in Bruchteilen von Sekunden) 1/250, 1/125, 1/60, ..., so gewählt, daß sich jede Belichtungszeit von der nächsten um den Faktor 2 unterscheidet.

Um die Linsenöffnung zu kalibrieren, definieren wir die *relative Öffnung* oder *Blendenzahl* (in der englischen Literatur häufig als *F-number* bezeichnet) $\Phi$ durch die Beziehung

$$\Phi = f'/D\,, \tag{3.4}$$

wobei $D$ der Durchmesser der Aperturblende ist. Wenn zwei Linsen die gleiche Blendenzahl aber unterschiedliche Brennweiten haben und gleichweite und ausgedehnte Objekte abbilden, dann erzeugen beide die gleiche Bestrahlungsstärke in der Filmebene. Wir diskutieren diese Tatsache im Abschn. 4.17, aber es ist leicht zu sehen, daß die größere Linse mehr Licht sammelt, aber auch eine größere Brennweite hat, und deshalb Licht über eine entsprechend größere Filmfläche verteilt.

Angenommen die Apertur einer gegebenen Linse besitzt einen bestimmten Wert von $\Phi$. Um die Belichtung zu verdoppeln, müßten wir die Fläche der Apertur um einen Faktor 2 vergrößern. Das ist äquivalent zu einer Verkleinerung von $\Phi$ um den Wert $\sqrt{2}$ oder näherungsweise 1,4. Aus diesem Grund sind Irisblenden in Vielfachen von 1,4 kalibriert, das entspricht den Blendenzahlen 2,8; 4; 5,6; 8; 11; ... wobei die kleineren Blendenzahlen zur größeren Belichtung gehören. Der Wechsel von einer Blendenzahl zur nächsten ändert die Belichtung um den Faktor 2. Die Blendenzahlen werden in der Form F/2,8; F/4 etc. dargestellt. Eine Linse, deren größte relative Öffnung 2,8 ist, wird als F/2,8-Linse bezeichnet.

### 3.2.3 Das Auflösungsvermögen

Bei einer Vielzahl photographischer Anwendungen wird die Auflösung durch die Körnigkeit der Emulsion beschränkt. Nimmt man z.B. an, daß der durchschnittliche Abstand der Körnchen in einem bestimmten Film 5 μm beträgt, dann werden wie beim Auge zwei Punkte noch unterscheidbar sein, wenn ihre Bilder ungefähr um den doppelten Körnchenabstand voneinander entfernt sind. Die *Auflösungsgrenze AG* beträgt somit ungefähr 10 μm. Wissenschaftler sprechen allerdings häufiger vom *Auflösungsvermögen AV*, das durch die Anzahl der auflösbaren *Linien pro Millimeter* gegeben ist, wobei annähernd die Beziehung

$$AV = 1/AG \tag{3.5}$$

gilt. Das Auflösungsvermögen beträgt ca. 100 Linien/mm für das obige Beispiel; die meisten gebräuchlichen Filme können 50 bis 100 Linien/mm auflösen. *Dokumentenfilme* sind in der Lage, 2 bis 3 mal höhere Auflösungen zu erreichen. Bestimmte *Photoplatten,* wie sie in der Spektroskopie oder der Holographie Verwendung finden, können bis zu 2000 oder 3000 Linien/mm auflösen. Der Entwicklungsprozeß beeinflußt die Auflösung nur unwesentlich.

### 3.2.4 Die Schärfentiefe

Wenn eine Kamera ein relativ weit entferntes Objekt scharf abbildet, schneiden die von einem etwas näher gelegenen Punkt kommenden, konvergierenden Strahlen den Film, wie in der Abb. 3.8 dargestellt, bevor sie einen scharfen Fokus bilden. Das Bild auf dem Film ist somit ein kleines Scheibchen, das als *Zerstreuungskreis* bezeichnet wird. Solange der Durchmesser des Zerstreuungskreises kleiner als die Auflösungsgrenze des Films ist, wird der nähergelegene Punkt ebenfalls hinreichend gut fokussiert. Die Unschärfe wird nur deutlich, wenn der Zerstreuungskreis die Auflösungsgrenze überschreitet. Den größten akzeptablen Betrag der *Defokussierung* $\delta$ erreicht man somit, wenn der Zerstreuungskreis genauso groß wie die Auflösungsgrenze ist. Wir können $\delta$ durch die Anwendung der Ähnlichkeitssätze auf die kleinen und großen Dreiecke in der Abb. 3.8 berechnen,

$$\frac{D}{l' + \delta} = \frac{AG}{\delta} \; . \tag{3.6}$$

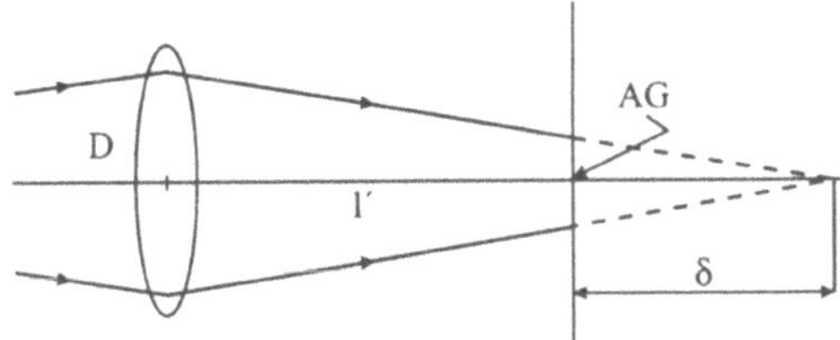


**Abb. 3.8.** Die Fokustiefe

Unter der Annahme $\delta \ll l'$ erhalten wir

$$\delta = \Phi (1 - m) / AV \; , \tag{3.7}$$

wobei für ein reelles, umgekehrtes Bild $m$ negativ ist. $\Phi (1 - m)$ wird oft als die *effektive Blendenzahl* bezeichnet und unterscheidet sich nur bei *Nahaufnahmen* merklich von $\Phi$.

Da ein weiter entferntes Objekt vor der Filmebene scharf abgebildet wird, ist der gesamte *bildseitige Schärfentiefebereich* gleich $2\delta$. Die *Schärfentiefe* bezieht sich somit auf den Bereich von Objektentfernungen, die innerhalb eines Bereiches $\pm\delta$ um die Filmebene abgebildet werden.

Die Schärfentiefe kann durch die direkte Anwendung der Abbildungsgleichung berechnet werden, aber für zwei wichtige Spezialfälle kann die Ableitung einfacher erfolgen. Wird die Kamera auf eine bestimmte Entfernung eingestellt, die hinter der sogenannten *hyperfokalen Distanz* (Einstellentfernung nah auf unendlich) $H$ liegt, geht die Schärfentiefe gegen $\infty$. Wir überlassen es dem Leser, diese hyperfokale Distanz zu berechnen und zu zeigen, daß sich die Schärfentiefe von $H/2$ bis $\infty$ erstreckt, wenn die Kamera exakt auf $H$ scharf gestellt ist. Das Resultat zeigt, daß $H$ für eine gegebene Blendenzahl am kürzesten für eine kurzbrennweitige Linse ist.

Der zweite wichtige Fall tritt auf, wenn sich das Objekt verglichen mit $H$ nahe an der Kamera befindet. Wir können dann das Konzept des Tiefenabbildungsmaßstabs anwenden und erhalten eine Schärfentiefe von ungefähr $2\delta/m^2$.

**Beispiel 3.2.** Zeigen Sie, daß die Abhängigkeit der hyperfokalen Distanz $H$ (bei $H \gg$ objektseitige Brennweite) von der Blendenzahl $\Phi$ gegeben ist durch

$$H = -f'^2 AV/\Phi \,. \tag{3.8}$$

Erklären Sie, warum kurzbrennweitige Linsen eine größere Schärfentiefe besitzen als langbrennweitige.

Zeigen Sie weiterhin, daß die kürzeste Entfernung, aus der ein Punkt vor der Linse noch scharf abgebildet wird, ungefähr $H/2$ beträgt. △

## 3.3 Projektionssysteme

Es ist nützlich, bestimmte Projektionssysteme wie den Diaprojektor zu behandeln, bevor wir uns Instrumenten wie dem Mikroskop oder dem Fernrohr zuwenden. Projektionssysteme können nämlich zur Veranschaulichung fast aller komplizierten Abbildungssysteme dienen. Weiterhin kann man damit ein wichtiges Grundprinzip, das als *Ausleuchtung der Apertur* bekannt ist, beschreiben.

Abbildung 3.9 zeigt das Grundprinzip eines Diaprojektors. Das Objekt, ein Diapositiv, wird von hinten durch eine helle *Projektionslampe* $L$ beleuchtet, und ein stark vergrößertes Bild wird auf den Schirm $S$ projiziert. Viele der Strahlen, die durch das Diapositiv hindurchgehen, werden normalerweise nicht durch die Eintrittspupille der *Projektionslinse* $PL$ aufgefangen. Da das projizierte Bild relativ groß ist, ist es ziemlich lichtschwach.

Ebenfalls gehen viele der Strahlen, die die Lampe verlassen, nicht durch das Diapositiv oder die Projektionslinse hindurch. Um die Effizienz des optischen Systems zu verbessern, wird beim Diaprojektor normalerweise eine *Kondensorlinse* oder ein *Kondensor* $KL$ eingesetzt, der sich direkt vor dem Diapositiv befindet. Der Kondensor lenkt viele der stark divergenten Strahlen zur Projektionslinse. Es ist offensichtlich, daß dieses System am effektivsten arbeitet, wenn alle Strahlen, die durch den Kondensor aufgefangen werden, durch die Projektionslinse hindurch abgebildet werden. Das bedeutet, daß der Kondensor die Glühwendel der Lampe in die Eintrittspupille der Projektionslinse abbilden sollte (Abschn. 3.7).

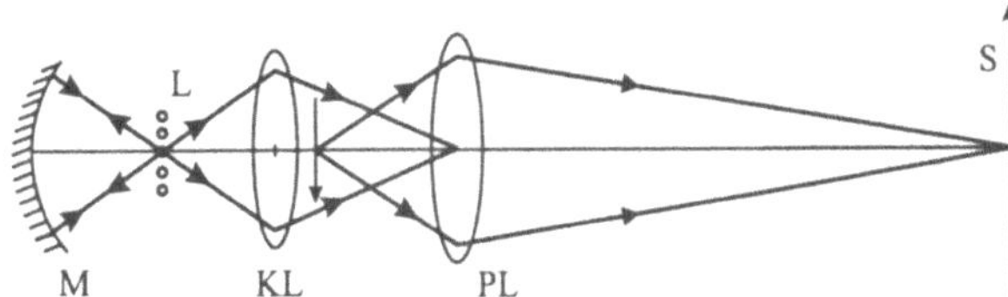


**Abb. 3.9.** Das Projektionssystem

Das Bild der Glühwendel sollte dieselbe Größe wie die Eintrittspupille haben. Wenn das Glühfadenbild zu groß ist, dann geht Licht durch *Vignettierung* verloren. Wenn das Bild andererseits zu klein ist, wird ein Großteil der Projektionslinse nicht ausgenutzt, weil kein Licht dort hindurchgeht. Dann wird das Bild der Glühwendel zur effektiven Aperturblende, und Auflösung und Kontrast des Bildes können darunter leiden.

Aufgrund der notwendigen Ausleuchtung der Apertur der Projektionslinse besitzen Projektionslampen mehrere parallele Glühwendel in geringem Abstand. Die Lampe entspricht damit einer kleinen diffusen Quelle. Oft wird beim Projektor oder bei der Lampe selbst noch ein konkaver Spiegel eingesetzt, um die sich nach hinten, vom Kondensor weg ausbreitenden Strahlen zu sammeln. Der Spiegel erzeugt ein Bild der Glühwendel in der Nähe der Wendel selbst, so daß auch diese Strahlen durch den Kondensor in die Eintrittspupille gerichtet werden.

Die einzige Aufgabe der Kondensorlinse besteht darin, die Apertur der Projektionslinse auszuleuchten. Aus diesem Grund muß sie keine hohe optische Qualität besitzen; Kondensoren sind oft Einfachlinsen, die aus Plaste oder feuerpoliertem Glas hergestellt werden. Ein Kondensor sollte auf jeden Fall eine relativ hochaperturige Linse sein; viele Kondensorlinsen besitzen eine asphärische Oberfläche, um die sphärische Aberration zu vermindern und um die Eintrittspupille effektiver auszufüllen.

Ein *Durchlichtbildwerfer* ist ein anderes System, das nach dem Prinzip des Diaprojektors arbeitet. Tatsächlich ist ein solcher Bildwerfer nichts anderes als ein Projektionssystem für spezielle Zwecke. Der relativ neue *Schreib-Projektor* (*Overhead-Projektor*) arbeitet ebenfalls nach diesem Prinzip. Der Kondensor ist eine große flache aus geformter Plaste bestehende *Fresnellinse*, die sich direkt unter der Schreibfläche befindet. (Eine Fresnellinse besteht aus einer Reihe von gepreßten konzentrischen Prismenflächen, die so angeordnet sind, daß sie das Licht genau wie eine Linse fokussieren, aber eine geringere Dicke und damit auch eine geringere Masse als diese besitzen.) Zur zweielementigen Projektionslinse gehört ein Spiegel, um die optische Achse horizontal umzulenken.

Die meisten Kinoprojektoren unterscheiden sich vom Diaprojektor dadurch, daß sie die Quelle in die Filmebene abbilden. Das ist vor allen Dingen deswegen möglich, weil der Film sich bewegt und aus diesem Grund durch das heiße Bild der Glühwendel nicht verbrannt wird. Der Kondensor wird benutzt, um die Effizienz des optischen Systems zu erhöhen; damit entspricht dieses Projektionssystem grob gesehen einem Diaprojektor. Es wird allerdings nur selten außerhalb eines Kinoprojektors genutzt; der Diaprojektor bleibt daher das beste Beispiel für ein kompliziertes Projektionssystem.

## 3.4 Die Lupe

Dieses Instrument, das manchmal auch als einfaches Mikroskop bezeichnet wird, ist an sich gut bekannt und benötigt deshalb keine Einführung. Stellen Sie sich vor, daß wir ein kleines Objekt ganz aus der Nähe betrachten möchten. Seine Höhe ist $h$, und wir würden es normalerweise im Nahpunkt $d_\mathrm{v}$ ansehen, wobei es im Auge einen Winkel $h/d_\mathrm{v}$ bildet.

Um dieses Objekt zu vergrößern, benutzen wir eine Lupe. Sinvollerweise befindet sich das Objekt im objektseitigen Brennpunkt $F$ und wird nach $-\infty$ abgebildet. Das virtuelle Bild erscheint, wie in Abb. 3.10 dargestellt, unter dem Winkel $w = h/f'$ im Auge. Wenn $w$ größer ist als $h/d_\mathrm{v}$, ist das Bild auf der Netzhaut größer als ohne Linse. Wir definieren daher die *Vergrößerung* als

$$V \equiv \frac{\text{Sehwinkel des virtuellen Bildes}}{\text{Sehwinkel des in } \mathrm{d_v} \text{ lokalisierten Objektes}} . \tag{3.9}$$

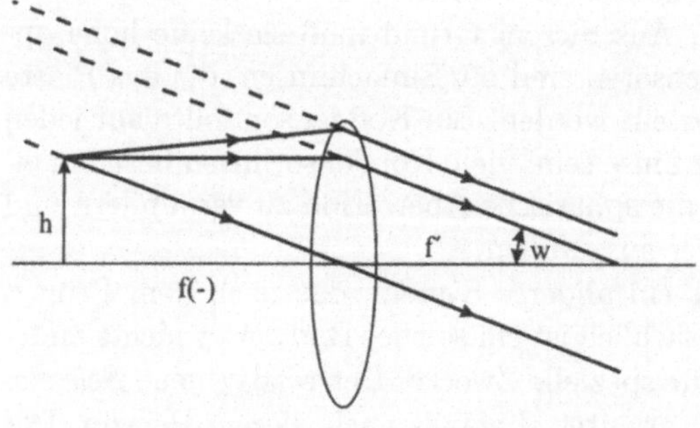


**Abb. 3.10.** Die Lupe

(Die Vergrößerung $V$, die dimensionslos ist, darf nicht mit der Brechkraft in Dioptrien verwechselt werden.) Die Vergrößerung wird oft an Stelle des Abbildungsmaßstabs für Systeme verwendet, in denen sich Bild oder Objekt in $\infty$ befinden. Im Fall der Lupe finden wir unmittelbar

$$V = d_v / f' \,. \tag{3.10a}$$

Da üblicherweise $d_v$ mit 25 cm angenommen wird, ergibt sich

$$V = 25 / f'_{[\mathrm{cm}]} \,. \tag{3.10b}$$

Einfache Linsen können als Lupen mit einer Vergrößerung bis ca. 5 benutzt werden. Okulare oder speziell korrigierte Linsen ermöglichen eine Vergrößerung von 10 oder mehr.

Die Vergrößerung jeder Lupe oder jedes Okulars kann um +1 (z.B. von 5 auf 6) vergrößert werden, indem man die Position der Linse so wählt, daß das Bild in der Entfernung $d_v$ vom Auge erscheint. Allerdings ist diese Vorgehensweise ermüdend und bringt nur wenig. Besser und empfehlenswerter ist es, die Benutzung optischer Geräte mit dem nicht akkomodierten Auge zu erlernen, das heißt, daß die Muskeln, die die Augenlinse steuern, völlig entspannt sind und die Linse auf einige Meter Entfernung fokussieren (nicht notwendigerweise auf unendlich, wie manchmal angenommen wird).

**Beispiel 3.3**. Eine Lupe kann auch so benutzt werden, daß das Auge auf die deutliche Sehweite $d_v$ und nicht auf $\infty$ akkomodiert wird. Zeigen Sie, daß die Vergrößerung durch

$$V = 1 + (d_v / f') \,, \tag{3.11}$$

gegeben ist, wenn man annimmt, daß sich das Auge in Kontakt mit der Lupe befindet. Was passiert, wenn angenommen wird, daß sich das Auge in der Entfernung $f'$ befindet? Erklären Sie, warum $V$ von der Position des Auges bezüglich der Linse abhängt. △

## 3.5 Das Mikroskop

Das *Mikroskop* wird am besten als ein zweistufiges Instrument angesehen. Die erste Linse, das *Objektiv*, erzeugt ein vergrößertes Bild des Objektes. Dieses Bild beobachten wir dann mit einer hochwertigen Lupe, die als *Okular* dient. Das Okular bildet das Zwischenbild nach Unendlich ab.

Abbildung 3.11 zeigt ein solches Mikroskop. Die Entfernung $F'_o F_e$ zwischen dem bildseitigen Brennpunkt des Objektivs und dem objektseitigen Brennpunkt des Okulars wird als *Tubuslänge* $g$ bezeichnet. Das Objektiv erzeugt ein Bild mit einem Abbildungsmaßstab

$$m = -g / f'_o \,, \tag{3.12}$$

der von $g$ abhängt. Die Winkelbegrenzung des Bildes, das durch das Okular beobachtet wird, ist $h'/f'_e$ oder $-hg/f'_o f'_e$. Wird dieser Wert durch $h/d_v$ dividiert, erhalten wir die gesamte Vergrößerung des Mikroskops

$$V = -(g/f_o')V_e\,, \tag{3.13}$$

wobei $V_e$ die Vergrößerung des Okulars ist. Das Minuszeichen zeigt nur an, daß das Objekt umgekehrt erscheint. In der Mikroskopie ist das jedoch im allgemeinen bedeutungslos.

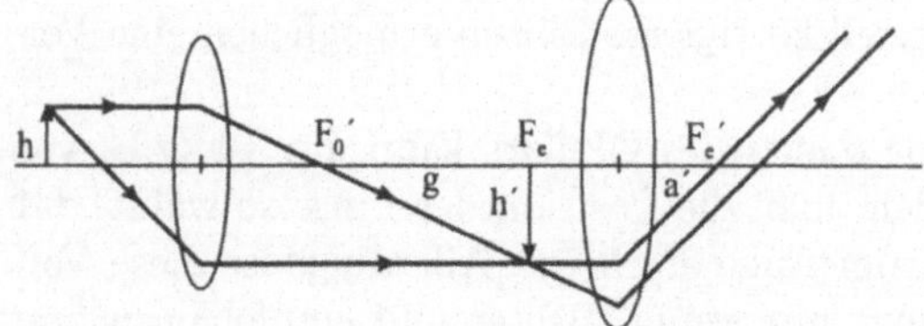


**Abb. 3.11.** Das Mikroskop

Viele Mikroskope haben eine Tubuslänge $g$=160 mm. Die auf der Fassung des Objektivs angegebene Vergrößerung setzt deshalb eine Tubuslänge von 160 mm voraus, und die Objektive sind so konstruiert, daß sie bei dieser Tubuslänge am besten arbeiten. Wenn die Tubuslänge von 160 mm abweicht, wird der Wert üblicherweise auf der Objektivfassung angegeben; eine Tubuslänge von $\infty$ wird immer häufiger verwendet. Wenn ein Objektiv mit einer Tubuslänge benutzt wird, für das es nicht ausgelegt ist, kann das zu sphärischen Aberrationen führen. Das trifft besonders für Hochleistungsobjektive über 40× zu.

Einige Hersteller definieren mitunter eine *mechanische Tubuslänge*; dies ist üblicherweise die Entfernung zwischen dem Objektivansatz (der zum Gewinde nächsten ebenen Fläche) und dem Bild. Allerdings ist das nicht der Standard.

Die gebräuchlichsten Objektive besitzen Vergrößerungen von 10, 20 oder 40×, wenn sie mit der Standardtubuslänge benutzt werden (siehe auch Tabelle 3.1). Neben der Vergrößerung haben Mikroobjektive auf ihrer Fassung eine zweite Zahl, die als *numerische Apertur NA* bezeichnet wird. Wie wir in Abschn. 3.8.3 sehen werden, sollte die gesamte Vergrößerung eines Mikroskops bei visueller Beobachtung die *förderliche Vergrößerung* von

$$V_f = 300\,NA \tag{3.14}$$

nicht wesentlich übersteigen. Ein typisches 40×-Objektiv kann eine numerische Apertur von 0,65 haben. In diesem Falle ist $V_f$ ungefähr 200, und die Auflösungsgrenze des Instruments ist kleiner als 1 µm. Eine größere förderliche Vergrößerung ist mit Hochleistungsobjektiven, insbesondere mit *Öl-Immersionsobjektiven* (siehe Abschn. 3.8.3), erreichbar, die numerische Aperturen bis 1,6 besitzen können.

Die meisten Objektive sind so gestaltet, daß sie bei der Benutzung mit *Deckgläschen* bestimmter Dicke (üblicherweise 0,16 – 0,18 mm) keine sphärischen Aberrationen verursachen. Bestimmte sogenannte *Auflichtobjektive*

**Tabelle 3.1.** Gebräuchliche Mikroobjektive

| Vergrößerung | | numerische Apertur | förderliche Vergrößerung | Auflösungsgrenze in µm bei $\lambda = 550\,nm$ |
|---|---|---|---|---|
| 4 | | 0,15 | 45 | 2,2 |
| 10 | | 0,25 | 75 | 1,3 |
| 20 | | 0,50 | 150 | 0,7 |
| 40 | | 0,65 | 195 | 0,5 |
| 60 | | 0,80 | 240 | 0,4 |
| 100 | (trocken) | 0,90 | 270 | 0,4 |
| 100 | (Öl) | 1,25 | 375 | 0,3 |

sind aber andererseits nur zur Beobachtung undurchsichtiger Oberflächen gedacht und deswegen so gestaltet, daß sie ohne Deckgläschen eingesetzt werden können.

Wenn das Deckgläschen weggelassen wird, kann die sphärische Aberration insbesondere bei Objektiven, deren numerische Apertur 0,5 übersteigt, eine wesentliche Rolle spielen. Trotzdem können diese Objektive manchmal zur Untersuchung „trockener Objekte" eingesetzt werden, die in keine Flüssigkeit eingetaucht sind und sich auch nicht auf einem Deckgläschen befinden. In diesen Fällen kann das Deckgläschen unmittelbar vor dem ersten Element des Objektivs angebracht werden. Ein Nachteil des Einbringens des Deckgläschens ist ein verminderter Bildkontrast und mögliche Fehler bei quantitativen Messungen, z. B. Längenmessungen.

Ein *Videomikroskop* kann ein wenig besser als ein Mikroobjektiv an eine interne Videokamera angeschlossen werden. Das Betrachten des Kamerabildes auf einem Monitor ist einfacher und weniger ermüdend als das Hineinsehen ins Okular und kann ein Bild in derselben Qualität liefern. Zusätzlich können die Helligkeit und der Kontrast so eingestellt werden, daß Details sichtbar gemacht werden, die mit dem bloßen Auge nicht zu sehen sind. Mit schräger Beleuchtung ist es ebenfalls einfach, sonst nicht nachweisbare Phasenobjekte selbst in einem konventionellen Mikroskop sichtbar zu machen (Abschn. 7.2).

Das wichtigste Leistungsmerkmal eines Videomikroskops besteht allerdings darin, daß das gewonnene Videosignal direkt in einem Computer oder in einer *Bildverarbeitungseinheit* (frame digitizer) nahezu simultan (in Echtzeit) weiterverarbeitet oder auch für eine spätere Auswertung gespeichert werden kann (siehe Abschn. 7.4).

## 3.6 Das konfokale Scanning-Mikroskop

Das konfokale Scanning-Mikroskop ist zwar nicht neu, erfreut sich aber besonders in der Biologie eines zunehmenden Interesses. In Abb. 3.12 ist ein solches Mikroskop schematisch dargestellt. Eine Punktlichtquelle, manchmal auch ein Laser, wird mittels eines hochwertigen Mikroobjektivs (keine Kondensorlinse) auf die Objektebene fokussiert. Eine zweites Objektiv bildet die Quelle erneut für die jeweilige Tubuslänge auf einen Detektor ab. Da beide Objektive auf dieselbe Ebene fokussiert sind, wird dieses Mikroskop konfokal genannt. Bei einigen Ausführungen befindet sich vor dem Detektor noch eine Lochblende.

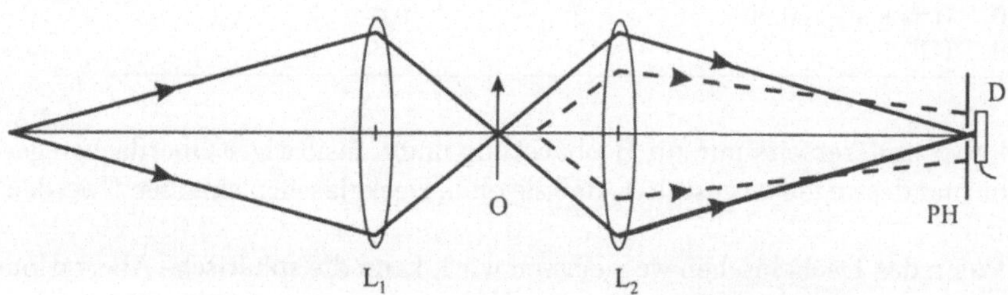


**Abb. 3.12.** Das konfokale Mikroskop

Um ein Bild zu erzeugen, kann das Objekt selbst über das Bild der Quelle verschoben oder *gescannt* werden. Wo das Objekt zum Beispiel transparent ist, wird das meiste Licht der Quelle auf den Detektor fokussiert. Wo das Objekt undurchsichtig ist, empfängt der Detektor nur wenig Licht. Das Ausgangssignal des Detektors als Funktion der Zeit entspricht einer Bildzeile. Das Objekt wird dann nach oben oder unten bewegt (aus der Zeichenebene heraus) und eine andere Zeile kann beobachtet werden. Eine Sequenz von parallelen, linearen Abtastungen wird als *Raster* bezeichnet, so daß wir sagen können, daß das Objekt in einem Raster über die Brennebene der zwei Objektive abgetastet (gescannt) wird. Für einige Messungen, z.B. der Breite der Leiterbahnen auf einem integrierten Schaltkreis, muß das Objekt nicht rasterförmig gescannt werden, da die Abtastung einer einzelnen Zeile genügend Informationen liefert.

Wenn das Objekt nicht sehr schnell in zwei Dimensionen gescannt werden kann, ist eine visuelle Beobachtung des Bildes nicht möglich. Es wird deshalb oft eine Variante vorgezogen, bei der das Bild der Punktlichtquelle über das stationäre Objekt gescannt wird. Die mechanische Bewegung des Objekts liefert in der Regel eine höhere Genauigkeit bei der quantitativen Längenmessung, erfordert allerdings eine digitale Bildverarbeitung zur Gewinnung der Information (Abschn. 7.3).

Einer der wichtigsten Vorteile der konfokalen Scanning-Mikroskopie gegenüber der konventionellen Mikroskopie besteht darin, daß sie zum Anfertigen *optischer Schnitte* benutzt werden kann. Das ist ein Weg, um Bilder außerhalb des Fokustiefenbereichs zu erhalten, die sonst unsichtbar sind. Damit erlaubt das konfokale Scanning-Mikroskop die schichtweise Abbildung von dicken Objekten wie biologischen Präparaten. Die gestrichelten Linien in der Abb. 3.12 zeigen den Weg der Strahlen, die von einem Objektpunkt außerhalb des Fokustiefenbereichs kommen. Da die Quelle annähernd punktförmig ist und der Objektpunkt vom Bild der Quelle entfernt ist, wird er nicht mit hoher Intensität beleuchtet, und sein Bild ist dementsprechend schwach. Wenn sich zusätzlich noch eine Blende vor dem Detektor befindet, wird ein Punkt außerhalb des Fokustiefenbereichs weit genug von der Aperturebene entfernt abgebildet. Damit trifft nur sehr wenig Licht durch diese Blende auf den Detektor. In der Konsequenz bedeutet das, daß Objektpunkte, die sich außerhalb des Fokustiefenbereichs befinden, nicht nur unscharf, sondern nahezu unsichtbar werden. Das ist ein unschätzbarer Vorteil für die Untersuchung kleiner schwacher Strukturen in der Nähe von helleren Strukturen oder für die Untersuchung relativ kleiner Strukturen wie Zellen ohne Störung durch die verschwommenen Bilder von defokussierten Objekten.

### 3.6.1 Die Nipkow-Scheibe

Ein kommerzielles konfokales Scanning-Mikroskop kann die Lichtquelle (anstelle des Objekts) mittels einer perforierten Scheibe, die als *Nipkow-Scheibe* bezeichnet wird, abtasten. Ein solches Schema ist in der Abb. 3.13 dargestellt. Eine homogene diffuse Quelle $S$ wird mittels eines Strahlteilers $BS$ und einer Kondensorlinse $KL$ auf eine rotierende Scheibe $D$, die Nipkow-Scheibe abgebildet. Diese Scheibe ist mit Löchern versehen, die, wie in dem Nebenbild dargestellt, in Spiralbögen angeordnet sind. Die Löcher werden durch das Mikroobjektiv $MO$ in die Objektebene abgebildet; ihre Bewegung über die Objektebene bildet das gewünschte Raster.

Das Objektiv bringt das an den Objektpunkten gestreute oder reflektierte Licht zurück durch die Löcher in der Nipkow-Scheibe. Von hier aus gelangt das Licht zum Okular für die direkte Beobachtung oder zu einer Videokamera mit Monitor oder Bildverarbeitung. In Abb. 3.13 wird ein Zwischenbild in die Ebene der Scheibe abgebildet, das endgültige Bild $B$ erscheint dann aber in der Bildebene der Hilfslinse (oder des Okulars) $RL$. Solange die Scheibe das komplette Bild in weniger als $1/60\,\mathrm{s}$ scannt, kann das Bild bequem mit geringem Flimmern mit dem Auge betrachtet werden.

Die in Abb. 3.13 dargestellte Scheibe läßt nur einen sehr geringen Anteil des auf sie fallenden Lichts hindurch. Aus diesem Grund muß die Quelle sehr stark sein. Zusätzlich muß die Scheibe gut poliert sein und unter einem kleinen Winkel gegen das einfallende Licht stehen, um das von der Scheibe zurückgestreute Licht zu eliminieren. Ein sich hinter der Quelle befindender Polarisator $P$ erlaubt eine weitere Reduzierung des Streulichts. Das polarisierte Licht der Quelle geht zweimal durch eine $\lambda/4$-Platte $Q$ (Abschn. 9.2.2), bevor es wieder zur Nipkow-Scheibe gelangt. Die zwei Durchgänge durch die $\lambda/4$-Platte bewirken eine Drehung der Polarisationsebene (Aufgabe 9.4) des Lichts um 90°. Das Licht geht dann durch einen zweiten Polarisator oder Analysator $A$, dessen Achse um 90° gegenüber dem ersten gedreht ist. Das gestreute Licht behält den ursprünglichen Polarisationszustand bei und wird

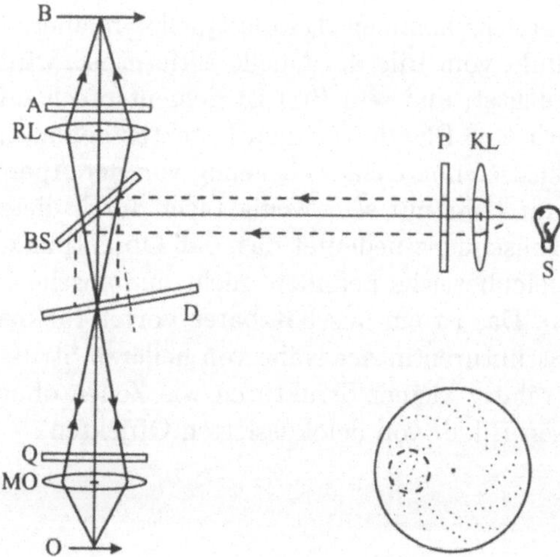


**Abb. 3.13.** Ein konfokales Echtzeitmikroskop mit einer Nipkow-Scheibe. [Nach G. S. Kino, Intermediate Optics in Nipkow Disk Microscopes, in *Handbook of Biological Confocal Microscopy*, ed. by J. B. Pawley (Plenum, New York 1990)]

durch den zweiten Polarisator unterdrückt. Andere Aufbauten mit Nipkow-Scheibe können stattdessen Spiegel enthalten, die das reflektierte Licht durch einen anderen Satz von Löchern, als die, die zur Beleuchtung verwendet wurden, zurückschicken. Auch auf diesem Weg kann das von der Scheibe gestreute Licht verringert werden.

Ein konfokales Scanning-Mikroskop, das eine solche Nipkow-Scheibe enthält, muß notwendigerweise immer in Reflexion betrieben werden. Besonders bei der Untersuchung undurchsichtiger Objekte ist dies oft ein Vorteil. Mitunter spielt dies auch keine Rolle oder wird durch die Eigenschaft des Instrumentes, daß Ebenen außerhalb der Fokustiefe unsichtbar sind, aufgewogen.

Wir verschieben die weitere Diskussion des konfokalen Scanning-Mikroskops auf Abschn. 7.3.3.

## 3.7 Fernrohre

Der grundlegende Unterschied zwischen einem Fernrohr bzw. Teleskop und einem Mikroskop besteht in der Entfernung des Objekts. Ein Fernrohr dient zur Beobachtung großer Objekte in großer Entfernung. Wie beim Mikroskop erzeugt das Teleskopobjektiv ein Bild, das durch ein Okular betrachtet wird.

Angenommen, das Objekt sei sehr weit entfernt, aber groß genug, um unter einem Winkel $\alpha$ am Ort des Fernrohrs zu erscheinen. Durch das Fernrohr ist es unter dem Winkel $\alpha'$ zu sehen. Wie bei der Lupe definieren wir die Vergrößerung des Fernrohrs als

$$V = \alpha'/\alpha \,. \tag{3.15}$$

Aus geometrischen Betrachtungen folgt, daß $\alpha = h'/f_o'$ und $\alpha' = h'/f_e'$ gilt. Damit ergibt sich

$$V = -f_o'/f_e' \,, \tag{3.16}$$

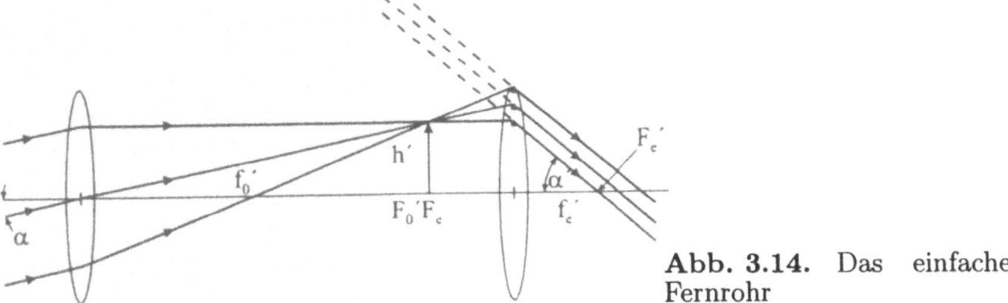


**Abb. 3.14.** Das einfache Fernrohr

wobei das Minuszeichen nur deswegen auftritt, weil das Bild umgekehrt ist. Wird $f_0'$ sehr viel größer als $f_e'$, erscheint ein weit entferntes Objekt durch ein Fernrohr sehr viel größer als mit dem bloßen Auge.

### 3.7.1 Pupillen und Blenden

Es ist üblich, mit Hilfe des Fernrohrs die Bedeutung von Pupillen und Blenden in einem optischen System zu erläutern. Wie bei der Kamera wird die Öffnung, die die Gesamtmenge des durch das Teleskop gesammelten Lichts beschränkt, *Aperturblende* oder *beschränkende Öffnung* genannt. In einem Fernrohr dient der Ring, der das Objektiv hält, als Aperturblende.

Verfolgen wir nun, wie in Abb. 3.15 dargestellt, die Ausbreitung zweier Strahlenbündel durch das Fernrohr. Der Strahl *pr*, der durch das Zentrum der Aperturblende geht, wird als *Hauptstrahl* bezeichnet. Die Bündel, die vom Okular ausgehen, besitzen eine Taille an der Stelle, wo der Hauptstrahl die Achse schneidet, und zwar kurz hinter $F_e'$. Das Okular erzeugt ein Bild der Aperturblende in der Ebene, wo der Haupstrahl die Achse schneidet. Dieses Bild wird als *Austrittspupille* bezeichnet und liegt in der Ebene der Taille. Eine sorgfältige Untersuchung der in der Abb. 3.15 dargestellten Verhältnisse ergibt weiterhin, daß die Austrittspupille und die Taille genau zusammenfallen. Alle durch die Aperturblende einfallenden und sich durch das optische System ausbreitenden Strahlen gehen ebenfalls durch die Austrittspupille. Im Fernrohr dient die Aperturblende gleichzeitig als *Eintrittspupille.*

Formal wird die Austrittspupille als das Bild der Aperturblende definiert, das durch die gesamte Optik hinter der Aperturblende zu sehen ist. Die Eintrittspupille ist das Bild, wie es durch die Optik vor der Aperturblende gesehen wird. Die Eintritts- und die Austrittspupille sind somit jeweils das Bild des anderen.

Für beste Beobachtung sollte sich das Auge in oder nahe der Austrittspupille befinden. Andernfalls wird ein Großteil der Strahlen nicht in die Augenpupille gelangen, ein Phänomen, das als *Vignettierung* bekannt ist.

Wenn wir mit $e$ den Durchmesser der Eintrittspupille bezeichnen und mit $e'$ den der Austrittspupille, können wir leicht zeigen, daß

$$e/e' = V \tag{3.17}$$

gilt.

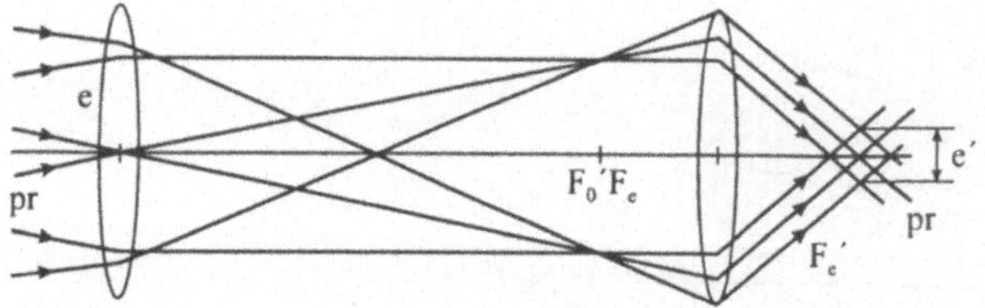


**Abb. 3.15.** Die geometrische Konstruktion der Austrittspupille eines Fernrohrs

Bei einem Fernrohr ist $e$ gleichzeitig der Durchmesser der Aperturblende, so daß der Durchmesser der Austrittspupille ein Bruchteil $1/V$ des Durchmessers der Aperturblende ist.

Idealerweise sollte die Austrittspupille nicht nur mit der Augenpupille zusammenfallen, sondern auch dieselbe Größe wie die Augenpupille haben. Wenn die Austrittspupille zu groß ist, kommt es unweigerlich zur Vignettierung, das heißt, das Auge wird zur begrenzenden Öffnung. Viele der Strahlen, die in das Objektiv einfallen, können nicht in das Auge gelangen. Wie wir leicht sehen können, wird ein großer Teil des Objektivs nicht ausgenutzt, wenn die Augenpupille in die Objektivebene abgebildet wird. Dieses Bild, und nicht das Objektiv selbst, wirkt dann als Eintrittspupille. Die Auflösung und die Lichtstärke des Teleskops leiden, wenn die Austrittspupille zu groß wird. Nichtsdestotrotz werden manche Fernrohre mit einer etwas größeren Austrittspupille gebaut, um eine freiere Augenbewegung zu ermöglichen.

Wir werden im Abschn. 3.8.2 sehen, daß für eine Vergrößerung, bei der die Austrittspupille viel kleiner als die Augenpupille wird, die *förderliche Vergrößerung*

$$V_\mathrm{f} = 5D_{[\mathrm{cm}]} \tag{3.18}$$

überschritten wird. Dabei ist $D_{[\mathrm{cm}]}$ der Objektivdurchmesser in cm. Für ein gegebenes $D_{[\mathrm{cm}]}$ sollte die Vergrößerung den Wert $V_\mathrm{f}$ nicht wesentlich überschreiten.

An früherer Stelle haben wir gefunden, daß die Augenpupille unter durchschnittlichen Beobachtungsbedingungen einen Durchmesser von ca. 5 mm besitzt. Aus diesem Grund sind die meisten *Feldstecher* so gebaut, daß sie 5 mm Austrittspupillen haben (obwohl manche Nachtsichtgläser Austrittspupillen bis zu 8 mm haben können). So hat z.B. ein Feldstecher 7× im allgemeinen ein 35 mm Objektiv. Solch ein Feldstecher hat die Bezeichnung 7 × 35. Dabei bezieht sich die erste Zahl auf das Vergrößerungsvermögen und die zweite Zahl auf den Objektivdurchmesser in mm. Andere gebräuchliche Feldstecher sind 8 × 40 und 10 × 50, während Nachtgläser auch 6 × 50 sein können. Kleine leichte Feldstecher, wie 8 × 25, haben kleinere Austrittspupillen und sind tagsüber am nützlichsten. Feldstecher 8× sind die stärksten, die noch (vernünftig) mit der Hand gehalten werden können.

### 3.7.2 Gesichtsfeldblenden

Zusätzlich zur Aperturblende besitzen die meisten Teleskope in der objektseitigen Brennebene des Okulars eine *Gesichtsfeldblende.* Wie bei der Kamera beschränkt die Gesichtsfeldblende den Winkelbereich oder das Gesichtsfeld auf einen bestimmten Wert. Sie befindet sich in der Bildebene, in der die Strahlen eines Bündels durch einen Punkt gehen, um eine teilweise Vignettierung der Bündel zu vermeiden.

### 3.7.3 Terrestrische Fernrohre

Das durch ein Fernrohr beobachtete Bild ist umgekehrt (invertiert). Für astronomische Anwendungszwecke ist das ohne Bedeutung, aber für terrestrische Fernrohre ist ein aufrecht stehendes Bild vorzuziehen.

Das einfachste Fernrohr, das ein aufrecht stehendes Bild erzeugt, ist das Galileische Fernrohr, in dem als Okular eine Zerstreuungslinse verwendet wird. Solche Fernrohre werden heutzutage außer in schwachen Operngläsern nur selten genutzt, sie erzeugen aber aufgrund ihres Aufbaus ein aufrechtes Bild. *Prismenfeldstecher* sind Teleskope, die ein aufrecht stehendes Bild erzeugen, indem sie zwei Reflexionsprismen zur Drehung des Bildes einsetzen.

Das üblicherweise als *terrestrisches Fernrohr* bezeichnete Gerät verwendet eine dritte Linse, um das Bild mit einer Vergrößerung 1 nochmals abzubilden und dabei zu invertieren (Abb. 3.16). Ein *Periskop* ist ein Fernrohr mit einer Vielzahl von Hilfsmitteln wie z. B. der zur Erzeugung eines aufrecht stehenden Bildes verwendeten und in der Abb. 3.16 dargestellten Linse $EL$.

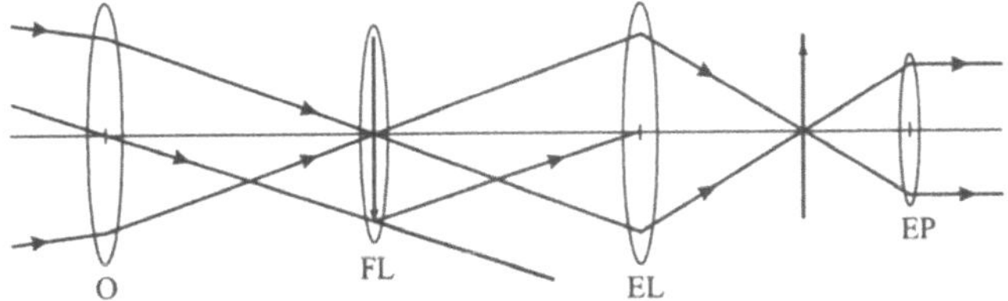


**Abb. 3.16.** Das terrestrische Fernrohr

Die „aufrichtende" Linse oder das Okular können eine beträchtliche Größe in leistungsstarken terrestrischen Fernrohren mit einem großen Bildfeld annehmen. Um dies zu vermeiden, stellen wir eine *Feldlinse* $FL$ in bzw. in die Nähe der ersten Bildebene. Diese Linse hat auf das Bild nur einen geringen Einfluß, bewirkt aber, wie in der Abb. 3.16 dargestellt, eine Sammlung der divergenten Strahlen in Richtung der Achse.

Die Feldlinse entspricht in vielen Punkten der Kondensorlinse des Diaprojektors. Sie fängt Strahlen auf, die sonst nicht zur Erzeugung eines aufrechtstehenden Bildes in die Linse gelangen würden, und lenkt sie in die Richtung zur Achse. Damit diese Funktion richtig ausgeführt wird, muß sie die Aperturblende in die Ebene der Umkehrlinse abbilden. (Anderenfalls tritt

Vignettierung auf, wie wir es bereits in Verbindung mit dem Teleskopokular diskutiert haben.) Außerdem sollte das Bild der Aperturblende annähernd die Umkehrlinse ausfüllen, genauso wie das Bild der Glühwendel die Projektionslinse des Diaprojektors ausfüllen sollte.

Übrigens entsteht jedesmal, wenn ein Hauptstrahl die Achse schneidet, ein Bild der Aperturblende (eine *Pupille*). Fast immer ist eine Lochblende in dieser Pupillenebene plaziert. Diese Lochblende besitzt die gleiche Größe wie die Pupille und dient zur Reduktion des Streulichts ohne Vignettierung.

Schließlich müssen wir darauf achten, daß die Hilfslinse ein Bild der Feldlinse in die Feldblende abbildet, die mit dem Okular verbunden ist. Feldlinse und Feldblende müssen Bilder voneinander sein, die man durch die jeweils dazwischen liegende Optik sehen kann. Ist das nicht der Fall, wird entweder die eine oder die andere zur effektiven Feldblende, genauso wie die Größe der Augenpupille bei der Bestimmung der Austrittspupille eines einfachen Fernrohrs beachtet werden mußte.

## 3.8 Das Auflösungsvermögen optischer Instrumente

Die physikalische oder Wellenoptik zeigt, daß wegen der *Beugung* das Bild eines kleinen Punktes selbst kein Punkt mehr ist (Abschn. 5.5). Es ist eher ein kleiner Fleck, der als *Airy-Scheibchen* bezeichnet wird. Die Größe dieses Flecks hängt von der relativen Öffnung des optischen Systems ab. Da das Bild kein Punkt mehr ist, kann man zwei Objektpunkte nicht mehr unterscheiden, wenn ihre geometrischen Bilder innerhalb des Radius eines Airy-Scheibchens liegen. Für Optiken mit Kreissymmetrie ergibt sich die *theoretische Auflösungsgrenze* $AG'$ in der Bildebene zu

$$AG' = 1,22\lambda l'/D \,, \tag{3.19}$$

wobei $l'$ die Bildweite, $D$ der Durchmesser der Öffnung und $\lambda$ die Wellenlänge des Lichts ist. Optische Systeme, die in der Lage sind, diese Auflösungsgrenze zu erreichen, werden *beugungsbegrenzt* genannt.

$AG'$ ist der Abstand zwischen zwei geometrischen Bildpunkten, wenn diese Punkte gerade noch aufgelöst werden. Der Abstand zwischen den tatsächlichen Punkten in der Objektebene ist $AG'/m$, wobei $m$ der Abbildungsmaßstab des Systems ist. Weil zwei Objektpunkte mindestens durch $AG'/m$ getrennt sein müssen, damit sie aufgelöst werden können, wird $AG'/m$ die Auflösungsgrenze in der Objektebene genannt. Da $m = l'/l$ gilt, ergibt sich für die Auflösungsgrenze im Objektraum

$$AG = 1,22\lambda l/D \,. \tag{3.20}$$

Da hier das Vorzeichen von $l$ keine Rolle spielt, kann man $AG > 0$ setzen.

### 3.8.1 Die Kamera

Die theoretische Auflösungsgrenze einer Kamera wird oft besser durch

$$AG' = 1,22\,\lambda\,\Phi\,(1-m) \tag{3.21}$$

beschrieben, wobei $m$ negativ ist. Wenn für das sichtbare Licht $\lambda$ mit $0,55\,\mu\text{m}$ angenommen wird, ist $AG'$ ungefähr gleich der effektiven Blendenzahl $\Phi\,(1-m)$ in µm. Das Reziproke von $AG'$ ist das *theoretische Auflösungsvermögen* und wird im allgemeinen in *Linien pro mm* angegeben.

Praktisch erreichen die meisten Kameras für Aperturen, die viel größer als F/8 ($\Phi = 8$) sind, ihr theoretisches Auflösungsvermögen nicht. Bei dieser relativen Apertur liegt das theoretische Auflösungsvermögen bei ca. 120 Linien/mm. Nur wenige gebräuchliche Filme können diese Auflösung erreichen, deshalb ist meistens der Film der begrenzende Faktor. Das heißt, daß normale Kameraobjektive nur selten bei höheren Aperturen (kleinen Blendenzahlen) beugungsbegrenzt sind.

Dies betrifft insbesondere Punkte, die weit von der optischen Achse entfernt sind. Der Grund dafür ist, daß ein Optikkonstrukteur viele Kompromisse machen muß, um ein relativ billiges Objektiv mit einem großen Bildfeld, wie es in der normalen Photographie gefordert wird, herzustellen. Er kann sich dies allerdings teilweise wegen des begrenzten Auflösungsvermögens der verfügbaren Filme leisten.

Linsen, die nicht beugungsbegrenzt sind, werden als *aberrationsbegrenzt* bezeichnet. Typische Kameraobjektive sind etwa bei Blendenzahlen kleiner als F/11 aberrationsbegrenzt. Wenn der Aperturdurchmesser von F/11 an vergrößert wird, können diese Objektive auf der optischen Achse eine konstante oder sogar leicht schlechtere Auflösung zeigen. Die Qualität von Objektiven mit sehr großer Öffnung (F/1,4) kann bei den niedrigsten Blendenzahlen bedeutend schlechter sein als im mittleren Bereich. Zusätzlich können Helligkeit und Auflösung an den Rändern eines Bildes leiden, das durch ein hochaperturiges, „weit geöffnetes“ Objektiv erzeugt wird.

### 3.8.2 Das Fernrohr

Ein Fernrohrobjektiv kann theoretisch zwei Punkte auflösen, wenn ihre Bilder mindestens einen Abstand von $1,22\lambda f'_o/D$ haben. Das bedeutet, daß der Winkelabstand der zwei Punkte, wie in Abb. 3.17 angedeutet, größer als

$$\alpha_{\min} = 1,22\lambda/D \tag{3.22}$$

sein muß. Das Okular muß eine höhere relative Apertur (eine kleinere Blendenzahl) als das Objektiv besitzen, wenn es die zwei Punkte gut auflösen soll. Das Auge sieht dann einen scheinbaren Winkelabstand von

$$\alpha'_{\min} = V \cdot 1,22\lambda/D\,, \tag{3.23}$$

wobei $V$ die Vergrößerung des Fernrohrs ist.

Im Gegensatz zu Kameraobjektiven haben Fernrohrobjektive relativ selten Öffnungen, die den Wert F/11 übersteigen. Reflexionsobjektive oder achromatische Dubletts können deswegen in der Nähe der optischen Achse annähernd beugungsbegrenzt sein.

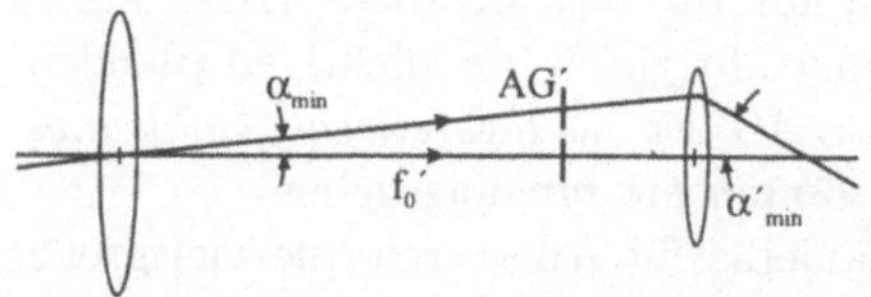


**Abb. 3.17.** Winkelauflösungsgrenze eines Teleskops

Die Grenze der Winkelauflösung des Auges beträgt ungefähr 0,3 mrad (1′). Das Auge wird nur dann zwei Punkte auflösen, wenn $\alpha'_{\mathrm{min}}$ mindestens diesen Wert hat. Wenn $\alpha'_{\mathrm{min}}$ gerade gleich 0,3 mrad ist, sprechen wir von der *nützlichen* oder *förderlichen Vergrößerung*, die für $\lambda = 0,55\,\mu\mathrm{m}$ durch

$$V_{\mathrm{f}} = 5\,D_{[\mathrm{cm}]} \tag{3.24}$$

gegeben ist. $V$ muß mindestens gleich $V_{\mathrm{f}}$ sein, wenn man alle Vorteile eines Fernrohrs auszunutzen will. Eine bequeme Beobachtung ist möglich für einen Wert von $V$ bis zum Doppelten von $V_{\mathrm{f}}$.

Andererseits sollte $V$ den Wert von $V_{\mathrm{f}}$ nicht allzusehr überschreiten. Wenn $V$ gerade gleich $V_{\mathrm{f}}$ ist, löst das Auge die scheibchenförmigen Bilder in der Brennebene des Objektivs voll auf. Wird $V$ größer gemacht (durch Vergrößerung der Leistung des Okulars zum Beispiel), führt das nicht zu einer größeren Auflösung, da das Auge bereits die Bilder in der Brennebene des Objektivs auflöst. Es führt allerdings zu einer Vergrößerung des Punktbildes auf der Netzhaut. Das Licht, das vom Objektiv von einem Punkt gesammelt wurde, wird nun statt auf einen Rezeptor auf mehrere verteilt. Das führt zur Verringerung der Kantenschärfe, und der Bildkontrast nimmt, besonders bei feinen Strukturen, merklich ab.

Aus diesem Grund wird eine Vergrößerung, die $V_{\mathrm{f}}$ deutlich übersteigt, auch als *leere Vergrößerung* bezeichnet und sollte vermieden werden.

### 3.8.3 Das Mikroskop

Ein gutes Mikroobjektiv ist so konstruiert, daß es bei entsprechender Tubuslänge $g$ beugungsbegrenzt ist. Die objektseitige Auflösungsgrenze beträgt dann $1,22\lambda l/D$. Wenn wir dies auf den Fall verallgemeinern, daß der Objektraum den Brechungsindex $n$ hat, müssen wir berücksichtigen, daß die Wellenlänge in diesem Medium gleich $\lambda/n$ ist, wobei $\lambda$ die Wellenlänge in Luft oder im Vakuum ist. Die Auflösungsgrenze ist dann durch $1,22\lambda l/nD$ gegeben.

Mikroskopiker schreiben diese Gleichung üblicherweise auf die *numerische Apertur* $NA = nD/2l$ um. $D/2l$ ist in der paraxialen Näherung gerade der halbe Winkel $u$, der durch das Objekt und die begrenzende Öffnung gebildet wird. Mit $NA$ wird die Auflösungsgrenze

$$AG = 0{,}61\lambda/NA\,. \tag{3.25}$$

(Außerhalb der paraxialen Näherung zeigt die Sinusbedingung, daß $NA$ zu $NA = n \sin u$ für korrigierte Objektive wird.)

Für die meisten Objektive ist $n = 1$ und für ein Objektiv $40\times$ überschreitet sin $u$ selten 0,65. Da $\lambda$ ungefähr $0{,}55\,\mu\text{m}$ ist, ist die Auflösung etwa auf $0{,}5\,\mu\text{m}$ beschränkt. Einige *Öl-Immersionsobjektive* sind so gestaltet, daß sich ein Tropfen eines hochbrechenden Öls zwischen dem Objektiv und dem Deckglas befindet, der durch die Oberflächenspannung gehalten wird. Diese Objektive können Vergrößerungen von 60 oder 100 haben und numerische Aperturen bis zu 1,6. Sie müssen mit dem entsprechenden Öl und zur Vermeidung von Aberrationen mit Deckgläschen des passenden Brechungsindex und geeigneter Dicke benutzt werden.

Genau wie das Fernrohr erreicht das Mikroskop sein *förderliches Vergrößerungsvermögen* genau dann, wenn das Auge gerade in der Lage ist, alle Details, die in der Bildebene des Objektivs vorhanden sind, aufzulösen. Wenn zwei Punkte durch die Auflösungsgrenze $AG$, wie in Abb. 3.18 dargestellt, getrennt sind, gilt unter der Annahme, daß $\alpha'_{\text{min}}$ gleich der Auflösungsgrenze des Auges ist, $V = V_{\text{f}}$. Der Strahl, der in Abb. 3.18 durch $F'_{\text{e}}$ geht, zeigt, daß

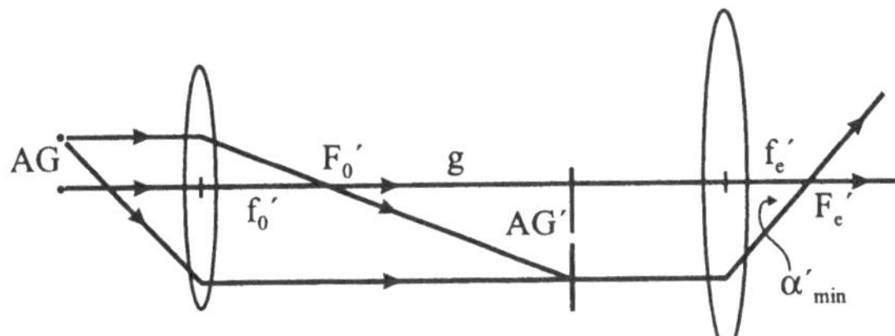


**Abb. 3.18.** Die Grenze der Winkelauflösung eines Mikroskops

$$\alpha'_{\text{min}} = AG'/f'_{\text{e}} \tag{3.26}$$

ist, und der Strahl, der durch $F'_{\text{o}}$ geht, zeigt, daß

$$AG'/g = AG/f'_{\text{o}} \tag{3.27}$$

ist. Da aber $AG = 0{,}61\lambda/NA$ ist, erhält man nach einigen Umformungen für $\alpha'_{\text{min}}$

$$\alpha'_{\text{min}} = \frac{0{,}61\lambda}{NA}\frac{V}{d_{\text{v}}}\,, \tag{3.28}$$

wobei $d_v$ die deutliche Sehweite ist. Setzt man $\alpha'_{min} = 0,3\,\mathrm{mrad}$ und $\lambda = 0,55\,\mu\mathrm{m}$, finden wir

$$V_f = 300\,NA\,. \tag{3.29}$$

Wie beim Fernrohr sollte $V$ nicht den Wert von $V_f$ um mehr als den Faktor 2 übersteigen.

Um die Schärfentiefe eines Mikroskops oder eines anderen beugungsbegrenzten Systems zu berechnen, vergleichen Sie auch die Aufgaben 3.13 und 5.12.

### 3.8.4 Der Kondensor

Normalerweise werden Mikroskope mit gewöhnlichen Weißlichtquellen betrieben. Im allgemeinen wird ein optisches System dazu verwendet, das Licht der Quelle in das System zu bringen. Die *kritische Beleuchtung* bezieht sich auf die Abbildung einer diffusen Quelle in die Probenebene. Die Quelle muß homogen sein, damit ihre Struktur nicht in dem durch das Mikroskop beobachteten Bild erscheint, üblicherweise werden dazu *Wolframbandlampen* verwendet.

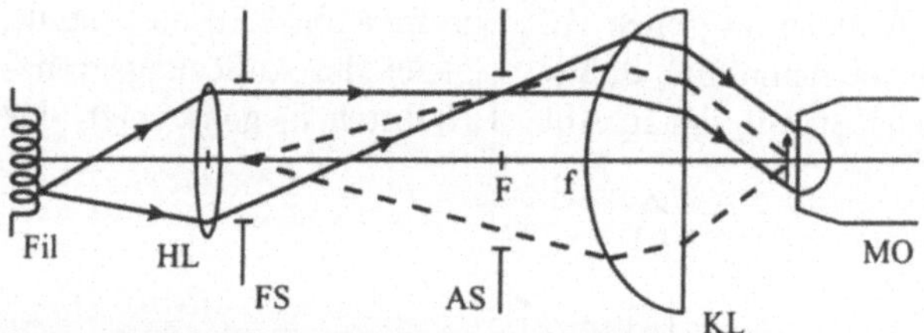


**Abb. 3.19.** Die Köhlersche Beleuchtung

Die *Köhlersche Beleuchtung* ist in Abb. 3.19 dargestellt. Es ist das System, das in den meisten Mikroskopen benutzt wird, da es unabhängig voneinander die Steuerung des Gesichtsfeldes und der Beleuchtungsbedingungen erlaubt. Das Kondensorsystem besteht aus zwei Linsen, einer Kondensorlinse $KL$ und einer Hilfslinse $HL$. Ähnlich wie bei einem Projektor müssen diese Linsen keine besonders hohe optische Qualität haben. Die Hilfslinse bildet den Glühfaden $Fil$ in die Aperturblende $AS$ ab und spielt damit eine ähnliche Rolle wie die Feldlinse in einem Projektionssystem. Der Mittelpunkt der Aperturblende fällt mit dem objektseitigen Brennpunkt $F$ der Kondensorlinse zusammen. Die Kondensorlinse bildet daher die Glühwendel nach Unendlich ab. Anders ausgedrückt könnten wir sagen, daß von jedem Punkt der Glühwendel ein paralleles Strahlenbündel ausgeht, das, wie in Abb. 3.19 durch die durchgezogenen Strahlen dargestellt, unter einem Winkel zur optischen Achse des Systems einfällt. Punkte, die sich weit entfernt von der optischen Achse befinden, ergeben steil geneigte Strahlenbündel, während Punkte in der Nähe der optischen Achse nur leicht geneigte Strahlenbündel erzeugen. Die Gesamtheit der Bündel besitzt eine Taille unweit des bildseitigen Brennpunktes der Kondensorlinse. Das Objekt ist in der Nähe dieser Taille lokalisiert. Übrigens unterscheidet sich die Köhlersche Beleuchtung prinzipiell von der Beleuchtung in einem Diaprojektor, da die Glühwendel nicht in die Aperturblende des Mikroobjektivs $MO$, sondern nach Unendlich abgebildet wird (Abb. 3.19).

Eine als Feldblende dienende Irisblende $FS$ befindet sich in der Nähe der Hilfslinse. Die axiale Position der Kondensorlinse wird so gewählt, daß sie die Feldblende in die Objektebene abbildet (in Abb. 3.19 durch die gestrichelten Linien dargestellt). Diese Justierung wird bei nahezu vollständig geschlossener Feldblende und gleichzeitiger Einstellung des Mikroskops auf die Objektebene und die Feldblende erreicht. Die Feldblende kann dann geöffnet werden, bis sie aus dem Gesichtsfeld verschwindet.

Die Aperturblende bestimmt die Anzahl der Parallelbündel, die in die Objektebene gelangen. Das heißt, daß sie unter anderem die Helligkeit der Beleuchtung festlegt. Das Schließen der Aperturblende beeinflußt nicht das Gesichtsfeld, weil dieses durch das Bild der Feldblende bestimmt wird. Analog beeinflußt eine Änderung des Gesichtsfeldes nicht die wirksame Beleuchtung eines beliebigen Objektpunktes (vorausgesetzt, der Punkt verbleibt im Gesichtsfeld). Köhlersche und kritische Beleuchtung sind in der Hinsicht einzigartig, daß Gesichtsfeld und Beleuchtung unabhängig voneinander gesteuert werden können. In kommerziellen Mikroskopen ist die Köhlersche Beleuchtung gebräuchlicher, da sie keine Quelle mit homogener Beleuchtung erfordert. Tatsächlich haben viele Mikroskopierleuchten Lampen mit eng gewendelten Glühdrähten, die für den Einsatz bei der kritischen Beleuchtung ungeeignet wären.

Wir können die numerische Apertur des Kondensors analog zum Mikroobjektiv definieren. Es ist der Sinus des Winkels zwischen der Achse und den am stärksten geneigten Strahlen, die von der Kondensorlinse ausgehen. Viele Mikroskopiker wählen die numerische Apertur des Kondensors so, daß sie mit der des Objektivs übereinstimmt. Diese wird manchmal als *volle Beleuchtung* bezeichnet und sichert eine ausreichende Helligkeit bei reduziertem Streulicht. Außerdem wählen wir die Feldblende so klein wie möglich, um Streulicht zu unterdrücken.

Im Abschn. 5.6 werden wir sehen, daß die numerische Apertur des Kondensors die *Kohärenz* der Beleuchtung beeinflußt. Die Kohärenz wirkt sich sowohl auf das Bild als auch auf die Auflösungsgrenze aus. So zeigt zum Beispiel die Theorie der *partiellen Kohärenz*, daß die Auflösungsgrenze am kleinsten ist, wenn die numerische Apertur des Kondensors ca. 1,5 mal so groß wie die des Objektivs ist. Dann ist die Auflösungsgrenze durch (3.25) gegeben. Allerdings ist das Erreichen dieser Bedingung nicht immer möglich, weil die numerische Apertur des Objektivs den Wert 1 erreichen oder sogar übersteigen kann.

In Abb. 7.20 sehen wir, daß das Bild einer Kante im hochkohärenten Licht ein *Überschwingen* auf der hellen Seite der Kante zeigt, während das bei inkohärenter Beleuchtung nicht so ist. Wenn also die Aperturblende der Kondensorlinse geöffnet wird (und damit der Kohärenzgrad des Lichts immer mehr abnimmt), verringert sich das Überschwingen. Tatsächlich verschwindet diese Erscheinung völlig, wenn der Kondensor volle Beleuchtung realisiert. Das ist ebenfalls ein Grund für die Benutzung der vollen Beleuchtung in der allgemeinen Mikroskopie.

Wird als Lichtquelle ein Laser eingesetzt, ist das Beleuchtungssystem nicht besonders wichtig, da das Licht hochkohärent ist und die Kohärenz nicht beeinflußt werden kann. Die Auflösungsgrenze steigt um 30%. Allerdings erscheinen im Bild oft unschöne Artefakte, die eine Folge der Interferenz sind (Abschn. 5.7).

## Aufgaben

**Aufgabe 3.1.** Ein Auge habe eine Myopie von 5 dpt und besitze noch eine Akkomodationsfähigkeit von 2 dpt. Ermitteln Sie den Nah- und den Fernpunkt für dieses Auge. Was sind die Nah- und Fernpunkte, wenn die Myopie mit einer Linse von –5 dpt korrigiert wird? Braucht der Patient eine spezielle Lesebrille? (In Fällen wie diesem können die Korrekturlinsen mit schwächeren Lesegläsern in *Bifokalgläsern* kombiniert werden.)

**Aufgabe 3.2.**

a) Schätzen Sie die Änderung der Lage der Hauptebenen des Auges ab, wenn Brillengläser benutzt werden. Schätzen Sie ebenfalls die Änderung des Abbildungsmaßstabs des Bildes auf der Netzhaut ab. Warum ist die Änderung des Abbildungsmaßstabs gering, wenn der Patient Kontaktlinsen trägt?
b) Angenommen, der Patient kann bis zu 10% Unterschied in den Bildgrößen zwischen seinen beiden Augen tolerieren. Wie groß ist der maximal akzeptable Unterschied in der Brechkraft des rechten und des linken Brillenglases?
c) Als *Aphakie* wird das Fehlen der Augenlinse (normalerweise nach einer Staroperation) bezeichnet. Wie groß ist ungefähr die Brechkraft einer *Starlinse* (eines zur Korrektur der Aphakie gefertigtes Brillenglas)? Wie unterscheiden sich die Abbildungsmaßstäbe der Augen eines an Aphakie Leidenden, wenn ein Auge normalsichtig ist und sich vor dem anderen eine Kataraktlinse befindet.

**Aufgabe 3.3.** Zwei dünne Linsen, die in Kontakt sind, besitzen einen Abbildungsmaßstab von $f_2'/f_1'$, wenn sich das Objekt exakt im Brennpunkt der Linse $L_1$ befindet.

a) Erklären Sie, warum sich die Linsen nicht berühren müssen.
b) Angenommen, die erste Linse hat eine Brennweite von 50 mm und die zweite eine von 200 mm. Zeigen Sie, daß der Fehler des Abbildungsmaßstabs ca. 2% beträgt, wenn sich das Objekt 0,25 mm von $F_1$ entfernt befindet.

**Aufgabe 3.4.** Eine Kamera besitzt ein Objektiv mit einer Brennweite von 50 mm, das bei F/8 beugungsbegrenzt ist. Es wird mit einem hochauflösenden Film benutzt, der 200 Linien/mm auflösen kann. Ermitteln Sie die förderliche Vergrößerung, um ein entferntes Objekt durch ein Fernrohr zu photographieren, dessen Objektiv den Durchmesser $D$ besitzt. Erklären Sie, warum dieses Ergebnis sich von dem Wert $5\,D$ (in cm) bei der visuellen Beobachtung unterscheidet.

**Aufgabe 3.5.** Ein Film besitze eine maximale Schwärzung von ungefähr 4; die mittlere Schwärzung des Negativs einer Szene sei kleiner als 0,5. Schätzen Sie ab, welcher Teil des nichtentwickelten Silbers, das sich ursprünglich in der Emulsion befunden hat, verbleibt, nachdem das Photo entwickelt worden ist. (Das unbenutzte Silber ist im Fixierer gelöst und kann wiedergewonnen werden.)

**Aufgabe 3.6.** Eine Kamera mit einem Objektiv der Brennweite 50 mm photographiert eine entfernte Szene, die eine beträchtliche Tiefe besitzt. Die Photographie wird um einen Faktor 10 vergrößert.

a) Finden Sie den Abstand des Betrachters vom Bild, von dem aus jedes Detail der Vergrößerung unter dem gleichen Winkel wie im Originalobjekt erscheint. Dieser Ort wird als *perspektivisches Zentrum* bezeichnet.
b) Zeigen Sie, daß die Bilder in der Nähe befindlicher Objekte unverhältnismäßig groß erscheinen, wenn sich der Beobachtungspunkt hinter dem perspektivischen Zentrum befindet. Dieses Phänomen ist als *scheinbare perspektivische Verzeichnung* bekannt und kann oft bei Großaufnahmen beobachtet werden, wenn sich die Kamera relativ dicht am Gegenstand befindet.

**Aufgabe 3.7.** Wir wollen die Brennebene einer F/11 Linse bestimmen, indem ein Objekt abgebildet wird, dessen Abstand ungefähr dem Tausendfachen der Brennweite $f'$ der Linse entspricht. Berechnen Sie den Fehler bei der Bestimmung der Brennebene. Nehmen Sie dabei an, daß ca. 100 Linien/mm aufgelöst werden können. Vergleichen Sie die bildseitige Schärfentiefe mit dem Fehler bei der Fokussierung in der Bildebene. Das ist übrigens der Ursprung der Faustregel, daß die tausendfache Brennweite im Prinzip „gleich unendlich“ ist.

**Aufgabe 3.8.** Ein kurzsichtiger Wissenschaftler nimmt seine Brille ab und verkündet, daß er gerade seine Vergrößerungsgläser aufgesetzt habe. Erklären Sie diese sonderbare Bemerkung und bestimmen Sie die Vergrößerung, die er erreicht hat, wenn seine Brillengläser eine Stärke von -5 dpt haben. Nehmen Sie seinen Akkomodationsbereich zu 4 dpt an.

**Aufgabe 3.9.** Wie hängt die Vergrößerung einer Lupe, die ein Kurzsichtiger benutzt, dessen deutliche Sehweite also viel kleiner als $d_v = 25$cm ist, vom Nahpunkt ab? Wie klein muß die Brennweite der Linse sein, damit dieser Kurzsichtige eine Vergrößerung deutlich größer als 1 wahrnimmt?

**Aufgabe 3.10.** Ein konfokales Scanningmikroskop benutzt ein $40 \times 0,65$ Objektiv mit einer Tubuslänge von 160 mm. Der Durchmesser der vor dem Detektor befindlichen Lochblende beträgt 11 µm, und die Schärfentiefe des Objektivs ca. 0, 65 µm.

a) Verwenden Sie (2.46), um den Abstand zwischen dem objektseitigen Brennpunkt des Objektivs und einem gut abbildbaren Objektpunkt zu bestimmen.
b) Nehmen Sie an, daß das Objekt zusätzlich ca. 100 µm vom Objektiv weg bewegt wird. In welcher Entfernung vom bildseitigen Brennpunkt wird dieser Objektpunkt scharf abgebildet?
c) Wie groß ist der Durchmesser des resultierenden Zerstreuungskreises in der Ebene der Lochblende?
d) Welcher Anteil des Lichts geht durch die Lochblende hindurch, wenn dieser Zerstreuungskreis gleichmäßig beleuchtet ist? Da fast das gesamte Licht eines fokussierten Punktes durch die Lochblende hindurchgeht, liefert dieses Ergebnis annähernd die Schwächung der Intensität für einen Objektpunkt, der sich nur unwesentlich mehr als die Schärfentiefe des Objektivs außerhalb der Brennweite befindet.

**Aufgabe 3.11.** Ein Objekt, das sich in einer Entfernung von 1 m befindet und 1 cm breit ist, wird durch ein Fernrohr mit einem Objektiv der Brennweite 50 mm und einem Okular $10\times$ betrachtet.

a) Wie groß ist der Sehwinkel dieses Objekts, wenn es aus einer Entfernung von 1 m mit dem bloßen Auge betrachtet wird?
b) Wie groß ist der scheinbare Sehwinkel, unter dem das Bild durch das Okular betrachtet wird? Nehmen Sie an, daß sich das Objektiv 1 m weit vom Objekt befindet.
c) Wie groß ist die Gesamtvergrößerung des Teleskops bezogen auf das 1 m weit entfernte Objekt?

**Aufgabe 3.12.**

a) Wir rüsten ein Mikroskop mit einem $40 \times 0,65$ Objektiv aus und betrachten die Stirnfläche einer optischen Faser mit Licht der Wellenlänge 550 nm. Was für ein Okular sollte benutzt werden? Was ist die Auflösungsgrenze?

b) Ein astronomisches Fernrohr habe ein Objektiv der Brennweite 1 m mit einem Durchmesser von 7,5 cm. Was für ein Okular sollte verwendet werden? Kann es zwei Sterne unterscheiden, die 10 µrad Winkelabstand haben?

**Aufgabe 3.13.** Benutzen Sie (3.7), um die Schärfentiefe eines Mikroobjektivs in Abhängigkeit von seiner numerischen Apertur abzuschätzen. Vergleichen Sie auch Aufgabe 5.12.

**Aufgabe 3.14.** Eine Kamera benutzt einen Film mit einem Auflösungsvermögen AV=100 Linien/mm. Bei welcher Brennweite wird die Winkelauflösungsgrenze der Kamera gleich der des Auges sein?

**Aufgabe 3.15.** Wir wollen ein entferntes Objekt durch ein Fernrohr photographieren. Zu diesem Zweck wählen wir einen Feldstecher $10 \times 50$ und eine Kamera mit einem Objektiv der Brennweite 50 mm und der Blendenzahl 2.

a) Zeigen Sie, wie diese Photographien aufgenommen werden, und skizzieren Sie den Aufbau mit der richtigen Position der Kamera. Ermitteln Sie den größten förderlichen Aperturdurchmesser $D$ des Kameraobjektivs.
b) Angenommen, die Kamera ist bei der Öffnung $D$ beugungsbegrenzt. Erklären Sie, warum es wahrscheinlich am besten ist, alle Bilder bei dieser Apertur aufzunehmen. Was passiert bei dem wahrscheinlicheren Fall, daß die Kamera nicht durch Beugung, sondern durch das Auflösungsvermögen des Films begrenzt ist?
c) Angenommen, die Kamera (ohne das Teleskop) verlangt eine Belichtungszeit $t$, wenn der Durchmesser $D$ ist. Ermitteln Sie die Belichtungszeit, wenn die Kamera am Feldstecher befestigt ist. (In Wirklichkeit ist der Transmissionsgrad des Feldstechers kleiner als 1, so daß Versuchsbelichtungen notwendig sind.)

**Aufgabe 3.16.** Eine Kamera besitzt ein Objektiv mit einer Brennweite von 35 mm. Es soll ein Film, dessen Auflösungsvermögen AV=35 Linien/mm bzw. dessen Auflösungsgrenze AG=1/30 mm beträgt, zum Einsatz kommen. Damit begrenzt der Film und nicht das Objektiv die Möglichkeiten des Systems.

a) Zwei Punkte sind durch einen kleinen Winkel $\delta$ getrennt. Welches ist der kleinste Wert von $\delta$, den die Kamera (mit diesem Film) noch auflösen kann? Vergleichen Sie dies mit der Winkelauflösung des Auges (0,3 mrad).
b) Die Kamera ist so aufgebaut, daß sie wie in Aufgabe 3.15 mit einem Teleskop, dessen Objektiv einen Durchmesser $D$ besitzt, benutzt werden kann. Was ist die größte förderliche Vergrößerung des Teleskops? Warum unterscheidet es sich von dem Wert $5\,D$ (in cm), der gilt, wenn mit dem Auge durch das Fernrohr geschaut wird?

# 4. Lichtquellen und Detektoren

In diesem Kapitel diskutieren wir Radiometrie (und Photometrie), die Strahlung des schwarzen Körpers und Linienquellen und stellen verschiedene Typen optischer Strahlungsdetektoren vor.

## 4.1 Radiometrie und Photometrie

Der Gegenstand der *Photometrie* ist die Ausbreitung und Messung der sichtbaren Strahlung. Die Photometrie verwendet Einheiten, die auf der Reaktion des menschlichen Auges beruhen. So ist zum Beispiel der *Lichtstrom* für alle Wellenlängen außerhalb des sichtbaren Spektrums identisch Null. Extrem verkompliziert wird die Photometrie durch eine Vielzahl von Einheiten.

Die *Radiometrie*, die sich mit der Ausbreitung und Messung jeder elektromagnetischen Strahlung sowohl innerhalb wie auch außerhalb des sichtbaren Spektrums beschäftigt, behandelt diese Problematik allgemeiner. Die Einheiten der Radiometrie sind z.B. Watt und Joule. *Photometrische Einheiten* werden exakt analog zu diesen physikalischen oder *radiometrischen Einheiten* definiert. In den vergangenen Jahren wurden große Anstrengungen unternommen, um einen konsistenten Satz von photometrischen Einheiten und Begriffen zu definieren. Weil es so üblich ist, werden wir normalerweise die photometrische Terminologie verwenden. Dessen ungeachtet werden die Definitionen und Konzepte zunächst auf der Basis der vertrauten physikalischen Einheiten eingeführt.

### 4.1.1 Radiometrische Einheiten

Zu Beginn wird eine Punktquelle betrachtet, die gleichmäßig in alle Richtungen strahlt. Wir messen die *Strahlungsleistung* $\mathrm{d}\Phi$, die in einen kleinen Raumwinkelbereich $\mathrm{d}\Omega$ emittiert wird. (Der Raumwinkel $\mathrm{d}\Omega$, unter dem ein bestimmtes Flächenelement $\mathrm{d}A$ von einem Quellelement aus erscheint, ist gleich $\mathrm{d}A/r^2$, wobei $\mathrm{d}A$ die Projektion des Flächenelements auf eine Kugel mit dem Radius $r$ ist, deren Mittelpunkt sich in der Quelle befindet wie in Abb. 4.1 dargestellt. Eine volle Kugel bildet somit einen Raumwinkel von $4\pi$ *Steradiant*.) Die *Strahlstärke* $I$ einer Punktquelle wird definiert durch

$$\mathrm{d}\Phi = I\mathrm{d}\Omega \; . \tag{4.1}$$

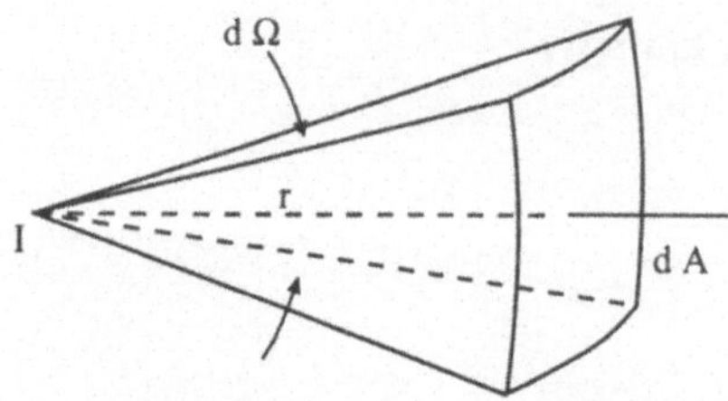


**Abb. 4.1.** Die Strahlstärke einer Punktquelle

Wenn $\Phi$ die Einheit Watt hat, dann hat $I$ die Einheit Watt/Steradiant, die wir als $\mathrm{W} \cdot \mathrm{sr}^{-1}$ schreiben können.

Der Ausdruck Strahlstärke ist für Punktquellen reserviert; für eine kleine ebene Quelle definieren wir die *Strahldichte* $L$ durch die Gleichung

$$\mathrm{d}^2\Phi = L\mathrm{d}S \cos\theta \mathrm{d}\Omega \,. \tag{4.2}$$

Dabei ist $\mathrm{d}S$ die Fläche eines differentiellen Elements der Quelle. (Wir verwenden die Schreibweise $\mathrm{d}^2\Phi$ zur Erinnerung daran, daß zwei differentielle Größen auf der rechten Seite der Gleichung auftauchen.) $\theta$ ist der in der Abb. 4.2 dargestellte Winkel zwischen der Normalen auf $\mathrm{d}S$ und der Verbindungslinie zwischen $\mathrm{d}S$ und $\mathrm{d}A$. Wir führen noch einen Faktor $\cos\theta$ ein, weil die Quelle gegenüber $\mathrm{d}A$ geneigt sein kann und dadurch so erscheint, als ob sie die Fläche von $\mathrm{d}S\cos\theta$ hätte. Die Größe $(L\mathrm{d}S\cos\theta)$ entspricht der Strahlstärke einer Punktquelle.

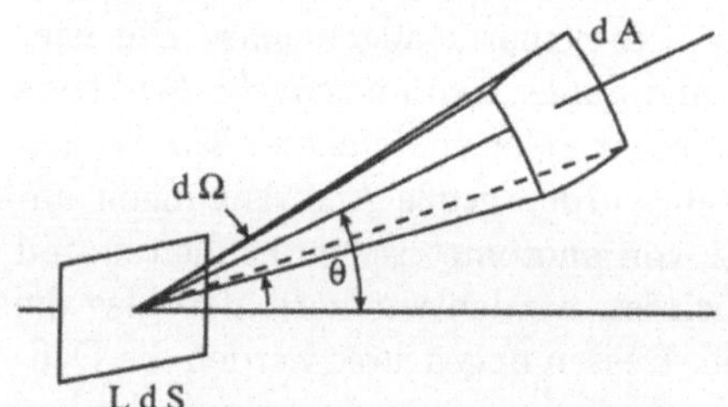


**Abb. 4.2.** Die Strahldichte eines kleinen, ebenen Flächenelements

Die Einheit von $L$ ist Watt pro $\mathrm{m}^2$ und Steradiant, $\mathrm{W} \cdot \mathrm{m}^{-2} \cdot \mathrm{sr}^{-1}$. Aus Gründen der Bequemlichkeit wird oft die Einheit $\mathrm{W} \cdot \mathrm{cm}^{-2} \cdot \mathrm{sr}^{-1}$ benutzt, obwohl das Zentimeter nicht zum MKS- oder Internationalen Einheitensystem (SI) gehört.

Als nächstes nimmt man an, daß ein kleines Flächenelement $\mathrm{d}A$ eine Strahlungsleistung $\mathrm{d}\Phi$ empfängt. ($\mathrm{d}\Phi$ ist infinitesimal, da $\mathrm{d}A$ infinitesimal ist.) Wir definieren die *Bestrahlungsstärke* $E$ auf der Oberfläche durch die Beziehung

$$\mathrm{d}\Phi = E\mathrm{d}A \tag{4.3}$$

unabhängig von der Neigung $\theta$ der Strahlung gegenüber der Oberfläche (Abb. 4.3). $E$ ist die Gesamtleistung, die auf die Oberfläche fällt, dividiert durch den Flächeninhalt ohne Berücksichtigung der Orientierung der Oberfläche. Die Einheit von $E$ ist Watt pro Quadratmeter, $\mathrm{W \cdot m^{-2}}$. Es wird jedoch oft $\mathrm{W \cdot cm^{-2}}$ als praktische Einheit vorgezogen.

Verschiedene andere Einheiten sind weniger wichtig und werden aus den Größen $\Phi$, $L$, $E$ und $I$ abgeleitet. Dazu gehören unter anderem die Gesamtenergie $Q$ in Joule bzw. Wattsekunden und die Energiedichte $w$ in Wattsekunden pro Quadratmeter, $\mathrm{W \cdot s \cdot m^{-2}}$. Schließlich wird noch die *spezifische Ausstrahlung* $M$ benutzt, um die Gesamtleistung pro Flächeneinheit zu beschreiben, die von einer Oberfläche abgestrahlt wird. Die Einheit von $M$ ist Watt pro Quadratmeter; $M$ erhält man durch Integration der Strahldichte $L$ über alle möglichen Winkel. Wenn die Größen $L$ oder $I$ vom Winkel

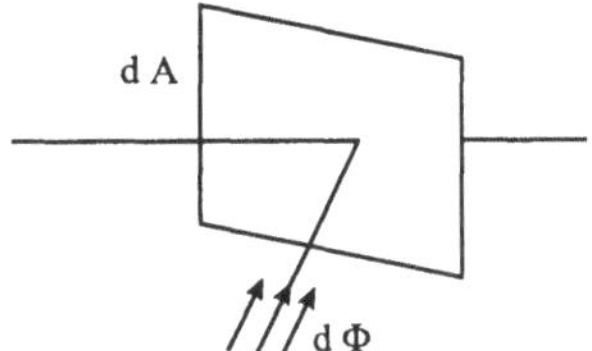


**Abb. 4.3.** Die Bestrahlungsstärke auf einer Oberfläche

abhängen, drücken wir das durch einen Index $\theta$ aus. Wenn wir zusätzlich an einem bestimmten Wellenlängenintervall $\Delta\lambda$, dessen Mittenwellenlänge $\lambda$ ist, interessiert sind, benutzen wir den Index $\lambda$. So ist z.B. $L_\lambda$ die *spektrale Strahldichte*. Ihre Einheit ist die Einheit der Strahldichte pro Wellenlängenintervall $\mathrm{W \cdot m^{-2} \cdot sr^{-1} \cdot nm^{-1}}$. Analog verwenden wir den Index $\nu$, wenn wir in einem gegebenen Frequenzintervall $\Delta\nu$ arbeiten. Die Einheit von $L_\nu$ ist die Einheit der Strahldichte pro Frequenzintervall $\mathrm{W \cdot m^{-2} \cdot sr^{-1} \cdot Hz^{-1}}$.

### 4.1.2 Photometrische Einheiten

Die photometrischen Einheiten werden mit Hilfe des Standardauges definiert, dessen Empfindlichkeitskurve diese Einheiten mit den physikalischen oder radiometrischen Einheiten verbindet. Photometrischc Einheiten spielen eine große Rolle in der Beleuchtungstechnik, wo der visuelle Eindruck der „Helligkeit“ wichtig ist.

Die fundamentale photometrische Einheit ist das *Lumen* (lm). Wie die Strahlungsleistung in Watt, so wird der *Lichtstrom* in Lumen gemessen. Um die bisher existierende Verwirrung in der Bezeichnungsweise zu umgehen, verwenden wir hier das gleiche Symbol $\Phi$ sowohl für den Lichtstrom als auch für die Strahlungsleistung. Wenn eine Unterscheidung zwischen dem Lichtstrom und der Strahlungsleistung notwendig ist, werden die Indizes v (für visuell) und e (für energetisch) benutzt. Somit ist $\Phi_\mathrm{v}$ der Lichtstrom und $\Phi_\mathrm{e}$ die Strahlungsleistung.

$\Phi_v$ und $\Phi_e$ hängen über die in der Abb. 3.2 dargestellte spektrale Empfindlichkeit des helladaptierten Auges $V_\lambda$ zusammen. $V_\lambda$ ist die *spektrale Empfindlichkeit* des Auges, und ihr Maximalwert ist auf 1 normiert. Dieses Maximum tritt im grünen Licht bei ca. 555 nm auf. Nur in einem kleinen Wellenlängenintervall um diese Mittenwellenlänge gilt per Definition

$$1\,\text{Watt} = 683\,\text{Lumen}\,. \tag{4.4}$$

Bei allen anderen Wellenlängen ist der visuelle Eindruck, den 1 Watt hervorruft, gleich 683 Lumen multipliziert mit $V_\lambda$; $V_\lambda$ ist stets kleiner als 1. Der Ausdruck *photometrisches Strahlungsäquivalent* wird für das Verhältnis des Lichtstroms zur Strahlungsleistung bei einer gegebenen Wellenlänge verwendet. Das photometrische Strahlungsäquivalent ist somit gleich $683\,\text{lm} \cdot \text{W}^{-1} \cdot V_\lambda$.

Die aus dem Lichtstrom $\Phi_v$ ableitbaren Größen entsprechen exakt den radiometrischen Größen. Die *Lichtstärke* $I_v$ einer Punktquelle ist analog der Strahlstärke definiert, die Einheit von $I_v$ ist somit $\text{lm} \cdot \text{sr}^{-1}$. Ähnlich ist die *Leuchtdichte* $L_v$ einer Punktquelle analog der Strahldichte $L_e$ definiert,ihre Einheit ist $\text{lm} \cdot \text{m}^{-2} \cdot \text{sr}^{-1}$. Der auf eine Oberfläche fallende Lichtstrom pro Flächeneinheit wird als *Beleuchtungsstärke* $E_v$ bezeichnet und besitzt die Einheit $\text{lm} \cdot \text{m}^{-2}$. Das Lumen pro Steradiant heißt auch *Candela* mit der Abkürzung cd; ein Lumen pro Quadratmeter wird als *Lux* bezeichnet.

**Tabelle 4.1.** Radiometrische und photometrische Größen und ihre Einheiten

| Symbol (SI Einheit) | Photometrische Einheit | Radiometrische Einheit | Definition |
|---|---|---|---|
| $\Phi$ | Lichtstrom<br>lm | Strahlungsleistung<br>W | |
| $I$ | Lichtstärke<br>$\text{lm} \cdot \text{sr}^{-1}$ (cd) | Strahlstärke<br>$\text{W} \cdot \text{sr}^{-1}$ | die durch eine Punktlichtquelle in einen Raumwinkel abgestrahlte Leistung |
| $L$ | Leuchtdichte<br>$\text{lm} \cdot \text{m}^{-2} \cdot \text{sr}^{-1}$<br>$(\text{cd} \cdot \text{m}^{-2})$ | Strahldichte<br>$\text{W} \cdot \text{m}^{-2} \cdot \text{sr}^{-1}$ | die durch eine Flächeneinheit in einen Raumwinkel abgestrahlte Leistung |
| $E$ | Beleuchtungsstärke<br>$\text{lm}\cdot\text{m}^{-2}$ (Lux) | Bestrahlungsstärke<br>$\text{W} \cdot \text{m}^{-2}$ | gesamte, auf eine Flächeneinheit fallende Leistung |
| $Q$ | Lichtmenge<br>$\text{lm} \cdot \text{s}$ | Strahlungsenergie<br>J (Ws) | |
| $M$ | | spezifische Ausstrahlung<br>$\text{W} \cdot \text{m}^{-2}$ | gesamte, von einer Flächeneinheit in alle Richtungen abgestrahlte Leistung |

In der Tabelle 4.1 sind die wichtigen radiometrischen und photometrischen Größen und ihre Einheiten aufgeführt. Mit der spektralen Empfindlichkeit $V_\lambda$ des Auges können wir beispielsweise Werte aus radiometrischen Einheiten in photometrische Einheiten umrechnen. Wenn wir z.B. die Bestrahlungsstärke $E_{\lambda\mathrm{e}}$ für eine gegebene Wellenlänge kennen, dann ist der entsprechende Wert der Beleuchtungsstärke $E_{\lambda\mathrm{v}}$ gerade

$$E_{\lambda\mathrm{v}} = \left(683\,\mathrm{lm}\cdot\mathrm{W}^{-1}\right) V_\lambda E_{\lambda\mathrm{e}}\ . \tag{4.5}$$

Ist die Beleuchtungsquelle nicht monochromatisch, wird $E_{\lambda\mathrm{e}}$ als die Bestrahlungsstärke interpretiert, die durch die Quelle innerhalb eines schmalen Wellenlängenbereichs mit dem Zentrum $\lambda$ erzeugt wird. In diesem Fall ergibt sich die gesamte Beleuchtungsstärke $E_\mathrm{v}$ durch Integration zu

$$E_\nu = (683\,\mathrm{lm\,W}^{-1}) \int V_\lambda E_{\lambda\mathrm{e}}\mathrm{d}\lambda\ , \tag{4.6}$$

wobei die Integrationsgrenzen im allgemeinen mit 400 und 700 nm angesetzt werden können.

### 4.1.3 Punktquellen

Die Leistung, die durch eine punktförmige Quelle mit der Intensität $I$ in einen Raumwinkel $\mathrm{d}\Omega$ ausgestrahlt wird, beträgt

$$\mathrm{d}\Phi = I\mathrm{d}\Omega\ . \tag{4.7}$$

Die Gesamtleistung, die durch eine homogene Punktquelle ($I_\theta = I$) abgestrahlt wird, ist somit

$$\Phi = 4\pi I\ . \tag{4.8}$$

Angenommen, wir bestrahlen oder beleuchten, wie in der Abb. 4.1 dargestellt, eine Fläche $\mathrm{d}A$ mit dieser Punktquelle. Diese Fläche befindet sich in der Entfernung $r$ von der Quelle und nimmt einen Raumwinkel von $(\mathrm{d}A\cos\theta)/r^2$ ein, wobei die Normale auf $\mathrm{d}A$ mit der Strecke, die $\mathrm{d}A$ und die Quelle verbindet, einen Winkel $\theta$ einschließt. Die auf $\mathrm{d}A$ fallende Leistung beträgt dann

$$\mathrm{d}\Phi = I\frac{\mathrm{d}A}{r^2}\cos\theta\ . \tag{4.9}$$

Wir können die Bestrahlungsstärke auf der Oberfläche aus der Beziehung

$$\mathrm{d}\Phi = E\mathrm{d}A \tag{4.10}$$

bestimmen, wobei $\mathrm{d}\Phi$ die gesamte auf das Flächenelement fallende Leistung ist. Durch Gleichsetzen der letzten beiden Gleichungen finden wir für die durch eine Punktquelle hervorgerufene Bestrahlungsstärke

$$E = \frac{I}{r^2}\cos\theta\ . \tag{4.11}$$

Dies ist das bekannte *quadratische (photometrische) Entfernungsgesetz.* Wir betrachten eine Quelle nur dann als Punktquelle, wenn sie so klein oder so weit entfernt ist, daß dieses Gesetz angewendet werden kann.

### 4.1.4 Ausgedehnte Quellen

Wir idealisieren diesen Fall wie üblich und nehmen an, daß die Strahldichte der Quelle unabhängig vom Winkel ist; d.h.

$$L_\theta = L\,. \tag{4.12}$$

Solche Quellen heißen in der Optik *Lambertsche Strahler* und erscheinen unter allen Winkeln gleich hell.

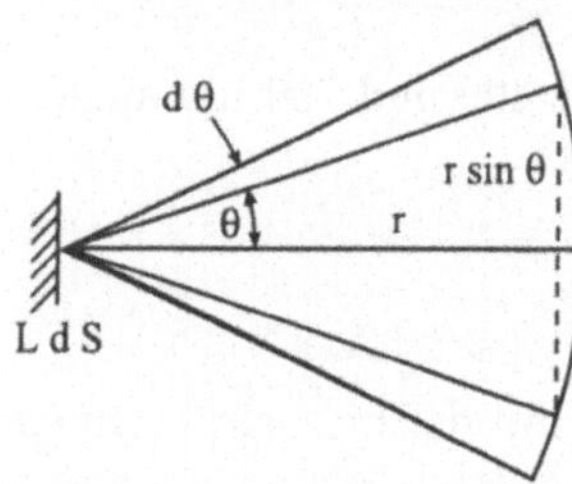


**Abb. 4.4.** Querschnitt einer ebenen Quelle, die in ein konisches Volumen strahlt

Wir benötigen nun einen Ausdruck für die Gesamtleistung, die von einem kleinen Lambertschen Strahler ausgeht. Diesen können wir mit der Konstruktion in Abb. 4.4 finden. Die in einen Raumwinkel $\mathrm{d}\Omega$ abgestrahlte Leistung ist durch (4.2) gegeben. Unter der Annahme, daß die Quelle durch die Oberfläche eines undurchsichtigen Körpers gebildet wird, bestimmen wir die in eine Halbkugel (nicht in eine Kugel) abgestrahlte Leistung. Dazu betrachten wir zuerst die in einen dünnen Kegel, dessen Querschnitt in Abb. 4.4 dargestellt ist, abgestrahlte Leistung. Wir finden den zu diesem Kegelmantel korrespondierenden Raumwinkel durch die Konstruktion einer Halbkugel mit dem Radius $r$. Der Kegelmantel schneidet die Kugel und definiert darauf einen Kreisring. Die Breite dieses Kreisringes ist $r\mathrm{d}\theta$ und sein Radius ist $r\sin\theta$. Dementsprechend beträgt sein Flächeninhalt

$$\mathrm{d}A = 2\pi\,(r\sin\theta)\,r\mathrm{d}\theta\,. \tag{4.13}$$

Der von ihm eingenommene Raumwinkel ist somit

$$\mathrm{d}\Omega = 2\pi\sin\theta\mathrm{d}\theta\,. \tag{4.14}$$

Die in diesen Raumwinkel $\mathrm{d}\Omega$ abgestrahlte Leistung beträgt dann

$$\mathrm{d}^2\Phi = (L\mathrm{d}S)\,2\pi\sin\theta\cos\theta\mathrm{d}\theta\,. \tag{4.15}$$

Wir können die in einen Kegel abgestrahlte Gesamtleistung $d\Phi$ jetzt durch die Integration dieses Ausdrucks von 0 bis zum halben Winkel $\theta_0$ bestimmen

$$d\Phi = 2\pi L dS \int_0^{\theta_0} \sin\theta \cos\theta d\theta \ . \tag{4.16}$$

Damit ergibt sich

$$d\Phi = \pi L dS \sin^2\theta_0 \ . \tag{4.17}$$

Für $\theta_0 = 90°$ beträgt die in die Halbkugel abgestrahlte Gesamtleistung

$$d\Phi = \pi L dS \ . \tag{4.18}$$

### 4.1.5 Der diffuse Reflektor

Die Bestrahlungsstärke $E$ falle auf eine kleine Fläche $dS$. Dann ist die auf die Oberfläche auftreffende Gesamtleistung gleich

$$d\Phi_i = E dS \ . \tag{4.19}$$

Diese Oberfläche streue einen Bruchteil $k$ dieser Leistung in einer solchen Art und Weise, daß die Strahldichte keine Funktion des Winkels sei. Dann gilt

$$d\Phi_s = k d\Phi_i \ , \tag{4.20}$$

wobei $d\Phi_s$ die gesamte gestreute Leistung ist. Eine solche Oberfläche wird als *Lambertscher Reflektor* bezeichnet. Es ist nebensächlich, ob die Oberfläche die Leistung abstrahlt oder streut. Der wesentliche Punkt ist der, daß durch die Oberfläche die Leistung gleichmäßig in alle Richtungen abgestrahlt wird. Wir können deshalb das Ergebnis des letzten Abschnitts anwenden und $d\Phi_s$ in der Form

$$d\Phi_s = \pi L_s dS \tag{4.21}$$

darstellen, wobei $L_s$ die scheinbare Strahldichte der Oberfläche ist.

Durch Kombination der letzten drei Gleichungen finden wir dann

$$L_s = kE/\pi \ . \tag{4.22}$$

$L_s$ ist die Strahldichte (oder Leuchtdichte) eines Lambertschen Reflektors, der der Bestrahlungsstärke $E$ ausgesetzt ist.

Im sichtbaren Bereich des Spektrums gibt es nur wenige Oberflächen, die einen guten Lambertschen Reflektor bilden. Hat $k$ ungefähr einen Wert von 1, sehen solche Oberflächen nahezu weiß aus und erscheinen unter allen Beobachtungswinkeln gleich hell. Die besten Diffusoren sind gepreßtes Magnesiumoxid, $BaSO_4$- oder Teflon-Puder sowie spezielle Wandfarben. Milch, Schnee und schweres weißes Papier (kein Hochglanzpapier) sind ebenfalls sehr gute Diffusoren.

Bestimmte Diffusoren, z.B. *Mattscheiben*, können das Licht in den gesamten Raumwinkel streuen. Einige, wie z.B. *Milchglas*, approximieren einen Lambertschen Reflektor, ihre scheinbare Strahldichte ist gegeben durch

$$L_s' = kE/2\pi \ . \tag{4.23}$$

Mattscheiben selbst sind eher schlechte Diffusoren und streuen das meiste auf sie fallende Licht in einen engen Kegel um die Einfallsrichtung. Das ist unter Umständen wünschenswert, weil dann in der Vorwärtsrichtung die Strahldichte der Oberfläche den Wert von $L_s'$ deutlich übersteigen kann.

### 4.1.6 Die Ulbrichtsche Kugel

Die *Ulbrichtsche Kugel* ist eine Hohlkugel, deren innere Oberfläche annähernd einen Lambertschen Reflektor bildet. Sie kann zur Messung der Gesamtleistung eines Bündels mit beliebiger Bestrahlungsstärkeverteilung oder auch zur Bestimmung der Gesamtleistung einer Quelle mit beliebiger Strahldichteverteilung genutzt werden.

Angenommen, eine Quelle befinde sich irgendwo innerhalb der Kugel. Die Quelle kann ein Selbstleuchter sein oder ein streuendes Objekt, das von außen durch ein Loch in der Kugel beleuchtet wird. Ein Detektor (oder ein Stück Milchglas mit einem Detektor dahinter) befinde sich irgendwo auf der inneren Oberfläche der Kugel. Ein kleiner Schirm verhindert, daß der Detektor direkt durch die Quelle bestrahlt wird. Der Detektor wird nur durch das diffus reflektierte Licht von der Innenseite der Kugel beleuchtet.

Wir bezeichnen die Fläche des Detektors mit $\mathrm{d}A$ und berechnen die Strahlungsleistung, die auf $\mathrm{d}A$ fällt. $\mathrm{d}S$ sei ein beliebiges Flächenelement auf der inneren Oberfläche der Kugel. Das Licht scheine direkt von der Quelle auf $\mathrm{d}S$. Die scheinbare Strahldichte von $\mathrm{d}S$ ist $L$. Die Strahlungsleistung, die auf $\mathrm{d}A$ fällt, ergibt sich damit zu

$$\mathrm{d}^2\Phi_1 = L\cos\alpha \mathrm{d}S\mathrm{d}\Omega \ , \tag{4.24}$$

wobei $\alpha$ der in Abb. 4.5 dargestellte Winkel ist. $\mathrm{d}\Omega$ ist der Raumwinkel unter dem $\mathrm{d}A$ von $\mathrm{d}S$ aus erscheint. Die Entfernung zwischen $\mathrm{d}A$ und $\mathrm{d}S$ beträgt $2R\cos\alpha$. Damit reduziert sich die Gleichung zu

$$\mathrm{d}^2\Phi_1 = L\,\mathrm{d}S\,\mathrm{d}A/4R^2 \ . \tag{4.25}$$

Mehrere Kosinusfunktionen entfallen auf Grund der sphärischen Geometrie. Die Gleichung ist unabhängig von $\alpha$ und damit auch unabhängig von der Lage von $\mathrm{d}S$. Wenn wir (4.22) bezüglich $S$ integrieren finden wir

$$\mathrm{d}\Phi_1 = \left(k\,\mathrm{d}A/4\pi R^2\right)\int E\,\mathrm{d}S \ . \tag{4.26}$$

$E$ ist dabei die von der Quelle ausgehende Bestrahlungsstärke.

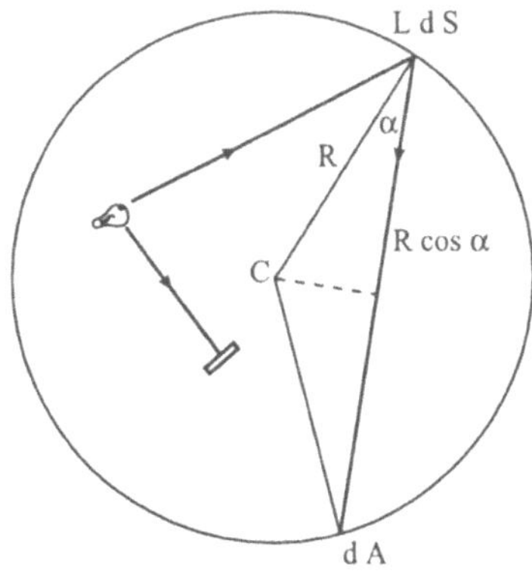


**Abb. 4.5.** Die Ulbrichtsche Kugel

Das Integral von $E$ über die gesamte Kugel ist aber gerade die gesamte durch die Quelle emittierte Strahlungsleistung $\Phi_s$. Aus diesem Grund kann $d\Phi_1$ als Funktion von $d\Phi_s$ dargestellt werden

$$d\Phi_1 = k\,\Phi_s\,dA/\left(4\pi R^2\right) . \tag{4.27}$$

Ein Teil der durch die innere Oberfläche der Kugel gestreuten Leistung wird ein zweites oder drittes Mal oder noch öfter gestreut, bevor er auf den Detektor fällt. Mit der gleichen Begründung kann gezeigt werden, daß

$$d\Phi_2 = k\,d\Phi_1 , \quad d\Phi_3 = k\,d\Phi_2,$$

usw. gilt, wobei $d\Phi_i$ die nach der i-ten Reflexion an der Innenseite der Kugel auf den Detektor gestreute Leistung ist. Daher ist die gesamte auf den Detektor fallende Leistung

$$d\Phi = \left(\Phi_s\,dA/4\pi R^2\right)\left(k + k^2 + k^3 + \cdots\right) , \tag{4.28}$$

oder, wenn die unendliche Reihe ausgerechnet wird,

$$d\Phi = \frac{k}{1-k}\frac{\Phi_s}{4\pi R^2}dA . \tag{4.29}$$

Der Detektor und die Öffnung in der Kugel dürfen nur einen kleinen Bruchteil der Kugeloberfläche einnehmen, ansonsten ist die bisherige Betrachtung nicht mehr gültig. Entsprechend muß auch die Quelle klein gegen die Fläche der Kugel sein, so daß die Blende, die die Quelle vom Detektor abschirmt, unter einem nicht zu großen Raumwinkel erscheint. Selbst wenn $k$ einen Wert von 98% erreicht, beträgt der Wirkungsgrad $d\Phi/\Phi_s$ der Kugel nur einige Prozent. Da die Ulbrichtsche Kugel jedoch die Messung beliebiger Bestrahlungsstärkeverteilungen erlaubt, hat sie sich als ein nützliches Instrument zur Charakterisierung diffuser Quellen und Streuer erwiesen. Bei Laserquellen ist der geringe Wirkungsgrad der Ulbrichtschen Kugel kein großer Nachteil.

### 4.1.7 Die Beleuchtungsstärke im Bild

Man betrachte jetzt ein System, in dem wie in einer Kamera eine Linse ein reelles Bild eines hellen, ausgedehnten Objekts erzeugt. Die Bildweite ist $l'$, und das Bild ist um einen Winkel $\theta$ von der optischen Achse entfernt (Abb. 4.6). $\mathrm{d}S$ ist eine kleine Fläche auf der Linsenoberfläche und $\mathrm{d}S'$ ein kleiner Teil der Bildebene.

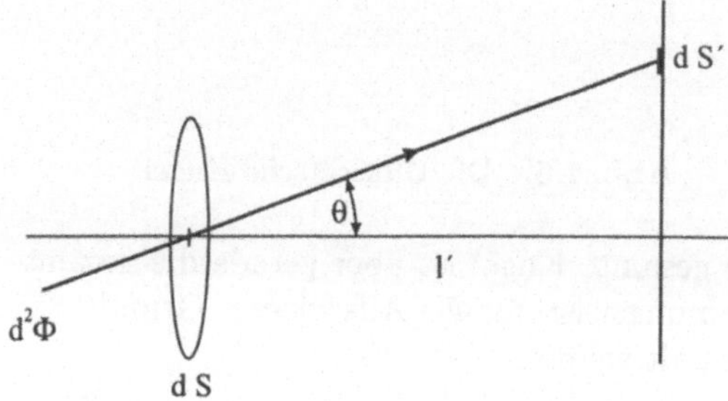


**Abb. 4.6.** Die Beleuchtungsstärke im Bild ($\cos^4$-Gesetz)

Ein in $\mathrm{d}S'$ befindlicher Beobachter sieht das von der Linse kommende Licht mit einer scheinbaren Leuchtdichte $L$, die durch

$$\mathrm{d}^2\Phi = L\,\mathrm{d}S\cos\theta\,\mathrm{d}\Omega \qquad (4.30)$$

gegeben ist, wobei $\mathrm{d}^2\Phi$ der gesamte Lichtstrom ist, der durch die Linse ($\mathrm{d}S$) in Richtung $\mathrm{d}S'$ geht. Der Raumwinkel $\mathrm{d}\Omega$, der $\mathrm{d}S'$ zuzuordnen ist, ist

$$\mathrm{d}\Omega = \frac{\mathrm{d}S'\cos\theta}{(l'/\cos\theta)^2}\,. \qquad (4.31)$$

Damit ergibt sich

$$\mathrm{d}^2\Phi = L\,\mathrm{d}S\,\mathrm{d}S'\frac{\cos^4\theta}{l'^2}\,. \qquad (4.32)$$

Wenn die Öffnung der Linse verglichen mit $l'$ relativ klein ist, können wir annehmen, daß $\theta$ annähernd konstant über die gesamte Apertur ist. Die Integration über die Öffnung (eigentlich über die Austrittspupille) liefert somit

$$\mathrm{d}\Phi = L\,\mathrm{d}S'\frac{\cos^4\theta}{l'^2}\frac{\pi D^2}{4}\,, \qquad (4.33)$$

wobei $D$ der Öffnungsdurchmesser ist.

Die Beleuchtungsstärke von $\mathrm{d}S'$ folgt aus der Definition (4.3), und wir können sie schreiben als

$$E = \frac{\pi L}{4}\frac{\cos^4\theta}{(l'/D)^2}\,. \qquad (4.34\mathrm{a})$$

Die Beleuchtungsstärke hängt nicht von der Gegenstandsweite oder anderen geometrischen Parametern ab, sondern nur von der Leuchtdichte der Quelle. Diese strenge Winkelabhängigkeit führt zur Abnahme der Beleuchtungsstärke mit $\cos^4\theta$. Dies ist das $\cos^4$- *Gesetz.* $l'/D$ ist die *effektive Blendenzahl*, die bereits in Verbindung mit der Kamera im Abschnitt 3.2 diskutiert wurde.

Fast alle optischen Systeme unterliegen diesem $\cos^4$- Gesetz. Ein Weg, um dieses Gesetz in der Weitwinkel-Optik zu umgehen, besteht darin, eine gekrümmte Bild„ebene“ zu nutzen. Die Bildfläche liegt dann auf einem Kreiszylinder, dessen Radius gleich der Bildweite ist. Die Beleuchtungsstärke gehorcht dann einem Kosinusgesetz. Als Beispiel kann man annehmen, daß eine Kamera ein 90° -Feld erfordert. Da $\cos^4 45° = 1/4$ ist, verliert ein ebener Film zwei Blendenzahlen zwischen der Mitte und der Kante des Bildes. Mit einem gekrümmten Film beträgt der Verlust nur noch 70% oder ungefähr eine halbe Blendenzahl.

Im optischen System des Auges bestimmt die Beleuchtungsstärke auf der Netzhaut den Helligkeitseindruck. Da $l'$ fest ist, finden wir, daß die Beleuchtungsstärke $E_\mathrm{r}$ an der Stelle des schärfsten Sehens (Fovea) nur von der Leuchtdichte des Objekts und dem Pupillendurchmesser $D$ abhängt

$$E_\mathrm{r} \propto LD^2 \, . \tag{4.34b}$$

Ist das Objekt eine Punktquelle, existiert eine andere Abhängigkeit der Bildbeleuchtungsstärke von der Blendenzahl und vom Durchmesser. In der Abb. 4.7 haben wir eine Punktquelle mit der Lichtstärke $I$ dargestellt, die ein Element $\mathrm{d}S$ auf der Linse beleuchtet. Wir behandeln hier nur den Fall, daß sich die Quelle auf der optischen Achse der Linse befindet. Die auf $\mathrm{d}S$ fallende Gesamtleistung beträgt dann

$$\mathrm{d}\Phi = I\,\mathrm{d}S/l^2 \, . \tag{4.35}$$

Wie zuvor nehmen wir an, daß dic Linse klein genug verglichen mit $l'$ ist, so daß wir die Winkelabhängigkeit vernachlässigen können. Somit wird die durch die Linse gesammelte Leistung bestimmt durch

$$\Phi = I\pi D^2/4l^2 \, , \tag{4.36}$$

wobei $D$ der Linsendurchmesser ist.

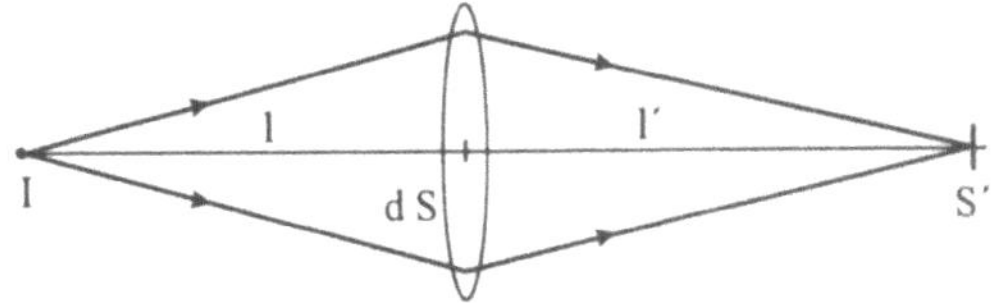


**Abb. 4.7.** Die von einem Punktobjekt herrührende Beleuchtungsstärke im Bild

Die Beugungstheorie zeigt, daß das Bild eines Punktes ein kleines Scheibchen mit dem Radius $\lambda l'/D$ ist. Dabei ist $\lambda$ die Wellenlänge des Lichts

(Abschn. 5.7). Daher wird das durch eine ideale Linse gesammelte Licht auf eine Fläche $S'$

$$S' = \pi \left(\frac{\lambda l'}{D}\right)^2 \tag{4.37}$$

fokussiert. Die mittlere Beleuchtungsstärke $E$ auf dieser Fläche ist gerade $\Phi/S'$ oder

$$E = \frac{I}{4l^2} \frac{D^2}{(\lambda l'/D)^2} . \tag{4.38}$$

Hierbei sind zwei Punkte wichtig. Erstens hängt die Beleuchtungsstärke in diesem Fall von der Objektweite ab. Zweitens hängt die Beleuchtungsstärke nicht nur von der Blendenzahl $F$ ab, sondern von einem zusätzlichen Faktor $D^2$, der im Falle eines ausgedehnten Objekts nicht auftauchte. Dies hat seine Ursache darin, daß die Größe des Bildes eines Punktes abnimmt, wenn die Öffnung einer perfekten Linse wächst, während die Bildgröße einer ausgedehnten Quelle konstant bleibt. Das ist einer der Gründe, weshalb astronomische Fernrohre so groß sind (obwohl ihr Auflösungsvermögen durch atmosphärische Effekte beschränkt ist). Wenn die Öffnung bei gegebener Brennweite vergrößert wird, wächst die Beleuchtungsstärke des Bildes eines Sterns idealerweise mit $D^4$, während die Beleuchtungsstärke des diffusen Hintergrundes des Himmels nur mit $D^2$ zunimmt. Somit können Sterne gegenüber dem Himmel hervorgehoben werden, und man kann selbst sehr lichtschwache Sterne noch photographieren.

### 4.1.8 Die Leuchtdichte im Bild

Bisher haben wir die Beleuchtungsstärke eines Bildes betrachtet, das auf einen Schirm oder auf einen Film abgebildet wird. Jetzt bestimmen wir die Leuchtdichte eines *Luftbildes*, das direkt beobachtet werden kann und nicht auf einen Schirm projiziert wird.

Man betrachtet ein Element $\mathrm{d}S$ einer diffusen Quelle mit der Leuchtdichte $L$ (Abb. 4.8). Die in ein Element $\mathrm{d}A$ einer Linse abgestrahlte Leistung beträgt

$$\mathrm{d}^2\Phi = L\,\mathrm{d}S\,\mathrm{d}A/l^2 . \tag{4.39}$$

Der Einfachheit halber setzen wir $\cos\theta = 1$.

Die gesamte durch $\mathrm{d}A$ gesammelte Leistung geht durch $\mathrm{d}S'$ (das Bild von $\mathrm{d}S$). Die scheinbare Leuchtdichte $L'$ ist dann implizit gegeben durch

$$\mathrm{d}^2\Phi' = L'\mathrm{d}S'\mathrm{d}\Omega' , \tag{4.40}$$

wobei $\mathrm{d}\Omega'$ der Raumwinkel rechts von $\mathrm{d}S'$ ist. Da $\mathrm{d}\Omega'$ genauso groß wie der durch die Linse bestimmte Raumwinkel ist, gilt

$$\mathrm{d}\Omega' = \mathrm{d}A/l'^2 . \tag{4.41}$$

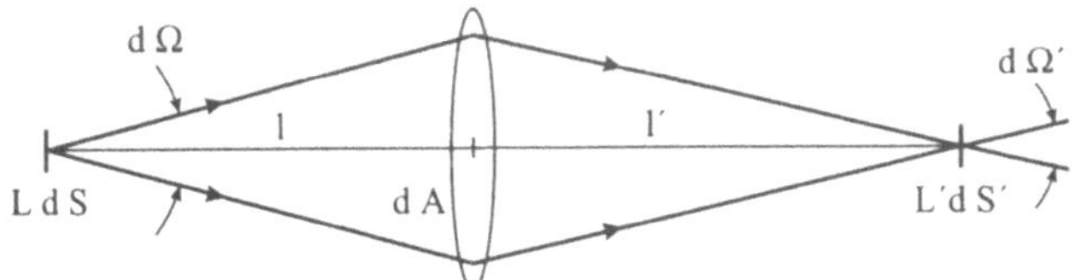


**Abb. 4.8.** Die Leuchtdichte eines Luftbildes

(Der Satz der ebenen Geometrie, daß gegenüberliegende Winkel gleich groß sind, gilt ebenfalls für Raumwinkel.) Wenn wir annehmen, daß die Linse den Strahl nicht schwächt, sind $\mathrm{d}^2\Phi$ und $\mathrm{d}^2\Phi'$ identisch, damit ergibt sich

$$L\,\mathrm{d}S\,\frac{\mathrm{d}A}{l^2} = L'\mathrm{d}A\,\frac{\mathrm{d}S'}{l'^2}\,. \tag{4.42}$$

Das Flächenelement $\mathrm{d}A$ der Linse tritt auf beiden Seiten der Gleichung auf und kann deswegen eliminiert werden. Die Leuchtdichte des Bildes $L'$ ist somit durch

$$L' = L\frac{\mathrm{d}S}{\mathrm{d}S'}\left(\frac{l'}{l}\right)^2 \tag{4.43}$$

gegeben.

Um $\mathrm{d}S$ und $\mathrm{d}S'$ miteinander zu verknüpfen, benutzen wir die Helmholtz-Lagrangesche Invariante $hnu$. Zur Verallgemeinerung wird angenommen, daß das Medium auf der linken Seite der Linse den Brechungsindex $n$ und auf der rechten Seite den Brechungsindex $n'$ besitzt. Der durch die Linse bestimmte Halbwinkel bei $\mathrm{d}S$ beträgt

$$u = D/2l\,, \tag{4.44a}$$

und analog

$$u' = D/2l'\,. \tag{4.44b}$$

Das Quadrieren der Helmholtz-Lagrangeschen Invarianten liefert den folgenden Ausdruck

$$h^2n^2\left(\frac{D}{2l}\right)^2 = h'^2n'^2\left(\frac{D}{2l'}\right)^2\,, \tag{4.45}$$

bei dem der Faktor $D/2$ gekürzt werden kann. Wenn wir nun $h$ und $h'$ durch die Flächenelemente $\mathrm{d}S$ und $dS'$ ausdrücken, finden wir

$$\frac{\mathrm{d}S}{\mathrm{d}S'}\left(\frac{l'}{l}\right)^2 = \left(\frac{n'}{n}\right)^2\,, \tag{4.46}$$

unabhängig davon, ob wir kreisförmige oder quadratische Flächenelemente ansetzen.

Die scheinbare Leuchtdichte des Bildes ist damit

$$L' = (n'/n)^2 L . \tag{4.47}$$

Für eine Linse in Luft gilt $n = n'$ und somit

$$L' = L . \tag{4.48}$$

Dieses wichtige Ergebnis kann verallgemeinert werden. Die scheinbare Leuchtdichte eines ausgedehnten Objektes wird durch ein optisches System nicht geändert, ausgenommen der durch die einzelnen Komponenten verursachten Verluste. (Diese Aussage gilt natürlich nicht für Systeme, die streuende Elemente enthalten.) Die wichtigste Konsequenz aus dieser Tatsache ist, daß es unmöglich ist, das Luftbild durch die Verwendung eines Objektivs mit höherer Apertur, z.B. durch Verkürzung der Brennweite, heller erscheinen zu lassen. Obwohl die Linse das Licht in einem kleineren Bild konzentriert, vergrößert sie aber auch den Raumwinkel der vom Bild ausgehenden Strahlen. Diese beiden Effekte kompensieren sich, so daß in allen Fällen die gleiche Leuchtdichte erzielt wird. Dieses Ergebnis ist unter dem Namen *Strahldichtetheorem* oder *Satz von der Erhaltung der Strahldichte* bekannt.

## 4.2 Lichtquellen

In diesem Abschnitt behandeln wir speziell klassische oder *thermische Quellen.* Die Laserquellen werden gesondert diskutiert (Kap. 8). Die Bezeichnung thermische Quellen stammt daher, weil die von ihnen ausgehende elektromagnetische Leistung direkt von ihrer Temperatur abhängt. Wir wollen hier zwei Klassen von Quellen unterscheiden: *schwarze Strahler* und *Linienquellen.* Die ersteren sind undurchsichtige Körper oder heiße dichte Gase, die auf scheinbar allen Wellenlängen strahlen; Linienquellen strahlen, wie ihr Name schon sagt, nur diskrete Wellenlängen ab.

### 4.2.1 Schwarze Körper

Die grundlegende Physik der schwarzen Körper wird in den meisten modernen Physikbüchern behandelt, deshalb werden wir nur die Ergebnisse diskutieren, die für die angewandte Optik wichtig sind. Wir beginnen mit der Feststellung, daß sich heiße undurchsichtige Körper, dichte Gase und andere Materialien wie schwarze Körper verhalten und eine Leistung entsprechend dem *Stefan-Boltzmannschen Gesetz*

$$M = \varepsilon\sigma T^4 \tag{4.49}$$

ausstrahlen. $M$ ist die spezifische Ausstrahlung (die gesamte abgestrahlte Leistung pro Flächeneinheit) der Oberfläche eines undurchsichtigen Objektes, dessen Temperatur im thermischen Gleichgewicht gleich $T$ ist. $\sigma$ ist eine universelle Konstante, die sogenannte Stefan-Boltzmann-Konstante,

$$\sigma = 5,67 \times 10^{-8} \mathrm{W} \cdot \mathrm{m}^{-2} \cdot \mathrm{K}^{-4} . \qquad (4.50)$$

(In praktischen Einheiten ist $\sigma = 5,67 \times 10^{-12} \mathrm{W} \cdot \mathrm{cm}^{-2} \cdot \mathrm{K}^{-4}$.) $\varepsilon$ ist der *Emissionsgrad* der Oberfläche und variiert zwischen 0 und 1. Für einen echten schwarzen Körper hat $\varepsilon$ exakt den Wert 1. Der Emissionsgrad der meisten realen Materialien ist kleiner als 1 und variiert in geringem Maße mit der Temperatur und der Wellenlänge. Viele schwarze Körper sind gute Lambertsche Strahler; ihre Strahldichte ist daher $\varepsilon\sigma T^4/\pi$.

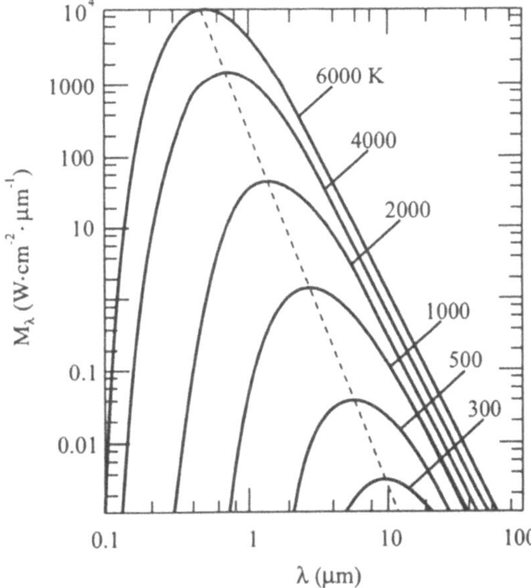


**Abb. 4.9.** Spezifische spektrale Ausstrahlung schwarzer Körper bei verschiedenen Temperaturen

In Abb. 4.9 sind die Spektren schwarzer Körper für verschiedene Temperaturen dargestellt. $M_\lambda(T)$ ist die spezifische Ausstrahlung pro Wellenlängenintervall bei der Temperatur $T$. Verschiedene Probleme werden aus dieser Abbildung deutlich. Ein heißer schwarzer Körper strahlt mehr Energie bei jeder Wellenlänge ab als ein kälterer. Außerdem liegt der Hauptteil der Strahlung von schwarzen Körpern mit Temperaturen von weniger als einigen tausend Grad Kelvin im infraroten Teil des Spektrums. (Ein Objekt kann bis zur Rotglut bei ungefähr 500 K erhitzt werden; was das Auge sieht, ist allerdings nur der kurzwellige Bereich der Schwarzkörperstrahlung.) Vergleichsweise kalte Körper strahlen nur im Infraroten. Zum Beispiel besitzen Körper bei typischen Umgebungstemperaturen von ca. 300 K ein Maximum der spezifischen Ausstrahlung in der Nähe von 10 µm. Die Atmosphäre ist in diesem Bereich des Spektrums weitgehend transparent, deshalb ist der Wellenlängenbereich zwischen 8 und 14 µm für verschiedene Anwendungen, wie z.B. für die Fernerkundung des Getreidewachstums, der Wasserverschmutzung und ähnlichem, von Bedeutung.

Die Verschiebung des Schwarzkörperspektrums hin zu kürzeren Wellenlängen bei höheren Temperaturen wird durch das *Wiensche Verschiebungsgesetz* beschrieben

$$\lambda_{\mathrm{m}} T = 2898\ \mu\mathrm{m} \cdot \mathrm{K}\,. \tag{4.51}$$

Dabei bezeichnet $\lambda_{\mathrm{m}}$ die Wellenlänge, bei der der schwarze Körper seine maximale spektrale spezifische Ausstrahlung besitzt. Für Überschlagsrechnungen sollte man sich merken, daß die Sonne, durch die Atmosphäre gesehen, annähernd einem schwarzen Körper mit $\lambda_{\mathrm{m}} \approx 480$ nm (etwas weniger als die Wellenlänge der maximalen Empfindlichkeit des Auges) und einer Oberflächentemperatur von 6000 K gleicht.

Die Kurven in Abb. 4.9 werden exakt durch das *Plancksche Gesetz* beschrieben, das aber üblicherweise als Funktion der Frequenz $\nu\,(= c/\lambda)$ geschrieben wird und besagt, daß die spektrale spezifische Ausstrahlung eines echten schwarzen Körpers gleich

$$M_\nu\,(T) = \frac{2\pi\nu^4}{c^3} \frac{\mathrm{h}\nu}{e^{\mathrm{h}\nu/\mathrm{kT}} - 1} \tag{4.52}$$

ist. Die Größe $h$ ist das *Plancksche Wirkungsquantum*

$$h = 6,626 \times 10^{-34}\ \mathrm{J} \cdot \mathrm{s}\,. \tag{4.53}$$

Zur Ableitung dieses Gesetzes nahm Planck an, daß die Materie nur diskrete Portionen von elektromagnetischer Strahlung aussendet, die als *Quanten* bezeichnet werden. Die Energie jedes Quants beträgt $\mathrm{h}\nu$. Der Erfolg dieser Annahme schuf die Grundlagen für die moderne Quantentheorie des Atombaus.

Abbildung 4.9 ist eine doppelt-logarithmische Darstellung des Planckschen Gesetzes; in dieser Darstellung haben alle Kurven die gleiche Form. Die gestrichelte Linie verbindet die Maxima der einzelnen Kurven. Um $M_\lambda\,(T)$ für eine beliebige Temperatur zu finden, muß nur aus dem Wienschen Verschiebungsgesetz $\lambda_{\mathrm{m}}$ bestimmt werden. Wir können dann den Ort des Maximums von $M_\lambda\,(T)$ entlang der gestrichelten Linie lokalisieren. Der restliche Kurvenverlauf kann mittels Interpolation aus zwei vorhandenen Kurven bestimmt werden oder auf andere Art unter Berücksichtigung der Tatsache, daß alle Kurven gleiche Form haben.

Das Plancksche Gesetz wurde unter der Annahme des thermischen Gleichgewichts abgeleitet. Aus der Energieerhaltung folgt, daß der Bruchteil der einfallenden Strahlung, die ein schwarzer Körper im thermischen Gleichgewicht mit seiner Umgebung absorbiert(der *Absorptionsgrad* $\alpha$), gleich $\varepsilon$ sein muß

$$\varepsilon = \alpha\,. \tag{4.54}$$

Für einen echten schwarzen Körper gilt $\varepsilon = 1$. Aus diesem Grund muß der schwarze Körper wegen $\alpha = 1$ theoretisch die gesamte auf ihn fallende Strahlung absorbieren. Es wird keine Strahlung reflektiert, transmittiert oder gestreut. Darin liegt der Ursprung des Namens schwarzer Körper.

Die Bedingung $\alpha = 1$ gibt uns auch einen Hinweis darauf, wie man einen guten schwarzen Strahler herstellen kann. Solche schwarzen Strahler werden zur Kalibrierung von Detektoren oder Standardlampen benötigt. Der beste schwarze Körper ist, wie in Abb. 4.10 dargestellt, ein Loch in einem Hohlkörper. Wenn das Innere glatt und hochreflektierend ist, wird jede Strahlung, die durch die Öffnung eintritt, viele Male reflektiert, bevor sie wieder austritt. Bei jeder Reflexion wird ein Teil der Strahlung absorbiert, so daß die austretende Strahlung nur ein kleiner Bruchteil der einfallenden ist. (Die Hohlraumwände dürfen nicht rauh sein, da solche Wände die Strahlung immer streuen würden, und somit ein Teil der einfallenden Strahlung direkt aus dem Volumen herausgestreut würde.) Die Öffnung eines solchen Hohlraums entspricht damit in guter Näherung einem idealen schwarzen Körper.

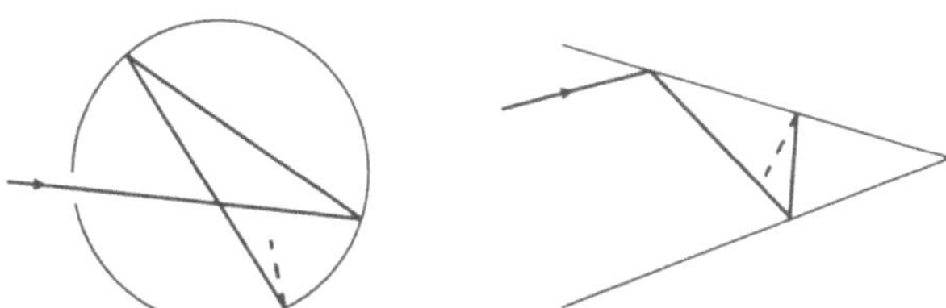

**Abb. 4.10.** Grundformen schwarzer Körper

Wolframlampen und andere Quellen kontinuierlicher Spektren werden mitunter auch als *graue Körper* bezeichnet, vorausgesetzt, ihr Emissionsgrad ist nahezu unabhängig von der Wellenlänge. Bei 3000 K besitzt Wolfram einen mittleren Emissionsgrad von ca. 0,5.

Glas und andere Materialien, die wir normalerweise als transparent betrachten, können im Infraroten nahezu undurchsichtig sein. Solche Materialien können Strahlung hindurchlassen oder reflektieren, ebenso auch absorbieren und emittieren. Zum Beispiel beträgt der Absorptionsgrad von Glas 0,88 für die thermische Strahlung eines schwarzen Körpers mit 300 K. Im Fall der Energieerhaltung müssen also 12% der auf das Glas fallenden Strahlung teilweise transmittiert oder (bzw. und) reflektiert werden. Solche Betrachtungen erlauben den Schluß, daß für einen realen Körper mit $\alpha \neq 1$ die Beziehung

$$\alpha + R + T = 1 \tag{4.55}$$

erfüllt ist. $R$ und $T$ sind dabei der gesamte Reflexions- bzw. Transmissionsgrad unter Berücksichtigung der eventuell diffus gestreuten Strahlung.

Für einen undurchsichtigen Körper gilt $T = 0$. Damit ergibt sich

$$\alpha = 1 - R\,. \tag{4.56}$$

Hochreflektierende Oberflächen sind schlechte schwarze Körper, unabhängig davon, ob sie matt oder glänzend sind.

Wenn sich $\varepsilon$ mit der Wellenlänge ändert, gelten die letzten 3 Gleichungen für jede Wellenlänge, d.h. zum Beispiel $\varepsilon_\lambda = \alpha_\lambda$.

Praktische Quellen für infrarote oder Schwarzkörperstrahlung sind neben den Wolframlampen die kommerziell erhältlichen Globar- und Nernst-Brenner. Der erstere kann bei 1500 K betrieben werden und besitzt einen nahezu gleichmäßigen Emmisionsgrad als Funktion der Temperatur. Der Nernst-Brenner arbeitet bei Temperaturen bis zu 2000 K.

Die Kohlebogenlampe, eine elektrische Entladung in Luft zwischen zwei Kohlenstoffelektroden, erreicht Temperaturen in der Größenordnung von 6000 K. Hochdruck-Gasentladungslampen, wie die Xenonbogenlampe in einem Quarzgehäuse, haben im sichtbaren und ultravioletten Spektrum eine spektrale Strahldichte, die der eines schwarzen Körpers bei einer Temperatur von mehr als 6500 K entspricht. Andere Bogenlampen (Quecksilber-Hochdruck- und Natriumdampflampen) gehören zu den effektivsten Lichtquellen im sichtbaren Bereich. Die Sonne als schwarzer Körper mit einer Temperatur von ca. 6000 K wurde bereits erwähnt. Außerhalb der Erdatmosphäre beträgt die durch die Sonne hervorgerufene Bestrahlungsstärke ungefähr 735 mW $\cdot$ cm$^{-2}$. Durch die Atmosphäre selbst wird die Strahlung in Abhängigkeit von der Sonnenhöhe um mindestens 75% geschwächt, und das Spektrum ähnelt dann nur noch schwach dem Spektrum eines 6000 K heißen schwarzen Körpers.

Bei geringen Temperaturen, z.B. 250–350 K, verhalten sich viele Nichtmetalle wie schwarze Körper mit einem Emissionsgrad von bis zu 0,8 oder mehr. Die meisten sauberen metallischen Oberflächen haben in diesem Temperaturbereich einen vergleichsweise geringen Emissionsgrad. Im freien Gelände findet man einen durchschnittlichen Emissionsgrad von 0,35; der Emissionsgrad von Schnee ist 0,95. Der Taghimmel ist grob gesehen ebenfalls ein schwarzer Körper bei der Umgebungstemperatur mit einem Emissionsgrad am Horizont von 1, der zum Zenith hin abfällt. Der durchschnittliche Emissionsgrad des Taghimmels beträgt ungefähr 0,7, wobei dieser Wert in hochgelegenen Gebieten bzw. Umgebungen mit einer geringen Luftfeuchtigkeit kleiner ist. Der Grund dafür ist die geringere Absorption als Folge des Fehlens von Wasserdampf und Kohlendioxid in der Luft. Von unten erscheinen Wolken als schwarze Körper mit einer ungefähr 1 K niedrigeren Temperatur verglichen mit der aktuellen Umgebungstemperatur. Der Nachthimmel wird oft als schwarzer Körper mit einer effektiven Temperatur von 190 K angenommen.

### 4.2.2 Farbtemperatur und Strahlungstemperatur

Die *Farbtemperatur* eines grauen Körpers ist die Temperatur, die ein schwarzer Körper mit der gleichen Farbe wie der graue Körper besitzt. Deshalb stellt die Farbtemperatur einen Richtwert für die wahre Temperatur eines grauen Körpers dar. Dieser Wert ist meist zu niedrig außer für den Fall, daß der Emissionsgrad des grauen Körpers für kürzere Wellenlängen wesentlich höher als für größere Wellenlängen ist. Wenn der graue Körper wirklich grau ist (d.h., daß sein Emissionsgrad nicht von der Wellenlänge abhängt), dann ist die Farbtemperatur gleich der wirklichen Temperatur.

Bei Temperaturen zwischen 800–1000 K ist ein grauer Körper dunkelrot. Bei ca. 1200 K ist er hellrot, geht bei 1400 K in ein gelbliches Rot über und wird nahezu weiß in einer Glühlampe von 2000 K. Zwischen 3000 und 5000 K ist ein grauer Körper strahlend weiß und geht in ein blasses Blau bei Temperaturen zwischen 8000 und 10000 K über.

Die *Strahlungstemperatur* eines grauen Körpers entspricht der wahren Temperatur eines schwarzen Körpers, der die gleiche Strahldichte bei einer gegebenen Wellenlänge, üblicherweise bei 650 nm, besitzt. Die Strahlungstemperatur wird durch einen visuellen Vergleich zwischen der Helligkeit einer Glühwendel und der des unbekannten grauen Körpers bestimmt. Das Instrument, mit dem dieser Vergleich durchgeführt wird, wird als *Strahlungspyrometer* bezeichnet. Da ein grauer Körper immer weniger Strahlung bei einer gegebenen Wellenlänge emittiert als ein schwarzer Körper bei der gleichen Temperatur, ist die Strahlungstemperatur stets kleiner als die wahre Temperatur.

### 4.2.3 Linienquellen

Glühende Gase, in denen nur eine geringe Wechselwirkung zwischen den angeregten Atomen, Ionen oder Molekülen auftritt, sind gute Beispiele für Quellen mit diskreter Strahlung (Linienquellen). Neonlampen und Natrium- und Quecksilberdampf-Niederdrucklampen sind solche Quellen (Tabelle 4.2).

Um die Wirkungsweise dieser Quellen zu verstehen, ist eine gewisse Kenntnis der Quantentheorie des Atombaus notwendig. Wir beginnen deshalb mit einer Beschreibung des *Bohrschen Atommodells.* Ausführlichere Betrachtungen zu dieser Theorie und zur korrekten Quantentheorie kann man in jedem modernen Physikbuch finden.

Im Bohrschen Modell (das streng genommen nur für Wasserstoff gilt) besteht ein Atom aus einem positiv geladenen Kern, der von negativ geladenen Elektronen umkreist wird. Unser Hauptinteresse gilt dem äußersten Elektron. Dieses Elektron kann den Kern nur auf bestimmten diskreten Umlaufbahnen umkreisen; andere Umlaufbahnen sind nicht erlaubt. Die Gesamtenergie des Elektrons auf einer Umlaufbahn ist die Summe seiner elektrostatischen potentiellen Energie und seiner kinetischen Energie. Die Gesamtenergie ist am kleinsten, wenn sich das Elektron in der niedrigsten Umlaufbahn befindet. Die Energie eines Atoms ist die Summe der Energien seiner Elektronen.

**Tabelle 4.2.** Wichtige Spektrallinien[a]

| Wellenlänge (nm) | Element[a] | Wellenlänge (nm) | Element[a] |
|---|---|---|---|
| 786,2 | K | 471,3 | He |
| 670,8 | Li | 486,1 | H (F) |
| 667,8 | He | 467,8 | Cd |
| 656,3 | H (C) | 447,1 | He |
| 643,8 | Cd | 443,8 | He |
| 589,6; 589,0 | Na (D) | 438,9 | He |
| 587,6 | He | 435,8 | Hg |
| 579,1 | Hg | 434,0 | H |
| 577,0 | Hg | 430,8 | Fe (G) |
| 546,1 | Hg | 410,2 | H |
| 527,0 | Fe (E) | 407,8 | Hg |
| 508,6 | Cd | 404,7 | Hg |
| 504,8 | He | 396,8 | Ca (H) |
| 501,6 | He | 393,4 | Ca (K) |
| 492,2 | He | 365,0 | Hg |
| 491,6 | Hg | 253,7 | Hg |
| 480,0 | Cd | | |

[a] Die Buchstaben in Klammern sind die Bezeichnungen der Fraunhofer-Linien. Die wichtigsten Laserwellenlängen findet man in Tabelle 7.1.

Das äußerste Elektron kann von seiner niedrigsten Umlaufbahn auf eine andere durch die Zufuhr eines geeigneten Energiebetrages gehoben werden. Wenn dies geschieht, sagen wir, daß das Elektron von seinem *Grundenergieniveau* bzw. von seinem *Grundzustand* auf ein *höheres Energieniveau* bzw. in einen *angeregten Zustand* übergegangen ist. Auf analoge Weise kann das Atom durch die Absorption bzw. Emission eines passenden Energiebetrages von einem Energiezustand in einen anderen springen. Solche Sprünge werden *Übergänge* genannt. Da das Außenelektron auf eine diskrete Anzahl von Umlaufbahnen beschränkt ist, besitzt ein Atom auch nur eine diskrete Anzahl von Energieniveaus und damit auch nur eine diskrete Anzahl von Übergängen. Weiterhin sind einige Übergänge vergleichsweise unwahrscheinlich und werden daher als *verbotene* Übergänge bezeichnet.

Absorbiert das Elektron genügend Energie, kann es völlig vom Atom abgelöst werden. Das Atom besitzt jetzt eine positive Ladung und wird als *Ion* bezeichnet. Wenn ein oder mehrere der verbliebenen Elektronen aus dem Grundzustand heraus angehoben werden, besitzt das Ion andere Energiezustände als das ursprüngliche Atom.

In einer Gasentladungslampe fließt ein elektrischer Strom durch ein teilweise ionisiertes Gas. Gelegentlich trifft ein freies Elektron auf ein Atom und überführt es dadurch in einen höheren Energiezustand. Kurz danach fällt das Atom auf ein niedrigeres Energieniveau zurück, wobei wegen der Energieerhaltung elektromagnetische Strahlung emittiert werden muß. Dieser Vorgang wird als *spontane Emission* bezeichnet.

Die Frequenz der Strahlung wird durch die Energiedifferenz der beiden Zustände bestimmt. Ist die Energiedifferenz gleich $\Delta E$, dann ist die Frequenz $\nu$ der emittierten Strahlung durch

$$h\nu = \Delta E \tag{4.57}$$

gegeben.

Solange seine Atome im thermischen Gleichgewicht mit der Umgebung stehen, kann ein intensiver Linienstrahler niemals die spektrale spezifische Ausstrahlung $M_\lambda(T)$ eines schwarzen Körpers der gleichen Temperatur überschreiten. Das bedeutet, daß der Emissionsgrad einer Linienquelle nicht größer als 1 werden kann. Diese Regel wird nur durch Laserquellen verletzt, deren Atome sich nicht im thermischen Gleichgewicht mit ihrer Umgebung befinden.

Die Spektrallinien, die durch ein isoliertes ruhendes Atom emittiert werden, sind extrem scharf. Für die meisten praktischen Zwecke kann davon ausgegangen werden, daß das Atom *monochromatische Strahlung* (d.h. nur eine Frequenz bzw. Wellenlänge) emittiert.

In einem realen Gas ruhen die meisten Atome nicht, sondern bewegen sich mit vergleichsweise hohen Geschwindigkeiten, die von der Temperatur abhängen. Da sich die Atome in unterschiedlichen Richtungen bewegen, einige auf den Betrachter zu und andere von ihm weg, ist die Frequenz der Strahlung um einen gewissen Betrag auf Grund des Dopplereffektes verschoben. Deshalb kann die nahezu monochromatische Strahlung eines Einzelatoms fast nie beobachtet werden.

In einem dichten Gas kommt es eher zu Stößen der Atome mit Elektronen und mit anderen Atomen als in einem verdünnten. Außerdem werden die Atome in einer Hochtemperatur- oder Starkstrom-Entladungslampe ständig durch das elektrische Feld der vorbeifliegenden Elektronen und Ionen beeinflußt. Sowohl die Stöße als auch die elektrischen Felder führen zu einer weiteren Verbreiterung des Spektrums. Deshalb emittieren Hochdruckgasentladungslampen Spektren, die eher wie *Bänder* als Linien aussehen.

Zusätzlich entsteht ein *Kontinuum* von Strahlung durch die Anwesenheit vieler freier Elektronen in heißen dichten Gasen. Dieses Kontinuum wird unter anderem durch die *Rekombinationsstrahlung*, d.h. durch das Einfangen freier Elektronen durch Ionen, verursacht. Die Rekombinationsstrahlung ist kontinuierlich, da das freie Elektron (im Gegensatz zum gebundenen Elektron) nicht auf bestimmte diskrete Energiewerte beschränkt ist, sondern jeden beliebigen Wert annehmen kann. Abb. 4.11 stellt schematisch dar, warum das zu einem Strahlungskontinuum führt. Die Länge der Pfeile ist nicht beschränkt, so daß Strahlung in einem großen Energiebereich emittiert werden kann.

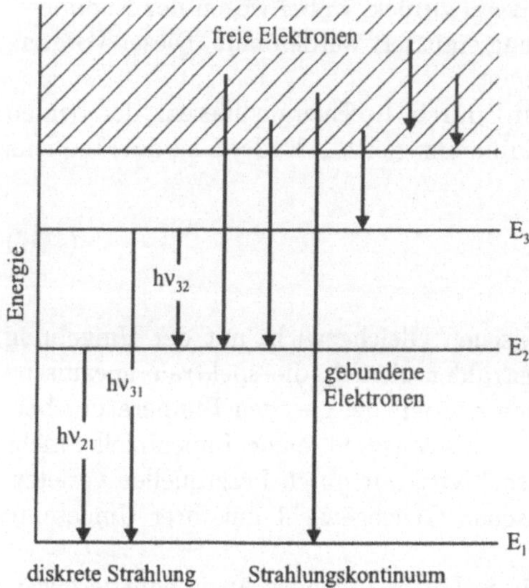


**Abb. 4.11.** Energieniveaus eines typischen Linienstrahlers

Ein anderer Faktor trägt ebenfalls zur kontinuierlichen Strahlung bei. Aus der klassischen Elektrodynamik ist bekannt, daß eine beschleunigte Ladung strahlt. Wenn ein freies Elektron (mit konstanter Geschwindigkeit) einem Ion oder einem anderen freien Elektron begegnet, wird es durch deren elektrische Felder beschleunigt. Auch wenn dieses freie Elektron nicht eingefangen wird, addiert sich die aus der Beschleunigung resultierende Strahlung zum Kontinuum.

Ist das Gas heiß und dicht genug, wird das Kontinuum intensiv, und die Spektrallinien werden so breit, daß sie sich überlappen. Wenn das geschieht, wird das Spektrum dem eines schwarzen Körpers ähnlicher als dem einer Linienquelle. Je heißer und dichter das Gas ist, desto besser nähert es sich dem des schwarzen Körpers an.

Eine ähnliche Situation herrscht in bestimmten Festkörpern und Flüssigkeiten bereits bei geringeren Temperaturen vor. Häufig besitzt ein Festkörper verschiedene Atome oder Ionen mit einer Energieniveaustruktur ähnlich der in Abb. 4.11. Da jedoch die Dichte eines Festkörpers oder einer Flüssigkeit sehr viel größer als die eines Gases ist, sind die Energieniveaus praktisch immer merklich verbreitert. Das führt dazu, daß das Spektrum von Festkörpern selbst bei Raumtemperatur aus Banden mit Breiten von einigen 10 nm und mehr besteht.

### 4.2.4 Lichtemittierende Dioden (LEDs)

Die *lichtemittierende Diode* oder LED stellt einen relativ neuen Typ einer Lichtquelle dar und hat eine breite Anwendung in alphanumerischen und anderen Anzeigen gefunden. Wegen ihrer geringen Größe und ihres niedrigen Energiebedarfs besitzt sie ebenfalls große Bedeutung für die optische Kommunikationstechnik und für Computer.

Im Prinzip besteht die LED aus einem *Übergang* zwischen stark dotierten p- und n-Halbleitern (z.B. Galliumarsenid). Ein n-Halbleiter besitzt viele sehr bewegliche Elektronen, während p-Halbleitermaterial weniger bewegliche positive *Löcher* hat. Werden zwei solche Materialien verbunden, ordnen sich die beweglichen Ladungsträger so um, bis sich die in Abb. 4.12 dargestellte Energieniveaustruktur ergibt. Diese Struktur ist durch zwei *Bänder* gekennzeichnet, eines oberhalb und eines unterhalb der mit $E_g$ gekennzeichneten *verbotenen Zone.* Weder Elektronen noch Löcher können Energien besitzen, die Werten innerhalb dieser Zone entsprechen (siehe auch Abschn. 4.3.1).

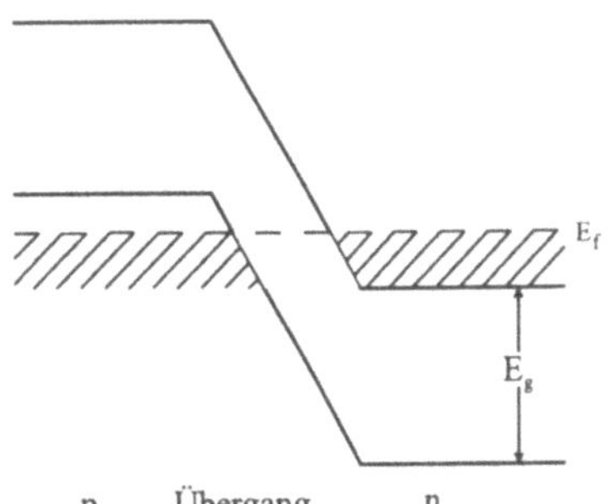


**Abb. 4.12.** Energieniveauschema einer LED

Wir betrachten jetzt die beweglicheren Elektronen. Bei niedrigen Temperaturen besitzen praktisch alle Elektronen Energien unterhalb des Ferminiveaus $E_f$, das durch eine gestrichelte Linie dargestellt ist. Die schraffierten Bereiche unterhalb von $E_f$ kennzeichnen die Anwesenheit von Elektronen. Elektronen oberhalb der verbotenen Zone sind beweglich und werden als *Leitungselektronen* bezeichnet. Der nichtschraffierte Bereich im p-Halbleitermaterial direkt oberhalb von $E_f$ weist auf die Abwesenheit von Elektronen bzw. die Anwesenheit von Löchern hin.

Die Leitungselektronen können die Löcher im p-Material nicht besetzen, da sie davon physikalisch durch die Breite des Übergangs getrennt sind. Wird eine äußere Spannung $V$ angelegt, können die Leitungselektronen in Richtung des p-Halbleiters bewegt werden. Wenn das p-Material positiv gemacht wird und der Spannungsabfall über den Übergang groß genug ist, werden die Leitungselektronen in bzw. durch den Übergang *injiziert.* Aus Abb. 4.12 folgt, daß das Elektron ungefähr eine Energie $E_g$ benötigt, um die Potentialbarierre in den p-Halbleiter zu überwinden.

Deshalb gilt

$$eV \geq E_g \,. \tag{4.58}$$

Das Elektron ist jetzt in der Lage, die verbotene Zone zu durchqueren und mit einem Loch zu rekombinieren. In geeigneten Halbleitermaterialien ist das die Ursache für die Emission von Licht.

LEDs sind normalerweise für das nahe IR und den roten Bereich des sichtbaren Spektrums verfügbar; sie können aber auch Wellenlängen im grünen und blauen Bereich emittieren.

## 4.3 Detektoren

Lichtdetektoren (einschließlich Detektoren für UV- und IR-Strahlung) können in zwei Klassen eingeteilt werden, in *thermische* und in *Quantendetektoren.* Die Wirkungsweise von Quantendetektoren basiert auf der Absorption eines Quants von Strahlungsenergie. Im Gegensatz dazu erwärmt in einem thermischen Detektor die einfallende Strahlung das Detektorelement, und der daraus resultierende Temperaturanstieg wird gemessen.

Zusätzlich ist es manchmal angebracht, Detektoren in bildaufzeichnende und nichtbildaufzeichnende zu unterteilen. Bildaufzeichnende Detektoren können sowohl thermische als auch Quantendetektoren sein, aber die übergroße Mehrheit sind Quantendetektoren.

### 4.3.1 Quantendetektoren

Diese Detektoren unterteilen sich in zwei Untergruppen. Beide beruhen auf dem *photoelektrischen Effekt,* d.h. der Anregung eines Elektrons durch ein *Quantum der elektromagnetischen Energie.* Beim *äußeren photoelektrischen Effekt* regt das einfallende Licht ein Elektron soweit an, daß es aus der bestrahlten Oberfläche austritt. Die Zufuhr eines ausreichenden Energiebetrages kann ein gebundenes Elektron von einem Atom loslösen. Der *innere photoelektrische Effekt,* für den die Photoleitfähigkeit ein Beispiel ist, bezieht sich auf den Fall, daß die Energie des Quants nicht ausreicht, um das Elektron völlig abzulösen, aber groß genug ist, um das Elektron so weit anzuregen, daß es die elektrische Leitfähigkeit des Materials ändert.

Detektoren, die auf dem äußeren photoelektrischen Effekt beruhen, werden Photozellen genannt. Die einfachste Photozelle ist die *Vakuumphotozelle.* Sie besteht aus zwei Elektroden, einer Anode und einer *Photokathode,* die sich in einem evakuierten Glasgefäß befinden. Die Photokathode ist mit einem Material beschichtet, in dem die Elektronen nur schwach gebunden sind. Bezüglich der Anode besitzt sie ein negatives Potential $V_0$ (Abb. 4.13). Fällt Strahlung mit ausreichend hoher Quantenenergie auf die Oberfläche der Photokathode, werden Elektronen freigesetzt, und ein Strom fließt durch ein

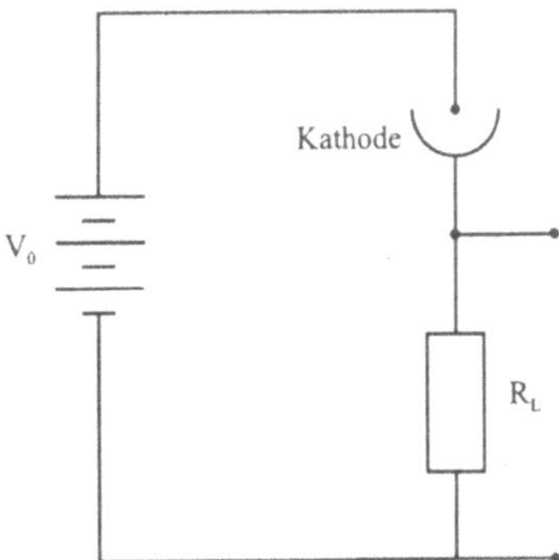


**Abb. 4.13.** Vakuumphotozelle

Amperemeter oder durch einen in Reihe geschalteten Widerstand $R_L$. (Die Photozelle wirkt hier als eine Stromquelle.)

Die preiswerteste und vermutlich gebräuchlichste Vakuumphotozelle besteht aus einer halbzylinderförmigen Photokathode, die die Anode, die durch einen dünnen Draht entlang der Zylinderachse gebildet wird, umschließt. Sie besitzt ein vergleichsweise schnelles Ansprechverhalten und kann Impulse mit einer Dauer bis zu 10 ns messen. In der *biplanaren Zelle* sind die Elektroden Ebenen mit einem geringen Abstand und mit einer vergleichsweise hohen angelegten Spannung. Solche Dioden minimieren die Übergangszeit der Elektronen und können Ansprechzeiten im Bereich von Bruchteilen von Nanosekunden erreichen.

Um die Empfindlichkeit zu erhöhen, sind einige Photozellen mit Gas unter einem niedrigen Druck gefüllt. Wenn das elektrische Potential zwischen Anode und Kathode groß genug ist, wird ein von der Kathode emittiertes Elektron so lange beschleunigt, bis seine Energie groß genug ist, ein Gasatom zu treffen und zu ionisieren. Durch diesen Vorgang wird ein zweites freies Elektron erzeugt, das als *Sekundärelektron* bezeichnet wird. Sekundärelektronen können weitere Sekundärelektronen erzeugen und damit eine Verstärkung um den Faktor 5 bis 10 hervorrufen. Leider ist die gasgefüllte Photozelle relativ langsam. Ihre Ansprechzeit liegt in der Größenordnung von Millisekunden.

Der *Sekundärelektronenvervielfacher* (SEV) ist eine Vakuumphotozelle mit einem starken Verstärker innerhalb der Röhre. Dieser Verstärker ist aus bis zu 12 *Dynoden* genannten Elektroden aufgebaut. Die Dynoden sind mit einem Material beschichtet, das so viel Sekundärelektronen liefert, wie auch in einer gasgefüllten Photozelle erzeugt werden. Die Potentialdifferenz zwischen zwei aufeinanderfolgenden Dynoden beträgt normalerweise ca. 100 V; der Potentialabfall über die gesamte Röhre bewegt sich zwischen ca. 500 V und einigen kV.

Die durch die Kathode emittierten Elektronen werden elektrostatisch auf die erste Dynode fokussiert, wo sie Sekundärelektronen auslösen. Diese werden dann entsprechend auf die folgenden Dynoden gelenkt, bevor sie die Anode erreichen. Die angelegte Spannung muß sehr genau geregelt werden, da die Anzahl der Sekundärelektronen auf empfindliche Art und Weise von der Spannung abhängt.

Die insgesamt erreichbare Verstärkung in einem Sekundärelektronenvervielfacher kann so hoch sein ($10^{10}$ oder mehr), daß man darauf achten muß, daß die Beleuchtung und der entsprechende Anodenstrom genügend klein bleiben, um die Röhre nicht zu sättigen.

Die Ansprechgeschwindigkeit bzw. die Responsezeit des Sekundärelektronenvervielfachers wird genauso wie die der Vakuumphotozelle durch die Laufzeit der Elektronen von einer Elektrode zur nächsten bestimmt. Wegen der Vielzahl von Elektroden ist die Responsezeit des Sekundärelektronenvervielfachers größer als die der Vakuumphotozelle. Trotzdem besitzen gut konstruierte Sekundärelektronenvervielfacher Responsezeiten bis zu 10 ns.

Typische Photokathoden bestehen aus Silber-Sauerstoff-Cäsium und anderen Verbindungen. Ihr Ansprechverhalten ist im größten Teil des sichtbaren und des UV-Spektrums gut. Im UV sind die Photozellen oft durch den Transmissionsgrad des Eintrittsfensters beschränkt. Im IR ist der äußere Photoeffekt relativ wirkungslos, da die Energie pro Quant nicht ausreicht, um Elektronen aus der photoempfindlichen Oberfläche mit hoher Effizienz herauszulösen. Trotzdem werden noch Biplanarzellen bei Wellenlängen von 1 μm eingesetzt, wo bestimmte Anwendungen von Hochleistungslasern die kurze Responsezeit dieser Detektoren erfordern.

Photowiderstände sind Halbleiter. Solche Materialien sind durch eine Energieniveaustruktur, wie sie in der Abb. 4.14 dargestellt ist, charakterisiert. Ein reiner oder *Eigenhalbleiter* besitzt ein *Valenzband* oder einen kontinuierlichen Satz von Energieniveaus, in denen die Elektronen an den Festkörper gebunden und damit nicht freibeweglich sind. Vergleichbar ist dies mit den in einem Atom gebundenen Elektronen, die sich auch nicht frei in einem Gas bewegen können. Zusätzlich gibt es einen Energiebereich, der als *verbotene Zone* bezeichnet wird. Elektronen in diesem Festkörper können keine Energiewerte innerhalb dieser verbotenen Zone annehmen. Das *Leitungsband* liegt oberhalb dieser verbotenen Zone. Elektronen mit Energien im Leitungsband können sich frei im Festkörper bewegen. Sie sind aber an den Festkörper als Ganzes gebunden und können aus der Oberfläche nicht wie z.B. in Vakuumphotozellen austreten.

Bei Raumtemperatur befinden sich die meisten Elektronen eines Eigenhalbleiters im Valenzband. Der Halbleiter besitzt einen großen elektrischen Widerstand. Wird das Material einer intensiven Strahlung, deren Quantenenergie größer als die *Bandlücke* zwischen Valenz- und Leitungsband ist, ausgesetzt, können genug Elektronen in das Leitungsband angeregt werden, und der elektrische Widerstand des Materials sinkt. Außerdem werden positiv geladene Löcher im Valenzband durch das Abfließen der Elektronen erzeugt, die auch zur Leitfähigkeit des Materials beitragen.

Die Bandlücke ist bei vielen Halbleitern größer als die Quantenenergie der IR-Strahlung. Um die Energie zu vermindern, die benötigt wird,

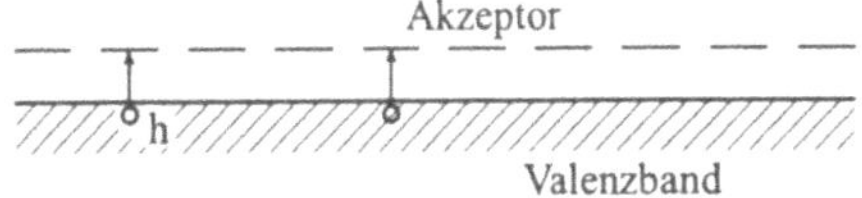


**Abb. 4.14.** Energieniveauschema eines dotierten Halbleiters

um eine elektrische Leitfähigkeit hervorzurufen, kann der Halbleiter mit einer geringen Verunreinigung *dotiert* werden. Diese Verunreinigung erzeugt, wie in Abb. 4.14 dargestellt, Energieniveaus innerhalb der verbotenen Zone. Abhängig von der Verunreinigung können diese Niveaus sowohl *Donatorniveaus* sein, die Elektronen ins Leitungsband abgeben, als auch *Akzeptorniveaus*, die Löcher ins Valenzband liefern (d.h., Elektronen aus dem Valenzband aufnehmen). Dotierte Halbleiter, die freie Elektronen im Leitungsband besitzen, werden *n-Halbleiter* genannt, solche mit Löchern im Valenzband werden als *p-Halbleiter* bezeichnet. Die Lage der Störstellenniveaus bezüglich des Valenz- und Leitungsbandes bestimmt die minimale Quantenenergie, die mit einem dotierten Halbleiterdetektor gemessen werden kann.

Die Störstellenniveaus erzeugen auch eine beträchtliche Anzahl von Elektronen oder Löchern in den entsprechenden Bändern auf Grund thermischer Effekte bei Raumtemperatur. Diese Elektronen oder Löcher können jeden Effekt, der durch eine Bestrahlung des Detektors hervorgerufen wird, überdecken. Deshalb wird in vielen Fällen der Detektor bis zur Temperatur des flüssigen Stickstoffs von 77 K gekühlt. Thermische Effekte werden wegen der geringer werdenden Quantenenergie und der i.a. relativ schwachen IR-Quellen immer wichtiger, je weiter wir uns in das IR hineinbewegen.

Die gebräuchlichsten Photowiderstände sind wahrscheinlich Cadmiumsulfid (CdS) und Bleisulfid (PbS), die beide bei Raumtemperatur arbeiten. Cadmiumsulfid ist auf das sichtbare Licht beschränkt. Bleisulfid besitzt eine hohe Empfindlichkeit bis ins IR bei 3–4 μm. Andere wichtige Photowiderstände sind Germanium, besonders bei einer Dotierung mit Gold oder Quecksilber, Indiumantimonid, Bleitellurid und Quecksilbercadmiumtellurid. Gewöhnliche Photowiderstände besitzen eine Empfindlichkeit bis zu Wellenlängen von einigen Mikrometern. Es wurden allerdings schon Photoleiter für Wellenlängen bis zu einigen hundert Mikrometern hergestellt.

Die Ansprechzeit von Photowiderständen ist im allgemeinen länger als die von Vakuumphotozellen. Sie wird durch die Rekombinationsrate von Elektronen und Löchern bestimmt und schwankt stark von Halbleiter zu Halbleiter. Die schnellsten Halbleiter haben Zeitkonstanten von Bruchteilen einer Mikrosekunde, dagegen kann die Responsezeit einiger Cadmiumsulfiddetektoren fast bis zu einer Zehntel Sekunde betragen.

Die Photozelle wird im allgemeinen mit einem Lastwiderstand $R_L$ und einer Batterie oder Spannungsquelle betrieben, die in Reihe geschaltet sind. Der Schaltkreis entspricht dem aus Abb. 4.13, wobei sich der Photoleiter an Stelle der Vakuumphotozelle befindet. Fällt keine Strahlung auf den Detektor, beträgt die Spannung am Lastwiderstand

$$V_L = \frac{R_L}{R + R_L} V_o \,. \tag{4.59}$$

Dabei ist $R$ der *Dunkelwiderstand* des Photowiderstands. Wird der Photowiderstand bestrahlt, sinkt sein Widerstand um $\Delta R$. Die entsprechende Änderung $\Delta V_L$ der Spannung über dem Lastwiderstand wird als Ausgangssignal dieser Anordnung gemessen.

Ein anderer auf dem inneren photoelektrischen Effekt basierender Detektortyp ist das *Photoelement.* Solche Detektoren bestehen aus den Übergängen zweier Halbleiter, von denen der eine mit Akzeptoren und der andere mit Donatoren dotiert ist. Da die Elektronen und die Löcher beweglich sind, orientieren sich die Ladungen wie in der Abb. 4.12 dargestellt, die die Bandstruktur einer lichtemittierenden Diode zeigt. Weil die Leitungselektronen und die Löcher auf verschiedene Seiten des Übergangs gezogen werden, existiert im Übergangsbereich ein starkes elektrisches Feld. Außerdem gibt es weder Elektronen noch Löcher in diesem Gebiet, da sie rekombinieren, wenn sie nicht physikalisch getrennt werden.

Wird der Übergang bestrahlt, können Valenzbandelektronen in das Leitungsband angeregt werden, wobei Elektron-Loch-Paare erzeugt werden. Auf Grund des starken elektrischen Feldes im Übergangsbereich werden die erzeugten Elektronen und Löcher jedoch in verschiedene Richtungen beschleunigt und eine Rekombination verhindert. Durch die Bewegung dieser geladenen Teilchen wird ein Strom erzeugt. Wenn wir ein Amperemeter an den Übergang anschließen, können wir während der Bestrahlung einen Strom messen. Das ist der photovoltaische Effekt.

Die gebräuchlichsten photovoltaischen Detektoren sind Silizium- und Selenzellen, sogenannte *Solarzellen.* Besonders die Siliziumzelle kann einen großen Teil der einfallenden Energie in elektrische Energie umwandeln. Galliumarsenid und seine Verwandten können als schnelle Photoelemente eingesetzt werden (siehe auch Abschn. 12.1).

Häufig wird ein Photodetektor durch das Anlegen einer *Vorspannung* (Batteriespannung) an einen *pn*-Übergang realisiert. Das bedeutet, daß der positive Pol einer Batterie oder einer anderen Spannungsquelle an das n-Material und der negative Pol an das p-Material angelegt werden. Ein auf diese Art und Weise funktionierender Detektor wird als *Photodiode* bezeichnet.

Das Gebiet in der Nähe des Übergangs einer pn-Diode wird auch *Verarmungsschicht* genannt, weil hier praktisch keine Elektronen und Löcher vorhanden sind. Diese Verarmungsschicht wird auf beiden Seiten durch Gebiete mit vergleichsweise hoher Raumladung begrenzt. Zum Photostrom tragen nur Ladungsträger bei, die in oder nahe der Verarmungsschicht erzeugt wurden; für Ladungsträger, die irgendwo anders im Medium erzeugt werden, ist eine Beschleunigung durch das elektrische Feld des Übergangs vor ihrer Rekombination mit Ladungsträgern des anderen Typs unwahrscheinlich. Die Diode ist so aufgebaut, daß sich die Verarmungsschicht so nahe wie möglich an der Oberfläche des Detektors befindet. Die optische Absorption und die Breite der Verarmungsschicht werden so gewählt, daß die meisten Ladungsträger in dieser Schicht erzeugt werden. Diese Ladungsträger werden durch das Feld in der Verarmungsschicht schnell voneinander getrennt. Die Reaktionsgeschwindigkeit der Diode wird durch die Laufzeit der Ladungsträger durch die Verarmungsschicht und durch die Kapazität dieser Schicht bestimmt.

Der Betrieb der Diode mit Vorspannung vergrößert die Breite der Verarmungsschicht. Dadurch wird gesichert, daß mehr Ladungsträger in der Verarmungsschicht erzeugt werden und daß sich damit die Kapazität der Verarmungsschicht verringert. Durch die Vorspannung erhöht sich sowohl die Geschwindigkeit als auch die Empfindlichkeit einer Photodiode.

Mitunter wird die Breite der Verarmungsschicht durch die Herstellung einer Pin-Diode gesteuert, wobei das i zwischen p und n für „intrinsisch" steht. Das heißt, daß sich eine relativ dicke Schicht eines Materials mit hohem Widerstand zwischen den p- und n-leitenden Medien befindet. Dadurch wird eine dicke Verarmungsschicht erzeugt.

Ist die Vorspannung groß genug, tritt eine Vervielfachung der Photoelektronen durch sekundäre Emission auf. Eine Diode, die so konzipiert ist, daß kleine Signale auf diese Art und Weise verstärkt werden, wird *Avalanchephotodiode* genannt. Avalanchephotodioden sind schnell und empfindlich, bei sehr geringen Bestrahlungen zeigen sie allerdings ein starkes *Rauschen*, da die Anzahl der pro Primärelektron erzeugten Sekundärelektronen schwankt.

Einige Photodioden sind in kleinen Bauausführungen zusammen mit einem Operationsverstärker verfügbar. Diese Geräte sind in der Lage, sehr geringe Strahlung nachzuweisen. Mitunter werden sie als Festkörperersatz für Sekundärelektronenvervielfacher (SEV) eingesetzt. Sie sind normalerweise stabiler als Sekundärelektronenvervielfacher und benötigen geringere Spannungen (typischerweise 6–15 V) mit geringeren Ansprüchen an die Spannungsstabilisierung.

Das Auge, der photographische Film und die Videokamera (Abschn. 7.4.1) sind ebenfalls Quantendetektoren. Im Gegensatz zu den bisher behandelten sind es allerdings bildgebende Detektoren.

### 4.3.2 Thermische Detektoren

Dieser Detektortyp beruht auf der Erwärmung des Detektorelements durch die einfallende Strahlung. Wenn die Masse des Elements klein genug ist, kann bereits der Temperaturanstieg, der durch eine geringe Strahlungsmenge hervorgerufen wird, gemessen werden.

Die ersten Infrarotdetektoren waren *Strahlungsthermoelemente.* Solche Geräte werden auch heute noch oft in der Infrarotspektroskopie eingesetzt. Neuere Varianten besitzen grundlegende Bedeutung für die exakte Messung der Ausgangsleistung von Hochleistungslasern aller Wellenlängen.

Strahlungsthermoelemente bestehen aus einer geschwärzten Detektoroberfläche, üblicherweise einem kleinen dünnen Blättchen mit einer Goldschicht. Der aufgedampfte Goldfilm erscheint annähernd gleichmäßig schwarz bei allen Wellenlängen vom UV bis zum IR (einschließlich des wichtigen Bereiches zwischen 8–14 µm).

Um den durch die einfallende Strahlung hervorgerufenen Temperaturanstieg zu messen, ist der Detektor an einem kleinen Thermoelement befestigt. Dieses Gerät, das aus sehr dünnen Drähten besteht, um die Wärmeleitung vom Detektor her zu verringern, ist lediglich eine Verbindung zwischen zwei verschiedenen Metallen. An einer solchen Verbindung existiert stets ein Spannungsabfall, sein momentaner Wert hängt von der Temperatur des Kontaktes ab. Die Messung dieses Spannungsabfalls erlaubt damit die Messung der Temperatur des Kontaktes.

Praktische Strahlungsthermoelemente haben im allgemeinen eine zweite Kontaktstelle in Reihe mit der am Detektor befestigten. Diese Lötstelle ist von der Strahlung abgeschirmt und so angeordnet, daß ihre Spannung der des anderen Übergangs entgegengesetzt ist. Bezeichnet wird sie als der *Referenz-* bzw. *kalte Kontakt.* Entsprechend nennt man den am Detektor befestigten Kontakt auch *heißen Kontakt.* Die Hauptfunktion des kalten Kontakts besteht darin, ein Ausgangssignal des Strahlungsthermoelements zu erzeugen, das direkt proportional zum Anstieg $\Delta T$ der Temperatur des Detektors auf Grund der einfallenden Strahlung ist. Ohne den kalten Kontakt würde das Gerät die absolute Temperatur $T$ des Detektors anzeigen, und da $\Delta T$ stets viel kleiner als $T$ ist, würde die Durchführung einer Messung den Nachweis sehr kleiner Spannungsdifferenzen bedeuten. Außerdem würden kleine Änderungen der Umgebungstemperatur nicht von Strahlungseffekten unterscheidbar sein.

Wenn der kalte Kontakt positioniert ist, zeigt das Thermoelement bei der Bestrahlungsstärke 0 den Wert 0 an, unabhängig von geringen Änderungen der Umgebungstemperatur. Außerdem ist das Ausgangssignal des Thermoelements eine nahezu lineare Funktion der Bestrahlungsstärke.

Eine *Strahlungsthermosäule* ist ein empfindlicheres Gerät, das aus mehreren, am selben Detektor befestigten, in Reihe geschalteten heißen und kalten Kontakten besteht.

Thermoelemente und Thermosäulen sind vergleichsweise langsame Geräte und werden fast immer für kontinuierliche Prozesse oder bei Änderungen der Bestrahlungsstärke im Bereich einiger weniger Hertz verwendet. Ihre Zeitkonstante wird durch die thermischen Eigenschaften des Detektorelements bestimmt. Ein Thermoelement kann durch die Verkleinerung seiner Fläche und damit seiner Empfindlichkeit immer ein wenig schneller gemacht werden.

Massive Strahlungsthermosäulen, deren Detektorelemente oft aus rostfreien Stahlkegeln bestehen, werden zur Messung der Ausgangsleistung von Hochleistungslasern eingesetzt (oder im Fall von Impulslasern, zur Messung der Energie eines einzelnen Impulses).

Thermoelemente und Thermosäulen müssen mit einer Standardquelle, wie einem schwarzen Körper bei 500 K, kalibriert werden. (Lasermeßgeräte werden durch die elektrische Erwärmung mit einer definierten elektrischen Leistung kalibriert.) Einmal kalibriert, kann eine solche Thermosäule als Sekundärstandard für die Kalibrierung weiterer Quellen benutzt werden.

Ein *Bolometer* ist ein thermischer Detektor, dessen elektrischer Widerstand sich mit der Temperatur ändert. Der Großteil der Ausführungen zum Thermoelement trifft auch auf das Bolometer zu. Im Gegensatz zum Thermoelement erzeugt das Bolometer selbst keine Spannung, sondern muß an eine externe Spannungsquelle angeschlossen werden. Ein praktisches Bolometer enthält ein Paar aneinander angepaßter Elemente, von denen das eine als Detektor arbeitet und das andere eine Funktion ähnlich der des kalten Kontakts beim Thermoelement besitzt. Das Gerät ist an eine elektrische Brückenschaltung angeschlossen, die die Differenz des Widerstandes zwischen diesen beiden Elementen mißt. Das Ausgangssignal eines metallischen Bolometers ist eine lineare Funktion der Bestrahlungsstärke.

Ein Bolometer mit einem Halbleiterbauelement an Stelle eines metallischen Elements wird als *Thermistor* bezeichnet. Thermistoren sind ca. zehnmal empfindlicher als Metallbolometer.

Wenn ein kleines Stückchen eines Thermistormaterials in gutem thermischen Kontakt zu einer vergleichsweise massiven Wärmesenke steht, kühlt sich der Thermistor nach Abschalten der Strahlung sehr schnell wieder ab. Auf diese Weise können Bolometer mit ziemlich kurzer Responsezeit gebaut werden. Auf Grund der großen Gesamtmasse des Gerätes wird die Empfindlichkeit allerdings geopfert. Oft ist die Geschwindigkeit aber wichtiger als die Empfindlichkeit. Responsezeiten bis zu 10 ms sind möglich.

Ein *pyroelektrischer Detektor* besteht aus einem Material mit einer inneren elektrischen Polarisation. Dieses Material kann ein Kristall oder ein Kunststoff sein. Bestimmte Kristalle besitzen von Natur aus eine innere Polarisation. Andererseits können Kunststoffe polarisiert werden, indem man sie bei hohen Temperaturen einem elektrischen Feld aussetzt. Wird die Temperatur verringert und der Kunststoff verfestigt sich, bleibt eine elektrische Polarisation im Material erhalten.

Wird ein pyroelektrisches Material erwärmt, ändert sich die elektrische Polarisation geringfügig. Diese Änderung kann als Verschiebungsstrom nachgewiesen werden.

Ein pyroelektrischer Detektor wird durch die Schwärzung eines pyroelektrischen Materials hergestellt. Das Material wird zwischen zwei Elektroden gebracht. Jede Änderung der Bestrahlungsstärke auf der geschwärzten Oberfläche ist mit einer Temperaturänderung des Materials und daher mit einem

Strom in einem externen Stromkreis verbunden. Der Detektor spricht nur auf Änderungen der Bestrahlungsstärke an, er kann also nur bei gepulsten Quellen oder Quellen, deren Strahlung z.B. durch einen mechanischen Zerhacker moduliert wird, angewendet werden.

Wie auch andere thermische Detektoren, die oft geschwärzte Oberflächen haben, ist der pyroelektrische Detektor im größten Teil des sichtbaren und infraroten Spektrums empfindlich.

### 4.3.3 Leistungsparameter von Detektoren

Zur Charakterisierung der Eigenschaften eines Detektors sind verschiedene Parameter notwendig. Bisher haben wir schon einen oder zwei erwähnt, hier wollen wir sie jetzt detaillierter behandeln.

Die Leistungsparameter, die wir hier betrachten, sind das Ausgangssignal des Detektors für eine gegebene Bestrahlungsstärke, die spektrale Empfindlichkeit, das kleinste nachweisbare Signal und das Antwortverhalten bezüglich der Modulationsfrequenz.

Die *Empfindlichkeit* $\Re$ eines Detektors ist das Verhältnis seines Ausgangssignals zum Eingangsignal. Die genaue Definition hängt von der speziellen Anwendung ab. Bei Infrarotdetektoren ist die Empfindlichkeit im allgemeinen in Volt oder Ampere pro Watt (in gebräuchlicheren Einheiten Mikrovolt oder Mikroampere pro Mikrowatt) gegeben; das heißt, es ist das Verhältnis der Ausgangsspannung oder des Ausgangsstroms zur einfallenden Strahlungsleistung. Bei Detektoren, die vorrangig im sichtbaren Bereich des Spektrums arbeiten, wird die Empfindlichkeit mitunter in Ampere pro Lumen angegeben, wobei eine spezielle Wolframglühlampe als Strahlungsquelle angenommen wird. Die Empfindlichkeit bei einer gegebenen Wellenlänge wird als die *spektrale Empfindlichkeit* $\Re_\lambda$ bezeichnet.

Eine der Eigenschaften, die die Empfindlichkeit eines Quantendetektors bestimmen, ist die *Quantenausbeute*, d.h. die Anzahl der Photoelektronen, die durch ein einfallendes Quant erzeugt werden. Die Quantenausbeute der meisten Photokathoden ist gering, weniger als 10%, während Siliziumdetektoren Quantenausbeuten von fast 100% erreichen.

Die Empfindlichkeit nahezu aller Detektoren hängt von der Wellenlänge ab. Diese Abhängigkeit von der Wellenlänge wird im allgemeinen als die *spektrale Empfindlichkeit* eines Detektors bezeichnet. Das ist der zweite wichtige Detektorparameter. Quantendetektoren besitzen einen vergleichsweise begrenzten Wellenlängenbereich der spektralen Empfindlichkeit. Deshalb hängt die Wahl des Detektors oft von der Art der Quelle ab.

Oft ist die Quelle gepulst oder ihre Strahlungsleistung ist moduliert. Diese Modulation wird häufig durch mechanische Zerhacker (z.B. ein durch einen Synchronmotor angetriebenes Zahnrad) erzeugt. Das Ausgangssignal des Detektors wird mit einem frequenzempfindlichen Verstärker registriert. Mit dieser Technik ist es möglich, relativ schwache Quellen in einer hellen Umgebung nachzuweisen, weil das aus der Umgebung stammende Signal nicht moduliert wird und damit auch nicht nachgewiesen werden kann. Aus diesem Grund ist die Frage nach der Abhängigkeit der Empfindlichkeit des Detektors von der Zerhackerfrequenz wichtig.

Bei geringen Frequenzen wird das Detektorausgangssignal den Änderungen der Bestrahlungsstärke direkt folgen. Beim Übergang zu höheren Frequenzen ist das nicht mehr so. Bei thermischen Detektoren liegt das daran, daß die Wärmeaustauschrate des Detektorelements durch die thermische Masse des Elements begrenzt ist. In Quantendetektoren können verschiedene Faktoren die Responsegeschwindigkeit einschränken. Bei Vakuumphotozellen zum Beispiel ist die Laufzeit der Elektronen von einer Elektrode zur nächsten der entscheidende Faktor. In Photowiderständen haben die Ladungsträger eine endliche Lebenszeit, und das ist ein Faktor, der die Frequenz des Detektorausgangssignals begrenzt.

Sowohl der Anstieg als auch der Abfall des Ausgangssignals vieler Detektoren lassen sich durch eine zeitliche Exponentialfunktion beschreiben. Sie verhalten sich wie Tiefpaßfilter, und ihre Empfindlichkeit kann durch folgende Gleichung beschrieben werden

$$\Re(f) = \frac{\Re_0}{\left(1 + 4\pi^2 f^2 \tau^2\right)^{1/2}} \,. \tag{4.60}$$

Dabei ist $\Re_0$ die Empfindlichkeit bei der Frequenz 0. $\tau$ ist die *Responsezeit* oder die *Zeitkonstante* des Detektors. Die Frequenz $f_c = 1/2\pi\tau$ wird oft als die *Grenzfrequenz* bezeichnet. $\Re(f)$ ist annähernd konstant von 0 bis zu $f_c$.

Ein Detektor mit einer Grenzfrequenz $f_c$ oder einer Zeitkonstante $\tau$ liefert nur dann richtige Meßwerte für eine gepulste Quelle, wenn ihre Impulsdauer groß verglichen mit $\tau$ ist.

Bei bestimmten Anwendungen müssen wir extrem schwache Signale nachweisen. Das gilt vor allem für IR-Systeme, obwohl dies auch für die optische Kommunikationstechnik und verschiedene Anwendungen im sichtbaren Spektralbereich zutrifft.

Alle elektronischen Systeme zeigen *Rauschen.* Rauschen rührt von der diskreten Natur der elektrischen Ladung, von thermisch erzeugten Ladungsträgern und von anderen Effekten her. Wenn wir eine hinreichend empfindliche und rauschfreie Elektronik voraussetzen, dann ist die minimale nachweisbare Strahlungsleistung durch das Ausgangssignal bestimmt, das gerade noch von dem im Detektor selbst auftretenden Rauschen unterschieden werden kann. Es ist üblich, dieses Minimum als die Leistung zu definieren, die ein Ausgangssignal erzeugt, das genau gleich dem Rauschausgangssignal des Detektors ist. (Mit anderen Worten, das Signal-Rausch-Verhältnis muß für ein nachweisbares Signal 1 überschreiten.)

Für viele übliche Rauschquellen ist die Rauschleistung proportional zur Bandbreite $\Delta f$ der Nachweiselektronik. Solches Rauschen heißt *weißes Rauschen.* Die meisten Detektoren befinden sich in Schaltkreisen, die entweder den durch den Detektor erzeugten Strom oder die erzeugte Spannung anzeigen. Da Strom und Spannung proportional zur Wurzel aus der Leistung sind,

sind Rauschstrom und Rauschspannung proportional zu $(\Delta f)^{1/2}$. Damit ist die minimale detektierbare Strahlungsleistung für eine elektrische Bandbreite $\Delta f$ direkt proportional zu $(\Delta f)^{1/2}$.

Die *äquivalente Rauschleistung* (*NEP* – noise equivalent power) ist die minimale nachweisbare Leistung bei einer gegebenen elektrischen Frequenz und für eine Bandbreite $\Delta f$. (Einige Autoren und Hersteller definieren die NEP als die minimale nachweisbare Leistung pro Bandbreiteneinheit. In diesem Fall ist die NEP nicht die minimale detektierbare Leistung für eine gegebene Bandbreite. Die minimale nachweisbare Leistung für eine Bandbreite $\Delta f$ ist dann gleich dem Produkt aus NEP und $(\Delta f)^{1/2}$. Wenn sie auf diese Art und Weise definiert wird, hat die NEP die Einheit $Watt\,/\,(Hertz)^{1/2}$. Die Benutzung der Bezeichnung NEP für die kleinste detektierbare Leistung pro Bandbreiteneinheit ist damit eine unkorrekte Bezeichnung, da die Einheit der Leistung das Watt ist.)

Die äquivalente Rauschleistung wird für eine bestimmte Wellenlänge, Zerhackerfrequenz und Bandbreite oder alternativ für einen schwarzen Körper bestimmter Temperatur, Zerhackerfrequenz und eine Bandbreite spezifiziert. Viele IR-Detektoren werden durch ihre NEP beschrieben, die mittels eines schwarzen Körpers mit 500 K, einer Zerhackerfrequenz von 90 oder 900 Hz und einer Bandbreite von 1 Hz bestimmt wurde. Oft wird deshalb die äquivalente Rauschleistung z.B. in der Form NEP (500, 90, 1) dargestellt, um die Temperatur des schwarzen Körpers, die Zerhackerfrequenz und die Bandbreite anzugeben. In den meisten Fällen muß auch noch die Detektortemperatur spezifiziert werden. Wenn der Detektor bei einem Laser eingesetzt wird, dann wird die NEP von der Wellenlänge dieses Lasers bestimmt, die dann an Stelle der Temperatur des schwarzen Körpers in der Spezifikation des Detektors anzugeben ist.

Andere Gütezahlen werden ebenfalls oft zur Charakterisierung der Eigenschaften eines Detektors verwendet. Die gebräuchlichste ist $D^*$, die sogenannte *spezifische Nachweisfähigkeit.* $D^*$ ist das Reziproke der äquivalenten Rauschleistung normiert auf die Einheitsfläche und die Einheitsbandbreite; $D^*$ und NEP sind durch die folgende Gleichung verknüpft

$$D^* = A^{1/2} \Delta f^{1/2} / NEP \,. \tag{4.61}$$

$D^*$ ist für den Vergleich verschiedener Detektormaterialien nützlich, während NEP dem Vergleich spezieller Detektoren dient. Die äquivalente Rauschleistung zusammen mit der Empfindlichkeit und der spektralen Empfindlichkeit ist aus diesem Grund der geeignetere Parameter zur Spezifizierung eines Detektors.

Die Abb. 4.15 zeigt die spektrale Empfindlichkeit $\Re_\lambda$ einiger gebräuchlicher Photokathoden. In der Abb. 4.16 ist $D^*$ für übliche Raumtemperaturdetektoren dargestellt.

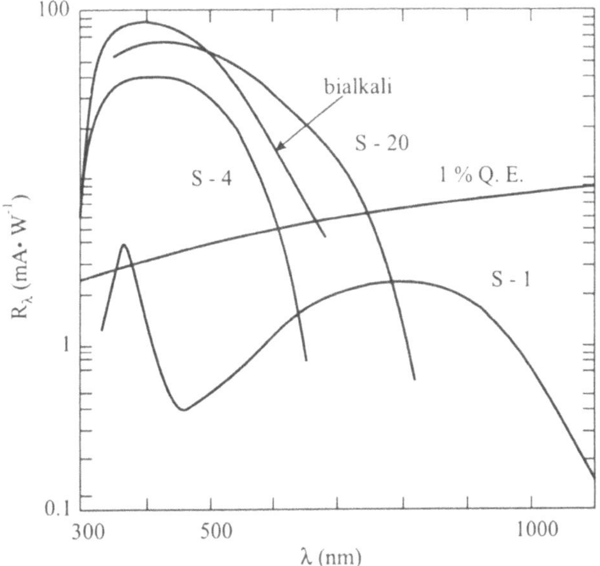


**Abb. 4.15.** Spektrale Empfindlichkeit verschiedener Photokathoden [Nach *Electro-Optics Handbook* (RCA Corporation, Harrison, NJ 1968)]

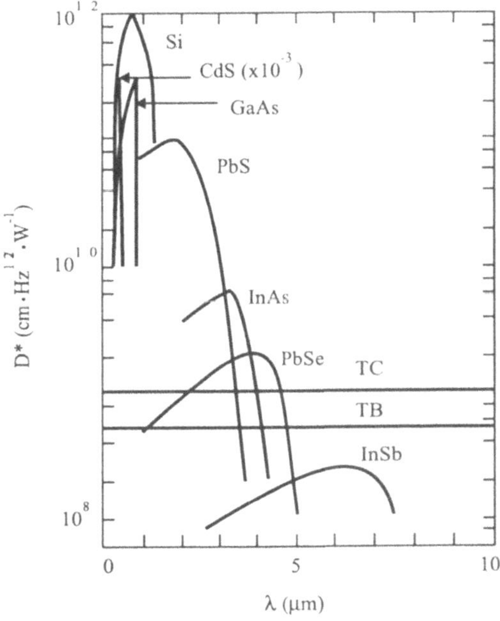


**Abb. 4.16.** Die spezifische Nachweisfähigkeit von bei Raumtemperatur arbeitenden Detektoren im sichtbaren und nahen Infrarotbereich. *TC*, Thermolement *TB*, Thermistor [Nach *Electro-Optics Handbook* (RCA Corporation, Harrison, NJ 1968); P. W. Kruse et al., *Elements of Infrared Technology* (Wiley, New York 1962); W. L. Wolfe (ed.): *Handbook of Military Infrared Technology* (US Government Printing Office, Washington, DC 1965)]

## Aufgaben

**Aufgabe 4.1.** Angenommen die Strahlungsdichte einer Quelle sei proportional zu $\cos^m \theta$. Solch eine Quelle entspricht etwa einem Halbleiterlaser, für den $m$ Werte zwischen 15 und 20 annehmen kann. Leiten Sie eine zu (4.17) analoge Beziehung für die in einen Kegel mit dem Halbwinkel $\theta_0$ abgestrahlte Leistung ab.

**Aufgabe 4.2.** Berechnen Sie die auf ein kleines Flächenelement d$A$ fallende Bestrahlungsstärke $E'$. Das Flächenelement befindet sich in der Nähe eines mit der Bestrahlungsstärke $E$ beleuchteten Lambertschen Strahlers. Nehmen Sie der Einfachheit halber an, daß der Strahler kreisförmig ist und bei d$A$ unter einem Raumwinkel von $\theta_0$ erscheint.

**Aufgabe 4.3.** Zwei Wissenschaftler (die es eigentlich besser wissen sollten) versuchen, die Kanten in einem photographischen Bild hervorzuheben bzw. zu verstärken, indem sie ein „Sandwich" aus einem Positiv, einem Negativ und einem Diffusor herstellen und von diesem Sandwich eine Kontaktkopie auf einem dritten Film machen (siehe Abb. 4.17). Benutzen Sie das Ergebnis der Aufgabe 4.2, um die Bestrahlungsstärke als Funktion von $h$ darzustellen. Wenn der Film einen Belichtungsspielraum von einer halben Blendenzahl hat, wie groß ist dann ungefähr die Breite der belichteten Linie?

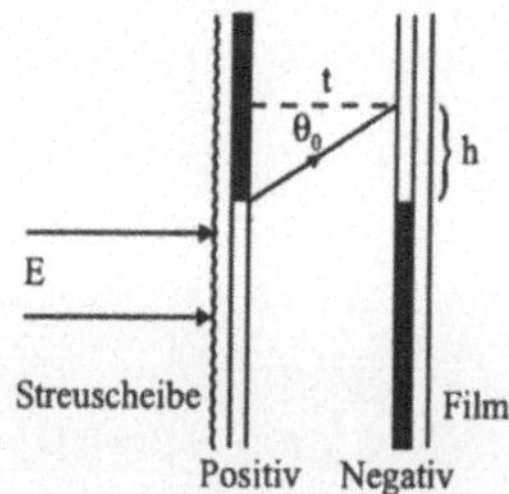


**Abb. 4.17.** Kantenverstärkung durch Kontaktkopieren

**Aufgabe 4.4.** Eine Öffnung mit einem Durchmesser von 0,7 mm wird mit einer Wolframlampe beleuchtet; ihre spezifische Ausstrahlung ist gleich der der Lampe, und zwar ca. $10\,\mathrm{W} \cdot \mathrm{cm}^2 \cdot \mu\mathrm{m}^{-1}$ bei einer Wellenlänge von $\lambda = 0,85\,\mu\mathrm{m}$. Die Öffnung wird mit einem Abbildungsmaßstab von $m = 1/40$ auf eine optische Faser abgebildet. Die numerische Apertur der Linse beträgt 0,14, und das gesamte auf die Faser fallende Licht wird in den Faserkern eingekoppelt (vgl. Kap. 10).

a) Das Licht wird mit einem Bandpaßfilter mit $\Delta\lambda = 10\,\mathrm{nm}$ gefiltert. Welche Leistung wird in die Faser eingekoppelt?
b) Das Licht wird mechanisch mit einer Frequenz von 100 Hz zerhackt. Ein Detektor benötigt eine äquivalente Rauschleistung NEP von $10^{-11}$ W bei einer Bandbreite von 1 Hz. Ein elektronischer Schaltkreis mit einer Bandbreite von 10 Hz verstärkt den Ausgang des Detektors. (i) Wie groß ist

die NEP des Gesamtsystems? (ii) Die schlechteste der getesteten Fasern zeigte Verluste von 20 dB bzw. einen Transmissionsgrad von 0,01. Kann der Detektor hier noch eingesetzt werden?

**Aufgabe 4.5.** Eine exaktere Behandlung des $\cos^4$-Gesetzes. Ein Lambertscher Strahler mit einer Fläche $\mathrm{d}A$ und einer Strahldichte $L$ wird unter einem Winkel $\theta$ zur optischen Achse einer dünnen Linse, deren Durchmesser $D$ beträgt, angeordnet. Die Fläche der Quelle beträgt $\mathrm{d}S$, und die Linse erzeugt ein Bild mit der Fläche $\mathrm{d}S'$. Zeigen Sie, daß die Bestrahlungsstärke $E$ auf dem Flächenelement $\mathrm{d}S'$ das $\cos^4$-Gesetz erfüllt.

Vergleichen Sie Ihr Ergebnis mit (4.34). Wie groß ist die scheinbare Strahldichte der Linse? [Hinweis: Wenn der Abbildungsmaßstab des Bildes $m$ ist, wie groß ist dann $\mathrm{d}S'/\mathrm{d}S$?]

**Aufgabe 4.6.**

a) Nehmen Sie an, daß alle von der Kathode einer Vakuumphotozelle ausgehenden Photoelektronen mit der Energie 0 emittiert werden. Zeigen Sie für ein solches Elektron, daß ein Strom $i(t)$ während der Flugzeit des Elektrons fließt und daß dieser Strom proportional zu $(V/d)\,t$ ist, wobei $V$ der Spannungsabfall über der Photozelle, $d$ der Abstand zwischen den Elektroden und $t$ die Zeit ist. Bestimmen Sie die Flugzeit $\tau$ eines Elektrons in einer schnellen biplanaren Zelle, für die $d = 2\,\mathrm{mm}$ und $V = 3\,\mathrm{kV}$ gilt. Wenn unsere Annahmen richtig sind, ist $\tau$ die Responsezeit der Photozelle auf einen extrem kurzen optischen Impuls, und $i\,(t)$ beschreibt den Ausgangsstrom.
b) Nehmen Sie jetzt an, daß die Photoelektronen in einem Energiebereich von ungefähr 1 eV emittiert werden. (Die Quanten des sichtbaren Lichts haben Energien von 1–2 eV; die Bindungsenergie eines Elektrons an die Photokathode ist ein Bruchteil von 1 eV.) Zeigen Sie, daß die Anfangsenergie vernachlässigbar ist und daß Änderungen der Flugzeit damit unwesentlich verglichen mit der Flugzeit selbst sind.
c) Führen Sie ähnliche Rechnungen für eine reale Photozelle durch, bei der $V$ in der Größenordnung 100 V liegt und $d$ etwa 1 cm ist.

**Aufgabe 4.7.** Benutzen Sie (4.59) und überprüfen Sie, daß der Maximalwert von $\Delta V$ (für eine gegebene Strahlungsleistung) im Fall $R_\mathrm{L} = R$ erreicht wird. Das heißt, daß die Maximalantwort erreicht wird, wenn der Lastwiderstand gleich dem Dunkelwiderstand $R_\mathrm{d}$ des Photowiderstandes ist. (Nehmen Sie an, daß die Änderung $\Delta R$ verglichen mit $R$ selbst klein ist.) Angenommen der Photowiderstand wird im Umgebungslicht benutzt, wo sein Arbeitswiderstand $R'$ beträgt. Wie groß ist der optimale Lastwiderstand?
Diese Aussage ist nicht gültig, wenn $\Delta R$ ein größerer Bruchteil von $R$ ist.

**Aufgabe 4.8.** Nehmen Sie an, daß ein Quantendetektor die gesamte auf ihn fallende Strahlung absorbiert und daß jedes Lichtquant ein Photoelektron freisetzt. Benutzen Sie einfache physikalische Argumente, um zu zeigen, daß die Empfindlichkeit des Detektors im sichtbaren Bereich des Spektrums, in dem die Quantenenergie einen Wert von ca. 2 eV aufweist, ungefähr 0,5 A/W beträgt.

**Aufgabe 4.9.** Eine undurchsichtige Quelle erfülle nicht das Lambertsche Gesetz ($L_\theta = L$), sondern $L_\theta = L_o/\cos\theta$. Zeigen Sie, daß die in einen Kegel abgestrahlte Leistung gleich

$$\frac{d\Phi_{\text{Kegel}}}{d\Phi_{\text{Halbkugel}}} = \frac{d\Omega}{2\pi}$$

ist, wobei die Achse des Kegels senkrecht auf der Oberfläche stehen soll.

# 5. Wellenoptik

In diesem Kapitel behandeln wir diejenigen optischen Phänomene, für deren Erklärung die geometrische Optik nicht ausreicht. Erscheinungen wie *Interferenz* und *Beugung* sind auf die *Wellennatur des Lichts* zurückzuführen und verursachen deutliche Abweichungen von der durch die geometrische Optik angenommenen geradlinigen Ausbreitung. Beispielsweise begrenzt die Beugung das theoretische Auflösungsvermögen einer Linse, was auf der Basis der Strahlenoptik unverständlich bleibt.

Der für dieses Kapitel notwendige Hintergrund wird aus möglichst wenigen Annahmen abgeleitet, wobei eine gewisse Vertrautheit mit dem Wellenbegriff hilfreich ist. Wir werden hauptsächlich die Interferenz des Lichts und die Fernfeldbeugung betrachten, die Nahfeldbeugung jedoch nur soweit, daß ein klares Verständnis der Holographie möglich wird. Später werden wir den wichtigen interferometrischen Instrumenten einen angemessener Platz einräumen und Vielstrahlinterferenzen detailliert genug behandeln, um dieses Wissen auf Laserresonatoren anwenden zu können.

## 5.1 Wellen

Die einfachsten Wellen werden durch trigonometrische Funktionen wie Sinus, Kosinus und komplexe Exponentialfunktionen beschrieben. Eine sich auf einer Saite ausbreitende Welle kann durch die Gleichung

$$y = a \cos \frac{2\pi}{\lambda}(x - vt) \tag{5.1}$$

beschrieben werden, wobei $x$ die Ortskoordinate entlang der Saite ist und $y$ als *Elongation* (Auslenkung gegenüber dem Gleichgewichtszustand) sowie $a$ als *Amplitude* der Welle bezeichnet werden. Die Welle weist Berge auf, wenn die Kosinusfunktion 1 wird. Untersucht man die Saite für $t = 0$, so sieht man leicht, daß der Abstand zweier Wellenberge durch die *Wellenlänge* $\lambda$ gegeben ist.

Das Argument der Kosinusfunktion wird als Phase der Welle bezeichnet. Nehmen wir einen konstanten Phasenwert $\phi_0$ mit

$$\frac{2\pi}{\lambda}(x - vt) = \phi_0 \tag{5.2}$$

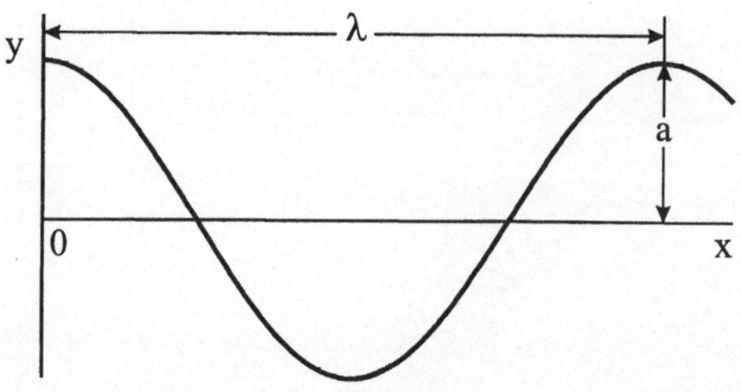


**Abb. 5.1.** Welle

an und differenzieren diese Gleichung nach der Zeit $t$, dann folgt

$$v = \frac{\mathrm{d}x}{\mathrm{d}t} \,. \tag{5.3}$$

Die Größe $v$ ist die Geschwindigkeit, mit der sich ein Punkt konstanter Phase (z.B. ein Wellenberg) entlang der Saite ausbreitet, und wird als *Phasengeschwindigkeit* der Welle bezeichnet. Bei ebenen elektromagnetischen Wellen ist $v$ demnach die Ausbreitungsgeschwindigkeit einer *Fläche konstanter Phase.*

Untersuchen wir die Welle an einem festen Ort, etwa bei $x = 0$, so können wir die *Frequenz* $\nu$ der Welle ermitteln. Die *Periode* $\tau$ ist die Zeit, in der sich das Argument um $2\,\pi$ ändert, und $\nu$ ist die Zahl der Perioden pro Sekunde oder das Reziproke der Periode. Daraus folgt

$$\nu = \frac{v}{\lambda} \,, \tag{5.4}$$

was üblicherweise als

$$\nu\lambda = v \tag{5.5}$$

geschrieben wird. Zur Vereinfachung definieren wir zwei neue Größen, die *Wellenzahl* $k$

$$k = \frac{2\pi}{\lambda} \tag{5.6}$$

und die *Kreisfrequenz* $\omega$

$$\omega = 2\pi\nu \,. \tag{5.7}$$

(In der Spektroskopie wird die Größe $1/\lambda$ als Wellenzahl bezeichnet und in reziproken Zentimetern ($\mathrm{cm}^{-1}$) angegeben.) Die Gleichung der Welle lautet dann

$$y = a\cos(kx - \omega t) \,. \tag{5.8}$$

In der Schreibweise mit $\omega$ und $k$ beträgt die Phasengeschwindigkeit $\omega/k$.

Natürlich muß die Welle nicht bei $x = 0$ oder $t = 0$ ein Maximum haben. Um dem Rechnung zu tragen, schreiben wir

$$y = \cos(kx - \omega t + \phi) , \tag{5.9}$$

wobei $\phi$ die Phasenkonstante ist.

### 5.1.1 Elektromagnetische Wellen

Licht ist eine transversale Welle, die durch zeitlich veränderliche elektrische und magnetische Felder charakterisiert ist. Diese Felder breiten sich gemeinsam aus; es ist daher ausreichend, nur eines von ihnen zu betrachten. Es ist üblich, das elektrische Feld auszuwählen, vor allem auch deshalb, weil seine Wechselwirkung mit der Materie in den meisten Fällen viel stärker ist als die des magnetischen Feldes.

Eine transversale Welle, wie im Falle einer gezupften Saite, schwingt im rechten Winkel zur Ausbreitungsrichtung. Eine derartige Welle muß vektoriell behandelt werden, da die auftretenden Schwingungen mit einer bestimmten Richtung verbunden sind. Zum Beispiel kann die Welle horizontal, vertikal, oder in einer anderen Richtung schwingen, oder die Schwingungen können aus einer komplizierten Kombination horizontaler und vertikaler Oszillationen bestehen. Solche Effekte werden als *Polarisationseffekte* bezeichnet (siehe Kap. 9). Eine Welle, die in einer Ebene (z.B. horizontal) schwingt, bezeichnet man als als *linear polarisiert.*

Glücklicherweise ist es nicht immer notwendig, die vektorielle Natur des Lichts zu berücksichtigen, sofern nicht Polarisationseffekte von besonderer Bedeutung sind. Bei der Behandlung von Beugung und Interferenz ist das oft nicht der Fall. Daher werden wir Lichtwellen von nun an mit der skalaren Gleichung

$$E(x,t) = A\cos(kx - \omega t - \phi) \tag{5.10}$$

beschreiben, wobei $E(x,t)$ die elektrische Feldstärke, $A$ die Amplitude und $x$ die Ausbreitungsrichtung sind.

Die Lichtgeschwindigkeit beträgt fast genau

$$\mathrm{c} = 3{,}00 \cdot 10^8\,\mathrm{m/s} , \tag{5.11}$$

die mittlere Wellenlänge des sichtbaren Lichts ist

$$\lambda = 0{,}55\,\mu\mathrm{m} . \tag{5.12}$$

Mit $\nu\lambda = \mathrm{c}$ ergibt sich die Frequenz des sichtbaren Lichts ungefähr zu

$$\nu = 6 \cdot 10^{14}\,\mathrm{Hz} . \tag{5.13}$$

Es gibt keine Detektoren, die in der Lage wären, elektrische Felder bei diesen Frequenzen direkt zu registrieren. Detektoren, die die Strahlungsleistung messen können, sind *quadratische Empfänger*. Für solche Detektoren ist nicht die Feldamplitude $A$, sondern die Intensität $I$

$$I \propto A^2 \tag{5.14}$$

ausschlaggebend.

### 5.1.2 Die komplexe exponentielle Schreibweise

Es ist wesentlich praktischer, anstelle trigonometrischer Funktionen mit ihren unhandlichen Formeln komplexe Exponentialfunktionen zu benutzen. Für unsere Zwecke werden diese durch die Relation

$$\mathrm{e}^{\mathrm{i}\alpha} = \cos\alpha + \mathrm{i}\sin\alpha \tag{5.15}$$

(Eulersche Formel) mit der imaginären Einheit $\mathrm{i} = \sqrt{-1}$ definiert. Das konjugiert Komplexe dieser Gleichung ergibt sich, indem i durch $-\mathrm{i}$ ersetzt wird.

Das elektrische Feld wird dann als

$$E(x,t) = A\mathrm{e}^{-\mathrm{i}(kx-\omega t+\phi)} \tag{5.16}$$

geschrieben, wobei nur der Realteil von $E$ die physikalische Welle repräsentiert.

Die Intensität ist proportional dem Absolutquadrat der elektrischen Feldstärke

$$I(x,t) \propto E^*(x,t)E(x,t)\ , \tag{5.17}$$

wobei * das konjugiert Komplexe bedeutet. $I(x,t)$ ist immer reell. In einem Medium ergibt sich für die Intensität nach der elektromagnetischen Theorie

$$I = \frac{1}{2}v\varepsilon\varepsilon_0 E^* E \tag{5.18a}$$

mit der Dielektrizitätskonstanten des Vakuums $\varepsilon_0$ und der relativen Dielektrizitätskonstante des Mediums $\varepsilon$. In einem homogenen Medium werden die dann konstanten Vorfaktoren der Einfachheit halber weggelassen, und wir schreiben die Intensität in der Form

$$I(x,t) = E^*(x,t)E(x,t)\ . \tag{5.18b}$$

## 5.2 Überlagerung von Wellen

Zwei Wellen, die von derselben Quelle stammen, aber eine *Phasendifferenz* $\phi$ besitzen, lassen sich durch

$$E_1 = A\mathrm{e}^{-\mathrm{i}(kx-\omega t)} \tag{5.19a}$$

und

$$E_2 = A\mathrm{e}^{-\mathrm{i}(kx-\omega t+\phi)} \tag{5.19b}$$

beschreiben. Der Einfachheit halber sollen beide die gleiche Amplitude aufweisen. Werden diese Wellen überlagert, so beträgt das resultierende elektrische Feld

$$E = A\mathrm{e}^{-\mathrm{i}(kx-\omega t)}(1+\mathrm{e}^{-\mathrm{i}\phi}) \,. \tag{5.20}$$

Vor einer Berechnung der Intensität schreiben wir $(1+\mathrm{e}^{-\mathrm{i}\phi})$ um, indem der Faktor $\mathrm{e}^{-\mathrm{i}\phi/2}$ ausgeklammert wird. Es ergibt sich

$$1+\mathrm{e}^{-\mathrm{i}\phi} = \mathrm{e}^{-\mathrm{i}\phi/2}(\mathrm{e}^{-\mathrm{i}\phi/2}+\mathrm{e}^{\mathrm{i}\phi/2}) \tag{5.21a}$$

oder

$$1+\mathrm{e}^{-\mathrm{i}\phi} = 2\mathrm{e}^{-\mathrm{i}\phi/2}\cos(\phi/2) \,. \tag{5.21b}$$

Dieses Verfahren gestattet es uns, $E$ allein als Produkt reeller Funktionen und komplexer Exponentialfunktionen zu schreiben. Wegen

$$\mathrm{e}^{\mathrm{i}\alpha}\cdot\mathrm{e}^{-\mathrm{i}\alpha} = 1 \tag{5.22}$$

erhalten wir sofort

$$I = 4A^2\cos^2(\phi/2) \,, \tag{5.23}$$

wobei $A^2$ die Intensität jeder Einzelwelle ist. Dieses Resultat werden wir noch einige Male benutzen, um *cos*$^2$-Interferenzen zu beschreiben.

Die Intensität der überlagerten Wellen kann zwischen 0 und $2A^2$ variieren. Der genaue Wert an jedem Punkt in Raum und Zeit hängt von der Phasendifferenz $\phi$ ab. Insbesondere gelten

$$I = 4A^2 \text{ bei } \phi = 2m\pi \tag{5.24a}$$

und

$$I = 0 \text{ bei } \phi = (2m+1)\pi \tag{5.24b}$$

für eine beliebige ganze Zahl $m$.

Auf Grund des Energieerhaltungssatzes kann es keine *konstruktive Interferenz* geben, ohne daß anderswo *destruktive Interferenz* auftritt. Die Interferenz zweier homogener Wellen kann daher recht komplizierte Energieverteilungen hervorbringen.

### 5.2.1 Die Gruppengeschwindigkeit

Die Überlagerung zweier Wellen mit geringfügig verschiedenen Werten von $k$ und $\omega$ ergibt bei kollinearer Ausbreitung ein elektrisches Gesamtfeld von

$$E = \mathrm{e}^{-\mathrm{i}(kx-\omega t)}\left(1+\mathrm{e}^{-\mathrm{i}(\Delta kx-\Delta\omega t)}\right), \tag{5.25}$$

wobei $k + \Delta k$ und $\omega + \Delta\omega$ die Wellenzahl und die Kreisfrequenz der zweiten Welle sind. Diese Gleichung hat dieselbe Form wie (5.20) für $\phi = \Delta kx - \Delta\omega t$. Daher können wir das elektrische Gesamtfeld unter Benutzung von (5.21b) als

$$E \propto \mathrm{e}^{-\mathrm{i}(kx-\omega t)} \cos[(\Delta kx - \Delta\omega t)/2] \tag{5.26}$$

schreiben. Der Kosinus-Term ist eine Einhüllende, die die sich ausbreitenden Wellen moduliert. Er stellt selbst eine Welle dar, die sich entsprechend den Ausdrücken (5.1–5.3) mit der Geschwindigkeit

$$v_{\mathrm{g}} = \Delta\omega/\Delta k \tag{5.27}$$

ausbreitet. $v_{\mathrm{g}}$ wird als *Gruppengeschwindigkeit* der Welle bezeichnet. Beim Grenzübergang $\Delta k, \Delta\omega \to 0$ wird die Gruppengeschwindigkeit zur Ableitung

$$v_{\mathrm{g}} = \mathrm{d}\omega/\mathrm{d}k\ . \tag{5.28}$$

Mit dieser Geschwindigkeit breitet sich eine Fläche konstanter Phase (wie z.B. das Maximum) der *Einhüllenden* aus. Gleichung (5.28) gilt ebenso, wenn die Überlagerung von Wellen nicht auf zwei diskrete Frequenzen beschränkt ist, sondern auf einen schmalen Frequenzbereich. In diesem Fall erscheint die Einhüllende oft als Impuls und nicht als Kosinusfunktion. Die Gruppengeschwindigkeit ist dann die Geschwindigkeit, mit der sich das Maximum des Lichtimpulses ausbreitet.

### 5.2.2 Der Brechungsindex einer Wellengruppe

In einem Medium, dessen Brechungsindex $n(k)$ eine Funktion der Wellenzahl $k$ ist, beträgt die Phasengeschwindigkeit einer Welle $\mathrm{c}/n(k)$. Es gilt daher

$$\omega = \mathrm{c}k/n(k)\ . \tag{5.29}$$

Die Gruppengeschwindigkeit kann durch Differenzieren von $\omega$ nach $k$ gefunden werden

$$v_{\mathrm{g}} = \frac{\mathrm{c}}{n}\left(1 - \frac{k}{n}\frac{\mathrm{d}n}{\mathrm{d}k}\right)\ . \tag{5.30}$$

In einem *dispersiven Medium* ist $n$ eine Funktion der Wellenlänge oder der Wellenzahl. Somit ist $\mathrm{d}n/\mathrm{d}k$ verschieden von 0, und die Phasengeschwindigkeit $\mathrm{c}/n$ ist nicht gleich der Gruppengeschwindigkeit.

Wir können den Brechungsindex einer Wellengruppe $n_g$ durch die Beziehung

$$v_g = c/n_g \tag{5.31}$$

oder

$$n_g = n/\left(1 - \frac{k}{n}\frac{dn}{dk}\right) \tag{5.32}$$

definieren. Durch Umschreiben dieser Gleichung bezüglich der Wellenlänge $\lambda$ und mit der Näherung $1/(1+x) \cong 1 - x$ für kleine $x$ erhalten wir nach wenigen Umformungen

$$n_g(\lambda) = n(\lambda) - \lambda\frac{dn(\lambda)}{d\lambda} . \tag{5.33}$$

In den meisten Fällen ist $dn/d\lambda$ negativ, so daß der Brechungsindex für eine Wellengruppe bei der mittleren Wellenlänge $\lambda$ größer als der Brechungsindex für eine Welle bei dieser Wellenlänge ist. (Bereiche des Spektrums, wo $dn/d\lambda$ positiv ist, weisen starke Absorption auf und werden hier nicht betrachtet.)

Die Gruppengeschwindigkeit kann die Lichtgeschwindigkeit nicht überschreiten, es gibt jedoch Bedingungen, in denen die Phasengeschwindigkeit größer als die Lichtgeschwindigkeit ist. Das ist möglich, da die Energieübertragung nicht mit der Phasengeschwindigkeit, sondern mit der Gruppengeschwindigkeit erfolgt.

Dieser Effekt wird in Abb. 5.2 verdeutlicht. Ein Lichtimpuls bestehe aus einer Wellengruppe von nur wenigen Wellenlängen und habe eine begrenzte laterale Ausdehnung. Dieser Impuls bewege sich unter einem Winkel $\theta$ zur Horizontalen. Phasen- und Gruppengeschwindigkeit seien gleich, d.h., das Medium sei dispersionsfrei.

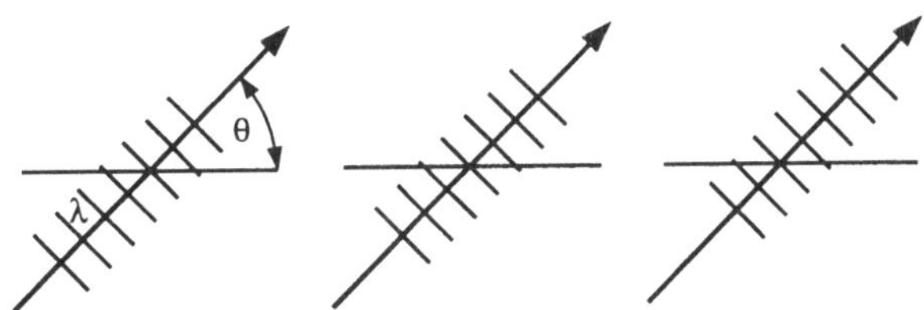


**Abb. 5.2.** Phasen- und Gruppengeschwindigkeit

Ein Beobachter, der Detektoren auf der horizontalen Achse anbringt, würde einen Energieimpuls sehen, der sich wie erwartet mit der Geschwindigkeitskomponente $c\cos\theta$ , d.h. der horizontalen Komponente der Gruppengeschwindigkeit, ausbreitet. Der horizontale Abstand zwischen Ebenen konstanter Phase beträgt jedoch $\lambda/\cos\theta$ und ist daher größer als die Wellenlänge.

Wenn sich diese Ebenen ohne Formänderungen ausbreiten, hat die Horizontalkomponente der Phasengeschwindigkeit den Wert $c/\cos\theta$, der größer als c ist. Diese Komponente ist schneller als der Impuls selbst, aber trägt diesem keine Energie voraus, da seine Amplitude an der vorderen Flanke schnell gegen 0 geht. Dieses Beispiel ist nicht frei erfunden, sondern beschreibt gerade die Phasengeschwindigkeit einer Mode in einer optischen Faser und zeigt, wie $v$ (aber nicht $v_g$) die Lichtgeschwindigkeit c überschreiten kann, ohne einen Widerspruch zur Relativitätstheorie zu verursachen.

## 5.3 Interferenz durch Teilung der Wellenfront

Die *Wellenfront* bezieht sich auf Maxima oder andere Flächen konstanter Phase der sich ausbreitenden Wellen und steht immer senkrecht zur *Ausbreitungsrichtung*. Ein Verfahren zur Erzeugung von Interferenzen besteht darin, die Wellenfront in zwei oder mehr Teile zu spalten und diese in anderen Raumbereichen zu überlagern.

### 5.3.1 Interferenz am Doppelspalt

Eine monochromatische *ebene Welle* (ein kollimiertes Bündel oder ein Bündel mit einer ebenen Wellenfront) falle auf einen undurchlässigen Schirm (siehe Abb. 5.3). Dieser enthalte zwei unendlich schmale Spalte mit dem Abstand $d$. Jeder dieser Spalte verhält sich wie eine Linienquelle, die in alle Richtungen strahlt. In einem großen Abstand $L$ von den Spalten bringen wir einen Beobachtungsschirm an. Wir betrachten im folgenden der Einfachheit halber nur die Überlagerung von Wellen in der Zeichenebene. Das elektrische Feld an einem Punkt $P$ des Schirms ergibt sich dann aus der Summe der von jedem Einzelspalt stammenden Felder

$$E = A(\mathrm{e}^{\mathrm{i}kr_1} + \mathrm{e}^{-\mathrm{i}kr_2})\mathrm{e}^{\mathrm{i}\omega t} \,, \tag{5.34}$$

wobei $A$ die Amplitude der Wellen auf dem Beobachtungsschirm und $r_1, r_2$ die entsprechenden Abstände der Spalte von $P$ bedeuten. Da der Faktor $\mathrm{e}^{\mathrm{i}\omega t}$ in allem Termen auftritt, aber bei der Berechnung der Intensität verschwindet, wollen wir ihn von nun an weglassen.

Ist $L$ hinreichend groß, so unterscheiden sich $r_1$ und $r_2$ nur um $d\sin\theta$. Daraus folgt

$$E = A\mathrm{e}^{-\mathrm{i}kr_1}(1 + \mathrm{e}^{-\mathrm{i}kd\sin\theta}) \,. \tag{5.35}$$

Die Phasendifferenz zwischen beiden Wellen beträgt

$$\phi = kd\sin\theta \,, \tag{5.36}$$

so daß wir die Intensität wegen der obigen Superposition von Wellen als

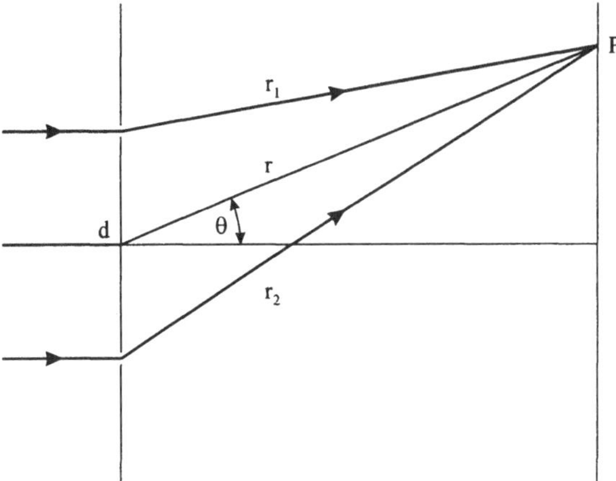


**Abb. 5.3.** Interferenz am Doppelspalt

$$I = 4A^2 \cos^2(\frac{\pi}{\lambda} d \sin\theta) \tag{5.37}$$

schreiben können. $d \sin\theta$ ist die *optische Wegdifferenz* (OWD) zwischen beiden Wellen. Für kleine Winkel kann näherungsweise $\sin\theta = x/L$ gesetzt werden, und das Interferenzmuster variiert in x-Richtung mit $\cos^2$. Maxima treten dann auf, wenn das Argument des Kosinus ein ganzzahliges Vielfaches von $\pi$ ist, d.h. wenn

$$OWD = m\lambda \text{ (konstruktive Interferenz)} \tag{5.38a}$$

gilt. Dieses Ergebnis ist allgemeingültig und kommt zustande, weil die Wellen eine Phasendifferenz von einem ganzzahligen Vielfachen von $2\pi$ aufweisen, wenn ihre optische Wegdifferenz ein ganzzahliges Vielfaches der Wellenlänge ist.

Auf ähnliche Art und Weise findet man Minima (in diesem Falle Nullstellen) bei

$$OWD = (m + 1/2)\lambda \text{ (destruktive Interferenz).} \tag{5.38b}$$

Wenn diese Beziehung gilt, erreichen die Wellen den Beobachtungsschirm genau gegenphasig, d.h. mit einer Phasendifferenz von 180°, und löschen sich im Falle gleicher Amplituden gerade aus.

Genaugenommen treten $\cos^2$-förmige Interferenzen nur in Achsennähe auf, da (a) das Licht nicht rein monochromatisch ist und (b) die Spalte nicht unendlich schmal sein können.

Der erste dieser Effekte ist mit der *Kohärenz* des Lichts verbunden, die wir später behandeln werden. Er verursacht eine Überlagerung der Doppelspaltbilder vieler Wellenlängen. Das zu jeder einzelnen Wellenlänge gehörende Interferenzmuster unterscheidet sich geringfügig von dem anderer Wellenlängen, und für große Winkel $\theta$ fallen diese nicht mehr zusammen (Abb. 5.4a). Daraus resultiert ein Verwaschen und letztendlich das Verschwinden der Streifen (Abb. 5.4b).

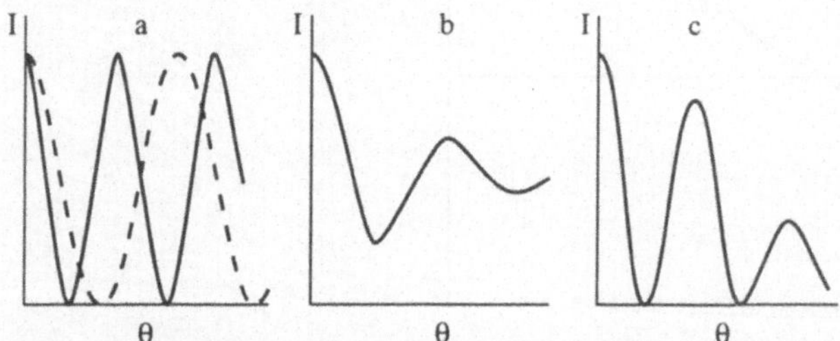


**Abb. 5.4.** **(a)** Überlagerung zweier inkohärenter Doppelspalt-Interferenzmuster, **(b)** Doppelspalt-Interferenzmuster mit nicht monochromatischem Licht, **(c)** Doppelspalt-Interferenzmuster mit Spalten endlicher Breite

Der zweite Effekt wird durch die ebenfalls später zu diskutierende *Beugung* des Lichts verursacht. Bei der obigen Behandlung der Interferenz haben wir angenommen, daß jeder Spalt in alle Richtungen gleich abstrahlt, was aber nur für unendlich schmale Spalte gilt. Ein ausgedehnter Spalt strahlt jedoch vor allem in die Ausbreitungsrichtung des einfallenden Lichts. Daher sinkt die Intensität des Streifenmusters für große $\theta$ fast auf Null. Bei einer guten monochromatischen Lichtquelle ist dieser in Abb. 5.4c demonstrierte Effekt gewöhnlich von größerer Bedeutung.

### 5.3.2 Interferenz am Mehrfachspalt

Wenn wir vom Doppelspalt zum Mehrfachspalt (Abb. 5.5) übergehen, finden wir eine OWD von $d \sin\theta$ zwischen zwei von benachbarten Öffnungen kommenden Strahlen. Daher beträgt die OWD zwischen dem ersten und dem $j$-ten Strahl $(j-1)d\sin\theta$. Das elektrische Gesamtfeld in einem Punkt des weit entfernten Beobachtungsschirms besteht nun aus einer Summe nicht nur zweier, sondern vieler Terme

$$E = A\mathrm{e}^{\mathrm{i}kr_1}[1 + \mathrm{e}^{-\mathrm{i}\phi} + \mathrm{e}^{-2\mathrm{i}\phi} + \mathrm{e}^{-3\mathrm{i}\phi} + ... + \mathrm{e}^{-(N-1)\mathrm{i}\phi}] , \qquad (5.39)$$

wobei $N$ die Zahl der Spalte ist und genauso wie bisher $\phi = kd\sin\theta$ bedeutet.

Der Term in eckigen Klammern repräsentiert eine geometrische Reihe mit dem Faktor $\mathrm{e}^{-\mathrm{i}\phi}$. Die Summe $s_N$ dieser Reihe ergibt sich mit Hilfe einer bekannten Formel zu

$$s_N = \frac{1 - \mathrm{e}^{\mathrm{i}N\phi}}{1 - \mathrm{e}^{-\mathrm{i}\phi}} . \qquad (5.40)$$

Durch Ausklammern der Faktoren $\mathrm{e}^{-\mathrm{i}N\phi/2}$ im Zähler und $\mathrm{e}^{-\mathrm{i}\phi/2}$ im Nenner erhält man

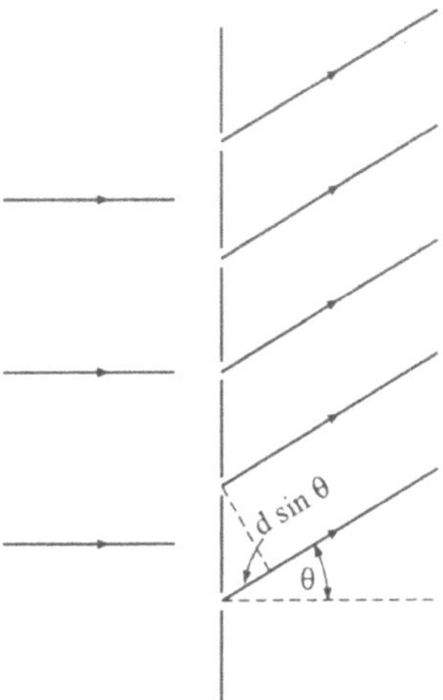


**Abb. 5.5.** Interferenz am Mehrfachspalt

$$s_N = \mathrm{e}^{-\mathrm{i}(N-1)\phi/2} \frac{\sin N\phi/2}{\sin \phi/2} \; . \tag{5.41}$$

Damit ergibt sich die Intensität des Interferenzmusters zu

$$I(\theta) = A^2 \frac{\sin^2 N\phi/2}{\sin^2 \phi/2} = \frac{\sin^2(\frac{\pi}{\lambda} N d \sin\theta)}{\sin^2(\frac{\pi}{\lambda} d \sin\theta)} \; . \tag{5.42}$$

Für bestimmte Werte von $\theta$ verschwindet der Nenner. Glücklicherweise verschwindet der Zähler unter anderem genau bei diesen Werten von $\theta$. Der unbestimmte Ausdruck 0/0 muß durch Untersuchung des Grenzwertes von $I(\theta)$ ausgewertet werden, wenn $\theta$ diese Werte einnimmt. Die Auswertung ist besonders einfach, wenn $\theta$ den Wert 0 erreicht, wo der Sinus durch sein Argument ersetzt werden kann. Man erhält

$$\lim_{\theta \to 0} I(\theta) = A^2 N^2 \; . \tag{5.43}$$

Auch für andere $\theta$-Werte, wo der Nenner 0 wird, läßt sich leicht zeigen, daß $I(\theta)$ in diesen Fällen ebenso gegen $N^2 A^2$ geht (l'Hospitalsche Regel).

Ist $N$ eine ziemlich große Zahl, ist auch $I(\theta)$ für diese Winkel groß. Aus Gründen der Energieerhaltung muß $I(\theta)$ daher für alle anderen Winkel sehr klein werden, was eine direkte Rechnung auch so ergibt.

Ein typisches Interferenzmuster ist in Abb. 5.6 skizziert. Die scharfen Spitzen werden als *Hauptmaxima* bezeichnet und treten nur dann auf, wenn

$$\frac{\pi}{\lambda} d \sin\theta = m\pi; \;\; m = 0, \pm 1, \pm 2, \ldots \tag{5.44}$$

gilt, d.h. bei

$$m\lambda = d \sin\theta \; . \tag{5.45}$$

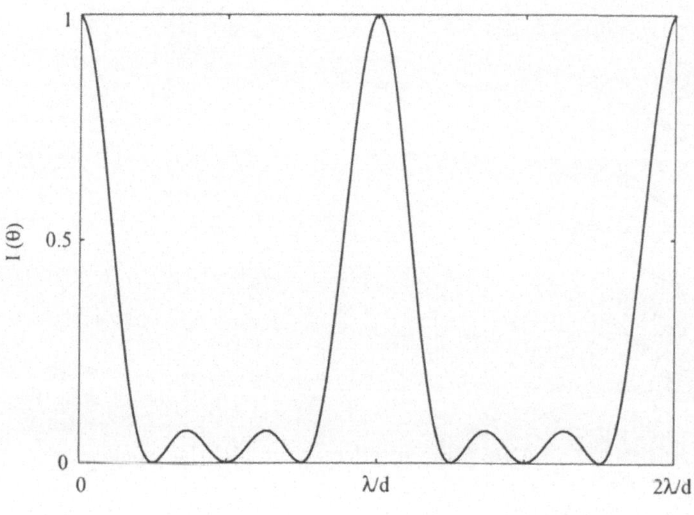


**Abb. 5.6.** Interferenzmuster am Vierfachspalt

Diese Beziehung ist die *Gittergleichung* mit der *Ordnungszahl* oder der *Ordnung* $m$.

Die kleineren Spitzen werden als *Nebenmaxima* bezeichnet und durch die oszillatorische Natur des Zählers von $I(\theta)$ verursacht. Für $N \gg 1$ sind die Nebenmaxima relativ unbedeutend, und die Intensität ist annähernd Null für alle Winkel, die nicht die Gittergleichung erfüllen. Bei erfüllter Gittergleichung hat die Intensität den Wert $N^2A^2$.

## 5.4 Interferenz durch Teilung der Amplitude

Interferometer mit Amplitudenteilung nutzen die partielle Reflexion an einer Grenzfläche, um die Wellenfront in zwei oder mehr Teile aufzuspalten, die zur Erzeugung eines Interferenzmusters überlagert werden.

### 5.4.1 Zweistrahlinterferenz

Wir betrachten zwei parallele Grenzflächen mit gleichem Reflexionsgrad, der klein gegen 1 sein soll, und beobachten die reflektierten Wellen als Funktion des Einfallswinkels $\theta$ (Abb. 5.7). Auf Grund des hier angenommenen kleinen Reflexionsgrades brauchen wir keine Mehrfachreflexionen zu betrachten. Folglich handelt es sich wiederum um die Überlagerung zweier Wellen.

Um die Form des Interferenzmusters zu bestimmen, benötigen wir die OWD zwischen beiden reflektierten Wellen. Man findet diese einfach durch Verlängerung der Strecke $\overline{CB}$ bis zum Punkt $E$. Die OWD ist gerade die durch den zweiten Strahl zurückgelegte größere Strecke und beträgt demzufolge $\overline{AB}+\overline{BF}$. Da $\overline{AB}$ und $\overline{BE}$ gleichlang sind, ist die OWD gleich der Länge der Strecke $\overline{EF}$. Die Trigonometrie liefert bei einem Abstand $d$ zwischen den reflektierenden Flächen

$$OWD = 2d\cos\theta\ . \tag{5.46}$$

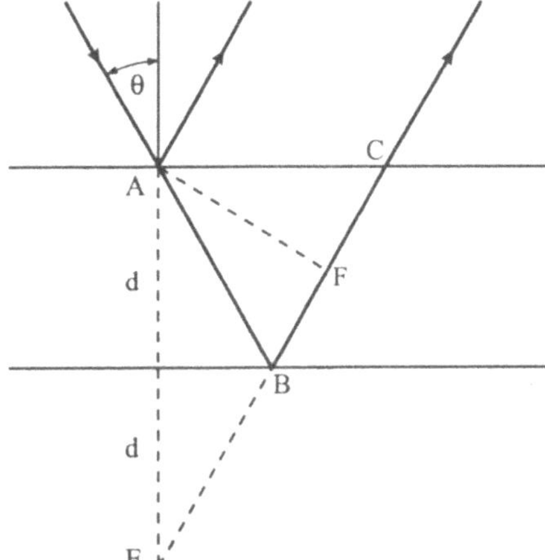


**Abb. 5.7.** Zwei parallele Grenzflächen mit niedrigem Reflexionsgrad

Die Phasendifferenz zwischen den Wellen beträgt daher $2kd\cos\theta$. Haben die reflektierten Wellen dieselbe Amplitude $A$, so ergibt sich die reflektierte Gesamtintensität durch Superposition zu

$$I_{\mathrm{R}} = 4A^2\cos^2(kd\cos\theta)\ , \tag{5.47}$$

was wiederum eine $\cos^2$-Verteilung ist. Auf Grund des Energieerhaltungssatzes kann die transmittierte Intensität $I_{\mathrm{T}}$ durch Subtraktion der reflektierten ($I_{\mathrm{R}}$) von der einfallenden ($I_0$) Intensität gefunden werden. Wie in den vorhergehenden Beispielen hat die reflektierte Intensität ein Maximum, wenn die OWD ein ganzzahliges Vielfaches der Wellenlänge

$$m\lambda = 2d\cos\theta \quad \text{(konstruktive Interferenz)} \tag{5.48a}$$

ist. Analog ergibt sich

$$(m+1/2)\lambda = 2d\cos\theta \quad \text{(destruktive Interferenz).} \tag{5.48b}$$

Bei dieser Herleitung haben wir stillschweigend angenommen, daß die reflektierten Wellen entweder keinerlei *Phasenänderungen bei der Reflexion* erleiden oder daß diese für beide Grenzflächen gleich sind. In Wirklichkeit trifft beides nicht zu.

Beispielsweise seien die Grenzflächen in Abb. 5.7 die obere und untere Fläche eines Glasblockes mit einem Brechungsindex von $n \sim 1,5$. Der von jeder Grenzfläche reflektierte Anteil der Intensität beträgt bei fast senkrechtem Einfall etwa 4%, so daß die Annahme nur zweier interferierender Bündel als richtig angesehen werden kann. Die elektromagnetische Theorie zeigt jedoch, daß das an der oberen Grenzfläche (Reflexion am dichteren Medium) reflektierte Bündel, nicht jedoch das andere, einen Phasensprung von $\pi$ erfährt. Diese Phasenänderung entspricht genau einem zusätzlichen optischen Weg von einer halben Wellenlänge und kehrt daher die Bedingungen (5.48) für destruktive und konstruktive Interferenz um. Bei metallischen und anderen Spiegeln muß die Phasenänderung bei der Reflexion nicht genau 0 oder $\pi$ sein und verursacht daher eine Verschiebung des in Reflexion zu beobachtenden Interferenzmusters.

**Beispiel 5.1**. Man zeige für den allgemeinen Fall einer planparallelen Platte, deren Brechungsindex größer als 1 ist, daß in (5.48a) $2d\cos\theta$ durch $2nd\cos\theta'$ zu ersetzen ist ($\theta'$ ist der Winkel innerhalb der Platte). Die Größe $nd$ wird als *optische Dicke* der Platte bezeichnet; die optische Dicke ist eine wichtige Größe zur Beschreibung von Interferenzexperimenten. △

### 5.4.2 Vielstrahlinterferenz

Bei Flächen mit relativ hohem Reflexionsgrad können Mehrfachreflexionen nicht mehr ignoriert werden. Ist die Zahl der Reflexionen groß, finden wir in Transmission wie im Falle der Mehrfachspalt-Interferenz scharfe Streifen.

Diese Situation ist in Abb. 5.8 dargestellt, wobei sich der Beobachtungsschirm wieder in großer Entfernung befinden soll. An den Grenzflächen wird jedesmal ein Teil $r$ der einfallenden Amplitude $A$ reflektiert und ein Teil $t$ transmittiert, d.h., $r$ ist der Reflexionskoeffizient und $t$ der Transmissionskoeffizient. Zur Berechnung der Intensität auf dem Schirm unter einem Winkel $\theta$ benötigen wir die Amplitude und die Phase jeder transmittierten Welle. Die erste Welle tritt durch zwei Flächen hindurch und wird demzufolge zweimal um $t$ abgeschwächt. Ihre Amplitude ist daher gleich $At^2$, ihre Phase setzen wir Null.

Die zweite transmittierte Welle erfährt zusätzlich zwei Reflexionen und eine Phasenänderung von

$$\phi = 2kd\cos\theta \ , \tag{5.49}$$

die dritte Welle weitere zwei Reflexionen und eine weitere Phasenänderung usw. Das Gesamtfeld auf dem Beobachtungsschirm ist daher

$$E = At^2(1 + r^2\mathrm{e}^{-\mathrm{i}\phi} + r^4\mathrm{e}^{-2\mathrm{i}\phi} + ...) \ . \tag{5.50}$$

Die Summe der geometrischen Reihe in den Klammern ergibt sich zu

$$s = 1/(1 - r^2\mathrm{e}^{-\mathrm{i}\phi}) \ . \tag{5.51}$$

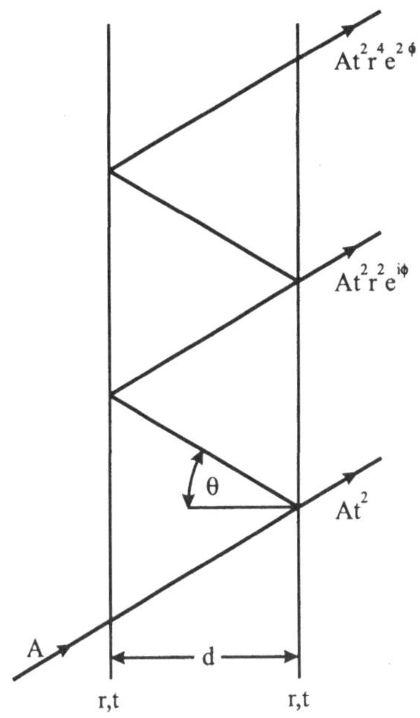


**Abb. 5.8.** Interferenz bei mehrfacher Reflexion

Die transmittierte Intensität $I_T$ ist das Absolutquadrat $E^*E$ der transmittierten Amplitude. Wir werden sie unter Verwendung des Reflexionsgrades $R$ und des Transmissionsgrades $T$ darstellen. Da die Intensität das Quadrat der Amplitude ist, gilt $R = r^2$ und $T = t^2$. Nach einigen Umformungen erhält man für das Verhältnis aus der transmittierten Intensität $I_T$ und der einfallenden Intensität $I_0$

$$\frac{I_T}{I_0} = \left(\frac{T}{1-R}\right)^2 \frac{1}{1 + F\sin^2\phi/2} \quad \text{mit} \tag{5.52}$$

$$F = 4R/(1-R)^2 \,. \tag{5.53}$$

Dabei wurde $T$ nicht gleich $(1 - R)$ gesetzt, um Verluste durch Absorption oder Streuung an den Grenzflächen beschreiben zu können. Die Differenz zwischen $T$ und $(1 - R)$ ist von großer Bedeutung bei Metall- oder dielektrischen Spiegeln mit einem Reflexionsgrad nahe 100%. Der Faktor $T/(1 - R)$ ist eine Konstante, wir werden ihn von nun an aus Gründen der Bequemlichkeit in der Annahme verlustfreier Reflektoren weglassen.

Der Transmissionsgrad $I_T/I_0$ erreicht den Wert 1 für $\sin^2\phi/2 = 0$. Liegt $R$ relativ nahe bei 1, dann wird $F$ groß gegen 1. Daher fällt der Transmissionsgrad schnell auf einen kleinen Wert, wenn der Sinus von 0 abweicht.

In Abb. 5.9 ist $I_\mathrm{T}/I_0$ als Funktion von $\phi$ für verschiedene Werte von $R$ dargestellt. Maxima treten für $\phi/2 = m\pi$ auf, d.h. bei

$$m\lambda = 2d\cos\theta \quad \text{mit} \quad m = 0, 1, 2, \dots \,. \tag{5.54}$$

Dabei ist $m$ wiederum die Ordnungszahl oder Interferenzordnung. Für einen festen Wert von $d$ erhalten wir Transmission für bestimmte Werte von $\theta$. Werden die Platten unter einem ganzen Winkelbereich beleuchtet, so erscheint eine Reihe heller Ringe. Wenn wir andererseits bei $\theta = 0$ bleiben, werden wir nur für ganz bestimmte Werte von $d$ Transmission beobachten.

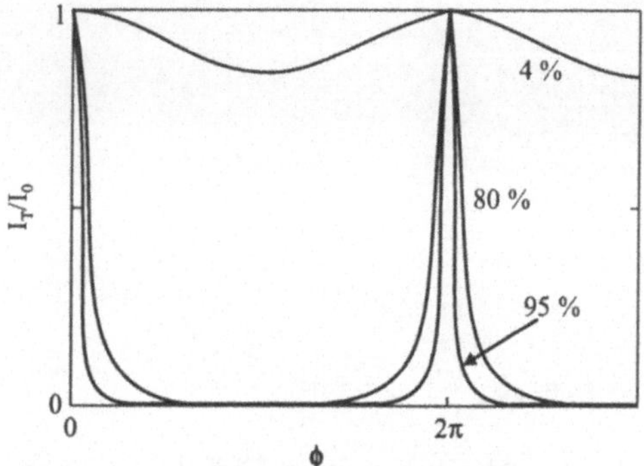


**Abb. 5.9.** Vielstrahlinterferenzmuster

## 5.5 Beugung

Obwohl eine Unterscheidung nicht immer eindeutig ist, kann man sagen, daß *Beugung* bei der Wechselwirkung von Licht mit einer einzelnen Öffnung auftritt, während *Interferenz* durch die Wechselwirkung verschiedener Bündel zustandekommt. Hat ein Schirm mehrere Öffnungen, so verursacht jede von ihnen aufgrund der Beugung eine Verbreiterung des Bündels. Die Überlagerung dieser Bündel weit entfernt vom Schirm ergibt ein *Interferenzmuster*.

Beugung wird immer dann beobachtet, wenn ein Lichtbündel durch eine Öffnung oder eine scharfe Kante begrenzt wird. Beugungseffekte sind oft auch dann von Bedeutung, wenn die Öffnung die Wellenlänge um viele Größenordnungen übertrifft, aber entscheidend wird die Beugung dann, wenn die Öffnungen in der Größenordnung der Wellenlänge liegen.

Wir können die Beugung mit der Huygensschen Konstruktion beschreiben oder zumindest ihr Auftreten verstehen. Die Huygenssche Konstruktion wird heute so interpretiert, daß jeder Punkt (oder jedes kleine Flächenelement) einer sich ausbreitenden Wellenfront selbst eine sphärische Elementarwelle ausstrahlt. Die Einhüllende dieser Elementarwellen nach einer infinitesimalen Strecke ergibt die „neue“ Wellenfront.

Die Huygenssche Konstruktion ist in Abb. 5.10 genauer dargestellt. Die Wellenfront ist in diesem Falle der Teil einer ebenen Welle, der die Öffnung passiert hat. Einige Punkte und die von ihnen ausgehenden sphärischen Wellen sind eingezeichnet. Sowohl die Erfahrung als auch die elektromagnetische Theorie zeigen, daß die Ausbreitung der Elementarwellen vorzugsweise in der ursprünglichen Ausbreitungsrichtung erfolgt. Die Elementarwellen sind daher anstelle von Vollkreisen durch Halbkreise gezeichnet.

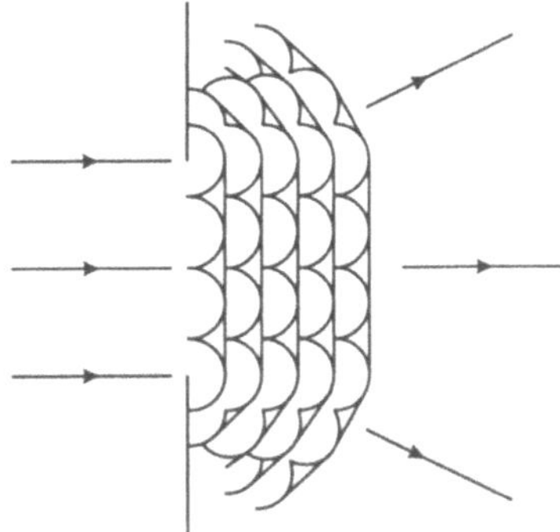

**Abb. 5.10.** Die Huygenssche Konstruktion

Die Kombination der sphärischen Elementarwellen ergibt eine Wellenfront auf ihrer gemeinsamen Tangente. Diese neue Wellenfront ist nahezu eben und stimmt fast mit der ursprünglichen Welle überein. An den Rändern bildet sich jedoch aufgrund der von dort ausgehenden Elementarwellen eine Krümmung der Wellenfront heraus. Im Verlauf der weiteren Ausbreitung wird die Wellenfront immer stärker gekrümmt und schließlich zu einer sphärischen Welle. Wir sprechen dann von einer *divergenten Welle.*

Interferenzen am Doppelspalt können nur deshalb auftreten, weil das Licht der Einzelspalte aufgrund der Beugung in Wechselwirkung treten kann. In der Nähe der Einzelspalte, wo die Beugung nicht sehr stark in Erscheinung tritt, sind keine Interferenzen zu beobachten. Weit entfernt von den Spalten, wo die Divergenz aufgrund der Beugung merklich ist, beginnt eine Überlagerung der gebeugten Bündel. Nur in diesem Bereich ist Interferenz von Bedeutung.

In ausreichender Entfernung von den beugenden Öffnungen können wir die von den beiden Spalten zum Beobachtungspunkt laufenden Strahlen als parallel ansehen. Dieser einfachste Fall wird als *Fraunhofer-* oder *Fernfeld-Beugung* bezeichnet.

In den meisten Fällen müßte die Beobachtungsebene sehr weit entfernt sein, um Fraunhofer-Beugung beobachten zu können. Die mit der Annahme paralleler Strahlen verbundene Näherung ist genaugenommen nur für einen unendlich großen Abstand richtig. Dennoch ist der Fall der Fraunhofer-Beugung von großer Bedeutung, weil die Fernfeld-Näherung in der Brennebene einer Linse gilt. Um dieses zu verdeutlichen, ist daran zu erinnern, daß das Beugungsmuster bei der Fraunhofer-Beugung im Unendlichen liegt. Eine Linse projiziert jedoch ein Bild dieses Beugungsmusters in ihre Brennebene.

Dies ist in Abb. 5.11 zu sehen. Von der beugenden Öffnung unter einem Winkel $\theta$ ausgehende parallele Strahlen tragen zur Intensität an einem einzelnen Punkt auf einem weit entfernten Beobachtungsschirm bei. Durch die Linse werden diese Strahlen in einem Punkt ihrer Brennebene vereinigt und führen da zu einer bestimmten Intensität.

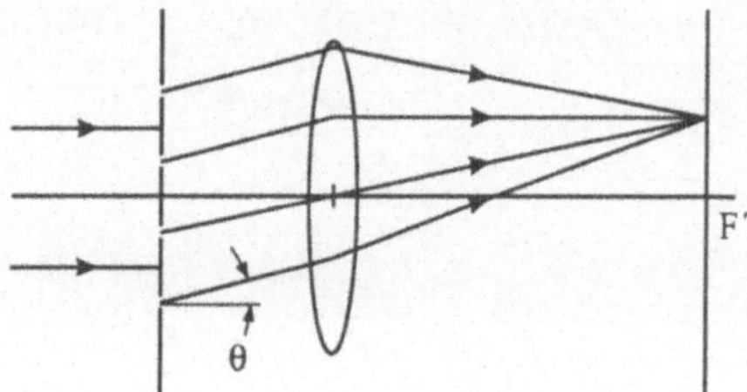


**Abb. 5.11.** Fraunhofer-Beugung in der Brennebene einer Linse

Ein unverfälschtes Fraunhofer-Beugungsmuster kann nur mit Hilfe hochkorrigierter (d.h. beugungsbegrenzter, siehe Abschn. 3.8) Optiken beobachtet werden, weil nur dann zusätzliche Wegdifferenzen vermieden werden.

Bisher haben wir stillschweigend angenommen, daß die beugenden Öffnungen mit ebenen Wellen beleuchtet werden. Andernfalls, beim Einfall sphärischer Wellen, die von einer nahen Punktquelle stammen, entsteht im Unendlichen kein Fraunhofer-Beugungsmuster. Trotzdem ist es möglich, mit einer hochkorrigierten Linse Fraunhofer-Beugung zu beobachten. Es kann gezeigt werden, daß unabhängig von der Lage der Punktquelle in ihrer Bildebene ein Fraunhofer-Beugungsmuster entsteht. Die Beleuchtung mit kollimiertem Licht ist nur ein Spezialfall.

### 5.5.1 Beugung am Einzelspalt

Die Beugung am Einzelspalt ist in Abb. 5.12 eindimensional skizziert. Ausgehend von der Huygensschen Konstruktion nehmen wir an, daß von jedem Flächenelement $\mathrm{d}s$ des Spaltes eine sphärische Elementarwelle ausgeht. Der Beobachtungsschirm befinde sich in einer Entfernung $L$ von der beugenden Öffnung, und wir sehen die Intensität des unter einem Winkel $\theta$ zur Achse abgebeugten Lichts.

Die Entfernung zwischen dem Zentrum $O$ der Öffnung und dem Aufpunkt $P$ sei $r$. Die OWD zwischen den von $O$ und vom Flächenelement $\mathrm{d}s$ ausgehenden Strahlen beträgt in Fraunhofernäherung $s \sin\theta$.

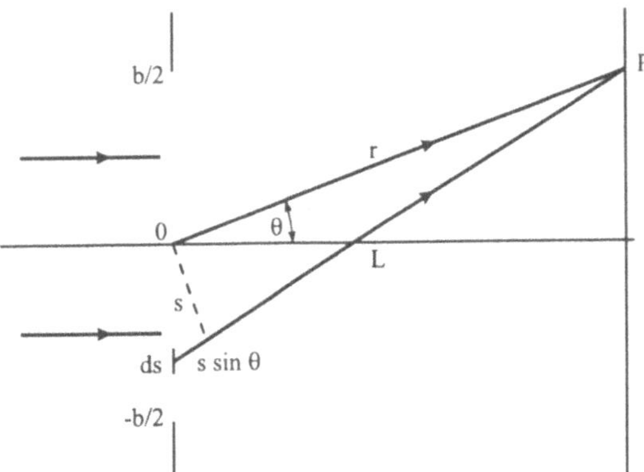


**Abb. 5.12.** Fraunhofer-Beugung an einer einzelnen Öffnung

Das elektrische Feld des von d$s$ ausgehenden Lichts beträgt im Punkt $P$

$$\mathrm{d}E = A\frac{\mathrm{e}^{-\mathrm{i}k(r+s\sin\theta)}}{r}\mathrm{d}s\,. \tag{5.55}$$

Dabei ist $A$ die Amplitude der einfallenden Welle, die über die gesamte Öffnung als konstant angenommen wird. Die Größe $r$ im Nenner ergibt sich, weil wir das Flächenelement als Punktquelle angenommen haben. Die Intensität einer Punktquelle folgt dem reziprok quadratischen Abstandsgesetz, so daß die Amplitude mit $1/r$ abfällt. Den Term $s\sin\theta$ haben wir im Nenner vernachlässigt, da er klein gegen $r$ ist. Im Phasenterm $k(r + s\sin\theta)$ können wir ihn jedoch nicht vernachlässigen, da sehr kleine Änderungen von $s\sin\theta$ deutliche Änderungen der Phase der Welle im Vergleich zu ihren Nachbarwellen verursachen.

Das Gesamtfeld bei $P$ ist die Summe der Felder, die von einzelnen Flächenelementen ausgehen. Bei einer Spaltbreite $b$ und $s = 0$ im Zentrum des Spalts ergibt sich das Integral

$$E(\theta) = A\frac{\mathrm{e}^{-\mathrm{i}kr}}{r}\int_{-b/2}^{b/2}\mathrm{e}^{-(\mathrm{i}k\sin\theta)s}\mathrm{d}s\,, \tag{5.56}$$

wobei konstante Faktoren weggelassen wurden. Da der Integrand von der Form $\exp(as)$ ist, kann das Integral leicht berechnet werden.

$$E(\theta) = A\frac{\mathrm{e}^{-\mathrm{i}kr}}{r}\frac{2\sin[(kb\sin\theta)/2]}{\mathrm{i}k\sin\theta} \tag{5.57}$$

Durch Erweiterung mit $b$ und Einführung von

$$\beta = \frac{1}{2}kb\sin\theta \tag{5.58}$$

folgt

$$E(\theta) = \frac{Ab}{r} e^{-ikr} \left( \frac{\sin \beta}{\beta} \right), \text{ oder} \tag{5.59a}$$

$$I(\theta) = \frac{I_0 b^2}{r^2} \left( \frac{\sin \beta}{\beta} \right)^2 . \tag{5.59b}$$

Eine genauere Analyse auf der Grundlage der elektromagnetischen Theorie und einer zweidimensionalen Integration würde einen zusätzlichen Faktor $i/\lambda$ in (5.59a) für die Feldstärke $E(\theta)$ ergeben, aber der wichtige Teil ist der Term $(\sin \beta)/\beta$.

In Abb. 5.13 ist $I(\theta)$ (auf 1 normiert) für einen Einzelspalt in Abhängigkeit von $\theta$ dargestellt. Das *Hauptmaximum* tritt auf, wenn $\theta$ gegen 0 geht und $(\sin \beta)/\beta$ den Wert 1 erreicht. Die abgebeugte Intensität wird außer bei $\theta = 0$ für $\sin \beta = 0$ zu 0. Die erste Nullstelle liegt bei dem Winkel

$$\theta_1 = \lambda/b \, , \tag{5.60}$$

wobei $\theta$ als klein angenommen wurde.

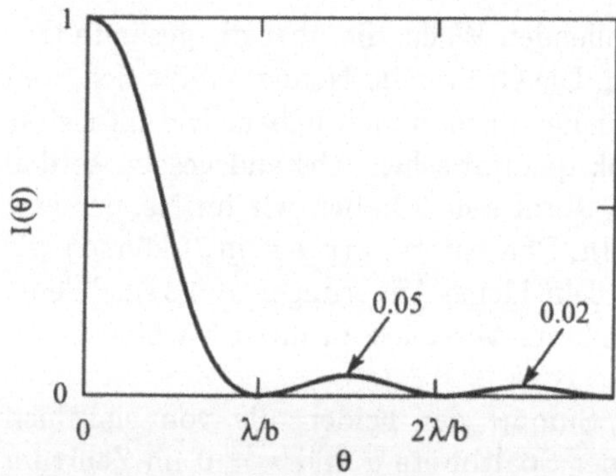


**Abb. 5.13.** Beugungsmuster am Einzelspalt

Befindet sich der Beobachtungsschirm in der Brennebene einer Linse, ist das erste Minimum im Abstand

$$AG = \lambda f'/b \tag{5.61}$$

vom Zentrum des Beugungsmusters lokalisiert (vgl. Kap.3), das sich in der Richtung senkrecht zu den Rändern der Öffnung ausdehnt. Über 80% der Intensität des gebeugten Lichts fällt in einen Bereich von $2\lambda f'/b$ um das Zentrum des Beugungsmusters, das erste *Nebenmaximum* erreicht nur etwa 5% der Intensität des Hauptmaximums.

Eine ähnliche Analyse kann für eine kreisförmige Öffnung in zwei Dimensionen vorgenommen werden. Das Beugungsmuster ähnelt einer Scheibe (*Airy-Scheibchen*), deren Radius durch die erste Nullstelle bei

$$AG = 1{,}22\lambda f'/D \tag{5.62}$$

definiert wird, wobei $D$ der Durchmesser der Öffnung ist. Gerade die endliche Ausdehnung des Airy-Scheibchens begrenzt das theoretische Auflösungsvermögen jedes optischen Systems.

**Beispiel 5.2.** Man berechne das Fraunhofer-Beugungsmuster eines Spaltes, dessen Zentrum sich in einer Entfernung $s_0$ von der Achse des Systems befinden soll. Man zeige, daß das Resultat identisch mit (5.59a) ist, multipliziert mit der komplexen Exponentialfunktion $\exp(-iks_0 \sin\theta)$. Man zeige weiterhin, daß die Intensitätsverteilung mit (5.59b) übereinstimmt und bei $\theta = 0$ zentriert ist.

Dieses Ergebnis ergibt sich nur bei der Fraunhofer-Beugung und setzt daher $s_0 \ll L, r$ voraus. Das Argument $ks_0 \sin\theta$ der komplexen Exponentialfunktion ist ein Phasenfaktor, der von der Verschiebung der Öffnung herrührt. △

### 5.5.2 Interferenz an endlichen Spalten

Wie wir bereits festgestellt haben, treten Interferenzen bei Wellenfrontteilung durch Beugung des Lichts an den einzelnen Öffnungen auf. Daraus folgt, daß das Interferenzmuster in den Richtungen verschwindet, wo die Intensität des Beugungsmusters 0 ist. Sind alle Spalte identisch, so ergibt sich das Beugungsmuster mehrerer Spalte zu

$$\text{(Interferenzmuster)} \times \text{(Beugungsmuster des Einzelspalts)}\ , \tag{5.63}$$

wobei sich „Interferenzmuster“ auf Interferenzen an unendlich schmalen Spalten bezieht. Diese Beziehung läßt sich durch Integration über mehrere ausgedehnte Spalte bestätigen.

Die Bedeutung wird vor allem für Interferenzen am Vielfachspalt ersichtlich. Wie wir in Kap. 6 sehen werden, kann ein *Beugungsgitter* durchaus Spalte aufweisen, deren Breite ihrem Abstand entspricht. In Abb. 5.14 ist das zugehörige Beugungsmuster dargestellt. Die gestrichelte Linie entspricht dem Beugungsmuster eines Einfachspalts, die verschiedenen Interferenzordnungen sind als schmale Spitzen angedeutet. Die Beugung nullter Ordnung ist oft nicht von Interesse. Die erste und die höheren Ordnungen sind schwach, weil die beiden Hauptmaxima im gezeigten Fall in der Nähe des ersten Minimums der Einhüllenden liegen und daher kaum beobachtbar sind. In diesem Falle spricht man von unterdrückten Ordnungen.

### 5.5.3 Fresnel-Beugung

Der Begriff der Fresnel-Beugung bezieht sich auf den allgemeinen Fall, wo entweder die beugende Öffnung nicht mit einem kollimierten Bündel beleuchtet wird oder der Schirm verglichen mit der Größe der Öffnung nicht weit entfernt ist (ausgenommen den in Abschn. 5.5 beschriebenen Spezialfall der

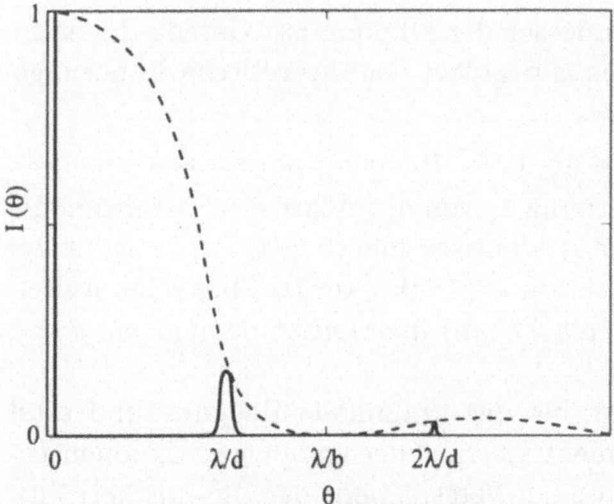


**Abb. 5.14.** Mehrfachspalt-Interferenz bei ausgedehnten Spalten

Fraunhofer-Beugung mit Punktlichtquellen). Ein wichtiges Beispiel ist die Beugung an einer Kante.

In diesem Abschnitt diskutieren wir die Fresnel-Beugung nur soweit, wie es für das Verständnis einer *Zonenplatte* erforderlich ist, die abbildende Eigenschaften besitzt und aufgrund ihrer Ähnlichkeit mit einem Hologramm von Interesse ist.

Am Anfang steht die *Fresnelsche Konstruktion* (Abb. 5.15). Eine Punktquelle $P$ beleuchte eine große Öffnung mit dem Mittelpunkt $O$ in einem Abstand $a$ von $P$. Wir suchen die Intensität im Aufpunkt $P'$ in einer Entfernung $a'$ von $O$.

Dazu betrachten wir einen Punkt $Q$ in der Öffnung im Abstand $\overline{OQ} = s$. Aufgrund der Beugung breitet sich das Licht von $Q$ nach $P'$ aus (Huygenssche Konstruktion). Es soll $s \ll a, a'$ gelten. Die Differenz zwischen $\overline{PQ}$ und $\overline{PO}$ sei $\delta$, und $\delta'$ sei die Differenz zwischen $\overline{P'Q}$ und $\overline{P'O}$. $\delta$ ist mit $a$ und $s$ durch

$$a^2 + s^2 = (a + \delta)^2 \tag{5.64}$$

verbunden. Da $s$ klein sein soll, ist auch $\delta$ klein. Wir können die Gleichung entwickeln und den Term $\delta^2$ weglassen. Damit ergibt sich

$$\delta \cong s^2/2a \tag{5.65}$$

Eine ähnliche Relation besteht zwischen $\delta'$, $a'$ und $s$. Die gesamte Wegdifferenz $\Delta(= \delta' + \delta)$ zwischen $\overline{PP'}$ und $\overline{PQP'}$ ist daher

$$\Delta = \frac{s^2}{2a'} + \frac{s^2}{2a} \,. \tag{5.66}$$

Die Fresnelsche Konstruktion besteht in der Festlegung bestimmter Radien $s_1$, $s_2$, $s_3$,..., so daß $\Delta_1 = \lambda/2$, $\Delta_2 = 2\lambda/2$, $\Delta_3 = 3\lambda/2$, ..., oder allgemein formuliert $\Delta_m = m\lambda/2$ ist. Die durch zwei aufeinanderfolgende Radien definierten Ringe sind die *Fresnelschen Zonen.* Diese Bezeichnung kommt daher,

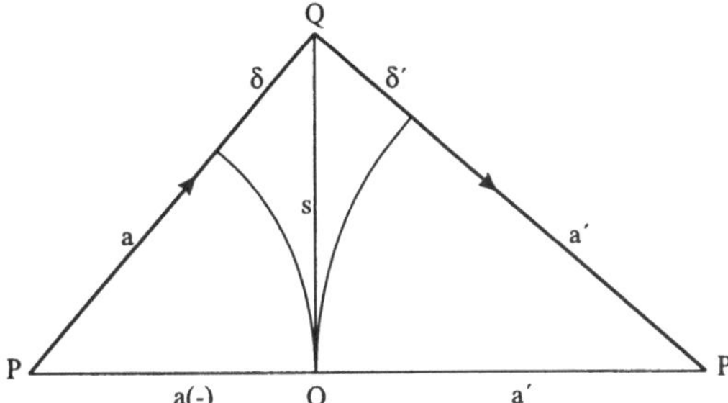


**Abb. 5.15.** Die Fresnelsche Konstruktion

daß das bei $P'$ ankommende und von einem Ring stammende Feld gegen das von den benachbarten Ringen stammende um $\pi$ phasenverschoben ist.

Die Radien ergeben sich leicht aus der Formel

$$\frac{m\lambda}{2} = \frac{s_m^2}{2}\left(\frac{1}{a'} + \frac{1}{a}\right) \tag{5.67}$$

und sind proportional zu den Quadratwurzeln ganzer Zahlen

$$s_m \propto \sqrt{m} \,. \tag{5.68}$$

Die Fläche eines jeden Ringes beträgt

$$S_m = \pi s_m^2 - \pi s_{m-1}^2 \,, \tag{5.69}$$

kann als

$$S_m = \pi \frac{aa'}{a + a'}\lambda \tag{5.70}$$

geschrieben werden und ist folglich unabhängig von $m$ und $s$. Die Flächen aller Fresnelschen Zonen sind gleich groß. Daher liefert jede Zone etwa den gleichen Beitrag zu dem Feld bei $P'$.

Im folgenden wird eine aus $N$ Zonen bestehende kreisförmige Öffnung angenommen. Da die Zonen abwechselnd Felder mit einer um $\pi$ verschobenen Phase beisteuern, beträgt die gesamte Amplitude bei $P'$

$$A_{P'} = A_1 - A_2 + A_3 - A_4 + \ldots \pm A_N \,. \tag{5.71}$$

Das Vorzeichen von $A_N$ hängt davon ab, ob $N$ gerade oder ungerade ist. Ist $N$ ungerade, so kompensieren sich die Felder benachbarter Zonen bis auf das Feld der ersten Zone. In diesem Falle ist $A_{P'}$ etwa gleich der von der ersten Zone stammenden Amplitude $A_1$. Im anderen Falle, wenn $N$ gerade ist, ist $A_{P'}$ fast 0. Die Intensität $I_{P'}$ bei $P'$ variiert daher in Abhängigkeit von den jeweils gegebenen geometrischen Verhältnissen zwischen 0 und $I_1(= A_1^2)$.

**Abb. 5.16.** Fresnelsche Zonenplatte

Eine *Fresnelsche Zonenplatte* können wir daher durch Blockieren der geraden oder der ungeraden Zonen konstruieren (Abb. 5.16). Eine Unterdrückung der geraden Zonen ergibt

$$A_{P'} = A_1 + A_3 + ... + A_N \,, \tag{5.72}$$

was bei einer Anzahl $N/2$ der offenen Zonen näherungsweise

$$A_{P'} = NA_1/2 \tag{5.73}$$

entspricht. Durch Quadrieren finden wir

$$I_{P'} = N^2 I_1/4 \,, \tag{5.74}$$

einen um den Faktor $(N/2)^2$ größeren Wert als der Beitrag der ersten Zone allein.

Schließlich können wir die Gleichung für die Radien $s_m$

$$\frac{1}{a'} + \frac{1}{a} = \frac{m\lambda}{s_m^2} \tag{5.75}$$

wegen $s_m \propto \sqrt{m}$ auch durch

$$\frac{1}{a'} + \frac{1}{a} = \frac{1}{s_1^2/\lambda} \tag{5.76}$$

ausdrücken. Nun ändern wir das Vorzeichen von $a$ ( $a$ ist eine negative Größe, siehe Kap.2) und finden

$$\frac{1}{a'} - \frac{1}{a} = \frac{1}{s_1^2/\lambda} \,. \tag{5.77}$$

Dies ist die Abbildungsgleichung mit der Brennweite

$$f' = s_1^2/\lambda \,, \tag{5.78}$$

und sie zeigt, daß $P'$ das Bild von $P$ ist. Eine Zonenplatte ist daher ein abbildendes System, dessen Brennweite von der Wellenlänge und der Geometrie der Zonenplatte abhängt. Schwächere Bilder entsprechen Brennweiten von $f'/3$, $f'/5$ ..., da z.B. für $f'/3$ eine einzelne Zone drei Ringe enthält. Folglich existieren sekundäre Brennpunkte geringerer Effizienz.

Mit exakt derselben Argumentation hätten wir den Fall diskutieren können, daß sich $P'$ links von $O$ befindet. Daher besitzt jede Zonenplatte zusätzlich eine Reihe negativer Brennpunkte. Aus diesem Grunde und wegen des ungebeugten Lichts nullter Ordnung ist der hier behandelte Typ der Zonenplatte bei der Vereinigung des Lichts im primären Fokus nur etwa 1/10 so effektiv wie eine Linse. Das durch eine Zonenplatte erzeugte Bild eines ausgedehnten Objekts hat aufgrund des durch die höheren Beugungsordnungen verursachten Überstrahlens auch einen geringen Kontrast. Andere Varianten von Zonenplatten, d.h. eine andere Gestaltung der Zonen in Amplitude und Phase, können deutlich höhere Effektivitäten aufweisen.

### 5.5.4 Fernfeld und Nahfeld

Wir haben die Fraunhofer- oder Fernfeld-Beugung als den Fall definiert, bei dem sowohl die Quelle als auch die Beobachtungsebene sehr weit von der beugenden Öffnung entfernt sind. Befindet sich der beugende Schirm jedoch nahe der Quelle oder der Beobachtungsebene, so kann Fresnel- oder Nahfeld-Beugung beobachtet werden. Zwischen diesen beiden Fällen wollen wir nun genauer unterscheiden.

Wir betrachten dazu eine beugende Öffnung, deren größte Ausdehnung $2s$ betragen soll. Ist die Quelle im Unendlichen und der Aufpunkt in einem Abstand von $s^2/\lambda$ lokalisiert, so liegt die beugende Öffnung innerhalb der ersten Fresnelschen Zone. Befindet sich die Beobachtungsebene näher als $s^2/\lambda$ an der beugenden Öffnung, dann nimmt diese mehr als eine Fresnelsche Zone ein. Dieser Bereich ist die Region der *Nahfeld-Beugung*.

Ist der Aufpunkt weiter als $s^2/\lambda$ entfernt, ist die beugende Öffnung kleiner als die erste Fresnelsche Zone. Das ist der Bereich der *Fernfeld-* oder *Fraunhofer-Beugung*. In diesem Gebiet sind alle Punkte der beugenden Öffnung innerhalb einer Genauigkeit von $\lambda/4$ gleichweit vom Aufpunkt entfernt. Diese Feststellung entspricht genau den von uns bei der Beschreibung der Beugung am Spalt gemachten Annahmen.

Zur Illustration von Nahfeld- und Fernfeld-Beugung kann eine einfache Lochkamera genutzt werden. Eine Lochkamera besteht aus einem undurchlässigen Schirm, in den ein kleines Loch gestochen wurde, und einem Beobachtungsschirm in einer Entfernung $f'$ hinter dem Loch. Wenn das Loch recht groß ist, dann ist das „Bild“ eines entfernten Punktes der geometrische Schatten des undurchlässigen Schirms. Der Durchmesser des „Bildes“ ist daher gleich dem Durchmesser des Loches. Die Auflösungsgrenze ist dann ungefähr das 1,5-fache des Lochdurchmessers. Ist das Loch klein, tritt Fraunhofer-Beugung auf, und die Auflösungsgrenze ist $0,61\lambda f'/s$, wobei s der Radius des Loches ist. Bei mittleren Lochgrößen muß die Fresnel-

Beugung betrachtet werden, ohne genauere Rechnungen kann allerdings nur wenig ausgesagt werden.

Wenn wir die Auflösungsgrenze in Vielfachen von $s$ und die Brennweite in Vielfachen von $s^2/\lambda$ ausdrücken, ergeben sich die in Abb. 5.17 eingezeichneten Geraden. Die horizontale Gerade entspricht dabei der geometrischen Optik (großes Loch), die ansteigende Gerade der Fraunhofer-Beugung (kleines Loch).

Experimentelle Messungen (durch Punkte angedeutet) zeigen, daß die Fraunhofer-Beugung die Lochkamera für Brennweiten $f'$ größer als $s^2/\lambda$ genau beschreibt. Daher gilt die Fresnel-Beugung im Bereich $f' < s^2/\lambda$.

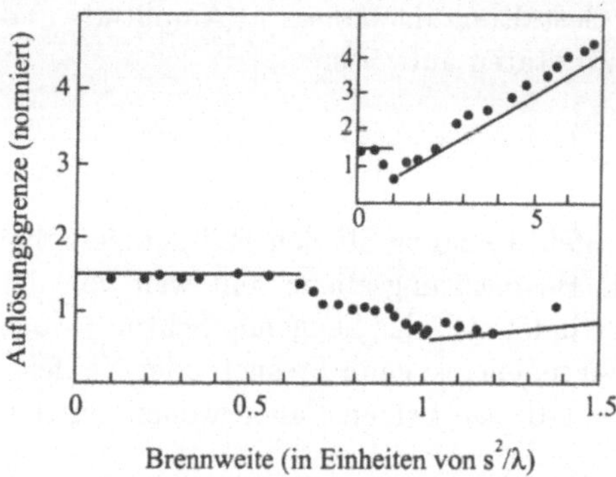


**Abb. 5.17.** Auflösungsgrenze einer Lochkamera zur Illustration der Bereiche der Nah- und Fernfeldbeugung. (Das Fenster *rechts oben* enthält die Meßwerte bei einer von 0–7 reichenden Abszisse) [nach M. Young: Am. J. Phys. **40**, 715 (1972) und Appl. Opt. **10**, 2763 (1971)]

Ist das Loch sehr groß, so sind die äußeren Fresnelschen Zonen verglichen mit winzigen Fehlern an seinem Rande sehr klein. In diesem Falle werden Beugungseffekte durch die Irregularitäten der Öffnung überdeckt, und die geometrische Optik beschreibt die Ausbreitung des Lichts durch die Apertur korrekt. Die geometrische Optik ist daher eine adäquate Beschreibungsmethode für $f' \ll s^2/\lambda$.

Wir können diese Argumentation auch auf den Fall einer relativ nahen Quelle erweitern, indem wir auf die Behandlung der Fresnelschen Zonenplatte zurückgreifen. Befindet sich die Quelle im Abstand $a$ vor der Öffnung und der Aufpunkt in einer Entfernung von $a'$ dahinter, können wir für das System die Größe

$$\frac{1}{f'} = \frac{1}{a'} - \frac{1}{a} \tag{5.79}$$

definieren. Wie bisher handelt es sich bei $f' > s^2/\lambda$ um Fraunhofer-Beugung, bei $f' < s^2/\lambda$ um Fresnelbeugung; für den Fall $f' \ll s^2/\lambda$ sind Beugungseffekte vernachlässigbar.

Eine Schlußfolgerung besteht darin, daß ein Lichtbündel nicht unmittelbar nach dem Passieren einer Öffnung eine Strahldivergenz $\propto \lambda/D$ erhält (wenn nicht die Größe der Öffnung mit der Wellenlänge vergleichbar ist). Vielmehr tritt es zunächst durch die Öffnung hindurch und wirft in Aperturnähe einen geometrischen Schatten. In etwas größerer Entfernung entsteht dann ein Nahfeld-Beugungsmuster. Im Falle einer zirkularen Öffnung kommt es zu einem schwachen Brennpunkt in einer Entfernung von $s^2/\lambda$ hinter der Öffnung. Erst dahinter beobachtet man eine Divergenz von $1,22\lambda/D$ und in deutlich größerer Entfernung als $s^2/\lambda$ ein richtiges Fraunhofer-Beugungsmuster (Abb. 5.18).

Natürlich gelten all diese Argumente nicht nur im Fall der Lochkamera oder für kreisförmige Öffnungen, sondern für jede beugende Öffnung der Größe $2s$.

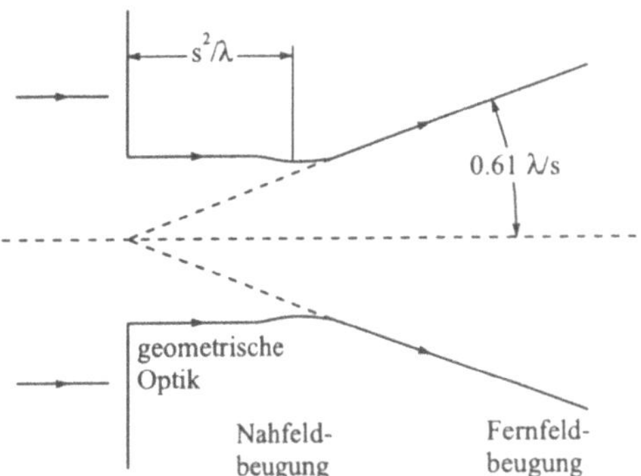


**Abb. 5.18.** Ausbreitung eines kollimierten Bündels hinter einer Öffnung. [nach M. Young: Imaging without lenses or mirrors Phys. Teacher, 648–655 (Dec. 1989)]

### 5.5.5 Das Babinet-Prinzip

Eine beugende Öffnung bestehe aus einer Reihe von separaten, nicht notwendig identischen Spalten. Das von ihr verursachte Fraunhofer-Beugungsmuster $E_1$ kann durch Integration von (5.55) über die Bereiche des Beugungsschirms bestimmt werden.

Bei dem dazu *komplementären Beugungsschirm* sind die beim Originalschirm transparenten Bereiche undurchlässig und umgekehrt. In der Sprache der Photographie ist der komplementäre Schirm das Negativ des Originalschirms. Das Beugungsmuster $E_2$ des komplementären Schirms wird analog durch eine Integration von (5.55) über seine transparenten Bereiche oder über die undurchlässigen Bereiche des Originals beschrieben.

Wenn wir die Summe $E_1 + E_2$ bilden, finden wir sie gleich der Amplitude $E_0$ der unbeeinflußten Welle, da $E_1 + E_2$ der Integration über die gesamte Ebene entspricht.

Das ist das *Babinet-Prinzip*; es besitzt große Bedeutung bei der Berechnung von Fraunhofer-Beugungsmustern. In diesem Falle ist überall $E_0 = 0$, außer für $\theta = 0$ (siehe Abb. 5.12). Es gilt daher $E_2 = -E_1$. Die Intensitäten finden wir durch Quadrieren von $E_1$ und $E_2$ und erhalten $I_1 = I_2$. Die Intensitäten der Fraunhofer-Beugungsmuster komplementärer Öffnungen sind identisch, außer in einem kleinen Bereich um das Bild der Lichtquelle.

### 5.5.6 Das Fermatsche Prinzip

Eine Zonenplatte fokussiert dadurch Licht, daß der optische Weg durch verschiedene Punkte der Zonenplatte entweder gleich ist oder um ganzzahlige Vielfache der Wellenlänge differiert. Damit bietet sich die günstige Gelegenheit, auch die Abbildungseigenschaften von Linsen unter demselben Gesichtspunkt zu betrachten.

Um die Diskussion zu vereinfachen, beziehen wir uns in Abb. 5.19 auf eine „Lin" und einen Objektpunkt im Unendlichen. Der optische Weg vom Scheitelpunkt $O$ der „Lin" zum bildseitigen Brennpunkt $F'$ ist $nf'$, mit der entsprechenden „Lin"-Gleichung $f' = nR/(n-1)$. Wir wollen nun $nf'$ mit der entsprechenden optischen Weglänge von $Q'$ durch $Q$ nach $F'$ vergleichen. Mit der Näherung $y^2/2R$ für die Strecke $QQ'$ ergibt sich die gesamte optische Weglänge $QQ'F'$ zu

$$(y^2/2R) + nd\,, \tag{5.80}$$

wobei $d$ mit $R$ und $y$ durch

$$d^2 = y^2 + [f' - (y^2/2R)]^2 \tag{5.81}$$

verbunden ist. Wenn wir die „Lin"-Gleichung verwenden, um $R$ durch $f'$ auszudrücken, und Terme der Ordnung $y^4$ vernachlässigen, können wir $d$ als

$$d \cong f'[1 - y^2/f'^2(n-1)]^{1/2} \tag{5.82}$$

schreiben. Mit der Entwicklung

$$(1-x)^{1/2} \cong 1 - x/2 \tag{5.83}$$

für $x \ll 1$ finden wir, daß die optische Weglänge zwischen $Q'$ und $F'$ gerade gleich $nf'$ ist, unabhängig von $y$. Das heißt, in der paraxialen Näherung sind alle optischen Wege vom Objektpunkt zum Bildpunkt gleich.

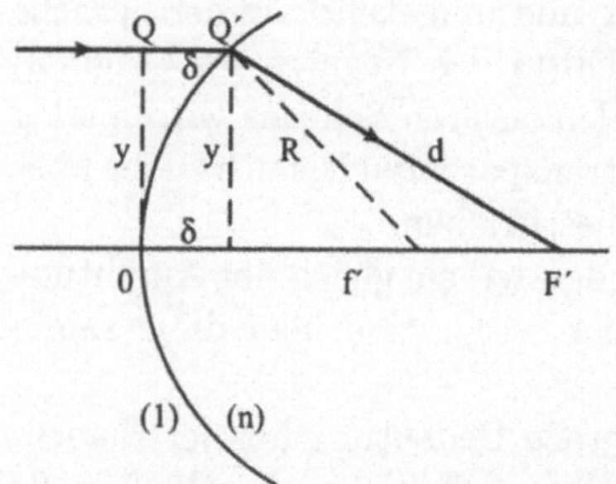


**Abb. 5.19.** Das Fermatsche Prinzip. Abbildung an einer „Lin"

Da eine Linse lediglich eine Anordnung sphärischer brechender Flächen ist, gilt diese Feststellung ganz allgemein. In diesem Sinne kann man sagen, daß alle optischen Abbildungen durch Interferenz zustandekommen, wie es gerade bei der Zonenplatte offensichtlich ist. Und wirklich, wenn die paraxiale

Näherung verletzt ist und der optische Weg gering von $y$ abhängt, kommen Aberrationen zustande. Solche Aberrationen können durch Bestimmung der *Wellenfront-Aberration* vermessen werden. Die Wellenfrontaberration ist die Abweichung der von der Austrittspupille ausgehenden Wellenfront von einer idealen Sphäre, die man sich um den Bildpunkt aufgespannt denkt. Ist die Wellenfront-Aberration kleiner als $\lambda/4$, ist die Abbildung nahezu beugungsbegrenzt.

Es gibt auch optische Systeme, die eine Abbildung mittels einer ortsabhängigen Brechungsindexverteilung bewirken. Solche Systeme werden oft am einfachsten analysiert, wenn man fordert, daß alle optischen Wege vom Objektpunkt zum Bildpunkt gleich sind. Wir wollen später die Eigenschaften einer optischen Faser auf diese Art und Weise bestimmen.

Diese Diskussion ist ein Spezialfall des *Fermatschen Prinzips*, welches besagt, daß der optische Weg eines Lichtstrahls, der sich zwischen zwei Punkten ausbreitet, ein Extremum annimmt, d.h. er ist entweder der minimale oder der maximale mögliche optische Weg zwischen diesen zwei Punkten. Viele Systeme, die einen variablen Brechungsindex aufweisen, sind am einfachsten mit Hilfe des Fermatschen Prinzips zu analysieren.

## 5.6 Kohärenz

Bisher haben wir fast immer angenommen, daß das Licht vollständig kohärent ist, so daß jedes beliebige Interferenzexperiment gut sichtbare Interferenzstreifen liefert. Das ist jedoch im allgemeinen nicht der Fall, denn außer bei bestimmten Lasern ist das Licht der meisten Quellen *inkohärent* oder *partiell kohärent.*

Unter Bedingungen, wo das Licht inkohärent ist, können keine Interferenzeffekte beobachtet werden. Eine Diskussion der Wellenoptik ist ohne eine Betrachtung der für ein erfolgreiches Interferenzexperiment notwendigen Bedingungen unvollständig.

Lichtquellen werden heutzutage in zwei Kategorien eingeteilt, in Laser und *thermische Lichtquellen.* Eine typische thermische Lichtquelle ist die Gasentladungslampe. In so einer Lampe wird Licht von angeregten Atomen emittiert, die im allgemeinen voneinander unabhängig sind. Jedes Atom emittiert relativ kurze Lichtblitze oder *Wellenpakete.* Wird ein Atom mehrfach angeregt, so kann es mehrere, aufeinanderfolgende Wellenpakete abstrahlen. Diese Pakete sind im allgemeinen, verglichen mit ihrer Länge, weit voneinander getrennt und werden zeitlich unabhängig voneinander und zufällig emittiert. Die von einem einzelnen Atom stammenden Wellenpakete haben demzufolge keine feste Phasenbeziehung zueinander.

Angenommen, wir machen ein Interferenzexperiment durch Teilung der Amplitude (Abb. 5.20) mit den von einem Einzelatom emittierten Wellenpaketen. Die von der hinteren Fläche reflektierte Welle ist zu der vorn reflektierten aufgrund der endlichen Lichtgeschwindigkeit verzögert. Wenn diese Verzögerung größer als die Dauer des Wellenpaketes ist, so erreichen die beiden Pakete einen Detektor nicht gleichzeitig. Es gibt daher kein Interferenzmuster; aus Sicht dieses Experiments ist das Licht als inkohärent zu bezeichnen.

Diese Feststellung bleibt auch dann gültig, wenn die Wellenpakete so schnell emittiert werden, daß mehrere von ihnen gleichzeitig in das Interferometer gelangen (in diesem Fall zeigt das Licht schnelle Amplituden- und Phasenfluktuationen). Da die Pakete zufällig emittiert werden, weisen sie keine definierten Phasenbeziehungen auf. Für jede gegebene OWD würden wir bei hinreichend kurzer Beobachtungszeit manchmal ein Maximum und manchmal ein Minimum detektieren. Über einen längeren Zeitraum würden wir eine konstante Intensität registrieren und das Licht als inkohärent betrachten.

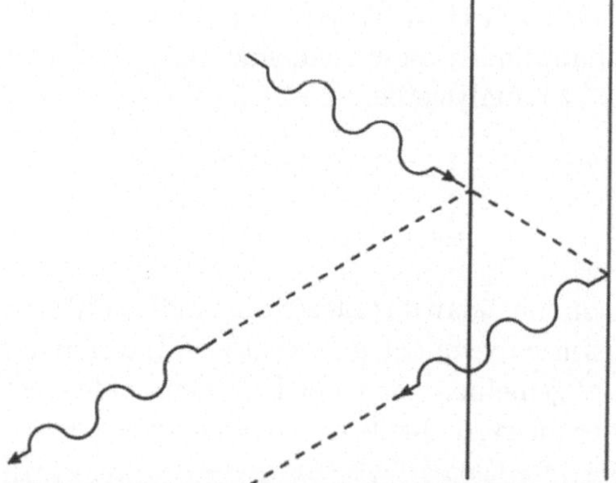

**Abb. 5.20.** Zeitliche Kohärenz. Interferenz von Wellen endlicher Dauer

In ähnlicher Weise stehen die von einem Atom ausgehenden Wellen in keiner festen Phasenbeziehung zu denen anderer Atome. Mit derselben Argumentation schließen wir daher, daß das von verschiedenen Atomen emittierte Licht inkohärent ist. Eine Überlagerung von Wellen von verschiedenen Atomen oder von verschiedenen Punkten auf derselben Lichtquelle wird daher durch die Addition der Intensitäten, nicht der Amplituden, beschrieben.

In den folgenden Abschnitten formulieren wir diese Argumente quantitativ und geben die Bedingungen an, unter denen eine thermische Lichtquelle als kohärent angesehen werden kann.

### 5.6.1 Zeitliche Kohärenz

Zu Beginn untersuchen wir die Interferenzen, die an zwei parallelen reflektierenden Oberflächen mit dem Abstand $d$ bei annähernd senkrechtem Einfall auftreten. Früher hatten wir gefunden, daß konstruktive Interferenz für solche Werte von $d$ auftritt, für die $m\lambda = 2d$ erfüllt ist. Wir wollen annehmen, daß der Reflexionsgrad so niedrig ist, daß Zweistrahlinterferenzen entstehen.

Die Größe $\lambda$ soll nun als eine Wellenlänge innerhalb eines annähernd monochromatischen Bündels der *spektralen Breite* $\Delta\lambda$ angenommen werden, wobei $\Delta\lambda \ll \lambda$ gelten soll. Jedes infinitesimale Wellenlängenintervall innerhalb von $\Delta\lambda$ führt zu einem eigenen Interferenzmuster. Alle diese Wellenlängen betrachten wir als inkohärent zueinander. Das resultierende Interferenzmuster ist daher die Summe einer großen Zahl von Zweistrahlinterferenzmustern.

Bei einer optischen Wegdifferenz $2d$ wird sich für eine bestimmte Wellenlänge ein Maximum ergeben, während für eine andere Wellenlänge ein Minimum zu beobachten ist. Dies ist leicht verständlich, da für $m \gg 1$

$$m\lambda \neq m(\lambda + \Delta\lambda) \tag{5.84}$$

gilt.

Bei diesem Wert von $2d$ werden die Streifen deshalb vollständig ausgelöscht, und die Intensität ist konstant.

Ist $\lambda$ eine Wellenlänge, die zu einem Maximum bei $2d$ führt, so gilt wie oben

$$m\lambda = OWD\,. \tag{5.85}$$

Hat die andere Wellenlänge $\lambda + \Delta\lambda$ ein Minimum bei derselben optischen Weglänge, so gilt

$$(m - \frac{1}{2})(\lambda + \Delta\lambda) = OWD\,. \tag{5.86}$$

Durch Subtraktion dieser Gleichungen finden wir

$$\frac{1}{2}(\lambda + \Delta\lambda) = m\Delta\lambda\,. \tag{5.87}$$

Wir können $\Delta\lambda$ auf der linken Seite vernachlässigen und erhalten mit (5.85)

$$OWD \cong \lambda^2/2\Delta\lambda\,. \tag{5.88}$$

Wir werden deshalb nur dann Streifen beobachten, wenn die OWD kleiner als dieser Wert ist. Die *Kohärenzlänge* $l_c$ definieren wir daher als

$$l_c = \lambda^2/2\Delta\lambda\,. \tag{5.89}$$

Diese Beziehung können wir auf die Frequenz des Lichts umschreiben. Ausgehend von

$$\nu\lambda = \mathrm{c} \tag{5.90}$$

differenzieren wir beide Seiten (c ist eine Konstante). Ohne Beachtung der Vorzeichen von $\Delta\nu$ und $\Delta\lambda$ ergibt sich der Ausdruck

$$\Delta\nu/\nu = \Delta\lambda/\lambda\,. \tag{5.91}$$

Die Kohärenzlänge ist daher

$$l_\mathrm{c} = \mathrm{c}/2\Delta\nu\,. \tag{5.92}$$

Diese legt die Definition einer *Kohärenzzeit* $t_\mathrm{c}$ mittels

$$l_\mathrm{c} = \mathrm{c}t_\mathrm{c} \tag{5.93}$$

nahe und führt auf

$$t_\mathrm{c} = 1/2\Delta\nu\,. \tag{5.94}$$

Eine genauere Analyse zeigt durch Integration über die entsprechende Linienform, daß

$$t_\mathrm{c} = 1/\Delta\omega \tag{5.95}$$

gilt, wobei $\Delta\omega = 2\pi\Delta\nu$ die Halbwertsbreite der Spektrallinie ist.

Dieses Resultat können wir dahingehend interpretieren, daß die von den Atomen emittierten Wellenpakete eine Dauer von etwa $t_\mathrm{c}$ haben. Die Phase variiert abrupt zwischen verschiedenen Paketen, so daß Interferenzen nur dann beobachtet werden können, wenn die OWD kleiner als die Länge eines einzelnen Wellenpaketes ist.

Ist die OWD annähernd 0, so weist das Interferenzmuster einen hohen Kontrast (siehe Abschn. 6.2) auf, und das Licht wird als kohärent bezeichnet. Der Kontrast verschwindet allmählich, wenn die OWD größer als $l_\mathrm{c}$ wird. Licht kann als hoch kohärent angesehen werden, wenn

$$OWD < l_\mathrm{c} \tag{5.96}$$

gilt. Das Licht ist inkohärent, wenn die OWD die Kohärenzlänge $l_\mathrm{c}$ stark übersteigt und *partiell kohärent* für Zwischenwerte.

### 5.6.2 Räumliche Kohärenz

Wir beginnen mit dem Doppelspaltexperiment. Man betrachte eine ausgedehnte monochromatische Lichtquelle, die – von den sehr schmalen Spalten aus gesehen – unter einem kleinen Winkelbereich $\Delta\phi$ erscheint. Wie bei der Untersuchung der zeitlichen Kohärenz führt jeder infinitesimale Teil der Quelle zu einem $\cos^2$-Streifenmuster. Wir nehmen an, daß sich diese Streifenmuster inkohärent addieren, da sie von verschiedenen strahlenden Atomen innerhalb der Quelle stammen.

Ein infinitesimales Flächenelement der Quelle auf der optischen Achse bewirkt Interferenzmaxima bei denjenigen Winkeln $\theta$, die $m\lambda = d \sin\theta$ erfüllen ($d$ ist der Spaltabstand). Das erste Maximum abseits der optischen Achse tritt (in der Näherung kleiner Winkel) unter $\lambda/d$ auf. Ein zweites infinitesimales, um $\Delta\phi$ neben der optischen Achse liegendes Flächenelement erzeugt dasselbe, jedoch um $\Delta\phi$ verschobene Interferenzmuster. Diese Streifenmuster löschen einander aus, wenn das Minimum des einen unter demselben Winkel wie das Maximum des anderen auftritt, d.h. bei

$$\Delta\phi = \lambda/2d\ . \tag{5.97}$$

Erscheint die Quelle unter einem Winkel größer als $\lambda/2d$, so ist das den Schirm erreichende Licht inkohärent. Ist $\delta$ die Ausdehnung der Quelle und $L$ ihr Abstand von den beugenden Öffnungen, so erhalten wir

$$d = \lambda L/2\delta\ . \tag{5.98}$$

Der Wert $d$ beschreibt grob den *Kohärenzbereich* einer Quelle mit der Ausdehnung $\delta$ und einem Abstand $L$ von den beugenden Öffnungen. (Der Kohärenzbereich selbst entspricht $\pi d^2/4$ bei kreisförmiger oder $d^2$ bei quadratischer Quelle.) Wie bei der zeitlichen Kohärenz weisen die Streifen einen hohen Kontrast für eng benachbarte Spalte auf. Der Kontrast verschwindet jedoch bei einem Spaltabstand von $\lambda L/2\delta$. Übersteigt $d$ diesen Wert, so ist das Licht im wesentlichen inkohärent. Eine genauere Analyse zeigt, daß sich der Bereich hoher Kohärenz (Kontrast$\geq 0,88$) bis zu einem Spaltabstand von

$$d_c = 0,16\lambda L/\delta \tag{5.99}$$

erstreckt, wobei $d_c$ die *transversale Kohärenzlänge* (lineare Ausdehnung des Kohärenzbereiches der Quelle) ist. Das die beugenden Öffnungen erreichende Licht ist annähernd inkohärent, wenn $d$ größer als $\lambda L/2\delta$ wird, und zwischen 0 und diesem Wert partiell kohärent.

### 5.6.3 Kohärenz thermischer Lichtquellen

Aus den obigen Betrachtungen ergibt sich, daß jede thermische Lichtquelle jeden gewünschten Grad zeitlicher oder räumlicher Kohärenz erreichen kann, wenn ihre räumliche Ausdehnung mit einer Lochblende und ihr Wellenlängenbereich mit einem Filter oder Monochromator begrenzt werden. Beide Maßnahmen gehen zu Lasten der Intensität.

Ein *Einmoden-Laser* andererseits emittiert ein räumlich und zeitlich nahezu vollständig kohärentes Bündel. Dies ist einer der Faktoren, aufgrund derer der Laser zu wichtigen Fortschritten in der Optik führte. (Siehe „Kohärenz des Lasers“, Abschn. 8.3)

### 5.6.4 Kohärenz der Mikroskopbeleuchtung

Bei einem Mikroskop kann die räumliche Kohärenz durch Veränderung der numerischen Apertur der *Kondensorlinse* (Abschn. 3.8.4) eingestellt werden. Die beleuchtete Kondensorlinse kann zur Analyse der Kohärenz des Lichts in der Objektebene als eigentliche Lichtquelle angesehen werden. Wie wir gerade in Abschn. 5.6.2 gesehen haben, muß die Quelle als räumlich inkohärent betrachtet werden, wenn sie eine große Winkelausdehnung hat, bei kleinen Winkeln dagegen als räumlich kohärent. Die Winkelausdehnung der Kondensorlinse entspricht etwa ihrer doppelten numerischen Apertur. Ist daher die numerische Apertur der Kondensorlinse klein, so ist die Beleuchtung im Mikroskop räumlich kohärent oder hat zumindest einen hohen Grad räumlicher Kohärenz.

Genauere Untersuchungen zeigen jedoch, daß das Licht nur dann als kohärent betrachtet werden kann, wenn die numerische Apertur der Kondensorlinse kleiner als ein Zehntel der numerischen Apertur des Objektivs ist (Aufgabe 5.19). Das ist so, weil dann die transversale Kohärenzlänge $d_c$ größer als die Auflösungsgrenze des Objektivs ist. Innerhalb eines Bereiches mit dem Durchmesser der Auflösungsgrenze „sieht" die Linse praktisch eine einzelne kohärente Lichtquelle. Zur Intensität in einem Bildpunkt trägt auch Licht von jedem Punkt bei, der sich innerhalb eines Bereiches mit der Ausdehnung weniger Auflösungsgrenzen um den Objektpunkt befindet. Deshalb ist Licht, dessen transversale Kohärenzlänge größer ist als diese Ausdehnung, praktisch kohärent.

Umgekehrt ist die Beleuchtung stark inkohärent – d.h., der in (5.99) definierte Kohärenzbereich ist klein – wenn die numerische Apertur der Kondensorlinse sehr viel größer als die des Objektivs ist. Das ist so, weil jetzt $d_c$ sehr viel kleiner als die Auflösungsgrenze des Objektivs ist. Innerhalb der Auflösungsgrenze sieht die Linse nun ein Feld mit zahlreichen zueinander inkohärenten Quellen, dies entspricht genau einer inkohärenten Lichtquelle. Da die numerische Apertur eines Hochleistungsobjektivs typischerweise größer als $0,5$ ist, kann die numerische Apertur des Kondensors die des Objektivs nicht weit genug überschreiten, so daß die Beleuchtung in den meisten Mikroskopen nur partiell kohärent ist.

Für bestimmte quantitative Messungen wie die Absolutmessung der Breite von Stegen auf einem integrierten Schaltkreis muß die Kohärenz der Beleuchtung genau kontrolliert werden, damit die Kanten der Stege exakt lokalisiert werden können. Bei dieser Anwendung wird gewöhnlich mit kohärenter Beleuchtung gearbeitet, so daß die Lage der Kanten mit einer bestimmten Intensität verbunden ist (siehe Abschn. 7.3.3). Eine Verringerung der numerischen Apertur der Kondensorlinse reduziert jedoch die Bestrahlungsstärke beträchtlich. Deshalb verwendet man doch partiell kohärente Beleuchtung und korrigiert den daraus resultierenden Fehler bei der Bestimmung der Lage der Kanten. Außerdem ist die Auflösungsgrenze eines Mikroskops oder jedes anderen Linsensystems für inkohärentes Licht am kleinsten (Abschn. 5.7).

## 5.7 Die theoretische Auflösungsgrenze

Jede Untersuchung der theoretischen Auflösungsgrenze ist auf die Betrachtung der Beugung an einer Blende zurückzuführen. Dieses Thema wollen wir nun nach der Behandlung der Kohärenz diskutieren. In diesem Abschnitt wollen wir das Auflösungsvermögen nicht nur in Systemen mit inkohärenter Beleuchtung, sondern auch bei Nutzung der von einem Laser emittierten hochkohärenten Strahlung untersuchen.

### 5.7.1 Zwei-Punkt-Auflösungsvermögen

Man betrachte das optische System von Abb. 5.21. Das Objekt besteht aus zwei inkohärenten Punkten gleicher Strahlungsintensität. Das optische System ist *beugungsbegrenzt* in dem Sinne, daß die Bilder der Punkte die Fraunhofer-Beugungsmuster der Aperturblende darstellen.

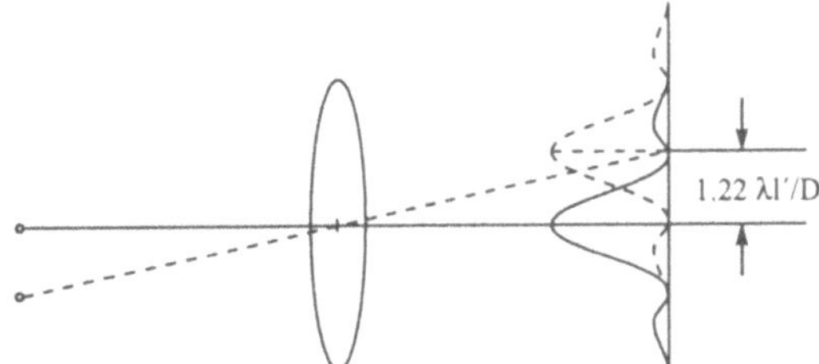


**Abb. 5.21.** Zwei-Punkt-Auflösung

Sind die Punkte weit voneinander entfernt, so liegen auch ihre Beugungsmuster weit auseinander, und wir können die Punkte klar auflösen. Werden die Punkte aufeinander zu bewegt, beginnen sich die Beugungsmuster, die eine endliche Ausdehnung besitzen, zu überlappen. Ist diese Überlappung ausreichend groß, werden die Punkte nicht mehr aufgelöst.

Nun werden wir uns dem Problem der Auflösungsgrenze beider Bilder zuwenden. Diese Fragestellung bezieht sich auf den kleinsten Abstand zwischen beiden Beugungsmustern, bei dem wir beide Punkte noch unterscheiden können. Normalerweise werden wir das *Rayleigh-Kriterium* anwenden, das besagt, daß die Punkte gerade noch aufgelöst werden, wenn das Maximum des einen Beugungsmusters mit dem ersten Minimum des anderen zusammenfällt. Diese Situation ist in Abb. 5.22 dargestellt.

Wird das Objekt inkohärent beleuchtet, ist die Gesamtintensität an einem beliebigen Ort die Summe der Einzelintensitäten. Sind die Punkte gerade soweit voneinander entfernt, wie durch das Rayleigh-Kriterium gegeben, so ist die Intensität zwischen den beiden Maxima um etwa 20% geringer. Liegen die Punkte enger beisammen, unterscheidet sich dieses Intensitätsminimum um weniger als 20% von den Maxima, und die Punkte werden nicht aufgelöst.

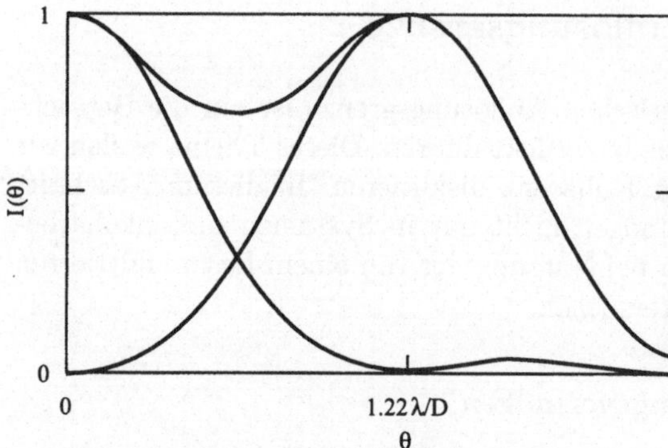


**Abb. 5.22.** Das Rayleigh-Kriterium

Zwei Bildpunkte werden daher genau dann aufgelöst, wenn ihr Abstand (oder genauer der ihrer geometrischen Bilder) gleich dem Radius des Airyscheibchens ist. Das heißt,

$$AG' = 1,22\lambda f'/D \tag{5.100}$$

ist die Auflösungsgrenze für Linsen mit Kreissymmetrie. $AG'$ wird oft als *Rayleigh-Grenze* bezeichnet. Es ist extrem schwierig, Punkte oder Linien unterhalb der Rayleigh-Grenze aufzulösen.

Den Einfluß der theoretischen Auflösungsgrenze auf optische Systeme haben wir bereits in Kap. 3 diskutiert.

### 5.7.2 Kohärente Beleuchtung

Das Auflösungsvermögen in kohärentem Licht wird dadurch kompliziert, daß wir zwei Fälle betrachten müssen. Im ersten Fall wird ein Objekt kohärent beleuchtet, das das Licht nicht streut. Ein solches Objekt muß entweder in Transmission oder in direkter Reflexion beobachtet werden, da sonst kein vom Objekt stammendes Licht das Auge erreicht. Dieser Fall ist unter dem Begriff *direkte Beleuchtung* bekannt.

Wie bisher betrachten wir ein Zwei-Punkt-Objekt. Da die Punkte kohärent beleuchtet werden, müssen wir die Amplituden der gebeugten Wellen und nicht ihre Intensitäten addieren und anschließend quadrieren, um die Gesamtintensität zu erhalten. Wir nehmen an, daß das Licht in beiden Objektpunkten dieselbe Phase besitzt, da sie eng beieinander liegen (beide Punkte werden dabei als Teil einer glatten Fläche aufgefaßt).

Abb. 5.23 zeigt die Intensität der Beugungsmuster, berechnet für den Fall zweier kohärent beleuchteter Punkte im Winkelabstand des $1,3$-, $1,6$- und $1,9$-fachen von $\lambda/D$ unter der Annahme der Beleuchtung mit derselben Phase. Im ersten Fall ist scheinbar überhaupt kein Abfall der Intensitätsverteilung zwischen den geometrischen Bildpunkten zu sehen, so daß die Punkte

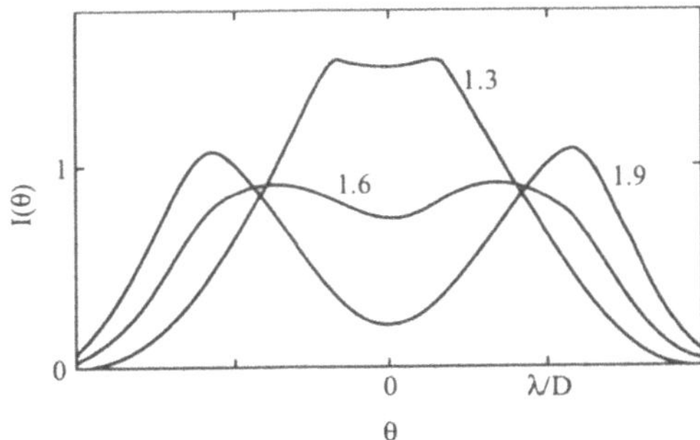


**Abb. 5.23.** Beugungsbilder benachbarter kohärent beleuchteter Punkte. Die Winkelabstände zwischen den Objektpunkten betragen 1, 3; 1, 6 und $1,9 \cdot \lambda/d$

nicht aufgelöst werden. Wir vergrößern daher ihren Winkelabstand, bis ein signifikantes Minimum auftritt. Entsprechend dem Ergebnis der Rechnung für inkohärent beleuchtete Punkte bezeichnen wir den Abstand, bei dem der Intensitätsabfall 20% ausmacht, als *kohärente Auflösungsgrenze* $AG'_c$. Abb. 5.23 zeigt, daß die Beugungsmuster eine 20%ige Vertiefung aufweisen, wenn die Bildpunkte im Falle von Kreissymmetrie um

$$AG'_c = 1,6\lambda f'/D \tag{5.101}$$

voneinander getrennt sind.

$AG'_c$ ist etwas größer als die inkohärente Auflösungsgrenze $AG'$ bedingt durch die Addition der Amplituden.

### 5.7.3 Diffuse kohärente Beleuchtung

Ist das Objekt rauh und streut das Licht wie z.B. eine Mattscheibe, so ist die Situation durch die Existenz eines *Specklemusters* verändert. Das Specklemuster entsteht, weil das Objekt lokal sehr rauh ist und so eine Zufallsphase in die Amplitudenverteilung der kohärenten Welle einführt. Das Specklemuster ist eine Art Beugungsmuster zufällig verteilter Öffnungen und besitzt daher eine zufällige Intensitätsverteilung.

Einer der nützlichsten und direktesten Wege zur Beschreibung des Specklemusters besteht in der Annahme eines relativ groben Beugungsgitters, so daß die Hauptmaxima einen recht kleinen Winkelabstand haben.

Angenommen, wir ordnen zwei solcher Gitter in derselben Ebene, aber mit den Furchen senkrecht zueinander an (Kreuzgitter). Wenn wir diese Gitter nun kohärent beleuchten und das gestreute Licht in die Brennebene einer Linse projizieren, beobachten wir ein rechteckiges Feld heller Spots, die den Hauptmaxima der Gitter entsprechen. Sind die Gitter grob genug, liegen die Spots sehr eng beieinander, und das von der Gittern gebeugte Licht kann für eine diffuse Beleuchtung genutzt werden. Das Kreuzgitter dient hier als Modell für eine Streuscheibe.

In Abschn. 6.1 werden wir das chromatische Auflösungsvermögen eines Beugungsgitters berechnen. Wir werden dort feststellen, daß das Hauptmaximum in einer bestimmten Richtung $\theta$ in Wirklichkeit innerhalb eines kleinen Winkelbereichs um $\theta$ liegt. Der Winkelbereich oder die Divergenz $\Delta\theta$ des gebeugten Lichts ist

$$\Delta\theta = \lambda / N d \cos\theta \,, \tag{5.102}$$

wobei $N$ die Zahl der Gitterlinien und $d$ deren Abstand bedeuten.

Auf ähnliche Art und Weise wird das Licht durch ein Kreuzgitter in einen Winkelbereich $\Delta\theta$ gebeugt. Wenn wir das gestreute Licht mit einer Linse fokussieren, werden wir folglich Spots beobachten, deren Größe $R'$ ungefähr dem Produkt von $\Delta\theta$ und der Brennweite $f'$ entspricht.

$$AG' = \lambda f' / N d \cos\theta \,. \tag{5.103}$$

Nun soll der Einfachheit halber angenommen werden, daß sich das Kreuzgitter direkt vor der Linse befindet. Dann ist das Produkt $Nd$, d.h. die Gesamtbreite des Gitters, immer gleich dem Durchmesser $D$ der Linse. Daher sind die Spots in der Brennebene der Linse durch eine Ausdehnung von

$$AG' = \lambda f' / D \cos\theta \tag{5.104}$$

gekennzeichnet. Das Resultat ist unabhängig von der Periode $d$ der beiden Gitter. Außerdem sind wegen $\cos\theta \approx 1$ die Spots ungefähr genauso groß wie die Auflösungsgrenze der Linse für rechteckige Symmetrie. Für Kreissymmetrie sind Spotgrößen etwa gleich der Rayleigh-Grenze zu erwarten, und diese sind wie oben nur von der Blendenzahl der Linse und der Wellenlänge des Lichts abhängig.

Letztendlich ist die Intensitätsverteilung in der Brennebene das Fraunhofer-Beugungsmuster des Kreuzgitters bezogen auf die Linse. Die Größe der Spots ändert sich nicht, sondern beträgt immer $AG'$.

Wir können jetzt das *Specklemuster* diskutieren, das bei der Abbildung einer realen Streuscheibe entsteht.

Zu diesem Zweck muß der Begriff der zufälligen Streuscheibe aus dem der nichtzufälligen Streuscheibe entwickelt werden. Die nichtzufällige Streuscheibe besteht aus gekreuzten Gittern. Dieses ist einem rechteckigen Feld von Löchern äquivalent. Um die statistische Struktur einer Streuscheibe zu realisieren, ordnen wir lediglich eine kleine *Phasenplatte* vor jeder Öffnung des Kreuzgitters an. Diese Platten sind dünne transparente Blättchen mit statistisch schwankender optischer Dicke, um den Phasen der von den Öffnungen ausgehenden Wellen statistischen Charakter zu verleihen. Ihre Anwendung verändert drastisch die von der Streuscheibe ausgehende Wellenfront, so daß die ursprünglich regelmäßige Anordnung der Spots in der Brennebene der Linse in eine statistische Verteilung heller und dunkler Flecken, die als *Speckles* bezeichnet werden, übergeht.

Wenn auch die Spots stark gestört sein mögen, die mittlere Größe der Speckles ist immer gleich der Auflösungsgrenze der Linse, unabhängig von den Details der Streuscheibe. Für endliche konjugierte Weiten (Abschn. 2.3) muß in den vorigen Gleichungen $f'$ durch $l'$ ersetzt werden.

Ein zweiter Zugang zu den Eigenschaften einer zufälligen Streuscheibe kann recht hilfreich sein. Eine Linse erzeuge ein reelles Bild einer kohärent beleuchteten Streuscheibe. Nun wird die Intensität an einem gegebenen Punkt, z.B. in der Mitte eines hellen Speckles, betrachtet. Ein Speckle ist dort hell, wo eine große Zahl von Wellen, die von benachbarten Punkten der Streuscheibe kommen, konstruktiv interferiert. Das Bild jedes Objektpunktes ist ein Beugungsmuster, welches nur über einen Bereich mit einem Radius etwa gleich der Rayleigh-Grenze von Bedeutung ist. Für kohärentes Licht können wir die Ausdehnung des Beugungsmusters als $AG'_c$ annehmen. Wir schließen daher, daß nur geometrische Bildpunkte innerhalb eines Radius von etwa $AG'_c$ wesentlich zur Intensität des Speckles beitragen.

Wenn die Intensität an einem Punkt sehr groß ist, dann deshalb, weil die Phasen der an benachbarten Punkten ankommenden Wellen ungefähr gleich sind. Die Intensität an einem anderen nahegelegenen Punkt ist mit Sicherheit auch groß, da viele derselben Wellen ebenso zur Intensität an diesem Punkt beitragen. Im Mittel ist daher die Intensität über eine Fläche mit dem Radius $AG'_c$ groß. Die mittlere Specklegröße ist etwa gleich der des Airy-Scheibchens.

Auf Grund der zufälligen Phasenwerte sind die Speckles nicht rund, sondern von irregulärer Form. Viele sind viel größer als das Airy-Scheibchen, und folglich reduziert das Auftreten der Speckles das Auflösungsvermögen beträchtlich. Außerdem stören die Speckles den Bildeindruck.

Abb. 5.24. zeigt die Abbildungen bei inkohärenter, kohärenter und diffuskohärenter Beleuchtung. Alle Aufnahmen wurden mit derselben relativen Öffnung gemacht. In der linken Spalte ist eine gewöhnliche 3-Strich-Maske zu sehen, das Objekt auf der rechten Seite stammt von einer Vorlage für einen Sehtest mit gedrehten Buchstaben „E“. Dieses Objekt wurde gewählt, um die Schwierigkeiten der Mustererkennung zu untersuchen und nicht nur das Auflösungsvermögen zu testen. Die Auswertung solcher Aufnahmen zeigt, daß in bestimmten Fällen die Anwesenheit von Speckles die Auflösungsgrenze gegenüber der Rayleigh-Grenze effektiv um den Faktor 5 oder mehr erhöht.

Manchmal fällt kohärentes Licht auf eine Streuscheibe und wird ohne dazwischenliegende Linsen auf eine zweite Oberfläche, wie z.B. einen Detektor, gestreut. Dann beträgt die Größe der Speckles ungefähr $1,6\lambda l'/D$, wobei $l'$ der Abstand zwischen Streuscheibe und Detektor und $D$ der Durchmesser der beleuchteten Streufläche ist. Ist der Detektor nicht mindestens eine Ordnung größer als die Speckles, entsteht ein Rauschuntergrund aus der relativen Bewegung der Bauelemente oder der Strukturänderung des Laserbündels.

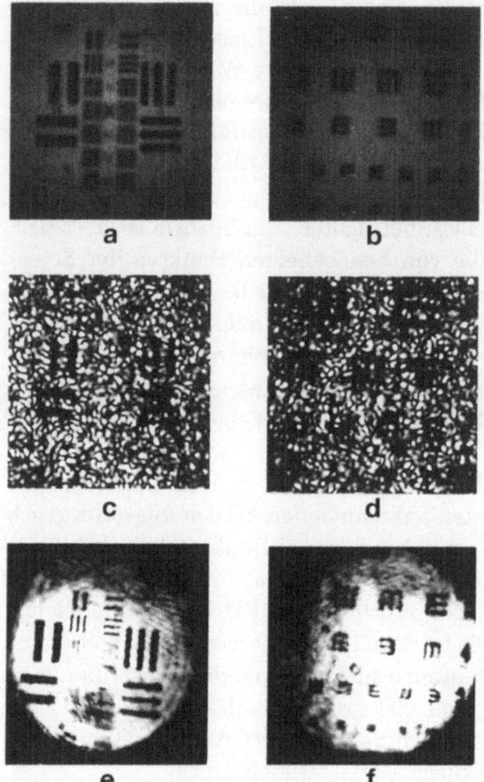

**Abb. 5.24** (a)–(f) Abbildung mit kohärentem und inkohärentem Licht. (*oben*) Inkohärente Beleuchtung, (*Mitte*) Diffus-kohärente Beleuchtung, (*unten*) kohärente Beleuchtung [nach M. Young u.a.: J. Opt. Soc. Am. **60**, 137 (1970)]

### 5.7.4 Quasi-thermische Lichtquellen

Wenn die Intensität oder die Monochromasie eines Lasers erforderlich ist, das Licht aber räumlich inkohärent sein muß, kann das Laserlicht durch eine bewegte Streuscheibe beeinflußt werden. Typischerweise wird ein kleiner Teil einer rotierenden Mattscheibe durch den Laser beleuchtet und als Lichtquelle für das optische System benutzt. Durch die diffuse Reflexion an der Mattscheibe werden Speckles gebildet, die aber aufgrund der Bewegung der Scheibe nicht stationär sind. Solange sich die Speckles schnell genug bewegen, werden die z.B. in Abb. 5.24c und d gezeigten Bilder zu Mittelwerten vieler verschiedener Specklemuster. Schnell genug bedeutet hierbei, daß sich das Specklemuster innerhalb der Integrationszeit des Detektors – etwa 30 ms beim menschlichen Auge oder einer typischen Videokamera – um mehrere mittlere Specklegrößen verschieben muß. Dann wird die Abbildung identisch mit der bei partiell kohärenter Beleuchtung und hängt nur noch vom Durchmesser der beleuchteten Fläche auf der Mattscheibe ab. Eine Lichtquelle auf der Basis einer rotierenden Streuscheibe wird oft als *quasi-thermische Lichtquelle* bezeichnet, da eine damit vorgenommene optische Abbildung der mit einer thermischen Lichtquelle gleicher Abmessungen entspricht.

## Aufgaben

**Aufgabe 5.1.** Man betrachte ein Doppelspalt-Experiment, durchgeführt mit einer punktförmigen Quelle und unendlich schmalen Spalten, wenn die Quelle Licht der Wellenlängen $\lambda_1$ und $\lambda_2$ emittiert. Man zeige, daß keine Interferenz der Ordnung $m$ beobachtet werden kann, wenn $\Delta\lambda/\lambda = -(1/(2m+1))$ mit $\Delta\lambda = \lambda_2 - \lambda_1$ gilt!

**Aufgabe 5.2.** Zwei Wellen haben dieselbe Amplitude $A$, aber unterscheiden sich in der Kreisfrequenz um den Wert $\Delta\omega$. Zur Zeit $t = 0$ sind beide in Phase. Man berechne die Intensität beider Wellen zur Zeit $t$ mit Hilfe komplexer Exponentialfunktionen und erkläre das Resultat physikalisch! Man behandle das analoge Problem, bei dem die Wellenzahlen der Wellen um $\Delta k$ differieren, d.h., man bestimme die Intensität von Wellen verschiedener Wellenzahl, die bei $x = 0$ in Phase sind!

**Aufgabe 5.3.**

a) Ein *Fresnelsches Biprisma* ist ein gleichschenkliges Prisma mit einem stumpfen Winkel von nahezu 180° und zwei spitzen Winkeln von nur einigen Grad. Eine weit entfernte Punktquelle beleuchtet die Basis eines Fresnelschen Biprismas bei senkrechtem Einfall. Man bestimme das Zweistrahl-Interferenzmuster auf einem entfernten Schirm als Funktion des Abstandes $L$ zwischen der Quelle und dem Schirm, des spitzen Winkels $\alpha$ und des Brechungsindex $n$ des Prismas! (Man benutze die Näherung $\sin\theta = \theta$ für kleine Winkel.)
b) Eine Punktquelle beleuchtet eine horizontale Glasplatte unter fast streifendem Einfall, so daß der Reflexionsgrad fast 1 beträgt (*Lloydscher Spiegel*). Man bestimme die Intensität als Funktion der Höhe $h$ entlang eines vertikalen Schirms im Abstand $L$ von der Punktquelle unter der Annahme $h \ll L$ !

**Aufgabe 5.4.** Man zeige analytisch, daß (5.43) auch für $\theta \to 0$ gilt!

**Aufgabe 5.5.** Man berechne die Intensität der Interferenz zweier Bündel mit den Amplituden $A_1$ und $A_2$ als Funktion der Phasendifferenz $\phi$ zwischen den Bündeln! Man schreibe das Ergebnis mit $\cos^2$-Termen! Wie groß sind das Maximum und das Minimum der Gesamt-Intensität? Zur Probe zeige man, daß sich das gewonnene Resultat auf das Ergebnis für den Fall gleicher Amplituden nach (5.47) reduzieren läßt!

**Aufgabe 5.6.**

a) Man berechne die Maxima und Minima des Reflexionsgrades an einer Schicht als Funktion ihrer optischen Dicke $nd$, wenn der Brechungsindex $n$ kleiner als der des Glassubstrates $n_g$ ist!
b) Man skizziere bei senkrechtem Einfall den Reflexionsgrad als Funktion des Parameters $\lambda/4nd$!
c) Man skizziere den Reflexionsgrad einer Schicht für $n > n_g$ !

**Aufgabe 5.7.**

a) Man betrachte das Fraunhofer-Beugungsmuster eines Einzelspaltes. Man zeige, daß der optische Weg zwischen der Spaltmitte und dem ersten Minimum sowie der optische Weg zwischen einem Rand des Spaltes und dem ersten Minimum um eine halbe Wellenlänge differieren! Man erkläre das Ergebnis!

b) Eine kreisförmige Öffnung mit dem Durchmesser $D$ befinde sich in einem undurchlässigen Schirm. Kollimiertes Licht falle senkrecht auf diesen Schirm. Ein Beobachtungsschirm befinde sich im Abstand $D^2/\lambda$ hinter der Öffnung. Man betrachte einen Strahl, der ausgehend vom Rand der Öffnung den Beobachtungsschirm im selben Punkt wie die Symmetrieachse der Öffnung schneidet. Man zeige, daß die OWD zwischen diesem Strahl und dem Axialstrahl $\lambda/4$ beträgt! Wie groß wäre die OWD im Falle von Fraunhofer-Beugung? Welche Bedeutung hat der Abstand $D^2/\lambda$?

**Aufgabe 5.8.** Man zeige durch Integration, daß das durch ein Gitter mit identischen, endlich ausgedehnten Spalten verursachte Interferenzmuster dem eines Gitters mit unendlich schmalen Spalten gleich ist, multipliziert mit der auf 1 normierten dimensionslosen Beugungsfigur des Einzelspaltes!

**Aufgabe 5.9.**

a) Wie groß ist der Radius $s_m$ der größten Zone einer Fresnelschen Zonenplatte, die mit einem photographischen Film hergestellt werden kann, dessen Auflösungsgrenze $AG$ beträgt? Die Brennweite der Zonenplatte betrage $f'$.

b) Wie groß ist die Auflösungsgrenze einer Linse mit demselben Radius und derselben Brennweite? Man diskutiere das Ergebnis!

**Aufgabe 5.10.** Ein Schirm enthalte fünf 10 µm breite Spalte mit einem gegenseitigen Abstand von 20 µm. Die Gesamtausdehnung des Schirms beträgt daher 130 µm. Man skizziere grob das Beugungsmuster in einer Entfernung von 200 µm vom Schirm, wenn dieser mit kollimiertem Licht der Wellenlänge 500 nm bei senkrechtem Einfall beleuchtet wird! [Hinweis: Berechnen Sie den Bereich der Nah- bzw. Fernfeldbeugung für den Einzelspalt und für den Schirm als Ganzes!]

**Aufgabe 5.11.** Ein großer Spalt der Breite $B$ enthalte ein Haar der Breite $b$; dieses liege parallel zu den Rändern des Spaltes. Man skizziere das resultierende Fraunhofer-Beugungsmuster! Man fertige eine ähnliche Skizze für eine kleine Scheibe des Durchmessers $d$ innerhalb einer kreisförmigen Öffnung des Durchmessers $D$ an!

**Aufgabe 5.12.** Man nutze Abb. 5.25 (vgl. Abb. 5.19), um zu zeigen, daß die beugungsbegrenzte *Fokustiefe*

$$\delta' = n\lambda/2(NA)^2 \tag{5.105}$$

beträgt! [Hinweis: Außerhalb des Brennpunktes sind nicht alle optischen Wege zum Bildpunkt gleich.] Man vergleiche das Resultat mit der mittels der geometrischen Optik berechneten Fokustiefe!

Das Ergebnis ist allgemeingültig für jedes beugungsbegrenzte optische System, wie z.B. ein Mikroskopobjektiv, wenn das Bild sich in einem Medium mit dem Brechungsindex $n$ befindet.

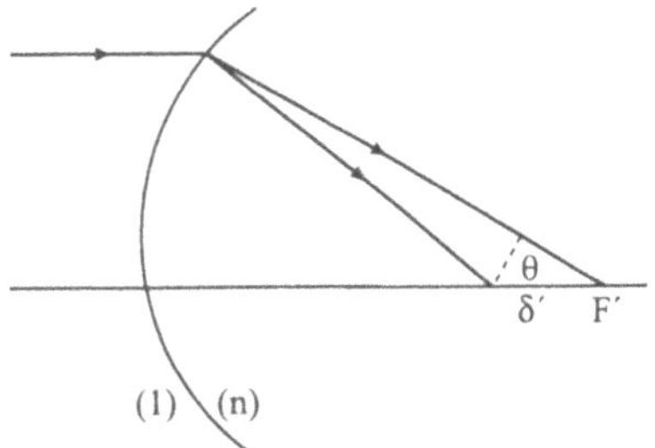


**Abb. 5.25.** Fokustiefe

**Aufgabe 5.13.** Die optische Wegdifferenz zwischen den Spiegeln eines Interferometers betrage $d$. Wird das Interferometer mit einem Bündel der Wellenlänge $\lambda$ beleuchtet, entstehen Zweistrahlinterferenzen mit

$$I_\lambda(d) = 4I_0 \cos^2(2\pi d/\lambda) ,$$

wobei $I_0$ die einfallende Intensität ist. Man nehme nun an, daß das Interferometer mit Licht eines Spektralbereiches beleuchtet wird, so daß $I = I_0$ für $\lambda_0 - \Delta\lambda/2 < \lambda < \lambda_0 + \Delta\lambda/2$ und $I = 0$ sonst gilt. Unter der Annahme einer inkohärenten Überlagerung integriere man $I_\lambda(d)$ über die Wellenlänge und zeige, daß die Interferenzen für alle Werte von $d$ größer als $c\pi/\Delta\omega$ verschwinden!

**Aufgabe 5.14.** Ein *Michelson-Sterninterferometer* besteht aus zwei diagonalen Spiegeln in einem großen Abstand $B$. Die Spiegel reflektieren das (kollimierte) Licht eines weit entfernten Sterns auf einen Schirm (siehe Abb. 5.26), wo Interferenzstreifen entstehen. Bei bekannter Entfernung des Sterns kann sein Durchmesser durch Messung der räumlichen Kohärenz des Lichts einer gegebenen Wellenlänge bestimmt werden. Man begründe dies und finde eine Formel für den Durchmesser des Sterns als Funktion von $B$! Wie groß ist der Minimalwert von $B$? Der größte Winkeldurchmesser eines Sterns beträgt $10^{-8}$ rad.

**Aufgabe 5.15.** Sterne funkeln, wenn sie mit dem bloßen Auge betrachtet werden, Planeten jedoch nicht. Vermutlich ist dafür ein Interferenzeffekt verantwortlich: Das Lichtbündel wird möglicherweise durch atmosphärische Turbulenzen aufgespalten, so daß Anteile, die das Auge gemeinsam erreichen, unterschiedliche optische Wege zurückgelegt haben. Kann diese Erklärung richtig sein? Der größte Winkeldurchmesser eines Sterns beträgt $10^{-8}$ rad; der kleinste Winkeldurchmesser eines mit bloßem Auge sichtbaren Planeten beträgt $10^{-4}$ rad.

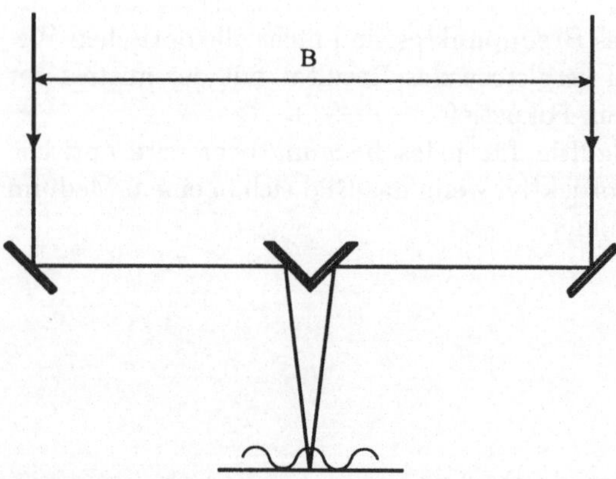


**Abb. 5.26.** Michelson-Sterninterferometer

**Aufgabe 5.16.** Betrachtet man eine Straßenlaterne durch eine dünne Gardine, scheinen Streifen um die Lampe zu liegen, jedoch nur dann, wenn man durch den Stoff hindurchsieht (Es liegt also nicht an den Augen). Entstehen die Streifen aufgrund einer seltsamen Brechung in den Fasern des Stoffes, oder kann Interferenz dafür verantwortlich sein? Unter Benutzung vernünftiger Werte für die Größe und die Entfernung der Lampe bestimme man die Größe des Kohärenzbereiches auf dem Stoff! Ist er größer als eine Masche des Stoffes? Kann man ein Interferenzmuster sehen? Wie kann man feststellen, ob es ein Interferenzmuster ist oder nicht?

**Aufgabe 5.17.** Um eine quasi-thermische Lichtquelle zu erzeugen, beleuchtet man eine rotierende Mattscheibe in der Nähe ihrer Peripherie. Der Durchmesser der Scheibe sei 5 cm, der Durchmesser des beleuchteten Spots 2 mm. Die Wellenlänge des Lichts betrage 633 nm. Das durch die Scheibe gestreute Licht falle auf ein 1 cm entferntes Objekt, das mit dem Auge betrachtet wird. Wie schnell (in Umdrehungen pro Sekunde) muß sich die Scheibe drehen, damit das Specklemuster für das Auge unsichtbar wird? Ändert sich das Resultat, wenn man das Objekt anstelle mit dem bloßen Auge unter Vergrößerung betrachtet? Man beachte, daß hier das Speckle betrachtet wird, das auf das Objekt fällt, nicht das Specklemuster, das auf der Retina entsteht.

**Aufgabe 5.18.** Die Kondensorlinse eines Mikroskops habe einen Durchmesser $\delta$ und sei in einer Entfernung $L$ vom Objekt angeordnet. Die numerische Apertur der Kondensorlinse betrage $NA_c = \delta/2L$.

a) Man berechne den Durchmesser $d_c$ des Kohärenzbereiches in der Objektebene und schreibe ihn als Funktion von $NA_c$!
b) Das Licht in der Objektebene kann nur dann als räumlich kohärent betrachtet werden, wenn $d_c$ größer als die Auflösungsgrenze des Objektivs ist. Man zeige, daß aus dieser Bedingung $NA_c < 0{,}13 NA$ wird, wenn $NA$ die numerische Apertur des Objektivs ist! Das heißt, daß das Licht in einem Mikroskop als kohärent betrachtet werden kann, wenn die numerische Apertur der Kondensorlinse kleiner als etwa ein Zehntel der des Objektivs ist.

# 6. Interferometrie und verwandte Gebiete

In Kap. 3 haben wir optische Instrumente behandelt, die mit der Strahlenoptik beschrieben werden konnten. Hier wollen wir Instrumente untersuchen, deren Funktion auf Wellenphänomenen beruht. Dazu gehören Methoden der Wellenfront- und Amplitudenteilung, deren Physik Gegenstand von Kap. 5 war.

## 6.1 Beugungsgitter

In Kap. 5 haben wir festgestellt, daß das Licht am Mehrfachspalt vor allem in jene Richtungen gebeugt wird, die durch die *Gittergleichung*

$$m\lambda = d \sin\theta \tag{6.1}$$

beschrieben werden. Eine solche Anordnung wird als *Beugungsgitter* bezeichnet. Bei einer gegebenen Ordnung $m$ werden verschiedene Wellenlängen in Richtung verschiedener Winkel $\theta$ gebeugt. Ein Gitter ist daher *dispersiv* und kann zur spektralen Analyse einer Lichtquelle genutzt werden. Ein Gerät, das zu diesem Zweck ein Gitter enthält, wird als *Gitterspektrometer* bezeichnet. Spektrometer können mit Hilfe von Lichtquellen mit bekannten Spektrallinien kalibriert werden und finden in der chemischen Analytik, der Astronomie, der Plasma-Diagnostik und vielen anderen Gebieten Anwendung.

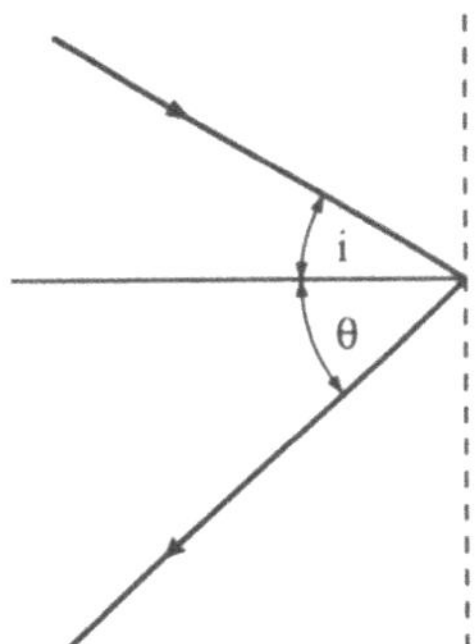


**Abb. 6.1.** Reflexionsgitter

Viele moderne Gitterspektrometer verwenden *Reflexionsgitter*, wie in Abb. 6.1 dargestellt. Für solche Instrumente kann die Gittergleichung leicht zu

$$m\lambda = d(\sin i + \sin \theta) \tag{6.2}$$

verallgemeinert werden, wobei $i$ der Einfallswinkel ist, und $i$ und $\theta$ das gleiche Vorzeichen haben, wenn sie sich auf der gleichen Seite bezogen auf die Normale befinden.

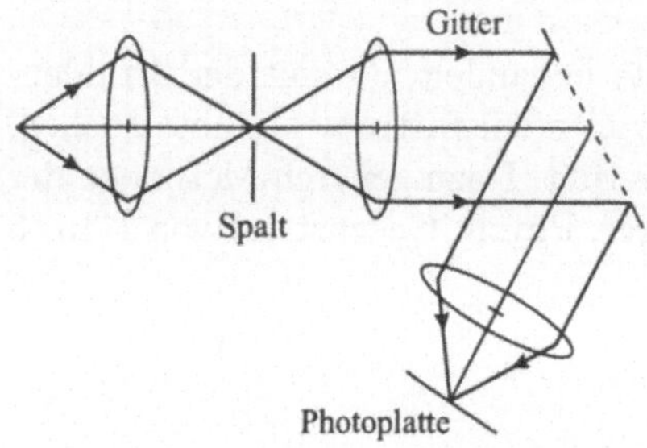


**Abb. 6.2.** Spektrometer mit einem ebenen Gitter und Linsen zur Kollimation und Fokussierung

Ebene *Gitter* werden mit kollimiertem Licht beleuchtet. Dazu wird die Lichtquelle auf einen schmalen Spalt fokussiert (Abb. 6.2). Das den Spalt verlassende Licht wird kollimiert. Oft wird dazu im Unterschied zu Abb. 6.2 auch ein Hohlspiegel verwendet. Das Licht wird am Gitter aufgespalten und durch eine zweite Linse fokussiert. Im allgemeinen sind diese beiden Linsen identisch, und die Spaltbreite sollte gleich der theoretischen Auflösungsgrenze der Linsen sein, um beste Ergebnisse zu erreichen.

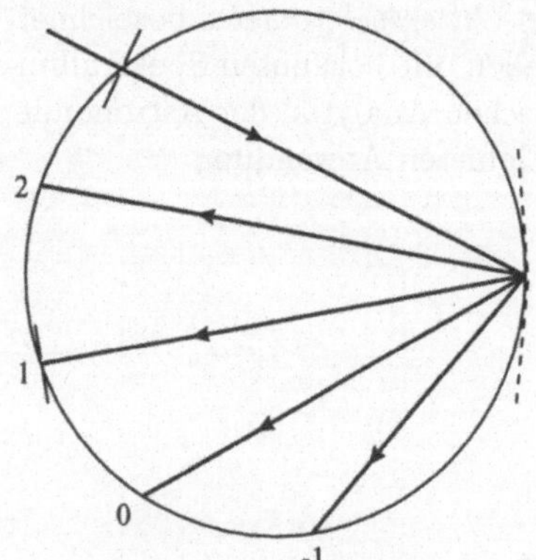


**Abb. 6.3.** Konkavgitter-Spektrometer mit verschiedenen Beugungsordnungen (Rowland-Anordnung)

In manchen Instrumenten wird das Wellenlängenspektrum mit einer Photoplatte in der Brennebene der zweiten Linse registriert. Bei anderen ist ein Spalt im Brennpunkt angeordnet, und das Gitter wird so gedreht, daß Licht verschiedener Wellenlängen durch den Spalt gelangt. Ein solches Gerät wird als *Monochromator* bezeichnet. In jedem Falle werden für eine genaue Kalibrierung Referenzlichtquellen benötigt.

In vielen Instrumenten wird die Funktion des Gitters und der Hohlspiegel in einem einzigen *Konkavgitter* vereinigt, wie in Abb. 6.3 gezeigt. Ein solches Gitter beugt und fokussiert das Licht gleichzeitig. Eingangs- und Ausgangsspalt befinden sich auf einem als *Rowlandkreis* bezeichneten Kreis, der tangential zum Gitter liegt.

### 6.1.1 Geblazte Gitter

Abbildung 6.4 zeigt eine geritzte Gitterstruktur, bei der die Periode der Gitterfurchen gerade ihrer Breite entspricht. Aus Abschn. 5.5.2 wissen wir, daß bei Transmissionsgittern wichtige Ordnungen schwach sind oder ganz fehlen können. Dasselbe gilt auch für ein Reflexionsgitter.

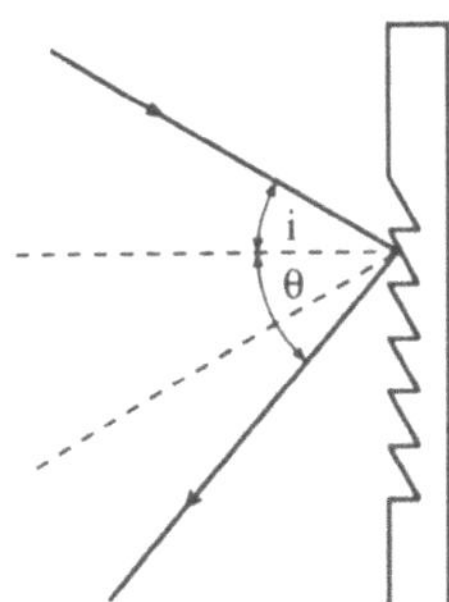


**Abb. 6.4.** Geblaztes Gitter

Reflexionsgitter sind etwa so wie in Abb. 6.4 skizziert *geritzt*. Das Verkippen der gezeigten Furchenflanken wird als Blazing bezeichnet. Wie bei der Interferenz am Mehrfachspalt bestimmt das Beugungsbild der Einzelfurche die relative Stärke des in eine bestimmte Ordnung gebeugten Lichts. Beim Reflexionsgitter liegt das Beugungsmuster zentriert um die Reflexionsrichtung, die durch die Flächen der Einzelfurchen bestimmt wird. Durch die Wahl des geeigneten *Blazewinkels* können wir daher erreichen, daß das Zentrum des Einzelspalt-Beugungsmusters unter jedem gewünschten Winkel auftritt.

Wenn wir den Blazewinkel geeignet wählen, erhalten wir nicht nur eine maximale Intensität bei der gewünschten Wellenlänge in der gewählten Ordnung, sondern wir werden auch sehen, daß die nicht interessierende Beugungsfigur 0. Ordnung in einem Minimum des Einzelspalt-Beugungsmusters liegt und größtenteils unterdrückt wird. Die Energie, die sonst in die für die Spektroskopie nutzlose 0. Ordnung verlorengehen würde, bleibt so erhalten und erhöht die Intensität in der gewählten Ordnung.

Qualitativ hochwertige Gitter können auch auf holographischem Wege hergestellt werden (Kap. 7). Solche Gitter sind sehr effektiv und zeigen sehr wenig unerwünschtes Streulicht.

### 6.1.2 Das spektrale Auflösungsvermögen

Die Form des Beugungsmusters ergab sich bei unseren bisherigen Betrachtungen zu

$$I(\theta) = \frac{\sin^2(\frac{N\pi}{\lambda} d \sin\theta)}{\sin^2(\frac{\pi}{\lambda} d \sin\theta)} \tag{6.3}$$

mit der Gesamtlinienzahl $N$. Ein Hauptmaximum tritt auf, wenn sowohl Zähler als auch Nenner gleich 0 sind. Ist $N$ groß, ändert sich der Zähler sehr viel schneller als der Nenner, so daß er allein die Winkelbreite des Maximums bestimmt.

Bei einem Hauptmaximum ist der Zähler gerade gleich 0. Wird das Argument geringfügig erhöht oder erniedrigt, so fällt der Wert von $I(\theta)$ schnell, und wenn der Zähler das nächste Mal 0 erreicht, ist der Nenner nicht mehr 0. Daher sinkt die Intensität des gebeugten Lichts auf 0, wenn $\theta$ um einen Wert $\Delta\theta$ steigt, der durch

$$(N\pi/\lambda) d \Delta(\sin\theta) = \pi \quad \text{oder} \tag{6.4}$$

$$\Delta\theta = \lambda/Nd\cos\theta \tag{6.5}$$

gegeben ist. Dieses ist auch die ungefähre Winkel-Halbwertsbreite des gebeugten Bündels.

Wir können zur Bestimmung der kleinsten auflösbaren Wellenlängendifferenz $\Delta\lambda$ zwischen zwei scharfen Spektrallinien das Rayleigh-Kriterium heranziehen. Entsprechend diesem Kriterium fällt das Maximum der einen Wellenlänge mit der ersten Nullstelle der anderen Wellenlänge zusammen, wenn beide Spektrallinien gerade aufgelöst sind. Um $\Delta\lambda$ und $\Delta\theta$ zueinander in Beziehung zu setzen, differenzieren wir die Gittergleichung und erhalten

$$\Delta\lambda = (d/m)\cos\theta\Delta\theta\ , \tag{6.6}$$

woraus sich die *spektrale Auflösungsgrenze*

$$\Delta\lambda = \lambda/mN \tag{6.7}$$

ergibt. Dieser Ausdruck wird gewöhnlich als

$$\lambda/\Delta\lambda = mN \tag{6.8}$$

geschrieben. $\lambda/\Delta\lambda$ wird als *spektrales Auflösungsvermögen* bezeichnet.

Für Auflösungen um 1 nm oder darunter muß das Produkt $mN$ in der Größenordnung von einigen 1000 liegen. Da $m$ im allgemeinen 1, manchmal auch 2 oder 3 beträgt, muß die Gesamtzahl der Gitterlinien groß sein. Typische Gitter haben 6000 Linien/cm oder mehr, große und gute Beugungsgitter einige 10000 Linien/cm.

## 6.2 Das Michelson-Interferometer

Dieses Instrument ist schematisch in Abb. 6.5 dargestellt. Über einen Strahlteiler fällt ein Lichtbündel auf zwei Spiegel $M_1$ und $M_2$, die so angeordnet sind, daß sich die reflektierten zwei Bündel in Richtung der Augen des Beobachters überlagern.

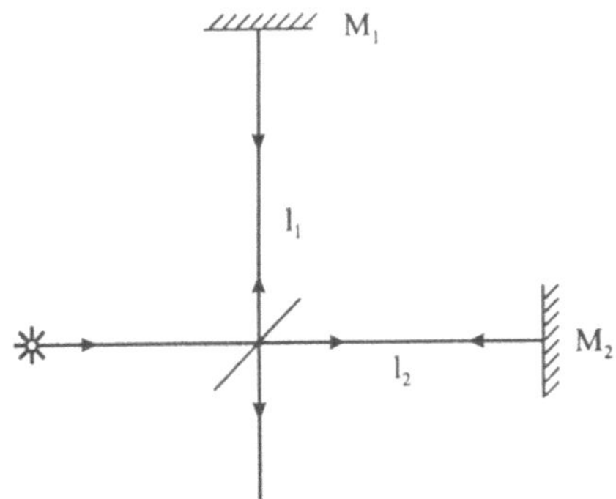


**Abb. 6.5.** Michelson-Interferometer

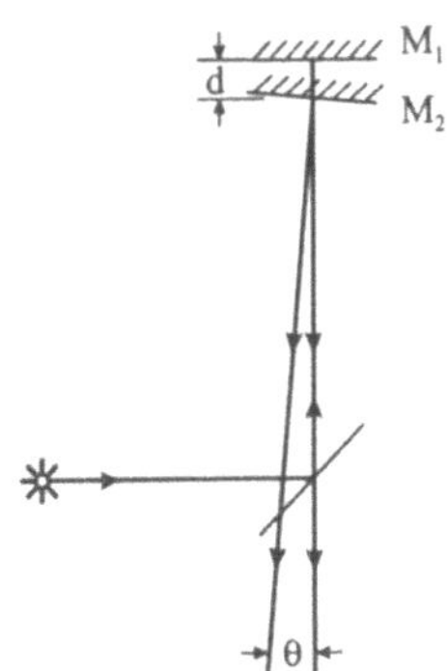


**Abb. 6.6.** Scheinbarer Ort der Spiegel im Michelson-Interferometer

Wenn wir in den Strahlteiler blicken, sehen wir sowohl $M_1$ als auch $M_2$ ungefähr an dem in Abb. 6.6 dargestellten Ort. Die Spiegel scheinen nun

$$d = d_1 - d_2 \tag{6.9}$$

voneinander entfernt, und Interferenzmaxima treten bei

$$2d \cos\theta = m\lambda \tag{6.10}$$

auf. Da zwei Bündel interferieren, wird das Streifenmuster durch die $\cos^2$-Funktion beschrieben. Das Interferenzmuster sieht genauso aus wie ein durch zwei fast parallele Oberflächen geringen Reflexionsgrades erzeugtes. Im Interferometer sind jedoch der Abstand und die Orientierung beider Spiegel einstellbar. Sind die Spiegel leicht gegeneinander verkippt, so sind die Streifen nahezu gerade und parallel zu der durch den Schnitt der Spiegelebenen gebildeten Geraden (Interferenzen gleicher Dicke). Sind die Spiegel parallel, aber etwas voneinander entfernt, so entstehen aus Symmetriegründen Ringe, deren Maxima unter bestimmten Winkeln $\theta$ auftreten, die ihrerseits vom Wert des Abstands $d$ abhängen (Interferenzen gleicher Neigung).

Michelson nutzte dieses Interferometer, um die Wellenlänge des Lichts in Einheiten eines verkörperten Längenstandards (Urmeter) zu messen. Auch wenn die eigentliche Messung extrem schwierig ist, so kann doch das prinzipielle Vorgehen folgendermaßen verstanden werden.

Zuerst beleuchtet man das Interferometer mit Weißlicht, dessen Kohärenzlänge sehr klein ist. Nur bei abgeglichener Wegdifferenz kann Interferenz in Form eines einzelnen schwarzen Streifens beobachtet werden, weil eines der Bündel aufgrund der Reflexion am Strahlteiler einen Phasensprung von $\pi$ erfährt.

Nun wird beispielsweise Spiegel $M_1$ parallel zu seiner ursprünglichen Position um die Länge des Urmeters verschoben. Man registriert den Ort des Spiegels $M_2$ und verschiebt diesen, bis der schwarze Streifen wieder sichtbar wird. Beide Spiegel sind dann um genau den gleichen Weg verschoben worden. Nun ersetzt man das weiße Licht durch monochromatisches Licht und zählt die Streifen, bis $M_2$ wieder seine Ausgangsposition erreicht hat. Wurden $m$ Streifen gezählt, so ist die Länge des Standards gleich $m\lambda/2$.

In Wirklichkeit war das Urmeter länger als die Kohärenzlänge jeder verfügbaren Lichtquelle, so daß Michelson sekundäre Standards entwickeln mußte, um die gesamte Messung ausführen zu können.

Die *Sichtbarkeit* $V$ der Streifen eines Michelson-Interferometers wird als

$$V = \frac{I_{\max} - I_{\min}}{I_{\max} + I_{\min}} \tag{6.11}$$

definiert und ist ein Maß für den *Kohärenzgrad* der Lichtquelle. Durch Messung des relativen Spiegelabstandes $d$, bei dem die Streifen verschwinden, können wir die *Kohärenzlänge* $l_c$ der Quelle bestimmen. Wenn die Quelle z.B. nur eine einzige Spektrallinie hat, kann aus $l_c$ die *spektrale Breite* $\Delta\omega$ bestimmt werden.

Das Michelson-Interferometer wird heute oft für die *Fourier-Spektroskopie* im fernen Infrarot eingesetzt. Man kann zeigen, daß die Sichtbarkeit der Streifen $V$ als Funktion von $d$ gleich der Fouriertransformierten der spektralen Verteilung $I(\omega)$ des Lichts ist. Bei dieser Art Spektroskopie wird $V(d)$ über einen großen Bereich von $d$ gemessen und die Fouriertransformierte mit einem Computer berechnet, um $I(\omega)$ zu bestimmen.

### 6.2.1 Das Twyman-Green-Interferometer

Dieses Instrument entspricht einem Michelson-Interferometer mit kollimierter Beleuchtung (Abb. 6.7). Es wird genutzt, um ebene optische Fenster und andere optische Elemente zu prüfen, bei denen die Transmission (im Gegensatz zur Reflexion) bedeutsam ist.

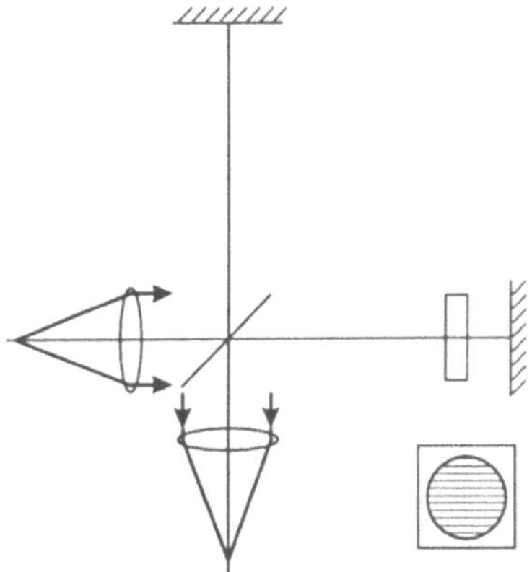

**Abb. 6.7.** Twyman-Green-Interferometer

Ein *Twyman-Green-Interferometer* wird mit kollimiertem Licht betrieben; die Spiegel werden hinreichend parallel justiert, so daß sich ein einziger Streifen über das gesamte Beobachtungsfeld erstreckt. Ein Testobjekt, beispielsweise eine ebene Glasplatte, wird in einen Arm eingesetzt. Die durch die Glasplatte hervorgerufenen Streifen entsprechen Variationen der optischen Weglänge innerhalb der Platte. Ist z.B. die Platte auf der einen Seite etwas dicker als auf der anderen, so sagt man, sie besitze einen *Keil*. Blickt man durch eine solche Glasplatte, so erscheint der Spiegel geringfügig verkippt, und es sind gerade Streifen zu beobachten. Sind die Flächen nicht eben, sondern leicht sphärisch, so entstehen Ringe.

Das Twyman-Green-Interferometer wird auch zum Prüfen von Linsen eingesetzt. Dazu wird ein Spiegel durch eine kleine, reflektierende Kugel ersetzt, und die Linse wird so positioniert, daß der Kugelmittelpunkt mit dem Brennpunkt der Linse zusammenfällt. Das durch die Linse zurücklaufende Bündel wird genau dann kollimiert, wenn die Linse von hoher Qualität ist. Aberrationen und andere Defekte der Linse bewirken eine Abweichung der Wellenfront von einer Ebene und verursachen ein Streifenmuster, aus dem die Leistungsmerkmale der Linse bestimmt werden können.

### 6.2.2 Das Mach-Zehnder-Interferometer

Dieses Instrument ist in Abb. 6.8 dargestellt. Obwohl nicht mit dem Michelson-Interferometer verwandt, ist es ein Zweistrahlinterferometer, das auf der Teilung der Amplitude beruht. Da das Testobjekt vom Licht nur einmal durchlaufen wird, besitzt das Mach-Zehnder-Interferometer nur die halbe Empfindlichkeit eines Michelson- oder Twyman-Green-Interferometers. Wie letzteres kann es zum Prüfen optischer Bauteile auf Ebenheit, Dickenvariationen usw. genutzt werden. Es wird auch zur Messung der Brechungsindizes von Gasen eingesetzt.

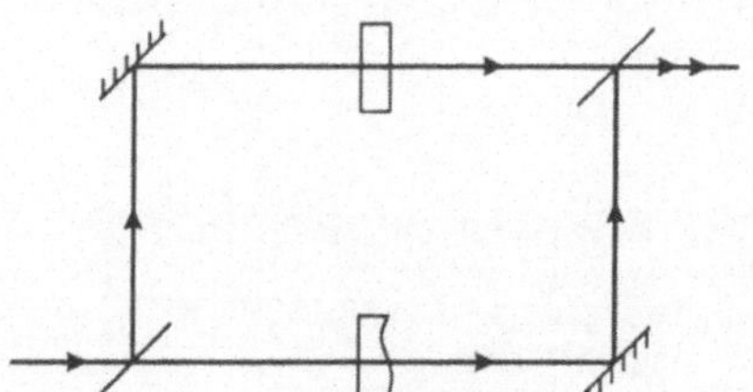

**Abb. 6.8.** Mach-Zehnder-Interferometer

Das Interferometer besteht aus zwei Spiegeln und zwei Strahlteilern. Der erste Strahlteiler spaltet das einfallende Bündel in zwei Teile, während der zweite diese nach Reflexion an den Spiegeln wieder vereinigt. In der Zeichnung ist ein Testobjekt im unteren Arm angeordnet. Der obere Arm enthält eine Kompensationsplatte, die bei begrenzter zeitlicher Kohärenz der Quelle notwendig ist. Die Kompensationsplatte hat etwa die gleiche optische Dicke wie die Probe und sichert den Weglängenabgleich beider Arme. Ist die Lichtquelle ein Laser, ist die Kompensationsplatte nicht immer erforderlich.

Ein *Interferenzmikroskop* ist ein System, das es gestattet, transparente Objekte zu beobachten, vorausgesetzt, ihr Brechungsindex weicht von der Umgebung ab. Die aus der Brechungsindexdifferenz resultierende Phasendifferenz verursacht Interferenzen und macht so das Objekt sichtbar. Die meisten Interferenzmikroskope basieren auf dem Mach-Zehnder-Interferometer, die besten Instrumente nutzen zwei angepaßte Objektive, eines in jedem Arm des Interferometers.

Ein *Faserinterferometer* ist ein Interferometer, bei dem in einem Arm oder in beiden Armen Glasfasern integriert sind. Ein bekannter Typ des Faserinterferometers ist ein Mach-Zehnder-Interferometer mit Monomodefasern in beiden Armen. Die Strahlteiler können durch *Richtkoppler* ersetzt werden (Abschn. 12.1). Spiegel sind nicht notwendig. Ein solches Interferometer kann als Element in einem *Fasersensor* genutzt werden. Dies ist ein Instrument zur Messung von Größen, wie Temperatur oder mechanische Spannung, die die optische Weglänge der Faser in einem Arm des Interferometers verändern, während der andere Arm unbeeinflußt bleibt. Gewöhnlich ist die Änderung der optischen Weglänge analytisch schwer zu bestimmen, so daß derartige Instrumente durch Vergleich mit bekannten Standards kalibriert werden müssen.

## 6.3 Das Fabry-Perot-Interferometer

Das *Fabry-Perot-Interferometer* besteht aus zwei hochreflektierenden Spiegeln, die exakt parallel zueinander angeordnet sind. Wie wir bereits festgestellt haben, wird Licht einer gegebenen Wellenlänge nur dann vollständig transmittiert, wenn

$$m\lambda = 2d\cos\theta \tag{6.12}$$

gilt.

Ein Fabry-Perot-Interferometer ist daher wie ein Beugungsgitter in der Lage, unterschiedliche Wellenlängen zu trennen. Es kann auf zwei verschiedenen Wegen benutzt werden. Ist der Wert von $d$ fest und wird das Interferometer mit einem leicht divergenten Bündel beleuchtet, wird Licht einer gegebenen Wellenlänge nur für ganz bestimmte Werte von $\theta$ transmittiert. Licht einer anderen Wellenlänge wird bei anderen $\theta$ transmittiert; die entsprechende Differenz ist leicht zu berechnen. Oft ist nur die Differenz von Interesse, andernfalls muß das Interferometer mittels einer bekannten Wellenlänge kalibriert werden.

Ein Fabry-Perot-Interferometer kann auch so eingesetzt werden, daß $d$ variiert wird (im allgemeinen bei $\theta = 0$). Das Durchstimmen des Systems kann z.B. durch Variation des Druckes erfolgen, wenn sich das Instrument in einer Druckkammer befindet. Auf diese Weise wird die optische Dicke $nd$ der Luftschicht zwischen den Platten verändert, da $n$ fast streng proportional zum Druck ist. Die Meßwerterfassung ist aber mit dieser Methode relativ langsam. Die meisten modernen Instrumente verwenden Spiegel, die auf piezoelektrischen oder magnetischen Stellelementen angeordnet sind. Dieser Spiegel wird schnell über den Bereich weniger Wellenlängen hin und her bewegt und die transmittierte Intensität mit einem Oszillographen angezeigt.

### 6.3.1 Spektrales Auflösungsvermögen

Wie beim Beugungsgitter suchen wir die kleinste beobachtbare Wellenlängendifferenz. Die transmittierte Intensität einer einzelnen Wellenlänge bezogen auf die Einfallsintensität beträgt nach (5.52) und (5.53)

$$\frac{I_\mathrm{T}}{I_0} = \frac{1}{1 + F\sin^2\frac{\phi}{2}}, \tag{6.13}$$

wobei wir der Einfachheit halber verlustlose Spiegel angenommen haben und $\phi = (2\pi/\lambda)2d\cos\theta$ ist. Der maximale Transmissionsgrad ist 1 und tritt für $\phi = 2m\pi$ auf. Der Transmissionsgrad ist niemals ganz Null, so daß wir statt dessen die Breite $\varepsilon$ der Transmissionskurve bei der Hälfte ihres Maximums betrachten, die implizit durch

$$\frac{I_\mathrm{T}}{I_0} = \frac{1}{2} = \frac{1}{1 + F\sin^2(\frac{2m\pi+\varepsilon/2}{2})} \tag{6.14}$$

gegeben ist. $\varepsilon$ ist die gesamte Breite, so daß $\phi = 2m\pi + (\varepsilon/2)$ gilt, wenn der Transmissionsgrad von 1 auf 1/2 gesunken ist. Ist $F$ groß, so sind die Streifen scharf, und $\varepsilon$ ist klein. Entwickelt man die Sinusfunktion mit Hilfe von Additionstheoremen und ersetzt $\sin(\varepsilon/4)$ durch $\varepsilon/4$, so ergibt sich

$$\frac{1}{2} = \frac{1}{1 + F(\frac{\varepsilon}{4})^2} . \tag{6.15}$$

Durch Auflösen nach $\epsilon$ finden wir

$$\varepsilon = 4/\sqrt{F} . \tag{6.16}$$

Nun muß $\varepsilon$ noch zu $\Delta\lambda$ in Beziehung gesetzt werden. Wir wenden dazu das Kriterium an, daß zwei Wellenlängen aufgelöst sind, wenn ihre Maxima um $\varepsilon$ getrennt sind. Um die Änderung von $\phi$ zu ermitteln, die einer kleinen Änderung von $\lambda$ entspricht, differenzieren wir

$$\phi = (2\pi/\lambda)2d\cos\theta \tag{6.17}$$

nach $\lambda$ und erhalten (ohne Beachtung des Vorzeichens)

$$\Delta\phi = (2\pi/\lambda^2)2d\cos\theta\,\Delta\lambda . \tag{6.18}$$

Wird $\Delta\phi$ gleich $\varepsilon$ gesetzt, dann ist $\Delta\lambda$ gleich dem kleinsten auflösbaren Wellenlängenabstand, d.h. der *spektralen Auflösungsgrenze des Systems.*

Wir kombinieren die letzten beiden Gleichungen unter Beachtung der Tatsache, daß $\phi$ fast gleich $2\pi m$ ist, und können so $\Delta\lambda$ als

$$\Delta\lambda = \lambda/m\mathcal{F} \tag{6.19}$$

(spektrale Auflösungsgrenze des Systems) oder

$$\lambda/\Delta\lambda = m\mathcal{F} , \tag{6.20}$$

mit der als *Finesse* des Instruments bekannten Größe

$$\mathcal{F} = 2\pi/\varepsilon \tag{6.21}$$

schreiben.

In Analogie zum entsprechenden Resultat beim Beugungsgitter können wir $\mathcal{F}$ als effektive Anzahl transmittierter Bündel auffassen. Unter Nutzung der Relation zwischen $\varepsilon$ und $F$ finden wir

$$\mathcal{F} = \pi\sqrt{R}/(1 - R) . \tag{6.22}$$

Erst wenn F Werte von 30 bis 50 erreicht, beeinträchtigen andere Faktoren wie die Justierung der Spiegel die Auflösung. Das Fabry-Perot-Interferometer ist dennoch in der Lage, ein sehr hohes spektrales Auflösungsvermögen zu erreichen. Die Spiegel können 1 cm oder mehr voneinander entfernt sein, so daß (im Sichtbaren) die Ordnung $m$ typischerweise einige hunderttausend beträgt. Das Produkt $m\mathcal{F}$ ist daher sehr groß und das Interferometer erreicht ein sehr viel höheres Auflösungsvermögen als ein Gitterspektrometer.

### 6.3.2 Freier Spektralbereich

Ein Fabry-Perot-Interferometer arbeite abtastend, es gelte $\cos\theta = 1$. Es werde mit Licht der Wellenlängen $\lambda$ und $\lambda + \Delta\lambda$ beleuchtet. Der Wert von $\lambda$ sei bekannt. Um $\Delta\lambda$ zu bestimmen, können wir z.B. die Beziehung $m\lambda = 2d$ differenzieren, was

$$\Delta\lambda = 2\Delta d/m \tag{6.23}$$

ergibt. Erscheint eine Wellenlänge in der Ordnung $m$ bei $d$ und die andere bei $d + \Delta d$, dann ist $\Delta\lambda$ die Differenz zwischen den Wellenlängen. Der Wert von $m$ ist nicht genau bekannt, aber $\Delta\lambda$ kann bestimmt werden, wenn die Transmissionsmaxima beider Wellenlängen dieselbe Ordnung besitzen. Dies gilt üblicherweise nur, wenn $\Delta\lambda$ so klein ist, daß die Ordnung $m$ von $\lambda + \Delta\lambda$ zwischen die Ordnungen $m$ und $(m+1)$ von $\lambda$ fällt. Andernfalls sind die Meßwerte sehr schwer zu interpretieren.

Der Grenzfall tritt auf, wenn die Ordnung $(m+1)$ von $\lambda$ mit der Ordnung $m$ von $\lambda + \Delta\lambda$ zusammenfällt. Dieser Wert von $\Delta\lambda$ ist der größte Wellenlängenbereich, mit dem das Instrument beleuchtet werden darf, ohne daß Interpretationsprobleme auftreten. Er wird als *freier Spektralbereich* (FSB) bezeichnet. Wir finden den freien Spektralbereich ausgehend von den Gleichungen

$$(m+1)\lambda = 2d \quad \text{und} \tag{6.24}$$

$$m(\lambda + \Delta\lambda) = 2d\,. \tag{6.25}$$

Durch Subtraktion erhalten wir

$$\Delta\lambda = \lambda^2/2d \quad \text{(freier Spektralbereich)}\,. \tag{6.26}$$

Weiter können wir zeigen, daß die Finesse $\mathcal{F}$ die spektrale Auflösungsgrenze $(\Delta\lambda)_{\min}$ mit dem freien Spektralbereich $(\Delta\lambda)_{\mathrm{FSB}}$ durch die Relation

$$(\Delta\lambda)_{\min} = (\Delta\lambda)_{\mathrm{FSB}}/\mathcal{F} \tag{6.27}$$

verbindet. Der freie Spektralbereich eines typischen Fabry-Perot-Interferometers ist klein. Oft wird das Licht mit einem Gitter vorzerlegt, dessen spektrales Auflösungsvermögen gleich dem freien Spektralbereich des Interferometers ist. Das Interferometer bietet daher eine Erhöhung des Auflösungsvermögens um mehr als 30 gegenüber dem Gitter.

### 6.3.3 Konfokales Fabry-Perot-Interferometer

Eine relativ neue Variante des Fabry-Perot-Interferometers ist das *sphärische konfokale Fabry-Perot-Interferometer*. Dieses Gerät nutzt zwei sphärische Spiegel, im allgemeinen mit gleichen Radien, deren Brennpunkte fast oder ganz zusammenfallen. Da diese Geometrie Beugungsverluste und den

Einfluß von Fehlern der Spiegel minimiert, kann die Finesse $\mathcal{F}$ bis zu 300 betragen. Diese Instrumente werden fast immer dazu benutzt, das Spektrum eines Lasers zu untersuchen, dessen gesamte spektrale Breite kleiner als der freie Spektralbereich des Interferometers ist.

Kürzlich wurden auch Fabry-Perot-Interferometer entwickelt, die eine Finesse von über 20000 besitzen. Obwohl nicht in konfokaler Anordnung, benutzen auch diese Systeme Hohlspiegel, um die Beugungsverluste zu minimieren. Um Streuverluste zu senken, sind die Beschichtungen der Spiegel auf hochpolierte Substrate (auch als *superpoliert* bezeichnet) aufgebracht, und das ganze System ist hermetisch abgeschlossen. Mit einem sehr kleinen Resonator, z.B. von $d = 20\,\mu\text{m}$ kann das Instrument ein Spektrum von 5 oder 10 nm Breite mit guter Auflösung anzeigen.

## 6.4 Mehrschichtspiegel und Interferenzfilter

### 6.4.1 Lambda-Viertel-Schicht

Beim Einfall eines Lichtbündels auf die Grenzfläche zwischen Medien unterschiedlicher Brechungsindizes wird ein Teil des Lichts reflektiert. Der Reflexionsgrad $R$ hängt von dem Verhältnis $\mu$ der Brechungsindizes beider Medien ab. Bei senkrechtem Einfall gilt

$$R = \left(\frac{\mu - 1}{\mu + 1}\right)^2 . \tag{6.28}$$

Außerdem ändert sich die Phase der reflektierten Welle bei der Reflexion um 180°, wenn der Übergang vom Medium mit dem niedrigeren Brechungsindex zu dem mit höherem Brechungsindex erfolgt. Die Phase der transmittierten Welle wird dagegen nicht geändert.

Bei einem Luft-Glas-Übergang entspricht $\mu$ dem Brechungsindex $n$ des Glases, und $R$ ist etwa 4%. Es ist möglich, eine dünne Schicht eines Materials mit niedrigem Brechungsindex so auf die Glasoberfläche aufzubringen, daß der Reflexionsgrad beträchtlich sinkt. Angenommen, die Schicht habe die geometrische Dicke $d$ und den Brechungsindex $n_\text{f} < n_\text{g}$. Da beide reflektierte Wellen dieselbe 180°-Phasenänderung erfahren, werden wir diese im folgenden nicht beachten.

Die reflektierten Wellen interferieren destruktiv und ergeben ein Minimum des Reflexionsgrades, wenn

$$2n_\text{f}d = \lambda/2 \tag{6.29}$$

gilt, wobei $n_\text{f}d$ die optische Dicke der Schicht ist. Daher folgt

$$n_\text{f}d = \lambda/4 . \tag{6.30}$$

Diese Schicht wird als *Antireflexionsschicht* bezeichnet. Eine Schicht, deren optische Dicke $\lambda/4$ beträgt, heißt Viertelwellen oder *Lambda-Viertel-Schicht.*

Die Wellen löschen einander jedoch nur dann vollständig aus, wenn die Reflexionsgrade beider Grenzflächen gleich sind. Dieser Fall tritt dann ein, wenn der Brechungsindex $n_\mathrm{f}$ so gewählt wird, daß die $\mu$-Werte beider Grenzflächen übereinstimmen, d.h. bei

$$n_\mathrm{f}/1 = n_\mathrm{g}/n_\mathrm{f} \,. \tag{6.31}$$

Die Schicht sollte daher den Brechungsindex

$$n_\mathrm{f} = n_\mathrm{g}^{1/2} \tag{6.32}$$

haben.

Das in der Praxis am häufigsten eingesetzte Material ist $MgF_2$, dessen Brechungsindex $1,38$ beträgt. Da der Brechungsindex der meisten optischen Gläser etwa bei $1,5$ liegt, ist die Anpassung nicht ideal, aber $R$ wird auf etwa 1% reduziert. Spezielle Dreifachschichten erlauben noch geringere Reflexionsgrade.

Es ist auch möglich, eine Schicht mit einem Brechungsindex von $n_\mathrm{f} > n_\mathrm{g}$ aufzubringen. In diesem Fall erfährt die an der zweiten Grenzschicht reflektierte Welle keine Phasenverschiebung, und der Reflexionsgrad ist größer als 4%. Nichtmetallische und daher nichtabsorbierende Strahlteiler werden oft auf diese Art und Weise hergestellt. Zum Beispiel ergibt eine Lambda-Viertel-Schicht aus $TiO_2$ einen brauchbaren Strahlteiler bei einem Einfallswinkel von 45°.

### 6.4.2 Vielschicht-Spiegel

Ein effektiver Reflektor kann aus mehreren Lambda-Viertel-Schichten hergestellt werden, wobei abwechselnd Schichten mit hohem und niedrigem Brechungsindex $n_\mathrm{h}$ bzw. $n_\mathrm{n}$ auf dem Glassubstrat aufgebracht sind. Jede dieser Schichten hat eine optische Dicke von $\lambda/4$. Da eine Phasenänderung bei jeder zweiten Grenzfläche auftritt, überlagern sich die reflektierten Wellen konstruktiv. Mit fünfzehn oder mehr Schichten kann auf diese Weise ein Reflexionsgrad von über $99,9\%$ erreicht werden, wenn Lichtstreuungen innerhalb der Schicht und an der Substratoberfläche sorgfältig vermieden werden.

Lambda-Viertel-Schichtsysteme mit relativ wenigen Schichten werden auch dann eingesetzt, wenn ein bestimmter Reflexionsgrad erwünscht ist. Diese Spiegel sind effektiv in dem Sinne, daß nur sehr kleine Absorptionsverluste auftreten. Vielfachschicht-Spiegel sind auch sehr stabil und werden für Laseranwendungen im Sichtbaren und Infraroten vor allem bei Resonatoren, Interferometern und anderen Komponenten eingesetzt.

### 6.4.3 Interferenzfilter

Die bekanntesten *Interferenzfilter* sind so hergestellt, daß Licht innerhalb eines schmalen Wellenlängenbereiches transmittiert und alles übrige blockiert wird. Sie stellen Dünnschicht-Fabry-Perot-Interferometer dar, die aus zwei dünnen, durch eine dielektrische Schicht getrennten Metallfilmen bestehen. (Zusätzlich zu diesen Schichten werden die äußeren Oberflächen der Metallbeschichtungen oft mit einem Antireflexionsschichtsystem versehen, das wegen der Phasenänderung bei der Reflexion an einer Metallschicht sehr kompliziert aufgebaut ist.) Solche Filter werden auch als Metall-Dielektrikum-Metall- oder *MDM*-Filter bezeichnet.

Beide Metallschichten sind sehr dünn und teilweise transparent. Sie dienen als Fabry-Perot-Spiegel, und ihr Abstand wird durch die dielektrische Schicht bestimmt. Die optische Dicke dieser Schicht ist durch die Beziehung $m\lambda = 2nd$ gegeben, wobei $m$ fast immer 1 oder 2 beträgt. Unerwünschte Transmissionsmaxima treten bei Wellenlängen weit abseits der Soll-Wellenlänge auf und können z.B. mittels eines in dem entsprechenden Wellenlängenbereich absorbierenden Substrates vermieden werden.

Interferenzfilter können so gestaltet werden, daß sie Licht nur innerhalb eines sehr schmalen Bandes passieren lassen, in diesem Falle jedoch oft auf Kosten des Spitzentransmissionsgrades. Ein typischer Interferenzfilter für sichtbares Licht hat z.B. eine *Bandbreite* von 7 nm mit 70% Spitzentransmissionsgrad oder eine geringere Bandbreite bei entsprechend niedrigerer Transmission. Zum Beispiel ist für eine Bandbreite von 1 nm der Spitzentransmissionsgrad auf etwa 30% reduziert.

Vielfachschichten können auch so gestaltet werden, daß sie ein relativ breites Band reflektieren oder transmittieren oder infrarotes Licht reflektieren und sichtbares Licht transmittieren. Die Herstellung der Schichten ist wesentlich komplizierter als die der hier beschriebenen Lambda-Viertel-Schichten und MDM-Filter.

## Aufgaben

**Aufgabe 6.1.** Ein Beugungsgitter sei in erster Ordnung ($m = 1$) für die Wellenlänge $\lambda_1$ geblazt. Die Spaltbreite $b$ sei gleich der Gitterperiode $d$.

a) Man zeige, daß die Ordnungen $m = 0$ und $m = 2$ fehlen. (Dazu skizziere man das Beugungsmuster des Einzelspalts (die Einhüllende) und zeige, daß die Ordnungen 0 und 2 mit Minima der Einhüllenden zusammenfallen.
b) Man betrachte die Wellenlänge $\lambda_2 = 2\lambda_1$. Man zeige, daß diese Wellenlänge in erster Ordnung bei $\sin\theta = 2\lambda_1/d$ erscheint. Kann diese Wellenlänge auch in nullter Ordnung beobachtet werden? (Man beachte, daß das Zentrum der Einhüllenden nur vom Blaze-Winkel und nicht von der Wellenlänge abhängt.)

**Aufgabe 6.2.** Ein Transmissions-Beugungsgitter habe 714 Linien/mm. Sichtbares Licht des Wellenlängenbereiches 400 nm bis 700 nm falle senkrecht ein.

a) Man zeige, daß zwei komplette Spektren auftreten, eines zwischen 17° und 30° sowie eines zwischen 35° und 90° (d.h. zwei Spektren auf jeder Seite der Gitternormalen).
b) In (a) ergibt sich ein Abstand von 5° zwischen den Spektren erster und zweiter Ordnung. Bei welcher Zahl von Linien pro mm beginnen sich diese Spektren zu überlappen?

**Aufgabe 6.3.** Wenn ein Beugungsgitter mehrere Ordnungen hat, so können sich Spektren in den Ordnungen $m$ und $m + 1$ überlappen. Ist der Wellenlängenbereich der Lichtquelle geeignet eingeschränkt, so treten derartige Überlappungen nicht auf. Man finde den größtmöglichen Wellenlängenbereich, bei dem ein Beugungsgitter in der Ordnung $m$ eingesetzt werden kann, ohne daß Überlappungen auftreten. Dies ist der freie Spektralbereich des Gitters.

**Aufgabe 6.4.** Eine gut korrigierte Linse fokussiere das durch ein planparalleles Fabry-Perot-Interferometer mit einem Plattenabstand $d$ transmittierte Licht auf eine Photoplatte. Für eine bestimmte Wellenlänge gelte im Zentrum des Ringsystems $m\lambda = 2d$. Man zeige, daß andere Ordnungen der Wellenlänge $\lambda$ als Kreise mit den Radien $f'(p\lambda/d)^{1/2}$ auftreten, wobei $p$ eine ganze Zahl und $f'$ die Brennweite der Linse sind. (Man beachte, daß die Ordnungszahl in Richtung vom Zentrum zur Peripherie des Interferenzmusters abnimmt).

**Aufgabe 6.5.** Um den Einfluß der Oberflächenqualität auf ein Fabry-Perot-Interferometer abzuschätzen, betrachte man ein Interferometer mit einer Stufe auf einem Spiegel. Die Höhe der Stufe betrage $h$. Man zeige, daß die maximal akzeptable Stufenhöhe etwa $\lambda/2\mathcal{F}$ beträgt, wobei $\mathcal{F}$ die Finesse des Interferometers ist.

**Aufgabe 6.6.** Ein ideales Fabry-Perot-Interferometer habe den Durchmesser $D$. Durch Beugung an der Öffnung des Interferometers ergibt sich die Divergenz jedes auftretenden Ringes oder Bündels zu $\lambda/D$. Man benutze diesen Näherungswert, um den Einfluß der Beugung auf das Auflösungsvermögen des Interferometers abzuleiten! Untersuchen Sie diesen Einfluß

a) für den Fall eines punktförmigen Detektors auf der optischen Achse und
b) für den Fall des Einsatzes einer Fotoplatte. [Um die Aufgabe zu lösen, benötigt man lediglich $m\lambda = 2d\cos\theta$.]

**Aufgabe 6.7.** Ein MDM-Filter habe eine maximale Transmission bei der Wellenlänge $\lambda_0$ und eine Bandbreite von $\Delta\lambda$. Wie weit kann man den Filter gegenüber der Einfallsrichtung ungefähr verkippen, bis sich die transmittierte Wellenlänge um mehr als $\Delta\lambda$ ändert? Dieses Resultat bestimmt den zur Transmission eines solchen Filters notwendigen Kollimationsgrad eines Lichtbündels. [In Wirklichkeit ist der Filter aufgrund der Beschichtung der äußeren Flächen der Metallschichten etwas empfindlicher gegen Verkippungen.]

**Aufgabe 6.8.** Ein Spektrometer nutzt ein Gitter mit $N$ Linien in erster Ordnung. Die Breite des Ausgangsspaltes entspreche der spektralen Auflösungsgrenze des Gitters. Um das Auflösungsvermögen zu verbessern, wird ein Fabry-Perot-Interferometer am Ausgang des Instruments angebracht. Man bestimme den günstigsten Spiegelabstand $d$ in Abhängigkeit von $N$ und $\lambda$!

# 7. Holographie und Bildverarbeitung

Wir beginnen dieses Kapitel mit einer einfachen Beschreibung der Holographie und werden dann wichtige Aspekte, wie die Lage der Bilder, das Auflösungsvermögen und den Einfluß der Wellenlänge, behandeln. Unter der allgemeinen Überschrift optische Informationsverarbeitung behandeln wir die Abbesche Theorie des Mikroskops, räumliche Filterung, Phasenkontrastmikroskopie und angepaßte Filterung (matched filtering), kurz: alles, was oft mit Fourier-Optik bezeichnet wird.

## 7.1 Holographie

Die *Holographie* oder *Wellenfrontrekonstruktion* wurde schon 1948 erfunden, ungefähr fünfzehn Jahre vor der Entwicklung des Lasers. Ihr wirklicher Erfolg stellte sich erst ein, nachdem mit den hochkohärenten Lichtquellen die Möglichkeit der Trennung von Referenz- und Objektbündel und damit der störungsfreien Rekonstruktion beliebiger Objekte gegeben war.

Gabors ursprüngliche Idee der Holographie bestand darin, Licht zu filtern und durch eine Lochblende zu schicken, um die notwendige Kohärenz zu erreichen. Die Quelle beleuchtet dabei ein kleines halbdurchlässiges Objekt $O$ derart, daß das meiste Licht ungestört auf eine Photoplatte $H$ fällt (Abb. 7.1). Außerdem gelangt das am Objekt gestreute oder gebeugte Licht auf die Platte, wo es mit dem direkten Bündel oder *kohärenten Untergrund* interferiert. Das resultierende Interferenzmuster wird auf der Platte aufgezeichnet und enthält ausreichend Information, um eine komplette *Rekonstruktion* des Objekts zu ermöglichen.

Um die Intensität bei $H$ zu berechnen, können wir das ankommende Feld als

$$E = E_\mathrm{i} + E_0 \tag{7.1}$$

schreiben, wobei $E_\mathrm{i}$ das Feld des kohärenten Untergrundes und $E_0$ das am Objekt gestreute Feld sind. Das auf $H$ fallende gestreute Feld $E_0$ ist nicht einfach zu beschreiben, da sowohl die Phase als auch die Amplitude stark ortsabhängig sind. Wir schreiben daher

$$E_0 = A_0 \mathrm{e}^{\mathrm{i}\psi_0} \,, \tag{7.2}$$

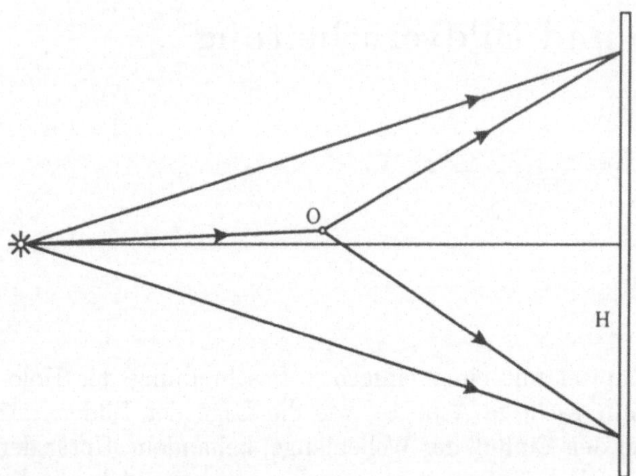


**Abb. 7.1.** Aufnahme eines Gabor-Hologramms

wobei $A_0$ und $\psi_0$ Funktionen des Ortes sind. Einen analogen Ausdruck schreiben wir auch für $E_\mathrm{i}$, obwohl $E_\mathrm{i}$ üblicherweise nur eine sphärische Welle mit konstanter Amplitude $A_\mathrm{i}$ ist. Das auf die Photoplatte einfallende Feld kann somit durch

$$E = \mathrm{e}^{\mathrm{i}\psi_\mathrm{i}} \left[ A_\mathrm{i} + A_0 \mathrm{e}^{\mathrm{i}(\psi_0 - \psi_\mathrm{i})} \right] \tag{7.3}$$

bzw. die Intensität durch

$$I = A_\mathrm{i}^2 + A_0^2 + A_0 A_\mathrm{i} \mathrm{e}^{\mathrm{i}(\psi_0 - \psi_\mathrm{i})} + A_0 A_\mathrm{i} \mathrm{e}^{-\mathrm{i}(\psi_0 - \psi_\mathrm{i})} \tag{7.4}$$

ausgedrückt werden.

Es ist zweckmäßig, die Photoplatte $H$ durch eine Amplitudentransmission $t_\mathrm{a}$ als Funktion der Belichtung $\mathcal{E}$ zu charakterisieren, anstatt wie in der konventionellen Photographie $D$ als Funktion von $\log \mathcal{E}$ auszudrücken. Die Kurve $t_a(\mathcal{E})$ ist in Abb. 7.2 dargestellt. Sie ist innerhalb eines kleinen Bereiches nahezu linear, wir bezeichnen ihren Anstieg dort mit $\beta$.

In diesem Bereich ist die Abhängigkeit $t_\mathrm{a}(\mathcal{E})$ für einen Negativfilm durch

$$t_\mathrm{a} = t_0 - \beta \mathcal{E} \tag{7.5}$$

gegeben.

Für die Belichtungszeit $t$ finden wir die Amplitudentransmission der entwickelten Platte

$$t_\mathrm{a} = t_0 - \beta t \left[ A_\mathrm{i}^2 + A_0^2 + A_0 A_\mathrm{i} \mathrm{e}^{\mathrm{i}(\psi_0 - \psi_\mathrm{i})} + A_0 A_i \mathrm{e}^{-\mathrm{i}(\psi_0 - \psi_\mathrm{i})} \right] . \tag{7.6}$$

Der Term $A_0^2$ trägt bei der Rekonstruktion zum Rauschen bei, wir vernachlässigen ihn hier aufgrund der Annahme, daß die Intensität des gestreuten Feldes klein gegen den kohärenten Untergrund ist.

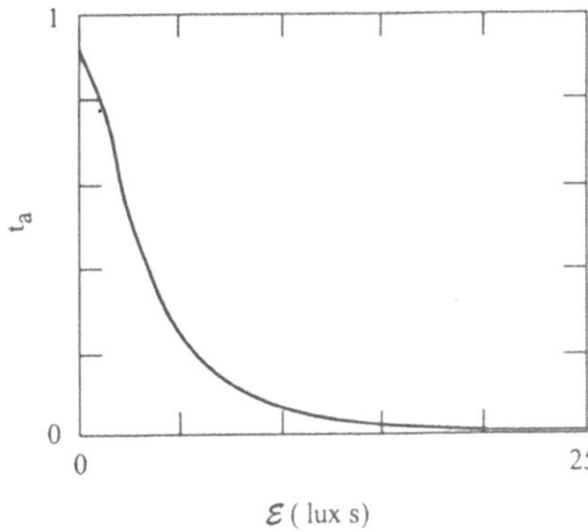


**Abb. 7.2.** Charakteristik einer Agfa-Gevaert 10E75-Emulsion. [nach F. H. Kitredge: Diffraction Efficiency and Image Quality of Holograms Exposed on Agfa - Gevaert 10E75 Plates. MSc Thesis, University of Waterloo, Waterloo, Ontario, Canada (1969)]

Wir können nun das Objekt entfernen und die entwickelte Platte mit dem ursprünglichen Referenzbündel $E_i$ beleuchten. Die entwickelte Platte wird als *Hologramm* bezeichnet. Das transmittierte Feld $E_t$ direkt hinter dem Hologramm ist

$$E_t = A_i e^{i\psi_i} t_a , \tag{7.7}$$

wovon besonders der Teil

$$-\beta t A_i e^{i\psi_i} \left[ A_i^2 + A_0 A_i e^{i(\psi_0 - \psi_i)} + A_0 A_i e^{-i(\psi_0 - \psi_i)} \right] \tag{7.8}$$

von Interesse ist. Wir können nun $A_i$ ausklammern und erhalten abgesehen von reellen Konstanten

$$e^{i\psi_i} \left[ A_i + A_0 e^{i(\psi_0 - \psi_i)} + A_0 e^{-i(\psi_0 - \psi_i)} \right] . \tag{7.9}$$

Die ersten beiden Terme sind identisch mit dem Feld, mit dem die Platte belichtet wurde; der erste Term entspricht dem kohärenten Untergrund, der zweite der am Objekt gestreuten Welle. Ein durch die Platte blickender Beobachter würde daher das Objekt in seiner ursprünglichen Lage sehen. Abgesehen von der Intensität entspricht dieses Bild genau dem Objekt.

Der dritte Term stimmt bis auf das Vorzeichen des Phasenterms $\psi_0 - \psi_i$ mit dem zweiten überein. Er entspricht einem zweiten, auf der gegenüberliegenden Seite der Platte liegenden Bild. Dieses *konjugierte Bild* tritt immer auf und ist unscharf, wenn wir auf das *primäre Bild* scharf stellen. Seine Anwesenheit beeinträchtigt daher das primäre Bild und ist ein wesentliches Hindernis bei der Herstellung von Hologrammen. Für praktische Zwecke kann dieses Problem gelöst werden, wenn der Laser eine ausreichende Kohärenz besitzt, um die Objektwelle vom kohärenten Untergrund mittels eines Prismas oder eines Strahlteilers zu trennen. Die Abb. 7.3 zeigt einige Beispiele für die Trennung der beiden Wellen. Das primäre und das konjugierte Bild sind so voneinander getrennt, daß sie sich nicht gegenseitig stören.

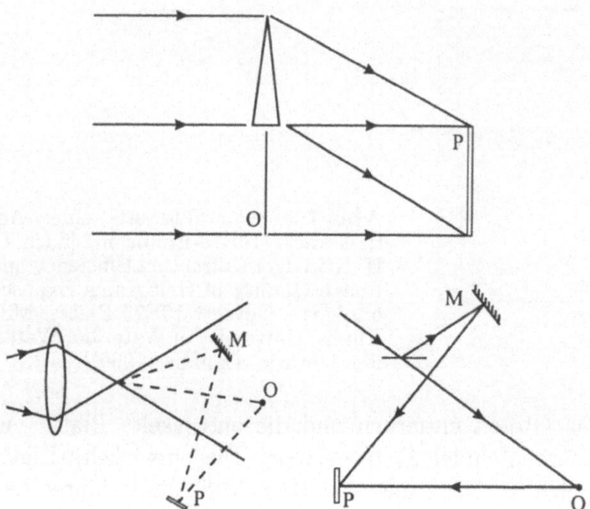


**Abb. 7.3.** Anordnungen zur Trennung von Objekt- und Referenzbündel

### 7.1.1 Off-Axis-Holographie

Die allgemeine Theorie der Holographie ist zu umfangreich, um sie hier weiter zu verfolgen. Glücklicherweise gibt es aber auch einen einfachen und praktikablen Zugang zur Holographie.

Wie in Abb. 7.4 dargestellt, falle das *Referenzbündel* (das den kohärenten Untergrund darstellt) der Einfachheit halber senkrecht auf die Photoplatte $H$. Wir richten unsere Aufmerksamkeit auf ein kleines Objekt, das als Teil eines größeren angesehen werden kann. Dieses Objekt werde mit einem zum Referenzbündel kohärenten Bündel beleuchtet, d.h., Objekt- und Referenzwelle kommen von derselben Laserquelle.

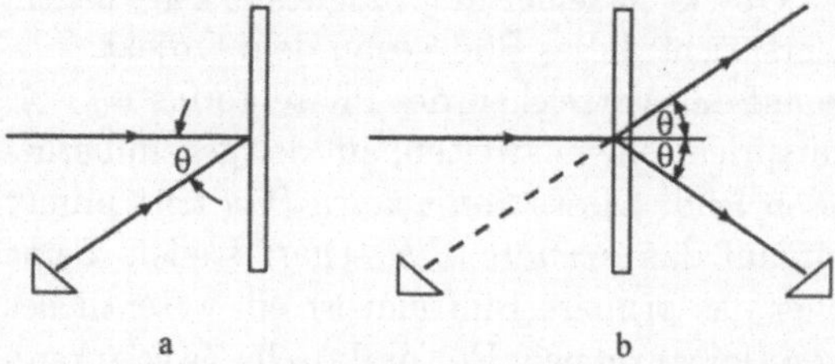


**Abb. 7.4.** Off-Axis-Hologramm. **(a)** Belichtung, **(b)** Rekonstruktion

An einer bestimmten Stelle der Photoplatte betrage der Winkel zwischen Objekt- und Referenzbündel $\theta$. Die Interferenz zwischen diesen Bündeln führt zu einem Zweistrahl-Interferenzmuster. Der Abstand benachbarter Maxima ist dabei an dieser Stelle auf der Platte durch

$$d = \lambda / \sin\theta \tag{7.10}$$

gegeben.

Die entwickelte Platte oder das Hologramm ähnelt daher einem Beugungsgitter (oder, bei einem komplizierten Objekt, einer Überlagerung von Beugungsgittern) mit der Gitterperiode $d$. Fällt das Referenzbündel auf das Hologramm, wird das Licht entsprechend der Gittergleichung

$$m\lambda = d\sin\theta' \tag{7.11}$$

in mehrere Ordnungen gebeugt, wobei $\theta'$ der Winkel ist, unter dem die gebeugten Wellen erscheinen. Wenn die $t_a(\mathcal{E})$-Kurve der Platte linear ist, wird der Transmissionskoeffizient der aufgezeichneten Interferenzen durch eine Sinusfunktion beschrieben. Man kann zeigen, daß in diesem Fall außer dem ungebeugten Licht in der nullten Ordnung nur die Ordnungen $\pm 1$ auftreten. Das Hologramm beugt daher das Licht in die Richtungen

$$\theta' = \pm\,\theta\,. \tag{7.12}$$

Wie in Abb. 7.4 dargestellt, führt die der ursprünglichen Objektwelle entsprechende gebeugte Welle zu einem virtuellen Bild, das am ursprünglichen Objektort liegt. Das ist das primäre Bild. Das konjugierte Bild ist in diesem Falle reell und tritt aufgrund der zweiten gebeugten Welle auf. Das wichtige daran ist seine Winkel-Trennung vom primären Bild.

Die Beugungsgitter-Interpretation der Holographie führt zu einer wichtigen Schlußfolgerung. Angenommen, ein Film habe das Auflösungsvermögen $AV$. Er kann dann kein Streifensystem feiner als $1/AV$ auflösen, d.h. die Streifenperiode $d$ darf nicht kleiner als $1/AV$ sein, wenn das Hologramm vollständig aufgezeichnet werden soll. Dieser Faktor bestimmt den größten zulässigen Winkel $\theta_{max}$ zwischen Referenz- und Objektwelle mit

$$\sin\theta_{max} = \lambda AV\,. \tag{7.13}$$

Unter der Voraussetzung, daß $\theta$ kleiner als $\theta_{max}$ ist, kann das Hologramm aufgezeichnet und die Objektwelle exakt rekonstruiert werden.

Das Anschauen des primären Bildes entspricht dem Betrachten des Objekts durch ein Fenster. Die Auflösung wird durch die Apertur des Systems Hologramm-Beobachtungsoptik und durch das Auflösungsvermögen der Photoplatte bestimmt. Die Auflösungsgrenze ist ungefähr gleich dem Radius des Airy-Scheibchens des optischen Systems.

Das Auflösungsvermögen der Photoplatte legt die maximale Apertur des Hologramms fest, das aufgezeichnet werden kann, und führt zu einer oberen Grenze für die Auflösung im rekonstruierten Bild (Aufgabe 7.2).

**Beispiel 7.1.** Ein Objekt erstrecke sich über einen Winkel von $2\phi$, gesehen vom Zentrum einer Photoplatte.

a) Man bestimme die kleinste Gitterperiode, die durch Interferenz zwischen Strahlen entsteht, die von verschiedenen Objektpunkten ausgehen. Man nehme der Einfachheit halber an, daß das Zentrum des Objekts auf der Mittelsenkrechten der Platte liegt.
b) Auf diese Photoplatte wird ein Hologramm des Objekts aufgezeichnet. Das Referenzbündel falle unter dem Winkel $\theta$ auf die Photoplatte. Das Hologramm wird mit demselben Referenz- oder nunmehr Rekonstruktionsbündel ausgelesen. Man zeige, daß dieses Bündel durch die bei der Aufnahme stattfindenden Interferenzen unterschiedlicher Anteile des Objektbündels auch in der 0. Ordnung in einen Winkelbereich gebeugt wird. $\theta$ muß daher $\arcsin(3\sin\phi) \sim 3\phi$ übersteigen, um eine Überlappung des auf diese Art und Weise gebeugten Lichts (des sogenannten Intermodulationsanteils) mit dem gewünschten Bild zu vermeiden. (Ist das Referenzbündel viel intensiver als das Objektbündel, ist der Intermodulationsterm sehr schwach, und $\theta$ kann bis auf $\phi$ reduziert werden.) △

### 7.1.2 Das Hologramm als Zonenplatte

Wenn wir das Hologramm insgesamt betrachten, so stellen wir fest, daß der Abstand der Interferenzmaxima ortsabhängig ist. Position und Abstand dieser Maxima können bestimmt werden, indem die *OWD* zwischen Objekt- und Referenzwelle gleich $m\lambda$ gesetzt wird. Offensichtlich müßte man diese Berechnung mit Hilfe der *Fresnelschen Konstruktion* für jeden Objektpunkt ausführen, um zur entsprechenden *Zonenplatte* zu kommen, unabhängig davon, ob das Referenzbündel aus dem Unendlichen kommt oder nicht.

Wir stellen also fest, daß das Hologramm eine Überlagerung von Zonenplatten ist. Jede Zonenplatte entsteht durch Interferenz zweier Bündel und besitzt im Idealfall einen sinusförmig modulierten Transmissionskoeffizienten wie die Beugungsgitter im vorigen Abschnitt. Tatsächlich können diese Beugungsgitter als Teile von Zonenplatten betrachtet werden, die so klein sind, daß der Abstand der Maxima im wesentlichen konstant ist.

Ein sinusförmig moduliertes Beugungsgitter erzeugt neben der nullten Ordnung ausschließlich die Beugungsordnungen $+1$ und $-1$. ähnlich besitzt eine sinusförmig modulierte Zonenplatte nur eine positive und eine negative Brennweite. Ist das Referenzbündel kollimiert, entsprechen diese Brennweiten dem senkrechten Abstand des Objekts von der Photoplatte. Kommt das Referenzbündel von einem Punkt in einem endlichen Abstand von der Platte, sind die Brennweiten $f$ und $f'$ im allgemeinen nicht gleich, sondern müssen durch Anwendung der Abbildungsgleichung bestimmt werden. Das Zentrum der Zonenplatte liegt auf einer Geraden, die die Quelle des Referenzbündels mit dem Objektpunkt (oder seinem Spiegelbild an der Plattenebene, wenn sich Objekt und Quelle auf derselben Seite der Photoplatte befinden) verbindet.

Die Zonenplatten-Interpretation des Hologramms zeigt nicht nur sofort, warum zwei Bilder auftreten, sondern ebenso ihre Lage. Es wird nun klar, warum wir zuvor ein gebeugtes Bündel dem primären Bild und eines dem konjugierten Bild zugeordnet haben.

Die Kenntnis der Brennweite der elementaren Zonenplatten ist auch für andere Zwecke wichtig. Vielleicht wollen wir das Hologramm mit einem Bündel rekonstruieren, das sich vom ursprünglichen Referenzbündel entweder in der Wellenlänge oder der Lage des Quellpunktes unterscheidet. Obwohl dadurch im allgemeinen Aberrationen hervorgerufen werden, kann das sinnvoll sein, um eine Vergrößerung zu erzielen. Die z.B. durch eine Wellenlängenänderung hervorgerufene Vergrößerung ist eher gering und entspricht im allgemeinen nicht dem Verhältnis der jeweiligen Abstände der Bilder von der Photoplatte. Die Vergrößerung kann für einen gegebenen Fall bestimmt werden, indem die Bilder zweier Objektpunkte aufgesucht werden und ihre Abstände mit dem Original verglichen werden.

Es bleibt dem Leser überlassen, zu zeigen, warum eine Wellenlängenänderung im Falle kollimierter Referenz- und Rekonstruktionsbündel keine Skalierungsänderung bewirkt.

### 7.1.3 Amplituden- und Phasenhologramme

Ein auf einem Film aufgezeichnetes Hologramm hat gewöhnlich eine komplizierte Amplitudentransmissionsfunktion und wird oft als Amplitudenhologramm bezeichnet. Der *Beugungswirkungsgrad* eines Hologramms ist definiert als der in das primäre Bild gebeugte Prozentsatz der Intensität des Referenzbündels. Der Beugungswirkungsgrad eines Amplitudenhologramms hängt vom Kontrast der aufgezeichneten Streifen ab und ist daher am größten, wenn Referenz- und Objektbündel mit gleicher Intensität auf die Photoplatte fallen. Selbst in diesem Fall beträgt der maximale theoretische Beugungswirkungsgrad aber auch nur 6,25%. Die Nichtlinearität der Kennlinie der Photoplatte führt dazu, daß die Intensität des Referenzbündels mindestens dreimal so groß wie die des Objektbündels gewählt werden muß. Der Beugungswirkungsgrad von Amplitudenhologrammen liegt daher bei 2 oder 3%.

Als *Bleichen* bekannte chemische Prozesse wandeln das Silber der Photoplatte in ein transparentes Silbersalz um. Dieses Salz hat einen von der Gelatine geringfügig abweichenden Brechungsindex. Zusätzlich bewirkt die Anwesenheit entwickelten Silbers einen Reliefeffekt auf der Oberfläche der Emulsion. Diese Faktoren ermöglichen die Umwandlung des Amplitudenhologramms in ein nahezu transparentes *Phasenhologramm.* Weil das Hologramm keine Variationen der Amplitudentransmission aufweist, wirkt es fast auf die gleiche Weise wie ein geritztes Gitter (siehe Abschn. 6.1.1).

Ein Phasenhologramm liefert daher dasselbe Bild wie ein Amplitudenhologramm. Da die Platte aber nicht mehr absorbiert, kann der Beugungswirkungsgrad (bei sinusförmiger Modulation) merklich größer sein. Abbildung 7.5 zeigt den Beugungswirkungsgrad als Funktion der Schwärzung für gebleichte und ungebleichte Hologramme. Das Verhältnis der Intensitäten des

Referenzbündels und des Objektbündels betrug in diesem Falle 7:1. Dieser Wert wurde gewählt, weil niedrigere Intensitätsverhältnisse zwar einen höheren Kontrast der Interferenzen liefern, aber Phasenhologramme dann nichtlinear werden und Streulicht und Schleier zeigen würden. Ein Intensitätsverhältnis von 7:1 bewirkt einen relativ guten Beugungswirkungsgrad und relativ wenig Schleier, während höhere Intensitätsverhältnisse zu geringeren Beugungswirkungsgraden führen. Phasenhologramme neigen allgemein mehr zu Schleiern als Amplitudenhologramme. Zudem erfordern Phasenhologramme wesentlich mehr Belichtung als Amplitudenhologramme, weil der Beugungswirkungsgrad eines Phasenhologrammes für Schwärzungen (vor dem Bleichen) von 2 oder mehr am größten ist. Sie können auch mit der Zeit nachdunkeln, vor allem, wenn sie dem Umgebungslicht ausgesetzt sind. Diese Faktoren werden gewöhnlich durch ihre hohe Effektivität und die relative Unempfindlichkeit gegenüber Abweichungen von der optimalen Exposition aufgewogen.

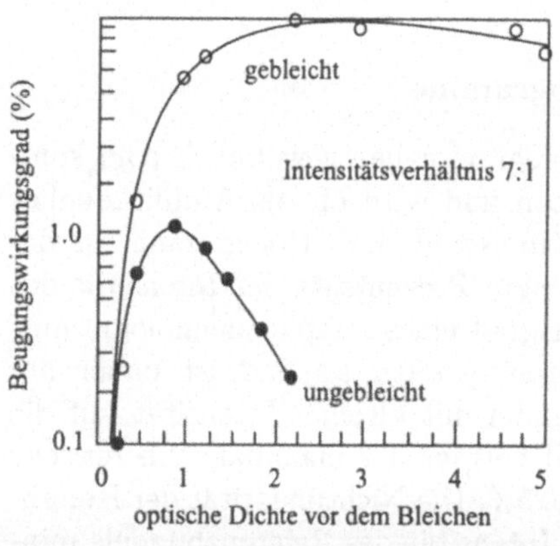


**Abb. 7.5.** Beugungswirkungsgrad von Amplituden- und Phasenhologrammen, aufgenommen auf 10E75-Platten. [nach M. Young, F. H. Kitredge: Appl. Opt. **8**, 2353 (1969)]

### 7.1.4 Dicke Hologramme

Die photographische Emulsion kann Dicken von 10 µm oder mehr haben, die Interferenzstreifen durchdringen folglich die Emulsion. In diesem Falle ähnelt das Hologramm einem Stapel von Beugungsgittern oder einer Jalousie wie in Abb. 7.6a. Grob gesagt, ist die Dicke der Emulsion dann von Bedeutung, wenn das gebeugte Licht – wie gezeigt – die Emulsion nicht ohne Wechselwirkung mit den durch Interferenzen entstandenen Gitterflächen auf seinem Weg verlassen kann. Das hängt von der Dicke der Emulsion und den Winkelverhältnissen ab. Bei Transmissionshologrammen bewirkt die Emulsionsdicke, daß der Beugungswirkungsgrad dann am größten ist, wenn die ursprünglichen Winkel beibehalten werden (Aufgabe 7.3).

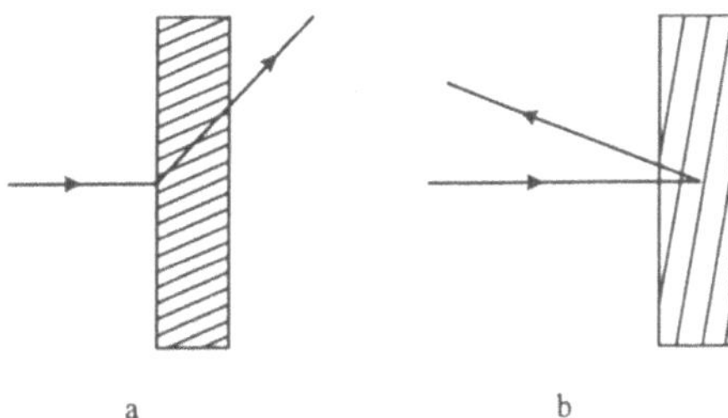


**Abb. 7.6.** Dickes Hologramm. (a) Transmissionshologramm, (b) Reflexionshologramm

Es gibt noch einen anderen Typ des Hologramms, der als *Reflexionshologramm* bekannt ist (Abb. 7.6b). Ein Reflexionshologramm wird mit von verschiedenen Seiten der Emulsion einfallenden Referenz- und Objektbündeln aufgezeichnet. Die Streifen verlaufen daher ungefähr parallel zur Oberfläche der Emulsion und haben einen Abstand von $\lambda/2n$.

Ein solches Hologramm wird in Reflexion und nicht in Transmission rekonstruiert. Dieser Prozeß ähnelt der Bragg-Reflexion an den Gitterebenen eines Kristalls. Jeder Streifen reflektiert einen Teil des Rekonstruktionsbündels, und konstruktive Interferenz tritt nur unter einem bestimmten Winkel auf. Dadurch wird das Objekt rekonstruiert. Außerdem ist die Bragg-Bedingung nur für einen Winkel in Reflexion erfüllt, so daß es kein konjugiertes Bild gibt. Dies gilt ebenso für dicke Transmissionshologramme.

Reflexionshologramme auf der Basis von Silberhalogeniden werden immer gebleicht, ihr Beugungswirkungsgrad kann theoretisch 100% erreichen. Weiterhin ist die Bragg-Reflexion höchst wellenlängenselektiv, da es sich um das Ergebnis einer Vielstrahlinterferenz handelt. Aus diesem Grunde kann ein Reflexionshologramm mit einer Weißlichtquelle rekonstruiert werden. Das Bild erscheint farbig, da das Hologramm stets die richtige Wellenlänge selektiert. Dieser Prozeß weist eine beträchliche Ähnlichkeit zum Lippmann-Prozeß der Farbphotographie auf (der auf etwa 1900 datiert wurde), und folglich werden Reflexionshologramme auch als *Lippmann-Bragg-Hologramme* bezeichnet.

Ein Lippmann-Bragg-Hologramm wird auch manchmal Weißlicht-Hologramm genannt, da es mit weißem Licht rekonstruiert werden kann. Auch dünne Hologramme können mit weißem Licht rekonstruiert werden, vorausgesetzt, das Bild liegt sehr nahe an der Hologrammebene. Um das zu verstehen, betrachte man eine einzelne Zonenplatte, die das Hologramm eines einzelnen Objektpunktes darstellt. Unabhängig von der Wellenlänge des Laserlichtes, mit dem das Hologramm aufgezeichnet wurde, hängt die Brennweite der resultierenden Zonenplatte nur von der Wellenlänge des zur Rekonstruktion eingesetzten Lichts ab. Ist die Brennweite sehr groß, so bringen die Wellenlängen an beiden Enden des sichtbaren Spektralbereiches Bilder an sehr unterschiedlichen Orten hervor. Das Bild verschwindet in einem farbigen Schleier.

Ist andererseits die Brennweite der Zonenplatte kurz oder fast 0, erscheinen Bilder verschiedener Wellenlängen fast in derselben Ebene, obwohl farbige Streifen auftreten können. Ein dünnes Hologramm kann demzufolge mit weißem Licht rekonstruiert werden, wenn sein Bild dicht genug an der Hologrammebene liegt.

Ein Hologramm mit den erforderlichen Eigenschaften kann aufgezeichnet werden, indem ein Bild begrenzter Tiefenausdehnung in die Nähe einer Photoplatte abgebildet wird und dieses reelle Bild als Objekt für das Hologramm genutzt wird. Ein so hergestelltes Hologramm wird als *Bildfeldhologramm* bezeichnet. Um Störungen durch den Tiefenabbildungsmaßstab zu vermeiden, kann das Objektbündel des Bildfeldhologramms selbst von einem konventionellen Hologramm stammen. Wird das Bildfeldhologramm auf einem Spiegel befestigt, kann es in Reflexion betrachtet werden. Derartige Hologramme sind heutzutage in zahlreichen Anwendungen zu finden und werden bei Kreditkarten zum Schutz vor Fälschungen eingesetzt.

## 7.2 Optische Bildverarbeitung

Die *optische Bildverarbeitung* und die damit verbundenen Fragen stellen ein wichtiges Gebiet der modernen Optik dar und können nicht auf wenigen Seiten abgehandelt werden. Hier geben wir daher nur eine Einführung und konzentrieren uns auf das physikalische Verständnis dessen, was manchmal ein recht kompliziertes mathematisches Herangehen erforderlich macht.

Wir betrachten zunächst den in Abb. 7.7 dargestellten *optischen Prozessor*. Das Objekt $O$ wird mit einer kohärenten ebenen Welle beleuchtet. Zwei identische Linsen sind wie in Abb. 7.7 angeordnet. Verfolgt man einen paraxialen Strahl, so findet man, daß die Linsen ein umgekehrtes Bild in der Brennebene der zweiten Linse erzeugen.

Die Hauptebenen dieses Systems liegen im Unendlichen. Aus der Bedingung $hnu = \text{const.}$ (Abschn. 2.2.11), die Helmholtz-Lagrange-Bedingung genannt wird, ergibt sich in Verbindung mit der Symmetrie des Systems der Abbildungsmaßstab zu 1. Der Prozessor erzeugt daher ein reelles umgekehrtes Bild mit dem Abbildungsmaßstab 1.

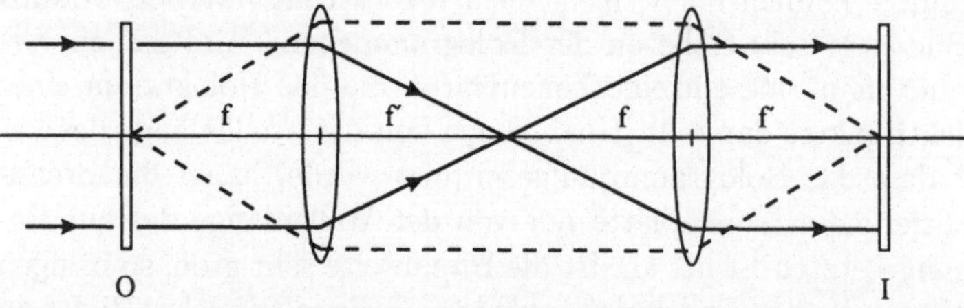


**Abb. 7.7.** Kohärent-Optischer Prozessor. (Die *durchgezogenen Linien* zeigen den Weg des ungebeugten Lichts; die *gestrichelten Linien* zeigen, wie durch die Linsen eine Abbildung bewirkt wird.)

### 7.2.1 Die Abbesche Theorie

Wir wollen nun den optischen Prozessor vom Standpunkt der Wellenoptik aus betrachten. Die folgende Behandlung entspricht Teilen der Abbeschen Theorie des Mikroskops, und wir beziehen in den Begriff *Optische Bildverarbeitung* viele Techniken der Mikroskopie ein.

Um die Erklärungen zu vereinfachen, soll das Objekt ein Amplitudengitter sein, das in der *Eingangsebene* und auf der optischen Achse des Systems zentriert angeordnet ist, wie in Abb. 7.8 dargestellt. Die Gitterperiode und die Spaltbreite betragen $d$ bzw. $b$, der Einfachheit halber sei $b = d/2$. Die Brennebene der ersten Linse wird aus später ersichtlichen Gründen als *Fourierebene* bezeichnet. Das Fernfeld-Beugungsmuster des Gitters wird in dieser Ebene sichtbar. Die Amplitude des elektrischen Feldes kann daher durch (5.41) multipliziert mit dem Beugungsmuster des Einzelspalts als

$$E(\theta) = \exp\left[-\mathrm{i}(N-1)\phi/2\right] \frac{\sin N\phi/2}{\sin\phi/2} \frac{\sin\beta}{\beta} , \tag{7.14}$$

geschrieben werden, wobei gilt $\phi = (\pi/\lambda) d \sin\theta$ und $\beta = (\pi/\lambda) b \sin\theta$ (Abschn. 5.3.2). Der Exponentialterm wird für ungerades $N$ zu 1, so daß wir wiederum der Einfachheit halber $N$ als ungerade annehmen und den Exponentialterm vernachlässigen.

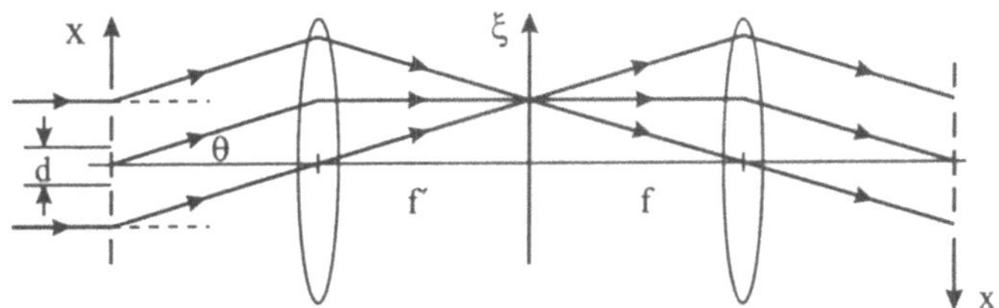


**Abb. 7.8.** Zur Abbeschen Theorie des Mikroskops

Entsprechend der Behandlung des Beugungsgitters erhalten wir auch hier ein Beugungsmuster, das aus Interferenzmaxima bei

$$m\lambda = d\sin\theta,\ m = 0, \pm 1, \pm 2, \ldots \tag{7.15}$$

besteht. In paraxialer Näherung gilt $\sin\theta = \theta$ und die Hauptmaxima liegen in der Fourierebene an den Orten

$$\xi = m\lambda f'/d , \tag{7.16}$$

wobei $\xi$ die Koordinate in der Fourierebene ist. Außer für $m = 0$ können die Maxima zu Paaren der Ordnungen $+m$ und $-m$ zusammengefaßt werden. Die Amplituden zweier Maxima der Ordnung $\pm m$ sind proportional zu dem entsprechenden Wert von $\sin\beta/\beta$ in (7.14).

Abbildung 7.8 zeigt, wie ein Bündel der Ordnung $m$ durch die erste Linse annähernd in einen Punkt fokussiert wird. Das Bündel divergiert hinter der Brennebene und wird durch die zweite Linse erneut kollimiert. Jedes Paar von Ordnungen führt zu einem Paar kollimierter Bündel, die auf die Bildebene einfallen. Wegen der Symmetrie des Systems erreichen die Bündel diese Ebene unter dem Beugungswinkel $m\lambda/d$, unter dem sie die Ebene des Gitters verlassen haben. Daher erzeugen diese zwei Bündel ein Interferenzmuster

$$E^{(m)}(x') = \cos(2m\pi x'/d)(\sin\beta/\beta) \ , \tag{7.17}$$

wobei $x'$ die Koordinate in der Bildebene ist. Der Term $\sin\beta/\beta$ kommt durch die endliche Spaltbreite zustande. Wir interessieren uns für seinen Betrag nur bei den Winkeln $\theta$, wo sich die Maxima der Amplitude in der Fourierebene ergeben, d.h. für $m\lambda = d\sin\theta$. Für $b = d/2$ finden wir $\beta = \pi/2m$ und folglich $\sin\beta/\beta = 2/m\pi$ bei ungeradem $m$ und 0 bei geradem $m$. (Die geraden Ordnungen fehlen nur für den speziellen Fall $b = d/2$.)

Die gesamte Amplitudenverteilung in der Bildebene des Systems besteht aus der Summe der Amplituden der elektrischen Felder aller Ordnungen. Dabei gibt es nur einen Term der Ordnung 0, der einen konstanten Wert von 1/2 zur Gesamtamplitude beiträgt. Gibt es insgesamt $M$ Ordnungen, so ist die Gesamtamplitude

$$E(x') = \frac{1}{2} + \sum_{m=1}^{M} \cos(2m\pi x'/d)(2/m\pi) \ , \tag{7.18}$$

wobei nur über ungerade Werte von $m$ summiert wurde. Diese Formel entspricht der *Fourierreihenentwicklung* einer Rechteckfunktion.

Der Wert $M$ wird durch die numerische Apertur der ersten Linse bestimmt, da das Licht hoher Ordnungen die Linse nicht erreicht und deshalb nicht zum Beugungsmuster in der Fourierebene beiträgt. Der größte Beugungswinkel, bei dem Licht die Linse noch passiert, ist in paraxialer Näherung gleich der numerischen Apertur der Linse. Daher können wir die Gittergleichung in der Form

$$M\lambda = d\,NA \tag{7.19}$$

schreiben, woraus sich $M$ leicht bestimmen läßt.

Das optische System kann keine Information über die Struktur des Gitters übertragen, wenn nicht wenigstens eine Beugungsordnung durch die erste Linse gelangt. In diesem Fall beträgt die Amplitude in der $x'$-Ebene

$$E(x') = \frac{1}{2} + (2/\pi)\cos(2\pi x'/d) \ . \tag{7.20}$$

Die Intensität ist das Quadrat der Amplitude und enthält aufgrund des Additionstheorems $\cos^2 a = (1 + \cos 2a)/2$ einen zusätzlichen Term proportional zu $\cos(4\pi x'/d)$. Das Bild des Gitters ist keine einfache $\cos^2$-Intensitätsverteilung, aber seine Periode ist immer noch $d$. Es ist nicht sichtbar, wenn nur das Licht nullter Ordnung das System passiert. Die Auflösungsgrenze des Systems ist die Gitterperiode $d$ des feinsten Gitters, das noch übertragen werden kann, d.h. des Gitters, dessen Beugungsordnungen +1 und −1 noch durch das System gelangen. Die Auflösungsgrenze ergibt sich, indem in (7.19) $M = 1$ gesetzt wird. Das Ergebnis ist $\lambda/NA$ und weicht geringfügig von dem früher ermittelten Zwei-Punkt-Auflösungskriterium ab. (Bei einer eindimensionalen Rechnung ergibt dieses Kriterium $\lambda/2NA$, die Abbildung von Punkten ist nicht genau dasselbe wie die Abbildung eines Gitters.)

Wenn auch andere Ordnungen die Fourierebene passieren können, wird das Bild des Gitters schärfer als ein sinusquadratförmig moduliertes Streifenmuster und reproduziert daher das Objektgitter genauer. Wir werden diesen Punkt in Kürze im Detail betrachten. Im Moment mag es ausreichen, zu sagen, daß das Gitter in der Eingangsebene nur dann in der Bildebene beobachtet werden kann, wenn die Apertur in der Fourierebene groß genug ist, um sowohl die nullte als auch eine der Ordnungen +1 oder −1 zu übertragen. Es wird als sinusquadrat- und nicht als rechteckförmige Struktur abgebildet, aber die Gitterperiode wird richtig wiedergegeben.

Bisher haben wir angenommen, daß das Objekt ein Amplitudengitter ist, das aus durchlässigen und undurchlässigen Streifen besteht. Einen Eindruck von der Leistungsfähigkeit der optischen Bildverarbeitung erhalten wir, wenn wir als Objekt ein *Phasengitter* einsetzen, d.h. ein transparentes Objekt, dessen optische Dicke eine periodische Funktion der Koordinate $x$ in der Eingangsebene ist. Im Normalfall ist ein solches Objekt unsichtbar, da es vollkommen transparent ist. Nichtsdestoweniger weist es Beugungsordnungen auf, und ein Weg (aber nicht der beste), es sichtbar zu machen, besteht darin, einen speziellen Beugungsschirm oder einen *Ortsfrequenzfilter* so in der Fourierebene anzubringen, daß nur die Ordnungen +1 und 0 durch Öffnungen in diesem Schirm gelangen können. Dann wird das Bild wie zuvor als sinusquadratförmig modulierte Struktur mit dem richtigen Abstand zwischen den Maxima sichtbar. Durch räumliche Filterung ist man daher in der Lage, unsichtbare Objekte in sichtbare Bilder umzuwandeln. Das ist das Prinzip der *Phasenkontrastmikroskopie*, die später im Detail behandelt wird.

### 7.2.2 Fourierreihen

Die Amplitudenverteilung in der Fourierebene ist das Fraunhofer-Beugungsmuster des Objekts in der Eingangsebene. Hat das Objekt eine komplizierte Struktur, die durch eine Amplituden-Transmissionsfunktion $g(x)$ charakterisiert ist, müssen wir das frühere Fraunhofer-Beugungsintegral durch Einbeziehung eines Faktors $g(x)$ im Integranden verallgemeinern. Es ergibt sich

$$E(\theta) = \frac{A\mathrm{i}}{\lambda}\frac{\mathrm{e}^{\mathrm{i}kr}}{r}\int_{-b/2}^{b/2} g(x)\mathrm{e}^{-(\mathrm{i}k\sin\theta)x}\mathrm{d}x \tag{7.21}$$

oder – abgesehen von multiplikativen Konstanten – als Funktion der Koordinate $\xi$ in der Fourierebene

$$E(\xi) = \int_{-b/2}^{b/2} g(x) \mathrm{e}^{-\mathrm{i}\frac{2\pi\xi x}{\lambda f'}} \mathrm{d}x \; . \tag{7.22}$$

Mit der Einführung der neuen Variablen $f_x$ als

$$f_x = \xi/\lambda f' \tag{7.23}$$

erhalten wir

$$E(f_x) = \int_{-b/2}^{b/2} g(x) \mathrm{e}^{-\mathrm{i}2\pi f_x x} \mathrm{d}x \; . \tag{7.24}$$

Der Term $\xi/\lambda f$ hat die Einheit einer inversen Länge und wird in Analogie zur Zeitfrequenz als *Ortsfrequenz* bezeichnet.

Kommen wir nun zurück zum Rechteckgitter in der Eingangsebene. Für die optische Bildverarbeitung können wir das Beugungsmuster in der Fourierebene am leichtesten berechnen, indem wir die Gitterfunktion in eine *Fourierreihe* entwickeln. Der Einfachheit halber sei das Gitter auf der optischen Achse zentriert. In diesem Fall muß lediglich die *Fourier-Kosinusreihe* betrachtet werden.

Entsprechend der Theorie der Fourierreihen kann jede periodische Funktion $g(\phi)$ durch

$$\begin{aligned} g(\phi) \quad &= \quad \frac{1}{2} a_0 + a_1 \cos\phi + a_2 \cos 2\phi + a_3 \cos 3\phi + \ldots \\ &\quad + b_1 \sin\phi + b_2 \sin 2\phi + b_3 \sin 3\phi + \ldots \end{aligned} \tag{7.25}$$

ausgedrückt werden. Die Koeffizienten $a_n$ und $b_n$ können durch Multiplikation beider Seiten der Gleichung mit $\cos\phi, \cos 2\phi, \ldots, \sin\phi, \sin\ 2\phi, \ldots$ und anschließende Integration über $\phi$ von $-\pi$ bis $\pi$ bestimmt werden.

Die Resultate sind

$$a_n = \frac{1}{\pi} \int_{-\pi}^{\pi} g(\phi) \cos n\phi \mathrm{d}\phi \tag{7.26}$$

und

$$b_n = \frac{1}{\pi} \int_{-\pi}^{\pi} g(\phi) \sin n\phi \mathrm{d}\phi \; . \tag{7.27}$$

Ein auf der Achse zentriertes Rechteckgitter wird durch eine gerade Funktion beschrieben, und wir können leicht zeigen, daß in diesem Fall $b_n = 0$ gilt. Die Koeffizienten $a_n$ nehmen die Werte $a_0 = 1, a_1 = 2/\pi, a_2 = 0, a_3 = -2/3\pi, a_4 = 0$ usw. an. Dies führt zu dem zuvor auf der Basis der physikalischen Optik erhaltenen Resultat (7.18).

Die Fourierreihenentwicklung kann als Beschreibung des Gitters durch seine *Harmonischen* aufgefaßt werden. Der Koeffizient $a_0$ wird als *Gleichanteil* bezeichnet, $a_n$ bzw. $b_n$ sind die $n$-ten Harmonischen. Abbildung 7.9 zeigt die Rechteckfunktion, den Gleichanteil, das Ergebnis der Einbeziehung einer Harmonischen und schließlich das Resultat der Addition der dritten Harmonischen. Je mehr Harmonische wir einbeziehen, desto besser wird die Rechteckfunktion durch die Reihe approximiert.

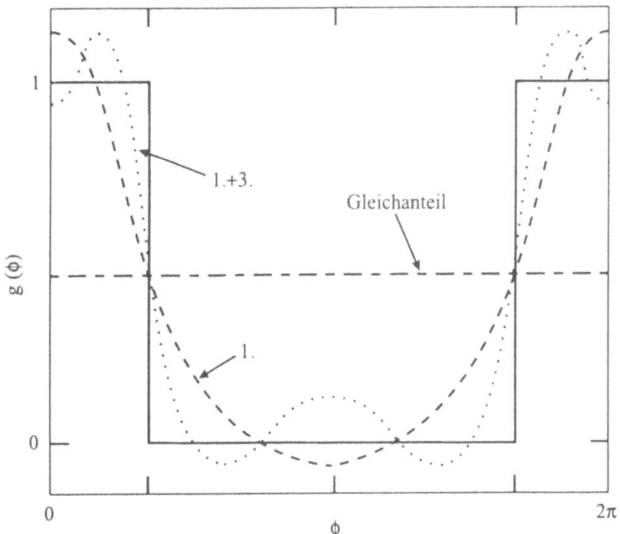


**Abb. 7.9.** Fouriersynthese einer Rechteckfunktion

Nun soll die Amplitudenverteilung in der Fourierebene untersucht werden. Für ein Gitter mit vielen Linien ist die Amplitude außer an bestimmten Punkten, wo die Gittergleichung erfüllt ist, überall nahezu 0. Die Amplitude liefert daher nur an den Punkten in der Fourierebene einen merklichen Beitrag, wo

$$\xi = m\frac{\lambda f'}{d} \tag{7.28}$$

gilt, oder als Funktion der Ortsfrequenz

$$f_x = m/d\ . \tag{7.29}$$

Jeder helle Punkt in der Fourierebene stellt eine Beugungsordnung dar, jedes Paar von Ordnungen $\pm m$ entspricht der $m$-ten Harmonischen des Rechteckgitters.

Bisher haben wir den optischen Prozessor so eingestellt, daß nur die $\pm 1$te und die nullte Beugungsordnung transmittiert wurden. Das resultierende Bild in der Ausgangsebene war ein sinusquadratförmig moduliertes Gitter. Wir wissen jetzt, daß dieses Gitter die erste Harmonische des Rechteckgitters darstellt. Um ein gutes Bild des Rechteckgitters zu erzielen, müssen wir viele Harmonische einbeziehen oder mit anderen Worten dafür sorgen, daß viele Beugungsordnungen die Fourierebene passieren können. Abbildung 7.9 zeigt, was in der Ausgangsebene sichtbar ist, wenn nur wenige Beugungsordnungen übertragen werden. Die erste Linse des Prozessors *analysiert* das Gitter, während die zweite sein Bild *synthetisiert.*

Die Bedeutung dieser Betrachtungen besteht darin, daß das synthetisierte Bild auf einer Vielzahl von Wegen modifiziert werden kann, indem Masken oder Phasenplatten in der Fourierebene eingesetzt werden. Abbildung 7.10 zeigt z.B. das Bild einiger höherer Fourierordnungen bei Ausschluß der ersten Ordnungen. Das Ergebnis besteht darin, daß Anteile mit niedrigen Ortsfrequenzen (niedrige Harmonische) nicht übertragen werden, während scharfe Kanten (höhere Ortsfrequenzen) hervortreten.

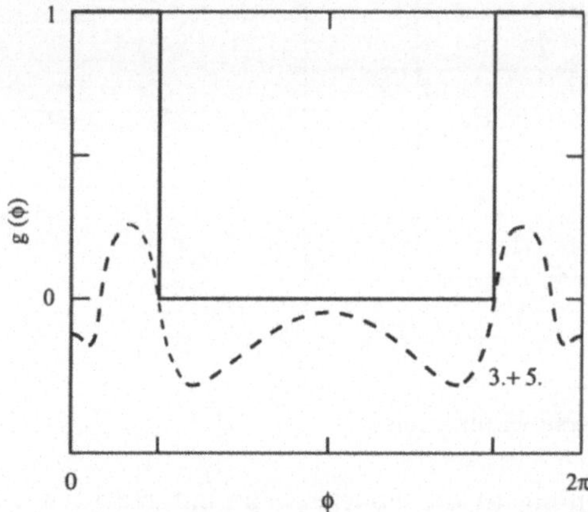


**Abb. 7.10.** Kantenverstärkung

Die niedrigen Ortsfrequenzen tragen die Information über die „grobe" Lichtverteilung in der Eingangsebene, während die hohen Ortsfrequenzen erforderlich sind, um feine Strukturen zu reproduzieren. Dieses gilt generell für alle Objekte, auch wenn hier nur ein Gitter als Objekt diskutiert worden ist.

Bisher haben wir den optischen Prozessor nur mittels der Amplituden beschrieben, weil seine Funktion ganz von Interferenz und Beugung abhängt. Um die Intensität in der Ausgangsebene zu erhalten, muß das Betragsquadrat der Amplitude gebildet werden. Die Bild- und Objektintensitäten sind deshalb nicht direkt durch Fourierreihen miteinander verbunden. Da wir die Intensität und nicht die Amplitude registrieren, können manchmal zusätzliche Strukturen in räumlich gefilterten Bildern auftreten.

### 7.2.3 Fourieroptik

Im Zusammenhang mit den Fourierreihen haben wir das Beugungsintegral als

$$E(f_x) = \int_{-b/2}^{b/2} g(x) \exp(-2\pi i f_x x) dx \tag{7.30}$$

geschrieben, wobei $g(x)$ eine mathematische Funktion ist, die das Objekt in der Eingangsebene beschreibt und $E(f_x)$ die Amplitude des elektrischen Feldes in der Fourierebene ist.

$E(f_x)$ ähnelt stark der *Fouriertransformierten* von $g(x)$. Um völlige Übereinstimmung herbeizuführen, müssen wir $g(x)$ nur noch außerhalb des Intervalls $-b/2 < x < b/2$ 0 setzen und den Integrationsbereich auf das Intervall von $-\infty$ bis $+\infty$ ausdehnen. Die Amplitudenverteilung in der Fourierebene ist dann der Fouriertransformierten $G(f_x)$ von $g(x)$ proportional

$$G(f_x) = \int_{-\infty}^{\infty} g(x) \exp(-2\pi i f_x x) dx \ . \tag{7.31}$$

Aus der geometrischen Optik wissen wir, daß der Prozessor ein umgekehrtes Bild in der Ausgangsebene erzeugt. Daher definieren wir die $x'$-Achse so, daß sie die umgekehrte Richtung wie die $x$-Achse besitzt. Dann ist die Amplitudenverteilung $g'(x')$ in der Ausgangsebene identisch mit der in der Eingangsebene.

Die Theorie der Fouriertransformation zeigt, daß die *Rücktransformierte*

$$g'(x') = \int_{-\infty}^{\infty} G(f_x) \exp(2\pi i x' f_x) dx \tag{7.32}$$

ebenfalls gleich $g(x)$ ist. Wir schlußfolgern daher, daß die zweite Linse die Rücktransformation vornimmt, vorausgesetzt daß die $x'$-Achse wie oben definiert wurde.

### 7.2.4 Ortsfrequenz-Filterung

Dieser Begriff wird üblicherweise benutzt, um Bildmanipulationen mittels Masken in der Fourierebene zu beschreiben. Wir haben bereits einige Beispiele im Zusammenhang mit der Abbeschen Theorie und den Fourierreihen behandelt.

Die einfachste Art eines Ortsfrequenz-Filters ist eine in der Brennebene einer Linse angeordnete Lochblende. Sie wirkt als Tiefpaßfilter und wird gewöhnlich genutzt, um die Qualität eines von einem Gaslaser emittierten Bündels zu verbessern, das typischerweise hochkohärent ist.

Kleine Störungen, z.B. in einem Mikroobjektiv, verursachen einen bestimmten Betrag an Streulicht. In einem inkohärenten optischen System ist dies von geringer Bedeutung. Leider interferiert das gestreute Licht in einem kohärenten System mit dem nicht gestreuten Licht und erzeugt störende Ringstrukturen, die Fresnelschen Zonenplatten ähneln.

Zum Glück weisen diese Ringe relativ hohe Ortsfrequenzen auf, so daß diese Anteile durch Fokussieren eines Bündels auf ein Loch abgeschnitten werden können, das nahezu das ganze Bündel passieren läßt. Das Loch sollte den Durchmesser einiger Airyscheibchen (bezogen auf das Objektiv) besitzen, so daß – abgesehen vom Streulicht – nur wenig Licht verlorengeht.

Ein weiteres wichtiges Beispiel ist der *Hochpaßfilter*. Er besteht aus einem kleinen undurchsichtigen Scheibchen im Zentrum der Fourierebene. Das Scheibchen blockiert die niederfrequenten Anteile des Ortsfrequenzspektrums des Objekts und läßt die höherfrequenten Anteile passieren. Es sei an Abb. 7.10 erinnert: kontinuierliche Anteile wurden nicht aufgezeichnet, die Kanten dagegen kräftig verstärkt. Die Hochpaßfilterung oder *Kantenverstärkung* kann eingesetzt werden, um feine Details in Photographien hervorzuheben.

Abbildung 7.11a zeigt eine Drei-Striche-Maske mit 10 μm breiten Stegen. Die Aufnahme wurde mit einem 40er Mikroobjektiv gemacht. Abb. 7.12 zeigt die Intensität in der Fourierebene des optischen Prozessors; das kleine Quadrat ist in der Mitte angeordnet, damit die sehr helle nullte Beugungsordnung die Photoplatte bei der Belichtung nicht in die Sättigung führt. Das Objekt wurde einer Hochpaßfilterung unterworfen. Der Filter blockierte Ortsfrequenzen bis zu einem Viertel der höchsten durch das Mikroobjektiv übertragenen Ortsfrequenz. Die Intensität eines solchen Bildes ist gering, da das meiste Licht durch den Ortsfrequenz-Filter zurückgehalten wird, aber es kann leicht mittels eines Videomikroskops sichtbar gemacht werden (siehe Abschn. 3.5, 7.4).

Das oberste Bild ist nicht räumlich gefiltert. Das mittlere Bild zeigt die drei Striche, räumlich gefiltert bei Verwendung eines Helium-Neon-Lasers (Abschn. 8.4.4). Die störende Ringstruktur ist das Beugungsmuster der Aperturblende des Mikroobjektivs. Um diese Ringe zu eliminieren, wurde das unterste Bild mit einer kleinen quasi-thermischen Lichtquelle (Abschn. 5.7.3) aufgenommen, deren Kohärenzgebiet kleiner als der Durchmesser der Aperturblende war.

Die Ränder der Stege sind durch ein Intensitätsminimum gekennzeichnet, das von einem Halo umgeben ist. Das Intensitätsminimum entspricht der Nullstelle der Amplitude in Abb. 7.10. Es kann als Hilfsmittel für Längenmessungen benutzt werden, aber der Halo ist ein unerwünschter Artefakt, der die Ortsfrequenz-Filterung beispielsweise von biologischen Proben erschwert.

Abbildung 7.11b zeigt ein transparentes Objekt, einen integriert-optischen Wellenleiter, gefiltert wie die Stege in Abb. 7.11a. Das obere, ungefilterte Bild ist nicht besonders aufschlußreich, aber das untere zeigt Defekte und kann zur genauen Messung der Breite des Wellenleiters benutzt werden.

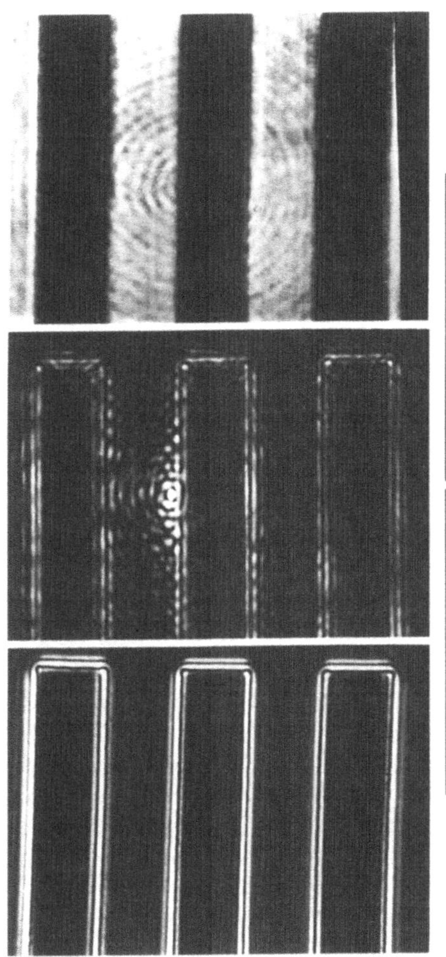

**Abb. 7.11.** Filterung. **(a)** Mikroskopische Bilder von 10 µm-Stegen, (*oben*) Kohärentes Bild, (*Mitte*) Räumlich gefiltertes Bild, (*unten*) Räumlich gefiltertes Bild mit quasi-thermischer Lichtquelle

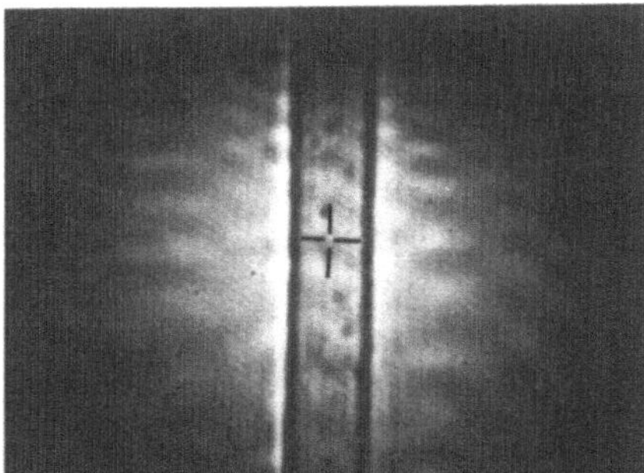

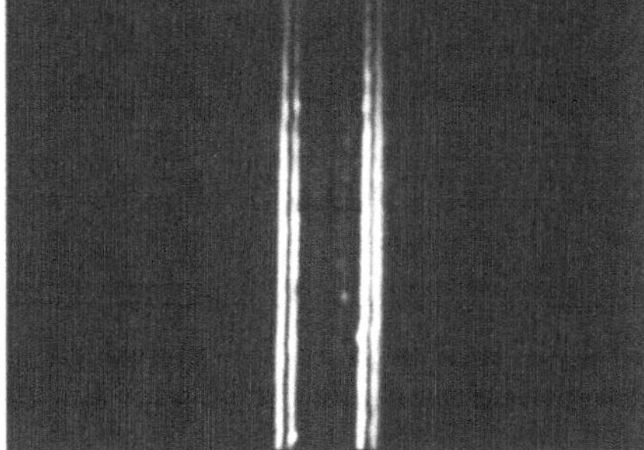

**Abb. 7.11. (b)** Mikroskopisches Bild eines integriert-optischen Wellenleiters. (*oben*) ungefiltert, (*unten*) dasselbe Bild räumlich gefiltert [nach M. Young, Appl. Opt. **28**, 1467–1473 (1989)]

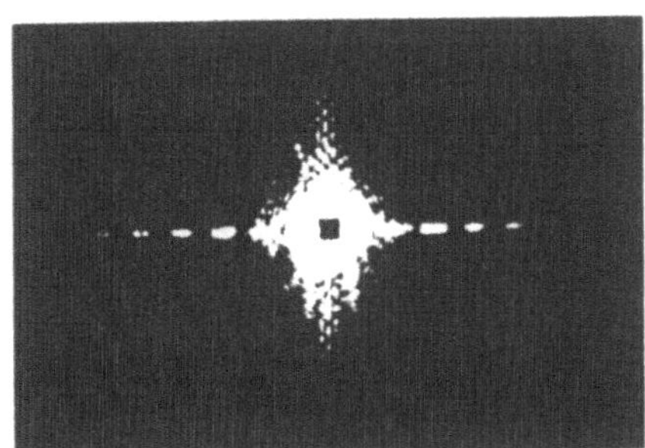

**Abb. 7.12.** Beugungsbild der Stege aus Abb. 7.11

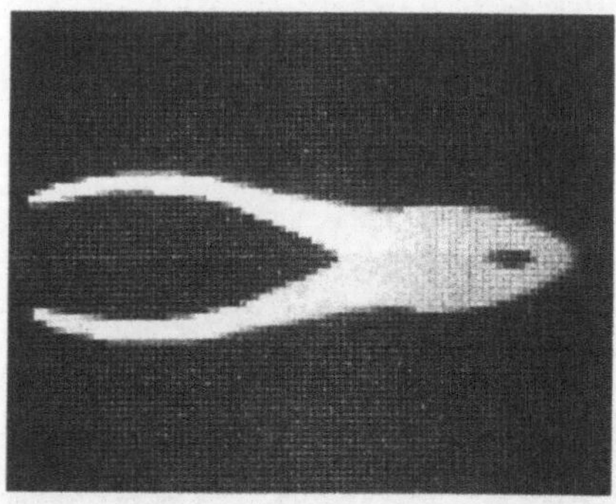
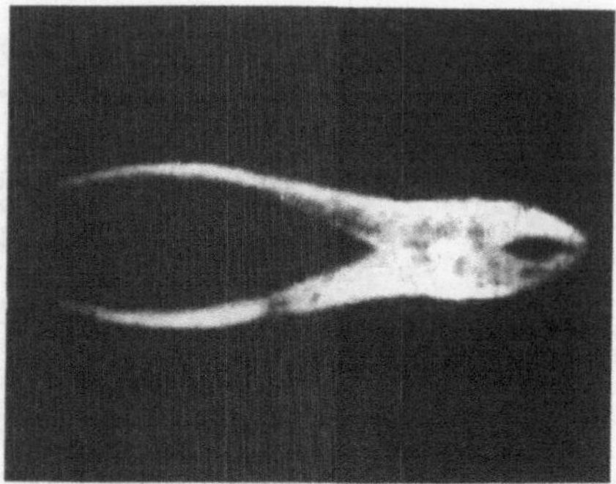

**Abb. 7.13.** Unterdrückung von Gitterlinien. (*links*) Kohärentes Bild einer Zange, dargestellt auf einem Flüssigkristall-Monitor, (*rechts*) dasselbe Bild, zur Unterdrückung des Gitters räumlich gefiltert [Mit freundlicher Genehmigung von Matthew Weppner]

Die räumliche Filterung kann ebenso ausgenutzt werden, um störende Details aus einer Photographie zu entfernen oder um Defekte zu identifizieren. Die Abbildung 7.13 (links) ist eine Photographie eines Bildes auf einem Flüssigkristall-Monitor, der ein Beispiel für einen *räumlichen Lichtmodulator* ist und der in Transmission arbeitet. Das Licht der Quelle, eines He-Ne-Lasers, war kohärent. Das Bild setzt sich aus etwa $150 \times 100$ Bildelementen zusammen, die durch feine Drähte voneinander getrennt sind, über die eine Spannung an die Flüssigkristalle angelegt werden kann. Der Abstand der Drähte bestimmt die höchste Ortsfrequenz des Photos. Wird nun diese Photographie in der Eingangsebene des optischen Prozessors plaziert, sieht man starke Beugungsordnungen in der Fourierebene. Diese Ordnungen entsprechen den Harmonischen des durch die horizontalen und vertikalen Linien gebildeten Gitters.

Um z.B. die horizontalen Drähte aus dem Bild zu entfernen, werden zwei Schneiden sorgfältig in die Fourierebene eingesetzt (Abb. 7.14). Diese werden so angeordnet, daß sie die $+1$. und die $-1$. Beugungsordnung des Gitters abschneiden, aber alle vom Bild stammenden niedrigeren Ortsfrequenzen passieren lassen. Das Ergebnis ist ein scheinbar unverändertes Bild, in dem die feinen Linien vollständig eliminiert sind. Das Bild selbst ist nicht unscharf, und kleine Details des Objekts sind nach wie vor in der Ausgangsebene sichtbar, nur die Linien fehlen (Abb. 7.13, rechts).

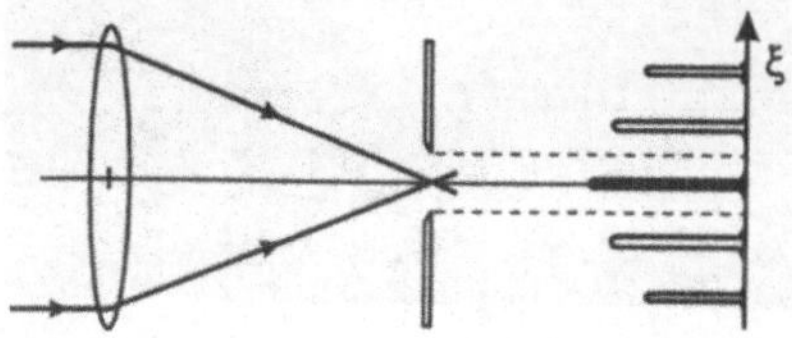


**Abb. 7.14.** Tiefpaßfilter

Kompliziertere und wirksamere Fourier-Masken kann man photographisch herstellen, um z.B. zwei Objekte, wie alphanumerische Zeichen oder gesunde und kranke Zellen bzw. transparente Objekte zu vergleichen, bei denen kleine Defekte vermutet werden.

Zuerst wird ein Objekt $h(x)$ in die Eingangsebene plaziert. Seine Fouriertransformierte sei $H(f_x)$. $h(x)$ kann z.B. irgendein Masterobjekt sein, und man will eine Reihe von Reproduktionen $g(x)$ auf Defekte untersuchen. Da photographische Filme auf die Intensität reagieren, wird das Quadrat von $H(f_x)$ als photographisches Negativ aufgezeichnet und dieses Negativ nach der Entwicklung wieder sorgfältig in die Fourierebene eingesetzt. Eine auf diesem Wege hergestellte Maske schwächt $H(f_x)$ stark ab und läßt nur sehr wenig Licht zur Ausgangsebene durch.

Wenn andererseits $g(x)$ leicht von $h(x)$ abweicht, ist seine Fouriertransformierte $G(f_x)$ nicht mit $H(f_x)$ identisch, und mehr Licht wird durch die Fourierebene zur Ausgangsebene gelangen. Dieses Licht erzeugt ein Bild des Gebietes, in dem sich der Defekt befindet. Bei einer komplizierten Maske für integrierte Schaltkreise ist es nahezu unmöglich, kleine Defekte visuell zu finden, aber eine Ortsfrequenz-Filterung kann diese sichtbar machen.

Wir sehen leicht, wie diese Technik funktioniert, indem wir ein aus mehreren Gittern unterschiedlicher Ortsfrequenz bestehendes Objekt untersuchen. Wird die Fouriertransformierte des Objekts aufgezeichnet, so weist das Negativ eine Reihe geschwärzter Stellen auf, die den Beugungsordnungen der verschiedenen Gitter entsprechen.

Wir wollen nun eine Anzahl ähnlicher Gitter prüfen, von denen eines ein Gebiet mit einer abweichenden Ortsfrequenz enthalten soll. Das von diesem Bereich kommende Licht wird die Fourierebene ungeschwächt passieren. In der Ausgangsebene wird das Bild dieses Gebiets entstehen. Existiert ein Defekt in einem der Gitter, so wird das Licht auf ähnliche Weise an diesem gebeugt und teilweise an den undurchlässigen Bereichen in der Fourierebene vorbeigehen. Der Defekt wird daher in der Ausgangsebene sichtbar.

Diese Technik funktioniert am besten bei Objekten, die eine relativ kleine Anzahl von Ortsfrequenzen besitzen und weniger gut bei Objekten mit einem kontinuierlichen Frequenzspektrum. Sie ist z.B. erfolgreich zur Detektion von Defekten in Arrays integrierter Schaltkreise und photographisch verkleinerter Masken zur Herstellung solcher Schaltkreise angewendet worden. Eine wirksamere, auf der Holographie beruhende Methode wird in Abschn. 7.2.6 beschrieben.

### 7.2.5 Phasenkontrast

Viele Objekte in der Mikroskopie sind fast vollständig transparent und infolgedessen so gut wie unsichtbar. Sie sind jedoch häufig durch Brechungsindexvariationen gekennzeichnet, die die Phase der transmittierten Lichtwelle beeinflussen. Zernikes *Phasenkontrastverfahren* zeigt einen Weg, solche unsichtbaren *Phasenobjekte* sichtbar zu machen.

Wie bisher betrachten wir zunächst der Einfachheit halber ein Gitter in der Eingangsebene des optischen Prozessors. In diesem Falle sei das Objekt transparent, habe jedoch Brechungsindex- oder Dickenvariationen wie das Gitter in Abb. 7.15. Ein solches Objekt wird durch die Amplitudentransmissionsfunktion

$$g(x) = \mathrm{e}^{\mathrm{i}\phi(x)} \tag{7.33}$$

beschrieben, wobei $\phi(x)$ die über das Objekt variierende Phase ist.

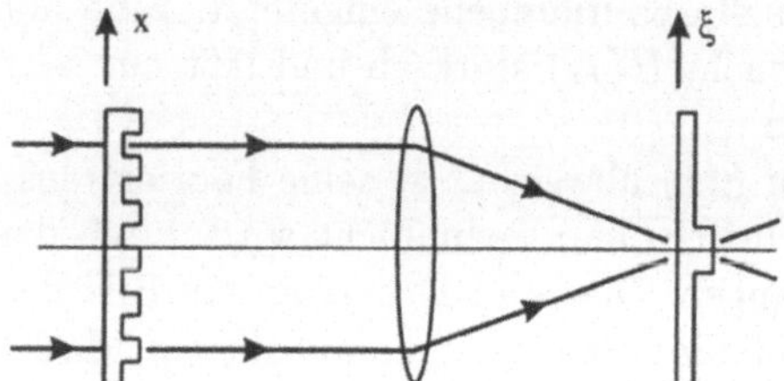


**Abb. 7.15.** Phasenkontrastverfahren nach Zernike

Sind die Phasenänderungen $\phi$ klein, können wir die Exponentialfunktion in eine Taylorreihe entwickeln und erhalten in erster Ordnung

$$g(x) \simeq 1 + \mathrm{i}\phi(x)\,. \tag{7.34}$$

Wird die Amplitudenverteilung in der Fourierebene nicht durch einen Ortsfrequenz-Filter verändert, so sind die Bilder in der Eingangs- und der Ausgangsebene identisch, d.h.,

$$g'(x') = 1 + \mathrm{i}\phi(x')\,. \tag{7.35}$$

Die Intensität in der Ausgangsebene beträgt

$$|g'(x')|^2 = 1 + \phi^2(x')\,. \tag{7.36}$$

Wie wir erwarten würden, ergibt sich für sehr kleine $\phi$ gerade 1.

Nun wollen wir die Amplitude $G(f_x)$ des elektrischen Feldes in der Fourierebene

$$G(f_x) = \int_{-b/2}^{b/2} [1 + \mathrm{i}\phi(x)]\mathrm{e}^{-\mathrm{i}2\pi f_x x}\mathrm{d}x \tag{7.37}$$

untersuchen. Dieses Integral kann in zwei Anteile zerlegt werden

$$G(f_x) = G_1(f_x) + \mathrm{i}G_2(f_x)\,. \tag{7.38}$$

Der erste Term

$$G_1(f_x) = \int_{-b/2}^{b/2} \mathrm{e}^{-\mathrm{i}2\pi f_x x}\mathrm{d}x \tag{7.39}$$

ist gerade das Beugungsmuster der Apertur in der Eingangsebene. Wir können es uns als 0. Beugungsordnung vorstellen. $G_1$ beschreibt daher das Airyscheibchen, einen hellen Lichtfleck um $f_x = 0$. $G_1$ verschwindet an allen anderen Punkten der Fourierebene nahezu vollständig.

Der zweite Term

$$G_2(f_x) = \int_{-b/2}^{b/2} \phi(x) \mathrm{e}^{-\mathrm{i}2\pi f_x x} \mathrm{d}x \qquad (7.40)$$

ist das Beugungsmuster des Phasenobjektes und verursacht eine Amplitudenverteilung in der Fourierebene. Es ist identisch mit dem Beugungsmuster eines Objekts, dessen Amplitudenverteilung $\phi(x)$ ist. Wegen $\phi(x) \ll 1$ sind diese Beugungsordnungen viel schwächer als die zentrale Ordnung.

Vor dem zweiten Term $G_2(f_x)$ steht zudem ein Faktor i. Wegen

$$\mathrm{e}^{\mathrm{i}\pi/2} = \mathrm{i} \qquad (7.41)$$

entspricht dieser Faktor einem Phasenunterschied von $\pi/2$ zwischen der nullten und den höheren Ordnungen.

Wir könnten Informationen über das Phasenobjekt gewinnen, wenn wir einen Hochpaßfilter in die Fourierebene einsetzen. Die zweite Linse würde eine Amplitudenverteilung aus den höheren Ordnungen erzeugen. Leider wäre diese Technik uneffektiv, da der größte Teil der Energie im Zentrum lokalisiert ist und so auch niederfrequente Informationen abgeschnitten würden.

Statt dessen setzen wir daher eine *Phasenplatte* in die Fourierebene ein. Eine solche Platte besteht gewöhnlich aus einer guten optischen planparallelen Platte mit einer im Zentrum angebrachten Schicht eines transparenten Materials. Die Dicke der transparenten Schicht wird so gewählt, daß die Phase von $G_1$ gegenüber $G_2$ um $\pi/2$ verschoben wird. (Die Schicht muß eine Fläche überdecken, die etwa dem Airyscheibchen entspricht.)

Die Anwesenheit der Phasenplatte verändert die Amplitudenverteilung in der Fourierebene ausgehend von $G(f_x)$ zu

$$G'(f_x) = \mathrm{i}[G_1(f_x) + G_2(f_x)] \, . \qquad (7.42)$$

Die Terme $G_1$ und $G_2$ sind nun zueinander in Phase.

Die zweite Linse bewirkt die Rücktransformation von $G'(f_x)$ und führt zu dem Bild $g'(x')$. Da $G_1$ die gesamte Eingangsebene repräsentiert, ist die entsprechende Rücktransformierte eine Konstante (die wir 1 setzen). $G_2$ ist die Fouriertransformierte der Gitterfunktion $\phi(x)$, so daß die Rücktransformation von $G_2$ ein Amplitudengitter derselben Periode wie das ursprüngliche Phasengitter erzeugt.

Es ergibt sich damit

$$g'(x') = \mathrm{i}[1 + \phi(x')] \, . \qquad (7.43)$$

Der Faktor i steht vor beiden Termen und ist folglich ohne entscheidende Wirkung. Er verschwindet bei der Berechnung der Intensität in erster Ordnung von $\phi$ ohnehin

$$|g'(x')|^2 \simeq 1 + 2\phi(x') . \tag{7.44}$$

Die Phasenplatte hat das Objekt nicht nur sichtbar gemacht, sondern die Intensitätsvariationen sind auch proportional zu den Phasenvariationen des Originalobjektes.

Auch wenn der Einfachheit halber ein Gitter den Betrachtungen zugrunde gelegt wurde, war das mathematische Vorgehen ganz allgemeiner Natur, und das Phasenkontrastverfahren kann für jedes Phasenobjekt mit $\phi(x) \ll 1$ eingesetzt werden. Bei großem $\phi$ kann diese Technik das Phasenobjekt zwar sichtbar machen, die Intensitätsvariationen sind jedoch nicht mehr proportional zu den Phasenvariationen.

Das Phasenkontrastverfahren wird vor allem in der Mikroskopie genutzt, um winzige transparente Strukturen, deren Brechungsindex sich von ihrer Umgebung unterscheidet, beobachten zu können. Um den Kontrast zu erhöhen, wird es oft mit einer Hochpaßfilterung kombiniert, d.h., der Phasenkontrastfilter enthält einen Metallfilm mit einer Transmission von 10 oder 20% in Verbindung mit der Phasenplatte. Leider weist ein Phasenkontrastbild einen Halo wie in Abb. 7.11 auf. Um die Effizienz zu erhöhen, benutzen kommerzielle Phasenkontrastmikroskope einen Ringkondensor und einen ringförmigen Filter, aber das Prinzip ist dasselbe.

### 7.2.6 Angepaßte Filter

Diese Form der Ortsfrequenzfilterung kann nur auf der Basis der Fourieroptik vernünftig beschrieben werden. Sie ist eng mit der Holographie verbunden, weil ein Referenzbündel in die Fourierebene eingeführt wird. Die Abb. 7.16 zeigt die erste Hälfte des optischen Prozessors und ein kollimiertes Referenzbündel, das auf eine Photoplatte in der Fourierebene unter dem Einfallswinkel $\theta$ fällt. Seine (komplexe) Amplitude auf der Platte beträgt demnach

$$\exp\left(-\frac{2\pi}{\lambda}\mathrm{i}\xi\sin\theta\right) = \exp(-2\pi\mathrm{i}\alpha f_x) , \tag{7.45}$$

mit $\alpha = f'\sin\theta$. Liegt am Prozessoreingang die Amplitudenverteilung $h(x)$ an, ist die Gesamtamplitude auf der Platte

$$H(f_x) + \mathrm{e}^{-2\pi\mathrm{i}\alpha f_x} , \tag{7.46}$$

und der Film registriert die Intensität

$$I(f_x) = 1 + H^*\mathrm{e}^{-2\pi\mathrm{i}\alpha f_x} + H\mathrm{e}^{2\pi\mathrm{i}\alpha f_x} + |H|^2 . \tag{7.47}$$

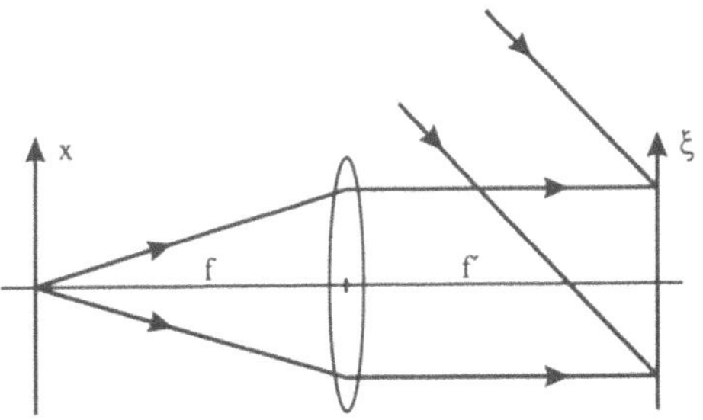


**Abb. 7.16.** Erzeugung eines angepaßten Filters

Ist die Variation der Belichtung auf der Platte klein genug, dann ist die Amplitudentransmission $t(f_x)$ der entwickelten Platte proportional zu $I(f_x)$, so daß sich abgesehen von einer multiplikativen Konstanten ergibt

$$t(f_x) = 1 + H^* \mathrm{e}^{-2\pi \mathrm{i} \alpha f_x} + H \mathrm{e}^{2\pi \mathrm{i} \alpha f_x} + |H|^2 . \tag{7.48}$$

Nun setzen wir den entwickelten Film wieder an seinen ursprünglichen Ort in die Fourierebene ein. Das Objekt wird gegen ein anderes mit der Amplitudentransmission $g(x)$ ausgetauscht. Die Amplitude der die Fourierebene verlassenden Welle ist das Produkt von $t(f_x)$ und $G(f_x)$. Von Bedeutung sind die Terme

$$GH^* \mathrm{e}^{-2\pi \mathrm{i} \alpha f_x} + GH \mathrm{e}^{2\pi \mathrm{i} \alpha f_x} . \tag{7.49}$$

Sind die Eingangsverteilungen $G$ und $H$ identisch, ergibt sich für den ersten Term

$$GH^* \mathrm{e}^{-2\pi \mathrm{i} \alpha f_x} = |H|^2 \mathrm{e}^{-2\pi \mathrm{i} \alpha f_x} . \tag{7.50}$$

Da $|H|^2$ reell ist, beschreibt der erste Term eine amplitudenmodulierte ebene Welle, die sich in genau dieselbe Richtung wie die ursprüngliche Referenzwelle ausbreitet. Die zweite Linse fokussiert diese Welle in einen Punkt.

Im allgemeinen sind jedoch $g$ und $h$ voneinander verschieden, und $GH^*$ ist nicht reell. Die Welle ist daher nur näherungsweise eine ebene Welle und wird nicht in einen Punkt fokussiert, sondern ergibt einen diffuseren Fleck in der Ausgangsebene.

Das Prinzip kann bei der *Muster-* oder *Zeichenerkennung* angewandt werden, wo ein Filter hergestellt und zur Unterscheidung zwischen $h$ und einer Gruppe von Zeichen $g_1, g_2, \ldots$ benutzt wird. Dieser Typ eines Filters wird als *angepaßter Filter* (*matched filter*) bezeichnet. Die Verteilung am Filterausgang in der Umgebung des fokussierten Bündels entspricht der mathematischen *Kreuzkorrelationsfunktion* zwischen den Funktionen $g$ und $h$.

Der Term $GH$ ist übrigens fast nie rein reell, selbst wenn $g = h$ ist, sondern verursacht eine zweite, als *Faltung* von $g$ und $h$ bekannte Verteilung.

Angepaßte Filterung ist mit der Holographie eng verbunden; der angepaßte Filter ist nichts anderes als ein Hologramm der Fouriertransformierten des Objekts, d.h. ein *Fourierhologramm*. Das Hologramm wird hier jedoch verwendet, um mit der Objektwelle das Referenzbündel zu rekonstruieren.

### 7.2.7 Optischer Prozessor mit konvergenten Bündeln

Der in Abb. 7.7 dargestellte optische Prozessor wird häufig für Präzisionsanwendungen eingesetzt, da sowohl die Fouriertransformierte als auch das Bild in Ebenen liegen (vorausgesetzt, die Linsen sind für Abbildung und Fouriertransformation richtig korrigiert). Ist ein ebenes Feld nicht wichtig, so kann ein optischer Prozessor, wie in Abb. 7.17 dargestellt, mit einer einzelnen Linse aufgebaut werden. Dieser wird dann auch als *optischer Prozessor mit konvergenten Bündeln* bezeichnet.

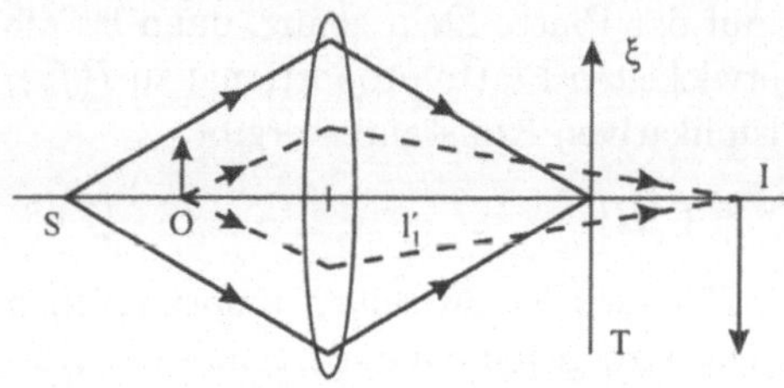


**Abb. 7.17.** Optischer Prozessor mit konvergenten Bündeln

Die Linse kann in Abhängigkeit von der Größe des Objekts und der benötigten Genauigkeit ein Mikroobjektiv, ein zweiteiliges Teleskopobjektiv oder ein hochkorrigiertes Vergrößerungsobjektiv sein.

Die Linse projiziert ein Bild der Quelle $S$ in die Transformationsebene $T$. Die Transformierte des Objekts $O$ liegt eigentlich nicht in einer Ebene, sondern auf einer Kugeloberfläche. Die Projektion der Transformierten auf die Ebene entspricht einer Multiplikation mit einem Phasenfaktor der Form $\exp(iA\xi^2)$, wobei $A$ eine Konstante ist. Das Argument der Exponentialfunktion wird als *quadratischer Phasenfaktor* bezeichnet, die quadratische Form ist das Resultat der Näherungsformel aus Abschn. 5.6.5. In vielen Fällen, wie bei der räumlichen Filterung, ist der Phasenfaktor nicht wichtig, so daß der Prozessor mit konvergenten Bündeln ausreicht.

Die Transformationsebene befindet sich in einer Entfernung $l'_1$ von der Linse, nicht wie bisher $f'$, was zu einer Maßstabsänderung der Transformation um den Faktor $l'_1/f' = (1+m_1)$ führt, wobei $m_1$ der Abbildungsmaßstab der Quelle ist. Der Faktor $f'$ in den bisherigen Gleichungen, wie z.B. (7.23), ist daher durch $l'_1$ zu ersetzen.

Das Bild $I$ befindet sich in der durch die geometrische Optik vorgegebenen Ebene. Tatsächlich bewirkt die Linse automatisch die Rücktransformation. Das Bild liegt auch auf einer Kugelfläche (was generell für Linsensysteme gilt), aber das hat wiederum keinen Einfluß. Der Abbildungsmaßstab kann durch axiale Verschiebung des Objekts und der Bildebene verändert werden, worin ein Vorteil des optischen Prozessors mit konvergenten Bündeln gegenüber einer Anordnung besteht, wie sie in Abb. 7.7 dargestellt ist, deren Abbildungsmaßstab immer 1 beträgt.

Der Prozessor mit konvergenten Bündeln hat einen weiteren Vorteil in solchen Fällen, bei denen nur die Transformierte (und nicht das Bild) benötigt wird. Dieses kann z.B. bei bestimmten elektronischen Anwendungen der Fall sein, wo die Fouriertransformation eines Signals auf optischem Wege ausgeführt werden soll.

Wir nehmen an, daß das Objekt in Abb. 7.7 feine Details am Rande des Objektfeldes besitzt. Um diese mit der richtigen Ortsfrequenz aufzulösen, muß die Linse sowohl die +1. als auch die −1. Beugungsordnung durchlassen. Die Linse muß demzufolge größer als das Objekt sein. Wenn wir ein beugungsbegrenztes Verhalten auch am Rande des Objekts fordern, muß der Linsendurchmesser gleich $h + \lambda f'/d$ sein, wobei $h$ der Radius des Objekts und $d$ die gewünschte Auflösungsgrenze ist. Das kann zu einem Linsendurchmesser führen, der doppelt so groß ist, wie er für dieselbe Auflösungsgrenze auf der optischen Achse benötigt wird.

Um dies zu verdeutlichen, fordern wir eine Auflösungsgrenze $d$. Der Linsendurchmesser $D$ beträgt dann $2\lambda f'/d$. Da das einfallende Licht kollimiert ist, beträgt die größte nutzbare Objekthöhe $D/2$. Am Rande des Objekts kann jedoch von allen Ortsfrequenzen entweder nur die +1. oder nur die −1. Beugungsordnung die Linse passieren. Damit beide Ordnungen durch die Linse hindurchtreten können, müssen wir ihren Durchmesser bei unverändertem Objektdurchmesser um $\lambda f'/d$ vergrößern. Das führt zu einem Durchmesser von $2D$, also der doppelten Objektgröße.

Die Auflösungsgrenze der Linse beträgt nun $\lambda f'/D$ am Rande des Objekts und $\lambda f'/2D$ in der Mitte (bei beugungsbegrenzter Abbildung). Um daher die gewünschte Auflösungsgrenze abseits der optischen Achse zu erzielen, benötigen wir eine hochaperturige Linse, die in Achsennähe bessere Eigenschaften als die geforderten aufweisen muß.

Der gleiche Effekt muß nicht notwendig bei dem Prozessor mit konvergenten Bündeln auftreten. Das Objekt kann hier zu beiden Seiten der Linse mit ihr in Kontakt angebracht werden. Ohne Abstand zwischen Objekt und Linse passieren die von allen Bereichen des Objekts gebeugten Bündel die Linse. Diese muß nicht mehr größer als das Objekt sein, damit Beugungsordnungen auch aus extremen Bereichen hindurchtreten können.

## 7.3 Impulsantwort und Übertragungsfunktion

### 7.3.1 Die Impulsantwort

Wir betrachten zunächst ein aus einem einzigen Punkt bestehendes Objekt. Das Bild dieses Objekts ist kein Punkt, sondern ein kleiner diffuser Fleck. Ist die Linse beugungsbegrenzt, so ist das Bild das Airy-Scheibchen. Andernfalls ist es ein Fleck, dessen Struktur von den Aberrationen der Linse bestimmt wird. In beiden Fällen wird das Bild eines einzelnen Punktes als *Punktbildverwaschungsfunktion* oder *Impulsantwort* des Systems bezeichnet.

In Systemen, die kohärentes Licht nutzen und in denen wir die Amplituden zu addieren haben, ist die Amplitudenantwort die geeignete Impulsantwort auf eine Punktlichtquelle. Bei beugungsbegrenzter Optik ist die Impulsantwort das Amplituden-Beugungsmuster der Punktquelle, in aberrationsbegrenzten Systemen dagegen ist es die Fouriertransformierte der Amplitudenverteilung in der Austrittspupille der Linse. Diese Amplitudenverteilung wird als *Pupillenfunktion* $P$ bezeichnet.

Ähnlich ist es in Systemen mit inkohärentem Licht, wo wir Intensitäten zu addieren haben. Die geeignete Impulsantwort ist die Intensitätsantwort auf eine Punktlichtquelle. Die Intensitäts-Impulsantwort ist daher das Absolutquadrat der Amplituden-Impulsantwort.

Ist ein System beugungsbegrenzt, so ist die Impulsantwort gerade das Beugungsmuster der Apertur. Eindimensional bedeutet das entweder $\operatorname{sinc}\beta = (\sin\beta)/\beta$ oder das Quadrat dieses Ausdrucks (Abb. 5.13), abhängig davon, ob das Licht kohärent ist oder von einer ausgedehnten Quelle stammt – siehe (5.59a) und (5.59b). In einem zweidimensionalen System mit Kreissymmetrie muß die sinc-Funktion durch die *Sombrerofunktion* $\operatorname{somb}\beta = 2J_1(\beta)/\beta$ mit der Besselfunktion $J_1$ ersetzt werden. Die Sombrerofunktion ähnelt einer sinc-Funktion, die um die Achse $\beta = 0$ gedreht wurde. Die meisten Schlußfolgerungen über eindimensionale Systeme können qualitativ auch auf zweidimensionale Systeme übertragen werden.

Systeme, deren Impulsantwort nicht von der Position von Objekt und Bild abhängt, werden als *verschiebungsinvariant* bezeichnet. (Manchmal wird auch die Bezeichnung aplanatisch verwendet, aber diese Definition ist nicht ganz dieselbe wie die in der geometrischen Optik.) Bei den folgenden Betrachtungen werden wir alle Systeme als verschiebungsinvariant annehmen. In Wirklichkeit sind jedoch kohärent-optische Systeme nie verschiebungsinvariant. Um das zu verdeutlichen, betrachten wir ein kleines Gitter außerhalb der optischen Achse einer Linse. Die Linse überträgt dann z.B. eine größere Zahl positiver Beugungsordnungen als negativer, folglich unterscheidet sich das Bild von dem eines Objekts auf der Achse. Zum Glück kann ein optisches System gewöhnlich über einen kleinen Bereich um die optische Achse als verschiebungsinvariant betrachtet werden (siehe auch Abschn. 7.2.7).

Wie sieht das Bild eines ausgedehnten Objekts bei einer Impulsantwort $r(x')$ der Linse aus? Wir nehmen an, daß das Objekt inkohärent beleuchtet wird und die Intensität in der Objektebene $I(x)$ betrage. Da das Bild eines Punktes eine Punktbildverwaschungsfunktion ist, trägt jedes Bild $x'$ eines Punktes $x$ auch zur Intensität $I'(x'_i)$ am Punkt $x'_i$ bei. Daher muß die Bildintensität $I'(x'_i)$ durch ein Integral über die gesamte $x'$-Ebene ausgedrückt werden, wobei oft eine Integration über einige Durchmesser des Airy-Scheibchens ausreichend ist.

Wir betrachten einen Punkt $x$ in der Objektebene. Dieser führt zu einer Punktbildverwaschungsfunktion, die den Punkt $x'$ in der Bildebene umgibt. Hat $x'_i$ eine Entfernung $\xi$ von $x'$, dann ist der Beitrag des Punktes $x'$ zur Intensität bei $x'_i$ proportional zu $r(\xi)$, dem Wert der Impulsantwort bei $x'_i$ (Abb. 7.18).

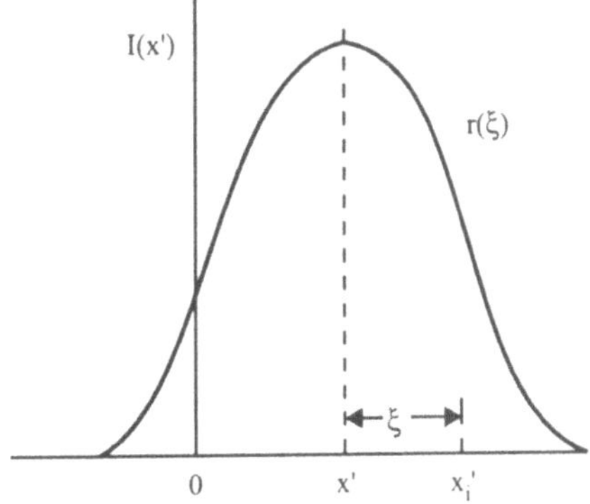


**Abb. 7.18.** Intensität im Bildpunkt $x_i'$ aufgrund eines Nachbarbildpunktes bei $x'$ in einer Entfernung $\xi$ von $x_i'$

Weiterhin nehmen wir an, daß der Beitrag des Punkts $x'$ in $x_i'$ proportional zur Intensität des geometrisch-optischen Bildes bei $x'$ ist, d.h., daß helle Objektpunkte proportional mehr beitragen als schwachleuchtende. Die geometrisch-optische Bildintensität $I_{\mathrm{g}}'(x')$ besitzt dieselbe funktionale Form wie die Objektintensität $I(x)$, ist aber maßstäblich verändert, um den Abbildungsmaßstab des optischen Systems zu berücksichtigen.

Die Intensitätsverteilung im Bild ist daher durch das Integral

$$I'(x_i') = \int_{-\infty}^{\infty} I_{\mathrm{g}}'(x') r(x_i' - x') \mathrm{d}x' \tag{7.51}$$

gegeben, wobei $\xi = x_i' - x'$ benutzt wurde, wie in Abb. 7.18 dargestellt. In der Sprache der Fouriertheorie ist die Bildintensität die *Faltung* der Objektintensität mit der Inpulsantwort der Linse.

Ähnlich ist es bei kohärentem Licht, wo die Verteilung der Amplitude des elektrischen Feldes im Bild die Faltung

$$E'(x_i') = \int_{-\infty}^{\infty} E_{\mathrm{g}}'(x') r_{\mathrm{c}}(x_i' - x') \mathrm{d}x' \tag{7.52}$$

ist, wobei $r_{\mathrm{c}}$ die Amplituden- oder kohärente Impulsantwort und $E_{\mathrm{g}}'$ die durch die geometrische Optik bestimmte Bildamplitude sind. Die Intensitätsverteilung im Bild ist das Quadrat der Faltung der Amplituden, wenn das Licht kohärent ist. Dies entspricht der Regel, bei inkohärentem Licht Intensitäten zu addieren, aber im Falle kohärenten Lichtes die Amplituden zu addieren und anschließend zu quadrieren.

Die Faltung zwischen zwei Funktionen kann man sich so vorstellen, daß eine von ihnen an der Ordinate gespiegelt und dann gegen die andere verschoben wird. Ein simples Vertauschen der Variablen in (7.51) oder (7.52) zeigt, daß es gleich ist, welche der Funktionen gegen die andere verschoben wird. Um den Wert der Faltungsfunktion an jedem Ort der horizontalen Achse zu berechnen, multipliziert man die Funktionen miteinander und integriert über das Ergebnis. Das ist der Wert der Faltung an diesem Punkt. Wiederholt man die Operation an jedem Punkt, erhält man die gesamte Faltungsfunktion. Weitere Einzelheiten folgen in Abschn. 7.4.3.

### 7.3.2 Die Kantenantwort

Ist das Objekt eine scharfe Kante, so ist sein Bild die Faltung einer Stufenfunktion mit der Impulsantwort der Linse. Dieses Bild wird als Kantenantwort bezeichnet, zu ihm gelangt man bei kohärentem Licht über die Amplituden. Die Kantenantwort ist bei partiell kohärentem Licht nicht definiert.

Der Einfachheit halber betrachten wir den eindimensionalen Fall bei inkohärentem Licht. Wird anstelle von $I'_\mathrm{g}$ in (7.51) die Stufenfunktion ($I'_\mathrm{g}(x') = 1$ für $x' < 0$ und $I'_\mathrm{g}(x') = 0$ sonst) eingesetzt, so ergibt sich der Wert der Kantenantwort an jedem Ort $x'_i$ zu

$$I'(x'_i) = \int_0^\infty r(x'_i - x')\mathrm{d}x' \,. \tag{7.53}$$

Mit $\xi = x'_i - x_i$ erhalten wir

$$I'(x'_i) = -\int_{x'_i}^\infty r(\xi)\mathrm{d}\xi = \int_{-\infty}^{x'_i} r(\xi)\mathrm{d}\xi \,, \tag{7.54}$$

was gerade das Integral der Impulsantwort von $-\infty$ bis $x'_i$ ist. Das Integral sieht im zweidimensionalen Fall ähnlich aus, außer daß sich die Integration auch über die gesamte $y$-Achse erstreckt. Die kurzgestrichelte Linie in Abb. 7.19 zeigt die Kantenantwort eines inkohärenten beugungsbegrenzten Systems in zwei Dimensionen. Die horizontale Achse ist in Vielfachen der Auflösungsgrenze $AG = 1{,}22\lambda f'/D$ [siehe (5.62)] geteilt. Da die Impulsantwort immer positiv ist, steigt das Integral (7.54) monoton, und die Kantenantwort erreicht ihre Asymptoten bei 0 und 1 nur recht langsam.

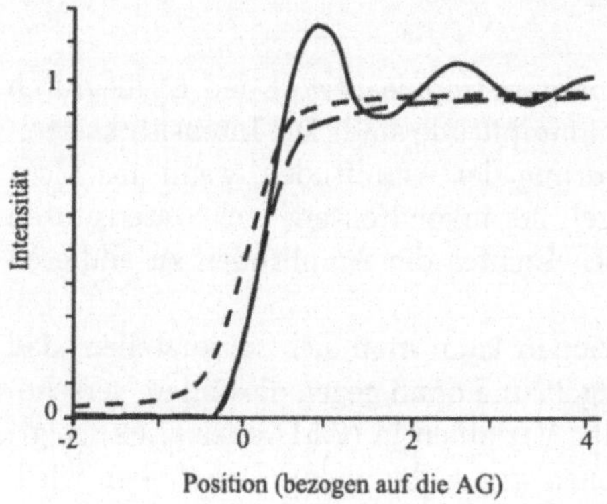


**Abb. 7.19.** Beugungsbegrenzte Bilder einer Kante. (*durchgezogene Linie*) kohärentes Licht, (*kurze Striche*) inkohärentes Licht, (*lange Striche*) konfokale Scanning-Mikroskopie [Mit freundlicher Genehmigung von Gregor Obarski]

Bei direkter kohärenter Beleuchtung (Abschn. 5.7) muß die kohärente Kantenantwort berechnet und dann zur Bestimmung der Intensität quadriert werden. Die Intensitätsfunktion selbst ist nicht die Kantenantwort. Eindimensional ist die kohärente Impulsantwort einer beugungsbegrenzten Linse proportional zu $(\sin\beta)/\beta$. Aufgrund des oszillatorischen Verhaltens der sinc-Funktion kommt es im Bild der Kante zu einem Überschwingen. Die durchgezogene Kurve in Abb. 7.19 zeigt das für ein zweidimensionales beugungsbegrenztes System berechnete Bild einer Kante. Nahe dieser Kante sieht man ein maximales Überschwingen von fast 20%. Dieses Überschwingen führt zu Störungen in Bildern, die viele scharfe Kanten enthalten. Inkohärente Bilder sind frei von diesen Störungen, da die Kantenantwort in inkohärentem Licht kein Überschwingen zeigt.

Da die Impulsantwort einer rotationssymmetrischen Linse ebenfalls rotationssymmetrisch ist, kann das geometrische Bild einer Kante bei inkohärenter Beleuchtung gefunden werden, indem der Ort bestimmt wird, an dem die Intensität die Hälfte des asymptotischen Wertes beträgt. Bei kohärenter Beleuchtung kann der Rand dadurch gefunden werden, daß der Ort gesucht wird, an dem die Amplitude die Hälfte ihres asymptotischen Wertes beträgt. Da zur Berechnung der Intensität quadriert werden muß, erhält man das geometrische Bild der Kante an dem Ort, wo die Intensität ein Viertel des asymptotischen Wertes beträgt. Diese Werte werden bei der Kantenfindung ausgenutzt.

### 7.3.3 Die Impulsantwort bei der konfokalen Scanning-Mikroskopie

Ein konfokales Scanning-Mikroskop (Abschn. 3.6) werde mit einem Laser betrieben, so daß das Licht als hochkohärent betrachtet werden kann. Die Impulsantwort eines solchen Mikroskops ist nicht auf den ersten Blick ersichtlich, kann aber durch die folgende einfache Argumentation abgeleitet werden.

Das Mikroskop in Abb. 7.20 ist aus Gründen der Verständlichkeit als Transmissionsmikroskop gezeichnet, aber die Überlegungen gelten ebenso für Auflichtmikroskope. Die Objektive seien identisch, das Objekt werde in ihrer gemeinsamen Brennebene abgetastet. Der Einfachheit halber betrage der Abbildungsmaßstab des zweiten Objektivs 1.

Die Impulsantwort jedes kohärent beleuchteten optischen Systems ist laut Definition die Amplitudenverteilung einer Punktquelle in der Bildebene. Bei einem Scanning-Mikroskop wird das Bild jedoch durch Abtasten eines Objekts in der Objektebene erzeugt, d.h. in der Ebene, die das Bild der Quelle enthält. Die gesuchte Impulsantwort ist daher das durch Abtasten der Objektebene mit einer winzigen Lochblende – quasi einem mathematischen Punkt – erhaltene Bild. Das heißt, es ist die Amplitude, die auf einen Detektor in der Bildebene fällt und die eine Funktion der Lage der Lochblende in der Objektebene ist. Diese Lochblende ist eine mathematische Konstruktion und darf nicht mit einer realen Lochblende wie der vor dem Detektor angebrachten verwechselt werden.

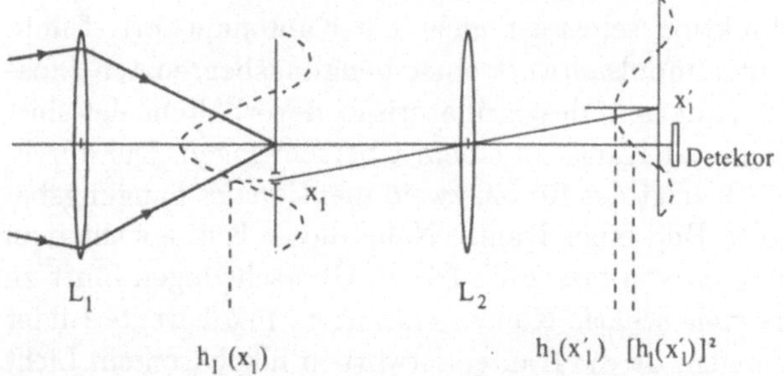


**Abb. 7.20.** Konfokales Scanning-Mikroskop

Abbildung 7.20 zeigt die Impulsantwort $h_1(x)$ der ersten Linse $L_1$. Die fiktive Lochblende liege in einer Entfernung $x_1$ von der Achse und somit auch vom Zentrum der Impulsantwort von $L_1$. Die Amplitude des elektrischen Feldes des durch die Lochblende transmittierten Lichts sei $h_1(x_1)$. Da die Lochblende unendlich klein ist, führt die Beugung an ihr im Fernfeld zu einer ebenen Welle mit konstanter Amplitude. Die auf die zweite Linse $L_2$ fallende Amplitude ist proportional zu $h_1(x_1)$. Da die auf $L_2$ fallende Welle eine konstante Amplitude besitzt, ist das Bild, das die Linse $L_2$ auf die Detektorebene projiziert, gerade deren Impulsantwort $h_2(x')$, und wir nehmen an, daß $h_1 = h_2$ ist. Da die Lochblende um $x_1$ von der Achse entfernt ist, befindet sich jedoch das Zentrum dieser Impulsantwort bei $x_1'$, der Position des geometrisch-optischen Bildes der Lochblende. Die Amplitudenverteilung in der Detektorebene ist daher proportional zu $h_1(x_1) \cdot h_1(x_1' - x')$.

Nun wollen wir den Fall betrachten, daß sich eine unendlich kleine Lochblende direkt vor dem Detektor bei $x' = 0$ befindet. Die auf diese Lochblende einfallende Amplitude beträgt $h_1(x_1) \cdot h_1(x_1')$. Mit einem Abbildungsmaßstab von 1 gilt $x_1' = x_1$, und die auf die Lochblende einfallende Amplitude ergibt sich zu $[h_1(x_1)]^2$. Obwohl kohärentes Licht verwendet wird, ist die Impulsantwort des konfokalen Scanning-Mikroskops das Quadrat der üblichen Impulsantwort für kohärentes Licht. Sind die Linsen nicht identisch oder beträgt der Abbildungsmaßstab von $L_2$ nicht 1, so ist die Impulsantwort des Mikroskops gerade das Produkt der Impulsantworten von $L_1$ und $L_2$. Das Beugungsmuster in der Detektorebene wird durch $L_2$ in die Objektebene abgebildet und entsprechend verkleinert, um die effektive Impulsantwort in der Objektebene zu finden.

Dieses Resultat, daß die Impulsantwort des konfokalen Scanning-Mikroskops das Quadrat der normalen kohärenten Impulsantwort ist, hat eine wichtige Konsequenz. Ist eine Linse beugungsbegrenzt, so weist ihre kohärente Impulsantwort außerhalb des Hauptmaximums starke Oszillationen auf (siehe auch Abschn. 5.7.2). Das Bild einer scharfen Kante zeigt ein deutliches Überschwingen. Beim konfokalen Scanning-Mikroskop hat die Impulsantwort dagegen dieselbe funktionale Form wie bei einem inkohärenten System und zeigt so ein Nebenmaximum von nur 4% des Hauptmaximums und kein Überschwingen. Obwohl das Licht kohärent ist, leiden daher Bilder eines konfokalen Scanning-Mikroskops nicht unter dem Überschwingen, das kohärente Systeme normalerweise zeigen.

Das Bild eines einzelnen Punktes ist bei einem gewöhnlichen Mikroskop das Quadrat der Sombrerofunktion, unabhängig davon, ob kohärent oder inkohärent beleuchtet wird (auch wenn die Kantenantworten sich voneinander unterscheiden). Bei einem konfokalen Scanning-Mikroskop ist das Bild eines Punktes jedoch das Quadrat seiner Impulsantwort oder die *vierte* Potenz der Sombrerofunktion. In Abb. 7.21 ist das Bild eines Einzelpunktes in einem konventionellen Mikroskop (durchgezogene Kurve) dem in einem konfokalen Scanning-Mikroskop (gestrichelte Kurve) gegenübergestellt. Die gestrichelte Kurve entspricht dem Quadrat der durchgezogenen. Das Bild ist nicht nur etwa 30% schmaler, sondern zeigt auch keine sichtbaren Nebenmaxima und wird daher als *apodisiert* bezeichnet (Aufgabe 7.8).

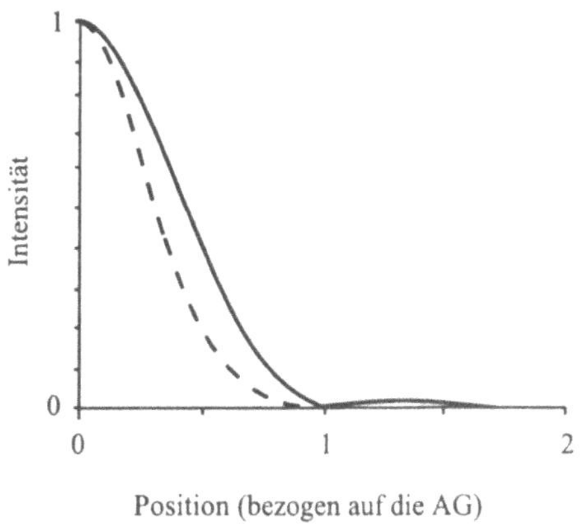


**Abb. 7.21.** Bilder eines einzelnen Punktes. (*durchgezogene Kurve*) bei einem konventionellen Mikroskop für kohärentes und für inkohärentes Licht, (*gestrichelte Kurve*) bei einem konfokalen Scanning-Mikroskop [Mit freundlicher Genehmigung von Gregor Obarski]

Das aufgezeichnete Bild einer Kante ist beim konfokalen Scanning-Mikroskop das Quadrat der kohärenten Kantenantwort. Es ist in Abb. 7.19 als langgestrichelte Kurve gezeichnet und etwas schärfer als das Bild in einem konventionellen, inkohärent arbeitenden Mikroskop. Das konfokale Scanning-Mikroskop kann genutzt werden, um Strukturbreiten mit einer Meßunsicherheit von weniger als $0,1\,\mu$m zu vermessen und kann trotz der Kohärenz des Lichts bei der Auswertung weniger Probleme als konventionelle Mikroskope bereiten (Abschn. 7.4.5).

### 7.3.4 Bildverbesserung

Hierbei handelt es sich um eine leistungsfähige Technik, mit der die Qualität aufgezeichneter Bilder, die durch bekannte Ursachen gestört sind, verbessert werden kann. Der einfachste zu untersuchende Fall ist eine Unschärfe aufgrund einer gleichförmigen eindimensionalen Bewegung. Wir nehmen z.B.

an, daß sich eine Kamera während der Belichtung eines Diapositivs um eine Strecke $x_1$ bewegt habe. Das Bild eines einzelnen Punktes ist dann eine Linie der Länge $x_1$, deren Impulsantwort als

$$r(x) = 1 \text{ für } -x_1/2 < x < x_1/2 \text{ und} \tag{7.55}$$

$$r(x) = 0 \text{ sonst} \tag{7.56}$$

geschrieben werden kann.

Das Diapositiv wird in die Eingangsebene eines optischen Prozessors gestellt und kohärent beleuchtet. Die Amplitude in der Fourierebene ist die Fouriertransformierte der Impulsantwort

$$E(f_x) = 2\mathrm{i}x_1 \mathrm{sinc}(\pi f_x x_1)\,, \tag{7.57}$$

mit $\mathrm{sinc}\,\alpha = (\sin\alpha)/\alpha$ (Aufgabe 7.10).

Die Fouriertransformierte eines einzelnen Punktes ist eine Konstante. Dies ist die gewünschte ungestörte Amplitude in der Fourierebene. Wir benötigen daher einen Filter mit der Amplitudentransmission

$$t(f_x) \propto 1/\mathrm{sinc}(\pi f_x x_1)\,. \tag{7.58}$$

Diese Filterfunktion kann nur angenähert realisiert werden, da im Nenner Nullstellen auftreten. Der Filter muß ebenso den Phasensprung von $\pi$ bei den Werten von $f_x$ enthalten, bei denen die Sinusfunktion das Vorzeichen wechselt und $t(f_x)$ folglich eine Phasenverschiebung von $\pi$ erfährt. Die Herstellung solcher Filter ist kompliziert und wird am besten mit Techniken der angepaßten Filterung oder der Holographie realisiert. Ein derartiger Filter korrigiert die Amplitudenverteilung in der Fourierebene, indem sie homogener gemacht wird. Auf die zweite Linse des Prozessors fällt dann eine nahezu homogene ebene Welle, die zu einem Punkt fokussiert wird. So entsteht das gesuchte, in der Schärfe verbesserte Bild.

Bei dieser Betrachtung wurde stillschweigend ein aus einem Einzelpunkt bestehendes Objekt angenommen. In Wirklichkeit besteht die Fouriertransformierte eines komplizierten Objekts aus der Überlagerung der Fouriertransformierten aller verschwommenen Punkte des transparenten Objekts. Wir erkennen dies, indem wir das Objekt als Schirm mit zahlreichen identischen Öffnungen betrachten. Jede von ihnen repräsentiert das verschwommene Bild eines Punktes. Entsprechend der Theorie der Fraunhoferbeugung sind die Beugungsmuster dieser Öffnungen auf der optischen Achse zentriert und bis auf die Phase identisch. (Dieses Ergebnis wird mathematisch durch das *Faltungstheorem* ausgedrückt.) Die Fouriertransformierte des unscharfen Objekts ist daher der Fouriertransformierten der Impulsantwort sehr ähnlich; man kann streng zeigen, daß der die Schärfe optimal verbessernde Filter auch allgemein das Reziproke der sinc-Funktion (7.57) ist.

Eine ähnliche Behandlung kann für den zweidimensionalen Fall erfolgen, wenn das Bild durch Defokussierung unscharf ist. Ist die Austrittspupille des optischen Systems kreisförmig, so ist die Impulsantwort ein gleichförmig ausgeleuchteter Kreis, und die Fouriertransformierte besitzt Radialsymmetrie. Der Filter zur Schärfenverbesserung ist das Reziproke der Fouriertransformierten.

### 7.3.5 Die optische Übertragungsfunktion

Die Intensität eines Objekts möge sinusförmig von der Koordinate $x$ in der Objektebene abhängen. Das geometrisch-optische Bild in der Bildebene ist dann eine Sinusfunktion der Koordinate $x'$. Benutzen wir die komplexe Exponentialschreibweise, ist das geometrisch-optische Bild durch

$$I'_{\mathrm{g}}(x') = \mathrm{e}^{2\pi \mathrm{i} f_x x'} \tag{7.59}$$

gegeben. Beträgt die Impulsantwort des optischen Systems $r(x')$, so ergibt sich die Bildintensität zu

$$I'(x'_i) = \int_{-\infty}^{\infty} \mathrm{e}^{2\pi \mathrm{i} f_x x'} r(x'_i - x') \mathrm{d}x' \,. \tag{7.60}$$

Durch die Substitution $\xi = x'_i - x'$ erhalten wir

$$I'(x'_i) = \mathrm{e}^{2\pi \mathrm{i} f_x x'} \int_{-\infty}^{\infty} r(\xi) \mathrm{e}^{-2\pi \mathrm{i} f_x \xi} \mathrm{d}\xi \,. \tag{7.61}$$

Die Bildintensität entspricht der Objektintensität (bzw. der des geometrisch-optischen Bildes) multipliziert mit einem als *optische Übertragungsfunktion*

$$T(f_x) = \int_{\infty}^{\infty} r(x') \mathrm{e}^{-2\pi \mathrm{i} f_x x'} \mathrm{d}x' \tag{7.62}$$

bezeichneten Faktor. (Dabei haben wir $\xi$ durch $x'$ ersetzt.) Die optische Übertragungsfunktion ist gleich der Fouriertransformierten der Impulsantwort. Sie ist ein Maß für die Eigenschaften des Bildes eines sinusförmig modulierten Gitters einer bestimmten Ortsfrequenz. ($f_x$ ist die Ortsfrequenz des Bildes; die Ortsfrequenz des Objekts ist gleich dem Quotienten aus $f_x$ und dem Abbildungsmaßstab des optischen Systems.)

Der Betrag der optischen Übertragungsfunktion wird als *Modulationsübertragungsfunktion*, oft als MTF (engl. modulation transfer function) abgekürzt, bezeichnet. Die MTF ist ein Maß für den Kontrast eines optischen Bildes bei einer bestimmten Ortsfrequenz. Für hohe Ortsfrequenzen wird die MTF sehr klein oder 0. Bilddetails dieser Ortsfrequenzen können nicht übertragen werden, da $1/f_x$ kleiner als die Auflösungsgrenze des optischen Systems ist. Im Gegensatz zur Auflösungsgrenze liefert die MTF jedoch Informationen, die den Charakter des Bildes bei allen Ortsfrequenzen betreffen.

Die Phase der optischen Übertragungsfunktion oder OTF (engl. optical transfer function) ist im allgemeinen nicht 0. Ein von Null verschiedener Phasenterm weist auf eine Verschiebung des Musters gegenüber der durch die geometrische Optik vorausgesagten Position hin. Beträgt die Phase der OTF speziell $\pi$, so ist das Bild eines sinusförmigen Gitters gegenüber dem geometrisch-optischen Bild um eine halbe Periode verschoben. Dieses Phänomen tritt z.B. dann auf, wenn Details unterhalb der Auflösungsgrenze eines defokussierten optischen Systems liegen. Es wird als *Scheinauflösung* bezeichnet. Abb. 7.22 zeigt, wie die Scheinauflösung infolge der Überlappung defokussierter Bilder von Balkenstrukturen zustande kommt. In (c) erscheinen die drei Balken als zwei Balken mit niedrigem Kontrast und um $\pi$ gegen das aufgelöste Bild (a) phasenverschoben.

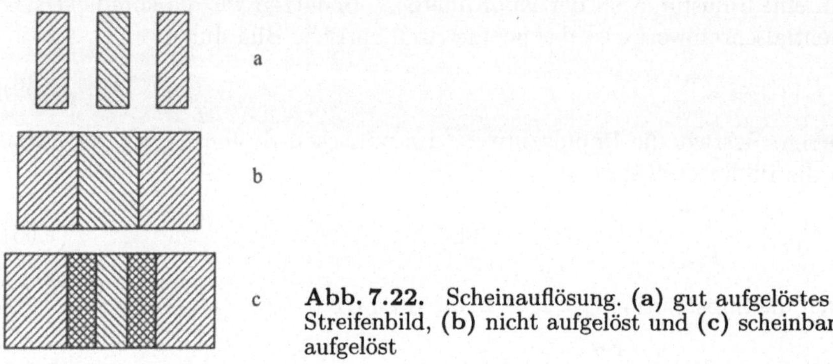


**Abb. 7.22.** Scheinauflösung. **(a)** gut aufgelöstes Streifenbild, **(b)** nicht aufgelöst und **(c)** scheinbar aufgelöst

### 7.3.6 Die kohärente Übertragungsfunktion

Mit derselben Betrachtungsweise wie zuvor können wir zeigen, daß die Amplitude des elektrischen Feldes $E'(x_i')$ in der Bildebene durch die Beziehung

$$E'(x_i') = \int_{-\infty}^{\infty} E_{\mathrm{g}}'(x')h(x_i' - x')\mathrm{d}x' \qquad (7.63)$$

gegeben ist, wobei $E_{\mathrm{g}}'(x')$ die Amplitude des geometrisch-optischen Bildes und $h$ die Amplituden-Impulsantwort sind. Analog ist die *kohärente Übertragungsfunktion* $H(f_x)$ die Fouriertransformierte der kohärenten Impulsantwort

$$H(f_x) = \int_{-\infty}^{\infty} h(x')\mathrm{e}^{-2\pi\mathrm{i}f_x x'}\mathrm{d}x' \,. \qquad (7.64)$$

Die kohärente und die inkohärente Impulsantwort sind über die Beziehung

$$r(x') = |h(x')|^2 \qquad (7.65)$$

miteinander verbunden.

### 7.3.7 Beugungsbegrenzte Übertragungsfunktionen

Eine einfache geometrische Überlegung kann genutzt werden, um die kohärente Übertragungsfunktion einer Linse zu berechnen.

Wir betrachten zunächst ein sinusförmig moduliertes Gitter. Dieses Gitter können wir uns als durch die Interferenz zweier ebener Wellen entstanden denken. Bei einer Gitterperiode $d$ beträgt die Ortsfrequenz

$$f_x = 1/d \,. \tag{7.66}$$

Aus der Gittergleichung $m\lambda = d \sin\theta$ folgt, daß der Winkel zwischen einem der beiden Wellenzahlvektoren und der Normalen der Gitterebene mit der Ortsfrequenz des Gitters durch die Gleichung

$$f_x = \theta/\lambda \tag{7.67}$$

verbunden ist, wobei $\theta$ so klein sein soll, daß $\sin\theta \simeq \theta$ gesetzt werden kann.

Wir können jede beliebige Objektverteilung auch durch die Winkelverteilung ebener Wellen ausdrücken, die von ihr durch Beugung ausgehen. Solch eine Darstellung wird als *Winkelspektrum* bezeichnet. Wie bei der Berechnung der kohärenten Übertragungsfunktion ist es manchmal zweckmäßiger, die Ausbreitung ebener Wellen durch ein optisches System zu verfolgen, als einzelne Objektpunkte zu betrachten.

Das sinusförmig modulierte Gitter sei in der Objektebene eines optischen Systems wie in Abb. 7.23 angeordnet. Das Gitter sei viel größer als die Eintrittspupille des optischen Systems. Paare von Wellen, die zusammen das Winkelspektrum des Gitters bilden, passieren die Linse, werden jedoch durch deren endliche Apertur beschnitten. Jede ebene Welle beleuchtet daher nur eine begrenzte Fläche in der Bildebene. Überschneiden sich zwei dieser abgeschnittenen Wellen, so sehen wir ein sinusförmiges Interferenzmuster, das wir mit dem Bild des Gitters in Verbindung bringen. Das Gitter in der Bildebene wird jedoch nur sichtbar, wenn beide Wellen einander überlappen. Wo sie einander nicht überlappen, wird kein Inteferenzmuster sichtbar, und das Bild des Gitters wird durch die Linse nicht übertragen.

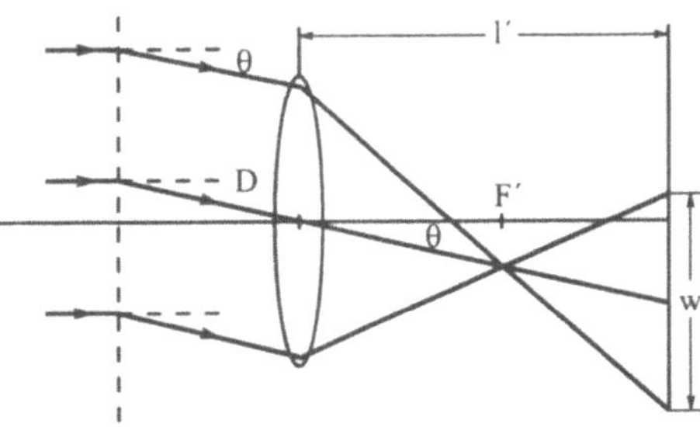


**Abb. 7.23.** Einfluß der begrenzten Linsenapertur auf die kohärente Übertragungsfunktion

Auf der Achse der Linse überlappen die Wellen mit der +1. und der -1. Beugungsordnung einander, bis der Winkel $\theta$ einen bestimmten Wert übersteigt. Dies geschieht, wenn die beiden abgeschnittenen Wellen gerade die Achse berühren. (Der Einfachheit halber ist in Abb. 7.23 nur eine Welle gezeichnet.) Die Größe der durch eine der Wellen erzeugten beleuchteten Fläche $w$ ist durch

$$w/(l' - f') = D/f' \tag{7.68}$$

gegeben. Weil $l' = f'(1 - m)$ ist, finden wir, daß $w = mD$ ist, wobei $m$ der Betrag des Abbildungsmaßstabes ist.

Im Grenzfall (engl. cutoff) schneidet einer der extremen Strahlen jedes Bündels die Achse in der Ebene des Bildes. Dann gilt

$$\theta_c = w/2l' , \tag{7.69}$$

wobei $\theta_c$ der Wert von $\theta$ im Grenzfall ist. Unter Nutzung der Beziehung zwischen $w$ und $D$ und der Definition $m = l'/l$ finden wir

$$\theta_c = D/2l . \tag{7.70}$$

Die entsprechende Ortsfrequenz beträgt

$$f_c = D/2\lambda l . \tag{7.71}$$

$f_c$ wird als *Grenzfrequenz* bezeichnet. Objekte mit Ortsfrequenzen größer als $f_c$ werden durch die Linse nicht übertragen. Bilder jedoch, die übertragen werden, zeigen einen hohen Kontrast, da die beiden ebenen Wellen dieselbe Amplitude besitzen und kohärent zueinander sind. Die kohärente Übertragungsfunktion ist 1 bis zur Grenzfrequenz und fällt dort abrupt auf 0, wie in Abb. 7.24 dargestellt.

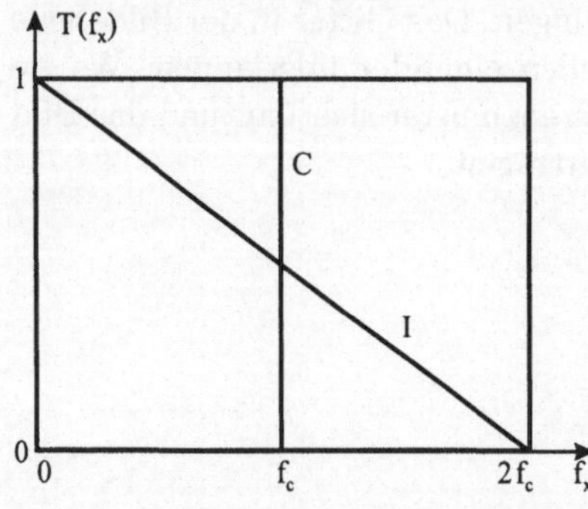


**Abb. 7.24.** Kohärente ($C$) und inkohärente ($I$) Übertragungsfunktionen eines beugungsbegrenzten optischen Systems

Die im Bildraum beobachtete Grenzfrequenz $f'_c$ beträgt dagegen

$$f'_c = f_c/m = D/2\lambda l' . \tag{7.72}$$

Die (inkohärente) optische Übertragungsfunktion ist auf diesem Wege schwierig zu berechnen. Eine räumlich inkohärente Quelle kann als räumliche Verteilung zueinander inkohärenter Punktquellen betrachtet werden. Jede dieser Quellen beleuchtet das Objekt unter einem anderen Winkel und erzeugt so ein Interferenzmuster, das gegenüber denen der anderen Quellen leicht verschoben ist. Diese Interferenzmuster müssen inkohärent addiert werden.

Ein Ergebnis bei der Verwendung einer inkohärenten Quelle ist, daß Details bis zur Ortsfrequenz $2f_c$ sichtbar sind. Dies ist so, weil die Quelle teilweise außerhalb der optischen Achse des Systems liegt.

Für weitere Einzelheiten der Berechnung der optischen Übertragungsfunktion sei nur auf die Literatur verwiesen. Es zeigt sich, daß die MTF einer beugungsbegrenzten Linse mit steigender Ortsfrequenz, wie in Abb. 7.24 dargestellt, linear abfällt. Die MTF erreicht 0 beim Doppelten der Grenzfrequenz $2f_c$ und bleibt Null auch bei höheren Frequenzen.

Man könnte schlußfolgern, daß ein inkohärentes Bild doppelt so gut wie ein kohärentes Bild aufgelöst sei. Bei der Diskussion der Speckles und des Auflösungsvermögens haben wir jedoch gesehen, daß kohärente und inkohärente Abbildungen von verschiedener Natur sind. Daher ist dieser Schluß nicht gerechtfertigt.

Die Übertragungsfunktion einer aberrationsbehafteten Linse sinkt rasch mit steigender Ortsfrequenz. Die MTF kann bei einer Ortsfrequenz von etwa einer Größenordnung kleiner als $2f_c$ schon auf 0 abfallen. Die Auflösungsgrenze einer solchen Linse ist schlecht, und bestimmte Ortsfrequenzen fehlen im Bild vollständig.

### 7.3.8 Die MTF photographischer Filme

Das Konzept der MTF ist nicht auf Linsensysteme beschränkt, sondern kann auf andere Abbildungssysteme wie Fernsehkameras und -schirme oder auf ein Medium wie einen photographischen Film angewandt werden. Die MTF einer photographischen Emulsion kann als Kontrast des aufgenommenen Bildes definiert werden, wenn das Objekt ein sinusförmig moduliertes Gitter mit dem Kontrast 1 ist. Die MTF einer bestimmten Emulsion beträgt für Gitter mit niedriger Ortsfrequenz 1. Bei höheren Ortsfrequenzen fällt sie aufgrund von Streuung innerhalb der Emulsion sehr schnell ab. Das Auflösungsvermögen des Films ist gleich der Ortsfrequenz, bei der die MTF auf $0,1$ oder $0,2$ abgefallen ist.

Die MTF einer Kombination aus Linse und Film ist gleich dem Produkt der Einzel-MTF's. Leider ist die MTF einer Linsenkombination nicht das Produkt der MTF's der Einzellinsen, sondern muß für das jeweilige System berechnet oder gemessen werden. Das kommt daher, weil eine Linse die Aberrationen der anderen Linse kompensieren oder verstärken kann, während ein Film die Intensitätsverteilung in der Bildebene einer Linse, modifiziert durch seine eigene MTF, aufzeichnet.

## 7.4 Digitale Bildverarbeitung

### 7.4.1 Die Videokamera

Eine moderne Videokamera besteht im wesentlichen aus einem Feld von 780 × 480 Halbleiterdetektoren (Abschn. 4.3), meist *ladungsgekoppelten Anordnungen* (CCD-Matrizen). Die Physik einer CCD-Matrix ist hier nicht von Bedeutung, wichtig ist nur, daß die Matrix aus Silizium-Detektorelementen besteht und gegenüber Licht der Wellenlängen von 400 nm (blau) bis 1, 1 μm (nahes Infrarot) empfindlich ist. Viele Kameras sind daher mit einem *Infrarot-Sperrfilter* direkt über der Matrix ausgestattet. Dieser Filter ist wichtig, da viele Linsen eine inakzeptable chromatische Aberration aufweisen, wenn die Beleuchtung nicht auf den sichtbaren Teil des Spektrums beschränkt wird. Bei Verwendung nahezu monochromatischer Quellen von 850 nm oder 1, 06 μm muß dieser Filter jedoch entfernt oder durch eine Glasscheibe ersetzt werden.

Die CCD-Matrix ist rechteckig und typisch 8, 8 mm breit und 6, 6 mm hoch. Jeder Detektor empfängt einen als *Bildelement* oder *Pixel* bezeichneten Teil des Bildes. Leider ist es nicht praktikabel, den Ausgang (üblicherweise die Spannung) jedes Pixels einzeln zu übertragen. Die Matrix wird daher horizontal *abgetastet*, und die Information jeder Zeile wird in Form einer analogen Spannung als Funktion der Zeit übertragen.

Die Zeilen werden nicht nacheinander ausgelesen, sondern zunächst die ungeraden und danach die geraden. Ein auf diese Weise verschachtelt übertragenes Bild wird als *interlaced* bezeichnet. Die Menge der geraden oder der ungeraden Zeilen wird als *Halbbild* bezeichnet. Zwei aufeinanderfolgende Halbbilder ergeben ein *Vollbild.* Gewöhnlich wird ein komplettes Bild alle 40 ms übertragen und angezeigt.

Schon das von einer Schwarz-Weiß-Kamera erzeugte Signal ist ziemlich komplex. Das Bild selbst wird durch einen positiven Spannungsverlauf unterhalb von 1 V repräsentiert. Jeder Zeile geht ein als *Horizontalsynchronimpuls* bezeichneter negativer Spannungsimpuls, jedem Halbbild ein *Vertikalsynchronimpuls* voraus. Diese Impulse werden zusammen als *Synchronsignale* bezeichnet. Signal und Synchronimpulse zusammen bilden das *Videosignal.* Farbvideosignale sind ähnlich aufgebaut, aber noch komplizierter. Wir werden sie daher hier nicht behandeln.

Eine *Bildaufnahmekarte (frame grabber)* enthält Analog-Digital-Wandler, mit deren Hilfe es möglich ist, das Videosignal einer Kamera zu digitalisieren und zu speichern. Ein Computer kann dann sowohl komplexe Operationen wie angepaßte Filterung, Fouriertransformation und Hochpaßfilterung (Abschn. 7.2) vornehmen, als auch aufeinanderfolgende Bilder für die spätere Verarbeitung abspeichern. Diese Operationen können sehr zeitaufwendig sein, wenn sie digital vorgenommen werden, aber der Computer kann sie auf Bilder anwenden, die mit inkohärentem Licht gewonnenen wurden, was oft einen großen Vorteil gegenüber der optischen Bildverarbeitung darstellt. Außerdem kann ein Computer den Kontrast eines schwachen Bildes erhöhen, das Rauschen auf verschiedene Art und Weise unterdrücken oder zweidimensionale Faltungen vornehmen, die eine ähnliche Wirkung wie eine Hoch- oder Tiefpaßfilterung haben können. Zusätzlich kann die computergestützte Bildverarbeitung in Kombination mit einem kohärent-optischen Prozessor angewandt werden, um z.B. das Ausgangssignal eines kohärent-optischen angepaßten Filters auszuwerten oder eine optische Fouriertransformation (Abschn. 7.2) zu analysieren.

### 7.4.2 Einzelpixel-Operationen

Als Beispiel für die Leistungsfähigkeit der digitalen Bildverarbeitung betrachten wir ein Bild, das mit einem Rauschen in Form einzelner sehr heller Pixel behaftet ist (Abb. 7.25, oben links). Dies kann z.B. durch Störungen während der elektronischen Übertragung eines Bildes auftreten. Ein digitaler Prozessor kann nun so programmiert werden, daß er die Nachbarschaft jedes Pixels untersucht und den Mittelwert der vier oder acht nächsten Nachbarn bestimmt. Hat das betrachtete Pixel einen Grauwert, der den berechneten Mittelwert um mehr als einen vorgegebenen Faktor wie etwa $1,5$ oder 2 überschreitet, so wird dieser als falsch angesehen und durch den mittleren Grauwert der Nachbarn ersetzt. Solange das Bild keine sehr scharfen Kanten oder andere Details mit hohem Kontrast aufweist, wird das Rauschen eliminiert (Abb. 7.25, oben rechts), wobei andere Teile des Bildes wenig oder gar nicht beeinträchtigt werden.

Die Rauschunterdrückung mit dieser Methode ist ein Beispiel *nichtlinearer Filterung* und kann nicht durch einen kohärent-optischen Prozessor vorgenommen werden. Eine weitere Operation, die durch die digitale Bildverarbeitung ermöglicht wird, ist eine *Kontrastverstärkung*. Man stelle sich beispielsweise vor, daß das Videobild in 256 Graustufen (8 bit) digitalisiert wurde, so daß Schwarz und Weiß durch die Grauwerte 0 und 255 repräsentiert werden. Dazwischen liegende Intensitätswerte werden durch Grauwerte zwischen 0 und 255 wiedergegeben. Angenommen, ein bestimmtes Bild habe einen sehr niedrigen Kontrast, seine Grauwerte liegen zwischen $L$ und $U$ mit $U > L$ und $U - L < 255$. Wir können nun den Kontrast des Bildes verstärken, indem der Grauwert jedes Pixels auf

$$I' = 255(I - L)/(U - L) \tag{7.73}$$

geändert wird. Diese Operation sichert, daß der niedrigste im Bild auftretende Grauwert 0 und der höchste 255 beträgt. Abb. 7.26 (links) zeigt das Bild aus Abb. 7.13 mit dem Unterschied, daß der Kontrast derart eingestellt wurde, daß eine Intensität oberhalb eines bestimmten Wertes durch 255 und unterhalb eines bestimmten Wert durch 0 wiedergegeben wird. Dieser Prozeß wird als *Schwellwertbildung* bezeichnet.

Auf ähnliche Art und Weise können wir auch nur die Bereiche eines Bildes hervorheben, die Grauwerte zwischen $L$ und $U$ haben, indem der Grauwert eines Pixels auf 0 gesetzt wird, wenn seine ursprüngliche Intensität $I$ nicht im Bereich zwischen $L$ und $U$ liegt. Dann kann man (7.73) nutzen, um den Kontrast zu erhöhen und kontrastarme Strukturen zu untersuchen.

**Abb. 7.25.** Digital bearbeitete Bilder. (*oben links*) Bild mit Störungen in Form heller Punkte, (*oben rechts*) Zur Rauschunterdrückung gefiltertes Bild, (*unten links*) Bild nach Tiefpaßfilterung, (*unten rechts*) Bild nach Hochpaßfilterung [Bearbeitete Abbildungen mit freundlicher Genehmigung von Matthew Weppner. Originalphotographie ©1990, The Art Institute of Chicago. Alle Rechte vorbehalten. Grant Wood, 1892–1942, American Gothic, Öl auf Holz, 1930, 76 × 63,3 cm, Friends of American Art, 1930.934]

Solche Operationen werden manchmal als *Einzelpixel-Operationen* bezeichnet, da sie den Grauwert eines einzelnen Pixels unabhängig von den Nachbarpixeln verändern.

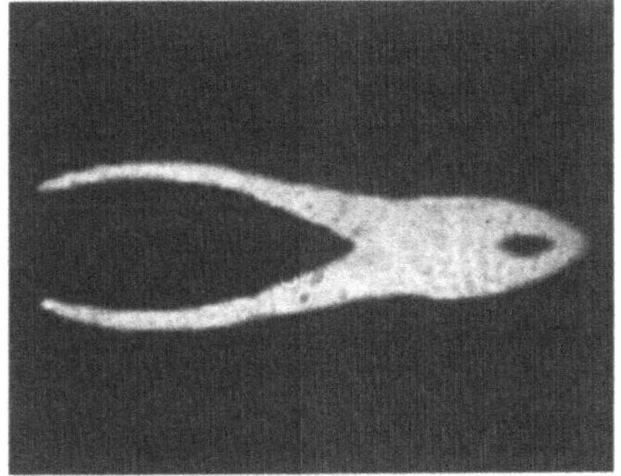
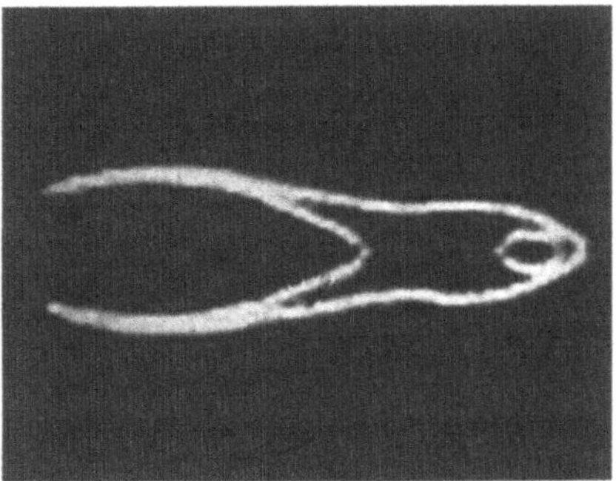

**Abb. 7.26.** Zange aus Abb. 7.13 (*links*) nach Schwellwertbildung, (*rechts*) nach Kantenverstärkung [Mit freundlicher Genehmigung von Matthew Weppner]

### 7.4.3 Kreuzkorrelation

Eine Kreuzkorrelation ist durch die Summe

$$C(x_i) = \sum_{k=-K}^{K} h(x_{i+k})g(x_k) \tag{7.74}$$

definiert und eng mit dem Faltungsintegral (7.51) verwandt. In Abb. 7.27 ist angedeutet, wie ein Summand der Kreuzkorrelation zwischen einer diskreten Funktion $h(x_i)$ und einem Faltungskern $g(x_k)$ zu berechnen ist (wobei $i$ und $k$ ganze Zahlen sind). Dieser Summand ergibt sich durch Multiplikation der entsprechenden von Null verschiedenen Terme beider Funktionen und Addition der Produkte. Der nächste Summand wird durch Verschiebung von $g(x_k)$ um eine Position nach rechts und Durchführung derselben Operation bestimmt. Der vorhergehende ergibt sich durch Verschiebung von $g(x_k)$ nach links. Die Gesamtheit aller Summanden ist eine Funktion von $x_i$ und wird als Kreuzkorrelationsfunktion $C(x_i)$ bezeichnet. Die Faltung ist die Kreuzkorrelation zwischen $h(x_i)$ und dem Spiegelbild von $g(x_i)$ und ist in der Fouriertheorie von Bedeutung.

Wir stellen uns nun vor, daß wir ein Bild digital gespeichert vorliegen haben. Wir wollen nun die Kreuzkorrelation dieses Bildes mit einem beliebigen Kern berechnen. Das Bild eines Steges sei z.B. durch die eindimensionale Matrix

$$0\,0\,0\,0\,0\,0\,1\,1\,1\,1\,1\,1\,1\,1\,1\,1\,0\,0\,0\,0\,0\,0\,0\,0 \tag{7.75}$$

gegeben. Bei diesem Beispiel ist das Grauwertmaximum auf 1 normiert. Bilden wir nun die Kreuzkorrelation zwischen dieser Funktion und einem Kern wie $-1\,0\,1$, dann ergibt sich der Wert 0 überall, außer in der Nähe der 01- bzw. der 10-Übergänge an den Kanten des Steges. In der Nähe der linken Kante erhalten wir $0\,0\,1\,1\,0\,0$, während wir an der rechten Kante, wo die Grauwerte

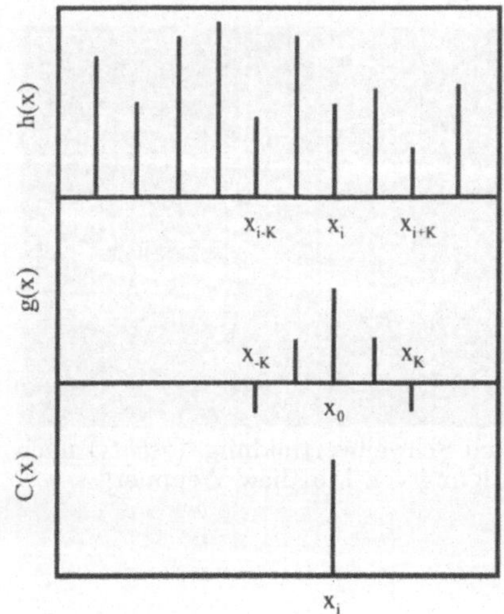


**Abb. 7.27.** Zur Berechnung der Kreuzkorrelationsfunktion $C(x)$ zwischen einer Funktion $h(x)$ und einem Faltungskern $g(x)$

wieder auf 0 fallen, 0 0 − 1 − 1 0 0 erhalten. Der Kern verhält sich wie ein *digitaler Filter*, der das Bild differenziert und scharfe Kanten hervorhebt. Das heißt, die Grauwerte im kreuzkorrelierten oder gefilterten Bild sind überall 0, außer in der Nähe einer Kante. Da die Intensität nicht kleiner als 0 sein kann, ist es manchmal erforderlich, die absoluten Werte des gefilterten Bildes zu seiner Darstellung zu verwenden. In einem digitalen System vermitteln negative Grauwerte Kenntnisse darüber, ob die Kante mit wachsendem $x$ ansteigt oder abfällt.

Das zweidimensionale Analogon des Kerns −1 0 1 ist eine Matrix.

$$\begin{array}{ccc} 0 & -1 & 0 \\ -1 & 0 & 1 \\ 0 & 1 & 0 \end{array} \tag{7.76}$$

Dieser Kern differenziert ein zweidimensionales Bild und hebt Kanten hervor. Abb. 7.28 zeigt das Ergebnis der Kantenverstärkung ausgehend von Abb. 7.26 (links) mit einem Kern wie (7.76). Zum Ergebnisbild wurde eine Konstante addiert, so daß auch die negativen Werte dargestellt werden konnten. In Abb. 7.26 rechts wird jedoch nur der innere Rand hervorgehoben, d.h., Werte kleiner 0 wurden ignoriert. Es ist zweckmäßig, solche Bilder zur angepaßten Filterung (Abschn. 7.2.6) zu verwenden, weil die niederfrequenten Anteile wenig zur Unterscheidung von Objekten ähnlicher Größe und Form beitragen.

Andere Kerne können andere Operationen ausführen, z.B. sind eindimensionale Kerne der Form 1 1 1 oder $\frac{1}{2}\,1\,\frac{1}{2}$ Tiefpaßfiltern äquivalent und können scharfe Kanten glätten. Derartige Kerne können auch Rauschen reduzieren, da sie über benachbarte Pixel mitteln. Dies geschieht aber nur auf Kosten eines verwaschenen Bildes. Die untere Reihe in Abb. 7.25 zeigt Bilder, die mit Tief- und Hochpaßfiltern bearbeitet wurden.

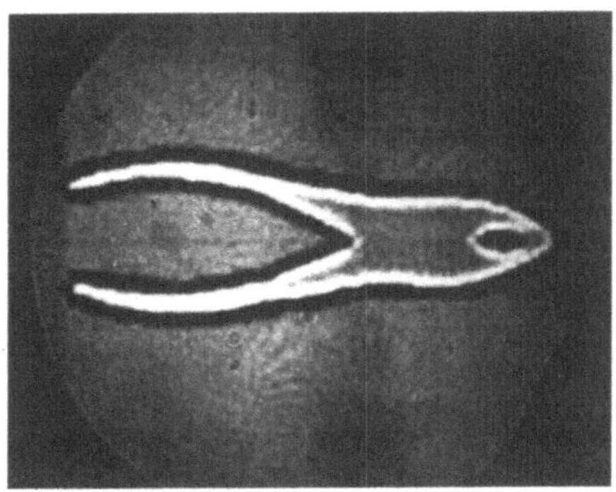

**Abb. 7.28.** Mit Hilfe der Kreuzkorrelation gefiltertes Bild der Zange aus Abb. 7.26 (*links*) [Mit freundlicher Genehmigung von Matthew Weppner]

Eine Kreuzkorrelation mit einem Kern, der große Werte enthält, verursacht oft ein derart starkes Ansteigen der berechneten Grauwerte, daß diese nicht mehr angezeigt werden können. Aus diesem Grunde werden Kerne in der Praxis auf 1 normiert, so daß die Summe aller Elemente 1 ist. Für eine Kreuzkorrelation mit dem Kern 1 1 1 würden wir z.B. jedes Element des Kerns durch 3 dividieren. Andere Kerne wie etwa $-1\,0\,1$ haben die Summe 0. Die meisten dieser Kerne sind antisymmetrisch, und jede Hälfte des Kerns muß separat normiert werden, wenn das Ergebnis begrenzt bleiben soll.

### 7.4.4 Das Video-Mikroskop

Das einfachste Video-Mikroskop besteht aus einem Mikroskopobjektiv mit einer CCD-Matrix, die in einer geeigneten Entfernung angeordnet ist (Abschn. 3.5). Ein IR-Sperrfilter muß wegen der chromatischen Aberration verwendet werden, wenn die Quelle ein breites Spektrum aufweist. Gewöhnliche Objektive können jedoch mit schmalbandigen Quellen bis zu einer Wellenlänge von 2 µm genutzt werden, vorausgesetzt, eine IR-empfindliche CCD-Matrix wird verwendet. Oberhalb von 2 µm wird das Glas im Objektiv undurchlässig.

Ein typisches 40-er Objektiv besitzt eine numerische Apertur von 0,65. Entsprechend der Abbeschen Theorie (Abschn. 7.2) kann ein solches Objektiv noch ein Gitter auflösen, dessen Periode $\lambda/NA$, d.h. 0,85 µm bei $\lambda = 0{,}55$ µm beträgt. Das Bild dieses Gitters hat eine 40 mal größere Periode von 34 µm. Wir können uns dieses Bild als eine Reihe von hellen und dunklen Streifen im halben Abstand dieser Periode, d.h. von 17 µm vorstellen. Eine CCD-Matrix kann dieses Bild nicht auflösen, wenn ihre Pixel nicht in einem geringerem Abstand voneinander angeordnet sind. Diese Feststellung ist mit dem *Sampling-* oder *Abtast-Theorem* verwandt, welches besagt, daß ein sinusförmiges Signal nur dann exakt wiedergegeben werden kann, wenn es mindestens zweimal pro Periode (d.h. mit der sog. *Nyquist-Frequenz*) abgetastet wird.

Ein Abtasten bei einer geringeren Ortsfrequenz als dieser *Nyquist-Frequenz* oder *Nyquist-Sampling-Rate* erzeugt übrigens Ortsfrequenzen, die möglicherweise im Objekt gar nicht vorkommen. Dieser Effekt wird im Englischen als

*Aliasing* bezeichnet und ist in Abb. 7.29 dargestellt, wo ein Rechtecksignal mit einem Drittel der Nyquist-Frequenz abgetastet wurde. Da die durch die Pfeile angedeutete Abtastung eine feste Phasenbeziehung zum abgetasteten Signal besitzt, werden bei aufeinanderfolgenden Messungen die Werte $-1$ und 1 detektiert. Dieses verursacht eine scheinbare Ortsfrequenz bei einem Drittel der Ortsfrequenz des abgetasteten Signals.

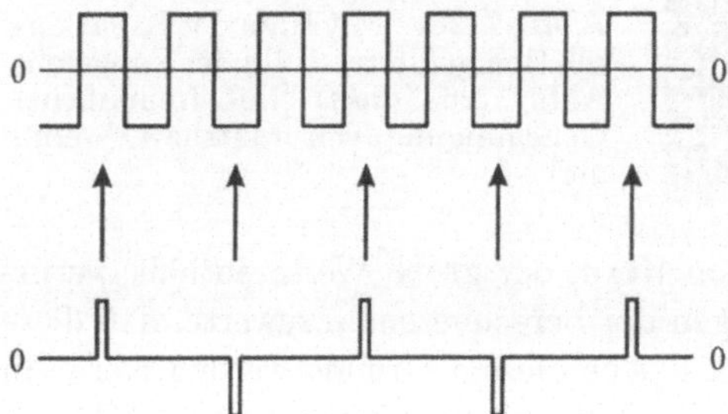


**Abb. 7.29.** Aliasing als Ergebnis zu geringer Abtastrate. (*oben*) ein periodisches Signal, (*Mitte*) Abtastpunkte, (*unten*) das Ergebnis, ein periodisches Signal der falschen Ortsfrequenz

Viele CCD-Matrizen sind 8,8 mm breit und haben 780 Pixel in einer Zeile. Der Abstand zwischen Pixeln beträgt daher etwas mehr als 11 µm. Eine solche Matrix kann daher das Bild eines Mikroobjektives mit nur geringer leerer Vergrößerung auflösen (Abschn. 3.8). Hier kann jedoch die leere Vergrößerung von Vorteil sein. Da die Pixel der CCD-Matrix fest und regelmäßig angeordnet sind, können feine Strukturen, die genau der Periode der Pixel entsprechen, nur dann aufgelöst werden, wenn sie ungefähr mit der Pixelverteilung in Phase sind. Sind sie exakt gegenphasig, detektieren alle Pixel dieselbe Intensität, und die feine Struktur verschwindet. Wir bezeichnen daher die Abbildung durch eine diskrete Matrix als *verschiebungsabhängig*, da eine leichte Verschiebung des Bildortes die Erscheinung verändert. Bei Pixeln mit einer höheren als der höchsten durch die Abbildungsoptik übertragenen Ortsfrequenz reduziert sich der Effekt der Verschiebungsabhängigkeit der Abbildung.

Das Gesichtsfeld des Mikroskops ist durch die Dimensionen der CCD-Matrix, dividiert durch die Vergrößerung des Objektivs gegeben. Bei einem 40-er Objektiv beträgt das Gesichtsfeld bespielsweise $8{,}8/40 \times 6{,}6/40\,\mathrm{mm}^2$ oder $220 \times 165\,\mu\mathrm{m}^2$. Ein 100-fach vergrößerndes Objektiv hätte bei einer numerischen Apertur von 1,3 ein Gesichtsfeld von nur $88 \times 66\,\mu\mathrm{m}^2$. Der Leser möge zeigen, daß die räumliche Periode der Detektoren einer CCD-Matrix ungefähr der höchsten Ortsfrequenz entspricht, die dieses Objektiv auflösen kann.

### 7.4.5 Mikroskopische Längenmessung

Eine CCD-Matrix wird mit großer Präzision hergestellt. Zudem können sogar billige Mikroobjektive zu nahezu verzeichnungsfreier Abbildung führen. Kann der Abbildungsmaßstab des Systems genau bestimmt werden, sind sehr präzise Längenmessungen möglich.

Man betrachte z.B. eine scharfe Kante. Entsprechend (7.51) besteht ihr Bild aus der Faltung der Kantenfunktion mit der Impulsantwort des Objektivs. Der Einfachheit halber betrachten wir den eindimensionalen Fall bei vollständig inkohärentem Licht. Aufgrund dessen addieren wir Intensitäten und bilden die Faltung der Kante mit der Intensitäts-Impulsantwort, um das Bild der Kante zu berechnen (Abschn. 7.3). Dieses Bild ist die Kantenantwort des Systems.

Solange die Impulsantwort eine symmetrische Funktion ist, sind Faltung und Kreuzkorrelation identisch. Außerdem hat die Faltung aus Symmetriegründen genau an der Stelle des geometrisch-optischen Bildes der Kante den Wert 1/2. Ebenfalls aus diesem Grunde besitzt das Bild an genau dieser Stelle einen Wendepunkt. Jeder dieser Tatsachen kann genutzt werden, um auf der Basis der digitalen Bildverarbeitung die Position der Kante genau festzustellen. Ist die Bildqualität gut, kann die Kante im Normalfall durch Interpolation bis auf ein Zehntel des Pixelabstandes oder bis auf etwa ein Fünftel der Auflösungsgrenze lokalisiert werden. Bei einem Mikroobjektiv mit $NA = 0,65$ und $\lambda = 0,55$ µm entspricht dies einer Genauigkeit von $0,1$ µm.

Leider ist das Licht in einem Mikroskop niemals vollständig inkohärent. Um näherungsweise Inkohärenz zu erzielen, muß die numerische Apertur des Kondensors mindestens doppelt so groß sein wie die des Objektivs (Abschn. 5.6.4), was bei Objektiven mit einer numerischen Apertur von mehr als $0,5$ unmöglich ist. Aus diesem Grunde ist die wahre Position der Kante fast immer bei einer relativen Intensität von etwas weniger als 1/2 zu finden. Um dies zu verstehen, betrachte man ein Mikroskop bei hochkohärentem Licht. Aus demselben Grunde wie zuvor befindet sich das geometrisch-optische Bild der Kante an dem Ort, wo die relative Amplitude auf 1/2 gesunken ist. Da wir jedoch nur die Intensität registrieren, finden wir die Kante dort, wo die Intensität auf 1/4 gefallen ist. Bei partiell kohärentem Licht liegt die Kante irgendwo zwischen 1/2 und 1/4, aber der genaue Wert ist mathematisch schwierig vorherzusagen.

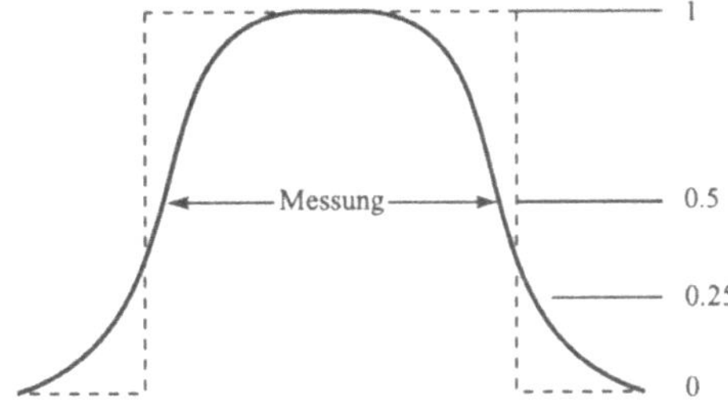


**Abb. 7.30.** Bild eines scharfkantigen Stegs in partiell kohärentem Licht. Die aus der Intensitäts-Halbwertsbreite bestimmte Stegbreite ist offensichtlich fehlerhaft.

In Abb. 7.30 ist das geometrisch-optische Bild der Kante aufgrund der partiellen Kohärenz an einem Ort mit einer relativen Intensität zwischen 1/4 und 1/2 zu finden. Wird jedoch der Wert 1/2 zur Messung der Stegbreite benutzt, wie in Abb. 7.30 angedeutet, erscheinen helle Stege immer etwas schmaler als in Wirklichkeit, während dunkle Stege vor einem hellen Hintergrund breiter erscheinen. Ist es etwa bei Messungen an Halbleitern und integriert-optischen Bauelementen erforderlich, Breiten mit einer Genauigkeit von weniger als der Hälfte der Auflösungsgrenze zu vermessen, benötigt man einen Standard, der aus kalibrierten Stegen mit einer aus anderen Messungen bekannten Breite besteht. Dieser Standard besteht gewöhnlich aus vakuumbedampften Chromstegen auf einem Glassubstrat. Diese Schichten sind viel dünner als eine Wellenlänge des sichtbaren Lichts, so daß die vom Glassubstrat reflektierte Welle nicht phasenverschoben zu der an der Chromschicht reflektierten Welle ist.

Stege, die schmaler als einige Auflösungsgrenzen sind, führen zu der zusätzlichen Schwierigkeit, daß die Kantenantworten beider Kanten einander überlappen. Besonders wenn das Licht kohärent oder partiell kohärent ist, wird es extrem schwierig, mit einem gewöhnlichen optischen Mikroskop Stegbreiten genau zu vermessen.

Stege oder Strukturen, die dicker als $\lambda/10$ sind, können aufgrund der Phasendifferenz zwischen den am Substrat und den an der Struktur reflektierten Wellen nicht genau vermessen werden. Analog kann die Phasenverschiebung, die bei jeder Reflexion an einer metallischen Oberfläche auftritt, Meßfehler bei der Bestimmung der Breite dünner metallischer Stege verursachen. Aus diesen Gründen sind Verfahren zur genauen Messung der Breite schmaler Stege als auch von dicken Stegen oder Streifen nach wie vor Gegenstand zahlreicher Untersuchungen.

## Aufgaben

**Aufgabe 7.1.** Der Belichtungsbereich eines Hologramms sei so groß, daß die Abhängigkeit zwischen $t_a$ und $\mathcal{E}$ nicht mehr als linear betrachtet werden kann, sondern durch die Gleichung

$$t_a = t_0 - \beta\mathcal{E} - \beta'\mathcal{E}^2$$

beschrieben wird. Man zeige, daß diese Nichtlinearität zu zwei zusätzlichen rekonstruierten Bildern führt.

**Aufgabe 7.2.** Ist ein Hologramm groß im Vergleich zum Objektabstand $l$, so ist die Trägerfrequenz stark ortsabhängig. Man nutze diese Tatsache, um das größte Off-Axis-Hologramm bei senkrecht einfallender ebener Referenzwelle zu bestimmen, das mit einem Film der Auflösungsgrenze $AG$ aufgenommen werden kann. Man zeige, daß die theoretische Auflösungsgrenze im Bild ungefähr gleich der des zur Aufzeichnung benutzten Films ist.

**Aufgabe 7.3.** Man zeige, daß ein Hologramm als dick angesehen werden muß, wenn die Dicke der Emulsion den Wert $2nd^2/\lambda$ überschreitet, wobei $n$ der Brechungsindex der Emulsion und $d$ die Periode der Trägerfrequenz ist. Der Einfachheit halber sollen jeweils ebene Referenz- und Objektwellen symmetrisch zum Lot auf die Platte fallen. (Die exakte Theorie zeigt, daß ein Hologramm als dick zu betrachten ist, wenn der Parameter $Q = 2\pi\lambda t/nd^2$ den Wert 10 übersteigt, wobei $t$ die Dicke der Emulsion ist. Bei kleineren Werten dieses Parameters können Dickeneffekte vernachlässigt werden.)

**Aufgabe 7.4.** Ein Punkt $C$ auf einem dreidimensionalen Objekt befinde sich in einer Entfernung $l$ vom Zentrum $O$ einer holographischen Platte. Ausgehend vom Strahlteiler seien Objekt- und Referenzbündel abgeglichen. Beträgt die Kohärenzlänge des Lasers $l_c$, so ist die Rekonstruktionstiefe entlang der Geraden $OC$ gleich $l_c$. Unter Vernachlässigung der endlichen Größe des Hologramms zeige man, daß die zeitliche Kohärenz auch die Breite des Bildes auf den Wert $[l_c(l_c + 2l)]^{1/2}$ beschränkt, d.h. bei kleinem $l_c$ auf $[2ll_c]^{1/2}$.

**Aufgabe 7.5.** Unter Verwendung der Abbeschen Theorie bezüglich der Auflösung optischer Systeme löse man die folgenden Problemstellungen:

a) Ist die Periode $d$ des Gitters in Abb. 7.8 klein, erreicht nur das ungebeugte Licht, d.h. die nullte Ordnung eine Linse. Ausgehend davon zeige man, daß die Auflösungsgrenze einer Linse $\lambda/NA$ beträgt, wenn $NA$ die numerische Apertur der Linse ist.
b) Man zeige, daß sich die Auflösungsgrenze für ein kleines Objekt auf der optischen Achse auf $\lambda/(2NA)$ reduziert, wenn das einfallende Bündel auf den Linsenrand gerichtet wird (schiefe Beleuchtung).
c) Man zeige, daß ein Objekt, welches mehr als eine Beugungsordnung aufweist, auch beobachtet werden kann, wenn das Licht nullter Ordnung nicht durch die Linsenöffnung tritt. Man zeige, daß die Auflösungsgrenze auch in diesem Falle $\lambda/(2NA)$ beträgt. (Man nutze in jedem Falle die Näherung für kleine Winkel.) Fall (c) ist der Spezialfall der *Dunkelfeldbeleuchtung*. Da die nullte Ordnung unterdrückt wird, erscheint der Hintergrund dunkel, und sowohl Amplituden- als auch Phasenobjekte erscheinen als helle Bilder vor einem dunklen Untergrund.

**Aufgabe 7.6.** Ein unendlich ausgedehnter Spalt oder ein anderes lineares Objekt werde mit kohärentem Licht beleuchtet und durch eine Linse mit einer kreisförmigen Eintrittspupille betrachtet. Man begründe, warum die Auflösungsgrenze durch die Formel $\lambda f'/D$ und nicht durch $1{,}22\lambda f'/D$ gegeben ist.

**Aufgabe 7.7.** Mittels partieller Integration zeige man, daß die Fouriertransformierte von $\mathrm{d}g(x)/\mathrm{d}x$ proportional zu $f_x G(f_x)$ ist, wenn $G$ die Fouriertransformierte von $g$ ist. Erklären Sie, warum es möglich ist, die räumliche Ableitung (Gradient) eines Phasenobjekts durch Einsetzen einer Maske der Amplitudentransmission $t_a = t_0 + bf_x$ in der Fourierebene sichtbar zu machen. Welche Bedeutung hat der konstante Term $t_0$?

**Aufgabe 7.8.** In (7.30) sei $g(x)$ durch $\cos(\pi x/b)$ mit der Aperturbreite $b$ gegeben. (Zur Ortsfrequenz $f_x$ siehe (7.23).) Man zeige durch Integration, daß das Fraunhofer-Amplituden-Beugungsmuster der Apertur durch die Summe zweier verschobener $sin(u)/u$-Funktionen gegeben ist. Man zeichne diese Funktionen sorgfältig und zeige, daß jede gegenüber dem Zentrum um $\lambda f'/2b$ verschoben ist. Man zeige weiterhin, daß die sekundären Maxima der einen Funktion teilweise die der anderen auslöschen. Wie groß ist die Breite des Hauptmaximums (Abstand der Nullstellen)? Ferner ist zu zeigen, daß die Intensität des ersten Nebenmaximums etwa $0{,}004$ mal der des Hauptmaximums beträgt.

Die Intensität des ersten Nebenmaximums ist – verglichen mit der der freien Öffnung – beträchtlich reduziert, und zwar auf Kosten einer leichten Verbreiterung des Hauptmaximums. Diese Erscheinung wird als *Apodisation* bezeichnet. Apodisation wird bei Öffnungen erreicht, deren Transmission allmählich zu den Rändern hin auf 0 abfällt, und wird ausgenutzt, wenn das Unterdrücken der Intensität der Nebenmaxima wichtiger ist als das Auflösungsvermögen.

**Aufgabe 7.9.** In der Phasenkontrastmikroskopie sind Intensitätsvariationen nur dann proportional zur Phasenvariation, wenn $\phi(x) \ll 1$ gilt. Um abzuschätzen, wie streng diese Forderung ist, entwickle man $\exp(\mathrm{i}\phi)$ bis zur zweiten Ordnung und bestimme die durch eine Fouriertransformation resultierenden drei Terme $G_1$, $G_2$ und $G_3$ [vgl. (7.42)]. Man setze eine Phasenplatte ein, um $G'$ zu erhalten. Durch die inverse Fouriertransformation bestimme man die Intensität in der Ausgangsebene, die im Vergleich zu (7.44) einen zusätzlichen Term enthält. Man bestimme den maximal zulässigen Wert von $\phi(x)$, wenn dieser zusätzliche Term kleiner als 10% von $2\phi(x')$ bleiben soll, und drücke das Ergebnis durch die Wellenlänge aus.

**Aufgabe 7.10.** Man berechne die optische Übertragungsfunktion für den Fall, daß

$$r(x') = \begin{cases} r_0 = \text{const.} & \text{für} - d/2 < x' < d/2 \\ r_0 = 0 & \text{sonst} \end{cases}$$

ist. [Hinweis: Das dabei zu berechnende Integral ähnelt einem bekannten Beugungsintegral – siehe (7.61)] Dieser Fall tritt näherungsweise bei einem defokussierten System ein. Man diskutiere den Fall des Vorzeichenwechsels der OTF.

**Aufgabe 7.11.** Man zeige, daß die höchste übertragene Frequenz an einem Bildpunkt, der in einer Entfernung von $\delta/2$ von der Achse einer Linse liegt, $f_c(1 - \delta/mD)$ beträgt. (Vergleichen Sie Abb. 7.24)

**Aufgabe 7.12.** Die Modulationsübertragungsfunktion falle bei einer Ortsfrequenz von $D/\lambda l'$ auf 0. Welchen Wert $T_R$ hat die MTF an der Rayleigh-Auflösungsgrenze? [Bemerkung: Die MTF einer kreisförmigen beugungsbegrenzten Linse ist näherungsweise durch

$$T(u) = 1 - 1,30u + 0,29u^3$$

mit $u = f_x/f_c$ gegeben. Diese Näherung ist bis auf 1% genau.]

**Aufgabe 7.13.** Man betrachte das Bild einer Kante bei kohärenter Beleuchtung (Abb. 7.19). Mit einfachen, qualitativen Argumenten zeige man, daß der Ort, an dem die relative Intensität auf 1/4 sinkt, genau eine Auflösungsgrenze vom ersten Intensitätsmaximum entfernt ist. Der Einfachheit halber betrachte man den eindimensionalen Fall und nehme eine beugungsbegrenzte Abbildung an. [Hinweis: Bei welcher Amplitude steigt der Wert des Integrals (7.54) nicht weiter an? Der Funktionsverlauf der Impulsantwort ist irrelevant.] Diese Rechnung zeigt, daß der Ort der Kante bis auf einen beträchtlichen Bruchteil der Auflösungsgrenze unbestimmt sein kann, wenn die Kohärenz der Quelle unbestimmt ist. Warum?

**Aufgabe 7.14.** Man betrachte ein eindimensionales optisches System, dessen Impulsantwort durch ein gleichschenkliges Dreieck angenähert werden kann. Weiterhin sei die Beleuchtung inkohärent. Man skizziere die Kantenantwort (die Faltung der Impulsantwort mit einer normierten Stufenfunktion) und zeige, daß das geometrisch-optische Bild der Kante sich dort befindet, wo die Intensität 1/2 beträgt. Nun sei die Impulsantwort durch ein schiefes Dreieck gegeben, vielleicht aufgrund von Aberrationen oder durch Dezentrierung der Einzelteile des Objektivs bei der Herstellung. Man erkläre, warum das Bild der Kante nicht dort liegt, wo die Intensität 1/2 beträgt.

**Aufgabe 7.15.** Man wiederhole Aufgabe 7.14 für kohärentes Licht. Man skizziere die Intensität und zeige, daß die Kante sich dort befindet, wo die Intensität 1/4 beträgt, solange die Impulsantwort symmetrisch ist.

**Aufgabe 7.16.** Ein konfokales Scanning-Mikroskop (Abb. 3.13) benutze ein 40-er Objektiv mit einer numerischen Apertur von 0,65. Eine Nipkow-Scheibe werde mit einem Bündel inkohärenten Lichts beleuchtet. Das Gesichtsfeld des Mikroskops ist ein Kreis mit einem Durchmesser von 250 µm.

a) Wie groß sollte der optimale Durchmesser der Löcher der Nipkow-Scheibe sein?
b) Welcher Teil der gesamten Strahlungsleistung im beleuchteten Fleck auf der Nipkow-Scheibe würde durch ein Loch dieses Durchmessers hindurchtreten?

**Aufgabe 7.17.** Ein Video-Mikroskop habe ein 100×-Objektiv mit einer numerischen Apertur von 0,65 in einem Abstand von 160 mm. Das Bild wird direkt auf einer CCD-Matrix erzeugt, die aus 780 × 480 Detektorelementen besteht und die Ausdehnung $8,8 \times 6,6\,\text{mm}^2$ besitzt.

a) Man zeige, daß das Gesichtsfeld $88 \times 66\,\mu\text{m}^2$ beträgt.
b) Man zeige, daß sich das Abtasten entlang der horizontalen Linien bei einer Ortsfrequenz vollzieht, die hoch genug ist, um dem Sampling-Theorem zu genügen.

**Aufgabe 7.18.** Wir wollen ein Teleskop-Okular durch eine CCD-Matrix ersetzen, deren Pixel 11 µm groß sind. Die CCD-Matrix befinde sich in der Brennebene des Objektivs.

a) Wie groß darf die Apertur gemacht werden, damit die Vergrößerung noch förderlich ist?
b) Wie groß ist seine Brennweite, wenn die Apertur einen Durchmesser von 15 cm haben soll?
c) Ein 10×-Okular soll mit diesem Objektiv kombiniert werden. Ist die erhaltene Vergrößerung förderlich oder leer?

**Aufgabe 7.19.** Eine scharfe Kante in einem Video-Mikroskop steige innerhalb von 5–6 Pixeln von einem niedrigen Intensitätswert auf einen hohen. Eine solche Kante sei z.B. durch

... 50 50 100 150 200 200 ....

dargestellt. Wir wollen aus diesem Bild das Rauschen herausfiltern, indem wir die Intensität jedes einzelnen Pixels nur dann gleich dem Mittelwert seiner zwei nächsten Nachbarn setzen, wenn sie von diesem absolut um mehr als einen bestimmten Wert abweicht. Wie groß ist der niedrigste mögliche Wert dieser Abweichung, bei dem weder die Schulter noch der Fuß der Kante abgerundet erscheinen?

**Aufgabe 7.20.** Eine heller Steg vor einem dunklen Untergrund sei digital durch

... 0 0 0 1 1 1 1 1 1 1 1 0 0 0 ...

gegeben. Man bilde die Faltung dieser Kante mit dem Kern $(-1\,0\,1)$ und zeige, daß das Ergebnis aus einer positiven Spitze am linken Rand und einer negativen Spitze am rechten Rand besteht. Wie groß ist die Breite dieser Spitzen? Liegen diese um den Ort der Kante symmetrisch? Gibt es eine realistischere Darstellung der Kante, eine Darstellung, die zu Spitzen führt, die symmetrisch um die Kante liegen? Man nehme eine ähnliche Analyse mit dem Kern $(-1\,1)$ vor und zeige, daß dieser Kern keine symmetrische Lage der Spitzen um die Kante herbeiführt.

# 8. Laser

Ein Laser besteht aus einem aktiven oder verstärkenden Medium, i.a. einem fluoreszierenden Material, das sich in einem geeigneten optischen *Resonator* aus zwei gegenüberliegenden Spiegeln befindet. Obwohl die vom aktiven Medium emittierte Strahlung nicht gerichtet ist, fällt ein kleiner Teil auf die Spiegel und geht erneut durch das Medium hindurch (Abb. 8.1). Bei genauer Ausrichtung der Spiegel sind Vielfachreflexionen möglich.

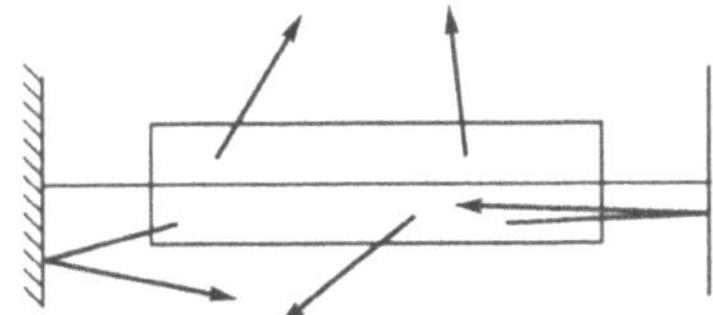

**Abb. 8.1.** Prinzipieller Aufbau eines Lasers

Das sich durch das aktive Medium ausbreitende Licht kann durch einen als *stimulierte Emission* bezeichneten Prozeß verstärkt werden. Bei geeignetem Material kann die stimulierte Emission die *Absorption* des Lichts übersteigen. Wenn eine genügend hohe Verstärkung auftritt, ändert sich die Emissionscharakteristik grundlegend. Anstelle einer diffusen, ungerichteten Emission tritt nun ein energiereiches, stark gerichtetes Lichtbündel entlang der durch die Spiegel gegebenen optischen Achse auf.

Ein System, das eine derartige Emission ermöglicht, wird als *Laser* bezeichnet. Laserstrahlung ist oft sowohl räumlich als auch zeitlich hochkohärent.

## 8.1 Verstärkung von Licht

Wir wollen annehmen, daß ein Stab oder eine mit Gas gefüllte Röhre wie in Abb. 8.1 als aktives Medium zwischen zwei Spiegeln angeordnet ist. Ein Spiegel ist teildurchlässig, beide Spiegel sind parallel zueinander und senkrecht zur Achse des Stabes ausgerichtet. Die optische Länge des so gebildeten *Resonators* sei $d$, der Reflexionsgrad des teildurchlässigen Spiegels $R$ und die (Intensitäts-) Verstärkung des Stabes $G$.

Anfangs wird nur das durch Fluoreszenz oder *spontane Emission* erzeugte Licht emittiert. Wie wir bereits festgestellt haben, ist dieses Licht ungerichtet, aber ein kleiner Anteil breitet sich entlang der optischen Achse des Resonators aus. Die folgende heuristische Argumentation wird zeigen, wie sich aufgrund der verstärkten Fluoreszenz die Laserstrahlung herausbilden kann.

Wir betrachten ein Wellenpaket (Abschn. 4.2 und 5.6), das von einem einzelnen Atom in Achsenrichtung emittiert wird. Das Paket erfährt zahlreiche Reflexionen an den Spiegeln. Nach jedem Umlauf im Resonator wird es um $G^2$ verstärkt und um $R$ abgeschwächt. Überschreitet die Gesamtverstärkung während eines Umlaufs den Wert 1, d.h.

$$G^2 R > 1\,, \tag{8.1}$$

so wächst die Intensität der Welle unbegrenzt an. Nur Wellen, die sich parallel zur optischen Achse ausbreiten, erfahren diese kontinuierliche Verstärkung; das Ergebnis ist ein intensives, gerichtetes Bündel. Der nutzbare Teil des Laserlichts entspricht dem durch den teildurchlässigen Spiegel oder *Auskoppelspiegel* transmittierten Anteil.

Es gibt eine zweite notwendige Bedingung zur Erzeugung von Laserstrahlung. Dazu wird wieder ein parallel zur optischen Achse emittiertes Wellenpaket betrachtet. Seine Kohärenzlänge sei groß im Vergleich zur optischen Länge des Resonators. Das Atom emittiert das Wellenpaket über einen endlichen Zeitraum, aber aufgrund der Vielfachreflexionen gelangt das Paket viele Male zu diesem Atom zurück, bis der Emissionsprozeß abgeschlossen ist. Wenn das Wellenpaket bei der Rückkehr zum Atom nicht mit der gerade emittierten Welle in Phase ist, wird es mit dieser destruktiv interferieren und folglich die Emission abschwächen. Wir können uns diesen Prozeß aber auch so vorstellen, daß die Welle reabsorbiert wird, als hätte sie nie existiert.

(Die Vorstellung einer Reabsorption mag hier etwas mystisch erscheinen, wird aber mit Hilfe eines Analogieschlusses besser verständlich: Wir vergleichen das Atom mit einer Feder, die mit einer bestimmten Frequenz oszilliert. Bei schwacher Dämpfung wird sie viele Perioden lang schwingen. Wir können die Schwingung jedoch innerhalb weniger Zyklen beenden, wenn die Feder durch eine Kraft beeinflußt wird, die mit der gleichen Frequenz oszilliert, aber mit der Federschwingung nicht in Phase ist. Genauso kann die Emission eines Atoms gestoppt werden, wenn ein elektrisches Feld angelegt wird, das mit dem vom Atom generierten Feld nicht in Phase schwingt.)

Die einzigen Wellen, die sich somit herausbilden können, sind diejenigen, für die bei konstruktiver Interferenz gilt

$$m\lambda = 2d\,. \tag{8.2}$$

Infolge der großen Zahl von Reflexionen können nur Wellenlängen in einem sehr schmalen Bereich um $2d/m$ auftreten. Dies ist eine Analogie zu der Schärfe von Vielstrahlinterferenzstreifen (siehe Abschn. 5.4.2). Im allgemeinen gibt es viele derartige Wellenlängen innerhalb der Fluoreszenzlinienbreite der Quelle, so daß diese Bedingung bei unterschiedlichen Resonatorlängen $d$ erfüllt wird.

Es ist zweckmäßig, den Resonator jetzt unabhängig vom aktiven Medium zu betrachten. In den folgenden Abschnitten werden wir die Eigenschaften des aktiven verstärkenden Mediums und des Resonators in ihrer Wechselwirkung detaillierter untersuchen.

### 8.1.1 Der optische Verstärker

Man betrachte eine Schicht eines Materials der Dicke $\mathrm{d}l$ und der Fläche $A$ (Abb. 8.2). Das Material habe $N_1$ absorbierende Elemente pro Volumeneinheit, und jedes Element besitze einen Wirkungsquerschnitt $\sigma$ für ein einfallendes Lichtbündel.

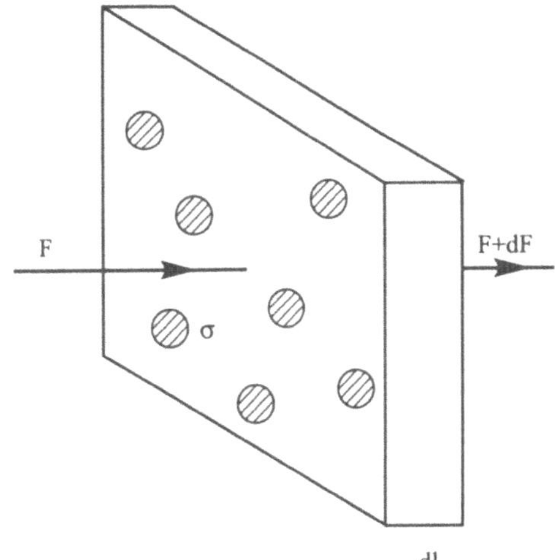


**Abb. 8.2.** Die Absorption in einer Schicht

Es ist manchmal zweckmäßig, sich ein Lichtbündel nicht als eine Welle oder als eine Folge von Wellenpaketen vorzustellen, sondern als einen Strom von Teilchen, den sogenannten *Photonen*.

$F$ Photonen fallen pro Flächen- und Zeiteinheit auf die Schicht. Ein Photon wird dann absorbiert, wenn es auf ein absorbierendes Element trifft, und andernfalls transmittiert. Daher ist der in der Schicht absorbierte Anteil von $F$ gleich dem von den absorbierenden Elementen eingenommenen Anteil an der Gesamtfläche $A$. Es gilt dann

$$\frac{\mathrm{d}F}{F} = -\frac{\mathrm{d}A}{A}\,, \tag{8.3}$$

wobei $\mathrm{d}A$ die Gesamtfläche der absorbierenden Elemente in der Schicht ist.

Das Volumen der Schicht beträgt $A\,dl$, so daß $N_1 A\,dl$ die Zahl der absorbierenden Elemente ist. Daraus folgt

$$\mathrm{d}A = N_1 \sigma A \mathrm{d}l \,, \tag{8.4}$$

wenn es so wenige absorbierende Elemente gibt, daß sich diese nicht überlappen. In diesem Fall gilt

$$\frac{\mathrm{d}F}{F} = -N_1 \sigma \mathrm{d}l \,. \tag{8.5}$$

Wenn wir diese Gleichung über einen Stab der Länge $l$ integrieren, so erhalten wir

$$F_1(l) = F_0 \mathrm{e}^{-N_1 \sigma l} \tag{8.6}$$

mit der Anfangsphotonenzahl $F_0$. Dieses Ergebnis entspricht dem *Lambert-Beerschen-Gesetz* der klassischen Optik.

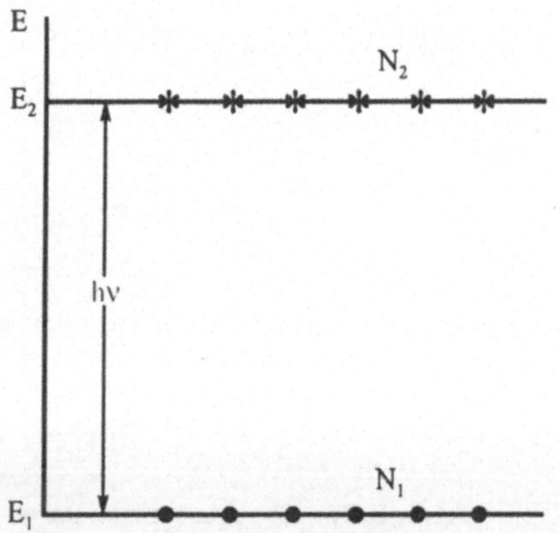


**Abb. 8.3.** Energieniveaus eines 2-Niveau-Lasers

Nun sollen die absorbierenden Elemente als quantenmechanische Systeme (Atome, Ionen oder Moleküle) mit mindestens zwei scharfen Energieniveaus betrachtet werden, wie in Abb. 8.3 skizziert. Die *Photonenenergie* oder *Quantenenergie* $h\nu$ stimmt mit der Energiedifferenz der beiden Niveaus überein. Die innere Energie des Systems steigt vom Niveau 1 zum Niveau 2, wenn ein Photon oder *Lichtquant* absorbiert wird. Auf analoge Weise kann ein angeregtes System, daß sich anfangs auf dem Niveau 2 befindet, ein Quant emittieren und dabei auf das Niveau 1 absinken.

Man kann zeigen, daß ein Quant mit einem angeregten System auf eine solche Art und Weise wechselwirken kann, daß es die Emission eines weiteren Lichtquants bewirkt. Dieser Prozeß wird als *stimulierte Emission* bezeichnet.

Hier ist die Feststellung ausreichend, daß sich das neu emittierte Photon (das auch als Wellenpaket aufgefaßt werden kann) gemeinsam mit dem ursprünglichen Wellenpaket ausbreitet und mit diesem in Phase bleibt.

Der Wirkungsquerschnitt der stimulierten Emission entspricht genau dem der Absorption. Gibt es daher $N_2$ angeregte Systeme pro Volumeneinheit, so folgt mit der Bezeichnungsweise von Abb. 8.2

$$\frac{\mathrm{d}F}{F} = +N_2\sigma \mathrm{d}l \tag{8.7}$$

und mit derselben Argumentation wie zuvor

$$F_2(l) = F_0 \mathrm{e}^{+N_2\sigma l} \,. \tag{8.8}$$

Wenn wir annehmen, daß sich eine bestimmte Zahl von Systemen im Material im Grundzustand und eine andere im angeregten Zustand befindet, so erhalten wir schließlich

$$F(l) = F_0 \mathrm{e}^{(N_2-N_1)\sigma l} \,. \tag{8.9}$$

Demzufolge gibt es die Möglichkeit der Verstärkung, vorausgesetzt, wir können ein Medium so beeinflussen, daß

$$N_2 > N_1 \tag{8.10}$$

wird. Die Gesamtzahl der Systeme betrage

$$N_0 = N_1 + N_2 \,. \tag{8.11}$$

Die Größe $N_0\sigma$ wird als (passiver) *Absorptionskoeffizient* $\alpha_0$ bezeichnet, mit dem wir $F(l)$ in

$$F(l) = F_0 \mathrm{e}^{-\alpha_0(n_2-n_1)l} \tag{8.12}$$

umschreiben können, wobei $n_2 = N_2/N_0$ und $n_1 = N_1/N_0$ als *normierte Besetzungszahlen* der entsprechenden Niveaus bezeichnet werden. Dabei gilt $n_1 + n_2 = n_0$. Die *Einweg-Verstärkung* des Stabes ist daher durch

$$G = e^{\alpha_0(n_2-n_1)l} \tag{8.13}$$

gegeben.

Die Größe $n = n_2 - n_1$ ist die *normierte Besetzungsinversion*, sie variiert zwischen $-1$ und $+1$. Die Verstärkung überschreitet 1 bei $n_2 - n_1 > 0$. In diesem Falle ist eine Gesamtverstärkung der umlaufenden Wellen möglich.

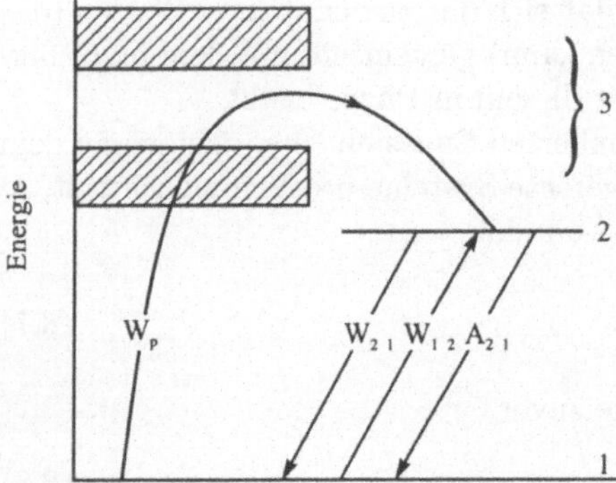


**Abb. 8.4.** 3-Niveau-Laser

## 8.2 Optisch gepumpte Laser

In diesem Abschnitt behandeln wir anhand eines Beispiels den optisch gepumpten 3-Niveau-Laser (Abb. 8.4). Der eigentliche Laserübergang findet zwischen den Energieniveaus 1 und 2 statt (vgl. Abb. 8.3). Das dritte Niveau ist erforderlich, um eine Besetzungsinversion zu erzielen.

Bei einem *optisch gepumpten Laser* wird das aktive Material mit einer als *Pumpe* bezeichneten starken Lichtquelle, gewöhhnlich einer *Blitzlampe*, beleuchtet. Das aktive Medium absorbiert das Pumplicht in einem Energieband um $h\nu_p$ (Niveau 3). Dieses Niveau ist jedoch niemals merklich besetzt, da ein nahezu augenblicklicher strahlungsloser Übergang von Niveau 3 zu Niveau 2 erfolgt. Wenn die Atome, Ionen oder Moleküle des aktiven Mediums schneller in das Niveau 2 gepumpt werden, als sie von diesem durch spontane Emission in das Niveau 1 übergehen, kann die erforderliche Besetzungsinversion erreicht werden.

### 8.2.1 Bilanzgleichungen

Wir können die *Bilanzgleichung* für die Zeitabhängigkeit der Besetzungsdichte $N_2$ in der Form

$$\frac{\mathrm{d}N_2}{\mathrm{d}t} = -(W_{21} + A_{21})N_2 + (W_p + W_{12})N_1 \tag{8.14}$$

schreiben, wobei $W_p$ die Pumprate pro Atom, $W_{21}$ und $A_{21}$ die Übergangswahrscheinlichkeiten von Niveau 2 nach 1 für die stimulierte und die spontane Emission und $W_{12}$ der Koeffizient für die induzierte Absorption sind. Da $N_3 = 0$ ist, befinden sich alle Atome entweder in Niveau 1 oder 2, so daß $\mathrm{d}N_1/\mathrm{d}t$ gerade das Negative von $\mathrm{d}N_2/\mathrm{d}t$ ist. Aufgrund der Übereinstimmung der Wirkungsquerschnitte von induzierter Absorption und stimulierter Emission gilt

$$W_{12} = W_{21} \,. \tag{8.15}$$

Eine stationäre Lösung der Bilanzgleichung ergibt sich, wenn wir

$$\frac{\mathrm{d}N_2}{\mathrm{d}t} = 0 \tag{8.16}$$

setzen, woraus mit den normierten Besetzungsdichten $n_1$ und $n_2$ sofort

$$(W_p + W_{12})n_1 = (W_{12} + A_{21})n_2 \tag{8.17}$$

folgt. Für die normierte Besetzungsinversion $n$ erhalten wir dann

$$n = \frac{W_p - A_{21}}{W_p + A_{21} + 2W_{12}} \,. \tag{8.18}$$

Für den Fall der Nettoverstärkung muß $n > 0$ bzw.

$$W_p > A_{21} \tag{8.19}$$

sein. Das Niveau 2 müssen wir durch den Pumpprozeß schneller nachfüllen, als es durch die spontane Emission entleert wird. $W_p$ hängt sowohl von der Energiedichte des Pumplichts als auch vom Wirkungsquerschnitt für die Absorption des Materials ab. Daher sind (a) eine intensive Pumplichtquelle, (b) eine starke Absorption des Pumplichts und (c) ein langlebiges oberes Niveau (kleines $A_{21}$) notwendig.

Wir schreiben die für eine Verstärkung notwendige Pumpleistung $W_p$ als Funktion des Photonenflusses $F_p$ und des Wirkungsquerschnitts $\sigma_p$ für die Absorption des Pumplichts in der Form

$$W_p = F_p \sigma_p \,. \tag{8.20}$$

Die Pumpleistung pro Flächeneinheit bezogen auf die Frequenz $\nu_p$ beträgt $F_p \cdot h\nu_p$. Außerdem ist $A_{21}$ gerade das Reziproke der mittleren Lebensdauer $\tau$ des oberen Niveaus bei spontaner Emission. Daher ist

$$h\nu_p / \sigma_p \tau \tag{8.21}$$

die erforderliche auf das aktive Medium einfallende Leistungsdichte. Für einen Rubinstab gilt z.B. $\sigma_p \approx 10^{-19}\mathrm{cm}^2$, $\tau \approx 3\,\mathrm{ms}$ und $h\nu_p \approx 2\,\mathrm{eV}$. Wir benötigen daher ungefähr $10^3\,\mathrm{W} \cdot \mathrm{cm}^{-2}$ oder etwa 50 kW Pumpleistung für einen Stab mit der Mantelfläche $50\,\mathrm{cm}^2$ bei der Frequenz $\nu_p$ des Pumplichts. Die entsprechenden Werte für einen 4-Niveau-Laser (bei dem das niedrigere Niveau nicht der Grundzustand ist) können zwei Größenordnungen kleiner sein. Da nicht alle Pumpfrequenzen das aktive Medium effektiv anregen, ist die benötigte einfallende Gesamtleistung deutlich größer als 50 kW, was dazu führt, daß diese Laser bei Verwendung von Blitzlampen zum Pumpen im Impulsbetrieb arbeiten. Der erste Laser war ein solcher mit Blitzlampen gepumpter Rubinlaser. Die weitere Diskussion derartiger Systeme soll jedoch später erfolgen.

### 8.2.2 Die Ausgangsleistung

Wir wollen nun die gesamte durch einen kontinuierlich arbeitenden (cw, engl. continuous wave) Laser emittierte Ausgangsleistung (oder die mittlere Ausgangsleistung bei Lasern, die Pulse emittieren) am Beispiel des Rubinlasers bestimmen. Wir nehmen an, die gesamte bei $\nu_p$ absorbierte Pumpleistung sei $P$. Die gesamte Ausgangsleistung ist dann annähernd

$$P_0 = P \cdot \nu_{21}/\nu_p \,, \tag{8.22}$$

da im stationären Zustand jede Anregung des Pumpniveaus zu einem Emissionsvorgang führt.

Wir wollen weiter annehmen, daß der Laser zu oszillieren beginnt, wenn die Besetzungsinversion $n_2 - n_1$ auch nur wenig 0 überschreitet. Dann ist ungefähr die Hälfte der Atome im oberen Zustand; diese Bedingung besteht solange, wie der Pumpprozeß fortgesetzt wird. Daher ist die Besetzung $N_1$ des unteren Niveaus pro Volumeneinheit etwa

$$N_1 \simeq N_0/2 \,, \tag{8.23}$$

und die gesamte absorbierte Pumpleistung ist

$$P = (N_0 V/2) W_p h\nu_p \,. \tag{8.24}$$

Dabei ist $V$ das Volumen des aktiven Mediums. Wie wir bereits gesehen haben, ist im stationären Zustand $W_p = A_{21}$. Daher ist die Ausgangsleistung

$$P_0 = (N_0 V/2) A_{21} h\nu 21 \,. \tag{8.25}$$

Ein typischer Rubinstab ist 10 cm lang und hat einen Querschnitt von 1 cm$^2$. $V$ beträgt daher 10 cm$^3$. Mit $N_0 \approx 10^{16}$cm$^{-3}$ und den übrigen Parametern des vorigen Abschnitts erhalten wir $P_0 \approx 10$ kW. In der Praxis erreicht man allerdings mit den obigen Werten geringere Ausgangsleistungen.

### 8.2.3 Gütegeschaltete Laser

Viele Anwendungen erfordern oft eine hohe Spitzenintensität anstelle einer hohen Pulsenergie. Ein *gütegeschalteter (Q-switched oder Riesenimpuls-)* Laser wird an der Oszillation gehindert, bis $n$ den normalen Schwellwert $n_t$ beträchtlich überschritten hat. In diesem Moment werden Oszillationen zugelassen, indem man z.B. einen Schalter öffnet, der zwischen dem aktiven Medium und einem Endspiegel angeordnet ist.

Dieser Vorgang ist in Abb. 8.5 verdeutlicht. Die obere Kurve zeigt den effektiven Reflexionsgrad $R_{\text{eff}}$ einer Schalter-Spiegel-Kombination, der von einem niedrigen zu einem hohen Wert variiert werden kann. Solange $R_{\text{eff}}$ klein ist, steigt $n$ stark an. Wird nun der Schalter vor dem Spiegel geöffnet, so steigt $R_{\text{eff}}$ und damit die emittierte Leistung schnell an und zwar solange, wie die Umlaufverstärkung größer als 1 bleibt. Die Besetzung des oberen

Niveaus wird wegen der hohen Energiedichte der emittierten Strahlung sehr schnell abgebaut. Die Umlaufverstärkung bei $n = n_t$ ist gerade gleich 1 und sinkt danach unter 1. Die *Spitzenleistung* wird demnach genau dann emittiert, wenn $n$ gerade gleich $n_t$ ist.

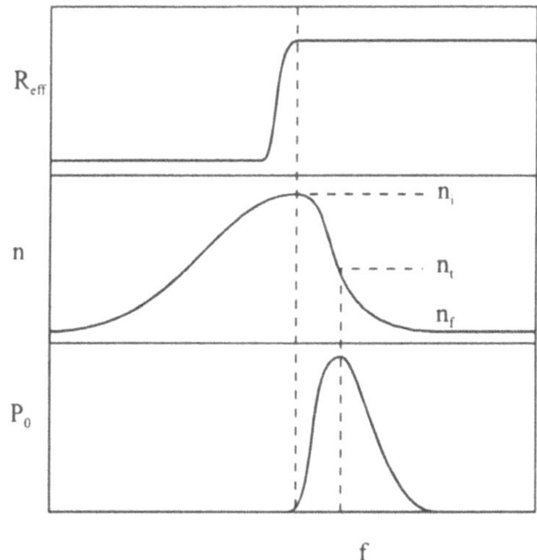


**Abb. 8.5.** Effektiver Reflexionsgrad $R_{\text{eff}}$, Besetzungsinversion und Ausgangsleistung $P_o$ eines gütegeschalteten Lasers

Unter der Annahme eines idealen, augenblicklichen Schaltens können wir einige Eigenschaften der emittierten Strahlung abschätzen. Die normierte Besetzungsinversion betrage vor dem Öffnen des Schalters $n_i$ und falle am Ende des Pulses auf $n_f$. Die gesamte während des Pulses emittierte Energie ist dann

$$E = (1/2)(n_i - n_f)N_0 V h\nu_{12} \,. \tag{8.26}$$

Der Faktor 1/2 tritt auf, weil die Besetzungsdifferenz sich jedesmal um zwei Einheiten ändert, wenn ein Lichtquant emittiert wird (bei jedem Übergang von oben nach unten steigt $n_1$, während $n_2$ sinkt). In Rubin sei z.B. $n_t \approx 0,2$ und $n_i \approx 0,6..0,8$. Wenn der Puls ungefähr symmetrisch ist, so beträgt $n_f \approx 0,5$. Mit diesen Werten erhalten wir theoretisch für einen kleinen Rubinstab eine Ausgangsenergie von etwa 5 J. Praktisch liegt $E$ jedoch bei einem solchen Laser eher in der Nähe von 1 J.

Wir können die Dauer eines gütegeschalteten Pulses durch die Bestimmung der Abfallszeit eines Pulses in einem isolierten Resonator ermitteln. Ein solcher Puls oszilliert zwischen den Spiegeln und vollführt einen Umlauf in der Zeit $t_1 = 2d/c$. Bei jeder Reflexion am Auskoppelspiegel verliert er $(1-R)$ seiner Energie. Pro Zeiteinheit sinkt seine Energie daher um $(1-R)/t_1$. Die Zeit $t_c$ wird dementsprechend als *Resonator-Lebensdauer* bezeichnet

$$t_c = t_1/(1-R) \,. \tag{8.27}$$

Wenn sich die Besetzungsinversion schnell von $n_i$ auf $n_f$ ändert, können wir annehmen, daß die Abfallszeit eines gütegeschalteten Pulses ungefähr der

Resonator-Lebensdauer $t_c$ entspricht. Daher hat ein symmetrischer Puls eine Dauer von etwa $2t_c$. Wenn wir eine Resonatorlänge von 50 cm wählen und $R \approx 50\%$ ist, finden wir eine Pulsdauer von $2t_c \approx 10..15$ ns. Diese Abschätzung ist i.a. etwas zu niedrig.

Nun kann die Spitzenleistung bestimmt werden. Wenn wir eine dreieckige Pulsform annehmen, so erhalten wir

$$P_m = E/2t_c \tag{8.28}$$

für den Fall $E \approx 1$ J und $2t_c \approx 10$ ns. Die Spitzenleistung liegt in der Größenordnung von 100 MW.

### 8.2.4 Modengekoppelte Laser

Zu Beginn betrachten wir einen Laser, der mit einer großen Zahl $N$ verschiedener Wellenlängen schwingt, die als *longitudinale Moden* bezeichnet werden und der Einfachheit halber dieselbe Amplitude $A$ besitzen sollen. Wenn wir einen Detektor im Resonator bei $x = 0$ plazieren und das elektrische Feld $E(t)$ als Funktion der Zeit messen könnten, würden wir

$$E(t) = A \sum_{n=0}^{N-1} e^{i(\omega_n t + \delta_n)} \tag{8.29}$$

mit der Kreisfrequenz $\omega_n$ der $n$-ten Mode und ihrer Phase $\delta_n$ erhalten. Wir werden im folgenden Abschnitt sehen, daß sich die Moden in ihrer Frequenz um $\Delta\omega$ unterscheiden, wobei

$$\Delta\omega = \omega_n - \omega_{n-1} = 2\pi(c/2d) \tag{8.30}$$

ist.

Normalerweise sind die Moden nicht gekoppelt und ihre Phasen $\delta_n$ haben verschiedene zufällige Werte. Die Moden sind zueinander inkohärent, und die Gesamtintensität ergibt sich aus der Addition der Intensitäten aller Moden, d.h.

$$I = N \cdot A^2 \, . \tag{8.31}$$

Die Intensität weist nur kleine Fluktuationen auf, zu denen es dann kommt, wenn zufällig zwei oder mehr Moden in Phase sind.

Wir nehmen nun an, daß alle Moden dieselbe Phase

$$\delta_n = \delta \tag{8.32}$$

besitzen. Ein solcher Laser wird als *modengekoppelter Laser* bezeichnet. Zur Bestimmung der Intensität müssen nunmehr die Amplituden, nicht die Intensitäten addiert werden

$$E(t) = A\mathrm{e}^{\mathrm{i}\delta} \sum_{n=0}^{N-1} \mathrm{e}^{\mathrm{i}\omega_n t} . \tag{8.33}$$

Zweckmäßigerweise schreiben wir $\omega_n$ als

$$\omega_n = \omega - n\Delta\omega , \tag{8.34}$$

wobei $\omega$ der Mode mit der höchsten Kreisfrequenz entspricht.

Für $E(t)$ ergibt sich dann der Ausdruck

$$E(t) = A\mathrm{e}^{\mathrm{i}(\omega t+\delta)}[1 + \mathrm{e}^{-\mathrm{i}\phi} + \mathrm{e}^{-2\mathrm{i}\phi} + ... + \mathrm{e}^{-(n-1)\mathrm{i}\phi}] \tag{8.35}$$

mit $\phi = \Delta\omega t = \pi ct/d$. Der Term in eckigen Klammern ist eine geometrische Reihe, die wir bereits im Zusammenhang mit dem Beugungsgitter ausgewertet haben. Die Intensität können wir daher als

$$I(t) = A^2 \frac{\sin^2 \frac{N\phi(t)}{2}}{\sin^2 \frac{\phi(t)}{2}} \tag{8.36}$$

schreiben. Wie man leicht sieht, haben die Maxima wie beim Beugungsgitter den Wert

$$I_m = N^2 A^2 . \tag{8.37}$$

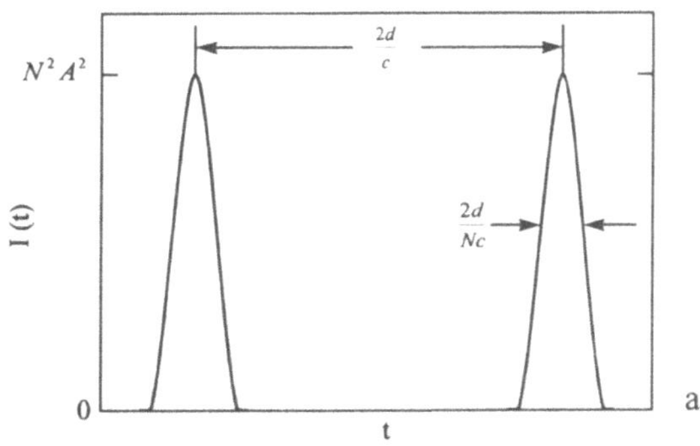


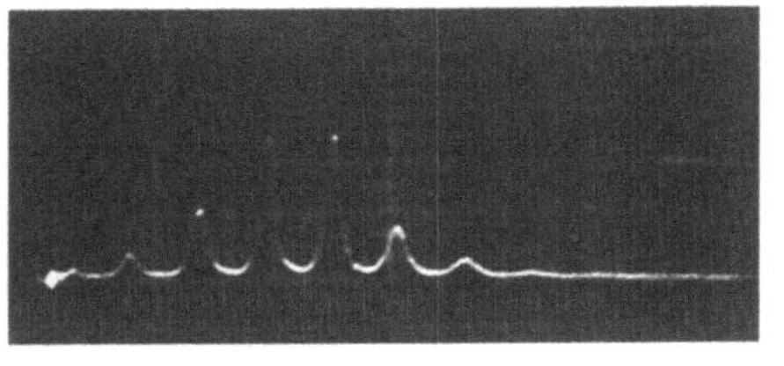


**Abb. 8.6.** Ausgangssignal eines modengekoppelten Lasers. **(a)** theoretischer Verlauf, **(b)** experimentelles Ergebnis mit einem Rubinlaser

Analog ist festzustellen, daß am Laserausgang kurze Pulse zu beobachten sind, die in einem Zeitabstand von $2d/c$, d.h. genau einer Umlaufzeit, auftreten (Abb. 8.6). Die Gesamtdauer der Pulse beträgt $2d/cN$, was ungefähr gleich dem Reziproken $1/\Delta\nu$ der Fluoreszenzlinienbreite des Lasers ist.

Ein modengekoppelter Laser emittiert daher eine Folge kurzer Pulse, jeder mit einer Spitzenleistung vom $N$-fachen der mittleren Leistung des Lasers ohne Modenkopplung. Liegt $N$ in der Größenordnung von 100, so kann die Spitzenleistung eines gütegeschalteten und modengekoppelten Lasers 1000 MW oder mehr betragen.

Wir können diesen Vorgang auch so interpretieren, daß ein kurzes Wellenpaket zwischen den Spiegeln hin und her reflektiert wird. Die durch den Laser emittierten kurzen Pulse treten jedesmal dann auf, wenn das Wellenpaket teilweise den Auskoppelspiegel verläßt. Dieses einfache physikalische Modell wird uns auch bei der Beschreibung verschiedener Mechanismen bei modengekoppelten Lasern, vor allem bei Argon-Ionen- und Neodym-Glas-Lasern helfen.

## 8.3 Optische Resonatoren

Ein optischer Resonator besteht wie ein Fabry-Perot-Interferometer aus zwei gegenüberliegenden reflektierenden Flächen. Diese Reflektoren müssen keine ebenen Spiegel sein. Solange sie so angeordnet sind, daß Vielfachreflexionen auftreten können, ist die Analyse der Interferenzerscheinungen durch Vielfachreflexionen, wie in Kap. 5 und 6 dargestellt, ausreichend.

### 8.3.1 Longitudinalmoden

Zu Beginn wird eine ebene Welle mit der Amplitude $A_0$ in einem Fabry-Perot-Interferometer betrachtet (Abb. 8.7). Nach einer großen Anzahl von Reflexionen hat das Gesamtfeld im Inneren des Resonators für die sich nach rechts ausbreitende Welle die Form

$$E = A_0 \left(1 + r^2 e^{-i\Phi} + r^4 e^{-2i\Phi} + ....\right) . \tag{8.38}$$

Diese Schreibweise entspricht der von Kap. 5. Dabei ist $r$ der Amplitudenreflexionskoeffizient der beiden Spiegel und $\Phi\,(= 2kd)$ ist die bei einem Umlauf auftretende Phasenänderung. Es wird angenommen, daß die Welle senkrecht auf die Spiegel fällt.

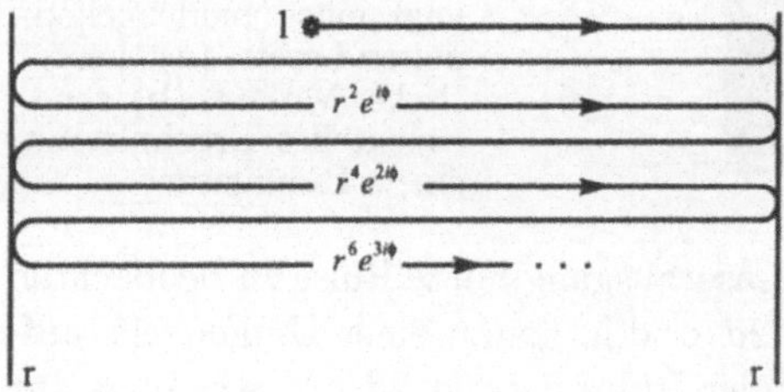


**Abb. 8.7.** Fabry-Perot Resonator

Entsprechend der Vorgehensweise im Kap. 5 berechnen wir nun die Summe der geometrischen Reihe und erhalten die Intensität $I$ innerhalb des Resonators zu

$$I = I_0 \frac{1}{1 + F \sin^2 \frac{\Phi}{2}}, \tag{8.39}$$

wobei $F = 4R/(1-R)^2$ und $R$ der Reflexionsgrad eines Spiegels ist. Das entspricht exakt dem Ausdruck für den Transmissionsgrad eines Fabry-Perot-Interferometers. $I$ hat genau dann den Wert $I_0$, wenn

$$m\lambda = 2d \tag{8.40}$$

ist. Das ist die bekannte Bedingung für konstruktive Interferenz. Für alle anderen Werte von $\lambda$ ist die Intensität im Resonator klein, so daß die Welle entweder absorbiert oder durch die Spiegel transmittiert wird und somit keine Oszillationen auftreten können. Es ist üblich, dem Auskoppelspiegel einen effektiven Reflexionsgrad $R_{\text{eff}}$ zuzuschreiben, der nur für $m\lambda = 2d$ gleich $R$ ist. Entsprechend schreiben wir dafür

$$R_{\text{eff}} = \frac{R}{1 + F \sin^2 \frac{\Phi}{2}}. \tag{8.41}$$

Bei den meisten Lasern besitzt der zweite Spiegel einen Reflexionsgrad von 100%.

Da $R_{\text{eff}}$ exakt durch dieselbe Funktion wie der Transmissionsgrad des Fabry-Perot-Interferometers beschrieben wird, können wir alle Resultate dieser Betrachtungen übernehmen. Insbesondere hatten wir gefunden daß das Interferometer vollständig transmittiert bei einer Reihe von Wellenlängen, die durch den freien Spektralbereich

$$\Delta\lambda = \lambda^2/2d \tag{8.42}$$

getrennt sind. Dies entspricht im Frequenzbild

$$\Delta\nu = c/2d\,. \tag{8.43}$$

In einem Laser ist daher der effektive Reflexionsgrad nur bei diskreten Frequenzen im Abstand $\Delta\nu$ gleich $R$.

Abbildung 8.8 illustriert den Einfluß des Resonators auf das Laserausgangssignal. Die obere Kurve zeigt die Verstärkung $G$ als Funktion der Frequenz. Die mittlere Kurve stellt $R_{\text{eff}}$ über der Frequenz dar. $R_{\text{eff}}$ ist (in diesem Beispiel) nur an fünf Punkten in dem Frequenzintervall, in dem Verstärkung auftritt, verschieden von Null. Wie die unterste Kurve zeigt, kann Laserstrahlung nur bei diesen fünf diskreten Frequenzen auftreten. Diese Frequenzen werden als *Longitudinalmoden* bezeichnet.

Die Linienbreite dieser Moden ist wesentlich kleiner, als die Kurve von $R_{\text{eff}}$ vermuten läßt. In vielen Fällen ist ihre spektrale Breite nur durch sehr kleine mechanische Schwingungen bestimmt, die die Ursache für geringfügige Änderungen der optischen Länge des Resonators während kurzer Zeiten sind. Ihre Schärfe resultiert aus der sehr hohen Nettoverstärkung, die nach einer großen Zahl von Reflexionen auftritt.

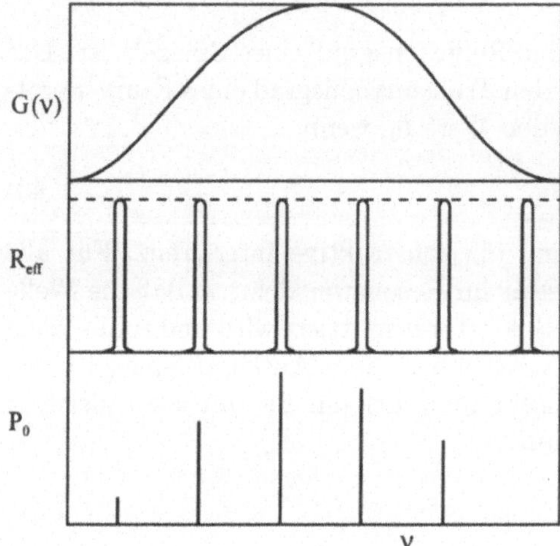


**Abb. 8.8.** Longitudinalmoden unter der Verstärkerkurve

Bei jedem Umlauf wird die Mittenfrequenz einer Mode mehr als die Randfrequenzen verstärkt. Diese Tatsache führt zu einer Verringerung der spektralen Breite der Moden. Bei entsprechender Verstärkung des Resonators und einer großen Zahl von Umläufen führt dies zu einem sehr scharfen Spektrum.

### 8.3.2 Transversalmoden

Transversalmoden sind am einfachsten zu verstehen, wenn man einen *konfokalen Resonator* betrachtet. Der in Abb. 8.9 dargestellte konfokale Resonator besteht aus zwei identischen Spiegeln mit einem gemeinsamen Brennpunkt in $w_0$. Grob gesagt können wir eine *Transversalmode* als eine elektrische Feldverteilung definieren, die mit jedem geometrischen Bündel verknüpft ist, das einen geschlossenen Weg durchläuft. (Wir werden hier keine Resonatoren betrachten, die keinen geschlossenen Weg erlauben; solche Anordnungen werden als *instabile Resonatoren* bezeichnet.) Natürlich muß berücksichtigt werden, daß das Bündelmodell auf Grund der auftretenden Beugung die Feldverteilung nicht genau beschreiben kann.

Die einfachste transversale Mode in einem konfokalen Resonator wird durch ein Bündel beschrieben, das entlang der optischen Achse hin- und herläuft. Dies ist die $TEM_{00}$-Mode (Transversale Elektro-Magnetische Mode). Wegen der Beugung sieht die wirkliche Intensitätsverteilung wie in Abb. 8.9 aus. Das Ausgangssignal eines Lasers, der in dieser Mode schwingt, ist eine sphärische Welle mit einer gaußförmigen Intensitätsverteilung. Die *Bündelweite* wird üblicherweise durch den Radius $w$ definiert, bei dem die Intensität auf das $1/e^2$-fache ihres Maximalwertes abgefallen ist.

Die nächsteinfachere transversale Mode ist in der Abb. 8.9 dargestellt. Diese Mode schwingt nur an, wenn die Apertur (die oft durch das Laserrohr selbst gegeben ist) groß genug ist. Das Laserausgangssignal ist eine sphärische Welle mit der gezeigten Intensitätsverteilung. Höhere Moden entsprechen geschlossenen Wegen, die eine entsprechend größere Anzahl von Reflexionen zur Vollendung eines vollständigen Umlaufs benötigen. Transversalmodenbilder werden entsprechend der Anzahl der Minima in horizontaler Richtung (erste Zahl) und vertikaler Richtung (zweite Zahl) bezeichnet. Die dargestellten Moden besitzen alle eine rechteckige Symmetrie; solche Moden sind für nahezu alle Laser charakteristisch, auch für jene mit zylindrischen Stäben oder Rohren.

Praktisch besitzen Moden höherer Ordnung bedingt durch die Beugung höhere Verluste als die $TEM_{00}$-Mode. Wenn ein Laser in einer bestimmten höheren Mode schwingt, kann er auch alle anderen Moden mit niedrigerer Ordnung emittieren. Solch ein *Multimode-Laser* liefert, verglichen mit einem $TEM_{00}$-Mode-Laser, eine beträchtlich höhere Leistung. Trotzdem werden oft $TEM_{00}$-Mode-Laser benötigt. Aus diesem Grund wird bei vielen Gaslasern der Durchmesser der Laserröhre so klein gewählt, daß die Beugungsverluste ein Anschwingen aller höheren Moden verhindern (siehe auch Abschn. 8.3.5).

### 8.3.3 Gaußsche Bündel

Wir haben bereits festgestellt, daß ein in der $TEM_{00}$-Mode arbeitender Laser ein Bündel mit einer gaußförmigen Intensitätsverteilung emittiert. Höhere Moden zeigen ebenfalls eine gaußförmige Intensitätsverteilung, die jedoch mit bestimmten Polynomen (Hermitesche Polynome) multipliziert ist.

Bei der früheren Behandlung der Beugung hatten wir angenommen, daß eine homogene Welle durch die beugende Öffnung hindurchtritt. Wir haben zum Beispiel gefunden, daß die Fernfeldverteilung hinter einer kreisförmigen Öffnung eine Winkeldivergenz von $1{,}22\lambda/D$ besitzt. Dieses Resultat gilt nicht für *Gaußbündel*, da deren Intensitätsverteilung nicht homogen ist.

Für eine detaillierte Behandlung der Ausbreitung von Gaußbündeln sei auf die Literatur verwiesen. Hier diskutieren wir nur allgemeine Resultate. Die Feldverteilung in einem Resonator mit gekrümmten Spiegeln wird durch eine wie in Abb. 8.9 dargestellte *Bündeltaille* charakterisiert. In einem symmetrischen Resonator befindet sich diese Bündeltaille in der Mitte des Resonators. Die Intensitätsverteilung in der Taillenebene ist für eine $TEM_{00}$-Mode gaußförmig, d.h.

$$I(r) = \mathrm{e}^{-2r^2/w_0^2}\,, \tag{8.44}$$

wobei $r$ der Abstand vom Bündelzentrum ist. Der Einfachheit halber wird die Intensität im Bündelzentrum auf 1 normiert. Für $r = w_0$ ist die Intensität auf das $1/e^2$-fache der Intensität im Zentrum abgefallen. Höhere Moden werden durch die gleiche Gaußsche Intensitätsverteilung allerdings unter Berücksichtigung der oben genannten Hermiteschen Polynome charakterisiert.

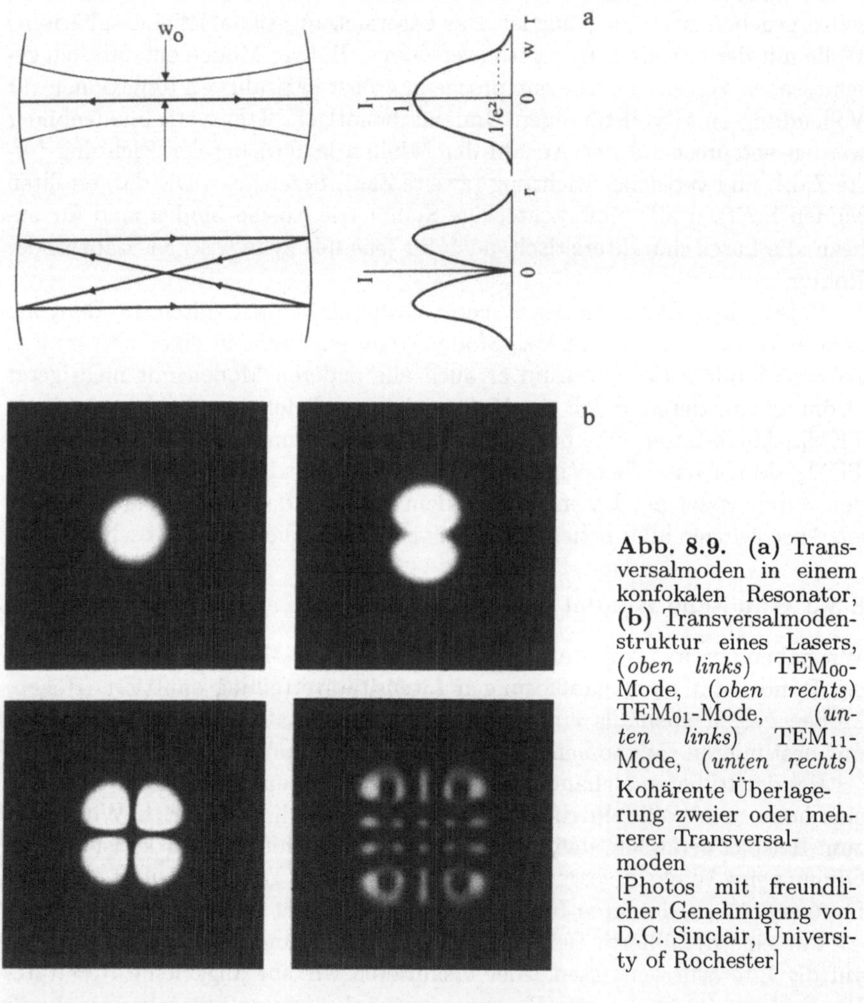


**Abb. 8.9.** **(a)** Transversalmoden in einem konfokalen Resonator, **(b)** Transversalmodenstruktur eines Lasers, (*oben links*) $TEM_{00}$-Mode, (*oben rechts*) $TEM_{01}$-Mode, (*unten links*) $TEM_{11}$-Mode, (*unten rechts*) Kohärente Überlagerung zweier oder mehrerer Transversalmoden [Photos mit freundlicher Genehmigung von D.C. Sinclair, University of Rochester]

Die Abb. 8.10 stellt die Ausbreitung eines Gaußbündels dar. Sowohl innerhalb wie auch außerhalb des Resonators behält es sein Gaußprofil. Das heißt, daß in einer Entfernung $z$ von der Bündeltaille die Intensitätsverteilung durch die Gleichung (8.44), in der $w_0$ durch $w(z)$ ersetzt ist, gegeben ist

$$w(z) = w_0 \left[ 1 + \left( \frac{\lambda z}{\pi w_0^2} \right)^2 \right]^{1/2} . \tag{8.45}$$

In großer Entfernung $z$ von der Bündeltaille wird der Ausdruck in der Klammer sehr viel größer als 1. In diesem Fall divergiert das Gaußbündel mit einem Winkel $\theta$, für den gilt

$$\theta = \lambda/\pi w_0 \ . \tag{8.46}$$

Das ist die Fernfelddivergenz eines Gaußbündels.

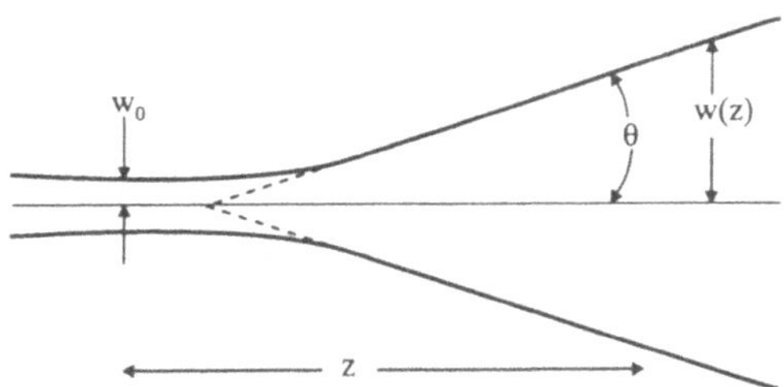


**Abb. 8.10.** Die Ausbreitung eines Gaußbündels

Wenn ein Gaußbündel mit einem Bündeldurchmesser $w$ mit einer Linse, deren Durchmesser mindestens $2w$ beträgt, fokussiert wird, entsteht ein Brennfleck mit dem Radius $\lambda l'/\pi w$. Dieser Radius ist etwas kleiner als der des entsprechenden Airyscheibchens mit $0,61\,\lambda l'/w$. Außerdem ist das Beugungsbild kein Airyscheibchen, sondern besitzt eine Gaußsche Intensitätsverteilung ohne Nebenmaxima (falls nicht die Linsenöffnung einen beträchtlichen Teil des einfallenden Bündels abschattet).

Die Strahlung konvergiert zur Bündeltaille hin und divergiert von ihr weg. Daher muß die Wellenfront in der Bündeltaille eben sein. In einer Entfernung $z$ von der Taille ergibt sich der Radius der Wellenfrontkrümmung $R(z)$ zu

$$R(z) = z\left[1 + \left(\frac{\pi w_0^2}{\lambda z}\right)^2\right] . \tag{8.47}$$

Nur in großen Entfernungen $z$ von der Taille besitzt das Bündel eine Krümmung, die gleich $z$ ist.

Bis jetzt waren unsere Bemerkungen allgemeiner Natur und können auf alle Gaußbündel angewendet werden, die eine in $z = 0$ lokalisierte Taille $w_0$ besitzen. Um einen Laserresonator behandeln zu können, müssen wir die Größe und die Position der Bündeltaille kennen. In einem konfokalen Resonator, dessen Spiegel einen Abstand $d$ besitzen, ist $w_0$ durch

$$w_0 = (\lambda d/2\pi)^{1/2} \tag{8.48}$$

gegeben, und die Taille ($z = 0$) befindet sich in der Mitte des Resonators. Diese Aussage gilt für jeden symmetrischen, aus Konkavspiegeln bestehenden Resonator.

Ist der Resonator nicht konfokal, ist es notwendig, *Stabilitätsparameter* $g_1$ und $g_2$ zu definieren, die durch die Gleichungen

$$g_1 = 1 - (d/R_1) \tag{8.49a}$$

und

$$g_2 = 1 - (d/R_2) \tag{8.49b}$$

gegeben sind, wobei $R_1$ und $R_2$ die Krümmungsradien der Spiegel sind.

Um die Größe und den Ort der Bündeltaille zu finden, argumentieren wir so, daß der Krümmungsradius der Wellenfront auf den Spiegeln exakt gleich den Krümmungsradien der Spiegel selbst sein muß. Wäre dies nicht der Fall, dann hätte der Resonator keine stabile elektrische Feldverteilung; im früher verwendeten Strahlenbild würde das bedeuten, daß die Strahlen keinen geschlossenen Weg durchlaufen würden.

Wir kennen deshalb den Krümmungsradius der Wellenfront in zwei Punkten, die wir mit $z_1$ (dem Abstand der Taille vom Spiegel 1) und $z_2$ (dem Abstand der Taille vom Spiegel 2) bezeichnen. Setzt man $R(z_1) = R_1$ und $R(z_2) = R_2$, können wir (8.47) nach $z_1$ auflösen und damit den Ort der Taille bestimmen. Wir erhalten unter Verwendung der Stabilitätsparameter

$$z_1 = \frac{g_2(1-g_1)}{g_1 + g_2 - 2g_1g_2} d\,. \tag{8.50}$$

Auf ähnliche Weise finden wir für die Bündeltaille $w_0$ allgemein

$$w_0 = \left(\frac{\lambda d}{\pi}\right)^{1/2} \left(\frac{g_1g_2(1-g_1g_2)}{g_1 + g_2 - 2g_1g_2}\right)^{1/4}\,. \tag{8.51}$$

Wir können nun die Ergebnisse der Theorie der Gaußbündel benutzen, um den Radius $R(z)$ oder die Spotgröße $w(z)$ in einem beliebigen Abstand $z$ zu bestimmen. Speziell gilt auf dem Spiegel 1

$$w(z_1) = \left(\frac{\lambda d}{\pi}\right)^{1/2} \left(\frac{g_2}{g_1(1-g_1g_2)}\right)^{1/4} \tag{8.52}$$

und auf dem Spiegel 2

$$w(z_2) = (g_1/g_2)^{1/2}\, w(z_1)\,. \tag{8.53}$$

Mitunter ist es notwendig, die Mode eines Resonators an die eines anderen Resonators anzupassen. Das bedeutet, daß die durch den ersten Resonator emittierte Mode so in einen zweiten Resonator fokussiert wird, daß sie ebenfalls eine Mode des zweiten Resonators wird. Zum Beispiel ist diese *Modenanpassung* notwendig, wenn ein sphärisches, konfokales Fabry-Perot-Interferometer gemeinsam mit einem Laser eingesetzt wird.

Der einfachste Weg, um zwei Resonatoren a und b anzupassen, besteht darin, den Ort eines Punktes zu bestimmen, in dem die beiden Spotgrößen $w(z)$ gleich sind. Dann können die Krümmungsradien $R_a(z)$ und $R_b(z)$ in diesem Punkt bestimmt werden. Eine Linse mit einer Brennweite $f'$, die gegeben ist durch

$$\frac{1}{f'} = \frac{1}{R_a} - \frac{1}{R_b}\,, \tag{8.54}$$

wird die Krümmungsradien der zwei Moden an diesem Ort anpassen.

Sowohl der Radius als auch die Spotgröße müssen angepaßt werden, um eine effektive Modenanpassung zu sichern. Falls nicht beide Parameter angepaßt sind, kann zum Beispiel im zweiten Resonator Intensität an höhere Moden verlorengehen. Falls das Anpassen zweier Resonatoren mittels dieses einfachen Weges nicht möglich ist, kann es erforderlich sein, den Bündeldurchmesser mit einer Linse zu vergrößern oder zu verkleinern, bevor eine Modenanpassung mit einer zweiten Linse erreicht werden kann.

### 8.3.4 Das Stabilitätsdiagramm

Die Gleichungen für $w(z_1)$ und $w(z_2)$ enthalten eine Wurzel von $(1 - g_1g_2)$. Falls das Produkt $g_1g_2$ nicht kleiner als 1 ist, wird die Spotgröße auf den Spiegeln unendlich oder imaginär. Laserresonatoren, für die der Ausdruck $g_1g_2$ größer als 1 ist, sind instabil; diejenigen, für die das Produkt knapp unter 1 liegt, bewegen sich an der Stabilitätsgrenze, weil die Spotgröße die Spiegelgröße überschreiten kann und dabei große Verluste auftreten. Aus diesem Grund lautet das Stabilitätskriterium für Laser

$$g_1g_2 = \left(1 - \frac{d}{R_1}\right)\left(1 - \frac{d}{R_2}\right) < 1\,. \tag{8.55}$$

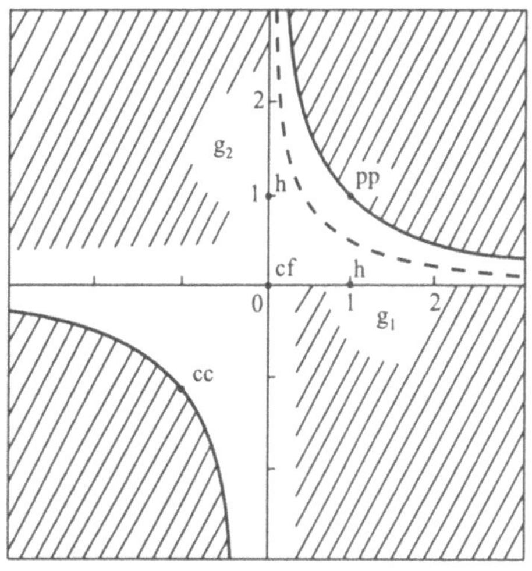


**Abb. 8.11.** Stabilitätsdiagramm eines Resonators. (*h*) hemisphärischer Resonator, (*cc*) konzentrischer Resonator, (*cf*) konfokaler Resonator, (*pp*) planparalleler Resonator, (Die *gestrichelte Kurve* zeigt die Gleichung $g_1g_2 = 1/2$.)

Der Grenzfall $g_1g_2 = 1$ ist, wie in der Abb. 8.11 dargestellt, eine Hyperbel. Stabile Resonatoren liegen zwischen den beiden Ästen der Hyperbel und den Achsen; instabile Resonatoren liegen außerhalb der beiden Äste.

Resonatoren, die die geringste Empfindlichkeit gegenüber Änderungen der Resonatorgeometrie (z.B. Ausbildung einer thermischen Linse in Festkörper- oder Flüssigkeitslasern) aufweisen, liegen auf der Hyperbel $g_1 g_2 = 1/2$, die in Abb. 8.11 als gestrichelte Linie dargestellt ist.

### 8.3.5 Kohärenz der Laserstrahlung

Obwohl ein Laser üblicherweise immer als kohärente Quelle betrachtet wird, emittiert nur ein Laser, der transversal und longitudinal im Einmoden-Betrieb arbeitet, hochkohärentes Licht. Ein Multimode-Laser (obwohl er viel intensiver strahlt) muß räumlich und zeitlich nicht kohärenter sein als eine geeignet gefilterte thermische Lichtquelle.

Zuerst betrachten wir die zeitliche Kohärenz. Ein Einmoden-Laser besitzt auf Grund seines engen Spektrums eine sehr große zeitliche Kohärenz. Andererseits kann ein Multimode-Laser eine spektrale Breite haben, die fast so groß wie die der Fluoreszenzlinienbreite ist. Deshalb besitzt ein solcher Laser eine Kohärenzlänge, die der einer vergleichbaren thermischen Quelle entspricht.

Preiswerte He-Ne-Laser werden aus Stabilitätsgründen so hergestellt, daß sie in zwei Longitudinalmoden oszillieren. Wird ein Interferenzexperiment mit einer OWD gleich der Resonatorlänge durchgeführt, ist nahezu keine Kohärenz vorhanden. Die Kohärenzlänge dieser Laserstrahlung ist viel kleiner als die Länge des Resonators.

Das räumliche Kohärenzgebiet eines Einmoden-Lasers entspricht dem Bündelquerschnitt. Ein Doppelspaltexperiment wird Interferenzen mit hohem Kontrast liefern.

Oszilliert der Laser in mehr als einer Transversalmode, wird die räumliche Kohärenz drastisch reduziert. Im allgemeinen schwingen die höheren Transversalmoden mit Frequenzen, die sich von der Frequenz der $\mathrm{TEM}_{00}$-Mode etwas unterscheiden. Zum Beispiel unterscheidet sich in der konfokalen Geometrie die Frequenz der *ungeradzahligen Moden* $\mathrm{TEM}_{10}$, $\mathrm{TEM}_{20}$, $\mathrm{TEM}_{30}$ usw. um ungefähr $c/4d$ von der $\mathrm{TEM}_{00}$-Mode und anderen *geraden Moden*. Andere Effekte bewirken, daß sich die Frequenzdifferenz zwischen benachbarten Longitudinalmoden vom Nominalwert $c/2d$ unterscheidet. Deswegen können wir jede longitudinale oder transversale Mode mit einem unterschiedlichen Satz strahlender Atome in Verbindung bringen. Die Moden sind aus diesem Grunde zueinander inkohärent.

Im Ergebnis zeigt sich, daß ein Laser, der in vielen transversalen Moden oszilliert, etwa die räumliche Kohärenz einer thermischen Lichtquelle aufweist. Diese Aussage gilt überraschenderweise bereits für das gleichzeitige Auftreten der beiden niedrigsten Moden $\mathrm{TEM}_{00}$ und $\mathrm{TEM}_{10}$ und unterstreicht die Bedeutung des Einmoden-Betriebs. Abbildung 8.12 zeigt den räumlichen Kohärenzgrad der Strahlung eines He-Ne-Lasers, bei dem eine unterschiedliche Anzahl transversaler Moden anschwingt. Der Betrag des räumlichen Kohärenzgrads ist dabei definiert als die Sichtbarkeit der Interferenzstreifen in einem Doppelspaltexperiment [vgl. (6.11)]. Der Bündeldurchmesser $2w$ beträgt einige mm. Nur im Falle des Einmoden-Betriebs unterscheidet sich die Kohärenz des Bündels deutlich von der Kohärenz, die für eine entsprechende thermische Quelle berechnet wurde.

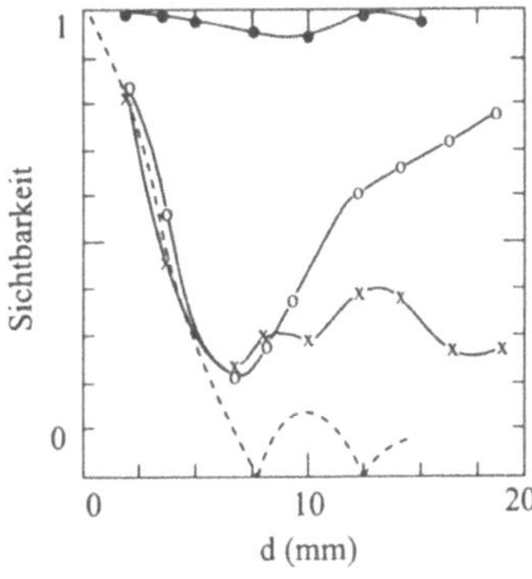


**Abb. 8.12.** Der Betrag des räumlichen Kohärenzgrads oder die Sichtbarkeit der Interferenzstreifen bei einem Gaslaser. (•) $TEM_{00}$-Mode, (∘) Zweimoden-Betrieb, (×) Multimode-Laser (Die *gestrichelte Linie* zeigt den für eine entsprechende thermische Quelle berechneten Kohärenzgrad.) [Nach Young et al., Opt. Comm. **2**, 253 (1970)]

## 8.4 Spezielle Lasersysteme

### 8.4.1 Der Rubin-Laser

Bei den ersten Rubin-Lasern wurde eine *Xenon-Blitzlampe* in einer schraubenförmigen Konfiguration benutzt, wobei der Rubinstab entlang der Schraubenachse angeordnet war. Die Endflächen des Stabes waren parallel zueinander, poliert und mit Gold beschichtet. Eine der Schichten war dünn genug, um eine teilweise Transmission der Laserstrahlung zu ermöglichen und diente als Auskoppelspiegel.

Heutzutage besitzt die Mehrzahl der Impulslaser externe Spiegel. Der Stab selbst trägt an seinen Enden Antireflexschichten (oder die Endflächen sind unter dem Brewsterwinkel geschnitten, für den eine Polarisationsrichtung nahezu den Reflexionsgrad 0 hat). Eine gerade Blitzlampe befindet sich dicht neben dem Stab. Der Stab und die Lampe sind so angeordnet, daß sie sich in den Brennlinien eines langen, gut polierten *elliptischen Zylinders* befinden. Damit wird gesichert, daß nahezu das gesamte von der Blitzlampe emittierte Licht in den Stab fokussiert wird. Schließlich sind dielektrische Spiegel auf justierbaren Halterungen außerhalb des Gehäuses für Stab und Blitzlampe angebracht.

Rubin besteht aus *Aluminiumoxid* ($Al_2O_3$) mit einer geringen Konzentration von *Chromoxid* ($Cr_2O_3$). (Reines $Al_2O_3$ wird als *Saphir* bezeichnet.) Laserstäbe bestehen aus Rubineinkristallen, die ungefähr 0,03% (Masseprozent) Chromoxid enthalten. Viele der $Cr^{3+}$ Ionen besetzen Plätze, die normalerweise für $Al^{3+}$ Ionen vorgesehen sind. Diese $Cr^{3+}$ Ionen sind verantwortlich für die Emission von Licht im Kristall. Die relevanten Energieniveaus des Rubins (genauer gesagt dieser Ionen) sind in Abb. 8.4 dargestellt. Der Laserprozeß findet beim Übergang vom Niveau 2 auf das Niveau 1 statt. Die Übergangsenergie beträgt ca. 1,8 eV. Dies entspricht einer Wellenlänge von 694 nm.

Die Abb. 8.13 beschreibt stark vereinfacht den Zeitverlauf des Laserausgangssignals. Ein großer Hochspannungskondensator wird über die Blitzlampe entladen. In Abhängigkeit von der entsprechenden elektrischen Schaltung liefert die Lampe daher einen Lichtblitz mit einer Dauer von 0,1 bis 10 ms. Dieser Sachverhalt ist in der oberen Kurve dargestellt.

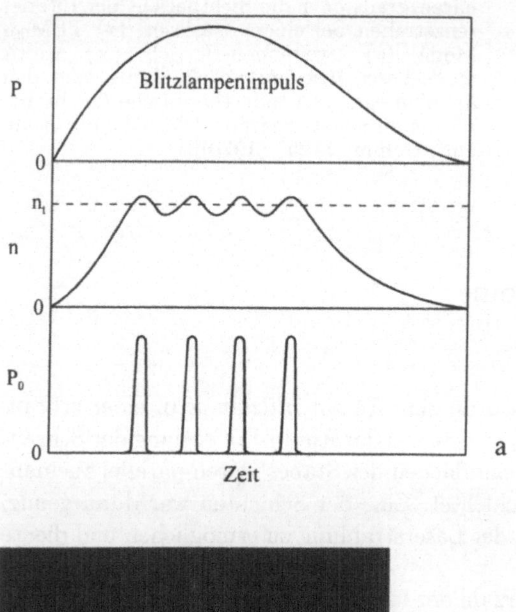


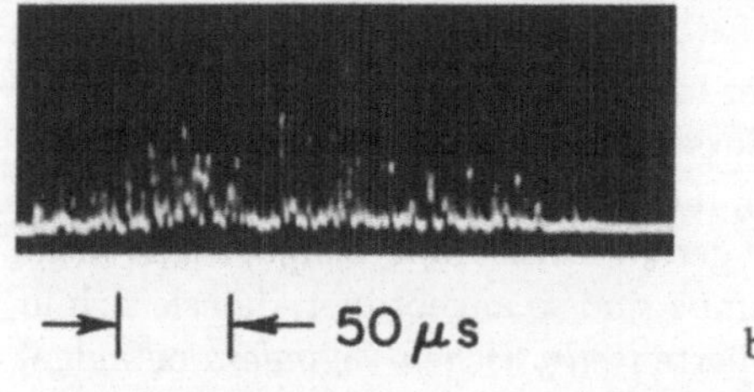


**Abb. 8.13.** (a) Ausgangssignal eines Rubin-Impulslasers, (b) Auftreten von Impulsspitzen (Spikes) im Ausgangssignal

Die mittlere Kurve in der Abb. 8.13 zeigt die Entwicklung der normierten Besetzungsinversion $n$. $n$ wächst an, bis die *Inversionsschwelle* $n_t$ erreicht ist. Die Inversionsschwelle ist die Besetzungsinversion, die notwendig ist, um eine Nettoverstärkung zu erreichen. Wenn $n$ den Wert $n_t$ erreicht, wird die Leistungsdichte im Resonator so groß, daß eine riesige Zahl von stimulierten Emissionen $n$ unter $n_t$ absinken läßt. Der Laser erzeugt somit einen kurzen Impuls, wie es in der unteren Kurve dargestellt ist. Da die Blitzlampe allerdings noch weiter leuchtet, erreicht $n$ wieder den Wert $n_t$, und der Prozeß beginnt von neuem.

Das Ausgangssignal eines Rubinlasers ist somit eine irreguläre Folge von Pulsen. (Die Irregularität steht im Zusammenhang mit der Multimodenoszillation.) Typischerweise kann der Kondensatorblock 2000 J bei einer Spannung von 2000 V speichern. Ein solcher Laser kann 2 J oder mehr während eines Blitzlampenimpulses emittieren. Beträgt die Impulslänge dabei 1 ms, entspricht dies einer mittleren Leistung von einigen Kilowatt. Die Impulsspitzen (Spikes) haben eine Dauer von einigen Mikrosekunden, und die *Spitzenleistung* beträgt deshalb einige zehn oder hundert Kilowatt. Das Laserausgangssignal ist im allgemeinen mehrmodig sowohl in Bezug auf die longitudinalen als auch auf die transversalen Moden.

Der Rubin-Impulslaser wurde erfolgreich für das präzise Schweißen und Bohren von Metallen, für das Bohren von Industriediamanten, zur Behandlung von Netzhautablösungen in der Ophthalmologie, in der Holographie und der Photographie bewegter Objekte eingesetzt. Inzwischen wurde er allerdings in den meisten Anwendungsgebieten durch andere Laser abgelöst.

Der Rubinlaser wird zur Erzielung einer hohen Spitzenleistung oft *gütegeschaltet*. Wenn alle Parameter geeignet eingestellt sind, dann wird nur ein einzelner Impuls emittiert. Dieser Impuls kann eine Spitzenleistung bis zu 100 MW und eine Impulsdauer von 10–20 ns haben. Dieser Impuls kann nochmals verstärkt werden, indem das Licht durch einen zweiten Rubinstab läuft, der keine externen Reflektoren besitzt und der mit dem Laser synchron gepumpt wird. Der Laser bzw. der Verstärker können beschädigt oder sogar zerstört werden, wenn die Leistungsdichte 200 MW/cm$^2$ überschreitet.

Eine Güteschaltung kann auf drei verschiedenen Wegen erreicht werden. Der Endspiegel kann so schnell gedreht werden, daß er nur kurzzeitig parallel zum Auskoppelspiegel ausgerichtet ist. Wenn wir den Spiegel mit einem Synchronmotor antreiben oder seine Position auf andere Art und Weise bestimmen, können wir die Blitzlampe so betreiben, daß sie genau dann zündet, wenn der Spiegel exakt ausgerichtet ist und $n$ seinen Maximalwert annimmt. Der Laser emittiert einen Riesenimpuls. Danach ist der Spiegel nicht mehr exakt ausgerichtet.

Andere Methoden der Güteschaltung benutzen *elektrooptische* (z.B. Kerr- oder Pockelszellen) oder *akustooptische Schalter*, die sich zwischen dem Laserkristall und einem der Spiegel befinden. In jedem Fall wird der Schalter so lange geschlossen, bis $n$ seinen Maximalwert erreicht hat. Der Schalter ist mit der Blitzlampe synchronisiert, damit er zum richtigen Zeitpunkt öffnet.

Weiterhin kann ein *passiver Schalter* verwendet werden, der aus einer Küvette mit einem *sättigbaren Farbstoff* besteht. Sättigbare Farbstoffe besitzen ein Energieniveauschema ähnlich dem in Abb. 8.4 dargestellten. Wir wählen einen Farbstoff aus, für den die mit $h\nu_p$ bezeichnete Energiedifferenz der des Laserübergangs mit $h\nu$ entspricht. Die Konzentration des Farbstoffs stellen wir so ein, daß die Oszillation gerade noch ablaufen kann, wenn sich die Farbstoffküvette im Resonator befindet. Der Laser pumpt dann die Farbstoffmoleküle in das Niveau 2, wo sie eine kurze Zeit bleiben. Bei einer nur kleinen Anzahl von Molekülen im Niveau 1 ist der Farbstoff relativ transparent für das Laserlicht, und es kann eine Güteschaltung erreicht werden. Diese sehr einfache und elegante Methode der Güteschaltung kann auch zur Selektion einer einzelnen longitudinalen Mode genutzt werden, wie es für viele wissenschaftliche Zwecke wünschenswert ist.

### 8.4.2 Der Neodym-Laser

Neodym ist ein anderes Lasermaterial, das optisch gepumpt werden kann, und gleichzeitig ein Beispiel für einen Laser, der, wie in Abb. 8.14 dargestellt, auf einem *Vier-Niveau-System* beruht. In einem solchen Laser befindet sich das untere Niveau weit oberhalb des Grundzustandes des Systems und ist in der Regel unbesetzt. Damit ist $n_1 = 0$, und die normierte Besetzungsinversion $n$ ist gleich $n_2$.

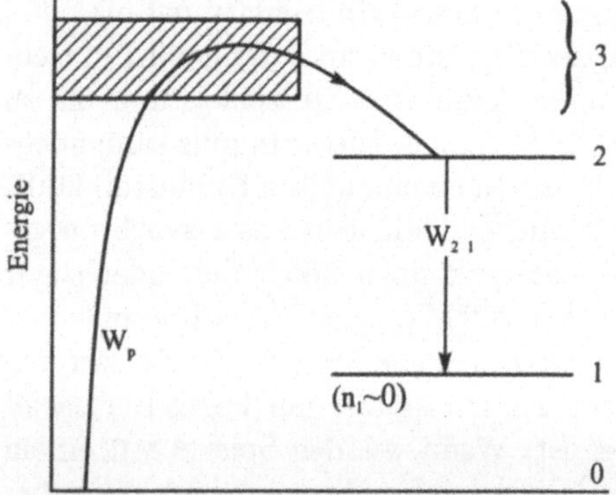


**Abb. 8.14.** Der Vier-Niveau-Laser

Jede Besetzung im zweiten Niveau erzeugt somit eine Inversion mit $n > 0$. Da bei einem Vier-Niveau-Laser das Pumpen von $n = -1$ auf $n = 0$ zur Erzielung einer Verstärkung nicht mehr notwendig ist, ist der Wirkungsgrad eines solchen Lasers höher als der eines Drei-Niveau-Lasers. Wenn sich der Übergang vom Niveau 1 auf das Niveau 0 schnell genug vollzieht, gilt unter allen Bedingungen $n_1 = 0$, und der Laser absorbiert das Laserlicht selbst nicht.

Die aktiven $Nd^{3+}$-Ionen können in verschiedene Wirtsmaterialien, insbesondere in bestimmte Gläser und in einen als YAG (Yttrium-Aluminium-Granat) bekannten Kristall eingelagert werden. Das $Nd^{3+}$-Ion umgibt sich selbst mit verschiedenen Sauerstoffatomen, die es weitgehend von seiner Umgebung abschirmen. Deswegen oszillieren Nd:Glas-Laser und Nd:YAG-Laser auf fast der gleichen Frequenz. Das Ausgangssignal liegt im nahen Infrarot bei $1,06\,\mu$m.

Meist werden Nd:YAG-Laser im *quasikontinuierlichen Betrieb* eingesetzt, d.h. mit einer großen Pulswiederholrate betrieben. Die Spitzenausgangsleistung liegt in der Größenordnung einiger Kilowatt. Andererseits werden Nd:Glas-Laser ähnlich wie Rubinlaser normalerweise im Einzelimpulsbetrieb eingesetzt. Der Glas-Laser kann mit und ohne Güteschaltung betrieben werden und weist eine hohe Zerstörungsschwelle gegenüber großen Leistungsdichten auf. Das ist hauptsächlich darauf zurückzuführen, daß Gläser im Gegensatz zu Kristallen ohne innere Spannungen hergestellt werden können. Nd:Glas ist auch frei von mikroskopisch kleinen Metallteilchen und $Cr_2O_3$, das den Rubin charakterisiert. Außerdem absorbiert das Glas, unabhängig davon, ob das Material gepumpt wird oder nicht, keine Laserstrahlung, da das untere Laserniveau nicht dem Grundzustand entspricht. Weiterhin können qualitativ hochwertige Glas-Laserstäbe mit fast beliebigen Durchmessern hergestellt werden, um hohe Leistungen bei niedrigen Leistungsdichten zu realisieren. Dazu kann der Nd:Glas-Laser noch mit einem oder mehreren Verstärkern kombiniert werden.

Die Fluoreszenzlinienbreite eines Nd:Glas-Lasers ist ziemlich groß, und aus diesem Grunde arbeitet ein solcher Laser selten oder nie in einer einzelnen longitudinalen Mode. Der gütegeschaltete Glas-Laser wird oft im *modensynchronisierten Betrieb* genutzt. Dabei emittiert er einen Pulszug, wobei jeder Impuls eine Dauer von ca. 10 ps besitzt. Nd:YAG kann ebenso im modensynchronisierten Betrieb arbeiten, allerdings sind die Impulse dabei 5 – 10 mal länger. Ein einzelner dieser Impulse kann durch eine elektrooptische Schaltungstechnik isoliert und durch verschiedene Verstärkerstufen geschickt werden. Impulse mit einer Spitzenleistung von über $10^6$ MW konnten auf diesem Weg erzeugt werden. Angewendet werden sie z.B. in den Laserfusions-Programmen und in der Fluoreszenzspektroskopie.

Ein modensynchronisierter Laser kann einen schwachen sättigbaren Farbstoff im Resonator enthalten. Wenn ein kurzer Impuls durch diesen Farbstoff hindurchgeht, kann der Farbstoff ausbleichen und so der Impuls nahezu unbeeinflußt hindurchgehen. Wir nehmen an, daß dieser ausgeblichene Schalter nach einer kurzen Zeit, die klein gegenüber der Umlaufzeit $t_1$ des Lasers sein soll, wieder schließt. Eine Laseroszillation, die einen intensiven, kurzen Impuls enthält, erfährt daher nur geringe Verluste. Verglichen damit wird eine Oszillation mit langen Impulsen und einer niedrigeren Leistung beträchtliche Verluste erleiden, da der Schalter schnell geschlossen wird. Auf diese Weise können Bedingungen angegeben werden, unter denen kurze Impulse entstehen. Die Verhältnisse hier sind identisch mit denen im früher beschriebenen modensynchronisierten Laser.

Da die Gesamtenergie in einem modensynchronisierten Pulszug ungefähr gleich der Energie in einem längeren Einzelimpuls ist, ist die Spitzenleistung in einem solchen Pulszug viel größer als die Spitzenleistung eines konventionellen gütegeschalteten Lasers.

Schließlich kann der Nd:YAG-Laser für cw-Anwendungen mit geringen Leistungen mit einem Halbleiterlaserdiodenarray (Abschn. 8.4.8) gepumpt werden. Die Frequenzverdopplung (Abschn. 9.3.1) dieses Lasers liefert eine nützliche grüne Lichtquelle mit der Wellenlänge von 532 nm. Tatsächlich zeigt der diodengepumpte Nd:YAG-Laser eine bessere Stabilität als ein He-Ne-Laser, der Intensitätsschwankungen bedingt durch die Instabilität der Gasentladung zeigt.

### 8.4.3 Der Farbstofflaser

Eine andere wichtige Klasse optisch gepumpter Laser sind die *Farbstofflaser*. Das aktive Medium ist dabei ein in einer geeigneten Flüssigkeit gelöster organischer Farbstoff. Die Farbstoffmoleküle werden durch Drei-Niveau-Systeme, wie in Abb. 8.15 dargestellt, beschrieben. Die Energieniveaus sind als *Bänder* dargestellt, die sich aus den Schwingungsenergien der Farbstoffmoleküle ergeben. Die Breite der Bänder ist die Ursache für ein breites Fluoreszenzspektrum und ermöglicht somit die Realisierung von durchstimmbaren Lasern. Leider besitzt das Niveau 2 nur eine Lebensdauer in der Größenordnung von Mikrosekunden. Deshalb ist für die Erzielung einer Besetzungsinversion eine sehr große Pumpleistung notwendig.

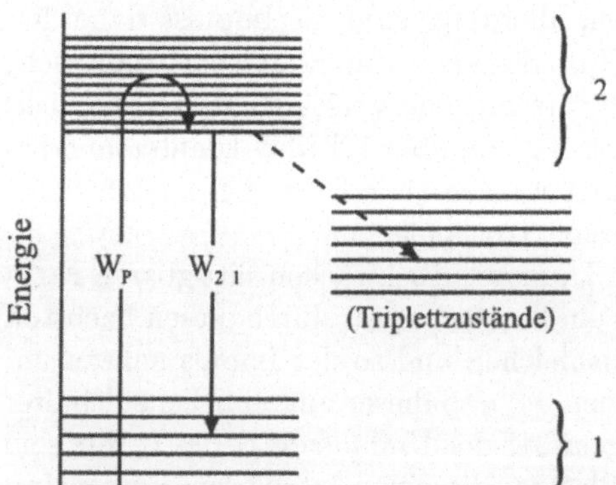


**Abb. 8.15.** Der Farbstofflaser

Zusätzlich besitzen organische Farbstoffe ein als *Triplettzustand* bezeichnetes weiteres Niveau. Dieser Triplettzustand trägt nicht zum Laserprozeß bei. Moleküle im Niveau 2 gehen nach ca. 1 µs in den Triplettzustand über. Da das Triplettniveau sehr langlebig ist, kehren die Moleküle nicht so bald in den Grundzustand 1 zurück. Der Laserprozeß kommt daher dann zum Erliegen, wenn sich ein signifikanter Anteil der Moleküle im Triplettzustand befindet.

Um den Einfluß des Triplettzustandes zu verringern, werden bei blitzlampengepumpten Farbstofflasern spezielle Kondensatoren mit niedrigen Induktivitäten oder auch speziell konstruierte Blitzlampen verwendet. Diese erlauben die Entladung des Kondensators über die Blitzlampen in wenigen

Mikrosekunden oder schneller. Der Laserprozeß im Farbstoff kann damit effektiver ablaufen, bevor die Moleküle in den Triplettzustand übergehen. Außerdem kann der Farbstoff vom Triplett- auf den Grundzustand durch spezielle Zusätze, die als Triplettlöscher wirken, zurückgebracht werden.

Andere Farbstofflaser werden kontinuierlich mit einem Argon-Ionen-Laser gepumpt. Der Triplettzustand ist allerdings auch hier ein Problem. Normalerweise wird es umgangen, indem die Farbstofflösung durch den Resonator hindurchfließt. Wenn das aktive Volumen klein genug und die Durchflußrate groß genug sind, werden die Moleküle aus dem Resonator entfernt, bevor ein merklicher Teil von ihnen in den Triplettzustand übergegangen ist.

Ungeachtet dieser Schwierigkeiten sind Farbstofflaser hauptsächlich wegen ihrer Durchstimmbarkeit von großer Bedeutung. Jeder Farbstoff besitzt ein breites Fluoreszenzspektrum, und der Laser kann über dieses Spektrum einfach mit Hilfe eines im Resonator befindlichen Gitters oder Prismas durchgestimmt werden. Außerdem ermöglicht die große Anzahl von verfügbaren Farbstoffen die Erzeugung kohärenter Strahlung auf allen Wellenlängen des sichtbaren Spektrums. Mit modensynchronisierten Farbstofflasern, die mit Argon-Ionen-Lasern gepumpt werden, können Impulse mit einer Dauer unterhalb 1 ps erzeugt werden. Diese Laser sind ebenso nützlich für Untersuchungen in der optischen Kommunikationstechnik, an Detektoren wie auch in der Photochemie und für schnell ablaufende physikalische Vorgänge.

Der *Ti:Saphir-Laser* ist ein durch einen Argon-Ionen-Laser gepumpter Festkörperlaser. Sein breites Fluoreszenzspektrum von 680–1100 nm und die Vorteile der Festkörperlaser lassen ihn als einen nützlichen Ersatz für viele Farbstofflaser erscheinen. Ti:Saphir-Laser können ebenfalls zur Erreichung von Impulsdauern kleiner als 1 ps modensynchronisiert betrieben werden.

### 8.4.4 Der He-Ne-Laser

Der Helium-Neon-Laser ist kein optisch, sondern ein elektrisch gepumpter Laser. Das aktive Medium besteht aus einem Gasgemisch aus ca. 5 Teilen Helium und 1 Teil Neon bei einem Druck von 400 Pa. Zum Pumpen wird eine Glimmentladung in der Röhre genutzt. Das Helium wird durch Elektronenstöße auf ein bestimmtes Niveau angeregt. Die Energie wird sehr schnell auf ein neutrales Neonatom, das ein Energieniveau knapp unter dem des Heliumatoms besitzt, übertragen. Das ist das obere Laserniveau. Der wichtigste Laserübergang findet bei 633 nm statt.

Obwohl der He-Ne-Laser nicht optisch gepumpt wird, kann sein Verhalten unterhalb der Schwelle auch durch *Bilanzgleichungen* (Abschn. 8.2.1) beschrieben werden. Im Falle des Rubinlasers konnten wir sehr starke Fluktuationen (Spikes) im Ausgangssignal beobachten. Das wurde auf Oszillationen der normierten Besetzungsinversion $n$ oberhalb des Schwellwertes $n_t$ zurückgeführt. In einem He-Ne-Laser erfährt $n$ keine solche Oszillationen, sondern nimmt exakt den Wert $n_t$ an. Deshalb ist das Ausgangssignal eines He-Ne-Lasers kontinuierlich und stabil.

He-Ne-Laser werden kontinuierlich gepumpt, normalerweise mit einer Gleichspannungsquelle. Typischerweise emittieren sie eine Leistung im Bereich von 0,3 bis 50 mW in der $TEM_{00}$-Mode. Die spektrale Breite $\Delta\nu$ der 633 nm-Linie beträgt ca. 1500 MHz. Die Verstärkung in einer Laserröhre kann über eine Bandbreite von mehr als 1000 MHz den Wert 1 übersteigen (Abb. 8.8). Die Länge der üblichen He-Ne-Laserresonatoren ist so bemessen, daß das Ausgangssignal nur eine oder zwei Moden besitzt. Das hängt von der exakten Länge des Resonators ab. Wenn sich die Länge des Laserresonators auf Grund thermischer Ausdehnung gering ändert, bleibt das Laserausgangssignal auf ca. 1% konstant.

Viele He-Ne-Laser benutzen hemisphärische Resonatoren mit Spiegeln außerhalb der Plasmaröhre. Die Verstärkung des Lasers ist extrem gering. Um Reflexionsverluste zu vermeiden, werden *Brewster-Fenster* eingesetzt. Trotzdem muß der Auskoppelspiegel bei einer 15–20 cm langen Plasmaröhre eine Reflektivität von über 99% haben. Wegen des Brewsterfensters ist das Ausgangssignal eines solchen Lasers so polarisiert, daß der elektrische Feldvektor in der Ebene liegt, die die Achse des Lasers und die Normale des Brewsterfensters enthält.

Andere He-Ne-Laser, insbesondere billige Modelle, werden so hergestellt, daß die Laserspiegel direkt auf der Laserröhre befestigt werden. Wegen des Fehlens eines Brewsterfensters enthalten diese Laser kein polarisierendes Element und werden deshalb oft als unpolarisiert bezeichnet. Tatsächlich können unterschiedliche Moden auch unterschiedlich polarisiert sein. Das heißt, wenn z.B. eine Mode mit einer geradzahligen Modenzahl $m$ in (8.40) horizontal polarisiert ist, dann sind die Moden mit einer ungeraden Zahl $m \pm 1$ vertikal polarisiert. Wenn der Laser im allgemeinen auf zwei longitudinalen Moden oszilliert, deren Leistungen sich mit der Resonatorlänge ändern, dann ist die Polarisation des Ausgangsbündels nicht konstant, sondern schwankt zwischen horizontal und vertikal, je nachdem, ob die Verstärkung der geradzahligen oder der ungeradzahligen Mode überwiegt. Der einzige Weg, um ein stationäres, polarisiertes Ausgangssignal mit einem solchen Laser zu erhalten, ist der Einbau eines Polarisators. Allerdings verringert sich dadurch die Ausgangsleistung auf die Hälfte.

Andererseits verlangt ein Einmoden-Laser eine genaue Temperatur- oder Längenregelung, damit die Resonatormode exakt mit dem Zentrum der Verstärkerkurve übereinstimmt. Ansonsten ändert sich die Ausgangsleistung sehr stark, weil eine Änderung der Resonatorlänge wegen der damit verbundenen Verschiebung der Resonanzfrequenz die Verstärkung reduziert.

### 8.4.5 Ionenlaser

Der *Argon-Ionen-Laser* kann verschiedene Wellenlängen im blauen und grünen Bereich des sichtbaren Spektrums emittieren. Die wichtigen Übergänge finden zwischen den Energieniveaus des $Ar^+$-Spektrums statt. Eine Bogenentladung mit hohen Strömen erzeugt genügend einfach ionisierte Argonatome, um die geforderte Verstärkung zu erreichen. Ein naher Verwandter des Argonlasers ist der *Krypton-Ionen-Laser*, der neben anderen eine starke rote Linie liefert.

Auf Grund der zur Ionisaton der Atome und zum Anheben der Ionen in einen angeregten Zustand benötigten Energien sind die Wirkungsgrade aller auf Bogenentladungen beruhenden Laser sehr niedrig. Wenn allerdings erst einmal eine Besetzungsinversion erreicht ist, besitzen diese Laser eine sehr hohe Verstärkung und ermöglichen einen kontinuierlichen Betrieb mit Ausgangsleistungen bis zu mehreren Watt.

Die wichtigste Argonlaserlinie hat eine Wellenlänge von 514,5 nm. Andere Linien können durch die Drehung eines Prismas oder Gitters innerhalb des Resonators ausgewählt werden. Der Laser oszilliert auf allen Linien gleichzeitig, wenn ein Breitbandreflektor benutzt und das Gitter entfernt wird. Der Kryptonlaser kann so betrieben werden, daß er fast weißes Licht abstrahlt, wenn er auf verschiedenen Linien im sichtbaren Spektrum gleichzeitig läuft.

So wie ein Nd:Glas-Laser kann auch ein Argonlaser zur Erzeugung kurzer Impulse mit hohen Leistungen modensynchronisiert werden. Die Modensynchronisation in einem Argonlaser wird üblicherweise durch einen Verlustmodulator innerhalb des Resonators an Stelle des sättigbaren Absorbers erreicht. Dieser Modulator ist ein Gerät entweder auf akustooptischer oder elektrooptischer Basis, das die Gesamtverstärkung des Resonators durch das Einbringen eines zeitlich veränderlichen Verlustes periodisch ändert. Dieser Verlust hat im allgemeinen einen zeitlich $\sin^2$-förmigen Verlauf, und die Frequenz entspricht der Frequenzdifferenz zwischen den benachbarten Longitudinalmoden oder $c/2d$.

Genau wie bei der passiven Modensynchronisation eines Nd:Glas-Lasers kann die Modensynchronisation eines Argonlasers am einfachsten verstanden werden, wenn man das Bild eines sich im Resonator entwickelnden Impulses (an Stelle von Longitudinalmoden des Resonators) benutzt. Zu Beginn betrachtet man einen sich im Resonator ausbildenden kurzen Impuls, der dann durch den Verlustmodulator hindurchläuft, wenn dessen Verlust gleich 0 ist. (Dieser Impuls kann eine kleine Fluktuation während der spontanen Emission sein, die vor dem Beginn des eigentlichen Laserprozesses stattfindet.) Die Gesamtumlaufzeit im Resonator ist $2d/c$. Nach diesem Zeitintervall hat der Verlustmodulator eine Periode durchlaufen, und der Verlust ist erneut gleich 0. Der Impuls geht jetzt ebenfalls mit relativ geringen Verlusten hindurch. Alle anderen kleinen Fluktuationen treten zu anderen Zeiten auf und müssen den Modulator passieren, wenn dessen Verluste vergleichsweise hoch sind. Somit wird der erste kleine Impuls, der durch den Verlustmodulator zum richtigen Zeitpunkt hindurchgeht, verstärkt und erzeugt ein modengekoppeltes Ausgangssignal, wie wir es bereits an früherer Stelle diskutiert haben.

### 8.4.6 Der $CO_2$-Laser

Der $CO_2$-Laser oszilliert im Infraroten bei einer Wellenlänge von 10, 6 μm. Der wichtige Übergang findet zwischen den Schwingungsenergieniveaus der $CO_2$-Moleküle statt. $CO_2$-Laser arbeiten kontinuierlich, im Impulsbetrieb oder gütegeschaltet. Selbst ein kleiner, kontinuierlich arbeitender $CO_2$-Laser ist in der Lage, Leistungen von einigen hundert Milliwatt zu emittieren und damit Materialien in kurzer Zeit bis zur Rotglut zu erhitzen. (Da das Bündel abgeschirmt werden muß, ist es wichtig, Materialien zu benutzen, die keine gefährlichen Verunreinigungen, wie z.B. Beryllium, in die Luft abgeben.) $CO_2$-Laser werden heute für das Schneiden von Metallen und Geweben sowie beim Schweißen von Metallen verwendet.

Die elektrische Entladung, durch die die meisten Gaslaser angeregt werden, ist eine Glimmentladung oder ein Lichtbogen, der durch eine Kathode und eine Anode an den Enden einer langen dünnen Plasma- oder Entladungsröhre erzeugt wird. Alle diese Laser arbeiten bei einem Gasdruck weit unterhalb des atmosphärischen Druckes. Bei einigen Lasern wird die Entladung auch durch Hochfrequenzanregung erzeugt.

Es gibt noch eine andere Klasse von Gaslasern, die als *transversalangeregte Laser unter Atmosphärendruck* (*transversely excited atmospheric-pressure lasers*) oder mit der Abkürzung *TEA-Laser* bezeichnet werden. Ein solcher TEA-Laser ist stets ein Impulslaser, und der Name drückt schon aus, daß er durch eine Bogenentladung bei Atmosphärendruck angeregt wird. Der Strom in der Bogenentladung fließt dabei unter einem rechten Winkel zur Laserachse.

Viele $CO_2$-Laser sind auch TEA-Laser. Sie benötigen nur relativ einfache Systeme zur Gasversorgung und sind deshalb billig und einfach in der Herstellung. Sie können mit hohen Pulswiederholraten betrieben werden und zeigen wie auch andere $CO_2$-Laser eine hohe Spitzenleistung oder eine hohe mittlere Leistung.

Allerdings dürfen die Gefahren für einen Anfänger, der versucht, einen solchen Laser zu bauen, nicht unterschätzt werden.

### 8.4.7 Andere Gaslaser

Ein anderes Lasersystem von wachsender Bedeutung ist der Helium-Cadmium-Laser, der im kontinuierlichen Betrieb auf einer Wellenlänge von 442 nm im Blauen arbeitet. Viele der Schwierigkeiten, die beim Verdampfen geeigneter Mengen Cadmium und beim Verhindern des Ablagerns des Metalls auf den Elektroden und den kälteren Teilen der Röhre auftraten, sind weitgehend überwunden. Der He-Cd-Laser ist relativ billig und kann mit dem He-Ne-Laser und dem Argonlaser bei Anwendungen, bei denen nur geringe Leistungen im Bereich kurzer Wellenlängen benötigt werden, konkurrieren.

Andere Gaslaser sind der Wasserdampf- und der HCN-Laser. Beides sind Laser mit geringer Leistung im fernen Infrarot. Wasserstoff- und Deuterium-

Fluoridlaser oszillieren auf verschiedenen Wellenlängen im Infraroten zwischen 3 und 5 µm. Sie werden transversal angeregt und sind als Hochleistungsquellen für Wellenlängen kürzer als 10,6 µm attraktiv. Der Stickstoff-Impulslaser ist eine Quelle mit hoher Leistung im ultravioletten Bereich des Spektrums bei 337 nm. Schließlich gibt es *Excimerlaser*, die die Halogenide der Edelgase als aktives Medium nutzen. Sie sind Impulslaser und erreichen hohe Spitzenleistungen im UV.

Mit Dutzenden anderer Materialien konnte Laserstrahlung auf hunderten von Wellenlängen nachgewiesen werden. In der Tab. 8.1 sind nur die gebräuchlichen und kommerziell verfügbaren Hauptlaserlinien angegeben.

### 8.4.8 Halbleiterlaser

Der auch unter den Bezeichnungen *Laserdiode* bekannte Halbleiterlaser ist in der optischen Kommunikationstechnik und für optische Computer von großer Bedeutung. Er ist mit den Leuchtdioden (LED) nahe verwandt, die eine wichtige Rolle für alphanumerische und andere Anzeigen, in der optischen Entfernungsmessung und bei der Kurzstreckenkommunikation spielen.

Ein Halbleiterlaser ist eine lichtemittierende Diode, bei der zwei Flächen so geschnitten oder poliert sind, daß sie eben und parallel sind. Die anderen beiden Flächen sind unbehandelt. Wegen des großen Brechungsindex des Materials besitzen die polierten Flächen einen hinreichend großen Reflexionsgrad, um eine Oszillation zu ermöglichen. Licht mit einer Wellenlänge von 840 nm wird von einer Schicht entlang des Übergangs emittiert. Auf Grund der Beugung besitzt das Bündel eine Divergenz von 5°–10°.

Ähnlich wie LED's sind Halbleiterlaser im Prinzip pn-Übergänge von Galliumarsenid, obwohl bereits kompliziertere Strukturen unter Einbeziehung von Gallium-Aluminium-Arsenid und Gallium-Aluminium-Arsenid-Phosphid entwickelt wurden. Heutzutage sind kontinuierliche, bei Zimmertemperatur arbeitende Halbleiterlaser verfügbar. Sie werden für die optische Kommunikationstechnik sowohl bei 1,3 und 1,5 µm als auch bei 840 nm eingesetzt (Abschn. 12.1).

## 8.5 Lasersicherheit

Der gefährlichste Teil bei vielen Lasern ist wahrscheinlich die Stromversorgung bzw. das Netzgerät. Außerdem ist das durch manche Laser emittierte Licht schädlich für die Augen oder sogar für die Haut. Aus diesem Grund sind einige Bemerkungen zu den Gefahren, die beim Umgang mit Lasern und anderen intensiven Lichtquellen auftreten können, notwendig.

Die Strahlung kann das Auge in Abhängigkeit von der Wellenlänge auf verschiedene Weise schädigen. Ultraviolettes Licht mit einer Wellenlänge unterhalb von 300 nm kann die Hornhaut, oder bei höheren Intensitäten auch die Haut wie bei einem Sonnenbrand schädigen. Etwas längerwelligere UV-Strahlung durchdringt die Hornhaut wenigstens teilweise und wird in der Augenlinse absorbiert. Das kann zum *Katarakt* (grauen Star), d.h. zur Trübung der Linse führen. Sichtbare und NIR-Strahlung bis zu einer Wellenlänge von ca. $1,4\,\mu$m dringt sehr gut bis zur Netzhaut durch, wo sie zu einem kleinen Fleck fokussiert wird und dadurch photochemische und thermische Schädigungen hervorrufen kann. Strahlung mit einer Wellenlänge zwischen $1,4\,\mu$m und $3\,\mu$m gelangt bis zur Linse und kann einen Katarakt hervorrufen; längerwelligere Strahlung wird bereits nahe der Oberfläche der Hornhaut absorbiert und kann hier Schädigungen hervorrufen. Selbst Mikrowellenstrahlung wurde auf Grund ihrer Eigenschaft, Gewebe zu erwärmen, verdächtigt, bei der Entstehung von Katarakten eine Rolle zu spielen.

Laserquellen werden entsprechend der Schädigungsmöglichkeiten des Auges in vier Klassen eingeteilt. Diese werden üblicherweise durch die römischen Ziffern I bis IV bezeichnet. Laser der Klasse I schädigen das Auge selbst bei direkter Bestrahlung über einen längeren Zeitraum nicht. Laser der Klasse II emittieren sichtbares Licht geringer Leistung. Sie verursachen keine Schädigung, wenn die direkte Bestrahlung nicht länger als 0,25 s dauert. Diese 0,25 s werden als die Zeit angesehen, die für einen Schutzreflex, in diesem Fall den Lidschlußreflex, erforderlich ist. Im sichtbaren und im NIR-Bereich sind Laser der Klasse II solche, die eine Leistung zwischen $1\,\mu$W und 1 mW (in Abhängigkeit von der Wellenlänge) emittieren. Innerhalb dieser Klassifikation wurden weitreichende Sicherheitsfaktoren eingebaut, allerdings sollte man selbst einen flüchtigen Blick in einen Laser der Klasse II nicht riskieren.

Laser der Klasse III sind solche, die in einer kürzeren Zeit als 0,25 s eine Schädigung hervorrufen können. Laser der Klasse IV erzeugen bereits durch eine diffuse Reflexion eine gefährliche Strahlungsleistung. Viele Laser der Klasse IV können brennbare Gegenstände entzünden, oder sie emittieren so hohe Leistungen, daß Objekte im Bündelgang verdampfen und dabei gefährliche Chemikalien (z.B. Berylliumverbindungen) frei werden. Alle Laser mit Ausnahme der zur Klasse I gehörenden müssen so beschildert sein, daß die Laserklassifizierung erkennbar ist. Zusätzlich müssen Betreiber von Laserquellen der Klassen III und IV verschiedene Sicherheitsmaßnahmen zum eigenen und zum Schutz von Unbeteiligten durchführen.

Um dieses Laserklassifikationsschema richtig einschätzen zu können, vergleichen wir die Bestrahlungsstärke auf der Netzhaut bei direktem Sonnenlicht und bei direkter Bestrahlung mit einem 1 mW He-Ne-Laser. Die Sonne wird unter einem Winkel von ca. 10 mrad gesehen und liefert auf der Erdoberfläche eine Bestrahlungsstärke von ca. $100\,\mathrm{mW}\cdot\mathrm{cm}^{-2}$. Die Brennweite des Auges ist ca. 25 mm, so daß das Bild der Sonne einen Durchmesser von $25\,\mathrm{mm} \times 10\,\mathrm{mrad}$ oder 0,25 mm hat. Bei helladaptiertem Auge ist der Pupillendurchmesser ungefähr 2 mm, und die gesamte auf die Pupille auftreffende Leistung ist ca. 3 mW. Die Bestrahlungsstärke ist gleich dieser Leistung geteilt durch die Fläche des Bildes und damit $6\,\mathrm{W}\cdot\mathrm{cm}^{-2}$. War das Auge unmit-

**Tabelle 8.1.** Wichtige Laserlinien

| aktives Medium | Wirtsmaterial | Wellenlänge | übliche Betriebsart |
|---|---|---|---|
| $Cr^{3+}$ | $Al_2O_3$ (Rubin) | 694 nm | gepulst, gütegeschaltet |
| $Nd^{3+}$ | Glas | 1,06 μm | gepulst, gütegeschaltet, modengekoppelt |
| $Nd^{3+}$ | YAG | 1,06 μm | cw, wiederholt gepulst, modengekoppelt |
| $Er^{+}$ gepumpt | Quarzfaser | 1,55 μm | mit Laserdioden |
| $Ti^{3+}$ | Saphir | 680 nm–1,1 μm | cw, modengekoppelt, Impulsbetrieb |
| Ne | He | 633 nm; 1,15, 3,39 μm | cw |
| Cd | He | 325 nm, 442 nm | cw |
| $CO_2$ | – | 10,6 μm | cw, gütegeschaltet, wiederholt gepulst |
| $Ar^{+}$ | – | 488 nm, 515 nm | cw, Impulsbetrieb, modengekoppelt |
| $Kr^{+}$ | – | 647 nm | cw, Impulsbetrieb |
| GaAs | GaAs Substrat | 840 nm | Impulsbetrieb, cw |
| GaAlAs | GaAs | 850 nm | Impulsbetrieb, cw |
| GaP | GaAs | 550–560 nm | Impulsbetrieb, cw |
| GaInAsP | InP | 0,9–1,7 μm | Impulsbetrieb, cw |
| Rhodamin 6G | Äthanol, Methanol, Wasser | 570–610 nm | kurze Impulse, cw, modengekoppelt |
| Natrium | Äthanol, Wasser | 530–560 nm | kurze Impulse, cw |
| Fluorescein | | | |
| Wasserdampf | – | 119 μm | Impulsbetrieb, cw |
| HCN | – | 337 μm | Impulsbetrieb, cw |
| HF, DF | – | 2,6–4 μm | Impulsbetrieb |
| $N_2$ | – | 337 nm; 1,05 μm | Impulsbetrieb |
| Excimer (KrCl, KrF, XeCl, XeF) | – | 222, 248, 308, 351 nm | Impulsbetrieb |
| Kupferdampf | – | 511, 518 nm | Impulsbetrieb |

telbar vor dieser Belichtung dunkeladaptiert, kann der Pupillendurchmesser bis zu 8 mm betragen. Die Bestrahlungsstärke auf der Netzhaut erreicht dann bis zu $100\,\mathrm{W} \cdot \mathrm{cm}^{-2}$.

Jetzt nehmen wir an, daß ein 1 mW-Laser mit einem Bündeldurchmesser von 2 mm (1 mm Bündelweite $w$) direkt auf das Auge gerichtet wird. Bei einer 2 mm-Pupille des Auges haben wir eine beugungsbegrenzte Abbildung. Mit einer Wellenlänge des Lasers von 633 nm ist der Radius der Bündeltaille auf der Netzhaut gleich $\lambda f'/\pi w$ oder ca. 5 µm. Die mittlere Bestrahlungsstärke innerhalb eines Kreises mit diesem Radius beträgt ca. $1\,\mathrm{kW} \cdot \mathrm{cm}^{-2}$ oder etwa das 200fache der durch die Sonne hervorgerufenen Bestrahlungsstärke. Die gesamten fokussierten Leistungen sind dabei annähernd gleich. Ob die Leistung oder die Bestrahlungsstärke die wichtige Größe ist, hängt vom Mechanismus der Schädigung ab. In jedem Fall kann das Hineinblicken in einen gewöhnlichen 1 mW He-Ne-Laser mit einem direkten Blick in die Sonne verglichen werden. Jene Menschen, die unter einer Sonnenblindheit (eclipse blindness) leiden, können bestätigen, daß nicht die volle Leistung der Sonne nötig ist, um permanente Schädigungen in einer relativ kurzen Zeit hervorzurufen.

### 8.5.1 Sonnenbrillen

Wird die Netzhaut längere Zeit einer relativ hohen Bestrahlungsstärke ausgesetzt, können Schädigungen hervorgerufen werden, egal ob das Licht kohärent oder inkohärent ist. Licht der blauen und ultravioletten Spektralbereiche kann photochemische Schädigungen bei Bestrahlungsstärken weit unterhalb der Schwelle für sichtbare Verbrennungen hervorrufen. Licht dieser Wellenlängen kann die Ursache für die altersbedingte Degeneration des gelben Flecks (*senile macular degeneration*) sein, eine Veränderung, die bei älteren Menschen zum Verlust der Sehschärfe führt.

Die Gefahr durch die kurzwellige Strahlung wächst bei einigen Sonnenbrillen, wenn diese im Mittel dunkel genug sind, um die Pupille zu öffnen, aber schädliche Wellenlängen hindurchlassen. Deshalb sollten Sonnenbrillen die Eigenschaft besitzen, daß sie Wellenlängen unterhalb von 550 nm stärker schwächen und auf keinen Fall eine große Durchlässigkeit für Wellenlängen unterhalb des sichtbaren Lichtes aufweisen. Leider zeigen einige Sonnenbrillen, unter ihnen auch einige polarisierende Sonnenbrillen, ein hohes Durchlaßvermögen gerade unterhalb 400 nm. Als Faustregel, die allerdings nicht immer unbedingt zutreffen muß, kann gelten, daß gelbe oder braune Gläser weniger kurzwellige Strahlung hindurchlassen als neutrale oder graue Gläser. [Brillen mit farbigen, insbesondere blauen Gläsern, die nicht direkt als Sonnenbrillen deklariert sind, sollten vorsichtshalber gemieden werden.]

Weiterhin gibt es Vermutungen, daß infrarotes Umgebungslicht ebenfalls schädlich für das Auge sein kann, aber das ist noch nicht in vollem Umfang nachgewiesen. Viele Sonnenbrillen zeigen im nahen IR einen großen Transmissionsgrad. Dies kann auch eine Gefährdung hervorrufen, wenn die Pupille merklich geöffnet ist. Als weitere Faustregel, die allerdings auch nicht auf alle

Fälle anwendbar ist, kann gelten, daß metallbeschichtete Sonnenbrillen Bereiche mit hohem Transmissionsgrad außerhalb des sichtbaren Bereichs des Spektrums haben.

## Aufgaben

**Aufgabe 8.1.** Angenommen, ein Drei-Niveau-Laser besitze ein zusätzliches Niveau, das das zweite Niveau teilweise entleeren kann. Geben Sie die Bilanzgleichungen unter Berücksichtigung des zusätzlichen Niveaus an.

Angenommen, der Laser wird gepulst, und das zusätzliche Niveau besitzt eine Lebensdauer, die lang verglichen mit der Impulsdauer ist. Unter der Annahme stationärer Verhältnisse soll das System der Bilanzgleichungen gelöst und gezeigt werden, daß in Anwesenheit des zusätzlichen Niveaus die Schwelle wächst und die Besetzungsinversion (und damit die Verstärkung) abnimmt.

**Aufgabe 8.2.**

a) Zeigen Sie, daß die Impulsdauer eines modengekoppelten Lasers ungefähr gleich dem Reziproken der Linienbreite $\Delta\nu$ des Laserübergangs ist.
b) Erklären Sie, warum die Impulsdauer länger als $1/\Delta\nu$ sein kann, wenn nicht alle Moden die gleiche Phase besitzen.

**Aufgabe 8.3.** Die Fokustiefe eines Gaußbündels kann definiert werden als der axiale Abstand, über den die Bündelweite kleiner als $2w_0$ bleibt.

a) Berechnen Sie die Fokustiefe auf der Grundlage dieser Definition.
b) Erklären Sie, was passiert, wenn sich die Taille eines Gaußbündels im objektseitigen Brennpunkt $F$ einer Linse befindet. Betrachten Sie dazu zwei Fälle: wenn die Bündeltaille in $F$ klein verglichen mit $f$ ist und wenn sie groß ist. [Hinweis: Berechnen Sie den Krümmungsradius des Bündels, wenn es auf die Linse trifft.]
c) Angenommen, wir versuchen ein Gaußbündel zu kollimieren, indem eine kleine Taille in den Brennpunkt $F$ gebracht wird. In welchem Bereich kann das Bündel als kollimiert betrachtet werden?

**Aufgabe 8.4.** Ein 1 mW-He-Ne-Laser bestehe aus einem hemisphärischen Resonator von 30 cm Länge. Der Bündeldurchmesser auf der Oberfläche des gekrümmten Spiegels sei 1 mm. Das austretende Bündel soll unter Verwendung eines 10× Mikroobjektivs und einer Lochblende gefiltert werden. Ermitteln Sie den Durchmesser der Lochblende.

**Aufgabe 8.5.** Berechnen Sie die ungefähre Länge eines He-Ne-Lasers, der auf einer longitudinalen Mode oszilliert, wenn deren Frequenz mit der der maximalen Verstärkung übereinstimmt, aber der auf zwei Moden oszilliert, wenn dies nicht der Fall ist. Berechnen Sie die maximale Länge eines temperaturstabilisierten Lasers, der so konzipiert ist, daß er nur exakt im Zentrum der Verstärkerkurve des Lasers in einer longitudinalen Mode oszilliert.

**Aufgabe 8.6.** Eine He-Ne-Laserresonator ist 30 cm lang. Zeigen Sie, daß der Kohärenzgrad für eine OWD von 30 cm nahezu 0 ist.

**Aufgabe 8.7.** Die höheren transversalen Moden zeigen größere Beugungsverluste als die $TEM_{00}$-Mode. Ein Laser wird deswegen also nur in einer einzelnen transversalen Mode laufen, wenn die Beugung groß genug ist. Betrachten Sie einen planparallelen Resonator, der eine kreisförmige Blende in der Nähe eines Endes besitzt. Wann spielt die Beugung eine Rolle, wenn der Durchmesser der Blende $D$ und die Länge des Resonators $d$ sind? Geben Sie ein Kriterium für die Abschätzung der Blendengröße an, die zur Erzeugung einer $TEM_{00}$-Mode notwendig ist. Wie groß ist dieser Durchmesser für $d = 1$ m und $\lambda = 1,06$ µm (Nd:YAG)?

**Aufgabe 8.8.** Wir benötigen die Kenntnis der Bündeltaille $w_0$ eines Gaußbündels im Brennpunkt eines 40× Mikroobjektivs. Das Objektiv ist gut korrigiert, und sein Eingangspupillendurchmesser $D$ ist viel größer als der Taillendurchmesser des Bündels $w = 1$ mm. Der Fleck im Brennpunkt ist zu klein, um ihn direkt zu messen. Erklären Sie detailliert, wie $w_0$ gemessen werden kann. ($\lambda f'/\pi w$ ist für diesen Zweck nicht hinreichend genau, da weder $f'$ noch $w$ genau genug bekannt sind.)

**Aufgabe 8.9.** Eine He-Ne-Laser-Resonator ist 1,5 m lang, die Wellenlänge ist $\lambda = 633$ nm, und die Fluoreszenzlinienbreite beträgt 1500 MHz. Berechnen Sie die Frequenzdifferenz $\Delta\nu$ zwischen benachbarten longitudinalen Moden. Erklären Sie, warum die Kohärenzlänge des Lasers ungefähr gleich der der inkohärenten Fluoreszenzlinie ist.

**Aufgabe 8.10.** Ein Laser könnte durch die Vibration eines der Endspiegel mit der Frequenz $c/4d$ modensynchronisiert werden. Geben Sie dafür unter Verwendung der Resonatormoden eine qualitative Erklärung.

# 9. Die elektromagnetische Theorie des Lichts und Polarisationseffekte

In diesem Kapitel behandeln wir die elektromagnetische Theorie des Lichts, die Polarisation, die Doppelbrechung, die Erzeugung von Harmonischen, die Elektro- und Akustooptik und damit verbundene Themen.

Licht besteht aus zeitlich veränderlichen elektrischen und magnetischen Feldern. Diese Felder werden durch Vektoren beschrieben, deren Richtungen immer senkrecht auf der Ausbreitungsrichtung des Lichts stehen. Liegt der elektrische Vektor $\boldsymbol{E}$ immer nur in einer Ebene, spricht man von *linear polarisiertem* Licht. Der Vektor des magnetischen Feldes $\boldsymbol{H}$ steht dann senkrecht sowohl zum elektrischen Feld als auch zur Ausbreitungsrichtung, wie in Abb. 9.1 gezeigt. Da sich die Felder zusammen ausbreiten und zwischen ihnen eine konstante Phasendifferenz von 90° besteht, ist es gewöhnlich ausreichend, die Welle entweder nur durch den elektrischen oder den magnetischen Vektor zu beschreiben. Es ist üblich, den Vektor des elektrischen Feldes zu verwenden, hauptsächlich deshalb, weil die Wechselwirkung der Materie mit dem elektrischen Feld stärker ist als mit dem magnetischen Feld. Daher wird die Welle in Abb. 9.1 als vertikal polarisiert bezeichnet, denn ihr elektrischer Feldvektor liegt in der vertikalen Ebene.

Leider ist in der klassischen Optik die *Polarisationsebene* senkrecht zum elektrischen Feld definiert. Wir beziehen uns im folgenden aber stets auf den elektrischen Feldvektor.

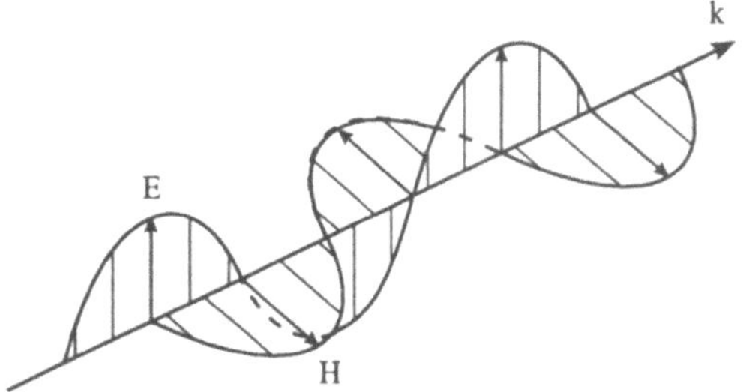


**Abb. 9.1.** Ausbreitung einer elektromagnetischen Welle im Freiraum

## 9.1 Reflexion und Brechung

### 9.1.1 Ausbreitung

Um die Reflexion, die Brechung, die Erzeugung Harmonischer und angrenzende Themen zu verstehen, ist es hilfreich, die Ausbreitung in optischen Medien zu diskutieren, deren Brechungsindex größer als 1 ist.

Der Einfachheit halber soll angenommen werden, daß sich eine linear polarisierte elektromagnetische Welle durch das Vakuum ausbreitet und auf eine Grenzschicht zu einem transparenten dielektrischen Medium trifft. Das mit der Welle verbundene elektrische Feld induziert im Material Dipole. Das induzierte Dipolmoment $\boldsymbol{P}$ pro Volumeneinheit ist

$$\boldsymbol{P} = \chi \boldsymbol{E} , \tag{9.1}$$

wobei $\chi$ die Suszeptibilität ist, eine Eigenschaft des Materials, die in den meisten praktischen Fällen eine Konstante ist.

Die Dipole oszillieren mit der gleichen Frequenz wie das Feld, haben aber nicht notwendig die gleiche Phasenlage. Aus der klassischen Elektrodynamik wissen wir, daß derart schwingende Dipole mit ihrer Oszillationsfrequenz strahlen. Daher strahlt das Material elektromagnetische Wellen ab, die die gleiche Frequenz wie das einlaufende Feld haben.

Ein Teil dieser Strahlung breitet sich zurück in das Vakuum aus und wird als reflektierte Welle bezeichnet. Licht wird immer reflektiert, wenn es auf eine Grenzschicht zwischen Medien trifft, die unterschiedliche Brechungsindizes haben.

Der verbleibende Anteil der Strahlung, die durch die induzierten Dipole emittiert wird, breitet sich in das Materialinnere aus und interferiert mit der Originalwelle. Infolge der Phasendifferenz zwischen $\boldsymbol{P}$ und $\boldsymbol{E}$ wird die Geschwindigkeit des Gesamtfeldes im Medium um einen Faktor $n$, den Brechungsindex, reduziert.

### 9.1.2 Brewster-Winkel

Die Ebene, in der die einfallende, reflektierte und gebrochene Welle liegen, wird als *Einfallsebene* bezeichnet. Betrachtet man eine Welle, die auf eine Oberfläche fällt und die so polarisiert ist, daß ihr Vektor der elektrischen Feldstärke in der Einfallsebene liegt, so gibt es in diesem Falle einen bestimmten Einfallswinkel $i_{\mathrm{B}}$, den sogenannten Brewsterwinkel, bei dem sich die reflektierte und die gebrochene Welle unter einem rechten Winkel zueinander ausbreiten (Abb. 9.2). Die reflektierte Welle wird jedoch durch die induzierten Dipole im Medium angetrieben. Oszillierende Dipole strahlen aber Energie vor allem senkrecht zu ihren Achsen ab, nicht aber parallel zu ihren Achsen. Demzufolge gibt es bei dieser Polarisation unter dem Brewster-Winkel keine reflektierte Welle.

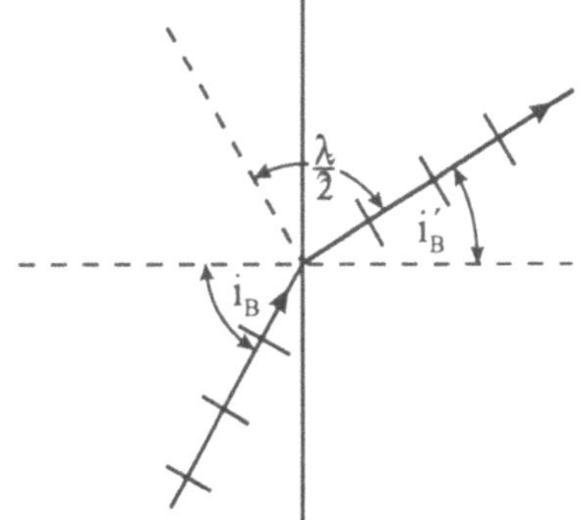


**Abb. 9.2.** Reflexion und Brechung beim Brewsterwinkel

Verwenden wir das Brechungsgesetz und die Tatsache, daß sich die reflektierte und die gebrochene Welle senkrecht zueinander ausbreiten, finden wir für den *Brewsterwinkel* $i_B$

$$i_B = \arctan n\,. \tag{9.2}$$

Für eine Grenzfläche zwischen Luft und Glas ist $i_B$ ca. 57°.

Der Brewsterwinkel ist aus mehreren Gründen wichtig. Erstens nutzen viele Laser im Inneren des Resonators *Brewsterfenster*, um die Reflexionsverluste zu verringern. Brewsterfenster sind sowohl in Lasern mit geringer Verstärkung, wie im He-Ne-Laser wichtig, da schon Verluste von wenigen Prozent die Laserwirkung vollständig verhindern können, als auch in Hochleistungslasern, bei denen Antireflexionsschichten durch das intensive Bündel zerstört werden könnten.

Wenn eine unpolarisierte Lichtwelle eine Fläche unter dem Brewsterwinkel beleuchtet, wird die gebrochene Welle partiell polarisiert sein, da der Reflexionsgrad unter dem Brewsterwinkel nur für Wellen gleich Null ist, deren $E$-Feldvektor in der Einfallsebene liegt. Wellen, deren $E$-Feldvektoren senkrecht zur Einfallsebene schwingen, besitzen an einer Glasfläche einen Reflexionsgrad von etwa 15 %. Ein Bündel, das unter dem Brewsterwinkel durch einen Satz von Glasplatten hindurchtritt, wird zu annähernd 100 % polarisiert. Der $E$-Feldvektor ist dann parallel zur Einfallsebene ausgerichtet. Polarisatoren, die derart aus einem Glasplattensatz hergestellt werden, sind für solche Laseranwendungen nützlich, bei denen andere Polarisatoren zerstört werden könnten.

### 9.1.3 Reflexion

Der Einfachheit halber soll eine linear polarisierte Welle betrachtet werden, die auf eine Luft-Glas-Schicht auftrifft. Der Brechungsindex von Luft ist annähernd 1; der Brechungsindex von Glas sei $n$ (ca. 1,5 für gewöhnliches optisches Glas). Der Anteil des reflektierten Lichts hängt vom Einfallswinkel, der Richtung des $E$-Feldvektors des einfallenden Lichts und dem Brechungsindex $n$ ab. Seine auf der elektromagnetischen Theorie beruhende Berechnung kann man in Lehrbüchern finden. Hier diskutieren wir lediglich die Ergebnisse.

Ist die einfallende Welle mit ihrem $E$-Feldvektor parallel zur Einfallsebene polarisiert, so ist der *Reflexionskoeffizient* (Verhältnis der Amplituden) gegeben durch

$$r_{||} = \frac{\tan(i - i')}{\tan(i + i')} \tag{9.3a}$$

und der *Transmissionskoeffizient* durch

$$t_{||} = \frac{2 \sin i' \cos i}{\sin(i + i') \cos(i - i')} \,. \tag{9.3b}$$

Wenn $(i + i') = \pi/2$ ist, so wird $r_{||} = 0$. Das ist das *Brewstersche Gesetz.*

Ist das einfallende Licht mit seinem $E$-Feldvektor senkrecht zur Einfallsebene polarisiert, dann wird der Reflexionskoeffizient

$$r_{\perp} = \frac{-\sin(i - i')}{\sin(i + i')} \tag{9.3c}$$

und der Transmissionskoeffizient

$$t_{\perp} = \frac{2 \sin i \cos i'}{\sin(i + i')} \,. \tag{9.3d}$$

Die vier aufgeführten Formeln sind als *Fresnelsche Formeln* bekannt.

Das negative Vorzeichen in der Gleichung für den Reflexionskoeffizienten des Lichts mit senkrecht zur Einfallsebene polarisiertem $E$-Feldvektor bedeutet eine *Phasenänderung* um $\pi$ bei der Reflexion. Der Reflexionsgrad (Verhältnis der Intensitäten) $R_{||}$ und $R_{\perp}$ für parallel und senkrecht zur Einfallsebene polarisiertes Licht wird aus den Quadraten von $r_{||}$ und $r_{\perp}$ berechnet. Abbildung 9.3 zeigt die Abhängigkeit des Reflexionsgrades vom Einfallswinkel bei Glas mit einem Brechungsindex von $n = 1,5$ . Die Darstellung zeigt deutlich die Existenz des Brewsterwinkels bei 57° und die rasche Annäherung des Reflexionsgrades auf 100 % bei streifendem Einfall ($i = \pi/2$). Für Einfallswinkel zwischen 0 und 30° ist für beide Polarisationen der Reflexionsgrad ca. 4 %. Die gestrichelte Linie zeigt den Reflexionsgrad für unpolarisiertes Licht, der den Mittelwert für die beiden durchgezogenen Kurven darstellt.

**Beispiel 9.1.** Zeigen Sie, daß der Reflexionsgrad für senkrechten Einfall für beide Polarisationsrichtungen dem Ausdruck

$$R = \frac{(n-1)^2}{(n+1)^2} \tag{9.4}$$

genügt. △

Der Transmissionsgrad $T_{||}$ und $T_{\perp}$ wird aus den Quadraten der Transmissionskoeffizienten berechnet und mit $n$ multipliziert, da die Intensität in

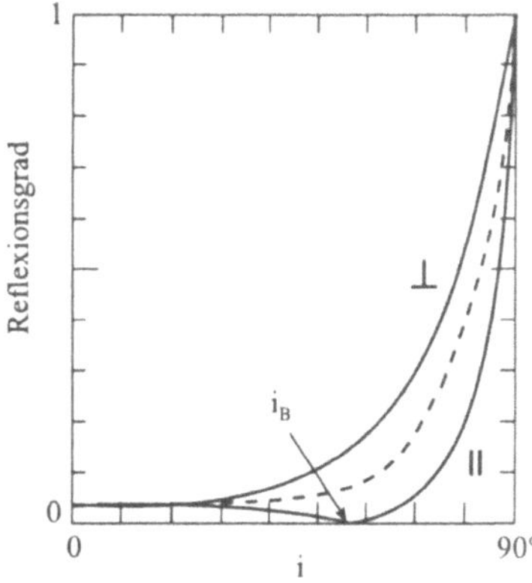


**Abb. 9.3.** Reflexionsgrad an der Oberfläche eines dielektrischen Mediums mit dem Brechungsindex 1,5

einem Medium das $n$-fache des Quadrates der elektrischen Feldstärke ist (siehe Abschn. 5.1).

Infolge der Einwirkung des zweiten Mediums auf das elektrische und magnetische Feld ist die Summe der Reflexions- und Transmissionskoeffizienten nicht gleich 1. Die Verhältnisse zwischen einfallender, reflektierter und transmittierter Amplitude müssen für die gegebenen Randbedingungen mit der elektromagnetischen Theorie berechnet werden. Aus ähnlichen Gründen ist auch die Summe der Reflexions- und Transmissionsgrade nicht gleich 1, da reale Lichtbündel endliche Querschnitte haben. Der Querschnitt des Bündels wird nach der Brechung an der Grenzfläche verändert. Demzufolge wird die Intensität (streng genommen die Bestrahlungsstärke) des Bündels im Medium in dem Maße steigen, wie sich der Querschnitt verringert (Aufgabe 9.1).

### 9.1.4 Relativer Brechungsindex

Die Fresnelschen Formeln können auch auf den Fall der Reflexion an einer Grenzschicht zwischen zwei Medien der Brechungsindizes $n$ und $n'$ angewendet werden. Definieren wir den *relativen Brechungsindex* $\mu$ als

$$\mu = \frac{n}{n'} , \tag{9.5}$$

so können wir im Brechungsgesetz $n$ durch $\mu$ ersetzen. Damit ergibt sich aus den Fresnelschen Formeln z.B. der Reflexionsgrad bei senkrechtem Einfall zu

$$R = \left(\frac{\mu - 1}{\mu + 1}\right)^2 . \tag{9.6}$$

### 9.1.5 Totalreflexion

Wir betrachten jetzt den Fall, daß sich das Licht durch eine Grenzfläche von Glas nach Luft ausbreitet, nicht von Luft ins Glas. Bei Anwendung der

Fresnelschen Formeln auf die innere Reflexion müssen lediglich $i$ und $i'$ ausgetauscht werden. Abbildung 9.4 zeigt die Abhängigkeit des Reflexionsgrades als Funktion des Einfallswinkels für Glas mit einem Brechungsindex von $n = 1{,}5$. In Kap. 2 haben wir gesehen, daß die gebrochenen Strahlen aus dem Glas nicht austreten, wenn $i$ einen kritischen Winkel $i_c$ überschreitet. Für alle Einfallswinkel zwischen $i_c$ und $\pi/2$ ist der Reflexionsgrad für beide Polarisationsrichtungen gleich 1. Wenn $i$ den Winkel $i_c$ überschreitet, sprechen wir von *Totalreflexion.*

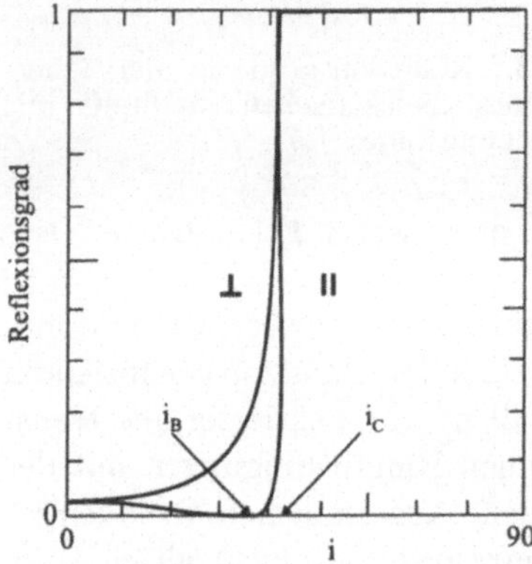


**Abb. 9.4.** Reflexion an der Grenzfläche Glas-Luft ($n = 1,5$)

Obwohl bei der Totalreflexion der Reflexionsgrad 1 ist, dringen die elektrischen und magnetischen Felder in das Material mit dem niedrigeren Brechungsindex ein. Die Feldstärke verringert sich rapide mit dem Abstand von der Grenzschicht und fällt innerhalb weniger Wellenlängen praktisch auf 0 ab.

Die Welle im Medium mit dem geringeren Brechungsindex wird auch als *evaneszente* Welle bezeichnet und ist eines der wenigen Beispiele einer longitudinalen Welle in der elektromagnetischen Theorie. Da die Welle in das Medium mit niedrigerem Brechungsindex eindringt, kann sie sich auch hinter der Grenzschicht weiter ausbreiten, wenn man eine zweite Glasoberfläche in engen Kontakt mit der ersten bringt. Dieses Phänomen wird als *frustrierte Totalreflexion* bezeichnet. Der Transmissionsgrad hängt deutlich vom Abstand zwischen den beiden Flächen ab. Für die integrierte Optik sind Spiegel mit einstellbarem Reflexionsgrad, Shutter und andere Komponenten hergestellt worden, bei denen man das Prinzip der frustrierten Totalreflexion verwendet hat.

### 9.1.6 Phasenänderung

Die elektromagnetische Theorie zeigt, daß total reflektierte Strahlenbündel nach Reflexion an der Grenzschicht eine Phasenverschiebung erfahren. Die

Größe dieser Phasenverschiebung hängt vom Einfallswinkel, dem relativen Brechungsindex $\mu$ und der Polarisation der einfallenden Welle ab. Schwingt der elektrische Feldvektor der Welle senkrecht zur Einfallsebene, wird die Phasenverschiebung $\Phi_\perp$ durch die Gleichung

$$\tan^2(\Phi_\perp/2) = \frac{\sin^2 i - (1/\mu^2)}{\cos^2 i} \tag{9.7}$$

beschrieben. Hier sind $\mu = n/n' > 1$ und $\sin i_\mathrm{c} = 1/\mu$. Schwingt der Vektor des elektrischen Feldes in der Einfallsebene, so ist die Phasenverschiebung $\Phi_\|$ gegeben durch

$$\tan(\Phi_\|/2) = (1/\mu^2)\tan(\Phi_\perp/2) \ . \tag{9.8}$$

Diese Gleichungen können mit dem komplementären Einfallswinkel $\theta$ auch in der Form

$$\tan^2(\Phi_\perp/2) = \frac{\cos^2\theta - \cos^2\theta_\mathrm{c}}{\sin^2\theta} \tag{9.9}$$

und

$$\tan(\Phi_\|/2) = (1/\mu^2)\tan(\Phi_\perp/2) \tag{9.10}$$

geschrieben werden, wobei $\theta_\mathrm{c}$ der komplementäre Winkel zum kritischen Winkel ist. Der Winkel $\theta$ variiert zwischen 0 und $\theta_\mathrm{c}$. Wenn $\theta$ den Winkel $\theta_\mathrm{c}$ überschreitet, ist $i$ kleiner als $i_\mathrm{c}$, und der einfallende Strahl wird hauptsächlich gebrochen.

Für optische Wellenleiter ist der Fall von Interesse, bei dem $\mu$ annähernd 1 ist. Der Winkel $\theta_\mathrm{c}$ ist dann so klein, daß für kleine $x$ die Näherung $\cos x \cong 1-(x^2/2)$ verwendet werden kann. Benutzen wir diese Näherung, so finden wir

$$\tan^2(\Phi_\perp/2) \cong (1/\alpha^2) - 1 \ , \tag{9.11}$$

mit

$$\alpha = \theta/\theta_\mathrm{c} \tag{9.12}$$

Da $\mu$ annähernd 1 ist, folgt $\Phi_\| \cong \Phi_\perp$. Mit der obigen Definition der normierten Variablen $\alpha$ wird die Gleichung allgemeiner anwendbar, da nun $\Phi$ nicht länger explizit von $\theta_\mathrm{c}$ abhängt.

Abbildung 9.5 zeigt die Phasenverschiebung als eine Funktion des Winkels für drei Werte von $\mu$. Der Wert 1,01 entspricht einem typischen optischen Wellenleiter, 1,5 einer Luft-Glasschicht oder Luft-Siliziumschicht, 3,6 einer Luft-Galliumarsenidschicht (Kap. 12). Auf der Abszisse ist die normierte Variable $\alpha$ aufgetragen, die zwischen 0 und 1 variiert. Ist $\alpha$ größer als 1, gibt es keine Totalreflexion mehr. Das Normieren der unabhängigen Variablen macht es möglich, eine Kurvenschar im gleichen Maßstab zu zeichnen und eine Näherung zu entwickeln, die über einen gewissen Bereich unabhängig von $\mu$ ist.

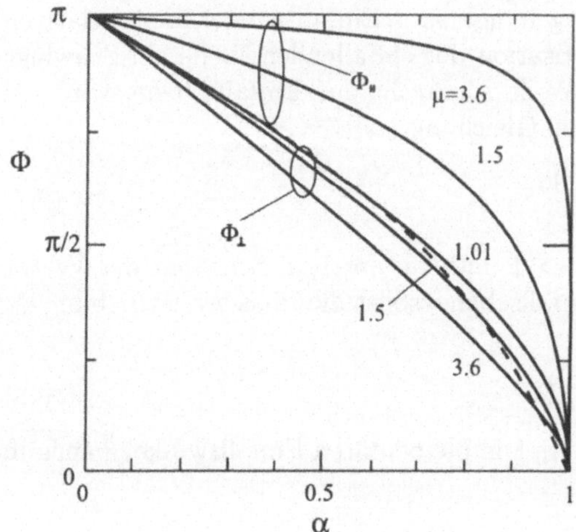


**Abb. 9.5.** Phasenverschiebung bei der Totalreflexion

Die Phasenverschiebung bei Totalreflexion ist mit der Existenz evaneszenter Wellen verknüpft. Infolge der Phasenverschiebung scheint es, als ob der Strahl geringfügig in das weniger brechende Medium eindringt, bevor er wieder austritt und reflektiert wird. Das ist so, weil die Phasenverschiebung einem Fortschreiten der Welle um einen Bruchteil einer Wellenlänge entspricht. Dieses Argument legt zu recht nahe, daß sich Energie im weniger dichten Medium ausbreitet. Obwohl sich die elektrische Feldstärke senkrecht zur Grenzschicht exponentiell vermindert und die Intensität nach einigen Wellenlängen Abstand hinter der Grenzschicht 0 ist, breitet sich Energie im zweiten Medium parallel zur Grenzschicht aus. Dieser Effekt kann in optischen Wellenleitern wichtig werden (Kap. 10–12). Die evaneszente Welle kann zur Einkopplung von Leistung in einen Wellenleiter benutzt werden oder führt andererseits zu Verlusten.

### 9.1.7 Reflexion an Metallen

Die meisten polierten Metalloberflächen besitzen einen sehr hohen Reflexionsgrad im Sichtbaren und im nahen Infrarot. Der Reflexionsgrad verringert sich zwischen 300 und 400 nm wesentlich.

Bei senkrechtem Einfall haben Silber und Aluminium einen Reflexionsgrad von mehr als 0,9 im gesamten sichtbaren Bereich. Diese Metalle verdanken ihr hohes Reflexionsvermögen der Anwesenheit freier Elektronen, die durch das einfallende Licht leicht zu Oszillationen anzuregen sind.

Die Welle dringt lediglich einige Wellenlängen tief in das Metall ein, annähernd das gesamte Licht wird reflektiert. Auf die hohen Frequenzen der UV-Strahlung können die Elektronen nicht reagieren, und die Metalle haben in diesem Wellenlängenbereich des Spektrums einen geringeren Reflexionsgrad.

Der Reflexionsgrad der Metalle variiert mit dem Einfallswinkel viel stärker als bei den Dielektrika. Für Licht, dessen $E$-Feldvektor parallel zur Einfallsebene polarisiert ist, existiert ein *Haupteinfallswinkel*, der eine Analogie zum Brewsterwinkel darstellt. Das heißt, der Reflexionsgrad besitzt beim Haupteinfallswinkel ein Minimum, wird aber nicht gleich 0. Der Reflexionsgrad erreicht für beide Polarisationsrichtungen den Wert 1, wenn sich der Einfallswinkel $\pi/2$ nähert.

## 9.2 Polarisation

Bisher wurde immer linear polarisiertes Licht behandelt. Es gibt jedoch noch andere Polarisationszustände. Betrachtet man eine Lichtwelle gemäß Abb. 9.6, so besteht sie aus zwei senkrecht zueinander linear polarisierten Wellen, die eine Phasenverschiebung $\phi$ zueinander besitzen.

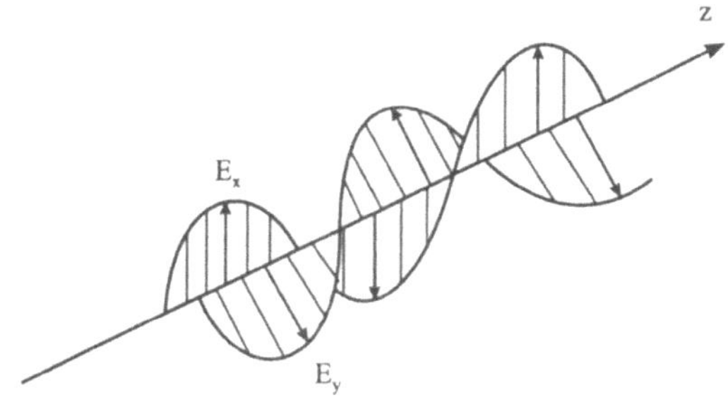


**Abb. 9.6.** Darstellung elliptisch polarisierten Lichts durch zwei linear polarisierte Komponenten, die eine Phasenverschiebung aufweisen

Das heißt, bei $z = 0$ gilt

$$E_x = A_x \mathrm{e}^{\mathrm{i}\omega t} \tag{9.13}$$

und

$$E_y = A_y \mathrm{e}^{\mathrm{i}(\omega t + \phi)} \, , \tag{9.14}$$

wobei $A_{x,y}$ die Amplituden sind. Licht, welches auf diese Art und Weise polarisiert ist, wird *elliptisch polarisiert* genannt, da in einer Ebene senkrecht zur $z$-Achse die Spitze des Vektors des elektrischen Feldes während jeder Periode der Welle eine Ellipse beschreibt. Am einfachsten ist es, elliptisch polarisiertes Licht durch eine parallel und eine senkrecht polarisierte Komponente $(A_{x,y})$ zu beschreiben, die auf eine geeignet gewählte Achse bezogen werden. Sind die Amplituden gleich und die Phasendifferenz $\phi = \pi/2$, dann wird aus der Ellipse ein Kreis, und das Licht wird *zirkular polarisiert* genannt.

Sind $A_x$ und $A_y$ gleich, die Phasendifferenz $\phi$ aber eine zufällige Variable, die sich schnell mit der Zeit ändert, so heißt das Licht *unpolarisiert*. Das meiste natürlich vorkommende Licht, wie das Sonnenlicht oder die Strahlung eines schwarzen Körpers, ist unpolarisiert oder nahezu unpolarisiert. Natürliches Licht, das spiegelnd von einer glatten Oberfläche reflektiert wird, kann infolge des unterschiedlichen Reflexionsgrades für die zwei orthogonalen Polarisationsanteile *partiell polarisiert* sein.

### 9.2.1 Doppelbrechung

Einige Kristalle sind anisotrop, das heißt, ihre physikalischen Eigenschaften, wie zum Beispiel der Brechungsindex, variieren mit der Ausbreitungsrichtung des Lichts im Kristall. Die Anisotropie wird durch die Kristallstruktur des Materials bestimmt. Im einfachsten Fall besitzt ein anisotroper Kristall eine einfache Symmetrieachse, die in der Optik als *optische Achse* bezeichnet wird. Bei Ausbreitung des Lichts in Richtung einer optischen Achse hängt der Brechungsindex nicht von der Schwingungsrichtung des $E$-Feldvektor ab. Es gibt Kristalle mit einer optischen Achse (z.B. Kalkspat, Quarz) und solche mit zwei optischen Achsen (Gips). Abbildung 9.7 zeigt einen anisotropen Kristall, dessen optische Achse zum Einfallslot unter einem bestimmten Winkel geneigt ist. Optische Achse und Einfallslot spannen eine Ebene auf, die wir als *Hauptschnitt* bezeichnen. In diesem speziellen Fall ist die Zeichenebene der Hauptschnitt. Das auf die Oberfläche des Kristalls fallende Licht soll in dieser Ebene eine schwingende Komponente des $E$-Feldvektors besitzen, die durch Striche senkrecht zur Ausbreitungsrichtung angedeutet ist. Wegen der Anisotropie des Kristalls variiert der Brechungsindex mit der Ausbreitungsrichtung.

Um das Verhalten der Welle im Kristall zu bestimmen, wollen wir im folgenden auf die Huygenssche Konstruktion zurückgreifen. Wie in Abb. 5.10 zu sehen ist, beginnt sich in jedem Punkt der Materialoberfläche eine Huygenssche Elementarwelle auszubreiten. Allerdings ist diese Welle jetzt keine sphärische Welle mehr, sondern besitzt infolge der Anisotropie des Kristalls die Form eines Rotationsellipsoids, wenn der $E$-Feldvektor im Hauptschnitt schwingt. Dieses Rotationsellipsoid ist eine Schale einer zweischaligen *Strahlenfläche.* (Die andere Schale ist eine Sphäre, die die Ausbreitung der Elementarwellen beschreibt, die zu Licht gehören, dessen $E$-Feldvektor senkrecht zum Hauptschnitt schwingt, was in Abb. 9.7 durch Punkte dargestellt ist. Aus Symmetriegründen kann man schließen, daß eine der Achsen des Rotationsellipsoids die optische Achse des Kristalls sein muß. In Abb. 9.7 ist gezeigt, daß in diesem Falle die große Halbachse die optische Achse ist. Wenn die Welle, deren $E$-Feldvektor in der Ebene des Hauptschnittes schwingt, im Kristall schneller vorankommt als die Welle, deren $E$-Feldvektor senkrecht zum Hauptschnitt schwingt, so bezeichnen wir die erstere Schwingungsrichtung als *schnelle Achse.* Kalkspat ist ein typischer Kristall, bei dem die Verhältnisse so sind. Parallel zum Hauptschnitt polarisiertes Licht eilt voraus. Bei Quarz und Glimmer ist es umgekehrt. Hier entspricht die Schwingungsrichtung der *langsamen Achse.* Schnelle und langsame Achse werden als die *festen Ach-*

*sen* des Kristalls bezeichnet und dürfen nicht mit der optischen Achse des Kristalls verwechselt werden.

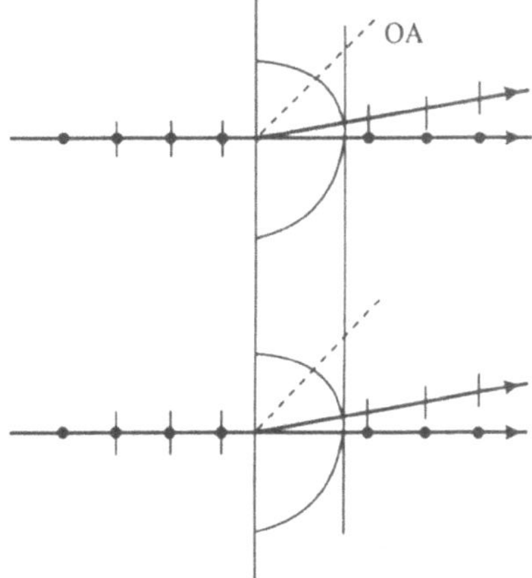


**Abb. 9.7.** Lichtausbreitung in einem doppelbrechenden Kristall

Abbildung 9.7 zeigt für parallel zum Hauptschnitt polarisiertes Licht den Schnitt der Elementarwellen mit der Zeichenebene. Zwei Elementarwellen sind dargestellt. Die sich ausbreitende Wellenfront wird durch die Tangente an beide Elementarwellen gebildet. Somit breitet sich die Welle im Kristall unter einem Winkel zur Oberfläche aus, obwohl sie senkrecht zur Oberfläche eingefallen ist. (Die scheinbare Verletzung des Brechungsgesetzes wird aufgelöst, wenn man beachtet, daß der $E$-Feldvektor und auch die Wellenfront parallel zur Kristalloberfläche bleiben, die Ausbreitungsrichtung der Energie aber nicht mehr senkrecht zur Wellenfront ist.)

Jedes Lichtbündel, dessen $E$-Feldvektor im Hauptschnitt schwingt, verhält sich derart ungewöhnlich und wird deshalb *außerordentliches* Bündel genannt. Bündel, deren $E$-Feldvektoren senkrecht zum Hauptschnitt schwingen, zeigen dieses ungewöhnliche Verhalten nicht und werden *ordentliche* Bündel genannt. Ein Bündel, das also senkrecht zur Zeichenebene in Abb. 9.7 polarisiert ist, wird sich auch im Kristall in der ursprünglichen Richtung ausbreiten. Seine Strahlenfläche ist die bereits angesprochene Sphäre, deren Radius je nach Kristall (positiv einachsig oder negativ einachsig) entweder die große Halbachse oder die kleine Halbachse der anderen Schale der Strahlenfläche, des Rotationsellipsoids, ist. Wenn ein dünnes Bündel unpolarisierten Lichts auf den Kristall von Abb. 9.7 fällt, werden zwei senkrecht zueinander polarisierte Bündel austreten. Deshalb wird diese Erscheinung als *Doppelbrechung* bezeichnet.

### 9.2.2 Phasenplatten

Man betrachte eine dünne Platte aus doppelbrechendem Material, welche so geschnitten ist, daß die optische Achse parallel zur Oberfläche liegt, wie Abb. 9.8 zeigt. Die optische Achse soll in vertikaler Richtung liegen. Ferner nehmen wir an, daß linear polarisiertes Licht senkrecht auf diese Platte einfällt. Sein $E$-Feldvektor bilde einen Winkel $\theta$ mit der optischen Achse.

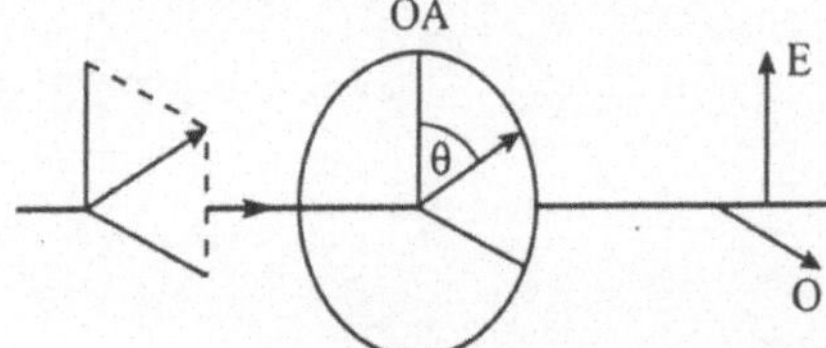


**Abb. 9.8.** Phasenplättchen

Wir können nun diesen $E$-Feldvektor in Komponenten senkrecht und parallel zur optischen Achse zerlegen. Die Komponente $E_e$, die parallel zur optischen Achse polarisiert ist, breitet sich als außerordentliche Welle durch den Kristall aus. Die Komponente $E_o$, die senkrecht zur optischen Achse polarisiert ist, ist die ordentliche Welle. Nimmt man an, daß die Richung der optischen Achse, wie im Kalkspat, die schnelle Achse ist, dann breitet sich in diesem Falle auch der außerordentliche Strahl ohne Richtungsänderung durch den Kristall aus, allerdings etwas schneller als der ordentliche Strahl.

Wir nehmen nun weiter an, daß der Brechungsindex für den ordentlichen Strahl $n_o$ und der Brechungsindex für den außerordentlichen Strahl $n_e$ ist. Ist die Dicke des Kristalls gleich $d$, dann wird der außerordentliche Strahl den optischen Weg $n_e d$ und der ordentliche Strahl den Weg $n_o d$ zurücklegen. Der außerordentliche Strahl wird gegenüber dem ordentlichen Strahl nach Verlassen des Kristalls einen Vorsprung von $(n_o - n_e)d$ haben.

Für den speziellen Fall $\theta = \pi/4$ haben die ordentliche und die außerordentliche Welle die gleichen Amplituden. Weiterhin soll angenommen werden, daß $(n_o - n_e)d = \lambda/4$ bei einer speziellen Wellenlänge $\lambda$ sei. Die Phasendifferenz wird dann zwischen den beiden Wellen $\pi/2$ werden, und das Licht wird nach Verlassen des Kristalls zirkular polarisiert sein. Der Kristall wird in diesem Falle als $\lambda/4$-*Plättchen* bezeichnet.

Ein anderer Spezialfall liegt vor, wenn die Phasendifferenz zwischen den Wellen $\pi$ beträgt. Dann ist der Kristall ein $\lambda/2$-*Plättchen*. Angenommen, eine Welle mit dem $E$-Feldvektor des Betrages 1 fällt auf eine $\lambda/2$-Platte. Die Welle sei linear polarisiert und ihr elektrischer Feldstärkevektor schließt mit der optischen Achse des Kristalls den Winkel $\theta$ ein. Die Komponente der einfallenden Welle, die parallel zur optischen Achse polarisiert ist, besitzt dann die Amplitude $\cos\theta$ und die senkrecht zur optischen Achse polarisierte Komponente die Amplitude $\sin\theta$.

Die $\lambda/2$-Platte verursacht eine Phasendifferenz von $\pi$ zwischen den beiden Wellen. Demzufolge werden nach dem Kristall die Amplituden gleich $\cos\theta$ und $-\sin\theta$ sein, wobei wir die Phasenverschiebung willkürlich dem ordentlichen Strahl zugeordnet haben. Die austretende Welle ist linear polarisiert, ihr $E$-Feldvektor schließt den Winkel $\theta$ mit der optischen Achse ein, aber nun liegt er, bezogen auf den $E$-Feldvektor der einfallenden Welle, auf der anderen Seite der optischen Achse. Die $\lambda/2$-Platte kann somit verwendet werden, um die Polarisationsebene um einen Winkel von $2\theta$ zu drehen. $\lambda/4$- und $\lambda/2$-Platten verhalten sich nur bei einer Wellenlänge so wie vorgesehen, da sich die Dispersion des ordentlichen Strahls geringfügig von der Dispersion des außerordentlichen Strahls unterscheidet. Wenn es nicht anderweitig angegeben ist, werden die Brechungsindexdifferenzen für unterschiedliche Materialien gewöhnlich bei Na-Licht – $\lambda = 590\,\text{nm}$ – gemessen.

**Beispiel 9.2.** Ein Polarisator ist ein Bauelement, das nur Licht passieren läßt, das eine Komponente des $E$-Feldvektors parallel zu einer imaginären Linie besitzt, die als Achse des Polarisators bezeichnet wird.

Nehmen Sie an, daß ein Bündel linear polarisierten Lichts einen Polarisator beleuchtet, so daß der $E$-Feldvektor einen Winkel $\theta$ mit der Achse des Polarisators einschließt. Zeigen Sie, daß die transmittierte Intensität gleich $I_0 \cos^2\theta$ ist, wobei $I_0$ die einfallende Intensität ist. Dieses Ergebnis ist als das *Malussche Gesetz* bekannt. △

### 9.2.3 Glan-Thompson- und Nicol-Prisma

Doppelbrechende Prismen können verwendet werden, um elliptisch polarisiertes oder unpolarisiertes Licht in linear polarisiertes Licht umzuwandeln. Diese Prismen nutzen die Differenz der Brechungsindizes für außerordentliche und ordentliche Strahlen aus. Infolge dieser Brechungsindexdifferenz hat der ordentliche Strahl einen geringfügig anderen kritischen Winkel für die Totalreflexion als der außerordentliche. Zum Beispiel hat ein Quarzkristall für $\lambda = 700\,\text{nm}$ (etwa die Wellenlänge des Rubinlasers) die Brechungsindizes $n_\text{e} = 1,55$ und $n_\text{o} = 1,54$, die dazu gehörenden kritischen Winkel sind 40,2° und 40,5°.

Angenommen, es soll ein Polarisationsprisma aus Quarz hergestellt werden. Das Licht soll unter einem rechten Winkel zur Prismenoberfläche einfallen. Das linke Prisma in Abb. 9.9 ist ein rechtwinkliges Prisma mit einem spitzen Winkel zwischen 40,2° und 40,5°. Die optische Achse ist senkrecht zur Zeichenebene gerichtet. Nun falle unpolarisiertes Licht auf das Prisma. Die Komponente des Lichts, die parallel zur optischen Achse polarisiert ist, verhält sich wie eine außerordentliche Welle und wird totalreflektiert. (Die optische Achse OA wird in der Zeichnung als Punkt dargestellt, um die Richtung senkrecht zur Zeichenebene zu markieren. Die zur Zeichenebene vertikal polarisierte Komponente ist in ähnlicher Weise mit einer Punktreihe entlang des Strahls gekennzeichnet.) Die in der Zeichenebene polarisierte Komponente (durch Striche gekennzeichnet) passiert das erste Prisma, tritt aber annähernd parallel zur Grenzfläche aus, da ihr Einfallswinkel sehr nahe am kritischen Winkel liegt.

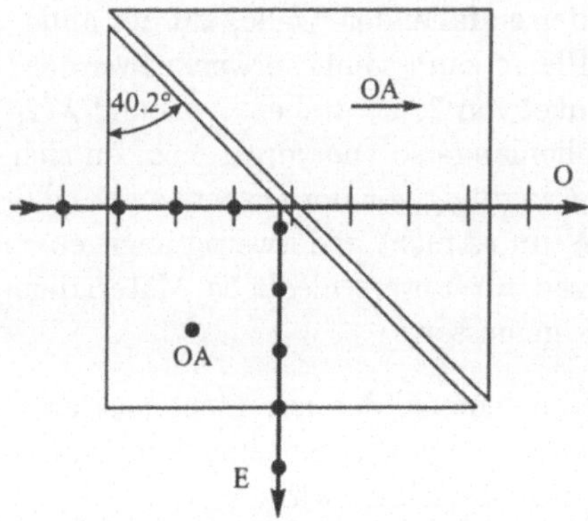


**Abb. 9.9.** Glan-Thompson-Prisma

Das zweite Prisma ist dazu da, den gebrochenen Strahl wieder in seine ursprüngliche Ausbreitungsrichtung zu lenken. Die optische Achse dieses zweiten Prismas liegt parallel zur Ausbreitungsrichtung, um zu sichern, daß der Strahl ein ordentlicher Strahl bleibt.

Ein solches Prismenpaar, wie es in Abb. 9.9 dargestellt ist, wird *Glan-Thompson-Prisma* genannt. Für Laseranwendungen sind diese Prismen generell aus Quarz gefertigt und weisen einen dünnen Luftspalt zwischen den beiden Elementen auf. Dieses Prinzip darf nicht mit der frustrierten Totalreflexion verwechselt werden, denn der Luftspalt muß groß genug sein, damit die Totalreflexion für den außerordentlichen Strahl nicht verhindert wird.

Infolge der kleinen Differenz zwischen dem Brechungsindex des ordentlichen und des außerordentlichen Bündels hat das Glan-Thompson-Prisma eine nur kleine Winkeltoleranz. Es muß mit gut kollimiertem Licht verwendet werden, so daß der Einfallswinkel an der Grenzfläche zwischen 40,2° und 40,5° liegt. Ist der Einfallswinkel kleiner als 40,2°, dann werden beide Polarisationsrichtungen durchgelassen; ist er größer als 40,5°, dann werden beide Polarisationsrichtungen reflektiert. Damit ist das Prisma nur für einen Winkelbereich von ein bis zwei zehntel Grad effektiv nutzbar.

Kalkspat ist ein weit verbreitetes doppelbrechendes Material. Die Brechungsindexdifferenz $(n_o - n_e)$ ist beträchtlich größer als bei Quarz. Für Natriumlicht (590 nm) sind $n_o = 1,66$ und $n_e = 1,49$. Üblicher optischer Kitt (Kanadabalsam) hat einen Brechungsindex von 1,53. Damit können Polarisationsteiler aus Kalkspat hergestellt werden, bei denen die beiden Elemente mit Kitt zusammengefügt sind. Das Verkitten vermeidet mechanische Probleme, die dem Glan-Thompson Prisma mit Luftspalt eigen sind. Leider sind aber weder Kalkspat noch die gekitteten Flächen für Anwendungen mit Hochleistungslasern stabil genug.

Die ersten doppelbrechenden Polarisatoren waren Nicolsche Prismen, die aus zwei verkitteten Kalkspatelementen gefertigt wurden. Der grundsätzliche Unterschied zwischen einem Glan-Thompson-Prisma und einem Nicolschen Prisma besteht im Einfallswinkel. Bei ersterem fällt der Eingangsstrahl senkrecht auf die Fläche, während er beim letzteren unter einem kleinen Winkel zur Normalen auf den Kristall trifft. Ausgenommen bei Laseranwendungen sind heutzutage doppelbrechende Prismen vergleichsweise ungebräuchlich.

### 9.2.4 Dichroitische Polarisatoren

Einige Kristalle, wie Turmalin, sind nicht nur doppelbrechend. Sie absorbieren das Licht der einen Polarisationsrichtung und lassen das der anderen durch. Derartige Kristalle werden *dichroitische Kristalle* genannt.

*Polarisationsfolien* werden aus dünnen Schichten eines organischen Polymers gefertigt, welches submikroskopische dichroitische Kristalle enthält, deren Achsen parallel zueinander ausgerichtet sind. Der Herstellungsprozeß der Folien ist kompliziert, beinhaltet jedoch eine Dehnung der organischen Polymere, um die Moleküle auszurichten, und danach wird das Polymer chemisch behandelt, um dichroitische Kristalle, deren Achsen parallel zu den ausgerichteten Polymermolekülen stehen, zu erzeugen.

Polarisationsfolien sind im sichtbaren Licht gewöhnlich gleichmäßig grau, und das transmittierte Licht ist zu einem hohen Grade polarisiert. Der Einfallswinkel ist nicht kritisch. Die Folien sind nicht teuer und haben im Labor überall die Nicolschen Prismen ersetzt. Leider können sie auf Grund ihres hohen Absorptionsgrads nicht für Anwendungen mit Hochleistungslasern eingesetzt werden.

### 9.2.5 Optische Aktivität

Bestimmte Substanzen, darunter kristalliner Quarz oder Zuckerlösungen, drehen die Polarisationsebene eines linear polarisierten Bündels. Die Drehrichtung kann entweder im Uhrzeigersinn oder entgegengesetzt dazu erfolgen (bei Beobachtung entgegen der Ausbreitungsrichtung des Lichts). Die Drehung im Uhrzeigersinn wird dann als rechtshändig, die entgegen dem Uhrzeigersinn als linkshändig bezeichnet. Materialien, die die Polarisationsebene drehen, werden als *optisch aktiv* bezeichnet.

Eine Platte aus Quarzkristall, deren optische Achse parallel zum einfallenden Lichtbündel liegt, dreht die Polarisationsebene von Natriumlicht um ca. 20° pro mm Dicke. Der Effekt ist annähernd umgekehrt proportional zur Wellenlänge. Quarzkristall kann entweder links- oder rechtshändig sein, was vom jeweiligen Exemplar abhängt. (Das ist so, weil es zwei mögliche Kristallstrukturen gibt, die zueinander spiegelsymmetrisch sind.)

### 9.2.6 Flüssigkristalle

Flüssigkristalle sind organische Verbindungen, die bei einer gewissen Temperatur wie Flüssigkeiten fließen, deren Moleküle aber trotzdem eine größere Fernordnung zeigen, als die Moleküle gewöhnlicher Flüssigkeiten. Flüssigkristalle werden üblicherweise in der Elektronik für Anzeigen von Digitaluhren, als Laptop-Computerbildschirme und für Taschenfernsehempfänger eingesetzt.

Flüssigkristalle, die in diesen Displays verwendet werden, sind gewöhnlich *nematische* Flüssigkristalle. Das sind Verbindungen, deren Moleküle parallel zur Richtung ihrer langen Achse ausgerichtet werden können, nicht jedoch in Schichten senkrecht zu den Achsen ihrer Moleküle. Sie werden oft mit Streichhölzern in einer Schachtel verglichen. Wenn die Schachtel geschüttelt wird, dann richten sich die Streichhölzer parallel zueinander aus, es gibt aber keine Ordnung in den anderen zwei Dimensionen. Die Streichhölzer können sich umordnen, aber wenn sie räumlich eingeschlossen werden, wie in einer engen Schachtel, so werden sie sich wieder entlang der größten Achse der Schachtel ausrichten. Nematische Flüssigkristalle verhalten sich analog, wobei sie wie Flüssigkeiten fließen. Sie können ausgerichtet werden, wenn man sie z.B. zwischen zwei Glasplatten einschließt, die einen Abstand von 5–10 µm haben.

Als Volumenmaterial weisen nematische Flüssigkristalle nur eine Nahordnung auf. Um sie für Anzeigen zu verwenden, müssen sie als Schicht zwischen zwei spezielle Glasplatten angeordnet werden. Diese Platten sind so präpariert, daß ihre Oberflächen eine Vorzugsrichtung aufweisen, d.h. die Oberflächen werden anisotrop. Im Labor kann dies durch Reiben der Oberfläche mit einem Tuch in einer Richtung erfolgen. Für die Massenproduktion wird eine Schicht auf die Oberfläche aufgesputtert oder aufgedampft. Die Oberfläche ist so orientiert, daß die Tröpfchen oder Moleküle die Oberfläche bei streifendem Einfall berühren und so abgelagert werden. Diese Behandlung erzeugt eine anisotrope Oberfläche, was die Moleküle der Flüssigkristalle veranlaßt, sich parallel zu dieser Vorzugsrichtung einzustellen.

In einer Flüssigkristallanzeige sind die beiden Oberflächen in einem Abstand von ca. 5–10 µm parallel zueinander orientiert, dabei ist aber eine der Platten so gedreht, daß ihre Vorzugsrichtung senkrecht zu der der zweiten Platte liegt. Wird der Zwischenraum zwischen den Platten mit Flüssigkristallen gefüllt, so werden sich die Moleküle, die mit der einen Platte Kontakt haben, parallel zu dieser Vorzugsrichtung ausrichten. Ebenso werden sich die Moleküle, die zur anderen Oberfläche Kontakt haben, parallel zu deren Vorzugsrichtung orientieren. Da die beiden Richtungen senkrecht aufeinander stehen, bilden die Moleküle im Volumen zwischen den beiden Flächen eine Spirale, die auf der einen Glasoberfläche beginnt und auf der anderen endet. Eine solche Anordnung wird *verdrillter nematischer Flüssigkristall* genannt und ist optisch aktiv. Die Polarisationsebene eines normal einfallenden Lichtbündels wird an dieser Sandwichanordnung um 90° gedreht, da das der

Drehwinkel der Spirale ist. Wir können allerdings den Rotationswinkel durch Anlegen eines elektrischen Feldes senkrecht zu den Ebenen der Sandwichanordnung ändern. Steigt die Feldstärke an, ändern die Moleküle allmählich ihre Orientierung, so daß sie sich mehr und mehr parallel zum elektrischen Feld, d.h. senkrecht zu den Glasplatten stellen. Liegen die Moleküle mit ihrer langen Achse vollständig senkrecht zu den Glasplatten, verliert die Sandwichstruktur ihre Anisotropie, zumindest für Strahlen, die senkrecht einfallen, weil der Strahl dann parallel zur optischen Achse der Flüssigkristallschicht verläuft. Um eine Anzeigevorrichtung zu erhalten, bringen wir die Sandwichstruktur einfach zwischen zwei gekreuzten Polarisatoren. Die Achsen der Polarisatoren sind parallel zu den Vorzugsrichtungen der Glasplatten. Wir können die Polarisatoren entweder auf Transmission oder auf Absorption orientieren. In jedem Falle ändert sich der Transmissionsgrad kontinuierlich bei Variation des angelegten elektrischen Feldes. Um einen Bildschirm herzustellen, benötigen wir ein Netzwerk feiner Drähte oder transparenter Elektroden, um das notwendige elektrische Feld als Funktion des Ortes auf der Sandwichebene zu erzeugen. Ein solcher *Flüssigkristallmonitor* kann z.B. in der Objektebene eines optischen Prozessors (Abschn. 7.2) verwendet werden.

Flüssigkristalle, die sich selbst, wie Münzen in einer Flasche, mit ihren kurzen Achsen parallel zueinander anordnen, werden *smektische Flüssigkristalle* genannt. Für die Herstellung von Displays sind sie nicht so bedeutend. *Ferroelektrische Flüssigkristalle* sind solche, deren Moleküle ein permanentes Dipolmoment aufweisen. Werden die Dipolmomente in einem elektrischen Feld ausgerichtet, so werden die Flüssigkristalle anisotrop und somit doppelbrechend. Eine Sandwichstruktur mit ferroelektrischen Flüssigkristallen kann für Displays verwendet werden, aber im allgemeinen weisen diese Displays keinen kontinuierlich veränderlichen Transmissionsgrad auf, wie es bei den Displays der Fall ist, die verdrillte nematische Kristalle verwenden. Die Ausrichtung der Moleküle durch Umschalten eines elektrischen Feldes kann zwar umgekehrt werden, es ist jedoch schwierig, die Moleküle auf Winkellagen einzustellen, die zwischen paralleler oder senkrechter Ausrichtung zum Feld liegen. Aus diesem Grunde können die Elemente des Displays entweder vollständig durchsichtig oder vollständig undurchsichtig gemacht werden, es ist jedoch schwierig, einen veränderlichen Transmissionsgrad zu erhalten. Ferroelektrische Flüssigkristalle sind daher weniger geeignet für Displays, jedoch aussichtsreich für die optische Datenverarbeitung (Abschn. 7.2) und für digitale Computer, die anstelle der Elektronik auf Optik basieren.

## 9.3 Nichtlineare Optik

Wir haben dieses Kapitel mit der Diskussion zur Ausbreitung von Licht durch ein optisches Medium begonnen und festgestellt, daß das induzierte Dipolmoment pro Volumeneinheit $\boldsymbol{P}$ in den meisten Fällen proportional zum einfallenden elektrischen Feld $\boldsymbol{E}$ ist. Wenn das elektrische Feld genügend groß wird (z.B. bei Laserstrahlung), dann ist $\boldsymbol{P}$ nicht länger linear von $\boldsymbol{E}$ abhängig. Wir können die Beziehung $\boldsymbol{P} = \chi\boldsymbol{E}$ als ersten Term einer Reihenentwicklung einer allgemeineren Funktion betrachten. In diesem Falle kann die Funktion dargestellt werden als

$$\boldsymbol{P} = \chi_1\boldsymbol{E} + \chi_2\boldsymbol{E}^2 + \chi_3\boldsymbol{E}^3 + \dots , \tag{9.15}$$

wobei $\chi_2, \chi_3, \dots$ als *nichtlineare Suszeptibilitäten* bezeichnet werden.

Das einfallende Feld habe die Form $\boldsymbol{E} = \boldsymbol{A}\sin\omega t$. Unter Berücksichtigung der Additionstheoreme $\cos 2x = 1 - 2\sin^2 x$ und $\sin 3x = 3\sin x - 4\sin^3 x$ kann man zeigen, daß

$$\boldsymbol{P} = \chi_1\boldsymbol{A}\sin\omega t + \frac{1}{2}\chi_2\boldsymbol{A}^2 - \frac{1}{2}\chi_2\boldsymbol{A}^2\cos 2\omega t + \frac{1}{4}\chi_3\boldsymbol{A}^3\sin 3\omega t + \dots \tag{9.16}$$

ist. Dabei haben wir die Tatsache benutzt, daß $\chi_2, \chi_3 << \chi_1$ ist.

Die im vorstehenden Ausdruck interessierenden Terme sind die, die $2\omega$ und $3\omega$ enthalten. Diese Terme repräsentieren im Medium induzierte Dipolmomente, die mit der doppelten und der dreifachen einfallenden Frequenz schwingen. Diese oszillierenden Dipole regen wiederum elektrische Felder mit den Frequenzen $2\omega$ und $3\omega$ an. Diese Effekte sind als die *Erzeugung der zweiten und dritten Harmonischen* bekannt (Second Harmonic Generation SHG, Third Harmonic Generation THG, Harmonische höherer Ordnung können ebenfalls erzeugt werden.) Mit dieser Methode kann infrarote Strahlung in sichtbare und sichtbare in ultraviolette Strahlung umgewandelt werden.

Der Term $\frac{1}{2}\chi_2\boldsymbol{A}^2$ ist für das Entstehen eines Gleichspannungsfeldes im Medium verantwortlich, das auch beobachtet worden ist. Dieser als optische Gleichrichtung bekannte Effekt ist jedoch von vergleichsweise geringer Bedeutung.

### 9.3.1 Erzeugung der 2. Harmonischen

In den meisten kristallinen Materialien hängt die nichtlineare Suszeptibilität $\chi_2$ von der Ausbreitungsrichtung, der Polarisation des elektrischen Feldes und der Orientierung der optischen Achsen des Kristalls ab. Kurz gesagt, $\chi_2$ ist keine Konstante, sondern ein *Tensor*, und der korrekte Ausdruck für die Polarisation der zweiten Harmonischen ist

$$P_i^{(2)} = \sum_{j,k} \chi_{ijk}^{(2)} E_j E_k , \tag{9.17}$$

wobei $i$, $j$, $k$ die Koordinaten $x$, $y$ und $z$ repräsentieren. Wenn z.B. $i$ die $x$-Richtung ist, so hat $P_x^{(2)}$ sechs Terme, die die Produkte $E_x^2$, $E_y^2$, $E_z^2$, $E_xE_y$, $E_xE_z$ und $E_yE_z$ enthalten, wobei die elektrischen Felder $E_{x,y,z}$ die Komponenten des einfallenden elektrischen Feldes sind und die Frequenz $\omega$ haben. In der Regel sind die meisten der 27 Koeffizienten $\chi_{ijk}$ gleich Null, und das einfallende Licht ist in einer Ebene polarisiert, so daß nur noch eine oder zwei Komponenten eine Rolle spielen.

Die Tensorgleichung für $\boldsymbol{P}^{(2)}$ wurde eingeführt, um zu zeigen, daß nur bestimmte Kristalle die Erzeugung der zweiten Harmonischen erlauben. Um das zu demonstrieren, betrachten wir einen isotropen Kristall. In diesem Falle ist $\chi_{ijk}$ eine Konstante $\chi$, die unabhängig von der Richtung ist. Wir kehren nun die Richtung der Koordinatenachsen um, d.h., $x$ wird zu $-x$, $y$ zu $-y$ und $z$ zu $-z$. Lassen wir die elektrischen Felder und die Dipolmomente pro Volumeneinheit in ihrer Richtung unverändert, dann muß sich ihr Vorzeichen ändern, wenn wir die Richtung der Achsen umkehren. Das heißt,

$$- P_i^{(2)} = \sum_{j,k} \chi_{ijk}^{(2)}(-E_j)(-E_k) = +P_i^{(2)} . \tag{9.18}$$

Damit ist $P_i^{(2)} = 0$ und $\chi^{(2)} = 0$. Die Erzeugung der zweiten Harmonischen (SHG) kann also nicht in einem isotropen Kristall stattfinden. Aus gleichen Überlegungen folgt, daß die zweite Harmonische nicht in Kristallen erzeugt werden kann, deren Struktur eine Punktsymmetrie aufweist. In der Sprache der Festkörperphysik kann nur mit Kristallen ohne Inversionssymmetrie die zweite Harmonische erzeugt werden. Dagegen ist die Erzeugung der dritten Harmonischen in diesen Kristallen möglich.

### 9.3.2 Phasenanpassung

Abbildung 9.10 zeigt eine Grundwelle der Frequenz $\omega$, die eine harmonische Welle der Frequenz $2\omega$ antreibt. Die Ausbreitungsrichtung ist die $z$-Richtung, und die Länge des Materials sei $l$. Die in einer Schicht der Länge $\mathrm{d}z$ entlang der $z$-Achse erzeugte Amplitude $\mathrm{d}\boldsymbol{E}^{(2)}$ der zweiten Harmonischen ist

$$\mathrm{d}\boldsymbol{E}^{(2)} \propto \boldsymbol{P}^{(2)}(z)\mathrm{d}z . \tag{9.19}$$

$\boldsymbol{P}^{(2)}$ ist das pro Volumeneinheit mit der Frequenz $2\omega$ induzierte Dipolmoment der zweiten Harmonischen. Es ist proportional zum Quadrat des einfallenden elektrischen Feldes $\boldsymbol{E}$. Demzufolge ist

$$\mathrm{d}\boldsymbol{E}^{(2)} \propto \mathrm{e}^{2\mathrm{i}(k_1 z - \omega t)}\mathrm{d}z , \tag{9.20}$$

d.h., die räumliche Änderung der zweiten harmonischen Polarisation ist sowohl durch eine Wellenzahl $2k_1$ als auch durch die Frequenz $2\omega$ charakterisiert.

Andererseits breitet sich die Strahlung der zweiten Harmonischen mit der Wellenzahl $k_2$ aus, wobei im allgemeinen infolge der Dispersion $k_2$ nicht gleich $2k_1$ ist. (Es sei daran erinnert, daß $k = 2\pi n/\lambda$ ist.) Folglich ist am Ende des Kristalls, an dem $z = l$ ist, die Amplitude der zweiten Harmonischen, die in der Schicht entlang der $z$-Achse erzeugt wird, gleich

$$\mathrm{d}\boldsymbol{E}^{(2)}(l) \propto \mathrm{d}\boldsymbol{E}^{(2)}(z)\mathrm{e}^{\mathrm{i}k_2(l-z)}\mathrm{d}z , \tag{9.21}$$

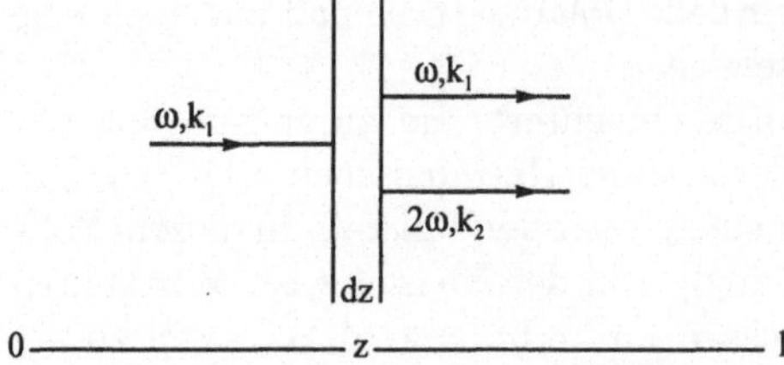


**Abb. 9.10.** Die Ausbreitung der Grundwelle und der zweiten harmonischen Welle im Kristall

wobei $(l - z)$ der Abstand der Schicht vom Kristallende ist.

Kombiniert man die letzten zwei Gleichungen, so findet man, daß

$$\mathrm{d}\boldsymbol{E}^{(2)}(l) \propto \mathrm{e}^{\mathrm{i}(2k_1-k_2)z}\mathrm{e}^{\mathrm{i}(k_2l-2\omega t)}\mathrm{d}z \tag{9.22}$$

ist. Diese Gleichungen sind unter der Annahme abgeleitet worden, daß die Leistung der zweiten Harmonischen klein im Vergleich zur einfallenden Leistung ist. In diesem Falle bleibt die einfallende Leistung nahezu unverändert, wenn sich das Bündel durch den Kristall ausbreitet. Die letzte Gleichung kann leicht integriert werden und ergibt

$$\boldsymbol{E}^{(2)}(l) \propto \frac{\sin(2\pi\Delta nl/\lambda)}{2\pi\Delta nl/\lambda}\,, \tag{9.23}$$

wobei $\lambda$ die Vakuumwellenlänge der einfallenden Strahlung und $\Delta n = n_2 - n_1$ sind. $\boldsymbol{E}^{(2)}(l)$ wird maximal, wenn das Argument in der Sinusfunktion gleich $\pi/2$ ist, d.h., wenn

$$l = \lambda/4\Delta n \tag{9.24}$$

ist. Dieser Wert für $l$ wird oft als die Kohärenzlänge für die SHG bezeichnet. Für typische Materialien beträgt sie nicht mehr als einige Mikrometer. Eine Vergrößerung von $l$ über die Kohärenzlänge hinaus bringt keine Zunahme von $\boldsymbol{E}^{(2)}$ mit sich.

In einem Kristall wie Kaliumdihydrogenphosphat (KDP) kann die in den Kristall einfallende Welle so polarisiert werden, daß sie als ordentliche Welle geführt wird. Die zweite harmonische Welle wird eine außerordentlich polarisierte Welle. Die Indexfläche (Sphäre) für den ordentlichen Strahl der Frequenz $\omega$ schneidet die Indexfläche für den außerordentlichen Strahl (Ellipsoid) der Frequenz $2\omega$ wie in Abb. 9.11 gezeigt. Breitet sich somit die einfallende Welle wie in der Abbildung genau unter dem Winkel $\theta_m$ im Kristall aus, so wird $\Delta n$ null. Man sagt in diesem Falle, daß die einfallende und die zweite harmonische Welle *phasenangepaßt* sind, die Kohärenzlänge für die SHG kann bei Phasenanpassung sehr groß werden.

Der Wirkungsgrad der SHG ist proportional zur einfallenden Leistungsdichte, da die zweite harmonische Polarisation proportional zu $\boldsymbol{E}^2$ ist. Für Eingangsleistungsdichten der Größenordnung von $100\,\mathrm{MWcm}^{-2}$ sind Wirkungsgrade von 15–20 % typisch.

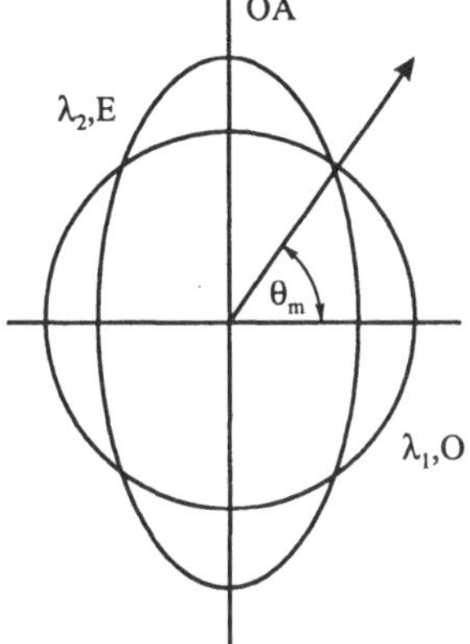


**Abb. 9.11.** Phasenanpassung bei der Erzeugung der zweiten Harmonischen

### 9.3.3 Optisches Mischen

Nun soll zur Gleichung für die nichtlineare Polarisation $\boldsymbol{P}$ zurückgekehrt und der Term $\chi_2 \boldsymbol{E}^2$ betrachtet werden. Bis jetzt wurde angenommen, daß der Term $\boldsymbol{E}^2$ das Produkt der elektrischen Feldstärke mit sich selbst bedeutet. Das muß nicht der Fall sein. Man kann auch die nichtlineare Polarisation betrachten, die das Resultat der Wechselwirkung zweier Felder unterschiedlicher Frequenz $\omega_1$ und $\omega_2$ ist. Der interessierende Term ist $\boldsymbol{P}^{(2)}$, wobei

$$\boldsymbol{P}^{(2)} = \chi_2(\boldsymbol{A}_1 \sin \omega_1 t + \boldsymbol{A}_2 \sin \omega_2 t)^2 \tag{9.25}$$

ist. $\boldsymbol{A}_1$ und $\boldsymbol{A}_2$ sind die Amplituden der beiden Wellen. Der quadratische Ausdruck liefert wie erwartet Terme mit den Frequenzen $2\omega_1$ und $2\omega_2$ aber auch einen Term

$$2\boldsymbol{A}_1 \boldsymbol{A}_2 \chi_2 \sin \omega_1 t \sin \omega_2 t \; . \tag{9.26}$$

Benutzt man die Additionstheoreme für die Summe und die Differenz zweier Winkel, findet man, daß dieser Term als

$$\boldsymbol{A}_1 \boldsymbol{A}_2 \chi_2 [\cos(\omega_1 - \omega_2)t - \cos(\omega_1 + \omega_2)t] \tag{9.27}$$

geschrieben werden kann. Die nichtlineare Polarisation und damit auch das emittierte Licht enthält die Frequenzen $\omega_1 + \omega_2$ und $\omega_1 - \omega_2$.

Die Summen- und Differenzfrequenzen können experimentell beobachtet werden, der Prozeß heißt *parametrische Verstärkung.* So wie bei der Erzeugung der zweiten Harmonischen ist die Phasenanpassung extrem wichtig, die Anforderungen sind jedoch infolge der Einbeziehung mehrerer Frequenzen noch strenger. Bei der SHG sahen wir, daß es notwendig ist, eine Richtung im Kristall zu finden, in der die Brechungsindizes für die Wellen mit den Frequenzen $\omega_1$ und $\omega_2$ gleich sind. Durch Wellenzahlen $k$ ausgedrückt, gilt es eine Richtung zu finden, für die $k_1 = k_2$ ist.

Im Falle der parametrischen Verstärkung müssen anstelle von zwei Wellen drei Wellen phasenangepaßt werden. Wenn wir also eine Frequenz $\omega_3$ erhalten wollen, für die

$$\omega_3 = \omega_1 \pm \omega_2 \tag{9.28}$$

gilt, so muß auch die Gleichung

$$k_1 \pm k_2 = k_3 \tag{9.29}$$

erfüllt werden, wobei angenommen wird, daß sich die drei Wellen kollinear ausbreiten.

Um einen parametrischen Verstärker mit hoher Leistung zu erhalten, wird er manchmal in einen optischen Resonator gestellt. Der den parametrischen Verstärker pumpende Laser ist bezüglich des Resonators modenangepaßt. Die Resonatorspiegel sind hochreflektierend für die Wellen der Frequenzen $\omega_1$ und $\omega_2$, besitzen aber für die Welle mit $\omega_3$ einen hohen Transmissionsgrad. Bei ausreichendem Pumpen durch den Laser geht der parametrische Verstärker selbst wie ein Laser zur Oszillation auf beiden Frequenzen $\omega_1$ und $\omega_2$ über. Dieser Prozeß heißt *parametrische Oszillation*.

Der parametrische Oszillator kann entweder durch Drehung des Kristalls durchgestimmt werden, so daß unterschiedliche Frequenzen phasenangepaßt werden, oder durch eine Änderung der Temperatur des Kristalls, so daß sich seine Eigenschaften leicht ändern. Somit stellt der parametrische Oszillator eine abstimmbare Quelle kohärenter Strahlung dar.

Parametrische Verstärkung kann auch zur Umsetzung einer niedrigen in eine höhere Frequenz verwendet werden. Bei dieser Anwendung beleuchten zwei kollineare Bündel mit den Frequenzen $\omega_1$ und $\omega_2$ den nichtlinearen Kristall. Ist der Kristall für diese Frequenzen und die Summenfrequenz $\omega_3$ phasenangepaßt, so wird eine dritte Welle, mit der Frequenz $\omega_3$ erzeugt. Die ersten beiden Wellen können, wenn es erforderlich ist, hinter dem Kristall herausgefiltert werden. Dieser Prozeß heißt *Upconversion*.

Eine der Hauptanwendungen der Upconversion ist die Detektion der Strahlung von IR- und FIR-Lasern, für deren Frequenzen schnelle und empfindliche Detektoren oft nicht verfügbar sind. Die Strahlung der Laser wird ins nahe IR oder ins Sichtbare konvertiert, wo sie leicht nachzuweisen ist.

## 9.4 Elektrooptik, Magnetooptik und Akustooptik

### 9.4.1 Der Kerr-Effekt

Wenn bestimmte Flüssigkeiten oder Gläser in ein elektrisches Feld gebracht werden, neigen ihre Moleküle dazu, sich parallel zur Richtung des elektrischen Feldes auszurichten. Je größer die Feldstärke ist, um so vollständiger wird die Ausrichtung sein. Da die Moleküle nicht symmetrisch sind, verursacht die

Ausrichtung, daß die Flüssigkeit anisotrop und doppelbrechend wird. Eine solche, durch das elektrische Feld induzierte Doppelbrechung in isotropen Flüssigkeiten wird *Kerr-Effekt* genannt.

Die durch das Feld induzierte optische Achse ist zur Feldrichtung parallel. Für eine konstante elektrische Feldstärke verhält sich die Flüssigkeit exakt wie ein doppelbrechender Kristall mit $n_o$ (dem Brechungsindex des Materials ohne Feld) und $n_e$.

Die Größe der feldinduzierten Doppelbrechung $(n_o - n_e)$ ist proportional zum Quadrat der elektrischen Feldstärke und proportional zur Wellenlänge. Demzufolge ist die Brechungsindexdifferenz für den ordentlichen und den außerordentlichen Strahl

$$\Delta n = K\lambda \boldsymbol{E}^2 , \tag{9.30}$$

wobei $K$ die *Kerrkonstante* und $\boldsymbol{E}$ das angelegte elektrische Feld sind. Nitrobenzen hat eine ungewöhnlich hohe Kerrkonstante von $2,4 \cdot 10^{-10}\,\mathrm{cmV}^{-2}$. Gläser haben Kerrkonstanten von etwa $3 \cdot 10^{-14}$ bis $2 \cdot 10^{-23}\,\mathrm{cmV}^{-2}$. Die Kerrkonstante von Wasser ist $4,4 \cdot 10^{-12}\,\mathrm{cmV}^{-2}$.

Eine *Kerrzelle* enthält Nitrobenzen oder eine andere Flüssigkeit zwischen zwei ebenen, parallelen Platten, die einen Abstand von einigen mm oder mehr haben. Die Spannung zwischen den Platten liegt in der Regel zwischen 10 und 20 kV. Wird die Zelle zwischen gekreuzte Polarisatoren gestellt, kann sie als schneller *elektrooptischer Schalter* verwendet werden.

Hierbei wird das elektrische Feld unter einem Winkel von 45° zur Richtung der Polarisatorachsen angelegt. Ist die elektrische Feldstärke 0, lassen die gekreuzten Polarisatoren kein Licht passieren. Meist wird eine elektrische Spannung so angelegt, daß das Produkt $(n_o - n_e)d$ gerade den Wert $\lambda/2$ erreicht. In diesem Falle funktioniert die Kerrzelle wie eine $\lambda/2$ -Platte und dreht die Polarisationsebene um 90°. Die Spannung, die notwendig ist, um die Kerrzelle zu einer $\lambda/2$ -Platte zu machen, wird *Halbwellenspannung* genannt.

Wenn die Halbwellenspannung in Form eines schnellen Impules an die Zelle gelegt wird, so arbeitet die Zelle als schneller Schalter. Schaltzeiten in der Größenordnung von 10 ns können in diesem Aufbau leicht erreicht werden. Der Kerreffekt selbst ist extrem schnell, die Schaltgeschwindigkeit wird durch die Schwierigkeit begrenzt, schnelle elektronische Impulse im kV-Bereich zu erzeugen.

### 9.4.2 Der Pockels-Effekt

Der Pockels-Effekt ist ein elektrooptischer Effekt, der in einigen Kristallen, wie z.B. Kaliumdihydrogenphosphat (KDP) beobachtet wird. Er unterscheidet sich vom Kerreffekt dadurch, daß er linear bezüglich des angelegten elektrischen Feldes ist, während der Kerreffekt, wie wir gesehen haben, eine quadratische Abhängigkeit vom elektrischen Feld zeigt. Noch wichtiger ist, daß die Halbwellenspannung einer typischen *Pockelszelle* eine Größenordnung geringer als die einer Kerrzelle ist.

Angenommen, es wird durch Anlegen eines elektrischen Feldes an den Kristall parallel zu seiner optischen Achse eine Pockelszelle erzeugt. Die Ausbreitungsrichtung des Lichtstrahls sei ebenfalls parallel zur optischen Achse. (Das kann entweder durch das Verwenden transparenter Elektroden auf den Kristallflächen erfolgen oder durch das Anbringen von Elektroden mit Öffnungen in ihrer Mitte.) Ist das elektrische Feld Null, so wird sich jeder Strahl, der sich parallel zur optischen Achse ausbreitet, wie ein ordentlicher Strahl verhalten, der Brechungsindex ist unabhängig von der Polarisationsrichtung.

Liegt ein elektrisches Feld an, so deformiert es den Kristall, und in dem hier betrachteten Fall (KDP, $E$-Feld parallel zur optischen Achse, Lichtausbreitung parallel zur optischen Achse) entsteht ein Kristall mit zwei optischen Achsen. Die Richtung der beiden optischen Achsen hängt von der Struktur des Kristalls ab und soll uns hier nicht weiter interessieren. Wichtig ist jedoch, daß der Kristall bei den gewählten Bedingungen wie ein einachsiger Kristall wirkt, dessen optische Achse in einer Ebene senkrecht zur Ausbreitungsrichtung liegt. In derselben Ebene liegen die neuen festen Achsen des Kristalls mit elektrischem Feld. Für zwei senkrecht zueinander polarisierte Bündel ist die Differenz zwischen den Brechungsindizes

$$(n_\mathrm{o} - n_\mathrm{e})' = p\boldsymbol{E} \,, \tag{9.31}$$

wobei $\boldsymbol{E}$ die angelegte Feldstärke und $p$ ein Proportionalitätsfaktor sind. $p$ ist annähernd $3{,}6 \cdot 10^{-11}\,\mathrm{mV}^{-1}$ für KDP, $8 \cdot 10^{-11}\,\mathrm{mV}^{-1}$ für deuteriertes KDP (KD*P) und $3{,}7 \cdot 10^{-10}\,\mathrm{mV}^{-1}$ für Lithiumniobat. Da das elektrische Feld parallel zur optischen Achse angelegt wird, wird der vorliegende Fall als *longitudinaler Pockelseffekt* bezeichnet. Der Pockelseffekt kann auch beobachtet werden, wenn das elektrische Feld senkrecht zur optischen Achse angelegt wird, das ist der *transversale Pockelseffekt.* Kommerziell verfügbar sind Pockelszellen sowohl als longitudinale als auch als transversale Zellen.

Der transversale Pockelseffekt hat einige Vorteile gegenüber dem longitudinalen:

a) Die Elektroden liegen parallel zum Bündel und verdunkeln oder vignettieren es nicht.
b) Die Brechungsindexdifferenz $(n_\mathrm{o} - n_\mathrm{e})'$ hängt von der elektrischen Feldstärke im Innern des Kristalls ab, nicht von der Spannung zwischen den Elektroden.

Wenn die Länge des Kristalls einer longitudinalen Pockelszelle vergrößert und die Spannung konstant gehalten wird, dann verringert sich die Feldstärke im Kristall entsprechend. Damit wird $(n_\mathrm{o} - n_\mathrm{e})'$ verkleinert, und die Phasendifferenz oder *Verzögerung* zwischen den zwei Polarisationsrichtungen wird unabhängig von der Länge des Kristalls.

Die Elektroden in einer transversalen Pockelszelle müssen jedoch nur einen Abstand aufweisen, der dem Bündeldurchmesser entspricht. Die elektrische Feldstärke im Kristall hängt vom Elektrodenabstand ab und nicht von der Kristallänge. Konsequenterweise wird eine Verlängerung des Kristalls bei konstantem Elektrodenabstand die Verzögerung vergrößern.

Niederspannungs-Pockelszellen werden deshalb immer vom transversalen Typ sein. Hochgeschwindigkeits-Pockelszellen, die eine geringe Kapazität und somit kleine Elektroden erfordern, sind oft vom longitudinalen Typ.

Pockelszellen sind wie Kerrzellen für sehr schnelle elektrooptische Schalter anwendbar. Infolge ihrer geringeren Spannungsanforderungen haben sie Kerrzellen in dieser Anwendung nahezu ersetzt. Eine Pockelszelle ist gewöhnlich das aktive Element in einem elektrooptisch gütegeschalteten Laser.

### 9.4.3 Elektrooptische Lichtmodulation

Eine Pockelszelle kann verwendet werden, um einen Lichtstrahl zu modulieren. Für die Amplitudenmodulation ist der Aufbau ähnlich dem eines elektrooptischen Schalters. Die Pockelszelle wird zwischen zwei gekreuzte Polarisatoren gebracht, und an die Elektroden wird eine sich zeitlich ändernde Spannung gelegt. Schnelle und langsame Achse sind unter 45° zu den gekreuzten Durchlaßrichtungen der Polarisatoren orientiert.

Die durch das elektrische Feld induzierte Phasendifferenz ist proportional zur Spannung zwischen den Elektroden. Wird die Halbwellenspannung mit $V_\pi$ bezeichnet, so ist die Phasendifferenz gleich $\pi V/V_\pi$. Aus unseren Untersuchungen zu Phasenplatten können wir schlußfolgern, daß der Transmissionsgrad des Modulators eine Funktion der Spannung ist

$$\sin^2 \frac{\pi}{2} \frac{V}{V_\pi} = \sin^2 \frac{\Delta\phi}{2} . \tag{9.32}$$

In der Umgebung von 0 ist die $\sin^2$-Funktion stark nichtlinear. Dagegen ist die $\sin^2$-Funktion in der Umgebung von 45° annähernd linear. Beträgt die Phasendifferenz 90°, wird der Modulator ein lineares Element. Deshalb wird eine Pockelszelle nicht über einen Mittelwert von 0 V moduliert, sondern über eine Gleichspannung auf $(1/2)V_\pi$ vorgespannt. Der Spitze-Spitze-Wert der Modulationsspannung ist wesentlich geringer als $V_\pi$. Ein Vorspannen der Pockelszelle auf ihre *Viertelwellenspannung* verursacht ein Verhalten wie das der $\lambda/4$-Platte. Durch den Einbau einer $\lambda/4$-Platte in den Modulator wird also der gleiche Effekt wie beim Vorspannen des Modulators erzielt. Wenn eine $\lambda/4$-Platte in die Schaltung eingebaut wird, kann der elektrooptische Modulator auch bei 0 V arbeiten und wird ein lineares Ausgangssignal liefern.

Licht kann mit der Pockelszelle auch phasenmoduliert werden. Bei dieser Anwendung, die einer Frequenzmodulation entspricht, liegt die Polarisationsebene des einfallenden Lichts entweder parallel oder senkrecht zu den neuen festen Achsen (langsame und schnelle Achse des Kristalls mit $E$-Feld). In diesem Falle bleibt das Licht linear polarisiert, seine Phase ändert sich aber mit dem elektrischen Feld um einen Betrag

$$\phi = (2\pi/\lambda)pEt , \tag{9.33}$$

wobei $t$ die Dicke des Kristalls ist.

Der elektrooptische Phasenmodulator ist in der optischen Kommunikationstechnik von Bedeutung. Er kann auch in einem modengekoppelten Laserresonator verwendet werden, wobei die auftretende Brechungsindexmodulation der Vibration eines der Spiegel entspricht (siehe Kap. 8).

### 9.4.4 Akustooptische Strahlablenkung

Ein akustooptischer Strahlablenker besteht aus einem Quarzblock oder aus einem anderen Material, durch das sich eine Ultraschallwelle ausbreitet. Die Welle hat die Wellenlänge $\lambda_s$. Da es eine longitudinale Druckwelle ist, verursacht sie eine sinusförmige Brechzahländerung des Materials mit der Wellenlänge $\lambda_s$.

Um die Wechselwirkung von Licht mit Schall zu analysieren, betrachten wir die Schallwelle im Medium als eine Reihe von Ebenen, an denen das einfallende Licht reflektiert wird. Die Behandlung entspricht der Bragg-Beugung an Kristallflächen. Das einfallende Licht trifft unter dem Winkel $\theta$ auf die Ebenen, und ein Teil des Strahls wird infolge der räumlichen Brechungsindexvariation reflektiert. Nur für einen bestimmten Winkel $\theta$ interferieren die Strahlen, die von den benachbarten Ebenen reflektiert wurden, konstruktiv miteinander. Aus Abb. 9.12 ist zu sehen, daß konstruktive Interferenzen dann auftreten, wenn die Differenz des optischen Weges zwischen den beiden Wellen gleich der optischen Wellenlänge $\lambda$ ist. Damit gilt

$$\sin\theta = \lambda/2\lambda_s\,. \tag{9.34}$$

Für typische Schallfrequenzen beträgt $\theta$ einige Grad. Unter günstigen Bedingungen kann annähernd das gesamte einfallende Licht in den Winkel $\theta$ gebeugt werden. Die Gleichung (9.34) wird *Bragg-Bedingung* genannt.

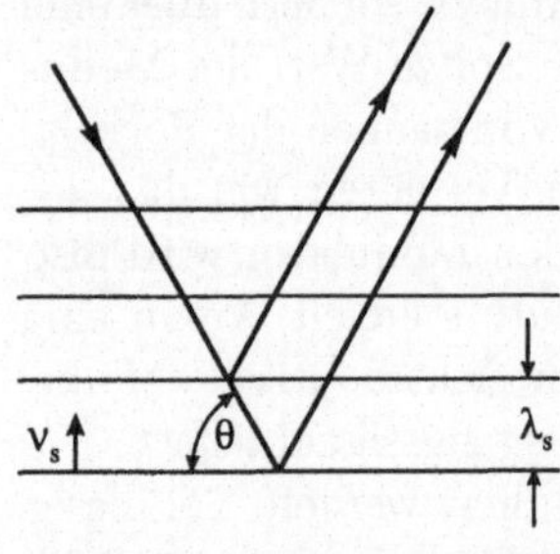


**Abb. 9.12.** Bragg-Reflexion in einem akustooptischen Lichtmodulator

Das abgelenkte Licht ist zum einfallenden Licht geringfügig frequenzverschoben. Das ist eine Folge der Ausbreitung der Schallwelle entweder weg von oder hin zu der Lichtquelle mit einer Geschwindigkeitskomponente $v_s \sin\theta$, wobei $v_s$ die Geschwindigkeit des Schalls im Medium ist.

Wenn eine Quelle nach Reflexion an einem bewegten Spiegel betrachtet wird, scheint es, daß die Quelle eine Geschwindigkeit besitzt, die doppelt so groß wie die des Spiegels ist. Folglich entspricht die beobachtete Dopplerverschiebung einer Geschwindigkeit, die der doppelten des Spiegels entspricht. (Die Dopplerverschiebung $\Delta\nu$ ist gegeben durch $\Delta\nu/\nu = v/c$, wobei $v$ die Komponente der Geschwindigkeit parallel zur Verbindungslinie Quelle-Beobachter ist.) Damit wird die Dopplerverschiebung für das abgelenkte Bündel

$$\Delta\nu/\nu = (2v_s/c)\sin\theta \,. \tag{9.35}$$

Verwendet man die Beziehung zwischen $\theta$ und $\lambda_s$, findet man, daß

$$\Delta\nu = \nu_s \tag{9.36}$$

ist. Das Licht ist um eine Frequenz dopplerverschoben, die gleich der Schallwellenfrequenz ist.

Akustooptische Strahlablenker werden sowohl für die Ablenkung als auch für die Modulation von Licht eingesetzt. Ein *akustooptischer Lichtmodulator* ist ein akustooptischer Strahlablenker, dem ein Ortsfrequenzfilter nachgeschaltet ist. Der Ortsfrequenzfilter besteht aus einer Linse und einer kleinen Öffnung. Es unterdrückt den abgelenkten Strahl und läßt nur den unabgelenkten Strahl passieren. Um den Strahl zu modulieren, wird die Schallwelle durch den Kristall geführt, die dann einen Teil der Leistung vom unabgelenkten Strahl auskoppelt. Mit dem Ortsfrequenzfilter wird der einfallende Strahl moduliert.

So wie der elektrooptische Lichtmodulator ist auch der akustooptische Modulator nicht linear, da die abgelenkte Leistung proportional zum Quadrat der Sinusfunktion der Schallamplitude ist. Für lineare Charakteristiken muß die Anordnung in einem Arbeitspunkt betrieben werden, der etwa einem Transmissionsgrad von 0,5 entspricht.

Akustooptische Strahlablenker werden bei der Datenverarbeitung und in Computern verwendet. Insbesondere können sie ein Abtasten einer Ebene in einem Rechnerspeicher ermöglichen, indem die Schallfrequenz variiert wird.

### 9.4.5 Faraday-Effekt

Wenn Bleiglas oder andere Gläser in ein starkes magnetisches Feld gebracht werden, werden sie optisch aktiv. Der Betrag der durch das magnetische Feld induzierten Drehung der Polarisationsebene ist gleich

$$V\boldsymbol{B}l \,, \tag{9.37}$$

wobei $\boldsymbol{B}$ die magnetische Feldstärke, $l$ die Länge des Materials und $V$ die *Verdetsche Konstante* sind. Wenn $l$ in mm und $\boldsymbol{B}$ in Tesla gemessen werden, dann ist für Quarzglas $V = 0,004$, für dichtes Flintglas $V = 0,11$ und für Benzen $V = 0,0087$ (in Bogenmaß pro Tesla und mm).

Ein Faraday-Rotator in Kombination mit einem Polarisator kann als optischer Isolator verwendet werden. Das ist eine Anordnung, die dem Licht nur in einer Richtung den Durchgang erlaubt. In der entgegengesetzten Richtung wird es blockiert.

## Aufgaben

**Aufgabe 9.1.** Verwenden Sie den Energieerhaltungssatz, um zu überprüfen, daß der Transmissions- und Reflexionsgrad durch die Beziehung

$$R + nT(\cos i')/(\cos i) = 1$$

und nicht durch $R + T = 1$ miteinander verknüpft sind. [Hinweis: Diskutieren Sie die Transmission eines Bündels endlicher Ausdehnung durch die Grenzfläche.]

**Aufgabe 9.2.** Sonnenlicht wird am späten Nachmittag von einer annähernd horizontalen Fläche, z.B. einer Autofrontscheibe, reflektiert. Wie hilft eine polarisierende Sonnenbrille, die Blendwirkung besser zu reduzieren als eine einfache abdunkelnde Sonnenbrille? Welche Polarisationsebene soll durch die Brillengläser durchgelassen werden?

**Aufgabe 9.3.** Ein rechtwinkliges gleichschenkliges Prisma besteht aus doppelbrechendem Material. Die optische Achse liegt in einer Ebene parallel zu einer der beiden Flächen des Prismas. Das Licht trifft auf die andere Fläche des Prismas senkrecht auf (d.h. parallel zur optischen Achse). Beschreiben Sie die Ausbreitung jeder der beiden Polarisationsrichtungen, nachdem sie an der Hypothenuse reflektiert wurden (Glan-Thompson-Prisma). Was geschieht, wenn das Prisma nicht gleichschenklig ist und die Strahlen nicht unter 45° auf die Hypothenuse fallen?

**Aufgabe 9.4.** Zeigen Sie, daß eine linear polarisierte Welle, die eine $\lambda/4$-Platte passiert und nach Reflexion wieder durch die $\lambda/4$-Platte läuft, wieder linear polarisiert ist, die Polarisationsrichtung jetzt aber einen rechten Winkel zur Polarisationsrichtung des einfallenden Lichts bildet. Das ist das Prinzip des *optischen Isolators*, einer Anordnung, die einen Polarisator, eine $\lambda/4$-Platte und einen ebenen Spiegel enthält, und die benutzt wird, um unerwünschte Reflexionen zu vermeiden.

**Aufgabe 9.5.**

a) Zeigen Sie, daß die Ebene des elektrischen Feldvektors eines linear polarisierten Bündels mit relativ geringen Verlusten gedreht werden kann, wenn man einige Polarisatoren hintereinander schaltet. Bestimmen Sie eine Konfiguration, die den Feldvektor um 45° dreht, wobei wenigstens 90 % des Lichts durchgelassen werden sollen. (Es ist ausreichend, mit Näherungen zu arbeiten.)

b) Zeigen Sie, daß ein Satz von Polarisatoren, die einen infinitesimalen Winkel zueinander aufweisen, die Polarisationsrichtung eines Strahls um einen endlichen Winkel bei einem Transmissionsgrad von 1 dreht.

**Aufgabe 9.6.** Eine Phasenplatte wird zwischen zwei gekreuzte Polarisatoren gebracht. Die festen Achsen der Phasenplatte bilden einen Winkel von 45° zu den Durchlaßrichtungen der Polarisatoren. Die Phasenplatte verursacht eine Phasenverschiebung $\phi$ zwischen den zur schnellen Achse parallen und senkrechten Komponenten. Zeigen Sie, daß der Transmissionsgrad des Systems $\cos^2(\phi/2)$ ist, wenn das einfallende Bündel parallel zur Achse des ersten Polarisators polarisiert ist. Wie groß ist der Transmissionsgrad, wenn die Achsen der Polarisatoren parallel zueinander stehen?

**Aufgabe 9.7.** Eine Kerrzelle ist mit Nitrobenzen gefüllt. Die Elektroden besitzen einen Abstand von 5 mm und ihre Länge beträgt 2 cm. An den Elektroden ist eine Potentialdifferenz von 10 kV angelegt.

a) Wenn die Zelle als elektrooptischer Schalter benutzt wird, wie groß ist dann der Transmissionsgrad des Schalters?
b) Welche Spannung ist erforderlich, um den gleichen Transmissionsgrad mit einer 1 cm langen Pockels-Zelle zu erreichen, die den longitudinalen Pockelseffekt in deuteriertem KDP ausnutzt?

# 10. Optische Wellenleiter

*Optische Fasern* werden seit langem zur Übertragung von Wellen auf kurzen flexiblen Wegen von einem Schirm zu einem Detektor verwendet. Sind die Fasern in einem Bündel sorgfältig angeordnet, so können damit Bilder übertragen werden. Zum Beispiel kann eine kurze *faseroptische Bildplatte* an Stelle einer Linse zum Übertragen eines Bildes über eine sehr kurze Entfernung verwendet werden. Der Abstand der Einzelfasern bestimmt das Auflösungsvermögen eines solchen abbildenden Systems.

Für die optische Kommunikationstechnik und damit eng verbundene Gebiete sind allerdings die verlustarmen *optischen Wellenleiter* wichtiger. Optische Wellenleiter sind kompakt, flexibel, relativ verlustarm und unempfindlich gegenüber elektromagnetischen Störungen.

## 10.1 Strahlen in optischen Fasern

Ein optischer Faserwellenleiter besteht aus einem *Glaskern*, der von einem *Mantel* mit geringerem Brechungsindex umgeben ist. Der Kern der in Abb. 10.1. dargestellten Faser hat einen konstanten Brechungsindex $n_1$. Der Brechungsindex ändert sich an der Kern-Mantel-Grenzschicht abrupt auf $n_2$. Ist $n_2 < n_1$, so ist die Faser in der Lage, ein Lichtbündel durch die Totalreflexion innerhalb des Kernes zu halten (Abschn. 9.1.5). Ein Strahl wird nur dann geführt, wenn der Winkel $i$ den kritischen Winkel $i_c$ überschreitet. Wenn $\theta$ der größte Einfallswinkel ist, unter dem der Strahl noch totalreflektiert wird, so sehen wir aus der Abbildung, daß

$$n_0 \sin\theta = n_1 \sin\theta' = n_1 \cos i_c \tag{10.1}$$

gilt. Hier sind $n_0$ der Brechungsindex des Mediums, aus dem der Strahl kommt, und $n_1$ der Brechungsindex des Kerns.

Der kritische Winkel ist gegeben durch

$$\sin i_c = n_2/n_1 \; , \tag{10.2}$$

wobei $n_2$ der Brechungsindex des Mantels ist. Wir erhalten aus den beiden letzten Gleichungen unter Verwendung von $\cos^2 i_c = 1 - \sin^2 i_c$

$$n_0 \sin\theta_m = (n_1^2 - n_2^2)^{1/2} \cong [2n_1(n_1 - n_2)]^{1/2} \; . \tag{10.3}$$

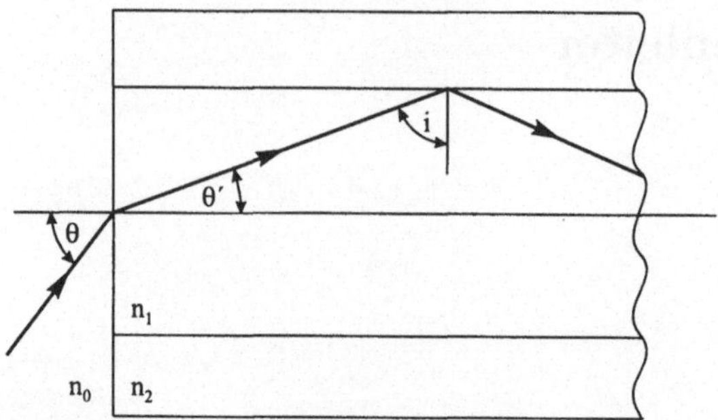


**Abb. 10.1.** Optischer Wellenleiter

$n_0 \sin \theta_m$ heißt *numerische Apertur* (NA) des Wellenleiters und ist in genau der gleichen Weise definiert wie die numerische Apertur eines Mikroobjektivs. Für einen guten Einkoppelwirkungsgrad sollte der Wellenleiter mit einer Quelle beleuchtet werden, deren numerische Apertur die des Wellenleiters nicht übersteigt. Der Wert von $n_0$ kann 1 sein, aber es ist genauso gut möglich, daß der Wellenleiter mit einer lichtemittierenden Diode (LED) oder einer anderen Komponente durch einen Kleber verbunden wird, dessen Brechungsindex etwa gleich dem des Kerns ist. Ein optischer Wellenleiter mit $n_1 = 1,5$ und $n_1 - n_2 = 0,01$ hat z.B. eine numerische Apertur von etwa 0,17. Wenn $n_0 = 1$ ist, dann entspricht das einem *Akzeptanzkegel* mit einem Halbwinkel von 10°.

Infolge des eingeschränkten Winkelbereichs, in dem sich Licht innerhalb der Faser ausbreitet, ist das Einkoppeln des Lichts einer Quelle in die Faser schwierig. Zum Beispiel sind in der optischen Nachrichtenübertragung LEDs die am meisten verwendeten Quellen. Diese Quellen strahlen in den gesamten Halbraum, so daß der Wellenleiter nur einen kleinen Teil der abgestrahlten Energie der Diode aufnehmen kann. Wenn wir annehmen, daß die Diode ein Lambertscher Strahler ist (Kap. 4), können wir zeigen, daß die Energie, die in einen Kegel mit dem Halbwinkel $\theta_m$ abgestrahlt wird, proportional zu $\sin^2 \theta_m$ ist. Wenn die Kernfläche so groß wie die Diode ist, wird die Koppeleffektivität zwischen dem Wellenleiter und der Diode gleich $\sin^2 \theta_m$. (Sie wird geringer, wenn die Diodenfläche größer als die des Kerns des Wellenleiters ist.) Für Wellenleiter wie im obigen Beispiel ist die Koppeleffektivität ca. 3.

In der optischen Nachrichtenübertragung ist die Frequenzbandbreite des Wellenleiters wichtig. Aus Abb. 10.1 sieht man, daß Strahlen, die unter dem kritischen Winkel $i_c$ einfallen, einen um den Faktor $1/\sin i_c$ längeren Weg zurücklegen als axiale Strahlen. Infolge dieses zusätzlichen Weges werden sie gegenüber den axialen Strahlen um das Zeitintervall $\Delta\tau$ verzögert, das durch den Ausdruck

$$\frac{\Delta\tau}{\tau} = \frac{1}{\sin i_c} - 1 \tag{10.4}$$

gegeben ist, wobei $\tau$ die Zeit ist, die ein axialer Strahl braucht, um sich durch den Wellenleiter z.B. von A nach B auszubreiten. $\Delta\tau$ entspricht somit der zeitlichen Verbreiterung eines in den Wellenleiter eingekoppelten Impulses auf seinem Weg von A nach B, wenn dieser Impuls aus Teilstrahlen besteht, die sich unter verschiedenen Winkeln im Wellenleiter ausbreiten. Der Kehrwert von $\Delta\tau$ ist die größte Modulationsfrequenz, die übertragen werden kann, und bestimmt somit die größte zur Verfügung stehende Bandbreite. In unserem Beispiel ist sie ca. 30 MHz für einen 1 km langen Wellenleiter und reicht damit für einige Videokanäle aus. Diese Bandbreite sinkt mit zunehmender Länge des Wellenleiters ab.

In heutigen Wellenleitern wird mehr Energie durch achsennahe Strahlen als durch Strahlen übertragen, die sich in der Nähe des kritischen Winkels befinden, weil letztere größere Verluste erleiden. Außerdem gibt es in sehr langen Wellenleitern starke Streueffekte, die zu einem Umkoppeln der Energie zwischen den schiefen und den axialen Strahlen führen. Beide Faktoren reduzieren die Variation der Laufzeit und bewirken, daß die Bandbreite etwas größer als oben abgeschätzt wird. In vielen Wellenleitern ist $\Delta\tau$ nach ein paar hundert Metern proportional zur Quadratwurzel der Länge und nicht mehr direkt proportional zur Länge selbst.

In der Praxis unterscheiden sich die optischen Wellenleiter wesentlich von den älteren optischen Fasern. Infolge von Brüchen und Streuverlusten liegt der Transmissionsgrad der besten optischen Glasfasern bei einer Länge von 1 km in der Größenordnung von $10^{-4}$ (−40 dB). Optische Wellenleiter aus hochreinem Quarzglas erreichen einen Transmissionsgrad bis zu 50 % (−3 dB) für einen 1 km langen Abschnitt. Außerdem haben optische Wellenleiter eine sehr dicke Mantelschicht, um Interferenzen bzw. Übersprechen zwischen benachbarten Wellenleitern zu reduzieren.

*Gradientenindex*-Wellenleiter zeigen verhältnismäßig kleine Variationen der Laufzeit. Sie werden mit einem Brechungsindex hergestellt, der allmählich mit dem Abstand von der Faserachse abnimmt. Infolge dieser Brechungsindexänderung durchlaufen die zur Achse geneigten Strahlen im Mittel ein Gebiet mit einem geringeren Brechungsindex als die axialen Strahlen. Bei geeignetem Brechzahlprofil des Wellenleiters treten deshalb nur minimale Laufzeitunterschiede auf, und der Wellenleiter kann sehr große Bandbreiten übertragen.

Wenn der Durchmesser des Kerns kleiner als 10 oder 20 µm ist, reicht die Strahlenoptik nicht aus, um die Ausbreitung im Wellenleiter zu beschreiben, sondern man muß die Wellenoptik anwenden. Insbesondere Wellenleiter mit nur einige Mikrometer großen Kerndurchmessern, sogenannte *Monomode-Wellenleiter* können nur ein sehr einfaches Bündel, eine einzelne Mode übertragen. Monomode-Wellenleiter haben keine Laufzeitvariationen und können im Prinzip Bandbreiten von $10^6$ MHz über eine Strecke von 1 km übertragen. Dies entspricht einer sehr hohen Informationsübertragungskapazität. Leider sind die Monomode-Wellenleiter so dünn, daß es schwierig ist, große Energien zu übertragen oder die Energie effektiv in den Wellenleiter einzukoppeln. Ungeachtet dessen haben Halbleiterlaser, die bei Raumtemperaturen arbeiten, und eine effektive Kopplungstechnik die Monomode-Wellenleiter für Weitstreckenübertragungen oder für submaritime Anwendungen attraktiv gemacht. Die große Mehrheit der heute verkauften Wellenleiter sind Monomode-Wellenleiter.

## 10.2 Moden in optischen Wellenleitern

Eine ebene Welle kann als ein Bündel von Strahlen beschrieben werden, die senkrecht zur Wellenfront orientiert sind. Ein derartiges Strahlenbündel wird auf die Endfläche eines optischen Wellenleiters gerichtet. Wenn der Eintrittswinkel an der Eintrittsfläche kleiner als der Akzeptanzwinkel der Faser ist, wird das Strahlenbündel (oder, was äquivalent ist, die ebene Welle) eingekoppelt und kann sich im Wellenleiter ausbreiten. Die Strahlen werden im Zickzack durch den Wellenleiter laufen, indem sie, wie in Abb. 10.1 und 10.2 gezeigt, abwechselnd an den Grenzflächen des Wellenleiters reflektiert werden. Im allgemeinen gibt es keine festen Phasenbeziehungen zwischen den reflektierten Strahlen. An manchen Stellen entlang der Achse können konstruktive an anderen Stellen destruktive Interferenzen auftreten. Somit ändert sich die Intensität im allgemeinen entlang der Achse.

Einige Strahlenbündel allerdings breiten sich so aus, daß sie konstruktiv mit ihren Nachbarn interferieren und die Intensität innerhalb des Wellenleiters nicht mehr vom Ort abhängt.

Die Bedeutung dieser speziellen Strahlenbündel können wir in Abb. 10.2 sehen. Sie zeigt einen axialen Schnitt durch einen Schichtwellenleiter, der in Richtung senkrecht zur Zeichenebene unendlich ausgedehnt ist. Die zwei gezeigten Strahlen treffen unter dem Winkel $i$ auf die Grenzfläche zwischen den beiden Medien. Die gestrichelten Linien AA′ und BB′ repräsentieren die Wellenfronten. Der optische Wegunterschied zwischen beiden Strahlen ergibt sich zu

$$OWD = 2n_1 d \cos i \,. \tag{10.5}$$

Das Ergebnis hat nicht zufällig eine ähnliche Form wie der Ausdruck, den wir für das Fabry-Perot-Interferometer gewonnen haben.

Aus diesem Wegunterschied resultiert eine Phasendifferenz $\phi$, die gleich $2n_1 kd \cos i$ ist, wobei $k$ die Wellenzahl für das Vakuum ist. Außerdem folgt aus der Elektrodynamik eine Phasenverschiebung $\Phi$ bei der Reflexion (Abschn. 9.1). Wenn wir die Bezugswellenfronten so wählen, daß einer der Strahlen keine Reflexionen zwischen diesen Positionen erfährt, während der andere zweimal reflektiert wird, so wird die Gesamtphasenverschiebung zwischen beiden Strahlen

$$\phi_{\mathrm{t}} = 2n_1 kd \cos i - 2\Phi \,. \tag{10.6}$$

In Übereinstimmung mit Abb. 9.5 wird $\Phi = 0$, wenn $i$ in der Nähe des kritischen Winkels liegt und $\Phi = 90°$ bei streifendem Einfall. Wenn $i$ kleiner

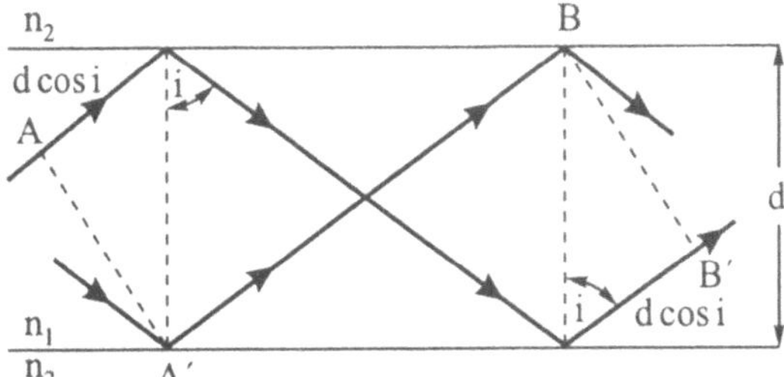


**Abb. 10.2.** Strahlen in einem optischen Schichtwellenleiter

als der Grenzwinkel ist, wird der Strahl gebrochen, und die Mode wird nicht geführt. Für $\phi_t = 2m\pi$ interferieren die Strahlen konstruktiv, was nur bei bestimmten Einfallswinkeln auftritt.

Strahlenpaare, die wie in Abb. 10.2 unter dem gleichen Winkel zur Achse geneigt sind, entsprechen einer *Wellenleitermode*, wenn die Bedingung für konstruktive Interferenz erfüllt ist. Wenn durch eine geeignete Wahl des Einfallswinkels nur eine Mode angeregt wird, ändert sich die elektrische Feldverteilung bei Ausbreitung der Strahlung im Wellenleiter nicht.

Im Bild der Wellenoptik entspricht jede Wellenleitermode einer konstruktiven Interferenz senkrecht zur Wellenleiterachse. Das heißt, die Komponente der Welle senkrecht zur Achse des Wellenleiters ($n_1 k \cos i$) erfährt zwischen den beiden Grenzflächen konstruktive Interferenz. Diese Wellenleitermode entspricht einer stehenden Welle senkrecht zur Achse und einer laufenden Welle entlang der Achse. Die elektrische Feldverteilung senkrecht zur Achse ist also Ergebnis der Interferenz zweier ebener Wellen, und wir erwarten eine $\cos^2$-förmige Funktion für die Intensität, was tatsächlich auch der Fall ist.

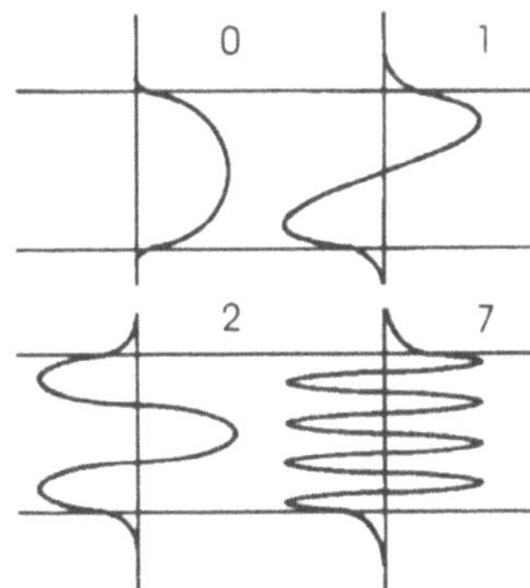


**Abb. 10.3.** Moden in einem Schichtwellenleiter

Abbildung 10.3 zeigt die elektrischen Feldverteilungen innerhalb des Schichtwellenleiters für einige Werte von $m$. Das elektrische Feld an den Grenzflächen wird nicht genau 0. Dies hängt mit dem Phasensprung bei Reflexion zusammen und bedeutet, daß sich Energie sowohl im Kern als auch im Mantel ausbreitet.

Die Moden niedriger Ordnung, die durch ein kleines $m$ charakterisiert sind, haben entsprechend (10.6) große Eintrittswinkel. Das heißt, sie entsprechen Strahlen, die sich im Wellenleiter mit nahezu streifendem Einfall ausbreiten. Die niedrigste Mode, $m = 0$ (Grundmode), hat eine Amplitudenverteilung, die einer einzigen Halb-Periode der cos-Funktion entspricht, wie in Abb. 10.3 dargestellt. Moden höherer Ordnung sind durch oszillierende Feldverteilungen charakterisiert. Die höchste Mode, die im Wellenleiter noch anschwingen kann, entspricht dem Strahl, der auf die Kern-Mantel-Grenzfläche gerade unter dem Grenzwinkel einfällt. Strahlen, die an der Grenzfläche gebrochen werden, entsprechen den *nichtgeführten* Moden (*Strahlungsmoden*). Die Reflexion an der Grenzschicht ist für diese Moden nicht besonders wichtig. Es gibt ein ganzes Kontinuum solcher Moden, im Gegensatz zum diskreten Satz geführter Moden.

Ein Strahl kann in den Wellenleiter allerdings auch unter einem Winkel eintreten, der nicht die Beziehung $\phi_t = 2m\pi$ erfüllt. In diesem Fall können wir die elektrische Feldverteilung nicht als eine Wellenleitermode beschreiben. Es handelt sich jetzt um eine komplizierte Überlagerung vieler Moden. Mathematisch ausgedrückt bilden die Moden eine *vollständige Basis*, d.h. einen Satz elementarer Funktionen, die zur Beschreibung einer beliebigen Funktion verwendet werden können. Jede Feldverteilung, die im Wellenleiter angeregt wird, kann durch eine solche Basis beschrieben werden. Diese Wellenleitermoden stellen einen gut geeigneten Satz von Funktionen dar, weil sie einem einfachen physikalischen Modell entsprechen.

In einem Schichtwellenleiter entsprechen die geführten Moden Strahlenpaaren, die den gleichen Neigungswinkel zur Achse haben. In Wellenleitern mit kreisförmigem Querschnitt müssen diese Strahlenpaare durch komplizierte Strahlenkegel ersetzt werden. Die physikalische Interpretation der Moden als stehende Wellen ist ähnlich, allerdings bei Kreissymmetrie schwerer vorstellbar. Zusätzlich gibt es stehende Wellen in azimutaler Richtung. Deshalb sind zwei Zahlen zur Beschreibung der Moden im Wellenleiter mit kreisförmigem Querschnitt notwendig, ähnlich wie bei einem Rechteck-Wellenleiter, der zwei endliche transversale Richtungen hat.

### 10.2.1 Ausbreitungskonstante und Phasengeschwindigkeit

Die Wellenzahl $k$ kann als Vektor aufgefaßt werden, der in Ausbreitungsrichtung der Welle zeigt. Dieser Vektor wird als *Wellenzahlvektor* bezeichnet. In einem Medium mit dem Brechungsindex $n_1$ hat der Wellenzahlvektor den Betrag $kn_1$. Für die Ausbreitung der Welle innerhalb eines Wellenleiters interessiert uns die Komponente $\beta$ parallel zur Achse des Wellenleiters,

$$\beta = n_1 k \sin i = n_1 k \cos\theta \, , \tag{10.7}$$

wobei $\theta$ das Komplement von $i$ ist (d.h. der Winkel zwischen dem Strahl und der Wellenleiterachse, wie in Abb. 10.4 gezeigt). $\beta$ wird als *Ausbreitungs-*

*konstante* bezeichnet und spielt im Wellenleiter die gleiche Rolle wie $k$ im Freiraum. Gemäß (10.6) und (10.7) hängen $\theta$ und $i$ von der Wellenlänge ab.

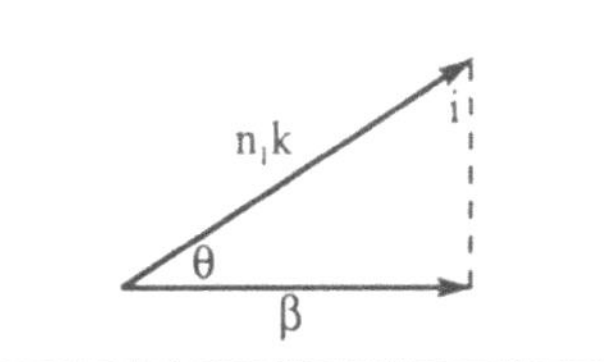


**Abb. 10.4.** Wellenzahlvektor und Ausbreitungskonstante

Der Einfallswinkel $i$ variiert zwischen $i_c$ und $\pi/2$. Für $i = i_c$ ergibt sich $\beta = n_1 k \sin i_c$ oder gleich $kn_2$. Ist $i = \pi/2$, so wird $\beta = kn_1$. Somit ist

$$kn_2 < \beta < kn_1 \ . \tag{10.8}$$

Das heißt, die Ausbreitungskonstante innerhalb des Wellenleiters liegt immer zwischen den Wellenzahlwerten von Kern und Mantel. Wenn wir die Beziehung $c = \omega/k$ verwenden (wobei c und $k$ die entsprechenden Werte im Vakuum sind), können wir die Beziehung (10.8) in Form der Phasengeschwindigkeiten umschreiben zu

$$c/n_1 < v < c/n_2 \ . \tag{10.9}$$

Die Phasengeschwindigkeit der geführten Moden liegt zwischen den Phasengeschwindigkeiten in den beiden Materialien. Das führt direkt zum bereits früher gewonnenen Ergebnis (10.4).

Schließlich zeigt die Analyse des Abschn. 5.2, daß die Phasengeschwindigkeit parallel zur Achse des Wellenleiters $v = c/n_1 \cos\theta$ ist. Das gibt uns die Möglichkeit, einen *effektiven Brechungsindex* zu definieren.

$$n_{\text{eff}} = n_1 \cos\theta \ . \tag{10.10}$$

Weil $\theta$ eine Funktion der Modenzahl $m$ ist, gilt dies auch für $n_{\text{eff}}$. In Übereinstimmung mit (10.9) liegt $n_{\text{eff}}$ zwischen $n_2$ und $n_1$. Wenn $n_{\text{eff}}$ kleiner als $n_2$ ist, wird die Welle nicht im Wellenleiter geführt.

### 10.2.2 Prismenkoppler

Schichtwellenleiter oder Wellenleiter mit rechteckigen Querschnitten können auf ein dielektrisches Substrat, wie z.B. Glas, Halbleiter oder elektro-optische Kristalle aufgebracht werden. Der hochbrechende Wellenleiter befindet sich zwischen dem Substrat und der Luft. Häufig wollen wir das Licht lieber an der Grenzfläche zur Luft in den Wellenleiter einkoppeln statt an der Stirnfläche des Wellenleiters. Diese Methode ist mit geringerem Justieraufwand verbunden und erfordert keine spezielle Präparation der Stirnfläche des Wellenleiters.

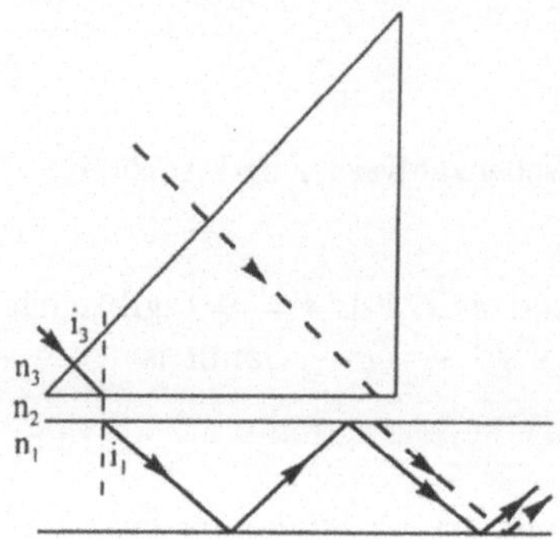


**Abb. 10.5.** Prismenkoppler

Eine Möglichkeit des *Einkoppelns* von Licht in den Wellenleiter von oben ist der *Prismenkoppler*, wie er in Abb. 10.5 dargestellt ist. Das Prisma hat einen höheren Brechungsindex als der Wellenleiter und befindet sich nicht im direkten Kontakt mit der Oberfläche des Wellenleiters. Wäre es in Kontakt, würde das Licht einfach in den Wellenleiter hineingebrochen und nach Reflexion an der unteren Grenzschicht wieder nach außen zurückgeworfen werden. Bei schwacher Kopplung zwischen Prisma und Wellenleiter kann jedoch ein bedeutender Teil des einfallenden Bündels in den Wellenleiter eingekoppelt werden. Diese schwache Kopplung wird erreicht, indem man einen kleinen Abstand zwischen Prisma und Wellenleiter in der Größenordnung der Wellenlänge einhält, so daß die Energie infolge des Eindringens der evaneszenten Welle in den Wellenleiter übertragen wird.

Das auf das Prisma einfallende Bündel muß eine endliche Breite haben. Energie wird nur dann effektiv in den Wellenleiter eingekoppelt, wenn die Richtung des Strahlenbündels, das in den Wellenleiter gebrochen wird, einer Mode des Wellenleiters entspricht. Unter Verwendung des Brechungsgesetzes $n_3 \sin i_3 = n_1 \sin i_1$ erhalten wir dann nach Multiplikation dieses Ausdrucks mit der Wellenzahl $k$ des Vakuums, daß die horizontalen Komponenten des Wellenzahlvektors in den beiden Medien (1 und 3) gleich sind. Die horizontale Komponente des Wellenzahlvektors im Wellenleiter ist die Ausbreitungskonstante $\beta$ mit

$$\beta = k_3 n_3 \sin i_3 \,. \tag{10.11}$$

Wenn $i_3$ so justiert ist, daß $\beta$ einer Wellenleitermode entspricht, so wird sich Licht, das am linken Rand in den Wellenleiter eingekoppelt wird, im Wellenleiter genau phasengleich mit dem Licht ausbreiten, das weiter rechts davon vom Prisma eingekoppelt wird. Es treten also konstruktive Interferenzen auf.

Die in den Wellenleiter eingekoppelte Energie kann somit durch eine größere *Koppellänge* erhöht werden. Wenn die Bedingung für $i_3$ nicht erfüllt ist, gibt es diese konstruktiven Interferenzen nicht, und das Licht wird zwischen dem Prisma und dem Wellenleiter hin und her gekoppelt, wobei im Endeffekt relativ wenig Energie im Wellenleiter verbleibt. Kurz gesagt, die Welle wird größtenteils aus dem Wellenleiter reflektiert werden, genau so wie beim Fabry-Perot-Interferometer der Transmissionsgrad annähernd 0 ist, wenn die Bedingung $m\lambda = 2d$ nicht erfüllt wird.

Wenn die elektrische Feldstärke innerhalb des Wellenleiters hinreichend groß ist, wird das Licht vom Wellenleiter zurück ins Prisma gelangen. Um das zu vermeiden und eine optimale Kopplung zu sichern, wird das einfallende Lichtbündel an der Kante des Prismas scharf abgeschnitten. Der tatsächliche Kopplungskoeffizient wird experimentell durch den Andruck des Prismas an den Wellenleiter eingestellt, bis eine maximale Kopplung erreicht ist.

Aus dieser Diskussion könnte man vermuten, daß man nie mehr als 50 % Koppeleffektivität erreichen kann, tatsächlich sind es jedoch etwa 80 %. Die Ursache dafür ist, daß das elektrische Feld im Wellenleiter nicht konstant sondern an der Grenzfläche geringer als im Zentrum ist. Das Einkoppeln vom Prisma in den Wellenleiter setzt sich solange fort, bis die Amplitude der evaneszenten Welle, die mit der geführten Welle verbunden ist, groß wird. Das geschieht erst dann, wenn ein großer Teil der einfallenden Energie im Wellenleiter bleibt.

### 10.2.3 Gitterkoppler

Licht kann auch mit einem *Gitterkoppler* in einen Schichtwellenleiter eingekoppelt werden. Eine solche Anordnung ist in Abb. 10.6 dargestellt, ihre Funktionsweise entspricht der des Prismenkopplers.

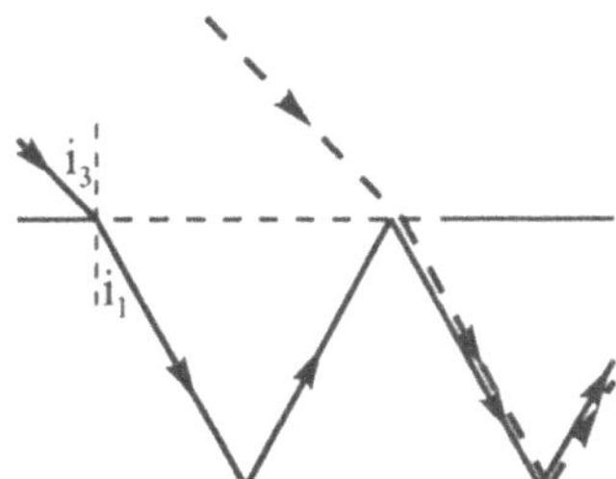


**Abb. 10.6.** Gitterkoppler

Ein Gitter, üblicherweise ein Phasengitter, wird in die Oberfläche des Wellenleiters geätzt. Der Brechungsindex des Wellenleiters sei $n_1$. Das Material über dem Wellenleiter ist üblicherweise Luft. (Der Brechungsindex des Mediums unter dem Gitter $n_2$ ist hier nicht wichtig, vorausgesetzt, daß $n_2 < n_1$ ist, damit die geführten Moden existieren können.) Die Gittergleichung (6.2) wird dann für diesen Fall

$$m\lambda = d' \sin i_3 - n_1 d' \sin i_1 \,, \tag{10.12}$$

wobei $d'$ die Gitterperiode ist, und die Winkel, wie gezeigt, positiv sind. Die Interferenzordnung $m$ setzen wir hier gleich 1. Der Faktor $n_1$ erscheint auf der rechten Seite der Gleichung, da die Wellenlänge im Inneren des Wellenleiters $\lambda/n_1$ ist. Äquivalent dazu ist die Aussage, daß die optische Weglänge im Medium $n_1$ mal so lang als die geometrische Wegstrecke ist. Wenn wir beide Seiten der Gleichung mit $2\pi/\lambda$ multiplizieren und etwas umstellen, finden wir

$$k_3 \sin i_3 = k_1 n_1 \sin i_1 + 2\pi/d' \,. \tag{10.13}$$

Bis hierhin ist $i_1$ beliebig groß. Wenn wir jedoch eine Mode im Wellenleiter anregen wollen, dann muß $k_1 n_1 \sin i_1$ gleich der Wellenzahl $\beta$ einer geführten Mode sein. Das heißt, wir können eine geführte Mode dann anregen, wenn wir $i_1, i_3$ und $d'$ so wählen, daß

$$k_3 \sin i_3 = \beta + 2\pi/d' \tag{10.14}$$

ist, wobei $\beta$ die Ausbreitungskonstante der Mode im Wellenleiter ist. Nur wenn diese Gleichung erfüllt ist, wird der in Abb. 10.6 gestrichelte Strahl in den Wellenleiter mit der gleichen Phasenlage eintreten, wie sie der durchgezogene Strahl aufweist. Genau wie beim Prismenkoppler kann das Licht auch aus dem Wellenleiter ausgekoppelt werden, d.h., die Länge des Gitters ist sorgfältig zu wählen. Die Koppeleffektivität kann nicht so einfach wie beim Prismenkoppler eingestellt werden.

Das Gitter kann auch durch eine Ultraschallwelle gebildet werden, die an der Oberfläche des Wellenleiters angeregt wird. Das Gitter kann sowohl zum Ein- als auch zum Auskoppeln von Licht in bzw. aus dem Wellenleiter verwendet werden. Außerdem kann es auch zur Modulation des im Wellenleiter geführten Lichtes genutzt werden. Zum Beispiel kann die Ultraschallwelle amplitudenmoduliert oder gepulst sein. Immer wenn ein Ultraschallimpuls auftritt, verringert sich die Lichtleistung im Inneren des Wellenleiters entsprechend. Auf diese Weise kann das Licht in einem Schichtwellenleiter für Kommunikations- oder andere Zwecke moduliert werden.

Im allgemeinen kann ein Prismen- oder Gitterkoppler zum Anregen von nur einer Mode im Wellenleiter eingesetzt werden. Wenn die Justierung aber nicht gut genug ist, können keine konstruktiven Interferenzen auftreten, und die Energie wird nicht effektiv in den Wellenleiter eingekoppelt. Daraus dürfen wir jedoch nicht schlußfolgern, daß ein Wellenleiter nur die Ausbreitung von Licht zuläßt, wenn nur eine Mode angeregt ist, oder daß das Licht, das unter einem falschen Winkel in den Wellenleiter eintritt, nicht von diesem geführt wird. Das ist zwar für Prismen- oder Gitterkoppler typisch, gilt aber nicht allgemein. Wenn nämlich ein Bündel in das Ende eines Multimode-Wellenleiters unter einem Winkel einfällt, der kleiner als der Akzeptanzwinkel ist, wird es infolge der Beugung an den Kanten des Wellenleiters in ein Spektrum von Ausbreitungsrichtungen zerlegt. Dadurch wird die Anregung mehrerer Moden erlaubt, und das Bündel breitet sich als Überlagerung dieser Moden im Wellenleiter aus.

### 10.2.4 Moden in Wellenleitern mit kreisförmigem Querschnitt

Eine Mode in einem Schichtwellenleiter entspricht einem Paar zickzack-förmiger Strahlen, die den Wellenleiter unter einem Winkel $i$ gemeinsam durchlaufen, der (10.6) mit $\phi_t = 2m\pi$ erfüllt. Die Moden eines rechteckigen Wellenleiters sind denen eines Schichtwellenleiters sehr ähnlich. Wir stellen uns die Ausbreitungskonstante einfach in Komponenten zerlegt vor, eine parallel zu den horizontalen Flächen des Wellenleiters und die andere parallel zu den senkrechten Flächen. Jede Komponente muß eine ähnliche Gleichung wie(10.6) erfüllen. Somit sind die Moden eines rechteckigen Wellenleiters das Produkt von Moden eines Schichtwellenleiters, die der Höhe bzw. Breite des rechteckigen Wellenleiters entsprechen. Jede Mode muß durch zwei Zahlen $m$ und $m'$ anstelle der bisherigen Modenzahl $m$ gekennzeichnet werden.

Die Moden eines Wellenleiters mit kreisförmigem Querschnitt oder einer Faser sind wesentlich komplizierter. Jede Mode entspricht einem komplizierten Strahlenkegel. Wenn dieser Kegel koaxial mit dem Wellenleiter ist, entsprechen die Moden fast denen eines Schichtwellenleiters. Es gilt dann eine Gleichung ähnlich (10.6), wobei $d$ durch den Durchmesser des Wellenleiters zu ersetzen ist.

Leider sind die meisten Kegel nicht koaxial zum Wellenleiter. Das heißt, die meisten Strahlen gehen nicht durch die Achse des Wellenleiters. Diese Strahlen werden als *windschiefe Strahlen* bezeichnet, um sie von den *meridionalen Strahlen* zu unterscheiden, die die Faserachse kreuzen. Windschiefe Strahlen breiten sich spiralförmig um die Achse des Wellenleiters aus, ohne sie je zu schneiden. Windschiefe Strahlen können in der Faser geführt werden. Aber einige windschiefe Strahlen werden nur schwach geführt oder sind *Leckwellen.* Leckwellen werden zunehmend wichtig für bestimmte Messungen, und wir werden sie detaillierter in Abschn. 10.3.4 behandeln.

### 10.2.5 Anzahl der Moden in einem Wellenleiter

Die Modenzahl $m$ einer bestimmten Mode in einem Schichtwellenleiter kann aus (10.6) mit $\phi_t = 2m\pi$ gefunden werden. Die Phasenverschiebung $\Phi$ bei der Reflexion ist immer kleiner als $\pi$ und kann für große $m$ vernachlässigt werden. Die Modenzahl steigt von 0, wenn der Wellenzahlvektor nahezu parallel zur Achse verläuft, bis auf einen maximalen Wert $M$, wenn $i$ fast den kritischen Winkel erreicht. Da jede Mode einer positiven ganzen Zahl oder 0 entspricht, ist die Anzahl der erlaubten Moden in der Schicht $M+1$ (hier wird ein Faktor 2 nicht berücksichtigt, der für verschiedene Polarisationsrichtungen steht).

Ist $m = M$, so ist $i$ sehr nahe an $i_c$, und $\Phi$ kann vernachlässigt werden. Der Ausdruck (10.6) wird zu

$$2n_1k_1d\cos i_c \cong 2\pi M\ . \tag{10.15}$$

Wenn wir die Beziehung $\sin i_c = n_2/n_1$ nutzen, können wir die Gleichung als

$$M \cong (2d/\lambda)\sqrt{n_1^2 - n_2^2} \tag{10.16}$$

oder mit (10.3) für die numerische Apertur $NA$ als

$$M \cong (2d/\lambda)NA\ . \tag{10.17}$$

schreiben. Bei einem Wellenleiter mit quadratischem Querschnitt sind für die Bezeichnung der Moden zwei Modenzahlen $m_1$ und $m_2$ erforderlich. Für jeden Wert $m_1$ gibt es $M+1$ verschiedene Werte von $m_2$. Die Gesamtzahl der Moden in einem solchen Wellenleiter ist also annähernd $M^2$, wenn $M \gg 1$ ist.

Für einen kreisförmigen Wellenleiter definieren wir einen Parameter

$$V = (2\pi a/\lambda)\sqrt{n_1^2 - n_2^2} = (2\pi a/\lambda)NA\ , \tag{10.18}$$

die sogenannte *normierte Frequenz* oder *Strukturkonstante*. Hier ist $a$ der Radius des Wellenleiters. Wenn $V$ groß ist, ist die Gesamtzahl der möglichen Moden in einem Wellenleiter mit kreisförmigem Querschnitt von der Größenordnung $V^2$. Zum Beispiel ist die Anzahl der Moden in einer Faser mit homogenem Kern annähernd $V^2/2$.

### 10.2.6 Monomode-Wellenleiter

Ist $M$ gleich 0, dann kann sich nur die Grundmode im Schichtwellenleiter oder in einem Wellenleiter mit rechteckförmigem Querschnitt ausbreiten. Die Moden höherer Ordnung werden *abgeschnitten* (cut off). Wenn die Mode, für die $m = 2$ gilt, gerade abgeschnitten wird, dann wird $M = 1$, und aus (10.17) erhalten wir die Bedingung

$$(2d/\lambda)NA < 1 \tag{10.19}$$

für den Monomode-Betrieb. Eine Faser oder ein Wellenleiter, der nur mit der Grundmode arbeitet, wird als *Monomode-Wellenleiter* bzw. -faser bezeichnet. Ein Monomode-Wellenleiter kann hergestellt werden, indem entweder $d$ oder $NA$ genügend klein gemacht werden.

Ein Wellenleiter mit kreisförmigem Querschnitt kann ebenfalls im Monomode-Betrieb arbeiten, wenn der Kernradius $a$ oder die numerische Apertur entsprechend abgestimmt werden. Die Bedingung dafür lautet

$$(2\pi a/\lambda)NA < 2{,}4\ , \tag{10.20}$$

wobei $2{,}4$ die erste Nullstelle der Besselfunktion ist, die die zweitniedrigste Mode in einem Wellenleiter mit kreisförmigem Querschnitt beschreibt. Auch diese Gleichung ist nur eine Näherung, da die Phasenverschiebung bei der Reflexion vernachlässigt wurde.

Wenn wir diese Gleichung nach dem Faserradius auflösen, finden wir

$$a < 1,2\lambda/\pi NA\,. \tag{10.21}$$

Die Gleichung (8.46) liefert die Divergenz eines Gaußbündels mit der Taille $w_0$. In der paraxialen Näherung ist der Divergenzwinkel $\theta$ gleich der numerischen Apertur, so daß die Taille eines Gaußbündels, ausgedrückt mit der numerischen Apertur, gleich $\lambda/\pi NA$ ist. Daraus ergibt sich, daß eine Faser dann eine Monomode-Faser wird, wenn ihr Radius etwa gleich der Taille des Gaußbündels ist, das die gleiche numerische Apertur wie die Faser besitzt. Tatsächlich hat das Bündel, das aus dem Faserende austritt, annähernd ein Gaußprofil, und seine Bündeldivergenz entspricht ungefähr der eines Gaußbündels mit der gleichen Taille. Diese Tatsache wird wichtig werden, wenn wir Meßverfahren und Probleme der Faserkoppler diskutieren.

Eine Monomode-Faser führt Strahlen, die alle auf einem Kegel meridionaler Strahlen liegen und den gleichen Neigungswinkel zur Faserachse haben. Alle diese Strahlen durchlaufen den gleichen Weg. Demzufolge gibt es dabei keine *Modendispersion*, wie wir sie in Verbindung mit (10.4) gefunden haben. Monomode-Fasern können sehr große Bandbreiten übertragen, die prinzipiell nur durch die Dispersion des Materials begrenzt werden, aus dem die Faser hergestellt wurde.

## 10.3 Gradientenindex-Fasern

Eine *Gradientenindex-Faser* ist ein optischer Wellenleiter, dessen Brechungsindex mit der Entfernung von der Faserachse abnimmt. Die Strahlen durchlaufen in einer solchen Faser gekrümmte Bahnen, wie in Abb. 10.7 dargestellt ist. Ein Strahl, der die Achse unter einem relativ großen Winkel schneidet, legt dabei eine größere Entfernung zurück als ein axialer Strahl. Allerdings verspürt er einen kleineren Brechungsindex und erfährt damit eine größere Ausbreitungsgeschwindigkeit in einem Teil seines Weges. Somit benötigen die beiden Strahlen etwa die gleiche Zeit für die Ausbreitung durch die Faser. Auf diese Weise kann die Modendispersion in den Fasern kompensiert werden. Um die Gradientenindex-Fasern von denen zu unterscheiden, die einen Kern mit konstantem Brechungsindex aufweisen, werden letztere als *Stufenindex-Fasern* bezeichnet.

### 10.3.1 Parabolisches Profil

Wir wollen im folgenden einen Ausdruck für das *Indexprofil* einer Gradientenindex-Faser in paraxialer Näherung ableiten. Dazu beginnen wir mit einem meridionalen Strahl, der die Faserachse unter dem Einfallswinkel $i$ kreuzt. Da der Brechungsindex der Faser monoton mit der Entfernung von der Faserachse abnimmt, läuft der Strahl, wie in Abb. 10.7 gezeigt, auf einer gekrümmten Bahn. Am *Umkehrpunkt* ändert der Anstieg des Strahls das Vorzeichen, und der Strahl wird wie bei der Totalreflexion wieder in Richtung der Achse gelenkt. In einer Entfernung $L$ vom Startpunkt kreuzt der Strahl erneut die Achse.

Um den Strahl zu verfolgen, stellen wir uns die Faser wie eine Zwiebel aus Schichten aufgebaut vor. Der Brechungsindex jeder folgenden Schicht ist geringer als die vorhergehende. Wenn wir den Strahl, wie in Abb. 10.8 dargestellt, durch einige Schichten verfolgen, finden wir

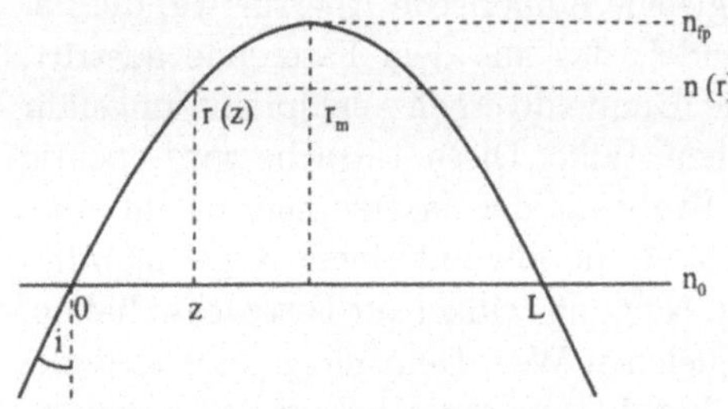


**Abb. 10.7.** Strahlenverlauf in einer Gradientenindexfaser

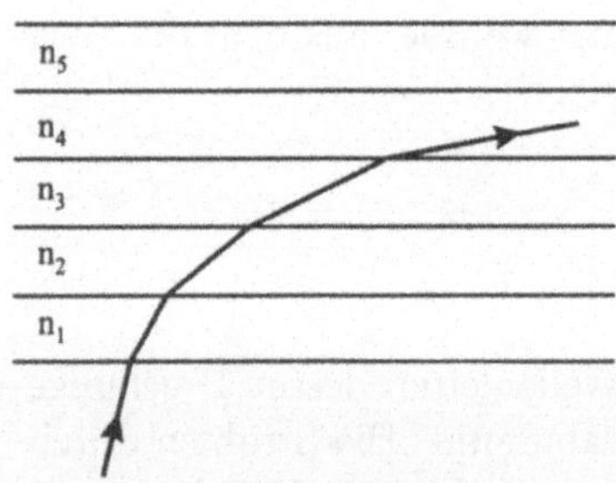


**Abb. 10.8.** Strahlenverlauf in einem Schichtsystem

$$n_1 \sin i_1 = n_2 \sin i_2 \,, \qquad n_2 \sin i_2 = n_3 \sin i_3 \tag{10.22}$$

oder

$$n \sin i = const. \,, \tag{10.23}$$

wobei $i$ der Einfallswinkel (gemessen zur Normalen auf die Schichten) ist. Das ist eine Verallgemeinerung des Brechungsgesetzes. Es gilt ganz unabhängig davon, ob das Medium aus Schichten besteht oder eine kontinuierliche Brechungsindexverteilung aufweist. Das sieht man insbesondere, wenn man die Schichtdicke gegen 0 gehen läßt.

Wir gehen von Abb. 10.7 aus und wenden das verallgemeinerte Brechungsgesetz auf den Strahl an, der die Achse unter dem Winkel $i$ schneidet.

Der Strahl folgt einem Weg, den wir mit der Funktion $r(z)$ beschreiben. Dabei sind $z$ die Entfernung entlang der Faser und $r$ der Abstand von der Achse. Der Strahl kehrt dann zur Achse zurück, wenn er den Radius $r_m$ erreicht hat. (10.23) zeigt unmittelbar, daß

$$n(r_m) = n_0 \sin i \tag{10.24}$$

für jeden Wert von $i$ gilt.

Jetzt fordern wir, daß alle geführten Strahlen gekrümmten Wegen folgen, die sich periodisch schneiden. Die Periode $L$ soll unabhängig vom Einfallswinkel $i$ sein, so daß alle Strahlen periodisch in die gleichen Punkte fokussiert werden. Diese Bedingung garantiert, daß alle Strahlen den gleichen optischen Weg durchlaufen (Fermatsches Prinzip, Abschn. 5.5).

Da die Strahlenverläufe periodisch sein müssen, nehmen wir für die Strahlhöhe $r(z)$ eine sinusförmige Abhängigkeit an

$$r(z) = r_m \sin(\pi z/L) \,. \tag{10.25}$$

Der Anstieg dieser Kurve ist

$$\mathrm{d}r(z)/\mathrm{d}z = (r_m \pi/L) \cos(\pi z/L) \tag{10.26}$$

und somit gleich $r_m \pi/L$ für $z = 0$. Der Anstieg der Kurve im Punkt 0 ist (in paraxialer Näherung) auch gleich $\cos i$. Daher erhalten wir unter Verwendung von $\sin i = (1 - \cos^2 i)^{1/2}$ aus (10.22)

$$n(r_m) = n_0[1 - (\pi r_m/L)^2]^{1/2} \,. \tag{10.27}$$

In Abhängigkeit vom Winkel $i$ kann $r_m$ irgend einen Wert annehmen. Wenn das Brechungsindexprofil der Faser keine axialen Variationen aufweist, dann ist $n(r_m)$ die gesuchte Funktion, und wir können den Index $m$ weglassen. Mit der Näherung für kleine $x$ , daß $(1 - x)^a \cong 1 - ax$ ist, erhalten wir

$$n(r) \cong n_0[1 - (1/2)(\pi r/L)^2] \,. \tag{10.28}$$

Schließlich fordern wir, daß der Fasermantel einen konstanten Brechungsindex $n(a) = n_2$ für alle $r > a$ besitzt. Wenn wir $\Delta n$ durch den Ausdruck

$$\Delta n = n_0 - n_2 \tag{10.29}$$

definieren, ergibt sich daraus unmittelbar

$$n(r) = n_0 - \Delta n(r/a)^2 \,. \tag{10.30}$$

Das durch diese Gleichung beschriebene Brechungsindexprofil wird als *parabolisches Profil* bezeichnet. Es wurde hier nur für meridionale Strahlen in der paraxialen Näherung abgeleitet. Das Ergebnis ist tatsächlich ein Spezialfall des *Potenz-Profils*

$$n(r) = n_0[1 - 2\Delta(r/a)^g]^{1/2} \,, \tag{10.31}$$

wobei

$$\Delta = (n_0^2 - n_2^2)/2n_0^2 \tag{10.32}$$

ist. Der *Deltaparameter*, der in (10.31) erscheint, ist nicht das gleiche wie $\Delta n$. Wenn $\Delta n$ klein ist, so ist $\Delta n \cong n_0 \Delta$. Der Exponent $g$ wird als *Profilparameter* bezeichnet. Werden alle Faktoren berücksichtigt, so kann sich der beste Wert von $g$ um 5–10 % vom Wert 2 unterscheiden, den wir unter Verwendung der paraxialen Näherung erhalten haben.

### 10.3.2 Lokale numerische Apertur

Die numerische Apertur einer Gradientenindexfaser kann als $(n_0^2 - n_2^2)^{1/2}$ definiert werden. Strahlen, die auf der Achse und innerhalb der numerischen Apertur in die Faser eintreten, werden geführt, solche außerhalb der numerischen Apertur jedoch nicht. Außerhalb der Achse, wo der Brechungsindex $n(r) < n_0$ ist, ist die Situation etwas anders. Wir können das verallgemeinerte Brechungsgesetz (10.23) verwenden, um zu zeigen, daß ein außeraxialer meridionaler Strahl nur dann geführt wird, wenn

$$n(r) \sin\theta < n_2 \tag{10.33}$$

ist. Das führt uns zur Definition einer *lokalen numerischen Apertur* für meridionale Strahlen, die am Faserende beim Radius $r$ einfallen,

$$NA_\mathrm{l} = [n^2(r) - n_2^2]^{1/2} \,. \tag{10.34}$$

Da $n(r)$ immer kleiner als $n_0$ ist, schließen wir daraus, daß die Gradientenindexfaser das Licht weniger effektiv aufnimmt als eine Stufenindexfaser bei gleicher numerischer Apertur. Das Lichtsammelvermögen fällt an der Grenzfläche zwischen Kern und Mantel auf Null. Das spiegelt sich auch in der Tatsache wider, daß die Anzahl der Moden einer Faser mit parabolischem Brechungsindexprofil nur die Hälfte der einer Stufenindexfaser mit gleicher numerischer Apertur beträgt.

### 10.3.3 Leckwellen

Wenn Licht auf eine gekrümmte Grenzfläche fällt, und der Einfallswinkel den kritischen Winkel überschreitet, kann es die Grenzfläche durchdringen gelangen, wenn auch nicht so effektiv wie bei der gewöhnlichen Brechung. Dieses Phänomen gehört zur frustrierten Totalreflexion. Wellen, die auf Grenzflächen einfallen und teilweise hindurchtreten, werden *Leckwellen* genannt. In einer Faser werden sie von *geführten Wellen* und *gebrochenen Wellen* unterschieden. In der Modentheorie werden diese Wellen als *Leckmoden* aufgefaßt. Abbildung 10.9 zeigt einen Strahl, der auf eine gekrümmte Fläche mit dem Krümmungsradius $R$ fällt. Der Einfallswinkel $i$ ist größer als der kritische

Winkel $i_c$. Wegen der evaneszenten Welle gelangt jedoch auch Energie ins zweite Medium. Die Amplitude dieser Welle fällt annähernd exponentiell mit dem radialen Abstand von der Grenzfläche. Trotzdem transportiert die evaneszente Welle Energie auch tangential zur Grenzfläche, und der evaneszenten Welle ist auch eine entsprechende Phase zuzuordnen.

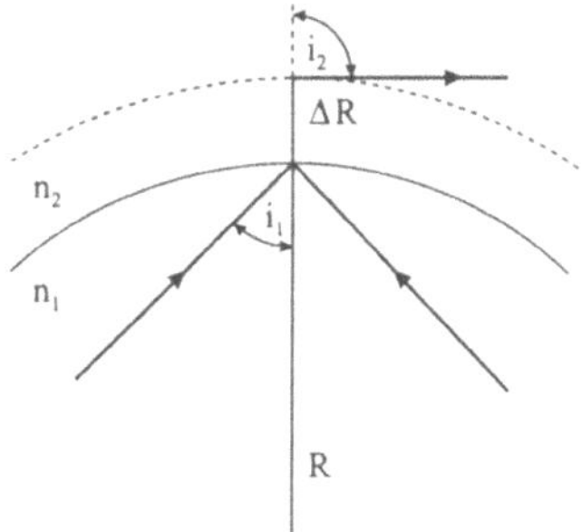


**Abb. 10.9.** Leckwelle

Die geführte Welle im ersten (inneren) Medium schleppt sozusagen die evaneszente Welle mit, die Energie entlang der Grenzfläche transportiert. Die evaneszente Welle muß deshalb mit der geführten Welle Schritt halten. Je weiter sie von der Grenzfläche entfernt ist, um so schneller muß sie sich ausbreiten. Unter Umständen erreicht ihre Geschwindigkeit die Lichtgeschwindigkeit $c_2 = c/n_2$ im zweiten Medium. Die Relativitätstheorie schließt Geschwindigkeiten aus, die größer als die Lichtgeschwindigkeit sind, so daß wir schlußfolgern, daß sich die evaneszente Welle in einer Entfernung von der Grenzfläche, bei der ihre Geschwindigkeit den Wert $c/n_2$ erreicht, in eine Freiraumwelle verwandelt. Diese Interpretation wird von der Elektrodynamik bestätigt.

Um eine Vorstellung von der Physik zu bekommen, die sich hinter den Leckwellen verbirgt, schreiben wir das Brechungsgesetz in der Form

$$\sin i_2 = \sin i_1 / \sin i_c \ , \tag{10.35}$$

wobei $\sin i_c = n_2/n_1$ ist. Ferner gilt

$$\cos i_2 = [1 - (\sin i_1 / \sin i_c)^2]^{1/2} \ . \tag{10.36}$$

Ist $i_1 < i_c$, dann wird $\cos i_2$ reell. Nähert sich $i_1$ dem Wert $i_c$, dann geht $\cos i_2$ gegen 0. Überschreitet schließlich $i_1$ den Winkel $i_c$, dann wird $\cos i_2$ imaginär, d.h., im zweiten Medium existiert keine freie Welle mehr. In einer Entfernung$\Delta R$ von der Grenzfläche wird allerdings die evaneszente Welle wieder zur Freiraumwelle. Wenn das geschieht, dann wird $\cos i_2$ wieder reell, und am Übergangspunkt ist $\cos i_2 = 0$. Das heißt, die evaneszente Welle wird dann zu einer Freiraumwelle, wenn gilt $i_2 = \pi/2$. Das bedeutet, daß die Strahlung parallel zur Grenzfläche emittiert wird, allerdings erst in einem Abstand $\Delta R$ zur Grenzfläche. Da es demzufolge eine Lücke zwischen der einfallenden und der transmittierten Welle gibt, werden die Leckwellen manchmal auch als *Tunnelwellen* bezeichnet. Je größer die Lücke ist, um so kleiner ist die Energie, die durch dieses Tunneln verloren geht, da der Transmissionsgrad eng mit der Amplitude der evaneszenten Welle im Abstand $\Delta R$ von der Grenzfläche zusammenhängt.

Die elektromagnetische Theorie der Leckwellen ist ziemlich kompliziert. Wir können jedoch eine heuristische Abschätzung der Beziehung zwischen $R$ , $\Delta R$ und $i_1$ vornehmen. Zum einen wissen wir, daß sich die evaneszente Welle bis ins Unendliche erstreckt, wenn $R = \infty$ wird und die Oberfläche eben ist. Wir vermuten deshalb, daß $\Delta R$ proportional zu $R$ ist.

Weiterhin gehen wir davon aus, daß der Übergang von einem gebrochenen Strahl (mit $i_1 < i_c$) zu einem Leckstrahl (mit $i_1 > i_C$) kontinuierlich verläuft. Werden die Strahlen gebrochen, so geht die Strahlung im zweiten Medium von der Grenzfläche aus. Ist $i_1 \equiv i_c$, dann ist die Unterscheidung zwischen gebrochenem Strahl und Leckstrahl nicht scharf. Daher sollte die transmittierte Freiraumwelle ebenfalls von der Grenzfläche ausgehen, wenn $i_1 = i_c$ ist. Kurz gesagt, $\Delta R$ sollte gleich 0 sein, wenn $i_1 = i_c$ ist, und sollte bei größer werdendem Winkel $i_1$ ebenfalls anwachsen.

Folglich erwarten wir, daß

a) $\Delta R \propto R$ und
b) $\Delta R = 0$ für $i_1 = i_c$ ist.

Eine sehr einfache Beziehung, die diese Abhängigkeiten enthält, ist

$$\Delta R/R = (\sin i_1/\sin i_c) - 1 \,. \tag{10.37}$$

Diese Relation gilt exakt.

### 10.3.4 Eingeschränkte Startbedingungen

Für eine Faser stellt die Abb. 10.9 die Projektion eines Strahls auf eine Ebene senkrecht zur Faserachse dar. Einige Strahlen treten in die Faser unter einem Winkel ein, der größer als der Akzeptanzwinkel für meridionale Strahlen ist. Manchmal allerdings treffen diese Strahlen auch unter Winkeln auf die Grenzfläche zwischen Kern und Fasermantel, die größer als der kritische Winkel sind.

Diese Strahlen sind Leckstrahlen und haben höhere Verluste als die gewöhnlichen geführten Strahlen. Das kann zu Problemen bei verschiedenen Messungen führen, z.B. könnten die Leckwellen eine Rolle bei kurzen Fasern spielen, da dann die Dämpfung pro Längeneinheit mit der Länge der auszumessenden Faser variiert, während alle anderen Parameter gleich bleiben.

Viele Forscher versuchen dieses Problem dadurch zu umgehen, daß sie nur geführte Moden anregen. Für den Fall eines parabolischen Profils ist der

Akzeptanzwinkel für meridionale Strahlen durch eine Gleichung analog zu (10.3) gegeben

$$\sin^2 \theta_m(r) = n^2(r) - n_2^2 \,. \tag{10.38}$$

Mit (10.30) können wir (10.38) umschreiben in

$$\sin^2 \theta_m(r) = \sin^2 \theta_m(0) - 2n_0 \Delta n (r/a)^2 \,, \tag{10.39}$$

wobei $\theta_m(0)$ der Akzeptanzwinkel für Strahlen ist, die auf der Achse in die Faser eintreten. Strahlen, die unter einem kleineren Winkel als dem lokalen Akzeptanzwinkel in die Faser einfallen, werden zu geführten Strahlen unabhängig davon, ob sie meridionale Strahlen sind oder nicht. Die anderen Strahlen werden entweder zu Leckstrahlen oder werden gebrochen.

(10.39) zeigt, daß $\sin^2 \theta_m(r)$ eine lineare Funktion von $(r/a)^2$ ist. Abbildung 10.10 stellt die Beziehung zwischen geführtem, gebrochenem und Leckstrahl für unterschiedliche Werte von $\theta_m(r)$ und $r$ dar. Die Achsen sind normiert. Die Diagonale repräsentiert (10.39); alle geführten Strahlen entsprechen Punkten unterhalb dieser Linie. Punkte oberhalb der Diagonalen gehören entweder zu gebrochenen oder Leckstrahlen. Punkte außerhalb des großen Quadrates repräsentieren nur gebrochene Strahlen.

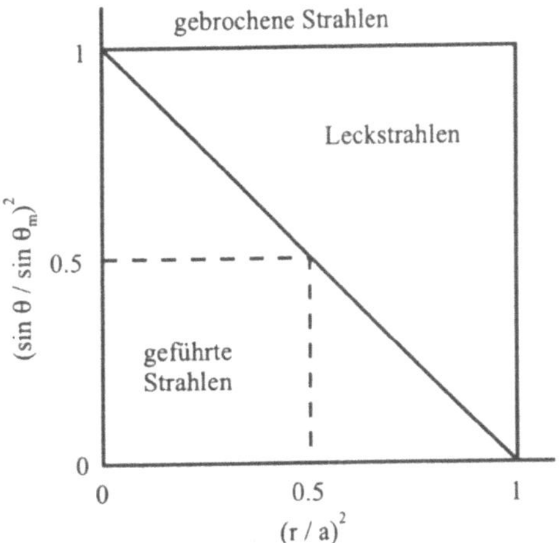


**Abb. 10.10.** Gebiete der geführten, der Leck- und der gebrochenen Strahlen

Abbildung 10.10 zeigt, wie nur geführte Strahlen angeregt werden können, d.h. $\theta_m(r)$ und $r$ sind auf Werte unterhalb der Diagonalen zu beschränken. Wir können das auf unterschiedlichen Wegen erreichen, z.B. könnten wir ein Bündel auf die Faserachse fokussieren und $\theta_m(r) \leq \theta_m(0)$ wählen. In diesem Falle regen wir alle Strahlen an, die durch die Ordinate repräsentiert werden. Auf ähnliche Weise könnten wir die Faser mit einem kollimierten Bündel mit dem Radius $a$ beleuchten. Dieser Fall entspricht der Abszisse. Wenn wir allerdings so viele Strahlen wie möglich in die Faser einkoppeln (d.h. so viele

Moden wie möglich anregen) wollen, müssen wir den entsprechenden Bereich unterhalb der Diagonalen möglichst groß machen. Das wird erreicht, wenn man beide Achsen auf die Werte zwischen 0 und 0,5 einschränkt, wie es mit den gestrichelten Linien angedeutet ist. Das so gebildete Quadrat besitzt unter allen möglichen Rechtecken unterhalb der Diagonalen den größten Flächeninhalt. Die Bedingungen für das Anregen nur solcher Strahlen, die Punkten innerhalb dieses Quadrats entprechen, sind

$$\sin\theta_m(r) < 0,71 \sin\theta_m(0) \tag{10.40}$$

und

$$r < 0,71a\,, \tag{10.41}$$

wobei $0,71$ ungefähr die Quadratwurzel von $0,5$ ist.

Diese Gleichungen beschreiben die *eingeschänkte Startbedingung*, die auch *70-70-Anregungsbedingung* genannt wird. Diese Bedingung ist leicht zu erfüllen, wenn man eine Linse verwendet, die die $0,71$-fache numerische Apertur der Faser besitzt, um eine diffuse Quelle derart abzubilden, daß der Bildradius $0,71a$ beträgt. Praktisch wird ein geringfügig kleinerer Faktor als $0,71$ gewählt, um das Anregen von Leckwellen zu vermeiden.

Die 70-70-Anregung ergibt keine geführten Moden mit großen Werten von $r$ oder $\sin\theta_m(r)$. Solche Moden erweisen sich in der Praxis als etwas verlustreicher als die Moden niedrigerer Ordnung, die durch die 70-70-Anregung erhalten werden. Eine lange Faser, z.B. mit einer Länge über 1 km Länge, kann deshalb viel Energie in ihre Moden höherer Ordnung einkoppeln, unabhängig davon, wie sie ursprünglich angeregt wurde. Deshalb hat die 70-70-Anregung Bedeutung für viele Messungen an langen Fasern.

### 10.3.5 Krümmungsverluste und Modenkopplung

Abbildung 10.11 zeigt einen geführten Strahl in der Nähe des kritischen Winkels eines Wellenleiters, der eine sehr kleine Unstetigkeit besitzt. Hinter der Unstetigkeit wird der Strahl gebrochen, weil der Einfallswinkel im zweiten Teil des Wellenleiters kleiner als der kritische Winkel ist. Eine Mode niedriger Ordnung entspricht Strahlen, die weit vom kritischen Winkel entfernt sind, d.h. Strahlen, die annähernd parallel zur Faserachse verlaufen. Die Mode niedriger Ordnung wird keine Verluste erleiden, solange die Unstetigkeit nicht sehr scharf ausgeprägt ist, während die Moden höherer Ordnung dauerhafte Verluste erfahren. Eine Krümmung der Faser kann als eine Folge von solchen infinitesimalen Diskontinuitäten angesehen werden. Wir schließen daraus, daß die Moden höherer Ordnung an Krümmungen mehr Verluste erleiden, als Moden niedriger Ordnung. Da alle Fasern *Mikrokrümmungen* aufweisen, die das Ergebnis von Spannungen durch das Aufwickeln oder Verseilen sind, werden die Moden höherer Ordnung durch die Verluste selektiert, und es bleiben nur die Moden relativ niedriger Ordnung in langen Fasern übrig.

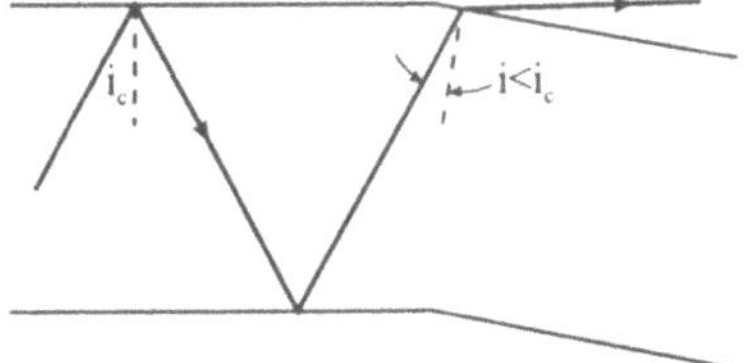


**Abb. 10.11.** Strahlungsverlust an einer sehr kleinen Unstetigkeit an der Grenzfläche

Analog weisen auch windschiefe Strahlen, die zu Beginn große $r$-Werte besitzen, größere Verluste auf als andere Strahlen. Das ist so, weil sie einen längeren Weg als die achsennahen Strahlen durchlaufen, und auch deshalb, weil ein großer Teil der Energie der entsprechenden Mode in die evaneszente Welle abgegeben wird. Es gibt auch bei den Gradientenindex-Fasern an der Kern-Mantelgrenze eine scharfe Diskontinuität des Brechungsindex. Jede Störung an dieser Grenzfläche verursacht eine wesentliche Verstärkung der Streuung, und Moden, die an der Grenzfläche eine größere Energie haben, erfahren größere Verluste als andere.

Strahlen bzw. Moden, die Punkten mit Werten nahe 1 an den Achsen in der Abb. 10.10 entsprechen, zeigen höhere Verluste als solche Moden, die näher am Zentrum des Gebietes geführter Moden liegen. Angenommen wir regen eine Faser gleichmäßig z.B. durch eine Stirnflächenkopplung mit einer LED an, dann entspricht die Intensitätsverteilung innerhalb der Faser von Beginn an einer gleichmäßigen Anregung der Moden im Dreieck unterhalb der Diagonalen in Abb. 10.10 Nach Ausbreitung über eine beträchtliche Faserlänge werden sowohl die Leckwellen als auch die Moden, die den Ecken des Dreiecks entsprechen, gedämpft oder verschwinden ganz. Die Grenze der Modenverteilung innerhalb der Faser ist jetzt nicht mehr durch die Diagonale gegeben, sondern durch das Quadrat, das der 70-70-Bedingung entspricht.

Andererseits, wenn wir die Faser gemäß der 70-70-Bedingung anregen, werden einige Wellen an Defekten gestreut, bleiben aber an den Kern gebunden. Dies kann zu einer *Modenkopplung* führen. Ein Ergebnis der Modenkopplung ist, daß das Quadrat oft nicht adäquat die Modenverteilung in der Faser nach einer großen Ausbreitungslänge beschreibt. Die gestrichelten Linien nehmen dann einen größeren Raum unter der Diagonalen ein.

In einer genügend langen Faser werden beide Bedingungen die gleiche Intensitätsverteilung über die Moden ergeben. Ab dem Punkt, wo das der Fall ist, wird sich die modale Intensitätsverteilung nicht mehr ändern (obwohl sich die Gesamtintensität natürlich durch Verluste verringert). Eine solche Verteilung der Intensität über die Moden wird als *Gleichgewichts-Modenverteilung* bezeichnet. Die Ausbreitungslänge, die zum Erreichen der Gleichgewichts-Modenverteilung erforderlich ist, heißt *Gleichgewichtslänge.* Wenn auch viele Fasern so geringe Streuverluste haben, daß die Gleichgewichtslänge viele Kilometer beträgt, ergibt sich durch das Konzept der Gleichgewichts-Modenverteilung die Erklärung dafür, daß die 70-70-Bedingung richtige Ergebnisse für viele Fasern bei beliebigen Koppelbedingungen liefert.

## 10.4 Verbinder

Optische Fasern können nicht wie Drähte oder Koaxialkabel aufs Geradewohl verbunden werden. Sie müssen mit den Stirnflächen aneinander gefügt werden, so daß ihre Kerne präzise aufeinander ausgerichtet sind. Heutzutage sind die meisten Fasern Monomode-Fasern, deren Kernradius ca. 5 μm beträgt. Ein Justierfehler oder eine Abweichung von 1 μm kann einen bedeutenden Verlust der geführten Energie verursachen. Wenn diese *Koppelverluste* nicht innerhalb enger Toleranzen gehalten werden können, muß der Entwickler von Faserkommunikationssystemen entweder Hochleistungsquellen oder häufiger Verstärker einsetzen, als es im optimalen Falle notwendig wäre, oder aber die Verbinder müssen von Hand justiert werden. Beide Varianten sind kostenintensiv, so daß beträchtliche Anstrengungen unternommen wurden, um die Verluste sowohl bei festen *Spleißverbindungen* als auch bei demontierbaren *Verbindern* zu reduzieren.

Bevor die Fasern entweder in einer dauerhaften Spleißverbindung oder in einem demontierbaren Verbinder zusammengefügt werden, werden sie gewöhnlich *gespalten* oder gebrochen, so daß das Faserende eben und senkrecht zu Achse orientiert ist. Dazu wird erst die Faserhülle entfernt. Die Faser wird dann mechanisch gespannt, und die äußere Oberfläche mit einem Diamanten oder einer anderen harten Schneide an dem Punkt geritzt, an dem die Endfläche sein soll. Manchmal wird die Faser auch geritzt und dann einer Scherkraft ausgesetzt. Bei richtiger Spannung bricht die Faser glatt ab. Die beiden Faserenden können dann in einer elektrischen Bogenentladung verschweißt oder verschmolzen werden, oder sie werden durch eine Keramik- oder Glaskapillare geschoben und mit einer bezüglich des Brechungsindex angepaßten Flüssigkeit oder auch einem Kleber verbunden. Diese Methoden funktionieren allerdings nur, wenn sich der Kern sehr genau im Zentrum des Fasermantels befindet, wenn die Spaltfläche senkrecht zur Achse liegt, wenn ein Kapillarrohr oder ein V-förmiger Graben benutzt wird, und wenn der Manteldurchmesser und die Form des Querschnittes innerhalb exakter Grenzen liegen. Ist z.B. der Kern einer Monomode-Faser nur um 1 μm aus dem Zentrum des Fasermantels verschoben, treten beträchtliche Verluste auf.

### 10.4.1 Multimode-Fasern

Wir können einige Einsichten in das Verbinderproblem gewinnen, wenn wir einen Multimode-Schichtwellenleiter betrachten. Angenommen der Wellenleiter habe ein stufenförmiges Brechungsindexprofil, und sein Kern werde gleichförmig sowohl im Querschnitt als auch innerhalb seiner numerischen Apertur beleuchtet.

Man betrachte nun zwei solcher Wellenleiter, die rechtwinklig geschnitten und gemäß Abb. 10.12 zusammengefügt wurden. Die linke Seite von Abb. 10.12 illustriert einen *transversalen Versatz* zwischen den beiden Wellenleitern, die zwar eng miteinander verbunden, aber nicht exakt ausgerichtet sind. Da wir annehmen, daß die Wellenleiter gleichmäßig ausgeleuchtet wurden, ist der Transmissionsgrad bei einem derartigen axialen Versatz

$$T_\delta = (1 - \delta/b) \,, \tag{10.42}$$

wobei $b$ die Dicke der Schicht (der Durchmesser des Kerns einer realen Faser) ist.

Die rechte Seite von Abb. 10.12 zeigt eine Verkippung um den Winkel $\phi$. Hierbei nehmen wir an, daß der Winkel klein genug ist, so daß die Wellenleiter ungeachtet dieses Winkelfehlers noch im Kontakt miteinander sind. Der halbe Akzeptanzwinkel $\theta$ des Wellenleiters ist $\arcsin(NA)$. Da der zweite Wellenleiter unter dem Winkel $\phi$ zum ersten geneigt ist, werden einige Strahlen, die vom ersten Wellenleiter emittiert werden, auf den zweiten unter einem Winkel auftreffen, der größer als $\theta$ ist. Da wir eine gleichförmige Beleuchtung über den Gesamtwinkel von $2\theta$ angenommen haben, finden wir, daß

$$T_\phi = 1 - (\phi/2\theta) \tag{10.43}$$

der Transmissionsgrad dieser Verbindung ist.

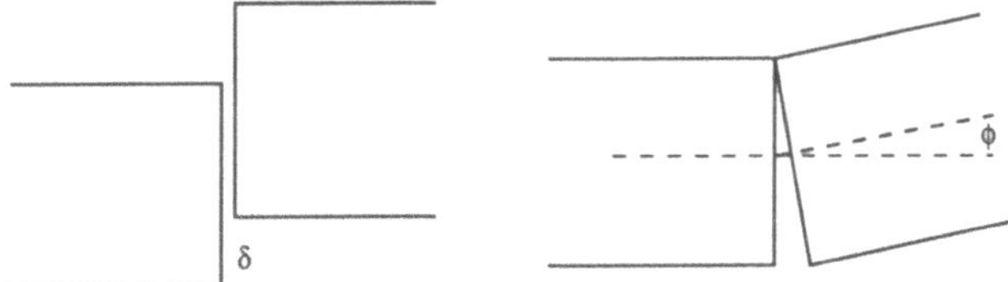


**Abb. 10.12.** Verlustmechanismen bei Faser-Faser-Kopplern; (*links*) radiale oder transversale Fehlanpassung, (*rechts*) Verkippung

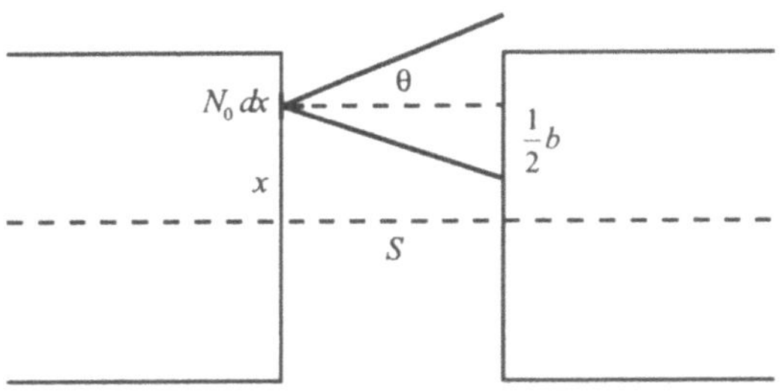


**Abb. 10.13.** Axialer Versatz zwischen zwei Fasern

Sind die Wellenleiter in axialer Richtung verschoben, ist die Berechnung komplizierter. Abbildung 10.13 zeigt zwei Wellenleiter, deren Stirnflächen sich in einem Abstand $s$ zueinander befinden, die sonst aber exakt justiert sind. Die Koordinate $x$ in der Stirnfläche des Wellenleiters wird von der Achse aus gemessen. In Übereinstimmung mit unserer Annahme einer gleichförmigen Ausleuchtung der numerischen Apertur des Wellenleiters nehmen wir an, daß die Strahldichte eines differentiellen Elementes $\mathrm{d}x$ gegeben ist durch

$$L = L_0 \text{ , für Winkel } < \theta \text{ und}$$

$$L = 0 \text{ für Winkel } > \theta \,. \tag{10.44}$$

Entsprechend (4.2) ist der Anteil der Leistung $\mathrm{d}P$, der durch ein differentielles Element $\mathrm{d}x$ emittiert wird, gleich

$$\mathrm{d}P = L_0 \mathrm{d}x \,, \tag{10.45}$$

wobei wir die zweite Dimension in dieser eindimensionalen Näherung vernachlässigt haben und die Tatsache verwenden, daß für kleine Winkel $\cos\theta = 1$ ist.

Überall dort, wo gilt

$$x + s \tan\theta < b/2 \,, \tag{10.46}$$

wird die gesamte Leistung $\mathrm{d}P$ in die zweite Faser übertragen. Überschreitet $x$ den Wert $b/2 - s\tan\theta$, so wird nur der Anteil

$$\mathrm{d}P_{\text{eff}} = \frac{s\tan\theta + b/2 - x}{2s\tan\theta}\mathrm{d}x \tag{10.47}$$

in die zweite Faser eingekoppelt. Diese Funktion ist linear in $x$ und fällt auf 0,5, wenn $x$ seinen Maximalwert $b/2$ erreicht.

In Abb. 10.14 ist das dargestellt, wobei der konstante Wert auf 1 normiert wurde.

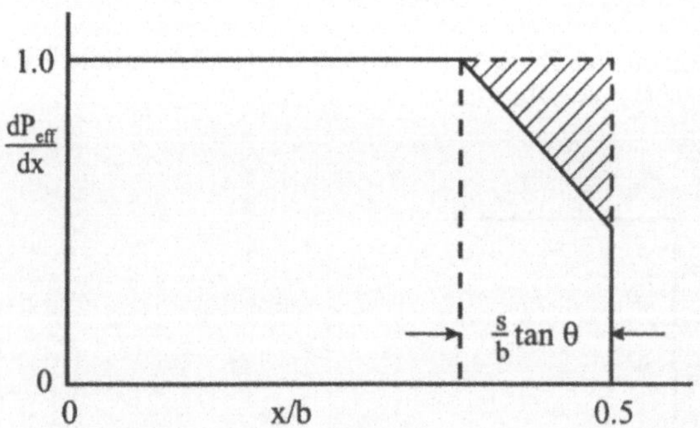


**Abb. 10.14.** Zwischen zwei Fasern übertragene differentielle Leistung als Funktion der normierten Entfernung $x/b$ zwischen den Fasern

Der Transmissionsgrad der Verbindung ist das Integral über die in Abb. 10.14 dargestellte Funktion. Dieses Integral entspricht der Fläche des Rechtecks vermindert um die Fläche des schraffiert dargestellten Dreiecks. Das heißt

$$T_s = 1 - (s\tan\theta)/2b \tag{10.48}$$

ist der Transmissionsgrad der Verbindung zweier Wellenleiter mit dem axialen Abstand $s$. In (10.47) entspricht $\tan\theta$ annähernd der numerischen Apertur des Wellenleiters.

Die meisten Multimode-Fasern sind heutzutage Gradientenindex-Fasern. Demzufolge wird weder der Kern im Ganzen noch die Faser innerhalb ihrer numerischen Apertur das Licht gleichförmig aufnehmen oder emittieren. Eher wird es so sein, daß von der Achse eine maximale Strahlung ausgeht, die sich nach außen hin bis zum Mantel auf Null verringert. Analog ist die Winkelverteilung der abgestrahlten Leistung entlang der Faserachse maximal und fällt auf 0 beim Winkel $\theta$. Schließlich haben die Fasern einen kreisförmigen Querschnitt. (10.41), (10.42) und (10.47) liefern somit zu geringe Verluste, wenn sie auf optische Fasern angewendet werden. Zum Beispiel sind für eine Gradientenindex-Faser mit gleichförmiger Modenverteilung die zweiten (oder Verlust-) Terme auf der rechten Seite von (10.41) und (10.42) mit 1,7 zu multiplizieren, während der zweite Term auf der rechten Seite von (10.47) mit dem Faktor 2 zu multiplizieren ist. Bei einer Modengleichgewichtsverteilung sind die Verluste noch größer.

Trotzdem können wir die drei Verlustmechanismen miteinander vergleichen, indem wir die Verluste für typische Dejustierungen berechnen. Übliche Multimode-Fasern besitzen einen Kerndurchmesser von 62,5 µm und eine numerische Apertur von 0,25. Der Manteldurchmesser kann eine Ungenauigkeit von 2 µm aufweisen, so daß zwei Fasern mit Kapillaren zusammengefügt werden können, die diese 2 µm Toleranz haben. Die transversale Dejustierung kann daher einen Wert von 2 µm erreichen. In Übereinstimmung mit (10.41) ist dann der Transmissionsgrad einer solchen dejustierten Verbindung ca. 0,97 (ein Verlust von 0,1 dB).

Eine typische gespaltene Faser besitzt eine annähernd senkrecht zur Achse verlaufende Endfläche. Die mögliche Verkippung, z.B. verursacht durch eine geringfügig geneigte Spaltfläche, kann von der Größenordnung 1° sein. Ist die numerische Apertur der Faser gleich 0,25, so entspricht das nach (10.42) einem Transmissionsgrad von 0,97. Schließlich ist es leicht möglich, zwei Fasern mit einem axialen Abstand von 1 µm zu verbinden. (10.47) zeigt, daß dann der Transmissionsgrad dieser Verbindung 0,998 (0,01 dB Verlust) beträgt. Die wesentlichen Verluste sind somit die transversalen Verluste und die Verluste infolge einer Verkippung der Fasern gegeneinander.

Bisher haben wir angenommen, daß die beiden Fasern identisch sind, was nicht der Fall sein muß. Ist der Durchmesser oder auch die numerische Apertur der zweiten Faser kleiner als die der ersten, entstehen Verluste. Zuerst soll eine Nichtübereinstimmung der Durchmesser betrachtet werden. Es wird auch hier von einer gleichförmigen Beleuchtung allerding bei kreisförmigem Querschnitt ausgegangen. Bei näherer Betrachtung ist der Transmissionsgrad der Verbindung, zumindest wenn keine Dejustierung vorliegt, gleich dem Verhältnis der beiden Faserdurchmesser. Das heißt

$$T_D = (D_2/D_1)^2 , \tag{10.49}$$

wobei die Indizes 1 und 2 der ersten und zweiten (kleineren) Faser zugeordnet sind. Bei einem Kerndurchmesser von 62,5 µm wird der Transmissionsgrad 0,97, wenn eine Differenz der Durchmesser von 1 µm auftritt. Sollen die

Verluste auf einem Minimum gehalten werden, so sind möglichst gleichartige Fasern zu verbinden.

Schließlich kann auch noch die numerische Apertur der Fasern nicht übereinstimmen. Man nimmt wie zuvor an, daß die Leistung gleichmäßig von der ersten Faser innerhalb ihrer numerischen Apertur emittiert wird. Auch die zweite Faser habe ein gleichförmiges Lichtaufnahmevermögen innerhalb ihrer numerischen Apertur, aber eine geringere numerische Apertur als die erste Faser. Die Gesamtleistung, die die erste Faser in einen Kegel abstrahlt, ist gemäß (4.17) proportional zum Quadrat der numerischen Apertur. Im vorliegenden Fall sind die Winkel so klein, daß der Unterschied zwischen einem Lambertschen Strahler und einer homogenen Quelle vernachlässigbar ist. Die zweite Faser nimmt nur die Strahlung auf, die innerhalb ihrer numerischen Apertur einfällt. In gleicher Weise, wie (10.48) gefunden wurde, erhalten wir auch hier den Transmissionsgrad

$$T_{NA} = (NA_2/NA_1)^2 \,. \tag{10.50}$$

Wenn die numerischen Aperturen in der Größenordnung von 0,25 sind, und sie sich lediglich um 0,01 oder 4% unterscheiden, so führt das zu einem Transmissionsgrad von nur 0,92 (0,4 dB Verlust). Das ist der größte Verlust, den wir bisher erhalten haben, und zeigt erneut, daß möglichst gleiche Fasern verbunden werden müssen, um die Verluste zu minimieren.

### 10.4.2 Monomode-Faser

Eine Monomode-Faser wird durch den Strahlungsmodus des Wellenleiters charakterisiert, nicht durch die Strahlen selbst. Das Koppeln einer Monomode-Faser an eine andere erfordert eine Modenanpassung (Abschn. 8.3.3). Das heißt, ein Bündel wird nur dann effektiv in eine Faser eingekoppelt, wenn es ein Amplitudenprofil aufweist (elektrische Feldamplitude als Funktion des Radius), das dem Amplitudenprofil der Moden in der Faser entspricht. Ansonsten kommt es zu Verlusten unabhängig davon, ob das Bündel von einer anderen Faser kommt oder ob es ein Laserbündel ist, das durch eine Linse auf den Kern der Faser fokussiert wird. Diese Verluste rühren daher, daß die Fasermoden ein Resonanzphänomen darstellen (Abschn. 10.2, Abb. 10.2), bei dem sich Resonanzen des elektrischen Feldes senkrecht zu seiner Ausbreitungsrichtung (z.B. zwischen den Wänden eines Schichtwellenleiters) ausbilden. Wenn zwei Monomode-Wellenleiter nicht genau miteinander verbunden werden, kann das Feld der ersten Faser keine ideale Resonanz in der zweiten anregen, so daß sich Koppelverluste ergeben.

Die Moden vieler Monomode-Fasern können mit Gaußschen Amplitudenverteilungen beschrieben werden (Abschn. 8.3.3). Damit sich ein Laserbündel effektiv in einer solchen Faser ausbreiten kann, muß das Bündel so auf die Stirnseite der Faser fokussiert werden, daß es die annähernd gleiche numerische Apertur wie die Faser und auch eine dem Faserkern entsprechende Taille aufweist. Wenn die numerische Apertur des Bündels zu groß ist, so ist die Taille kleiner als der Faserkern, und es entstehen Verluste. In ähnlicher Weise treten auch Verluste auf, wenn die numerische Apertur des Bündels zu klein und damit die Taille größer als der Kern der Faser ist. Eine Methode, um die numerische Apertur des einfallenden Bündels anzupassen, ist die, mit einem Mikroobjektiv zu beginnen, dessen numerische Apertur größer als die der Faser ist. Danach wird das Laserbündel (z.B. mit einer Zerstreuungslinse) aufgeweitet, bis die effektivste Kopplung erreicht ist. Halbleiterlaserbündel sind gewöhnlich elliptisch und müssen mit Zylinderlinsen so angepaßt werden, daß ihr Querschnitt annähernd kreisförmig ist.

Die Moden in einer beliebigen Faser bilden einen vollständigen Satz von orthonormalen Funktionen. Das bedeutet, daß das Integral über das Produkt der Amplitudenverteilung einer Mode mit der komplex konjugierten Amplitudenverteilung einer anderen Mode gleich Null ist, wenn es unterschiedliche Moden sind, und daß das Integral bei gleichen Moden gleich Eins ist. Die Grundmode in einer Faser ist somit durch

$$E(r) = \mathrm{e}^{-r^2/w^2} \tag{10.51}$$

charakterisiert, wobei

$$A = (2/\pi)^{1/2}/w \tag{10.52}$$

wegen der Bedingung

$$2\pi \int_0^\infty E^2(r) r \mathrm{d}r = 1 \tag{10.53}$$

ist.

Die Verluste, die durch eine Nichtanpassung der Fasermoden entstehen, können durch Berechnung des *Überlappungsintegrals* zwischen der einfallenden Mode und der der Faser abgeschätzt werden. Das ist das Integral über den gesamten Raum des Produktes der Amplitudenverteilungen

$$t = 2\pi A_1 A_2 \int_0^\infty \mathrm{e}^{-r^2/w_1^2} \mathrm{e}^{-r^2/w_2^2} r \mathrm{d}r \,. \tag{10.54}$$

Der Ausdruck (10.53) kann integriert werden, wenn man die Variable $w$ durch $u = \sqrt{2r}/w$ ersetzt, wobei $1/w^2 = 1/w_1^2 + 1/w_2^2$ ist. Die Integration ergibt den Transmissionskoeffizienten $t$ zu

$$t = 2/[(w_1/w_2) + w_2/w_1] \,, \tag{10.55}$$

wobei sich die Indizes 1 und 2 auf die erste bzw. die zweite Faser beziehen. Wir sind allerdings an der Leistung oder an der Intensität interessiert, deshalb quadrieren wir (10.54) und erhalten den Transmissionsgrad

$$T_w = 4/[(w_1/w_2) + w_2/w_1]^2 \,. \tag{10.56}$$

Anders als in (10.48) für Multimode-Fasern spielt es hier keine Rolle, welche der Fasern die dünnere ist.

Eine typische Monomode-Faser hat einen Modenfeldradius $w$ (10.50) in der Größenordnung 5 µm. Wenn wir eine mögliche Fehlanpassung von 0,5 µm annehmen, so wird das Verhältnis $(w_1/w_2) = 0,9$ und $T = 0,99$. Das entspricht einer Dämpfung von 0,04 dB. Die Strahlennäherung nach (10.48) würde einen Wert von 0,9 liefern, so daß diese für Monomode-Fasern vollkommen ungeeignet ist.

Eine ähnliche Abschätzung zeigt, daß bei einem transversalen Justierfehler $\delta$ zwischen zwei identischen Fasern mit dem Modenfeldradius $w$ die Verluste der Verbindung durch

$$T_\delta = \mathrm{e}^{-\delta^2/w^2} \tag{10.57}$$

ausgedrückt werden können (Aufgabe 10.12). Ist $w = 5\,\mu\text{m}$ und $\delta = 1\,\mu\text{m}$, so ist der Transmissionsgrad der Verbindung gleich 0,96, was einen sehr bedeutenden Verlust darstellt, wenn wir berücksichtigen, daß Monomode-Fasern nur geringe Leistungen im Vergleich zu Multimode-Fasern übertragen können.

Eine Verkippung um den Winkel $\phi$ führt auf einen Transmissionsgrad von

$$T_\phi = \mathrm{e}^{-(\pi n \phi w/\lambda)^2}\,, \tag{10.58}$$

wobei $n$ der Brechungsindex des Materials zwischen den Faserenden ist. Ist $\lambda = 1,3\,\mu\text{m}$, $w = 5\,\mu\text{m}$, $n = 1,46$ und $\phi = 1°$ , dann ist $T_\phi = 0,91$ , ein ebenfalls bedeutender Verlust.

Die Gleichung für eine axialen Dejustierung ist komplizierter, zeigt aber, daß der Abstand zwischen den Faserenden nicht wesentlich ist. Abweichungen der Radien und Verkippungen der Fasern sind somit die wichtigsten Verlustursachen. Mit einer V-förmigen Führung oder einer engen Kapillare ist es vergleichsweise einfach, eine Verbindung auf Bruchteile eines Grades auszurichten, und die Fasern können leicht bis unter 1 µm aneinander gebracht werden. Der Durchmesser des Fasermantels ist allerdings nicht auf 1 µm genau bekannt, und auch die Exzentrizität des Kerns bezüglich des Fasermantels kann ebenfalls einen Fehler von 1 µm aufweisen. Ein transversaler Versatz von 1 µm ist demzufolge ohne manuelle Justierung der Verbindung nur schwer zu erreichen.

### 10.4.3 Sternkoppler

Eine Anordnung, die den Ausgang einer Faser an viele Fasern koppelt, oder auch viele Fasern an viele andere koppelt, wird als *Sternkoppler* bezeichnet. Der einfachste Sternkoppler ist eine Röhre (oder ein dielektrischer Stab), in die von einem Ende her eine einzelne Faser entlang der Achse eingeführt wird. Das von dieser Faser emittierte Licht füllt die Röhre aus und wird von den Wänden reflektiert. Wird nun ein Bündel von Fasern in das andere Ende der

Röhre geschoben, so empfängt jede Faser dieses Bündels annähernd die gleiche Leistung, wenn die Röhre lang genug ist. Damit erlaubt ein Sternkoppler die Übertragung von Signalen von einer Faser auf eine Anzahl anderer Fasern.

Besteht das Ausgangsbündel aus $N$ Fasern, so ist die Gesamtkernfläche des Bündels gleich $N$ mal der Kernfläche der Einzelfaser. Das Verhältnis dieser Gesamtkernfläche zum Querschnitt des Sternkopplers nennen wir *Packungsdichte*. Infolge der geringen Packungsdichte ist der Sternkoppler bezüglich der übertragenen Leistung nicht sehr effektiv. Eine Multimode-Faser hat z.B. einen Außendurchmesser von 125 μm und einen Kerndurchmesser von 62,5 μm. Auch wenn die Fasern dicht gepackt sind, werden weniger als 25 % des Lichts im Sternkoppler auf die Kerne der Ausgangsfasern fallen. Wenn diese Fasern das gleiche Stufenbrechungsindexprofil wie die Eingangsfaser haben, ist die Effektivität des Sternkopplers gleich der Packungsdichte – abgesehen von den Reflexionsverlusten an den Wänden der Röhre und den Stirnflächen der Fasern. Die Effektivität ist bei Gradientenindexfasern noch geringer, da nicht alles Licht, das auf den Kern trifft, innerhalb der lokalen numerischen Apertur liegt.

Ein Bündel von Monomode-Fasern hat eine viel geringere Packungsdichte als ein Bündel von Multimode-Fasern. Ein Sternkoppler, der nur aus einer einfachen Röhre besteht, ist demzufolge extrem ineffektiv. Ein besserer Sternkoppler für Monomode-Fasern ist eine integriert-optische Schaltung ähnlich einem Y-Verzweiger (Abschn. 12.1.3), wobei der Eingangswellenleiter aber eine Länge aufweist, die ein Vielfaches seiner Breite ist, bevor er sich in eine Anzahl von Ausgangswellenleitern verzweigt. Leider müssen die Fasern sehr genau mit einem solchen Koppler verbunden werden, so daß die Einfachheit des röhrenförmigen Sternkopplers verloren geht.

## Aufgaben

**Aufgabe 10.1.** Ein Schichtwellenleiter mit konstantem Brechungsindex wird gleichförmig mit hoher numerischer Apertur beleuchtet. Die in den Wellenleiter eingekoppelte Leistung ist proportional zu $2aNA$, wobei $2a$ die Dicke der Schicht ist. Geben Sie das Verhältnis zwischen diesem Parameter und der in den Wellenleiter eingekoppelten Leistung an, wenn ein parabolisches Brechungsindexprofil vorliegt.

**Aufgabe 10.2.** Eine Punktlichtquelle wird auf das Ende einer optischen Faser abgebildet. Die Bündelachse ist exakt parallel zur Faserachse ausgerichtet. Nun soll das fokussierte Bündel über den Faserkern verschoben werden. Mit welcher Genauigkeit muß das Faserende senkrecht zu seiner Achse gespalten werden, damit die Stirnfläche innerhalb der Fokustiefe bleibt? Drücken Sie Ihr Ergebnis als Funktion der numerischen Apertur der abbildenden Optik aus und diskutieren Sie diese Funktion für ein typisches Mikroobjektiv.

**Aufgabe 10.3.** Um ein Bündel zu modulieren, bilden wir den Ausgang einer Faser mit Hilfe zweier Mikroobjektive auf den Eingang einer zweiten ab.

a) Nehmen Sie an, daß die beiden Fasern identisch sind und einen Kerndurchmesser von 50 µm sowie eine numerische Apertur von 0,2 besitzen. Erklären Sie, warum die Koppeleffektivität am besten ist, wenn der Abbildungsmaßstab 1 ist, d.h. bei gleichen Brennweiten der Mikroobjektive.
b) Die erste Faser habe einen Kerndurchmesser von 100 µm und eine numerische Apertur von 0,15. Die zweite Faser habe die gleichen Parameter wie in a). Zeigen Sie, daß die Koppeleffektivität verbessert werden kann, wenn man den Abbildungsmaßstab $m$ kleiner als 1 wählt, und daß der Wert von $m$ nicht kritisch ist. (Beachten Sie, daß die zweite Faser immer mehr als vollständig ausgeleuchtet ist.)

**Aufgabe 10.4.** Eine homogene Punktlichtquelle wird in Kontakt mit einer 1 mm dicken Glasplatte gebracht. Eine Stufenindexfaser wird derart gegen die Glasplatte gedrückt, daß ihre Achse die Punktlichtquelle schneidet. Die numerische Apertur der Faser betrage 0,15, der Kerndurchmesser sei 50 µm, der Brechungsindex der Platte sei 1,5.

a) Welcher Teil des emittierten Lichtes wird von der Faser geführt?
b) Was geschieht, wenn sich die Dicke der Glasplatte auf 250 µm oder 125 µm verringert?

**Aufgabe 10.5.**

a) Bestimmen Sie die räumliche Periode $L$ des Strahlverlaufs in einer Faser mit parabolischem Brechungsindexprofil. Berechnen Sie $L$ für einen Radius $a$ des Faserkerns von $a = 50\,\mu\text{m}$ und $\Delta n = 0,01$.
b) Setzen Sie den Anstieg des Strahls bei $r = 0$ in Beziehung zur numerischen Apertur der Faser. Erklären Sie unter Verwendung des Strahlenmodells, warum die lokale numerische Apertur an der Grenze Kern-Fasermantel stetig auf Null fällt.

**Aufgabe 10.6.** Angenommen, die Dämpfung pro Längeneinheit in einer parabolischen Faser sei unabhängig vom Strahlverlauf. Vergleichen Sie die Dämpfung für einen Randstrahl ($r_m = a$) mit der für den axialen Strahl. [Hinweis: Verwenden Sie eine Reihenentwicklung, um explizit zu zeigen, daß sich die Dämpfung der Strahlen in zweiter Ordnung von $a/L$ unterscheidet.] Was geschieht im Falle einer Monomode-Faser?

**Aufgabe 10.7.** Eine ebene (unendlich ausgedehnte) Welle beleuchtet das Ende eines Multimode-Schichtwellenleiters unter dem Winkel $\phi$ zu den Grenzflächen des Wellenleiters. Diese Welle wird beim Eintritt in die Wellenleiterapertur abgeschnitten.

a) Geben Sie den Winkel $\theta_m$ an, der der $m$ten Wellenleitermode entspricht (10.7). Bestimmen Sie das Verhältnis zwischen dem Fernfeldbeugungswinkel $\Delta\phi$ (Abstand zwischen den ersten beiden Nullstellen, Abb. 5.13) und dem Winkel $\Delta\theta$ zwischen benachbarten Wellenleitermoden.
b) Nehmen Sie an, daß die Welle genau unter dem Winkel $\phi = \theta_m$ einfällt, was einer geradzahligen Wellenleitermode entspricht. Erklären Sie, warum nur eine oder wenige Moden angeregt werden.
c) Der Teil der Leistung, der jeweils in eine Mode eingekoppelt wird, wird durch das *Überlappungsintegral*

$$\int E_i(x)E_m(x)\mathrm{d}x$$

zwischen dem einfallendem Feld $E_i(x)$ und dem Modenfeld $E_m(x)$ beschrieben, wobei $x$ die Koordinate über den Wellenleiterquerschnitt ist [vergl. (10.52) und (10.53)]. Zeigen Sie, warum geradzahlige Moden effizienter als ungeradzahlige Moden angeregt werden, und daß die Ordnungen $m+1$ und $m-1$ in b) nicht angeregt werden.

[Beachten Sie: Wenn der Einfallswinkel nicht genau $\theta_m$ oder das einfallende Bündel nicht homogen ist, dann können andere Moden angeregt werden.]

**Aufgabe 10.8.** Betrachten Sie einen Sternkoppler mit einer Eingangs- und 19 Ausgangsfasern. Die Ausgangsfasern sind in einer hexagonalen Anordnung dicht gepackt. Alle Fasern haben einen äußeren Durchmesser von 125 µm, einen Kerndurchmesser von 62,5 µm sowie eine numerische Apertur von 0,2. Weiterhin sei angenommen, daß die Fasern einen stufenförmigen Brechungsindexverlauf haben und daß ihre Abstrahlung als Funktion des Winkels konstant ist und dann schlagartig auf Null fällt.

a) Skizzieren Sie die Anordnung der Ausgangsfasern. Berechnen Sie den kürzesten Sternkoppler, der die Ausgangsfasern mit annähernd gleicher Effektivität anregt. Schätzen Sie die Gesamteffektivität des Kopplers ab, d.h. den Anteil der Eingangsintensität, der in die Kerne der Ausgangsfasern eingekoppelt wird.
b) Nehmen sie an, daß die Fasern Gradientenindexfasern mit den gleichen Parametern sind. Erklären Sie qualitativ, warum der Koppler sehr viel länger als im Fall a) sein muß. Warum wird die Effektivität, abgesehen von den gestiegenen Reflexionsverlusten, niedriger sein?

**Aufgabe 10.9.** Ein He-Ne-Laserbündel hat eine Bündelweite von $w = 1\,\mathrm{mm}$. Es wird mit einer beugungsbegrenzten Linse der Brennweite 20 mm auf den Kern einer Monomode-Faser fokussiert. Der Modenfeldradius der Faser ist 5 µm. Berechnen Sie den Anteil der Gesamtleistung, der in die Faser eingekoppelt wird.
[Hinweis: Welche Ähnlichkeiten gibt es zum Problem der Kopplung zweier ungleicher Fasern?

Das Ergebnis darf nicht auf Diodenlaserbündel angewendet werden, die üblicherweise in der optischen Nachrichtenübertragung Verwendung finden, da diese elliptisch und daher schwieriger in eine Faser einzukoppeln sind.]

**Aufgabe 10.10.** Leiten Sie (10.51) mittels (10.52) ab.

**Aufgabe 10.11.** Zeigen Sie, daß in einer Dimension analog zu (10.51) das Ergebnis

$$A = (2/\pi)^{1/4}/w^{1/2} \tag{10.59}$$

ist.

**Aufgabe 10.12.** Zwei identische Monomode-Fasern seien um den Betrag $\delta$ transversal versetzt. Zeigen Sie, daß der Transmissionsgrad der Verbindung $\mathrm{e}^{-\delta^2/w^2}$ ist, wobei $w$ der Modenfeldradius der Faser ist.
[Hinweis: Führen Sie die Rechnung in karthesischen Koordinaten durch. $\int_0^\infty \mathrm{e}^{-u^2}\mathrm{d}u = \sqrt{\pi}/2$.]

# 11. Optische Faser-Meßtechnik

In diesem Abschnitt werden wir eine Vielzahl von Feld-und Labormeßverfahren an Telekommunikationsfasern diskutieren. Das sind größtenteils optische Meßmethoden wie z.B. die Bestimmung der Dämpfung und der Impulsverformung infolge der Eigenschaften des Wellenleiters sowie der Brechungsindexverteilung im Kern. Mit Ausnahme des Einflusses der Faser auf die Bandbreite des Signals werden wir hier keine elektronischen Messungen berücksichtigen. Im übrigen sind die Probleme von Lichtquelle und -detektor im Kap. 4 diskutiert worden und werden deshalb in diesem Kapitel weggelassen.

## 11.1 Anfangsbedingungen

Verschiedene Messungen an Multimode-Fasern, insbesondere die der Dämpfung und der Bandbreite, liefern oft unterschiedliche Ergebnisse für unterschiedliche Anfangsbedingungen. Das bedeutet, daß das Meßergebnis von der Art der Beleuchtung des Faserkerns abhängt. Zum Beispiel durchlaufen Strahlen, die sich nahe der Achse einer Stufenindexfaser ausbreiten, einen kürzeren Weg, als Strahlen, die sich unter dem kritischen Winkel, d.h. in der Nähe des cutoff, ausbreiten. Im Modenbild bedeutet das, daß Moden niedriger Ordnung geringere Verluste erleiden als Moden höherer Ordnung. Wenn z.B. eine Stufenindexfaser durch ein Bündel mit geringer numerischer Apertur beleuchtet wird, werden hauptsächlich Moden niedriger Ordnung angeregt, und die Messung der Dämpfung wird zu kleine Werte ergeben.

Es werden deshalb nicht geringe Anstrengungen unternommen, um die Startbedingungen so festzulegen, daß sich sowohl bei Labormessungen als auch bei Feldmessungen die gleichen Resultate ergeben. Da die Fasern, die für die Nachrichtenübertragung verwendet werden, relativ lang sind (zwischen 1 und 5 km), hat die Industrie weitestgehend akzeptiert, daß bestimmte Messungen entweder mit der 70-70-Bedingung oder mit einer Art *Modengleichgewichts-Simulator* durchgeführt werden.

Die Notwendigkeit für einen Modengleichgewichts-Simulator ist in Abb. 11.1 dargestellt. Hier repräsentiert $f(L)$ eine Größe, wie z.B. die Dämpfung pro Längeneinheit, die wir messen wollen. Wenn wir eine Modenverteilung anregen, die mehr Leistung in den höheren Moden enthält als die Gleichgewichtsverteilung, sprechen wir von einer *überfüllten* Faser, d.h. einer

Faser, deren *Modenfüllfaktor* größer als 1 ist. Wenn in diesen höheren Moden weniger Leistung transportiert wird, ist die Faser *unterfüllt*, der Modenfüllfaktor ist kleiner als 1. Im Beispiel ergibt eine überfüllte Faser einen höheren Wert von $f(L)$ als die Gleichgewichtsverteilung. Mit wachsender Faserlänge erreicht die Modenverteilung die Gleichgewichtsverteilung. Wenn $f(L)$ den Gleichgewichtswert annimmt, bezeichnen wir $L$ als die Gleichgewichtslänge. Es ist klar, daß die Gleichgewichtslänge eine Funktion der Startbedingungen

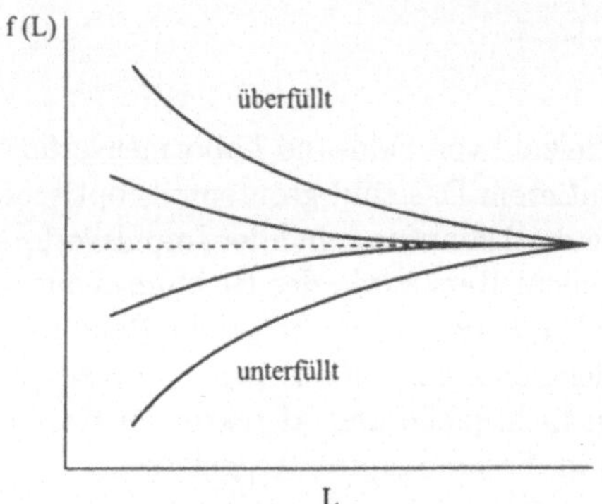


**Abb. 11.1.** Annäherung an die Modengleichgewichtsverteilung

ist, so wie es die in Abb. 11.1 dargestellten Kurven zeigen, die unterschiedliche Modenfüllfaktoren besitzen. Der Terminus *überfüllt* kann auch benutzt werden um zu beschreiben, daß die Faser durch ein Bündel angeregt wurde, dessen numerische Apertur die der Faser übersteigt und/oder dessen Durchmesser größer als der des Faserkerns ist. Die beiden Herangehensweisen sind praktisch äquivalent.

Genau die gleichen Argumente gelten für den unterfüllten Zustand, mit dem Unterschied, daß diese Bedingung zu kleineren Meßwerten führt als im Gleichgewichtszustand. Das Ziel vieler Fasermessungen ist es, eine Annäherung an die Gleichgewichtsgröße auch für kurze Fasern zu erreichen.

### 11.1.1 Strahlenoptische Anfangsbedingungen

Die 70-70-Bedingung wird gewöhnlich bei der Abbildung einer diffusen Quelle $S$ mit einem optischen System auf das Faserende eingehalten, wie es in Abb. 11.2 dargestellt ist. Das wird oft die *strahlenoptische Anfangsbedingung* genannt. Die Quelle kann eine Wolframlampe sein, vorzugsweise eine mit einem flachen *Bandglühfaden*, der eine gleichmäßigere Beleuchtung als ein üblicher gewendelter Glühfaden gewährleistet. Das Bild des Glühfadens wird mit einem Paar von Sammellinsen in die Ebene der Aperturblende (AB) projiziert. Die Linsen müssen dabei keine hohe Qualität besitzen. Das Bündel wird zwischen den beiden Linsen näherungsweise kollimiert, so daß Interferenzfilter $F$ eingesetzt werden können, um die zur Messung erforderliche Wellenlänge zu selektieren.

Eine qualitativ hochwertige Linse, wie z.B. ein Mikroobjektiv, projiziert das Bild der *Quellapertur* AB auf die Faserstirnfläche. Die Vergrößerung und der Durchmeser der Quellapertur werden so gewählt, daß das Bild ungefähr 70 % des Faserkernquerschnitts ausfüllt. In gleicher Weise wird die Feldblende $FB$ so justiert, daß die numerische Apertur des Bündels ca. 70 % der numerischen Apertur der Faser erreicht.

### 11.1.2 Modengleichgewichtssimulator

Die Modengleichgewichtsverteilung wird infolge von Mikrokrümmungen und Streuung erreicht. Das kann in einer kurzen Faser realisiert werden, indem die Faser einige Male um einen Stab oder einen *Dorn* mit etwa 1 cm Durchmesser gewickelt oder durch eine Reihe von Stäben zu einer wellenlinienförmigen Krümmung über einige 10 cm gebracht wird (Abb. 11.3).

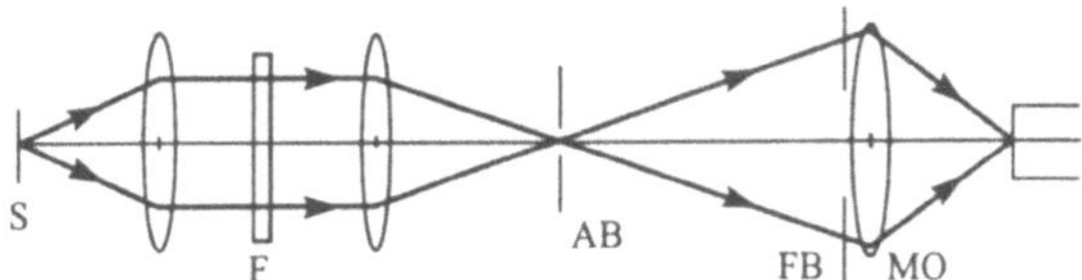


**Abb. 11.2.** Strahlenoptische Anfangsbedingung mit Quelle, Filter, Apertur- und Feldblende

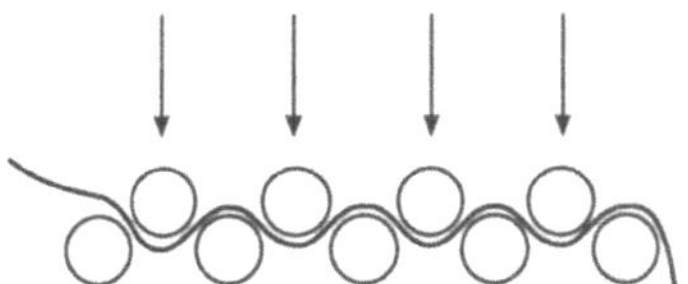

**Abb. 11.3.** Modengleichgewichtssimulator

Durch die scharfen Krümmungen werden die Moden höherer Ordnung (die linke obere Ecke des Dreiecks in Abb. 10.10) sehr schnell unterdrückt, während die Moden mit großen $r$-Werten kaum beeinflußt werden. Dennoch liefert dieser *Modengleichgewichts-Simulator* Ergebnisse, die sowohl mit der geometrisch-optischen Startbedingung als auch mit der Modengleichgewichtsverteilung übereinstimmen.

Der Modengleichgewichts-Simulator wird auf den ersten Zentimetern der zu prüfenden Faser angewendet. Nachdem die Messung durchgeführt wurde, wird die Faser oft nach dem Simulator abgeschnitten und die Messung wiederholt. Die interessierende Größe ist dann das Verhältnis der beiden Meßwerte. Die auf diese Weise durchgeführte Messung eliminiert den Einfluß des Simulators. Damit sind Methoden, die den Modengleichgewichts-Simulator verwenden, im Unterschied zur strahlenoptischen Methode nicht zerstörungsfrei [siehe Abschn. 11.2.1].

Natürlich genügt nicht irgendeine Faserwicklung oder irgendeine wellenlinienförmige Verbiegung. Ein Modengleichgewichts-Simulator muß durch den Vergleich der Lichtverteilung am Ausgang einer kurzen Faser mit der einer Testfaser *qualifiziert* werden. Die *numerische Ausgangsapertur* oder der *Abstrahlungswinkel* wird für beide Fasern gemessen [siehe (11.6)]. Der Modengleichgewichts-Simulator wird solange justiert, bis beide Messungen mit einer gewissen Genauigkeit übereinstimmen. Dann erst ist der Filter qualifiziert. Diese Methode gewährleistet, daß die Leistungsverteilung über die Moden entlang der Faser annähernd konstant ist. Es konnte gezeigt werden, daß die erreichten Meßergebnisse verschiedener Laboratorien reproduzierbar waren.

Der Modenfilter mit wellenlinienförmiger Biegung besteht aus 2 Reihen von Stäben. Eine von ihnen ist, wie die Abbildung zeigt, beweglich. Der Filter wird durch die Änderung des Druckes der beweglichen Stäbe auf die Faser justiert. Ein Modenfilter mit Faserwicklung auf einem Dorn kann dadurch justiert werden, daß man die Anzahl der Wicklungen variiert.

### 11.1.3 Mantelmodenabstreifer

Licht kann entweder durch Leckwellen, gebrochene Strahlen oder bei einem Modenfüllfaktor größer 1 direkt aus der Quelle in den Fasermantel gelangen. Wenn der Fasermantel von Luft oder einer Schutzschicht mit geringerem Brechungsindex umgeben ist, bleibt die Strahlung im Mantel und breitet sich entlang der Faser aus. Licht, das auf diese Weise geführt wird, besitzt auch eine Modenstruktur, genauso wie das im Kern geführte Licht. Wir bezeichnen das Licht im Fasermantel als *Mantelmoden.*

Bei vieldeutigen Messungen müssen gewöhnlich die Mantelmoden eliminiert werden. Das wird mit einem *Mantelmodenabstreifer* erreicht. Dieses Element ist im allgemeinen ein Filzpolster, getränkt mit Öl, das einen höheren Brechungsindex als der Fasermantel hat. Von einigen Zentimetern Faser wird die Schutzbeschichtung abgestreift und die Faser in das Filzpolster gepreßt. Da der Brechungsindex des Öls größer als der des Fasermantels ist, wird das Licht, das auf die Mantelgrenzfläche fällt, gebrochen und nicht reflektiert. Auf diese Weise wird das gesamte Licht auf einer Strecke von wenigen Zentimetern aus dem Fasermantel entfernt.

Wenn sich das Licht entlang der Faser ausbreitet, wird es infolge von Leckwellen und Streuung zum Teil in den Fasermantel eingekoppelt. Die Schutzschicht der Faser kann nun entweder diese Moden absorbieren oder, wenn sie einen höheren Brechungsindex als der Fasermantel hat, wie ein Mantelmodenabstreifer wirken. Nach einer großen Entfernung kann es jedoch wieder zu einer merklichen Leistung in den Fasermantelmoden kommen. Deshalb ist ein Mantelmodenabstreifer sowohl am Anfang als auch am Ende der Faser notwendig.

## 11.2 Dämpfung

Die Verringerung der mittleren Leistung des Lichts bei seiner Ausbreitung entlang eines Wellenleiters wird als *Dämpfung* bezeichnet. Die Dämpfung in optischen Fasern wird durch unterschiedliche Faktoren verursacht. Die grundlegende Grenze der Dämpfung, die nicht unterschritten werden kann, ist durch die *Rayleigh-Streuung* gegeben. Diese Streuung ist eine innere Eigenschaft des Materials und wird durch mikroskopische Brechungsindexfluktuationen verursacht, die beim Erstarren des Materials „eingefroren" werden. Diese Fluktuationen wiederum sind durch thermodynamische Effekte bedingt, und ihre Mindestgröße hängt von der Erstarrungstemperatur ab.

Die Streuung an einer Brechungsindexfluktuation hat ihre Ursache in der Beugung. Um sie zu beschreiben, gehen wir zu (7.21) zurück, wobei $g(x)$ eine komplexe Zahl sein soll. Wir nehmen an, daß die Brechungsindexfluktuation eine Ausdehnung von $b \ll \lambda$ hat. Die komplexe Exponentialfunktion $\exp(-ikx\sin\theta)$ in (7.21) ist daher im Integrationsgebiet angenähert gleich 1.

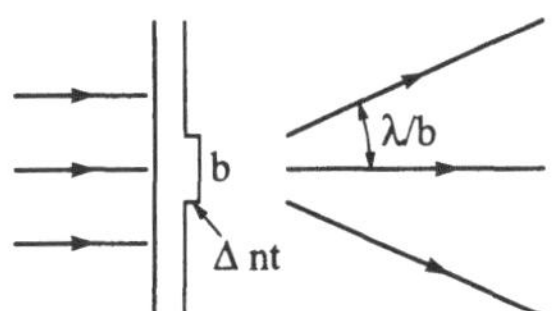


**Abb. 11.4.** Streuung an einer Brechungsindexfluktuation

Weiterhin nehmen wir an, daß der Brechungsindex überall $n$ ist, mit Ausnahme von $n + \Delta n$ am Ort der Fluktuation. Abbildung 11.4 illustriert diese Situation in einer sehr schematischen Form, in der die Fluktuation zur Vereinfachung der Zeichnung als eine stufenförmige Erhebung auf einer Fläche dargestellt ist. Tatsächlich ist es ja eine Dichtefluktuation innerhalb eines Festkörpers. Die Funktion $g(x)$ in (7.21) kann nun ersetzt werden durch

$$g(x) = \mathrm{e}^{(-\mathrm{i}k\Delta nt)} , \tag{11.1}$$

wobei $t$ die Dicke der Fluktuation ist.

Da die Fluktuation klein sein soll, können wir annehmen, daß $\Delta nt \ll \lambda$ ist, und $g(x)$ durch

$$g(x) = 1 - \mathrm{i}k\Delta nt \tag{11.2}$$

approximieren. Das sind die ersten beiden Terme der Taylorentwicklung der Exponentialfunktion. Der erste Term, die 1, beschreibt den ungebeugten Lichtanteil, der uns hier aber nicht interessiert. Der zweite Term charakterisiert die Streuung, und wir erhalten mit (7.21)

$$E_\mathrm{s} \propto (1/\lambda) \int_{-b/2}^{b/2} \mathrm{i}k\Delta nt\mathrm{d}x , \tag{11.3}$$

wobei $E_S$ die elektrische Feldstärke der gestreuten Welle ist. Wir haben angenommen, daß der Integrand eine Konstante ist, deshalb ergibt sich unmittelbar für die gebeugte Intensität

$$I_s \propto \Delta n t / \lambda^4 , \qquad (11.4)$$

und diese hängt nicht vom Streuwinkel ab. Damit ist die Gesamtintensität innerhalb des Raumwinkels von $4\pi$ sr proportional zu $I_s$. Das Ergebnis ist allgemeingültig und beschreibt die Streuung an beliebigen kleinen Brechungsindexfluktuationen. Es wurde zuerst von Lord Rayleigh abgeleitet, um die blaue Farbe des Himmels erklären zu können.

Die Streuverluste durch ein Ensemble kleiner Fluktuationen sind somit proportional zu $\lambda^{-4}$. Zur Angabe der Streuverluste ist es üblich, die Wellenlänge in Mikrometern und die Streuverluste in dB/km anzugeben.

Die Hauptquelle für die Dämpfung in den ersten Fasern war die Absorption durch Verunreinigungen, speziell durch Wasser. Wird der Wassergehalt auf einige ppm (part per million) reduziert, so können die Absorptionsverluste bei bestimmten Wellenlängen unter die Streuverluste gesenkt werden. Andere Verlustquellen sind Mikrokrümmungen, die wir bereits besprochen haben, und die Streuung an Defekten. Die Verluste durch Mikrokrümmungen wirken sich mehr auf die Modenkopplung als auf die Dämpfung aus, und Defekte werden bei den hochwertigen Nachrichtenfasern weitestgehend vermieden. Deshalb können wir gegenwärtig mit Fasern arbeiten, deren Verluste sehr nahe an der durch die Rayleigh-Streuung bestimmten Grenze liegen.

### 11.2.1 Dämpfungsmessung

Die Dämpfungsmessungen werden entweder unter Verwendung eines Modengleichgewichts-Simulators oder mit den strahlenoptischen Anfangswerten und der 70-70-Bedingung durchgeführt. Bei verlustreichen Fasern ist eine *Einfüge-Dämpfungsmessung* ausreichend. Das Licht wird in die Faser eingekoppelt und die Ausgangsleistung gemessen. Danach wird die Faser aus der Anordnung entfernt und die Eingangsleistung gemessen. Der Transmissionsgrad der Faser ist dann das Verhältnis der beiden Meßwerte.

Die Einfüge-Dämpfungsmessung muß bei Fasern angewendet werden, die schon an Verbinder angeschlossen sind. Bei isolierten Fasern erfaßt diese Meßmethode jedoch nicht die Fehler, die durch das Ankoppeln der Faser entstehen können, d.h., es wird angenommen, daß die *Kopplungsverluste* viel kleiner sind als die Dämpfung. Das ist bei verlustarmen Fasern für die Weitstreckennachrichtenübertragung nicht notwendigerweise der Fall. Für Messungen an solchen Fasern muß die *Rückschneidemethode* eingesetzt werden. Die Faser wird dazu in die Meßanordnung eingefügt und die transmittierte Leistung gemessen. Danach wird die Faser einige zehn Zentimeter nach dem Einkoppelende abgeschnitten und die Messung wiederholt. Der Transmissionsgrad der Faser ist wieder das Verhältnis der beiden Meßwerte. Die Einkoppelverluste sind in beiden Fällen die gleichen, so daß ihr möglicher Einfluß eliminiert werden kann. (Die Auskoppelverluste sind gewöhnlich vernachlässigbar.)

Einige Forscher verwenden der Bequemlichkeit halber eine modifizierte Rückschneidemethode. Sie ordnen die zu testende Faser und ein kurzes Stück der gleichen Faser nebeneinander an. Als Dämpfung wird dann das Verhältnis der von beiden Fasern transmittierten Leistungen angegeben. Diese Technik ist attraktiv, weil die Messung viele Male wiederholt werden kann und somit eine höhere Genauigkeit ergibt. Allerdings ist sie nicht so genau, wie die richtige Rückschneidemethode, weil die beiden Faserenden nicht unbedingt die gleichen Einkoppelverluste haben müssen.

Die Dämpfung wird üblicherweise in Dezibel gemessen. Wenn der Transmissionsgrad der Faser gleich $T$ ist, so ist der Dämpfungskoeffizient $\alpha$ gegeben durch

$$T = \mathrm{e}^{-\alpha L} . \tag{11.5}$$

Da e $\cong 10^{-0,45}$ ist, finden wir für die optische Dichte der Faser $0{,}45\alpha L$. Um einen konkreten Dämpfungskoeffizient unabhängig von der Faserlänge bestimmen zu können, müssen wir die Methode der eingeschränkten Startbedingung anwenden (Abschn. 10.3.4).

Die optische Dichte ist dasselbe wie der Verlust ausgedrückt in *Bel* (B) oder in logarithmischen Einheiten. Allerdings ist die Verwendung von dB, das sind zehntel Bel, üblicher. Der Dämpfungskoeffizient, gemessen in dB, kann ausgedrückt werden durch

$$\alpha' = (10 \lg T)/L , \tag{11.6}$$

wobei $T$ der Transmissionsgrad der Faser ist.

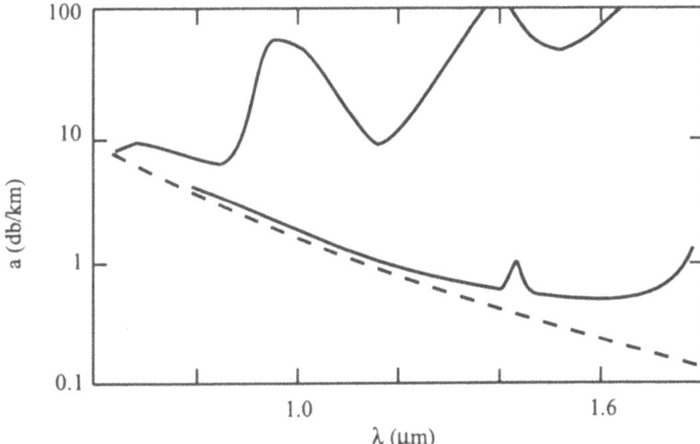


**Abb. 11.5.** Dämpfungskoeffizient einer optischen Faser als Funktion der Wellenlänge. [nach J. M. Dick, Corning Glass Works]

Abbildung 11.5 gibt die Dämpfung von typischen Fasern als Funktion der Wellenlänge wieder. Die obere Kurve beschreibt eine verlustreiche Faser, während die untere Kurve eine Faser für die Nachrichtenübertragung charakterisiert, die für relativ lange Übertragungsstrecken vorgesehen ist. Die Dämpfungsmaxima sind eine Folge der Absorption durch Wasser. Die gestrichelte Linie zeigt die theoretische Grenze, die durch die Rayleigh-Streuung gesetzt ist.

Die für die Nachrichtenübertragung interessantesten Wellenlängen sind 850 nm, 1,3 µm und 1,55 µm, die genau in jene Bereiche zwischen den Absorptionsbanden fallen, wo die Dämpfung gering ist. Diese Wellenlängenbereiche werden als *erstes, zweites* und *drittes optisches Fenster* bezeichnet. Das erste Fenster wurde durch die Verfügbarkeit von NIR-Quellen und Siliziumdetektoren zuerst erreicht. Das zweite und das dritte Fenster haben wesentlich größere Bedeutung z.B. bei Unterseekabeln.

## 11.3 Bandbreite der Faser

Wenn ein Impuls oder ein in der Intensität moduliertes Signal durch eine optische Faser übertragen wird und die Impulsform des Signals beim Austritt aus der Faser von der ursprünglichen Form abweicht (abgesehen vom Einfluß der Dämpfung), bezeichnen wir das Signal als *verzerrt.* Genau genommen muß diese Verzerrung von der *Dispersion* unterschieden werden, die die Variation einer physikalischen Größe mit der Wellenlänge beschreibt. Die Dispersion ist nur einer der Gründe für die Impulsverzerrung. Manchmal wird die Dispersion auch als *chromatische Dispersion* bezeichnet, um sie deutlicher von der Impulsverzerrung zu unterscheiden.

### 11.3.1 Verzerrung der Impulsform

Wenn die Strahlen unterschiedliche optische Wege zurücklegen und daher unterschiedliche Zeiten benötigen, um die Faser zu durchlaufen, sprechen wir von *intermodaler Verzerrung.* Über diese Art der Verzerrung haben wir bereits in Verbindung mit (10.4) gesprochen. Sie entspricht den Verzerrungen beim Mehrwegempfang beim Fernsehen. Die intermodale Verzerrung ist die Ursache dafür, daß die Stufenindexfasern in ihrer Anwendung entweder auf niedrige Bandbreiten oder auf kurze Distanzen beschränkt bleiben. Wie wir bereits bemerkt haben, kann man die Störung durch Verwendung von Gradientenindexfasern oder Monomode-Fasern umgehen.

Selbst wenn die intermodalen Verzerrungen vollständig unterdrückt werden können, bleiben doch die *intramodalen Verzerrungen* bestehen. Die intramodale Verzerrung ist eine Störung, die innerhalb der Moden und nicht zwischen ihnen auftritt. Sie ist bei Monomode-Fasern und Gradientenindexfasern wichtig, die mit breitbandigen Lichtquellen, wie LEDs, benutzt werden.

### 11.3.2 Materialdispersion

Eine Ursache der intramodalen Verzerrung ist die *Materialdispersion*, die sich auf die Variation des Brechungsindex mit der Wellenlänge bezieht und in anderen Bereichen der Optik einfach Dispersion genannt wird. Die Materialdispersion sollte für alle Fasern ungefähr gleich sein, die aus gleichen Glaskomponenten bestehen, d.h. z.B. für alle Fasern mit Quarzglaskern.

Wir wollen annehmen, daß sich ein schmaler Lichtimpuls von einer Quelle, die eine spektrale Linienbreite $\Delta\lambda$ hat, in einer Faser ausbreitet. Außerdem soll die intramodale Verzerrung in der Faser viel größer als die intermodale Verzerrung sein, so daß wir die Unterschiede in den Gruppengeschwindigkeiten der Moden vernachlässigen können. Das ist dasselbe, als würde im Falle einer Stufenindexfaser angenommen, daß $\cos\theta \simeq 1$ ist. Damit setzen wir voraus, daß sich der Impuls für alle Moden mit der Geschwindigkeit $c/n_g$ ausbreitet, wobei $n_g$ der durch (5.33) gegebene Gruppenbrechungsindex ist. Der Impuls durchläuft eine Faser der Länge $L$ in der Zeit

$$\tau(\lambda) = Ln_g/c = (L/c)(n - \lambda\frac{dn}{d\lambda}) , \tag{11.7}$$

wobei $\tau(\lambda)$ die Laufzeit oder die *Gruppenverzögerung* ist und von $\lambda$ abhängt, wenn $n$ eine Funktion von $\lambda$ ist.

Für die Signalverzerrung interessiert uns aber nicht die Gruppenverzögerung, sondern ihre Änderung mit der Wellenlänge. Ist die Linienbreite der Quelle $\Delta\lambda$, so wird die Variation der Gruppenverzögerung $\Delta\tau$ infolge der Dispersion

$$\Delta\tau = (d\tau/d\lambda)\Delta\lambda , \tag{11.8}$$

$$\frac{\Delta\tau}{\tau} = -\frac{\lambda}{n}\frac{d^2n}{d\lambda^2}\Delta\lambda , \tag{11.9}$$

wobei die Ableitung bei der Mittenwellenlänge der Quelle zu bilden ist. Die *Bandbreite* der Faser $\Delta f$ ist somit annähernd

$$\Delta f = 1/\Delta\tau . \tag{11.10}$$

Die zweite Ableitung in (11.9) ist Null bei $\lambda \simeq 1,25\,\mu m$. Verzerrungen, die aus der Materialsdispersion herrühren, können also größtenteils korrigiert werden, wenn in der Nähe dieser Wellenlänge gearbeitet wird.

### 11.3.3 Wellenleiterdispersion

Eine andere Form der intramodalen Verzerrung entsteht durch die *Wellenleiterdispersion*, weil der Winkel $\theta$ eine Funktion der Wellenlänge ist. Wenn sich die Wellenlänge leicht ändert, dann verändert sich auch die Gruppenverzögerung einer Mode ein wenig, unabhängig davon, ob es eine starke Materialdispersion gibt oder nicht.

Die effektive Geschwindigkeit, mit der sich ein gegebener Strahl in der Faser ausbreitet, ist die zur Faserachse parallele Komponente der Gruppengeschwindigkeit. Das heißt

$$v_{\parallel} = v_g \cos\theta \,. \tag{11.11}$$

Ohne Materialdispersion ist die Gruppengeschwindigkeit gleich der Phasengeschwindigkeit, so daß in einer Stufenindexfaser

$$v_{\parallel} = (\mathrm{c}/n_1)\cos\theta \tag{11.12}$$

ist, wobei $n_1$ der Brechungsindex des Faserkerns ist. Die Gruppenverzögerung ist damit

$$\tau(\lambda) = Ln_1/(\mathrm{c}\cos\theta) \,. \tag{11.13}$$

Zur Berechnung der Änderung der Gruppenverzögerung im Wellenlängenintervall $\Delta\lambda$ verwenden wir (11.8) und erhalten

$$\Delta\tau = -\frac{Ln_1}{c}\sin\theta\frac{\mathrm{d}\theta}{\mathrm{d}\lambda}\Delta\lambda \,, \tag{11.14}$$

wobei wir die Näherung $\cos\theta = 1$ nach der Berechnung der Ableitung benutzt haben. Um die Beziehung $d\theta/d\lambda$ zu bestimmen, ersetzen wir in (10.5) $\cos i$ durch $\sin\theta$ und erhalten

$$m\lambda = 2dn_1\sin\theta \,, \tag{11.15}$$

so daß schließlich

$$\Delta\tau/\tau \cong -\sin^2\theta(\Delta\lambda/\lambda) \tag{11.16}$$

wird. Der maximale Wert von $\Delta\tau$ ergibt sich, wenn $\theta$ seinen Maximalwert $\theta_{\mathrm{m}}$ erreicht. Das entspricht dann annähernd der Gesamtvariation der Gruppenverzögerung in der ganzen Faser.

Die Analyse von Gradientenindexfasern, mit beliebigen Werten des Profilparameters $g$ zeigt, daß die Wellenleiterdispersion nahezu Null ist, wenn gilt

$$g = 2 - 2\Delta - 2\frac{n_1}{n_{g1}}\frac{\lambda}{\Delta}\frac{\mathrm{d}\Delta}{\mathrm{d}\lambda}(1 - \Delta/2) \,, \tag{11.17}$$

wobei $n_{g1}$ der Gruppenbrechungsindex des Kerns ist. Der optimale Wert für $g$ kann deutlich von 2 abweichen und hängt von der Wellenlänge und der Dotierung des Faserkerns ab. $\Delta$ ist der entsprechende Parameter aus (10.32).

Eine Monomode-Faser zeigt nur intramodale Verzerrungen. Die gesamte intramodale Verzerrung ergibt sich näherungsweise aus der Summe von (11.9) und (11.16). Die zweite Ableitung in (11.9) ändert bei einer Wellenlänge von 1,25 µm das Vorzeichen. Bei einer etwas größeren Wellenlänge kann also die Gesamtverzerrung zu Null gemacht werden. Mit einer Monomode-Faser und einer schmalbandigen Quelle, z.B. einer Laserdiode, kann deshalb ein Nachrichtenübertragungskanal mit einer sehr hohen Bandbreite aufgebaut werden. Das ist einer der Gründe für das Interesse an der Verwendung solcher Fasern zusammen mit langwelligen Lichtquellen.

### 11.3.4 Messung der Bandbreite

Bandbreitenmessungen erfordern ebenfalls gewisse Standardanfangsbedingungen. Die gebräuchlichste ist, daß sowohl die numerische Apertur als auch die Eintrittsfläche mit einer gleichförmigen Intensitätsverteilung beleuchtet werden. Deshalb ist auch ein Mantelmodenabstreifer erforderlich. Die Messungen können entweder im *Zeitbereich* oder im *Frequenzbereich* durchgeführt werden.

Bei einer Frequenzbereichsmessung wird die Intensität der Quelle mit einer bestimmten Frequenz moduliert. Das Signal wird an der Quelle und am Ausgang der Faser detektiert. Das Verhältnis der beiden Meßwerte wird registriert und die Messung bei einer Vielzahl von Frequenzen wiederholt. Dieses Verhältnis als Funktion der Frequenz ergibt den *Frequenzgang* der Faser. Im allgemeinen wird die Kurve so normiert, daß sie bei niedrigen Frequenzen den Wert 1 hat. Die Bandbreite der Faser wird allgemein als die Frequenz definiert, bei der der Frequenzgang auf die Hälfte abfällt oder wie in der Elektrotechnik gebräuchlich, um 3 dB fällt.

Zeitbereichsmessungen werden mit einem durch die Faser laufenden Impuls ausgeführt. Mit Hilfe der Fouriertransformation kann dann der Frequenzgang berechnet werden. Für Näherungsmessungen kann man die *Impulsdauer* des Eingangs- und des Ausgangsimpulses messen. Die Impulsdauer ist gewöhnlich als die Zeit zwischen dem halben Maximalwert auf der Impulsanstiegs- und -abfallsflanke definiert.

Wenn die Eingangs- und Ausgangsimpulse näherungsweise Gaußfunktionen im Zeitbereich sind, kann die Verbreiterung infolge der Ausbreitung in der Faser durch folgende Gleichung abgeschätzt werden:

$$\Delta\tau_{\mathrm{O}}^2 = \Delta\tau_{\mathrm{i}}^2 + \Delta\tau^2 \ . \tag{11.18}$$

Hier sind $\Delta\tau_{\mathrm{i}}$ die Dauer des Eingangsimpulses und $\Delta\tau_{\mathrm{o}}$ die Dauer des Ausgangsimpulses. Die Bandbreite der Faser ist ungefähr $1/\Delta\tau$.

### 11.3.5 Kohärenzlänge der Quelle

Wird die Intensität einer Quelle geeignet moduliert, so wird das Ausgangssignal eines Detektors proportional zum Ausgangssignal der Lichtquelle sein (mit Ausnahme von eventuell existierenden Verzerrungen oder einer verringerten Bandbreite).

Detektoren in optischen Kommunikationssystemen sind Detektoren, die die Intensität und nicht die elektrische Feldstärke registrieren. Damit die

Messungen sinnvoll bleiben, müssen wir deshalb fordern, daß die Fasern linear bezüglich der Intensität, nicht aber bezüglich des elektrischen Feldes reagieren.

Unter welchen Bedingungen ist die Faser ein lineares System bezüglich der Intensität? Die Kohärenzlänge des Lichts der Quelle muß so kurz sein, daß wir die Intensitäten und nicht die elektrischen Felder summieren dürfen. Bei einer spektralen Bandbreite der Lichtquelle von $\Delta\nu$ ist die Kohärenzlänge annähernd $c/(n_1 \Delta\nu)$, wobei $c/n_1$ die Lichtgeschwindigkeit im Faserkern ist.

Wir nehmen an, daß die Lichtquelle mit der Frequenz $f_m$ moduliert wird und dies die höchste Modulationsfrequenz ist. Das kürzeste Zeitintervall, in dem wir noch eine sinnvolle Messung machen können, ist demzufolge $1/f_m$. Da sich das Signal mit der Geschwindigkeit $c/n_1$ ausbreitet, hat es in diesem Zeitintervall den Weg $c/(n_1 f_m)$ zurückgelegt. Falls diese Distanz größer als die Kohärenzlänge der Lichtquelle ist, ist die Messung inkohärent. Das führt unmittelbar zur Beziehung

$$f_m < \Delta\nu \,. \tag{11.19}$$

Die Modulationsfrequenz des Signals muß immer kleiner als die Bandbreite der Lichtquelle sein. (Besteht das Signal aus einer Folge von Impulsen, dann ist $f_m$ ungefähr gleich dem Kehrwert der Impulsdauer.) Wenn diese Bedingung nicht erfüllt ist, treten Interferenzen zwischen den Moden auf, und das Ausgangssignal des Detektors kann dem Ausgangssignal der Lichtquelle nicht eindeutig zugeordnet werden. Die Faser stellt in diesem Falle kein lineares System dar.

## 11.4 Optische Reflektometrie im Zeitbereich

Dieses Meßverfahren, auch als *Rückstreumethode* bezeichnet, besteht darin, daß ein kurzer Impuls in eine lange Faser eingekoppelt und die Leistung detektiert wird, die innerhalb der Faser wieder zur Lichtquelle zurückgestreut wird. Die rückgestreute Leistung kann auf verschiedene Art und Weise gemessen werden. Abbildung 11.6 zeigt ein besonders effektives System, das einen Polarisationsstrahlteiler nutzt, um den an der Eintrittsfläche der Faser reflektierten Anteil zu unterdrücken.

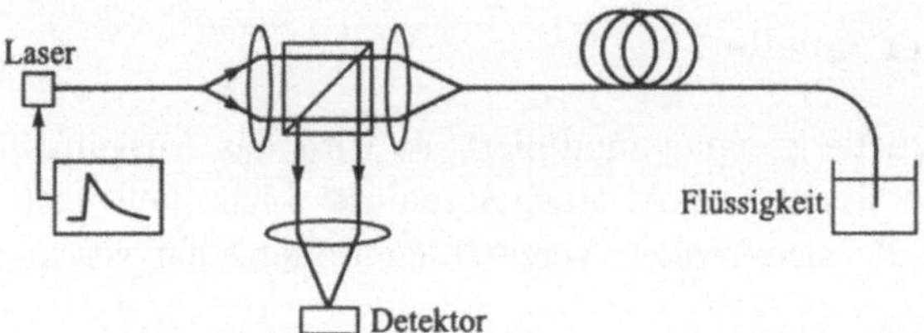


**Abb. 11.6.** Optisches Reflektometer im Zeitbereich

In diesem System wird eine Laserdiode mit einem kurzen Stromimpuls angeregt. Das vom Laser emittierte Licht wird durch ein kurzes Stück einer Stufenindexfaser geschickt, um eine homogene und unpolarisierte Lichtquelle zu realisieren. Das austretende Bündel wird kollimiert, geht durch den Strahlteiler und wird auf die Faser fokussiert.

Ein Wickeldornmodenfilter wird verwendet, um die Modengleichgewichtsverteilung zu gewährleisten. Dieser Filter ist besonders für die Modenfilterung des rückgestreuten Lichts wichtig, da dieses die numerische Apertur der Faser überfüllt. Tritt Modenkopplung auf, dann erreicht das weiter hinten gestreute Licht bei seiner Ausbreitung zurück zur Quelle annähernd die Modengleichgewichtsverteilung. Dieser Effekt kann die Ergebnisse verfälschen.

Schließlich dient der Strahlteiler, der eine Polarisationsrichtung reflektiert und die andere transmittiert, dazu, das durch die relativ starke Fresnelsche Reflexion an der Stirnfläche der Faser reflektierte Licht nicht zum Detektor gelangen zu lassen. Das Ende der zu testenden Faser taucht in bezüglich seines Brechungsindex angepaßtes Öl, um die an der Endfläche auftretenden Reflexionen auf einen kleinen Wert zu reduzieren. Das gestreute Licht ist nach kurzer Ausbreitungsstrecke in der Faser unpolarisiert, so daß der Strahlteiler nur die Hälfte dieser Lichtintensität auf den Detektor lenkt.

Die *optische Reflektometrie im Zeitbereich* (OTDR) ist dann besonders nützlich, wenn man nur auf ein Faserende Zugriff hat, wie es z.B. bei einer Überprüfung an einem installierten System vorkommt.

Wir nehmen nun an, daß ein Impuls in die Faser eingekoppelt wird. In der Entfernung $z$ entlang der Faserachse sinkt die Leistung auf $\exp(-\alpha z)$. Hier ist $\alpha$ der Dämpfungskoeffizient der Faser. Ein Teil der Leistung, die durch die Faser im Gebiet um diese Stelle $z$ gestreut wird, gelangt durch die Faser zur Quelle zurück. Dieses Licht hat dann den Weg $2z$ zurückgelegt und ist demzufolge auf $\exp(-2\alpha z)$ gedämpft worden, wenn die Modenverteilungen in beiden Richtungen nahezu gleich sind.

Wenn wir die Leistung $P(z)$, die aus der Entfernung $z$ zurückgestreut wird, und die Leistung $P(0)$, die vom Anfang der Faser zurückgestreut wird, messen, können wir den Dämpfungskoeffizienten aus dem Verhältnis der beiden Meßwerte ermitteln.

$$P(z)/P(0) = \mathrm{e}^{-2\alpha z} \ . \tag{11.20}$$

Bilden wir davon den Logarithmus, ergibt sich

$$\ln[P(z)/P(0)] = -2\alpha \tag{11.21}$$

oder in technischen Einheiten

$$\alpha' z = -5 \lg[P(z)/P(0)] \ , \tag{11.22}$$

wobei $\alpha' z$ den Verlust der Faser in dB beschreibt. Der Faktor 5 anstelle von 10 ergibt sich daraus, daß die Messung die Ausbreitung in beide Richtungen berücksichtigt.

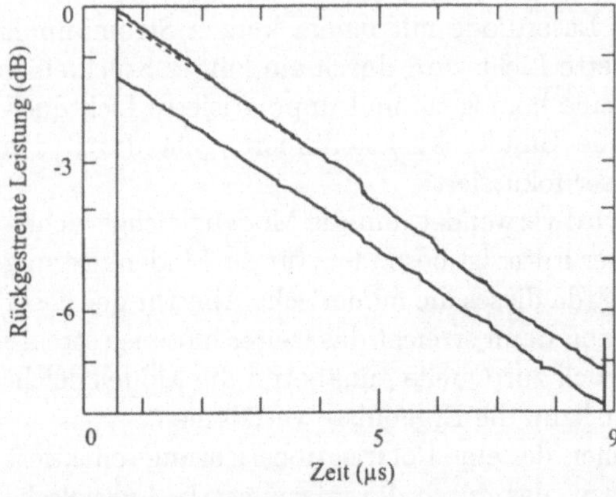


**Abb. 11.7.** Die rückgestreute Leistung als Funktion der Zeit für zwei Anfangsbedingungen. [Nach B. L. Danielson, NBS Technical Note 1065]

Abbildung 11.7 zeigt eine halblogarithmische Darstellung der rückgestreuten Leistung als Funktion der Zeit. Die Zeit ist hier die Zeit, die nach Aussenden des Lichtimpulses durch den Laser vergangen ist, bis der Streuimpuls zurückkehrt. Die obere Kurve ist ohne den Wickeldornmodenfilter aufgenommen worden. Für kurze Zeiten, d.h. in der Nähe der Quelle, ist diese Kurve nicht linear, erreicht aber den linearen Verlauf nach ca. 3 µs. Die untere Kurve ist unter Verwendung eines Modenfilters aufgenommen worden und zeigt eine gute Linearität.

Der Sprung bei $t = 5$ µs ist das Ergebnis einer Spleißverbindung. Der Effekt ist in der oberen Kurve verstärkt ausgeprägt. Die anderen Sprünge sind die Folge unbekannter Defekte in der Faser. Das illustriert die Nützlichkeit der OTDR. Die Methode kann verwendet werden, um Defekte oder Spleißverbindungen zu lokalisieren, aber auch, um den Dämpfungskoeffizienten der Faser zu bestimmen. Wenn wir die Laufzeit des Signals messen, das von einer Fehlstelle zurückkommt, können wir den Ort dieser Fehlstelle aus

$$z = \mathrm{c}\Delta t / 2n_1 \tag{11.23}$$

bestimmen. Auch hier ist $\mathrm{c}/n_1$ wieder näherungsweise die Gruppengeschwindigkeit in der Faser. Solche Entfernungsmessungen haben eine Genauigkeit von $\tau\mathrm{c}/n_1$, mit $\tau$ als Impulsdauer, was üblicherweise einigen Zehn Zentimetern entspricht.

## 11.5 Messung des Brechungsindexprofils

Manchmal ist es notwendig, das *Brechungsindexprofil* der Faser und nicht nur den Wert $\Delta n$ zu bestimmen. Im allgemeinen liefern die Messungen den Brechungsindex als Funktion des Abstandes von der Achse der Faser. Für diese Messungen ist mindestens ein halbes Dutzend Methoden entwickelt worden, die meistens eine automatische Datenerfassung und Computeranalysen erfordern und deshalb hier nur kurz erwähnt werden sollen.

Die Techniken zur Bestimmung des Brechungsindexprofils können in zwei Gruppen unterteilt werden:

- die transversalen Methoden, bei denen die Faser senkrecht zu ihrer Achse beleuchtet wird, und
- die longitudinalen Methoden, bei denen die Faser an einer Spaltfläche oder anderweitig präparierten Endfläche untersucht wird.

Die transversalen Methoden haben einige Vorteile gegenüber den longitudinalen Methoden. Da wir keinen Zugriff auf ein Faserende benötigen, sind es zerstörungsfreie Prüfmethoden. Sie können in nahezu Echtzeit durchgeführt werden, z.B. um die Fasereigenschaften beim Produktionsprozeß zu kontrollieren. Longitudinale Methoden erfordern, daß die Faser abgeschnitten und ein Ende präpariert wird. Daher sind sie nicht zerstörungsfrei und zeitaufwendiger. Trotzdem sind einige longitudinale Methoden sehr genau und leicht anzuwenden und deshalb oft die Methoden der Wahl, wenn es um Absolutmessungen geht.

### 11.5.1 Transversale Methoden

Es gibt hauptsächlich zwei Arten der transversalen Methoden; die Interferometrie und die Beugung oder Streuung. Im ersten Fall wird die Faser in eine Küvette mit einer Flüssigkeit eingebracht, deren Brechungsindex möglichst gleich dem Brechungsindex des Fasermantels ist. Die Küvettenfenster sind eben und parallel zueinander. Die Küvette befindet sich in einem Arm eines Interferometers oder eines Interferenzmikroskops, und die Intensitätsverteilung des Interferenzmusters wird ausgemessen.

Abbildung 11.8 zeigt den Weg eines Strahls durch eine Gradientenindexfaser. Der Weg ist gekrümmt, da der Brechungsindex über den Kern nicht konstant ist. Wenn auch die Krümmung vernachlässigt werden kann, so muß doch die Phasenverschiebung $\phi$ durch den Ausdruck

$$\phi = k \int n(s) \mathrm{d}s \tag{11.24}$$

berechnet werden. Die Größe $s$ ist aus der Abbildung ersichtlich. Leitet man $\phi$ aus der Interferenzstruktur ab und stellt (11.24) entsprechend um, so läßt sich mit einer komplizierten Prozedur, die hier nicht erläutert werden soll, das Brechungsindexprofil $n(s)$ bestimmen.

Andere transversale Methoden nutzen Beugungs- oder Streubilder, die entstehen, wenn die Faser (auch hier in Immersionsöl eingebettet) mit einem Laserbündel senkrecht zu ihrer Achse beleuchtet wird. Wird die Fernfeldverteilung gemessen, handelt es sich um *transversale Streuung*. Eine damit verbundene Methode wird als *transversale Rückstreuung* bezeichnet, wenn

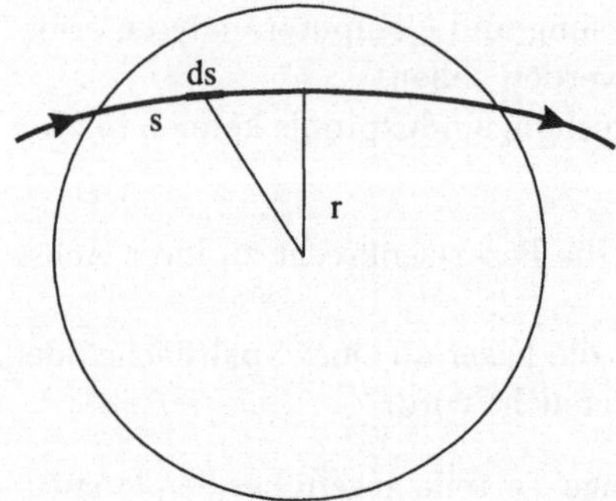


**Abb. 11.8.** Strahlenweg durch einen transversalen Querschnitt einer Gradientenindexfaser

das zur Quelle rückreflektierte Bündel untersucht wird. Eine andere damit verbundene Methode ist die *Fokusmethode*, bei der das Beugungsmuster im Nahfeld gemessen wird. Diese Methode ist am nützlichsten für die Beurteilung von *Preforms*, das sind die Stäbe, aus denen die Fasern gezogen werden.

Alle transversale Methoden erfordern das Abrastern eines Beugungs- oder Interferenzmusters und die Auflösung des Integrals, um das Brechungsindexprofil bestimmen zu können. Als praktische Schlußfolgerung ergibt sich die Notwendigkeit einer automatischen Datenerfassung und -bearbeitung mit Computern. Zusätzlich wird bei den meisten Berechnungen angenommen, daß der Faserkern radialsymmetrisch ist, was aber nicht immer zutrifft. Die Meßgenauigkeit dieser Methoden liegt bei etwa 10 %.

### 11.5.2 Longitudinale Methoden

Bei den longitudinalen Methoden wird die Faser oder eine speziell präparierte Probe parallel zur Achse beleuchtet. Eine der ersten Methoden war die *Interferenzmikroskopie* an dünnen Schichten. Ein dünner Schliff der Faser wird dazu in ein Interferometer oder in ein *Interferenzmikroskop* gebracht. Der Brechungsindexunterschied zwischen Kern und Fasermantel kann dann direkt aus dem Interferogramm gewonnen werden. Die optische Wegdifferenz zwischen den Strahlen, die das Zentrum des Kerns und den Fasermantel durchlaufen, ist einfach $\Delta nt$, wobei $t$ die Dicke der Probe ist. Ist das Interferometer von solch einem Typ, bei dem die Strahlen die Probe nur einmal durchlaufen, entspricht jeder Interferenzstreifen einem Wegunterschied von einer Wellenlänge. Sobald $t$ genau genug bekannt ist, kann $\Delta n$ direkt berechnet werden.

Eine der Schwierigkeiten der longitudinalen Interferenzmethode ist, daß die Probe dünn genug sein muß, damit sich die Strahlen ohne merkliche Krümmung bedingt durch das Gradientenindexprofil ausbreiten können. Das bedeutet aber, daß die Probe nur einige zehn Mikrometer dick sein darf. Außerdem ist es schwierig festzustellen, welche Fehler durch das Polieren der Probe entstehen. Das Polieren kann die Zusammensetzung der Materialoberfläche ändern, und die Oberfläche kann infolge der Abhängigkeit der

Polierrate von der Glaszusammensetzung, die natürlich so wie auch der Brechungsindex über den Querschnitt variiert, von der Ebene abweichen.

Eine andere frühe Methode war die direkte Messung des Reflexionsgrades der Endfläche der Faser. Diese Methode ist direkt und genau und besitzt eine hohe räumliche Auflösung. Sie ist allerdings etwas schwierig zu realisieren, denn die Änderungen des Reflexionsgrades sind nur sehr klein, und es werden sehr stabile Lichtquellen und Detektoren benötigt. Außerdem ist die Methode sehr empfindlich gegenüber Fehlern durch die Kontamination der Oberfläche mit einer Schicht, deren Brechungsindex von dem der Faser abweicht.

### 11.5.3 Nahfeldscanning

Das Nahfeldscanning ist eine von zwei wichtigen Methoden, die von der lokalen numerischen Apertur, wie sie durch (10.34) gegeben ist, abhängen. Da die numerische Apertur der Faser mit dem Radius variiert, gilt das auch für das Lichtaufnahmevermögen. In Übereinstimmung mit (10.3) und der unmittelbar darauffolgenden Diskussion, ist die Aufnahmeeffektivität einer Stufenindexfaser proportional zum Quadrat der numerischen Apertur, wenn die Lichtquelle ein Lambertscher Strahler ist. Genau die gleichen Überlegungen führen uns dazu, daß die lokale Aufnahmeeffektivität einer Gradientenindexfaser durch das Quadrat der lokalen numerischen Apertur bestimmt wird. Das ermöglicht eine Methode zur Messung des Brechungsindexprofils.

Die Eingangsfläche einer Faser wird mit einer Lambertschen Lichtquelle und einer Kondensoroptik, deren numerische Apertur die der Faser übersteigt, vollständig ausgeleuchtet. Wenn die Faser gerade gehalten wird und weniger als einen Meter lang ist, kann die Modenkopplung vernachlässigt werden. Die Strahlungsverteilung am Ausgang der Faser wird exakt mit der Akzeptanzverteilung, die durch die lokale numerische Apertur festgelegt ist, übereinstimmen. Damit ist die Ausgangsleistung als Funktion der Position genau proportional zum Quadrat der lokalen numerischen Apertur, d.h. proportional zu $[n^2(r) - n_2^2]$. Da $n(r)$ sehr nahe bei $n_2$ liegt, können wir dieses Quadrat durch den Ausdruck

$$(NA)^2 = 2n_2 \Delta n(r) \tag{11.25}$$

nähern. Folglich beschreibt die Ausgangsleistungsverteilung in sehr guter Näherung das Brechungsindexprofil der Faser.

Das Brechungsindexprofil wird vermessen, indem man die Ausgangsfläche der Faser mit einem Mikroobjektiv, das eine größere numerische Apertur als die Faser hat, vergrößert. Ein Detektor tastet das vergrößerte Bild ab, und der Photostrom wird einem Computer oder einem Plotter zugeführt.

Die auf diese Weise gewonnenen Daten liefern eine präzise Darstellung des Brechungsindexprofils, allerdings bei Anwesenheit von Leckwellen. Diese Leckwellen in der Faser führen dazu, daß die relative Intensität an irgendeinem Punkt mit dem Radius $r > 0$ größer ist, als erwartet. Bei Messungen an

Stufenindexfasern ist das ein ernsthaftes Problem, das allerdings manchmal rechnerisch gelöst werden kann. Das Leckwellenproblem ist für Gradientenindexfasern nicht ganz so ernst, und außerdem nehmen die meisten Forscher an, daß die Leckwellen durch kleine aber unvermeidbare Elliptizitäten des Kerns eliminiert werden. Deshalb ist das Nahfeldscanning ein nützliches Werkzeug zur Vermessung des Brechungsindexprofils. Leider ergibt diese Methode aber nur relative Brechungsindexprofile und ist nicht einfach zu kalibrieren, um Absolutwerte des Brechungsindizes zu erhalten.

Ein Nachteil des Nahfeldscanning besteht darin, daß es nicht zur Brechungsindexprofilmessung einer Monomode-Faser verwendet werden kann. Der Grund dafür ist die sehr kleine numerische Apertur einer solchen Faser. Bei Anwendung der Nahfeldmethode auf eine Monomode-Faser beobachten wir die Eingangsstirnfläche durch die Faser selbst, und infolge der geringen numerischen Apertur können wir die Struktur der Eingangsfläche nicht auflösen. Die Strahlungsverteilung am Ausgang der Faser ist für die Fasermode charakteristisch, jedoch nicht für die lokale numerische Apertur. Das Nahfeldscanning ist ein sinnvolles Meßverfahren für die Verteilung des Lichts in der Monomode-Faser, es liefert aber keine Information über ihr Brechungsindexprofil.

### 11.5.4 Methode der gebrochenen Strahlen

Bei dieser Methode, beleuchten wir die Faser mit einem fokussierten Bündel, dessen numerische Apertur zwei- bis dreimal größer als die der Faser ist, untersuchen aber nicht die Strahlen, die von der Faser geführt werden, sondern die **nicht** geführten. Die Methode der gebrochenen Strahlen ermöglicht absolute Brechungsindexmessungen bei einer der üblichen Mikroskopie vergleichbaren Auflösung. Darüber hinaus wird das Verfahren von Leckwellen nicht beeinflußt.

Das Prinzip der Methode ist in Abb. 11.9 zu sehen, die eine nackte Faser in einer ölgefüllten Küvette zeigt. Ein Strahl tritt in die Küvette unter dem Winkel $\theta$ ein und fällt unter dem Winkel $\theta_1$ auf die Stirnfläche der Faser. Dieser Winkel ist wesentlich größer als der Akzeptanzwinkel der Faser. Der Strahl tritt schließlich unter dem Winkel $\theta'$ aus dem rechten Fenster der Küvette aus. Wir wollen den Strahl jetzt durch die Faser führen und bestimmen dazu den Austrittswinkel $\theta'$ als Funktion von $\theta$, des Brechungsindex $n$ der Faser und des Brechungsindex $n_L$ des Öls.

Wir wenden zunächst das Brechungsgesetz auf den Strahl in dem Punkt an, bei dem er in die Faser eintritt, und erhalten

$$n_L \sin\theta_1 = n \sin\theta_1' \ . \tag{11.26}$$

Wenn das Faserende exakt senkrecht zur Faserachse steht, ist der Winkel $\theta_2$ komplementär zu $\theta_1'$. Quadrieren der Gleichung ergibt dann

$$n_L^2 \sin^2\theta_1 = n^2(1 - \sin^2\theta_2) \ . \tag{11.27}$$

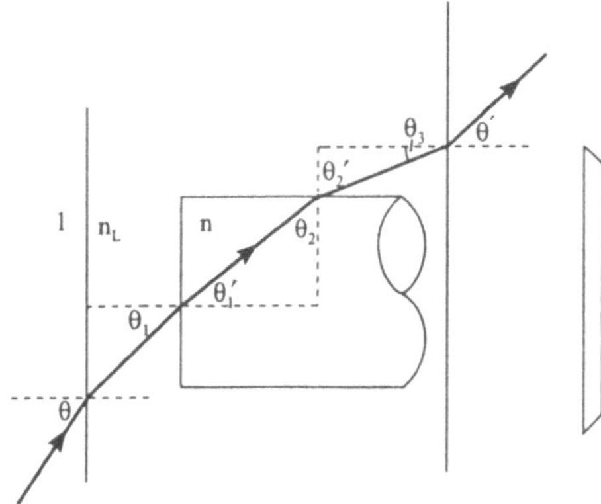


**Abb. 11.9.** Methode der gebrochenen Strahlen zur Messung des Brechungsindexprofils der Faser

Mit dem Brechungsgesetz für die Winkel $\theta_2$ und $\theta_2'$ und der Annahme, daß die Faser senkrecht zu den Küvettenwänden ausgerichtet ist, finden wir

$$n^2 - n_L^2 = n_L^2(\sin^2\theta_1 - \sin^2\theta_3) \tag{11.28}$$

oder in Abhängigkeit vom Einfallswinkel und der Brechung beim Übergang von der Luft in die Küvette

$$n^2 - n_L^2 = \sin^2\theta - \sin^2\theta' \; . \tag{11.29}$$

Wenn der Brechungsindex der Flüssigkeit ausreichend gut an den der Faser angepaßt ist, können wir dafür schreiben

$$2n_L(n - n_L) = \sin^2\theta - \sin^2\theta' \; . \tag{11.30}$$

Ist $\theta$ der Einfallswinkel des schiefsten Strahls, der in die Küvette eintritt, dann ist $n - n_L$ eine lineare Funktion von $\sin^2\theta'$, wobei $\theta'$ der Austrittswinkel des Strahls ist. Nun müssen wir noch zeigen, daß die Leistung, die durch die Faser übertragen wird, ebenfalls eine lineare Funktion von $\sin^2\theta'$ und dann auch eine lineare Funktion von $n - n_L$ ist.

Wir stellen hinter der Küvette einen undurchsichtigen Schirm so auf, daß er bezüglich der Faserachse zentriert ist und von der Faser aus unter dem Winkel $\theta_s$ gesehen wird. $\theta_s$ soll wesentlich größer als der Akzeptanzwinkel der Faser sein, so daß die meisten Leckwellen durch den Schirm abgeblockt werden. Ist die Lichtquelle ein Lambertscher Strahler, dann ist die Leistung, die in einen Kegel gemäß (4.17) abgegeben wird, proportional zum Quadrat der sin-Funktion des Kegelwinkels. Daher ist die relative Leistung um den Schirm herum proportional zu $\sin^2\theta' - \sin^2\theta_s$. Kurz gesagt, die Leistung, die am Schirm vorbeigeht, ist tatsächlich eine lineare Funktion von $n - n_L$.

Dieses Ergebnis kann für Gradientenindexfasern verallgemeinert werden, wenn man das Brechungsgesetz in der allgemeinen Form (10.23) anwendet. Damit kann das Brechungsindexprofil einer Faser aus der Messung der transmittierten Leistung als Funktion des Radius bestimmt werden. Diese Methode ist zwar nicht so einfach wie das Nahfeldscanning, liefert aber darüber hinausgehende Resultate. Außerdem kann der undurchsichtige Schirm so groß gemacht werden, daß er fast vollständig die Effekte der Leckwellen in Gradientenindexfasern unterdrückt.

Mit der Methode der gebrochenen Strahlen können auch absolute Brechungsindexprofile bestimmt werden, wenn das System kalibriert wird. Die wahrscheinlich einfachste Methode besteht in der Verwendung einer Quarzglasfaser, deren Brechungsindexprofil sehr genau bekannt ist. Bei gegebenem Brechungsindex des Immersionsöls kann die gemessene transmittierte Leistung auf den Brechungsindex bezogen werden. Die Linearität des Systems läßt sich nachweisen, wenn verschiedene bekannte Öle anstelle nur eines einzigen verwendet werden.

Die räumliche Auflösungsgrenze der Methode der gebrochenen Strahlen entspricht etwa der des Mikroobjektivs, das zur Fokussierung des Laserbündels auf das Faserende eingesetzt wird, vorausgesetzt, daß der undurchlässige Schirm nicht zu groß ist. Das gilt nicht für das Nahfeldscanning. Wie wir bereits bemerkt haben, sieht man in diesem Falle die Faserstirnfläche durch die Faser hindurch. Bei jedem Radius ist die Auflösungsgrenze durch die numerische Apertur an dieser Stelle bestimmt und wird sehr groß, wenn die Messung die Grenze zwischen Kern und Fasermantel erreicht.

Die Methode der gebrochenen Strahlen ist eine der wenigen Techniken, die zum Vermessen des Profils von Monomode-Fasern verwendet werden kann, da sie ein genügend hohes räumliches Auflösungsvermögen hat, um die kleinen Brechungsindexdifferenzen, die für Monomode-Fasern charakteristisch sind, zu erfassen.

Abbildung 11.10 zeigt einen typischen Brechungsindexverlauf, der mit der Methode der gebrochenen Strahlen für eine Gradientenindexfaser gemessen wurde. Der Einbruch des Brechungsindex im Zentrum ist ein Fabrikationsfehler und für viele dieser Fasern typisch. Diese Faser zeigt auch einen nichthomogenen Fasermantel und eine schmale Schicht mit niedrigem Brechungsindex, die den Kern umgibt.

### 11.5.5 Messung des Kerndurchmessers

Eng verbunden mit den Brechungsindexprofilmessungen sind Messungen des Kerndurchmessers wahrscheinlich am wichtigsten für die Hersteller von Faser-Faser-Verbindern und anderen Kopplungselementen. Der Kerndurchmesser muß schließlich auch für Messungen bekannt sein, die strahlenoptische Anfangswerte erfordern.

Der Kerndurchmesser wird gewöhnlich aus Messungen des Brechungsindexprofils, insbesondere dem Nahfeldscanning und der Methode der gebrochenen Strahlen, abgeleitet. Das Problem besteht darin, wie man den Kerndurchmesser bestimmen kann, wenn die Messungen durch Leckwellen oder andere Defekte beeinflußt werden. Insbesondere das Nahfeldscanning von Gradientenindexfasern zeigt fast immer einen substantiellen Verlust an

Auflösung nahe der Grenze zwischen Kern und Fasermantel, da die lokale numerische Apertur gegen Null geht, wenn der Radius $r$ den Wert $a$ erreicht.

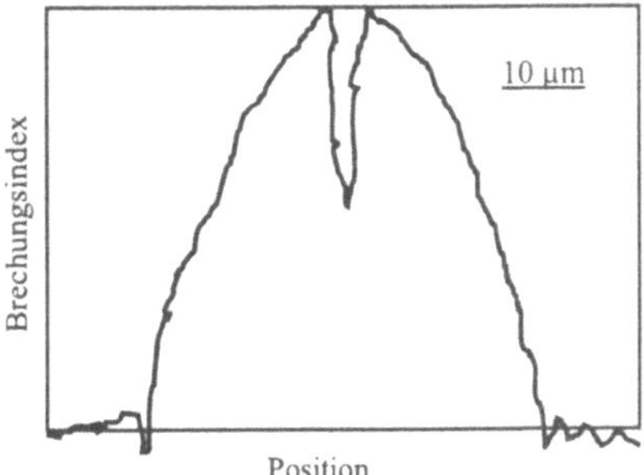


**Abb. 11.10.** Brechungsindexprofil einer Gradientenindexfaser, gemessen mit der Methode der gebrochenen Strahlen

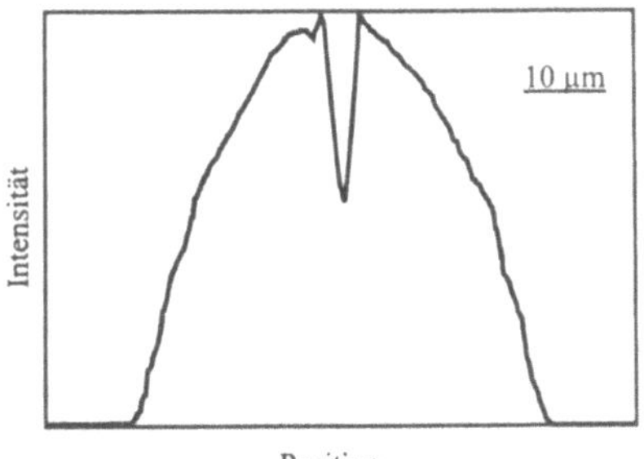


**Abb. 11.11.** Brechungsindexprofil der Faser aus Abb. 11.10, gewonnen durch Nahfeldscanning [nach E. M. Kim]

Abbildung 11.11 ist eine Nahfeldaufnahme der Faser aus Abb. 11.10. Die horizontale Skalierung ist etwa die gleiche. Das gemessene Brechungsindexprofil ist an der Kerngrenze fehlerhaft abgerundet, während das wahre Profil schärfer ist. Um diesen Effekt zu vermeiden, wird der Kerndurchmesser entweder aus den besser aufgelösten Teilen der Kurve in Richtung auf die Abszisse extrapoliert, oder der Kerndurchmesser wird als die Breite der Meßkurve zwischen den Punkten definiert, bei denen der Brechungsindex 2,5 % des Spitzenwertes $\Delta n$ beträgt. Diese Herangehensweise liefert gewöhnlich gute Übereinstimmungen, und die Ergebnisse sind für die Praxis genau genug.

Bei Monomode-Fasern ist das Problem etwas anders, da bei ihnen das Strahlungsmuster sehr vom Brechungsindexprofil abweicht. In diesem Falle muß der Ingenieur zwischen dem Kerndurchmesser und der Strahlungsfleckgröße unterscheiden. Bei Kopplerproblemen ist der Strahlungsfleck die wichtige Größe, und der Kerndurchmesser ist weitestgehend irrelevant. Damit wird das Nahfeldscanning sinnvolle Ergebnisse liefern, während das die Methode der gebrochenen Strahlen nicht kann.

## 11.6 Messung der numerischen Apertur

Messungen der numerischen Apertur sind aus verschiedenen Gründen notwendig. So hängt z.B. die Effektivität, mit der eine Faser das Licht aufnimmt, die an eine Lichtquelle wie zum Beispiel eine LED angeschlossen ist, von der numerischen Apertur ab (Abschn. 10.1). Die Kopplung zwischen zwei Fasern ist am effektivsten, wenn beide die gleiche numerische Apertur haben. Auch die Empfindlichkeit einer Verbindung bezüglich Verkippungen hängt von der numerischen Apertur ab. Außerdem muß die numerische Apertur für Dämpfungsmessungen bekannt sein und auch auch für Messungen, die standardisierte strahlenoptische Anfangsbedingungen erfordern. Ungeachtet dessen, ob strahlenoptische Anfangswerte oder irgendein Modenfilter verwendet wird, muß die numerische Apertur der Faser präzise bestimmt werden.

Die Vermessung der numerischen Apertur einer Faser bedeutet eigentlich die Messsung der Strahlungsverteilung im Fernfeld der Faser. Ein Detektor tastet das Strahlungsfeld auf einem Kreisbogen ab, in dessen Zentrum die Ausgangsfläche der Faser liegt. Um sicher zu gehen, daß die Größe der Ausgangsfläche der Faser die Messung nicht beeinflußt, muß der Detektor um ein Vielfaches der Strecke $a^2/\lambda$ vom Faserende entfernt sein, das heißt, sich im Fernfeld der Faserendfläche befinden (Abschn. 5.5.4). Anderenfalls könnte die Messung vom Bogenradius abhängen. Das kann getestet werden, indem man mehrere Messungen bei verschiedenen Radien wiederholt und die Formen der gewonnenen Kurven (nicht ihre Intensitäten) vergleicht.

Auch die Detektorgröße ist wichtig; sie muß klein genug sein, um eine ungestörte Aufnahme des Strahlungsfeldes zu ermöglichen, darf aber nicht so klein sein, daß der Photostrom im Rauschen untergeht. Wir können eine Faustregel ableiten, nach der das kleinste Detail im Strahlungsfeld durch die größte Struktur der Faser, also ihren Radius, festgelegt wird. Demzufolge kann das Strahlungsfeld keine kleineren Winkeldetails aufweisen als $\lambda/a$, der Detektor muß also einen etwas kleineren Winkelbereich abdecken, um eine ausreichende Auflösung zu gewährleisten. Auch diese Bedingung kann überprüft werden, indem mehrere Abtastungen mit unterschiedlichen Detektoraperturen durchgeführt werden.

Für Dämpfungsmessungen muß die numerische Apertur der Faser mit strahlenoptischen Anfangsbedingungen oder mit einem Modengleichgewichtssimulator bestimmt werden, der geeignet qualifiziert wurde. Die Messungen an Verbindern können je nach Anwendungsfall eine der Standardstartbedingungen erfordern. Soll z.B. eine Kurzstrecken-Faser mit einer LED gekoppelt werden, so kann eine Messung der numerischen Apertur der Strahlung mit überfüllten Anfangsbedingungen erforderlich werden, um den Einsatzfall der Faser besser zu simulieren.

## Aufgaben

**Aufgabe 11.1.** Skizzieren Sie ein optisches System, das die Wendel einer Wolframlampe auf eine Faser abbildet (siehe Abschn. 11.1.1). Die Faser soll mit einem scharfen runden Fleck gleichförmig beleuchtet werden, wobei der Fleckdurchmesser 35 µm und die numerische Apertur des optischen Systems 0,14 betragen soll. Die Glühwendel der Wolframlampe ist bandförmig und besitzt die Abmessungen 1,5 cm·1,5 mm. Über 90 % der Wendelfläche ist die Temperatur konstant. Der Durchmesser der Lichtaustrittsöffnung der Lampe beträgt 2 cm.

Welchen Anforderungen müssen dünne Linsen genügen, die zur Abbildung des Bündels auf die Faser benötigt werden?

**Aufgabe 11.2.** Eine Mantelmode wird in einer optischen Faser ($NA = 0,2$) angeregt, deren Manteldurchmesser $D = 125\,\mu\text{m}$ beträgt. Die Faser wird in einen Mantelmodenabstreifer eingebracht. Zur Vereinfachung wird eine homogene Faser angenommen, deren Reflexionsgrad an der Mantelfläche grob geschätzt 1 % betragen soll. Nach welcher Strecke wird die Intensität der Mantelmode um den Faktor $10^{-6}$ reduziert sein? Was geschieht bei einem Reflexionsgrad von 10 % (Denken Sie daran, daß der Strahl nahezu streifend auf die Fläche einfällt.)?

**Aufgabe 11.3.** Eine Faser besitzt eine Dämpfung von 1 dB/km bei 0,85 µm. Ein 1 mW-Laser wird an die Faser mit einer Effektivität von 30 % gekoppelt. Die Faser ist 5 km lang und mit geringen Verlusten an einen Detektor angeschlossen, der eine $\text{NEP}/\sqrt{\Delta f} = 10^{-10}\,\text{W}/\sqrt{\text{Hz}}$ besitzt. Ist der Detektor geeignet gewählt, wenn die Bandbreite des Signals 10 MHz beträgt?

**Aufgabe 11.4.** Der Brechungsindex von Quarzglas kann mit einer *Dispersionsgleichung* der Form

$$n(\lambda) = 1,45084 - 0,00334\lambda^2 + 0,00292/\lambda^2 \qquad (11.31)$$

beschrieben werden, wobei $\lambda$ in µm eingesetzt wird. Nehmen Sie an, daß die Dispersion einer Monomode-Faser durch die gleiche Abhängigkeit gegeben ist, obwohl der Kern Verunreinigungen enthält. Betrachten Sie eine Monomode-Faser von 3 km Länge und einem Radius von $a = 5\,\mu\text{m}$, die an eine LED gekoppelt ist, die eine Wellenlänge von 1,3 µm bei einer Bandbreite von 100 nm hat. Berechnen Sie die Variation der Gruppenverzögerung, die sich

a) aus der Materialdispersion und
b) aus der Wellenleiterdispersion ergibt.

**Aufgabe 11.5.** Der Brechungsindex des Mantels einer Gradientenindexfaser kann mit (11.31) beschrieben werden. Nehmen Sie an, daß der Kern Verunreinigungen enthält, so daß gilt

$$\Delta n_0(\lambda) = 0,01202 + 0,00003\lambda^2 + 0,00028/\lambda^2 \,. \qquad (11.32)$$

Der Index 0 bezieht sich auf $\Delta n$ im Zentrum des Faserkerns. Berechnen Sie den optimalen Wert des Profilparameters $g$ für 0,85 µm, 1,3 µm und 1,55 µm.

**Aufgabe 11.6.** Eine typische bei 1,3 μm arbeitende LED hat eine Linienbreite von 100 nm. Berechnen Sie die Bandbreite, die dieser Linienbreite entspricht. Wieviele Videokanäle könnten wir mit dieser Diode übertragen? Vernachlässigen Sie die Eigenschaften des Detektors und nehmen Sie an, daß die Kanäle einen Abstand von 10 MHz aufweisen. Wieviele Audiokanäle könnten wir bei einem Kanalabstand von 10 kHz übertragen?

**Aufgabe 11.7.** Bei der Wellenlänge von 0,85 μm betragen die Streuverluste einer Monomode-Faser 1 dB/km, und die Absorptionsverluste haben die gleiche Größe. Der Brechungsindex der Faser betrage $n = 1,5$. Nehmen Sie der Einfachheit halber an, daß das Streulicht der Charakeristik eines Lambertschen Strahlers entspricht.

a) Wenn die numerische Apertur der Faser 0,1 ist, wie groß ist dann näherungsweise der Teil des Lichts, der von irgendeinem Punkt zur Quelle zurückgestreut wird?
b) Ein optisches Reflektometer im Zeitbereich verwendet einen Polarisationsstrahlteiler wie in Abb. 11.6. Welcher Anteil der Leistung, die in die Faser einfällt, wird von einem Punkt in 5 km Entfernung auf den Detektor zurückgestreut?
[Hinweis: Vergessen Sie nicht die Absorptionsverluste.]
c) Die Impulsdauer betrage 10 ns und die Spitzenleistung 1 mW. Wie groß ist die Leistung, die von einem 5 km entfernten Punkt auf den Detektor zurückgestreut wird? Welchen NEP/$\sqrt{\text{Hz}}$-Wert muß der Detektor haben? Nehmen Sie an, daß die Bandbreite umgekehrt proportional zur Impulsdauer ist (und eine Zeitauflösung in der Größenordnung von 10 ns gefordert wird).

**Aufgabe 11.8.** Wir wollen das Brechungsindexprofil eines Wellenleiters ermitteln, indem wir den Unterschied zwischen der Fresnelschen Reflexion am Faserkern und am Mantel messen. Wenn der Wellenleiter eine numerische Apertur von 0,1 besitzt und der Brechungsindex des Mantels 1,457 ist, wie groß ist dann das Verhältnis der maximalen Reflexionsgrade von Faserkern und -mantel? Was geschieht, wenn wir die Faser in eine Immersionsflüssigkeit mit dem Brechungsindex 1,48 eintauchen? Beschreiben Sie, was geschieht, wenn die Immersionsflüssigkeit einen Brechungsindex besitzt, der zwischen dem des Faserkerns und des Mantels liegt.

**Aufgabe 11.9.** Nehmen Sie an, daß wir einen Schirm 10 cm hinter die Zelle aus Abb. 11.9 stellen. Die numerische Apertur des einfallenden Bündels sei 0,5 und der Brechungsindex der Flüssigkeit in der Zelle sei 1,464.

a) Wie groß ist der Radius des auf den Schirm geworfenen Leuchtflecks, wenn das Bündel durch die Flüssigkeit nicht aber durch die Faser tritt? (Vernachlässigen Sie die Zelldicke.)
b) Wie groß ist der Radius des Leuchtflecks bei einem Brechungsindex des Fasermantels von 1,457 und des Kerns von 1,470, wenn das Bündel in den Fasermantel und

c) in den Faserkern eintritt?
d) Die optimale Größe des Schirms entspricht einem Winkel, der sich aus der numerischen Apertur des Mikroobjektivs geteilt durch $\sqrt{2}$ ergibt! Wie groß ist der Radius des Schirms, wenn sich dieser 10 cm hinter der Zelle befindet? Ist er kleiner als der in c) berechnete Radius des Lichtflecks?

**Aufgabe 11.10.** Wir wollen die numerische Apertur einer Multimode-Faser mit einem Kerndurchmesser von 62,5 µm messen. Die Faser ist für 0,85 µm ausgelegt. Wir verwenden ein Meßinstrument, das einen Detektor auf einem Kreisbogen mit 5 cm Radius führen kann. Der Detektor habe einen Durchmesser von 5 mm. Ist ein solches Instrument ausreichend? Wenn nicht, welche Modifikationen werden erforderlich?

# 12. Integrierte Optik

In der Halbleiterindustrie ist ein elektronischer integrierter Schaltkreis etwas, was im Ganzen auf einem *wafer* oder einem *chip* aus Silizium oder einem anderen Halbleiter gefertigt wird. Ein optisches System, das auf einem flachen *Substrat* angeordnet ist und Funktionen wie eine elektronische Schaltung ausführen kann, wird in analoger Weise als *integriert-optischer Schaltkreis* bezeichnet. Geräte wie optische Fourier-Transformations-Prozessoren können auch auf flachen Substraten hergestellt werden. Um solche Bauelemente von den integriert optischen Schaltkreisen zu unterscheiden, werden sie *optische Schichtbauelemente* genannt. Sowohl die optischen Schichtbauelemente als auch die integrierten optischen Schaltkreise gehöhren zur *integrierten Optik.*

## 12.1 Integrierte Optische Schaltkreise

Es wird im allgemeinen erwartet, daß die integriert-optischen Schaltkreise eine wichtige Rolle in der optischen Kommunikationstechnik spielen werden. Ideal wäre es, komplette Systeme aus Empfänger, Verstärker und Sender auf einem Substrat unterzubringen und dann direkt mit Monomode-Fasern zu verbinden. Für Verstärker bedeutet eine derartige Integration, daß es nicht mehr notwendig wird, das optische Signal in ein elektronisches und wieder zurück in ein optisches zu wandeln.

Schaltungen, die auf einem Einzelchip oder einem Substrat hergestellt sind, werden als *monolithische* Schaltungen bezeichnet. Monolithische optische Schaltkreise werden normalerweise auf einem Substrat aus GaAs gefertigt und bestehen aus verschiedenen Mischungen aus Gallium, Aluminium, Arsen, Phosphor oder anderen Komponenten, je nach der Wellenlänge, bei der das System arbeiten soll. Zum Beispiel werden Laser, die bei einer Wellenlänge von $\lambda = 0,85\,\mu\text{m}$ arbeiten sollen, aus Legierungen von Galliumarsenid und Aluminiumarsenid (GaAlAs) gefertigt. Reines Galliumarsenid hat eine Bandlücke (siehe Abschn. 4.2.4), die einer Wellenlänge von $\lambda = 0,91\,\mu\text{m}$ und Aluminiumarsenid eine, die der Wellenlänge $\lambda = 0,65\,\mu\text{m}$ entspricht. Wenn die Konzentrationen von GaAs und AlAs geeignet gewählt werden, kann die Legierung im Prinzip Licht jeder Wellenlänge, die zwischen diesen beiden Werten liegt, emittieren.

Gallium und Arsen stehen in der 3. und 5. Hauptgruppe des Periodensystems der Elemente. Mischungen von Elementen dieser Hauptgruppen werden als *III–V-Verbindungen* bezeichnet. Viele solcher Verbindungen können auf einem Substrat aus GaAs kombiniert werden. Z.B. kann ein aus Gallium-Indium-Arsenid-Phosphide (GaInAsP) gefertigter Laser auf die Wellenlänge von $\lambda = 1,3\,\mu m$ zugeschnitten werden, was für die optische Kommunikationstechnik von erheblicher Bedeutung ist.

Galliumarsenid und seine Verwandten können im Gegensatz zu Silizium Licht emittieren oder eine optische Verstärkung ermöglichen. Schaltungen, die aus diesen Verbindungen hergestellt werden, heißen deshalb *aktive Schaltungen.* Die III–V-Verbindungen sind die führenden Kandidaten für monolithische Schaltkreise, da im Prinzip sowohl Laser und Detektoren als auch andere Bauelemente auf einem einzigen Substrat herstellbar sind.

Schaltungen, die nicht monolithisch sind, werden als *hybride* Schaltungen bezeichnet. Sie werden in der Regel auf Substraten aus Glas, Silizium, Lithiumniobat und manchmal auch auf Polymeren hergestellt. Lithiumniobat kann infolge seines hohen elektrooptischen Koeffizienten (Abschn. 9.4) als Substrat eingesetzt werden. Silizium ist auch als Detektormaterial geeignet. Glas und Plexiglas (Polymethylmethacrylat, PMMA) sind billige Massenwaren, und einige Glassorten, die z.B. mit Neodym dotiert werden, ermöglichen den Aufbau von Lasern. Allerdings können monolithische Schaltungen auf diesen Materialien i.a. nicht realisiert werden, so daß z.B. ein GaAlAs-Laser in der Regel aufgeklebt und nicht in die Oberfläche integriert werden kann.

Integrierte optische Schaltkreise besitzen einige Vorteile gegenüber Schaltkreisen, die aus diskreten elektronischen Komponenten bestehen. Sie ermöglichen sehr schnelle Operationen, oder was dazu äquivalent ist, sie haben eine sehr große Bandbreite. Das ist nicht nur so wegen der sehr hohen Frequenz des Lichts, sondern auch, weil die Komponenten kleiner als entsprechende elektronische Komponenten sind und somit eine geringere elektrische Kapazität aufweisen. Solche geringen Kapazitäten ermöglichen ein schnelles Schalten und eine hohe Modulationsfrequenz. Außerdem reichen ebenfalls wegen der kleinen Abmessungen der Komponenten geringe Spannungen zur Erzeugung starker elektrischer Felder aus, um damit elektrooptische oder andere Effekte des Lichts im Wellenleiter nutzen zu können. In ähnlicher Weise kann ein Wellenleiter das Licht auch über eine längere Entfernung so konzentrieren, daß nichtlineare Effekte mit relativ geringen optischen Leistungen induziert werden. Durch die Integration zahlreicher Funktionen auf einem Einzelsubstrat sind integrierte optische Schaltkreise stabil und, einmal miteinander verbunden, frei von Justierproblemen. Schließlich eröffnet die Integration auch noch die Möglichkeit einer Massenproduktion mit niedrigen Preisen.

Abbildung 12.1 zeigt schematisch einfache Sende- und Empfangssysteme, die auf zwei separaten Substraten integriert und durch eine Monomode-Faser miteinander verbunden sind. Der Sender besteht in diesem Fall aus zwei Lasern, die mit zwei unterschiedlichen Wellenlängen arbeiten. Sie wer-

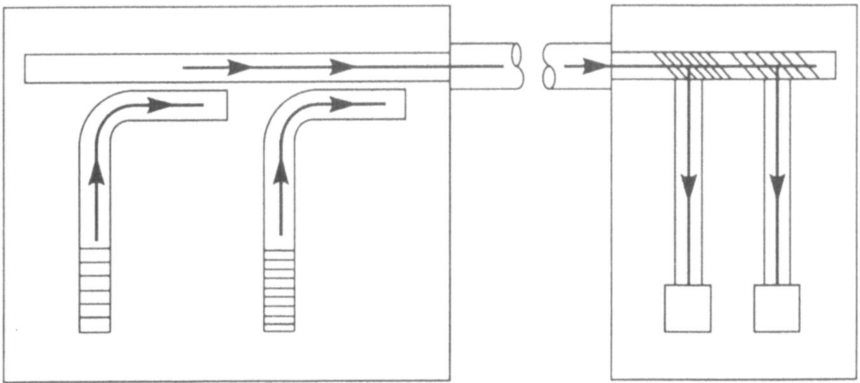

**Abb. 12.1.** Optisch integrierter Sender und Empfänger

den mit Hilfe eines *Richtkopplers* an einen rechteckförmigen Streifenwellenleiter angekoppelt, der seinerseits mit einer Monomode-Faser verbunden ist. Der Empfänger ist ebenfalls eine integriert-optische Schaltung. Er besteht hier aus einem weiteren Streifenwellenleiter, der direkt mit dem Ende der Faser verbunden wird. In diesen Wellenleiter sind Bragg-Reflektoren eingeätzt. Jeder von ihnen reflektiert die entsprechende Wellenlänge selektiv in einen kurzen, mit einem Detektor verbundenen Wellenleiter. Der Detektorstrom kann nun direkt genutzt, bearbeitet oder wieder in ein optisches Signal umgewandelt werden, das in eine andere Monomode-Faser eingekoppelt wird. Idealerweise sollte die Signalbearbeitung auf dem gleichen Substrat, auf dem auch der Detektor untergebracht ist, durchgeführt werden.

Wir wollen hier nicht das System, die Herstellung oder elektronische Aspekte integriert-optischer Schaltkreise diskutieren, sondern uns auf die einzelnen optischen Komponenten der integrierten Optik konzentrieren. Dazu gehören Laser, Koppler, Detektoren, Spiegel und Modulatoren.

### 12.1.1 Kanal- oder Streifenwellenleiter

In Abschn. 10.2 haben wir stillschweigend angenommen, daß die Wellen im Wellenleiter parallel zur Oberfläche des Substrats nicht beschränkt werden, das heißt, wir haben zuerst den Fall eines *Schichtwellenleiters* behandelt. Optische integrierte Schaltungen nutzen allerdings *Kanal-* oder *Streifenwellenleiter*, wie sie in Abb. 12.2 dargestellt sind. Solche Wellenleiter engen das Licht auf einen schmalen Streifen mit einer Breite von wenigen Mikrometern und etwa 1 bis 2 μm Tiefe ein.

Die elektrische Feldverteilung in einem Streifenwellenleiter ist sowohl eine Funktion von $x$ als auch von $y$, im Gegensatz zum Schichtwellenleiter, bei dem die Moden nur von einer Variablen abhängen. Oft können wir allerdings annehmen, daß die Moden in ihren Koordinaten separierbar sind, d.h., das elektrische Feld kann als das Produkt zweier Funktionen dargestellt werden, die jeweils nur von $x$ oder $y$ abhängen. Wenn das so ist, dann können wir

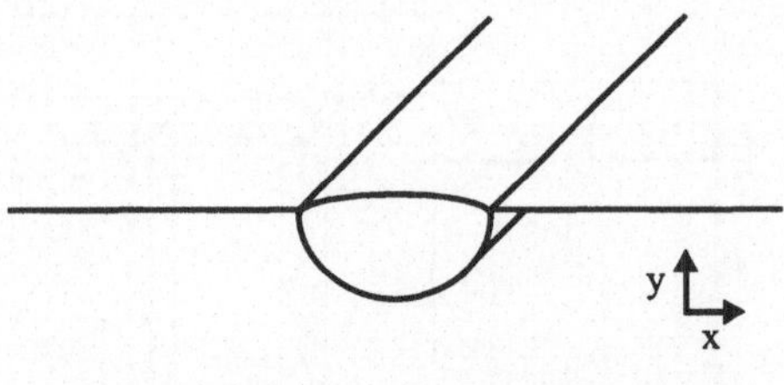


**Abb. 12.2.** Durch Diffusion oder Ionenaustausch entstandener Streifenwellenleiter

Paare von Gleichungen gemäß (10.5) und (10.6) betrachten, und wir benötigen zwei Modenzahlen $m$ und $m'$ zur Beschreibung jeder Mode (siehe auch Abschn. 10.2.5). Die Mode eines Wellenleiters ist somit näherungsweise das Produkt der Moden zweier zueinander orthogonaler Schichtwellenleiter. In den meisten folgenden Fällen werden wir annehmen, daß sowohl $m$ als auch $m'$ Null sind, so daß der Wellenleiter nur die Grundmode führt.

Der in Abb. 12.2 gezeigte Wellenleiter ist ein typischer *diffundierter Wellenleiter*, der z.B. durch die Diffusion eines schmalen Titanstreifens in ein $LiNbO_3$-Substrat oder eines Silberstreifens in ein Glassubstrat bei hohen Temperaturen hergestellt werden kann. Ähnliche Wellenleiter können chemisch durch *Ionenaustausch* in einer Lösung oder durch *Ionenimplantation* im Hochvakuum realisiert werden. Zum Beispiel können Natriumionen in Natriumkarbonat-Glas (aus diesem Material bestehen Deckgläschen für die Mikroskopie) chemisch durch Kaliumionen ausgetauscht werden, um eine hoch brechende Schicht oder einen Streifenwellenleiter herzustellen. Manchmal wird der Wellenleiter mit einer anderen Schicht bedeckt oder durch ein während des Ionenaustauschs angelegtes elektrisches Feld in das Substrat versenkt. Solche Wellenleiter werden als *vergrabene Wellenleiter* bezeichnet.

### 12.1.2 Firstwellenleiter

Die Abb. 12.3 zeigt einen *Firstwellenleiter*. Ein solcher Wellenleiter wird hergestellt, indem ein schmaler Streifen auf einen Schichtwellenleiter aufgebracht wird.

In Abschn. 10.2 konnten wir zeigen, daß der effektive Brechungsindex für einen Strahl innerhalb des Wellenleiters $n_1 \cos\theta$ ist, wobei $\theta$ der Winkel zwischen dem Strahl und der Achse des Wellenleiters und $n_1$ der Brechungsindex des Wellenleitermaterials ist. Tatsächlich repräsentiert der Strahl eine Mode des Wellenleiters, und der Winkel $\theta$ wird deshalb durch die Bedingungen für konstruktive Interferenz innerhalb des Wellenleiters festgelegt. Der Winkel ändert sich mit der Dicke des Wellenleiters. Um die Änderung des Winkels zu berechnen, nehmen wir an, daß die Moden weit entfernt vom cutoff sind, so daß $\Phi \cong \pi/2$ gilt und (10.5) in der Form

$$(m+1)\lambda = 2n_1 d \sin\theta \tag{12.1}$$

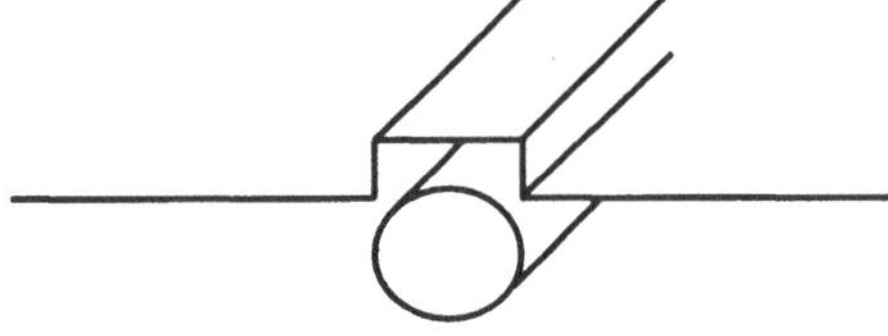

**Abb. 12.3.** Firstwellenleiter. (Der *Zylinder* repräsentiert die Mode im Wellenleiter.)

geschrieben werden kann. Hier ist $m$ die Modenzahl einer bestimmten Mode, und $\theta$ ist wiederum der Komplementärwinkel zu $i$. Wir nehmen jetzt an, daß die Dicke des Wellenleiters leicht um den Wert $\Delta d$ schwankt. Wenn wir (12.1) differenzieren, ergibt sich

$$\Delta m\lambda = 2n_1\Delta d\sin\theta + 2n_1 d\cos\theta\Delta\theta \ . \tag{12.2}$$

Nehmen wir jetzt noch an, daß sich die Modenzahl $m$ bei einer Änderung von $d$ nicht ändert, d.h. $\Delta m = 0$ ist, so finden wir

$$\Delta d/d = -\Delta\theta/\tan\theta \cong -\Delta\theta/\theta \ . \tag{12.3}$$

Dies gilt nur, wenn $\Delta d$ klein und der Wellenleiter nicht zu nahe am cutoff ist. Die entsprechende Änderung des effektiven Brechungsindex $n_{\text{eff}}$ kann durch Differentiation von (10.10) gefunden werden:

$$\Delta n_{\text{eff}} = -n_1\sin\theta\Delta\theta \ . \tag{12.4}$$

Aus Gleichung (12.3), die $\Delta\theta$ und$\Delta d$ in Beziehung setzt, erhalten wir unmittelbar

$$\Delta n_{\text{eff}} \cong [(m+1)\lambda^2/4n_1 d^3]\Delta d \ . \tag{12.5}$$

Das heißt, eine Vergrößerung der Dicke erhöht den effektiven Brechungsindex des Wellenleiters.

Da der effektive Brechungsindex des darunterliegenden Wellenleiters erhöht wird, verhält sich ein Firstwellenleiter (Abb. 12.3) wie ein Stufenwellenleiter und führt eine Mode genau so, als würde an dieser Stelle das Material einen höheren Brechungsindex besitzen. Wenn der First nicht zu dick ist, wird nur eine Mode angeregt, und diese wird hauptsächlich im darunterliegenden Schichtwellenleiter geführt, nicht im First selbst, wie es durch den Zylinder in Abb. 12.3 angedeutet ist. Das Material des Firstwellenleiters kann, wie es auch stillschweigend bei der Ableitung von (12.5) angenommen wurde, das gleiche wie das des Schichtwellenleiters sein. Der Bereich oberhalb oder neben dem Firstwellenleiter kann aus einem Material mit niedrigerem Brechungsindex bestehen, wenn andere Komponenten auf dem Firstwellenleiter integriert werden sollen.

Firstwellenleiter werden mit III–V-Verbindungen oder Polymeren realisiert, da Substrate oder Schichten aus III–V-Verbindungen nicht einfach durch Diffusion oder Ionenaustausch verändert, Firstwellenleiter aber leicht auf entsprechende Substrate aufgebracht werden können.

### 12.1.3 Verzweiger

Die Abbildung 12.4 zeigt einen *Verzweiger* in einem Wellenleiter. Er besteht aus einem Monomode-Wellenleiter, einem kurzen sich erweiternden Abschnitt und aus zwei Ausgangswellenleitern. Selbst wenn die Wellenleiter identisch sind und der Winkel sehr klein ist, kommt es in einem solchen Verzweiger zu merklichen Verlusten. In Abschn. 10.4.2 haben wir die Verluste bei der Verbindung zweier Monomode-Wellenleiter berechnet, die sich z.B. in ihrer Dicke leicht unterschieden. Der Transmissionsgrad einer solchen Verbindung hängt vom Überlappungsintegral (10.53) der elektrischen Feldverteilungen der beiden Moden ab. Wegen des in Abb. 12.4 dargestellten aufgeweiteten Bereichs (*Taper*) zwischen dem Eingangs- und dem Ausgangswellenleiter breitet sich die vom Eingangswellenleiter kommende Mode relativ verlustlos aus, bis sich ihre Breite $w$ etwa verdoppelt hat, und dringt dann in den Ausgangswellenleiter ein. Die Moden in den beiden Ausgangswellenleitern sind dann um etwa den Abstand $w$ gegenüber der Mode im Eingangswellenleiter versetzt. Aus diesem Grunde werden nur weit unter 50 % der Eingangsleistung in jeden der beiden Ausgangswellenleiter umgekoppelt, und die Verluste können selbst bei Verzweigerwinkeln von 2° oder weniger einige Dezibel erreichen. Bei größeren Winkeln steigen die Kopplungsverluste infolge der Winkelfehlanpassung noch weiter an (10.57). Effektivere Teiler können mit *Richtkopplern* hergestellt werden (Abschn. 12.1.5), doch Verzweiger sind nach wie vor für das Aufspalten eines Bündels in viele Kanäle z.B. für Telefonverbindungen wichtig.

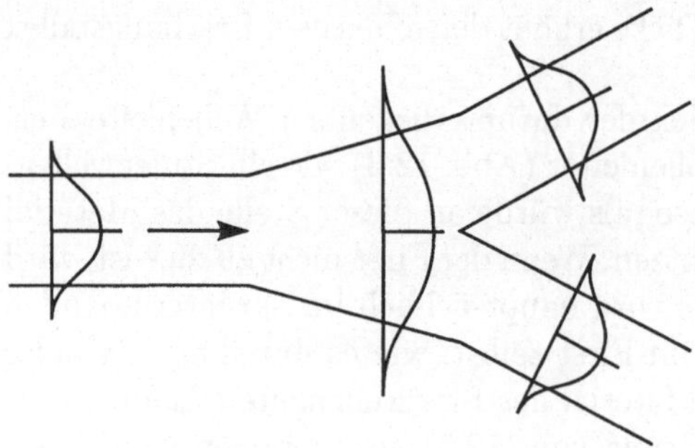

**Abb. 12.4.** Verteilung des elektrischen Feldes in einem Verzweiger

Ein Sternkoppler (Abschn. 10.4.3) mit $2^n$ Ausgangsfasern kann einfach durch Kaskadierung von n Verzweigern hergestellt werden. Eine andere Möglichkeit besteht darin, den aufgeweiteten Abschnitt in Abb. 12.4 auszudehnen, bis seine Breite viel größer als die Breite eines einzelnen Wellenleiters ist, so daß er in viele Wellenleiter aufgespalten werden kann. Solche Koppler werden z.B. eingesetzt, um eine Faser mit vielen anderen Fasern oder Detektoren zu verbinden.

### 12.1.4 Laser mit verteilter Rückkopplung

Gewöhnlich werden Halbleiterlaser dadurch hergestellt, daß der Laserkristall so gespalten wird, daß zwei parallele Endflächen entstehen, die als Laserspiegel dienen. Die Wellenlänge des Lasers wird durch ganz bestimmte Mischungsverhältnisse zwischen Gallium, Aluminium, Arsen und Phosphor eingestellt. Im allgemeinen oszillieren diese Laser auf vielen longitudinalen Moden. Ihre monolithische Integration ist schwierig. Laser für Kommunikationszwecke, die nur eine Spektrallinie emittieren, benötigen einen Herstellungsprozeß der kein Spalten des Kristallmaterials erfordert, den Laser direkt auf das Substratmaterial aufbringt und ihn direkt an einen Wellenleiter auf der Oberfläche des Substrats ankoppelt.

Eine Lösung dieses Problems ist der Laser mit *verteilter Rückkopplung* (distributed-feedback laser, DFB-Laser). Das ist ein Wellenleiterlaser, bei dem das aktive Material die Form eines Wellenleiters auf der Oberfläche des Substrats hat. Anstelle der Spiegel an jedem Ende eines kurzen Wellenleiters wird jetzt ein Gitter in die Oberfläche des Wellenleiters geätzt, wie es links in Abb. 12.1 angedeutet ist. Die Gitterperiode $d$ wird so gewählt, daß die Bragg-Bedingung nur bei antiparalleler Reflexion der Strahlen erfüllt ist. Wenn der effektive Brechungsindex des Wellenleiters $n_{\text{eff}}$ ist, wird $2n_{\text{eff}}d = \lambda$. Die Bedingung gilt für Strahlen aus beiden Richtungen. Deshalb gibt es eine Rückkopplung in beide Richtungen, die über die gesamte Länge des Lasers verteilt ist. Ein solcher Laser kann direkt auf der Oberfläche einer integriert-optischen Schaltung hergestellt werden und erfordert weder ein Abspalten des Materials zur Erzeugung von Endflächen noch eine besondere Verbindung zum Chip.

Der Brechungsindex von Galliumarsenid ist 3,6, und der effektive Brechungsindex $n_{\text{eff}}$ ist etwa gleich groß. Daher muß die Gitterperiode $d$ für eine Wellenlänge von 850 nm ca. 120 nm betragen. Wegen des hohen Brechungsindex des Materials muß das Gitter ins Material geätzt und kann nicht einfach auf die Oberfläche des Wellenleiters aufgetragen werden. Die meisten Materialien, die auf die Oberfläche aufgebracht werden können, haben nämlich einen wesentlich geringeren Brechungsindex als Galliumarsenid und würden deshalb die Wellenleitermoden nicht genügend beeinflussen.

### 12.1.5 Koppler

Koppler werden vielfältig eingesetzt. Sie können ein Laserbündel mit einem Wellenleiter, einen Wellenleiter mit einem Detektor oder mit einem anderen Wellenleiter verbinden. Die in Abb. 12.1 dargestellte Schaltung nutzt verschiedene Kopplerarten.

*Stirnflächenkoppler* erfordern eine polierte oder gespaltene Endfläche des Wellenleiters, um die Leistung in den Wellenleiter ein- oder aus ihm auszukoppeln. Damit diese Koppler effektiv arbeiten, muß die Wellenleitermode so genau wie möglich an die Mode der Faser oder des Diodenlasers bzw. an die Taille eines fokussierten Gaußbündels angepaßt sein. Das letztgenannte Problem entspricht der Modenanpassung in optischen Resonatoren (Abschn. 8.3.3). Leider sind Laser und optische Fasern im allgemeinen rotationssymmetrisch, während integriert-optische Wellenleiter eine rechteckige Symmetrie besitzen. Deshalb gibt es nahezu immer eine Fehlanpassung zwischen den Moden der Faser und einer Monomode-Komponente, die an sie gekoppelt wird. Außerdem ist der Stirnflächenkoppler auch deshalb nicht ideal, weil er eine sorgfältig präparierte Wellenleiterendfläche erfordert. Ungeachtet dessen gibt es Situationen, die eine Stirnflächenkopplung erfordern, und es müssen Anstrengungen unternommen werden, um die Modenanpassung zu optimieren.

Prismen- und Gitterkoppler haben wir in Kap. 10 diskutiert. Sie werden oft zusammen mit Schichtwellenleitern verwendet.

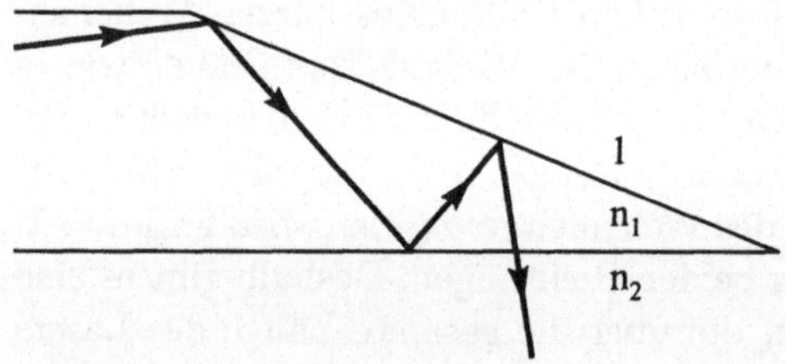


**Abb. 12.5.** Ein sich verjüngender Keil-Auskoppler

Ein anderer Kopplertyp ist der *Keil-Auskoppler* (*taper*). Er ist in Abb. 12.5 dargestellt. Am einfachsten kann er mit der Strahlenoptik erklärt werden. Infolge des keilförmigen Verlaufs fallen Strahlen, die an der oberen Fläche reflektiert werden, unter einem immer kleineren Winkel auf die untere Fläche ein. Schließlich wird der Einfallswinkel kleiner als der kritische Winkel, und der Strahl kann den Wellenleiter verlassen. Die austretende Welle hat nicht mehr die für den Wellenleiter charakteristische Modenstruktur, so daß das Licht nicht effektiv in eine andere Wellenleiterstruktur eingekoppelt werden kann. Dessenungeachtet ist der Keilkoppler wegen seiner Einfachheit manchmal nützlich, um einen Detektor anzukoppeln.

Ein weiterer Kopplertyp ist der *Richtkoppler*. Der Richtkoppler wie im Sender der Abb. 12.1 arbeitet genauso wie der Prismenkoppler, der in Kap. 10

diskutiert wurde. Die Kopplung wird durch das Eindringen der evaneszenten Welle in den benachbarten Wellenleiter erreicht. Sind zwei Wellenleiter identisch, kommt es automatisch zur Modenanpassung. Das Hauptproblem für den Entwurf eines Richtkopplers ist die Wahl der Koppellänge für die gewünschte Leistungsübertragung. Die Welle, die im zweiten Wellenleiter angeregt wird, breitet sich in eine bestimmte Richtung aus, in Abb. 12.6 nach rechts. Diese Richtkoppler haben große Ähnlichkeit mit denen der Mikrowellenelektronik. Abbildung 12.6 zeigt zwei Beispiele von Richtkopplern, die hier als Verzweiger eingesetzt werden.

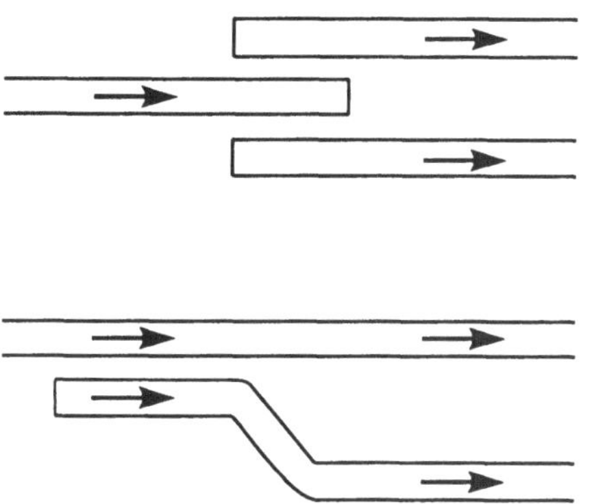

**Abb. 12.6.** Richtkoppler als Verzweiger

Der Empfängerbereich in Abb. 12.1 rechts zeigt einen anderen Typ von Richtkoppler, der auf der Bragg-Reflexion basiert. Dieser kann auf eine beliebige Wellenlänge abgestimmt und damit genutzt werden, um Signalkanäle mit verschiedenen Wellenlängen zu trennen. Solche Koppler werden mit Hilfe der Bragg-Bedingung für einen Winkel von $\theta = 45°$ entworfen. Daraus ergibt sich unmittelbar, daß die Gitterperiode $d'$ des Koppelgitters gleich $\sqrt{2}d$ sein muß, wobei $d$ die Gitterperiode für den entsprechenden DFB-Laser ist.

Der Reflexionsgrad eines Bragg-Gitters hat für die berechnete Wellenlänge ein Maximum. Die spektrale Breite des Reflexionsgrades wird durch die Anzahl der reflektierten Strahlen bestimmt, die wiederum gleich der Anzahl der Gitterlinien ist. Da der Wellenleiter nicht länger als 10 µm sein soll, muß die Anzahl der Gitterlinien kleiner als 50 sein. Deshalb wird die Finesse der Kurve des Reflexionsgrades in der Größenordnung von 50 liegen. Genau dieser Faktor ist als die Finesse eines Fabry-Perot-Interferometers definiert und schränkt die Zahl der unabhängigen Wellenlängen ein, die simultan durch die Faser übertragen werden können.

### 12.1.6 Modulatoren und Schalter

Gegenwärtig basieren nahezu alle optischen Übertragungssysteme auf der Intensitätsmodulation des Lichtbündels, das das Signal überträgt. Obwohl es auch Methoden zur Modulation der Phase, der Polarisation oder auch der optischen Frequenz gibt, werden diese in der nahen Zukunft kaum eine große Verbreitung finden. Deshalb beschränken wir die Diskussion auf die Intensitätsmodulation. Einige der Modulatoranordnungen können auch als Schalter Verwendung finden, so daß wir sie zusammen mit den Modulatoren behandeln werden.

Die direkteste Art der Intensitätsmodulation einer Lichtwelle besteht in der Modulation der Quelle. In diesem Falle wird z.B. der Strom des Lasers moduliert. Allerding ist das nicht immer der beste Weg, und Wissenschaftler suchen nach Methoden, die einen geringeren Leistungsverbrauch haben oder höhere Modulationsfrequenzen erlauben. In der Terminologie der Digitalelektronik geht es um höhere Bitraten.

Befindet sich der Modulator außerhalb des Lasers, wird er als *externer Modulator* bezeichnet. Externe Intensitätsmodulatoren werden in zwei Klassen eingeteilt – elektrooptische und akustooptische Modulatoren. Konventionelle Modulatoren wurden bereits in Abschn. 9.4 diskutiert. Hier beschreiben wir ihre wellenleiter-optischen Gegenstücke.

Akustooptische Modulatoren können in rechteckigen oder Streifenwellenleitern hergestellt werden, indem man *akustische Oberflächenwellen* (AOW) anregt, an denen ein Teil oder das gesamte Licht innerhalb des Wellenleiters gebeugt wird.

Die akustische Welle wird durch einen *Fingerelektrodenwandler (Interdigitalwandler)* erzeugt, wie er in Abb. 12.7 zu sehen ist. Ein elektrisches Signal mit der passenden Frequenz wird an die Finger des Wandlers angelegt. Das Material an der Oberfläche wird infolge der Elektrostriktion abwechselnd komprimiert und gedehnt, so daß eine akustische Welle entsteht, die sich senkrecht zu den Fingerelektroden ausbreitet. Die Wellenlänge der akustischen Welle ist gleich dem Abstand benachbarter Finger, und die Frequenz ist durch die Schallgeschwindigkeit im Medium bestimmt.

Diese Anordnung wirkt als Modulator, da die Leistung des transmittierten Bündels um die abgebeugte Leistung verringert wird. Allerdings kann die Anordnung auch als Strahlablenker eingesetzt werden, wobei der abgebeugte Strahl an Stelle des transmittierten oder zusätzlich zu diesem verwendet wird. Die Ultraschallwelle wirkt, wenn das System als Strahlablenker arbeitet, wie ein dickes Gitter analog zu den dicken Hologrammen aus Abschn. 7.1 und 9.4. Mit einem solchen Strahlablenker können nahezu 100 % eines Bündels von einem Wellenleiter in einen anderen umgeschaltet werden.

Auch der elektrooptische Effekt kann anstelle des akustooptischen Effekts verwendet werden, um ein Bündel innerhalb eines Wellenleiters zu modulieren oder abzulenken. Eine Methode besteht darin, ein Gitter in einem Wellenleiter zu erzeugen, indem mit einem Satz ineinandergreifender Elektrodenkämme der Brechungsindex innerhalb des Wellenleiters verändert wird. Da der Brechungsindex von der elektrischen Feldstärke abhängt, induzieren diese Elektrodenkämme ein stationäres Phasengitter im Material. Dieses Git-

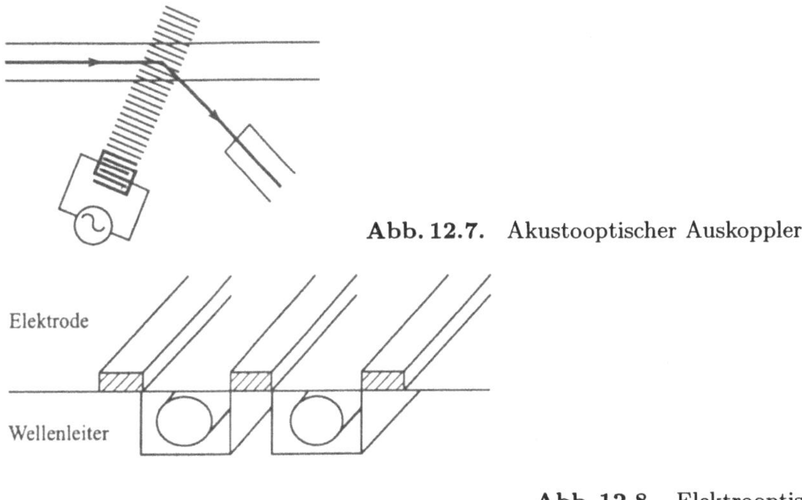


**Abb. 12.7.** Akustooptischer Auskoppler

**Abb. 12.8.** Elektrooptischer Schalter für zwei Wellenleiter

ter kann wie im Falle eines akustooptischen Modulators für die Modulation oder die Ablenkung verwendet werden.

Ein anderer elektrooptischer Modulator oder auch Schalter kann dadurch realisiert werden, daß zwei Wellenleiter wie bei einem Richtkoppler in engen Kontakt gebracht werden. Auf beiden Seiten der Wellenleiter und auch zwischen ihnen werden Metallelektroden angebracht (Abb. 12.8). Es sei angenommen, daß die Wellenleiter nicht identisch sind, das heißt, die Phasenanpassungsbedingung ist zwischen ihnen nicht erfüllt. Aus diesem Grunde wird auch keine Leistung von einem in den anderen Wellenleiter umgekoppelt. Um das Bündel umzuschalten, legen wir eine elektrische Spannung an die Elektroden. Dadurch wird der Brechungsindex geändert, so daß nunmehr die Phasenanpassungsbedingung erfüllt ist und das Licht in den zweiten Wellenleiter umgeschaltet wird. Ein solches System kann sowohl als Schalter als auch als Modulator eingesetzt werden.

Abbildung 12.9 zeigt zwei Mach-Zehnder-Interferometer (Abschn. 6.2.2), die anstelle massiver optischer Bauelemente integriert-optische Elemente verwenden. In der oberen Zeichnung spielen die beiden Verzweiger die Rolle der Strahlteiler im konventionellen Interferometer, und das einfallende Bündel wird gleichermaßen in die beiden Arme aufgeteilt. Die Wellenleiter sind aus einem Material gefertigt, das, wie z.B. Lithiumniobat, einen hohen elektrooptischen Koeffizienten aufweist. Die untere Zeichnung zeigt das gleiche Interferometer mit Richtkopplern anstelle der Verzweiger.

Wenn die Wege in den beiden Armen gleich sind, wird das gesamte einfallende Licht durch das Interferometer geleitet. Es ist aber möglich, den optischen Weg in einem der Arme durch Anlegen einer Spannung zu ändern. Die dafür notwendigen Elektroden sind schattiert gezeichnet. Das durch sie erzeugte elektrische Feld ändert den Brechungsindex nur in einem Arm des In-

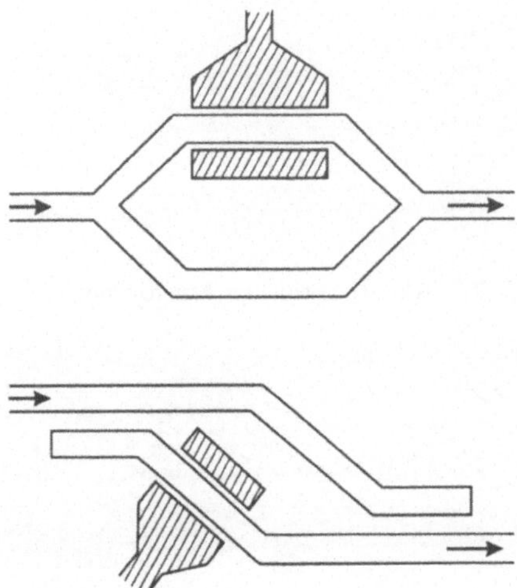

**Abb. 12.9.** Ein integriertes Mach-Zehnder Interferometer. (Die *schattierten Gebiete* sind Elektroden.)

terferometers. Wird der optische Weg in diesem Arm genau um $\lambda/2$ geändert, so sind die beiden Wellen, die den Ausgang des Interferometers erreichen, exakt gegenphasig und löschen sich aus. Der Transmissionsgrad ist dann genau 0. Tatsächlich kann der Transmissionsgrad bei entsprechender Spannung an den Elektroden jeden Wert zwischen 0 und 1 annehmen. Das Mach-Zehnder-Interferometer kann daher auch als Schalter oder Modulator eingesetzt werden.

Die Bandbreite eines solchen Modulators ist durch die Laufzeit des Lichts zwischen den Elektroden festgelegt. Die Anstiegs- oder Abfallszeit des Schalters kann nicht kleiner als diese Laufzeit sein. Um die Anstiegs- oder Abfallszeit zu verringern, werden die Elektroden als Teil einer Mikrowellenübertragungsstrecke ausgebildet. Das elektrische Signal breitet sich dann entlang des Wellenleiters annähernd mit der Geschwindigkeit des Lichts im Wellenleiter aus, und die Schaltzeit des Modulators ist nicht mehr länger durch die Laufzeit beschränkt. Ein solcher Modulator heißt *Wanderfeld-Modulator*.

Dünnfilmmodulatoren werden wahrscheinlich ihre größte Anwendung in der optischen Kommunikationstechnik finden, während massive Modulatoren gewöhnlich für andere Zwecke reserviert bleiben. Allerdings wird es wahrscheinlich auch einzelne Fälle geben, in denen massive Modulatoren in der optischen Komunikationstechnik eingesetzt werden, und andere Beispiele, bei denen Wellenleitermodulatoren in anderen Anwendungen benutzt werden, in denen niedrige elektrische Leistungen erforderlich sind.

Die meisten Anordnungen, die bisher entworfen wurden, sind auf Substrate aus Glas, Quarzglas, Lithiumniobat oder ähnlichen Materialien aufgebracht worden. Sollen sie in monolithischen Schaltungsanordnungen Verwendung finden, müssen Galliumarsenidsubstrate eingesetzt werden.

## 12.2 Optische Schichtbauelemente

Obwohl die bisher von uns diskutierten integriert-optischen Anordnungen planar sind, werden wir den Begriff der *optischen Schichtbauelemente* für solche optischen Systeme reservieren, die keine Kommunikationssysteme sind, wie sie in Dünnfilmwellenleitern auf planaren Substraten realisiert werden. Oft sind das planare Wellenleiterversionen von gewöhnlichen optischen Systemen wie Interferometern und optischen Prozessoren.

Abbildung 12.10 skizziert einen planaren optischen Spektrumanalysator, der als Grundtyp für unsere Diskussion solcher Schaltungen dienen soll. Das System besteht aus einem Substrat, auf dessen gesamter Oberfläche ein homogener optischer Wellenleiter aufgebracht ist. In diesem Fall ist ein Diodenlaser an einer Kante des Wellenleiters mit der Stirnfläche angekoppelt, in anderen Beispielen kann ein HeNe-Laser mit einer Linse an den Wellenleiter angekoppelt werden. Zwei *planare Linsen*, hier als Kreise angedeutet, kollimieren die Laserstrahlung.

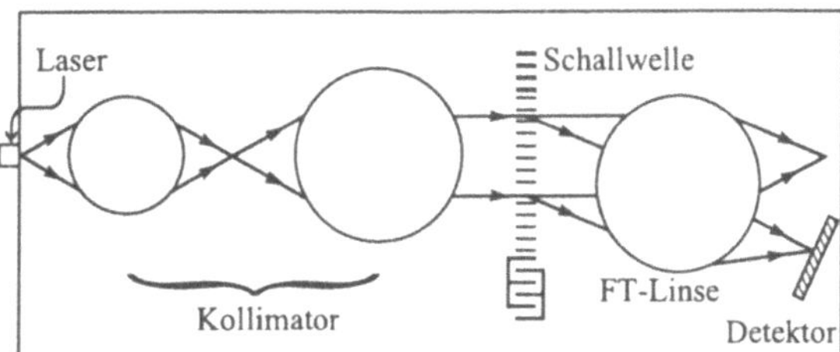


**Abb. 12.10.** Planarer optischer Prozessor

Die Aufgabe des Systems ist es, die Fouriertransformierte, d.h. das Frequenzspektrums eines elektrischen Signals zu bilden. Der Terminus „Fouriertransformierte" bezieht sich hier auf das Frequenzspektrum des elektrischen Signals (in Hz) und nicht auf die Ortsfrequenz (in Linien/mm). Das elektrische Signal moduliert die Amplitude einer Oberflächenschallwelle, die sich quer zum kollimierten optischen Bündel ausbreitet. Wir brauchen nicht ins Detail zu gehen, um zu erkennen, daß dabei das elektrische Signal von einer zeitabhängigen Funktion in eine ortsabhängige Funktion umgewandelt wird. Daher ist, eine geeignete Skalierung vorausgesetzt, die Messung der räumlichen Fouriertransformierten mit der optischen Anordnung gleichbedeutend mit der Messung der zeitlichen Fouriertransformierten des Signals.

Der Spektrumanalysator enthält eine dritte Linse, um die eigentliche Fouriertransformation auszuführen. Ein Detektorarray, das mit einem Computer verbunden ist, der die weitere Datenanalyse und -verarbeitung durchführt, befindet sich in der bildseitigen Brennebene dieser Linse. Die Fouriertransformierte wird hierbei optisch und nicht mit einem digitalen Computer realisiert, weil das fast augenblicklich und für viele Frequenzen gleichzeitig möglich ist. Deshalb wird dieser Prozeß auch als *parallele Verarbeitung* bezeichnet.

Wie bisher werden wir nicht das System oder elektronische Aspekte der Schichtbauelemente diskutieren, sondern wir wollen uns auf die optischen Komponenten, in diesem Falle die Linsen konzentrieren. Es gibt verschiedene Möglichkeiten, Wellenleiterlinsen herzustellen, und jede von ihnen besitzt Vor- und Nachteile. Wir werden dieses Kapitel mit der Diskussion von vier Arten von Wellenleiterlinsen abschließen.

### 12.2.1 Moden-Index Linsen

In Abschn. 12.1.2 haben wir gelernt, daß der effektive Brechungsindex mit zunehmender Dicke des Wellenleiters ansteigt (12.5). Die Änderung des effektiven Brechungsindex, die sich aus der geänderten Dicke des Wellenleiters ergibt, hängt von der Modenzahl $m$ ab. Eine Linse, die eine Brechungsindexänderung $n_{\text{eff}}$ durch Dickenänderungen des Wellenleiters ausnutzt, wird eine Art chromatische Aberration aufweisen, es sei denn, daß sich im Wellenleiter nur eine Mode ausbreitet. Wir werden hier folglich nur Monomode-Wellenleiter betrachten. Beträgt die Brechungsindexdifferenz zwischen Substrat und Wellenleiter 1 , dann hat ein Monomode-Wellenleiter eine Dicke von etwa 5 Wellenlängen. Bei einer Wellenlänge von 1 µm entspricht das einer Brechungsindexänderung von 0,002 pro µm Dickenänderung. Wir wollen jetzt eine Linse durch Vergrößerung der Dicke des Wellenleiters gemäß Abb. 12.11 herstellen. Aus der Gleichung (2.17) ergibt sich der erforderliche Krümmungsradius $R$ zu

$$R = f'(\Delta n/n) , \tag{12.6}$$

wobei $f'$ die geforderte Brennweite ist. Wiederum für eine Wellenlänge von 1 µm erhalten wir grob gerechnet den Radius $f'\Delta d/1000$ , wobei $\Delta d$ in µm anzugeben ist. Diese Beziehung zeigt, daß es durchaus sinnvoll ist, eine „Lin“ oder eine Linse, deren Brennweite im mm-Bereich liegt, mittels Dickenänderungen des Wellenleiters im µm-Bereich zu konstruieren.

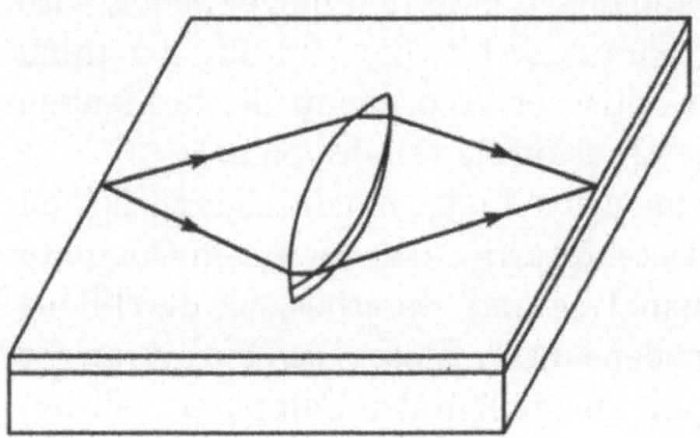

**Abb. 12.11.** Moden-Index-Linse

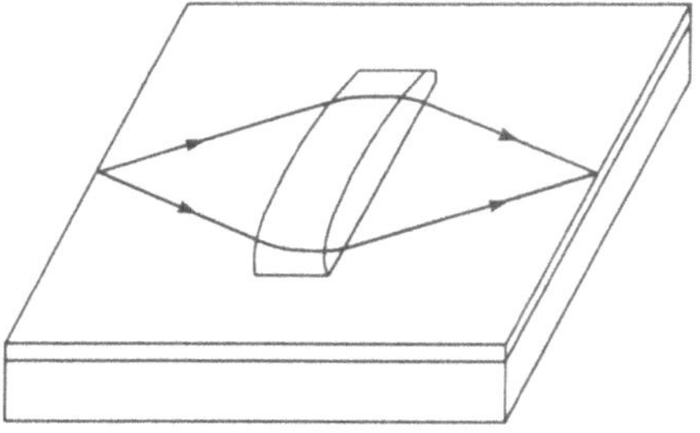

**Abb. 12.12.** Gradientenindexlinse

Linsen, die durch das Auftragen von einer oder mehreren Brechungsindexstufen in einem Bogen erzeugt werden, heißen *Moden-Index-Linsen*. Sie sind wahrscheinlich die am einfachsten herzustellenden und zu analysierenden Wellenleiterlinsen, sie haben aber mindestens zwei Nachteile. Den ersten haben wir schon erwähnt: solche Linsen zeigen Aberrationen in Multimode-Wellenleitern. Außerdem sind sie ziemlich verlustreich, weil die Wellenleiterkanten nicht poliert sind und deshalb eine gewisse Rauhigkeit im µm-Bereich aufweisen. Diese Rauhigkeit verursacht Streuung und führt zu einer Dämpfung und möglicherweise auch zu einer Verringerung des Kontrastes im Bild. Dessenungeachtet finden diese Linsen wegen ihrer einfachen Herstellung sowohl in der planaren Optik als auch bei integriert-optischen Schaltungen Anwendung.

Im Zusammenhang mit den Lasern mit verteilter Rückkopplung (12.1.1) haben wir bereits darauf hingewiesen, daß es oft vorteilhafter ist, einen Schichtwellenleiter zu ätzen, als eine zusätzliche Schicht aufzubringen. Das ergibt sich aus dem hohen Brechungsindex vieler Wellenleitermaterialien. Allerdings veringert das Ätzen den effektiven Brechungsindex. Eine durch Ätzen erzeugte Sammellinse ist deshalb konkav (im Gegensatz zur sonst konvexen Form einer solchen Linse). Derartige Linsen können praktikabler sein als Konvexlinsen, die durch Abscheiden einer Schicht erzeugt wurden, da durch Ätzen des Wellenleiters eine größere Änderung des Brechungsindex erreicht werden kann, als durch das Aufbringen einer Schicht auf seine Oberfläche.

### 12.2.2 Luneburglinsen

Auch Gradientenindexlinsen können hergestellt werden. Abbildung 12.12 zeigt ein einfaches Beispiel für solch eine Linse. Ein sich an beiden Enden verjüngender Streifen wird auf den Wellenleiter aufgetragen. Der Brechungsindex des Streifens muß größer oder gleich dem Brechungsindex des Wellenleiters sein, damit keine Totalreflexion an der Grenze zwischen dem ursprünglichen Wellenleiter und dem Streifen auftritt. Dadurch wird die Oberfläche des Streifens zur Oberfläche des Wellenleiters. Wie oben beschrieben, steigt der effektive Brechungsindex innerhalb des Wellenleiters mit der optischen Dicke. In der Mitte des Streifens hat der Wellenleiter demzufolge einen höheren Brechungsindex als daneben. Der Brechungsindex verringert sich allmählich mit der Entfernung vom Zentrum des Streifens. Der Streifen kann daher das Licht in der gleichen Weise fokussieren wie eine Gradientenindexfaser. Wird das Indexprofil des Streifens geeignet gewählt, wird der Streifen zur *Gradientenindexlinse.* Das ist eine Art von Modenindexlinse. Solche Linsen können durch Aufsprühen (sputtern) oder Aufdampfen von Material auf das Substrat hergestellt werden. Dabei wird eine Maske verwendet, um die an jedem Punkt aufzutragende Materialmenge genau festzulegen.

Die Linse kann auch mit radialer Symmetrie aufgebaut werden. Eine solche Linse wird als *Luneburg-Linse* bezeichnet. Ihre Funktionsweise entspricht den bisher betrachteten Linsen, nur daß der Strahlengang jetzt in zwei Dimensionen analysiert werden muß. Um das genaue Indexprofil zu berechnen, wird das Fermatsche Prinzip auf unterschiedliche Punktpaare angewendet. Die Berechnung ist zu kompliziert, um sie hier zu diskutieren, aber wir können dennoch eine wichtige Schlußfolgerung für diese Linsen ableiten.

Abbildung 12.13 zeigt die Draufsicht auf eine Luneburglinse. Es soll angenommen werden, daß die Linse einen Punkt A ohne Aberrationen in den Punkt B abbildet. Die Linse habe eine radiale Symmetrie, also keine ausgezeichnete optische Achse. Jeder andere Punkt A', der sich auf einem Kreisbogen befindet, der durch A verläuft und dessen Zentrum in C liegt, wird ebenso aberrationsfrei abgebildet (Bild B′). So wie A und A′ liegen auch B und B′ auf einem Kreisbogen. Die Luneburglinse bildet daher konzentrische Kreise auf konzentrische Kreise ab. Wenn die Linse aberrationsfrei für die konjugierten Punkte A und B ist, so wird sie auch alle äquivalenten Punkte A′ und B′, die auf den beiden Kreisbögen liegen, aberrationsfrei abbilden.

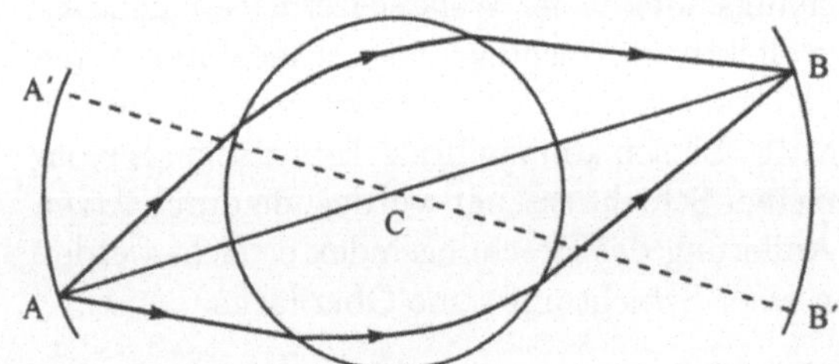


**Abb. 12.13.** Luneburglinse

Die Luneburglinse ist ein Beispiel für ein ideales Abbildungssystem. Mit Ausnahme der Tatsache, daß Objekt und Bild auf Kreisbögen und nicht auf Geraden liegen, ist die Luneburglinse vollkommen aberrationsfrei, wenn sie mit den entsprechenden Punktepaaren verwendet wird.

### 12.2.3 Geodätische Linsen

Luneburglinsen sind eine spezieller Art von Modenindexlinsen. Deshalb funktionieren sie am besten in Monomode-Wellenleitern oder zumindest in solchen Wellenleitern, in denen sich nur eine Mode ausbreitet. Eine andere Art von

Linsen wird als *geodätische Linse* bezeichnet, da die Strahlen in ihnen einer *Geodäte*, dem kürzesten Abstand zwischen zwei Punkten auf einer Oberfläche, folgen. Abbildung 12.14 zeigt die Draufsicht und die Seitenansicht auf eine geodätische Linse in einem Wellenleiter. Die Linse besteht aus einer sphärischen Vertiefung im Substrat. Der Wellenleiter folgt dieser Vertiefung, hat aber im Gegensatz zu den vorherigen Beispielen überall die gleiche Dicke. Der Strahl, der der Biegung der Vertiefung folgt, legt einen größeren optischen Weg zurück, als ein Strahl, der die Linse gerade durchschneidet. Die Wege anderer Strahlen liegen zwischen diesen Entfernungen. Das ist genau das gleiche wie bei einer gewöhnlichen Sammellinse, die in der Mitte optisch am dicksten ist. Bereits in Abschn. 5.5 haben wir gesehen, daß die fokussierende Wirkung gleichbedeutend damit ist, daß die Strahlen gleiche optische Wege zurücklegen. Da die Linse im Zentrum optisch am dicksten ist, müssen periphere Strahlen einen größeren geometrischen (im Gegensatz zum optischen) Weg zurücklegen.

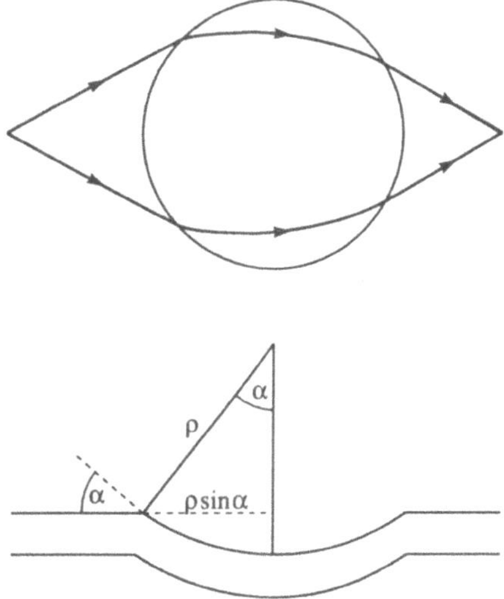


**Abb. 12.14.** Geodätische Linse

Das gleiche Prinzip findet auch für den Entwurf geodätischer Linsen Anwendung. Die Strahlenverläufe werden mit einem Verfahren berechnet, das der Minimierung der optischen Weglängen zwischen zwei konjugierten Punkten entspricht. Wie Luneburglinsen können auch geodätische Linsen so entworfen werden, daß sie konzentrische Kreise ohne Aberrationen abbilden. Die Form der Vertiefung muß dann asphärisch sein.

Wir können einige Eigenschaften einer geodätischen Linse ableiten, wenn wir von einem anderen Gesichtspunkt herangehen. Zunächst sei einmal ein Wellenleiter angenommen, der einen scharfen Knick wie in Abb. 12.15 aufweist. Der Knickwinkel sei $\alpha$, und eine Welle breite sich im horizontalen Teil des Wellenleiters auf den Knick zu aus. Wenn die Welle den Knick erreicht, wird sie sich auch im geneigten Abschnitt des Wellenleiters, abgesehen von möglichen Verlusten am Knick selbst, ausbreiten. Wenn die Dicke und der Brechungsindex des Wellenleiters auch am Knick und danach konstant bleiben, ändert der Wellenzahlvektor nur seine Richtung. Also bleibt auch die Wellenlänge $\lambda/n_{\text{eff}}$ in beiden Abschnitten des Wellenleiters konstant.

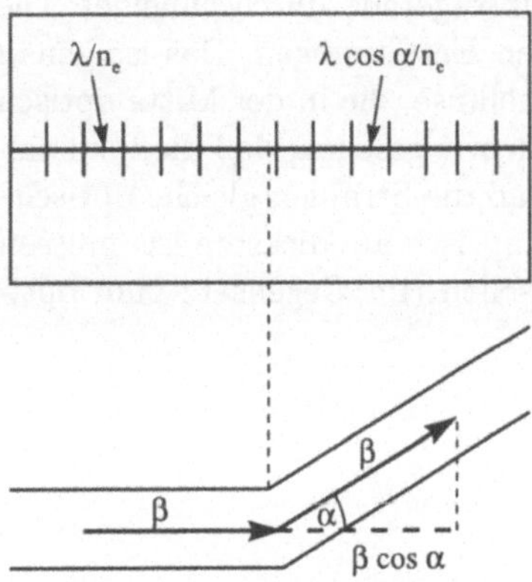


**Abb. 12.15.** Ausbreitung an einem Knick im Wellenleiter

Für planare optische Anwendungen interessiert uns die Projektion $b_x$ des Wellenzahlvektors $\beta$ in die Horizontalebene. Im horizontalen Abschnitt ist die Projektion gleich dem Wellenzahlvektor selbst, im geneigten Abschnitt ist die Projektion gegeben durch

$$\beta_x = \beta \cos\alpha \,. \tag{12.7}$$

Somit scheint sich die Welle, wenn man von oben auf die Anordnung schaut, um den Faktor $\cos\alpha$ zu verlangsamen. Das heißt, für kleine Einfallswinkel scheint der Wellenleiter nach dem Knick den effektiven Brechungsindex

$$n'_{\text{eff}} = n_{\text{eff}} / \cos\alpha \tag{12.8}$$

zu besitzen.

(Dieses Ergebnis kann auch hergeleitet werden, wenn man die Wellenfronten in den beiden Abschnitten des Wellenleiters betrachtet. Wenn $\lambda/n_{\text{eff}}$ die effektive Wellenlänge im horizontalen Abschnitt ist, dann scheint die effektive Wellenlänge im geneigten Abschnitt, von oben betrachtet, auf den Wert $(\lambda/n_{\text{eff}})\cos\alpha$ reduziert zu sein.)

Wir können die paraxiale Brennweite einer sphärischen geodätischen Linse wie folgt ableiten. Der Krümmungsradius der Vertiefung sei $\rho$. Der Radius der Vertiefung von oben betrachtet ist $\rho\sin\alpha$ , wobei $\alpha$ der Winkel in Abb. 12.14 ist. Ein Strahl, der die geodätische Linse auf einem Durchmesser durchläuft, erfährt einen Knick mit dem Winkel mit $\alpha$. Die geodätische Linse kann deshalb in paraxialer Näherung als dicke bikonvexe Linse aufgefaßt werden, deren Krümmungsradius gleich $\rho \sin\alpha$ ist. Ihre Oberflächen sind um das Doppelte dieser Länge voneinander entfernt, und der relative Brechungsindex ist $n'_{\text{eff}}/n_{\text{eff}} = 1/\cos\alpha$.

Wir können die Brennweite einer solchen Linse unter Verwendung von (2.32) für eine dicke Linse aus einem Element, das den Brechungsindex $n$ besitzt, berechnen. In unserem Fall sind beide Krümmungsradien gleich $R$, und der Abstand zwischen den Oberflächen ist $2R$. Damit ergibt sich

$$f' = R/2[1 - (1/n)] \,. \tag{12.9}$$

Dieses Ergebnis ist mit dem für eine sphärische Linse identisch, die den Brechungsindex $n$ besitzt. In unserem Fall wird $n$ durch $1/\cos\alpha$ und $R$ durch $\rho \sin\alpha$ ersetzt. Die Brennweite einer sphärischen geodätischen Linse ist daher

$$f' = \rho \sin\alpha/2[1 - \cos\alpha] \,. \tag{12.10}$$

Dieses Ergebnis wurde durch konventionelle Methoden gewonnen.

In der Praxis zeigt die Linse sphärische Aberrationen, wenn sie bei größeren numerischen Aperturen verwendet wird. Außerdem treten bedeutende Verluste am Rand der Linse auf, wenn $\alpha$ groß wird. Eine reale geodätische Linse muß sich am Rand verjüngen, um diese Verluste zu reduzieren. Das Profil der Vertiefung wird dann asphärisch.

Geodätische Linsen können durch einen Eindruck in der Oberfläche des Substrates und nachfolgendes Aufbringen des Wellenleiters über die eingedrückte Stelle hergestellt werden. Da der optische Weg über den Durchmesser der Vertiefung größer ist als am Rand, kann mit so einer Vertiefung eine Sammellinse realisiert werden. Eine leichter zu kontrollierende Fertigungsmethode für geodätische Linsen ist allerdings der Einsatz einer computergesteuerten Drehmaschine mit einem Diamantwerkzeug. Dieser Vorgang wird manchmal als *Diamantdrehen* bezeichnet und zur präzisen Herstellung beliebiger Formen von Vertiefungen eingesetzt.

Ein weiterer Vorteil der geodätischen Linsen ist, daß ihre Brennweite nicht von der Modenzahl abhängt, weil $n'_{\text{eff}}/n_{\text{eff}}$ keine Funktion der Modenzahl ist. Deshalb können sie in Multimode-Wellenleitern eingesetzt werden, ohne Aberrationen infolge unterschiedlicher Modenzahlen zu verursachen.

### 12.2.4 Gitter

Gitter können in Schichtwellenleiter geätzt oder auf diese aufgetragen und für viele Zwecke eingesetzt werden. Eine *Gitterlinse* entspricht einem Schnitt durch eine Fresnelsche Zonenplatte, die auf die Oberfläche eines Wellenleiters aufgetragen oder in diesen geätzt wird. Eine solche Linse fokussiert das Licht, wie wir es mit dem Formalismus aus Abschn. 5.5.3 beschrieben haben. Die aufeinanderfolgenden Zonen sind aber nicht abwechselnd durchsichtig und undurchsichtig wie bei einer konventionellen Zonenplatte, sondern sie verursachen alternierend eine Phasenverschiebung von $\pi$ für die einfallende Welle. Diese Phasenverschiebung kompensiert genau die Phasendifferenz der Strahlen von benachbarten Zonen, so daß alle Zonen zur Intensität des Bildes beitragen. Bei einer konventionellen Zonenplatte besteht die Hälfte der Zonen aus lichtundurchlässigem Material, deshalb erzeugt eine *Phasenzonenplatte* im Prinzip ein Bild mit der vierfachen Intensität gegenüber der konventionellen Zonenplatte.

Abbildung 12.16 a zeigt, von oben gesehen, sehr schematisch eine dünne Gitterlinse. Die Zonen können z.B. dadurch erzeugt werden, daß der Wellenleiter geätzt wird und sich dadurch der effektive Brechungsindex innerhalb der Zonen verringert. Die Wellenlänge im Wellenleiter ist gleich der Vakuumwellenlänge geteilt durch den effektiven Brechungsindex. Aus diesem Grund muß der effektive Brechungsindex im Wellenleiter bekannt sein, bevor die Linsenparameter exakt berechnet werden können.

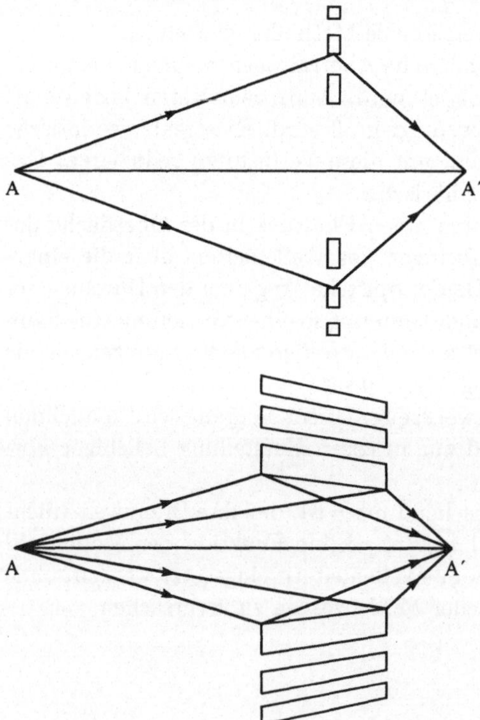


**Abb. 12.16.** Gitterlinsen. **(a)** dünne Linse, **(b)** dicke Linse

Um einen höheren Wirkungsgrad zu erhalten, kann die Gitterlinse auch als dicke Linse ausgeführt werden, ähnlich wie ein dickes Hologramm. Eine solche Linse ist in Abb. 12.16 b skizziert. Das Bild zeigt zwei Strahlenbündel, die von einem Punkt ausgehen und in einem zweiten Punkt zusammenlaufen, nachdem sie an einer Vertiefung reflektiert wurden. Da alle Strahlen den gleichen optischen Weg zurücklegen müssen, können wir folgern, daß diese Vertiefungen Segmente einer Ellipse sein müssen. Allerdings reichen oft lineare Segmente aus. Der Wirkungsgrad einer Gitterlinse kann 100 % erreichen, wenn der Parameter

$$Q = 2\pi\lambda t/nd^2 \qquad (12.11)$$

den Wert 10 übersteigt (Aufgabe 7.3).

Die Eigenschaften anderer Wellenleiterlinsen hängen von der Änderung bestimmter Merkmale des Wellenleiters wie z.B. dem effektiven Brechungsindex ab. Geodätische und Luneburglinsen sind vergleichsweise schwer herzustellen. Die konventionelle lithografische Technik der Halbleiterindustrie kann für sie nicht verwendet werden. Modenindexlinsen sind relativ verlustreich infolge der Streuung an den Linsenrändern. Aus diesen Gründen sind wahrscheinlich Gitterlinsen auf lange Sicht am nützlichsten.

Gitter können auch verwendet werden, um Licht aus der Wellenleiterschicht auszukoppeln. Sind die Gitterlinien geeignet gekrümmt, kann das Licht zum Beispiel oberhalb des Wellenleiters in der Luft fokussiert werden. Solche Gitter werden in Leseköpfen für CDs und für Verbindungen von einem elektronischen Chip zum anderen, wie es im Computer erforderlich ist, eingesetzt.

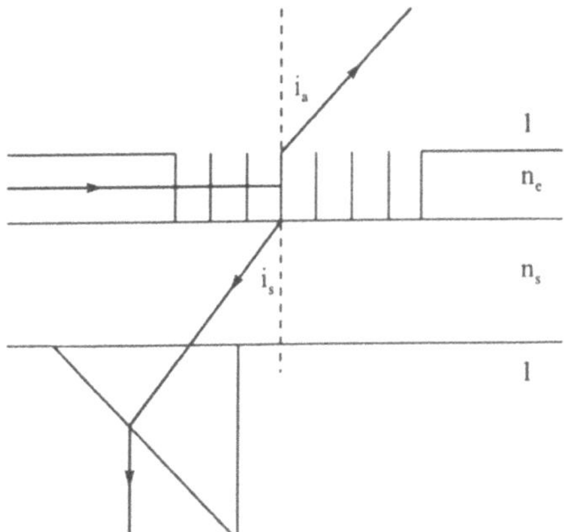


**Abb. 12.17.** Gitter in einem Wellenleiter mit Wellenleitermode, Luftmode, Substratmode und Koppelprisma

Man betrachte das Wellenleitergitter in Abb. 12.17. Das Gitter kann entweder geätzt, auf die obere Schicht des Wellenleiters aufgetragen oder ein Volumengitter sein, das im Wellenleiter durch geeignete periodische Dotierung des Materials erzeugt wurde. In jedem Fall gehen wir von Gleichung (10.12) aus, die wir im Zusammenhang mit Gitterkopplern abgeleitet haben. Zuerst betrachten wir eine *Substratmode*, d.h. eine Welle, die in das Substrat gebeugt wird. Die Gleichung (10.12) wird dann zu

$$m\lambda = n_s d \sin i_s - n_g d \sin i_g \ , \qquad (12.12)$$

wobei der Index s das Substrat und der Index g die Wellenleiterschicht bezeichnet. Das Symbol $m$ ist hier die Beugungsordnung, und wir nehmen an, daß der Wellenleiter nur eine Mode führt. Wenn wir (10.11) für den effektiven Brechungsindex benutzen, erhalten wir

$$m\lambda = n_s d \sin i_s - n_{eff} d \; . \tag{12.13}$$

Der Vergleich von (12.12) und (12.13) zeigt, daß die Welle im Wellenleiter durch zwei äquivalente Darstellungen beschrieben werden kann: entweder als eine Welle, die sich unter dem Winkel $i_g$ zur Oberfläche des Wellenleiters in einem Material mit dem Brechungsindex $n_g$ ausbreitet, oder als eine Welle, die sich parallel zur Oberfläche des Wellenleiters in einem Material mit dem effektiven Brechungsindex $n_{eff}$ ausbreitet.

Da $n_{eff}$ in (12.13) immer kleiner als $n_s$ ist, muß $m$ auch immer kleiner als 0 sein, das heißt, es existiert nur eine negative Beugungsordnung. Für die niedrigste Beugungsordnung ($m = -1$) im Substrat ergibt sich daher

$$n_s \sin i_s = n_{eff} - \lambda/d \; . \tag{12.14}$$

Analog folgt für Luft

$$\sin i_a = n_{eff} - \lambda/d \; , \tag{12.15}$$

wobei der Index a für Luft steht und $n_a = 1$ ist. Wenn wir jetzt (12.15) nach $n_{eff}$ auflösen und dies in (12.14) einsetzen, erhalten wir

$$\sin i_s = (\sin i_a)/n_s \; . \tag{12.16}$$

Da $n_s$ immer größer als 1 ist, ist $\sin i_s$ immer kleiner als $\sin i_a$. Daraus schließen wir, daß immer dann, wenn eine Welle in die Luft abgebeugt wird, auch eine Welle in das Substrat gebeugt wird.

Der Einfachheit halber wollen wir hier nur das Feld einer Mode betrachten. Zum Beispiel könnten wir die in die Luft abgebeugte Welle, die sogenannte Luftmode, dadurch unterdrücken, daß wir fordern, der Ausdruck $\sin i_a$ in (12.15) bleibe größer als $-1$. Nach (12.16) ist dann $i_s < 0$, und die gebeugte Welle breitet sich in rückwärtiger Richtung, das heißt nach unten links in Abb. 12.17 aus. In Abhängigkeit vom Beugungswinkel kann diese Welle durch Totalreflexion im Substrat geführt werden, oder sie tritt nahezu parallel aus der Oberfläche des Substrats aus. Das ist besonders dann der Fall, wenn der Brechungsindex des Materials, wie bei Galliumarsenid, groß ist. Deshalb kann es erforderlich sein, ein Prisma auf die Unterseite des Substrats zu setzen, um das Licht auszukoppeln.

Aus diesem und anderen Gründen ziehen wir die Luftmode der Substratmode vor. Ein Gitter, das in erster Linie eine Luftmode abbeugt, kann durch Blazen (Abschn. 6.1.1) des Gitters oder durch Aufbringen eines Volumengitters realisiert werden, das dann als Bragg-Reflektor wirkt. Das Blazen eines Gitter ist nicht einfach, kann aber durch *Ionenätzen* erreicht werden, bei dem ein Ionenstrahl unter einem Winkel auf die Oberfläche gerichtet wird und das Gitter selektiv unter einem bestimmten Winkel abträgt. In beiden Fällen kann eine einzelne Beugungsordnung, entweder durch ein geblaztes Gitter oder ein dickes Hologramm, das nur eine Beugungsordnung zuläßt, selektiert werden.

Wellenleitergitter unterscheiden sich allerdings wesentlich von massiven Gittern. Wie Abb. 12.17 zeigt, fällt das Licht streifend unter dem Glanzwinkel auf das Gitter auf. Infolgedessen sinkt die Amplitude des elektrischen Feldes exponentiell mit der Entfernung vom linken Rand des Gitters ab. Das Herangehen ist hier das gleiche wie bei der Ableitung von (8.6). Wenn wir versuchen, das durch das Gitter gebeugte Licht auf einen Punkt zu fokussieren, haben wir es nicht mit einer homogenen Intensitätsverteilung zu tun, sondern mit einem Bündel, dessen Intensität exponentiell über der Eingangspupille der Linse abfällt.

Betrachten wir jetzt ein eindimensionales Gitter, das sich in $x$-Richtung von 0 bis $\infty$ ausdehnt. Die abgebeugte Amplitude variiert mit $x$ in der Form $\exp(-x/w)$, wobei $w$ die charakteristische Abfallslänge ist und in komplizierter Weise von der Tiefe der Gitterstrukturen abhängt. Soll die gebeugte Welle mit einer Linse fokussiert werden, so ist das gleichbedeutend mit der Fokussierung eines kollimierten Bündels der gleichen Amplitudenverteilung. Wir verwenden daher (7.31) mit $g(x) = \exp(-x/w)$ für $x > 0$, anderenfalls ist $g(x) = 0$.

$$E(f_x) = \int_0^\infty \mathrm{e}^{-x/w}\mathrm{e}^{-2\pi \mathrm{i} f_x x}\mathrm{d}x \; . \tag{12.17}$$

Das Ausführen der Integration zeigt, daß die Intensität durch die Lorentzfunktion

$$I(f_x) = w^2/[1 + (2\pi w \sin\theta/\lambda)^2] \; . \tag{12.18}$$

beschrieben wird. Eine rechteckige Apertur, deren Breite gleich $3w$ ist, liefert etwa die gleiche Halbwertsbreite wie die Lorentzfunktion. Aufgabe 12.12 zeigt allerdings, daß eine Lorentzfunktion mit der gleichen Spitzenintensität eine wesentlich höhere Intensität außerhalb des Bildzentrums aufweist. Das ist ein Grund dafür, daß es so schwierig ist, ein beugungsbegrenztes Wellenleitergitter herzustellen.

### 12.2.5 Oberflächenemittierende Laser

Herkömmliche Laserdioden (Abschn. 8.4.8) werden auch manchmal *Kantenstrahler* genannt, da sie das Licht von einer Seitenfläche emittieren; das aktive Medium ist eine Halbleiterschicht, die Oszillation findet parallel zur Schichtebene statt, und das Licht wird von der Kante der Schicht emittiert. Auch Laser mit verteilter Rückkopplung (Abschn. 12.1.1) sind in gewisser Weise Kantenstrahler.

Ein *oberflächenemittierender Laser* kann durch die Kombination der Methoden der integrierten Optik mit denen der Herstellung von Mehrschichtspiegeln (Abschn. 6.4.2 und 6.4.3) hergestellt werden. Ein solcher Laser, seinem Aufbau nach ähnelt er den MDM-Interferenzfiltern, besitzt anstelle der dielektrischen Schicht ein aktives Medium, meistens Galliumarsenid oder je nach erforderlicher Wellenlänge eine Legierung aus GaInAs, GaAlAs oder GaInP.

Um den Laser herzustellen, wird mit einem chemischen Aufdampfverfahren im Hochvakuum (CVD-Verfahren) zuerst ein $\lambda/4$-Schichtsystem auf ein Substrat aufgebracht. Das Substrat kann GaAs sein, und das Schichtsystem besteht aus Legierungen von III–V-Verbindungen. Das aktive Medium, eine 1–2 μm dicke Schicht, wächst auf dem $\lambda/4$-Schichtsystem auf und wird durch ein weiteres Schichtsystem bedeckt. Oft werden auch inaktive Schichten oder Pufferschichten zwischen die aktive Schicht und den Schichtstapel gebracht. Die beiden Schichtsysteme dienen als Laserspiegel, und der Laser oszilliert senkrecht zu den Schichtebenen.

Um eine stabile Emission oder einen Monomode-Betrieb zu erzielen, muß der Laser senkrecht zur Ausbreitungsrichtung der Wellen begrenzt werden. Zu diesem Zwecke wird das Material durch Protonenbeschuß überall entsprechend modifiziert, außer in der Region, in der die Laserstrahlung erwünscht ist. Über jede dieser Regionen kann dann eine Elektrode mit einem Durchmesser von einigen Mikrometern gelegt werden. Auf diese Weise kann ein Array von vielen Tausend Lasern pro Quadratzentimeter gefertigt werden. Diese Laser können phasengleich zueinander strahlen und damit die Elemente eines einzigen leistungsstärkeren Lasers bilden. Im Gegensatz dazu können die Einzellaser auf dem Substrat auch voneinander isoliert bleiben und einzeln angeregt werden, um ein ganzes Bündel einzelner Fasern für die Telekommunikation oder die Fernsehübertragung anzuregen oder auch um als Matrixelemente in einem optischen Computer eingesetzt zu werden.

## Aufgaben

**Aufgabe 12.1.** Galliumarsenid hat einen Brechungsindex von etwa 3,6. Nehmen Sie an, daß wir durch Erhöhung des Brechungsindex um 1 % in einem schmalen Streifen einen Streifenwellenleiter herstellen. Der Brechungsindex sei innerhalb des Wellenleiters konstant, das heißt, der Schichtwellenleiter weise einen Brechungsindexsprung auf. Was ist die größte Tiefe, die noch einen Monomode-Betrieb bei 1,3 μm gestattet?

**Aufgabe 12.2.** Auf einem 2 μm dicken Schichtwellenleiter ist ein 2 μm dicker First aufgebracht, so daß ein Firstwellenleiter von 4 μm Gesamtdicke entsteht. Der Brechungsindex des Substrates sei 1,5 und der der Schicht 1,503. Kann der First nur eine oder mehrere Moden bei 0,85 μm Wellenlänge führen, wenn er den gleichen Brechungsindex wie die Schicht hat?

**Aufgabe 12.3.** Ein Schichtwellenleiter sei 4 µm dick und habe einen Brechungsindex von 1,5 sowie eine numerische Apertur von 0,1. Dieser Wellenleiter enthalte eine Stufe, die 4 µm hoch und senkrecht zur Ausbreitungsrichtung der Grundmode in diesem Wellenleiter angebracht ist. Benutzen Sie den effektiven Brechungsindex, um den Reflexionsgrad dieser Stufe bei einer Wellenlänge von 0,85 µm abzuschätzen.

**Aufgabe 12.4.** Betrachten Sie einen eindimensionalen Wellenleiterverzweiger. Nehmen Sie der Bequemlichkeit halber an, daß die Modenfeldbreite im aufgespreizten Abschnitt $w$ und jeder Ausgangswellenleiter $w/2$ breit sei. Die beiden Moden haben einen Abstand $w$ (Abb. 12.4). Vernachlässigen Sie den Winkel zwischen dem Eingangs- und den Ausgangswellenleitern. Stellen Sie eine Gleichung analog zu (10.53) auf und zeigen Sie, daß der Anteil der Eingangsleistung, der in jeden der beiden Ausgangswellenleiter eingekoppelt wird, gleich $(4/5)\mathrm{e}^{-8/5}$ ist. Wie groß ist der Gesamtwirkungsgrad des Verzweigers? Die restliche Leistung wird teilweise in den Eingangswellenleiter zurückreflektiert und zum Teil aus dem Wellenleiter herausgestreut.
[Hinweis: Nutzen Sie das Ergebnis aus Aufgabe 10.11. Ändern Sie die Integrationsvariablen zu $u = x/w$ ; $\int_0^\infty \mathrm{e}^{-u^2} \mathrm{d}u = \sqrt{\pi}/2$.]

**Aufgabe 12.5.** Ein Schichtwellenleiter mit einer numerischen Apertur von 0,2 ist $6\lambda$ dick, hat einen Brechungsindex von $n = 1,5$ und endet in einer sich verjüngenden Schicht. Bei welcher Dicke beginnt die geführte Mode niedrigster Ordnung aus dem Wellenleiter auszutreten?

**Aufgabe 12.6.** Ein für 0,85 µm hergestellter Wellenleiter sei 8 µm breit. Er enthält einen Bragg-Reflektor, der unter einem Winkel von 45° zur Wellenleiterachse orientiert ist. Der Reflektor koppelt das Licht in einen identischen Wellenleiter ein, der senkrecht zum ersten verläuft. (Abb. 12.1)

a) Geben Sie die Bragg-Bedingung (9.32) als Funktion der Gitterperiode $d$ an und berechnen Sie $d$. Nehmen Sie an, daß die Wellenlänge im Wellenleiter nahe $\lambda/n$ ist, wobei $n = 1,5$ sei.
b) Wie viele Gitterlinien tragen zur Einkopplung in den zweiten Wellenleiter bei?
c) Nehmen Sie an, daß die Antwort aus b) gleich der Finesse, d.h. gleich der Anzahl der interferierenden Strahlen des Kopplers ist. Schätzen Sie die spektrale Breite der reflektierten Welle ab, wenn Sie annehmen, daß das Licht im Wellenleiter eine breite spektrale Verteilung hat.
d) Die spektrale Breite des Lichts sei 100 nm. Wie viele unterschiedliche Kanäle können durch einen Satz solcher Gitter separiert werden?

**Aufgabe 12.7.** Eine Modenindex-Linse wird auf einem Substrat mit einem Brechungsindex von 3,6 bei einer Wellenlänge von 0,85 µm hergestellt. Dazu wird auf das Substrat ein 1 µm dicker Schichtwellenleiter aufgebracht und dann entsprechend geätzt, um die Linse auszubilden. Die Dicke des Wellenleiters unter der Linse ist 0,5 µm. Der Brechungsindex des Films ist um 0,025 höher als der des Substrates, so daß sich nur eine Grundmode im Wellenleiter ausbreitet.

a) Berechnen Sie den Krümmungsradius, der erforderlich ist, um der Linse eine Brennweite von 5 mm zu geben.
b) Führen Sie die gleiche Berechnung für einen Polymer-Wellenleiter mit dem Brechungsindex von 1,5 durch. Nehmen Sie an, daß der Schichtwellenleiter in diesem Falle 8 µm dick ist und bei der Linse auf 2 µm Dicke reduziert wird.

**Aufgabe 12.8.** Zeigen Sie, daß die effektive Blendenzahl einer Luneburglinse bis auf den Wert 0,5 steigen kann.

**Aufgabe 12.9.** Betrachten Sie eine Gitterlinse, die aus $m$ Fresnelzonen besteht. Verwenden Sie (5.68) zusammen mit der Binomialentwicklung $(1 - 1/m)^{1/2} = 1 - (1/2m)$ um zu zeigen, daß die äußerste Fresnelzone eine Breite von $\Delta s_m = s_1/2\sqrt{m}$ hat.

**Aufgabe 12.10.** Eine Beugungslinse mit dem Abbildungsmaßstab von 1 bei $l' = -l = 20\,\text{mm}$ wird bei der Wellenlänge von 1 µm eingesetzt. Der effektive Brechungsindex des Wellenleiters ist 1,5. Die Linse hat etwa 25 000 Fresnelzonen und ist 1 mm dick. Zeigen Sie, in welchem Bereich der Zonenplatte der Gütefaktor $Q$ größer als 10 ist. [Hinweis: Verwenden Sie das Ergebnis aus Aufgabe 12.9.]

**Aufgabe 12.11.** Betrachten Sie einen Schichtwellenleiter aus einem Material, in dem ein Volumenhologramm aufgezeichnet werden kann. Die entwickelten Interferenzflächen des Hologramms liegen unter einem Winkel von 45° zur Oberfläche des Wellenleiters und dehnen sich bis zum Substrat hin aus. [Man nehme an, daß die Gitterperiode so gewählt ist, daß der Braggwinkel dem Reflexionswinkel entspricht.]

a) Berechnen Sie den Beugungswinkel für die Luftmode und zeigen Sie, daß er nicht gleich 0 ist.
[Hinweis: Der im Wellenleiter geführte Strahl verhält sich so, als ob er sich parallel zur Oberfläche des Wellenleiters ausbreitet und den Brechungsindex $n_{\text{eff}}$ verspürt. Nach der Reflexion an der Bragg-Ebene erleidet der Strahl keine Vielfachreflexionen und registriert daher einen Brechungsindex $n_1$. Schreiben Sie also zuerst eine Gleichung analog zu (2.29) auf. Bei dieser Aufgabe geht es nur um Geometrie, das Brechungsgesetz und Ihre Gleichung.]
b) Finden Sie die Gitterperiode $d$, die zu diesem Wert von $i_{\text{a}}$ gehört. Wenn wir eine andere Gitterperiode oder einen anderer Beugungswinkel wünschen, müßten wir den Winkel der Bragg-Ebenen entsprechend ändern.

**Aufgabe 12.12.** Betrachten Sie ein Wellenleitergitter mit einer Abfallslänge $w$ (Abschn. 12.2.4). Nach einer Strecke von $3w$ fällt die Amplitude innerhalb des Wellenleiters auf 5 % der einfallenden Amplitude. Vergleichen Sie die Beugungsintensität im Fernfeld dieses Gitters mit der eines Spaltes der Breite $3w$. Fertigen Sie dazu eine grobe Skizze der beiden Intensitätsverteilungen an und zeigen Sie, daß das Gitter außerhalb des Zentrums der Intensitätsverteilung eine höhere Intensität liefert. Nehmen Sie an, daß beide Intensitätsverteilungen im Ursprung die gleiche Intensität aufweisen.
[Bemerkung: Es ist nur notwendig, die ersten Nullstellen und sekundären Maxima des Beugungsmusters des Spaltes zu zeichnen.]

# Lösungen der Beispiele und Aufgaben

## Kapitel 2

### Beispiel 2.1. aus Abschn. 2.2.4.

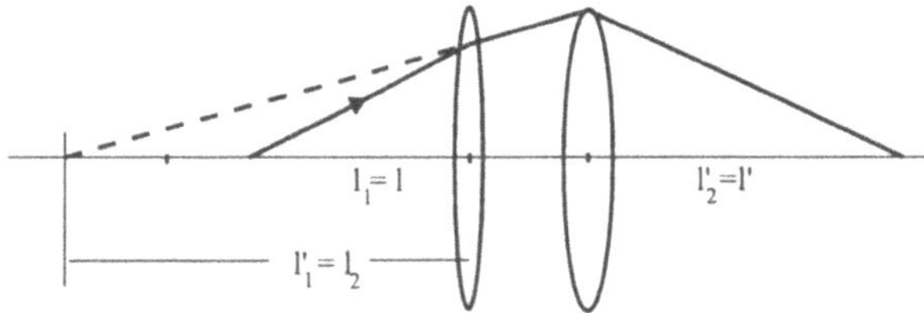

**Abb. L.2.1.** Zur effektiven Brennweite eines Linsenpaares

Die Abbildungsgleichung für die erste Linse lautet (2.22)

$$\frac{1}{l_1'} - \frac{1}{l_1} = \frac{1}{f_1'} ,$$

die für die zweite

$$\frac{1}{l_2'} - \frac{1}{l_2} = \frac{1}{f_2'} .$$

Man betrachtet nun das durch die erste Linse erzeugte Bild als Objekt für die im Abstand $d$ von ihr entfernte zweite Linse. Die Objektweite bezüglich der zweiten Linse ist dann $l_2 = l_1' - d$. Für den Fall $d \approx 0$ ergibt die Addition der Abbildungsgleichungen

$$\frac{1}{l_2'} - \frac{1}{l_1} = \frac{1}{f_1'} + \frac{1}{f_2'} .$$

Die linke Seite dieser Gleichung entspricht der Abbildungsgleichung für das Linsensystem und kann mit einer effektiven Brennweite gemäß

$$\frac{1}{l_2'} + \frac{1}{l_1} = \frac{1}{f_{\text{eff}}'}$$

beschrieben werden.

**Beispiel 2.2. aus Abschn. 2.2.4**

Die effektive Brennweite zweier dünner Linsen im Abstand $d$ ist nach (2.27) gegeben durch

$$1/f'_{eff} = 1/f'_1 + 1/f'_2 - d/f'_1 f'_2 \ .$$

Mit (2.21) ergibt sich

$$1/f'_{eff} = (n-1)A_1 + (n-1)A_2 + (n-1)^2 d A_1 A_2 \ ,$$

wobei die $A_i$ die von $R_1$ und $R_2$ abhängigen Terme in (2.21) beschreiben. Soll die effektive Brennweite nicht von der Brechzahl abhängen, muß die Differentiation nach $n$ Null ergeben.

$$\frac{\mathrm{d}}{\mathrm{d}n}\left(1/f'_{eff}\right) = A_1 + A_2 + 2(n-1)dA_1A_2 = 0 \ .$$

Daraus folgt:

$$\frac{2d}{f'_1 f'_2} = 1/f'_1 + 1/f'_2 \text{ und } d = \frac{1}{2}\left(f'_1 + f'_2\right) \ .$$

**Beispiel 2.3. aus Abschn. 2.2.9**

Ersetzt man in der Abbildungsgleichung $1/l' - 1/l = 1/f'$ jeweils einmal $l$ und $l'$ mit Hilfe des Abbildungsmaßstabes $m = l'/l$, so erhält man

$$l' = f'(1-m)$$

und mit $f = -f'$

$$l = f(1 - 1/m).$$

**Aufgabe 2.1.**

**(a)** Der gesuchte Winkel ist $\delta$ am Punkt D. In der Zeichnung gilt im Dreieck ABC: $\alpha + (90° - b) + (90° - a) = 180°$, also $\alpha = a + b$; im Dreieck ABD: $\delta + (180° - 2a) + (180° - 2b) = 180°$ , also $\delta = 2(a+b) - 180°$.
Folglich ist $\delta = 2\alpha - 180°$ und damit unabhängig vom Einfallswinkel a.

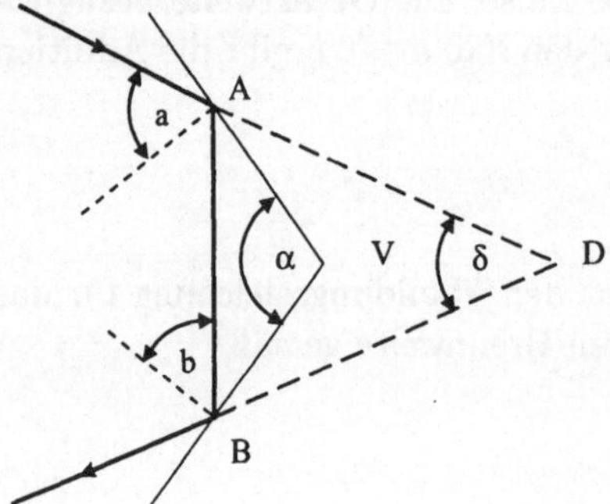


**Abb. L.2.2.** Reflexion eines Lichtstrahls am Winkelspiegel

**(b)** $\delta = 2\alpha - 180° = \mathit{konst.}$ ist der Ablenkwinkel innerhalb des Prismas. Für ihn gilt

$$\delta + (90° - r) + (90° - i) = 180° ,$$

also $\delta = r + i$ . In gleicher Weise ergibt sich für den zu betrachtenden äußeren Ablenkwinkel $\delta' = r' + i'$.
Nur in der paraxialen Näherung

$$i' = n\, i, \quad r' = n\, r$$

läßt er sich unabhängig von den Einfallswinkeln zum konstanten Winkel $\delta$ in Beziehung setzen: $\delta' = n\,\delta$. Das setzt voraus, daß $i' \approx r' \approx 0°$ sind. Damit muß aber auch $\delta \approx 0°$ sein, was wiederum nur durch $\alpha \approx 90°$ erfüllt wird.

**(c)** Nach Abb. L.2.3 kann der Strahl die Spiegelanordnung dann nach der 2. Reflexion nicht verlassen, wenn $a \geq \alpha$ ist. Auf diesem Prinzip basieren Sonnenkollektoren.

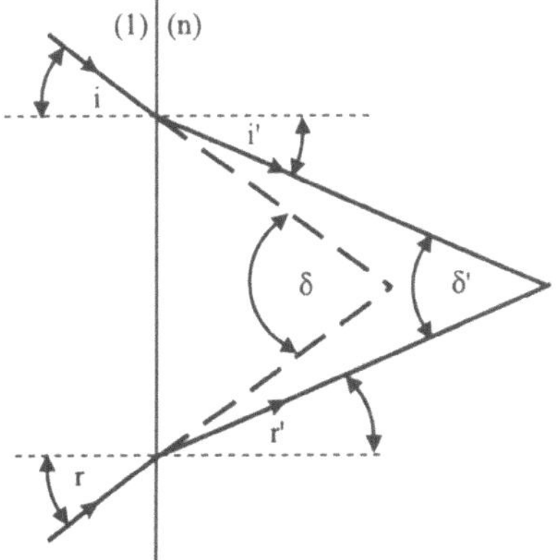


**Abb. L.2.3.** Reflexion eines Lichtstrahls am Prisma

## Aufgabe 2.2.

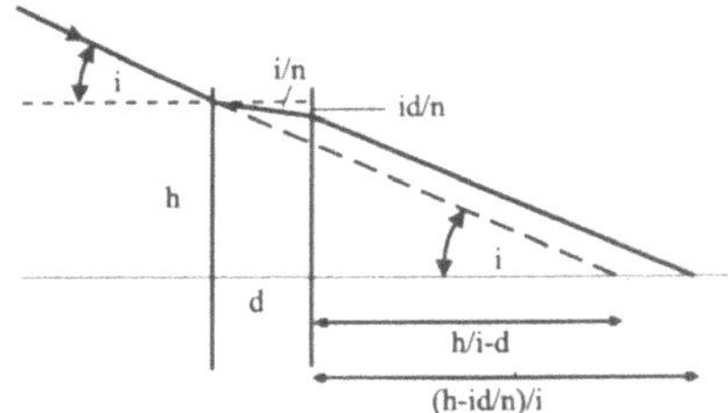


**Abb. L.2.4.** Verschiebung des Bildes durch eine planparallele Platte

Aus Abb. L.2.4 lassen sich sofort die Beziehungen

$$\begin{aligned} b &= h_1/\tan i + d \quad \text{mit } h_1 = h - d\tan i \\ b' &= h_2/\tan i + d \quad \text{mit } h_2 = h - d\tan i' \end{aligned}$$

ableiten. Damit ergibt sich für die Verschiebung

$$\Delta = b - b' = d\,(1 - \tan i'/\tan i)\ .$$

In der paraxialen Näherung ist $\tan i = \sin i = n\ \tan i'$, so daß $\Delta = d\,(1 - 1/n)$ gilt.

**Aufgabe 2.3.**

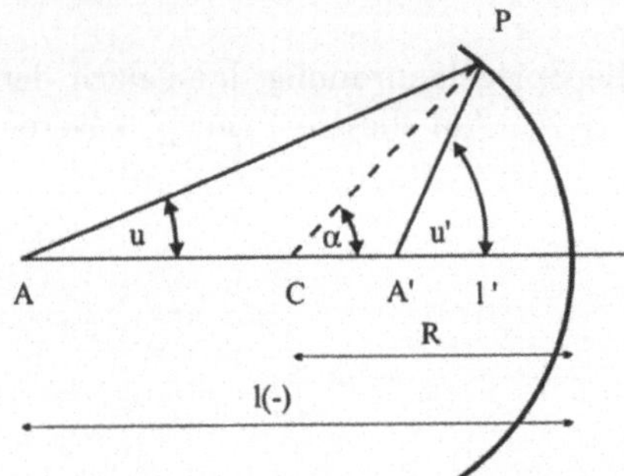


**Abb. L.2.5.** Abbildung am Hohlspiegel

Nach Abb. L.2.5 gelten folgende Zusammenhänge
im Dreieck ACP: $i + u + (180° - \alpha) = 180°$ also: $i = \alpha - u$
im Dreieck A′CP: $i' + (180° - u') + \alpha = 180°$ also: $i' = u' - \alpha$ .
Mit dem Reflexionsgesetz $i = i'$ folgt daraus $2\alpha = u + u'$.
In paraxialer Näherung gilt weiterhin $l = h/u, l' = h/u', R = h/\alpha$.
Damit ist schließlich

$$\frac{1}{l} + \frac{1}{l'} = \frac{u + u'}{h} = \frac{2}{R}\ .$$

**Aufgabe 2.4.**

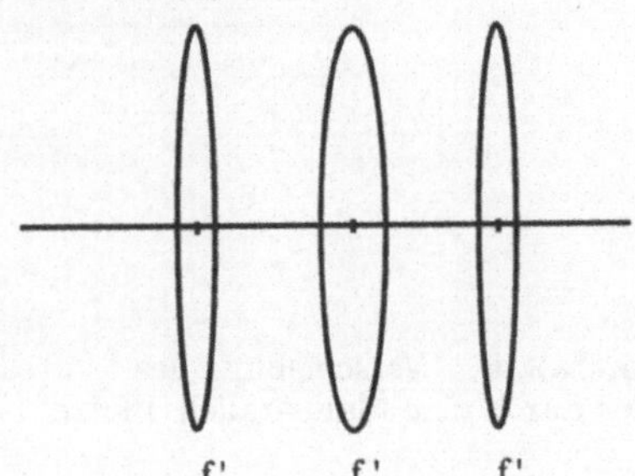


**Abb. L.2.6.** Abbildung mit Linse und Hohlspiegel

Der Spiegel kann als Linse der Brennweite $f'_m = R/2$ aufgefaßt werden, und das System Linse-Spiegel sieht in einem entfalteten Aufbau wie in Abb. L.2.6 aus. Angenommen, Linse und Spiegel stehen eng zusammen, so ergibt sich für die resultierende Brennweite $f'_{\text{eff}}$

$$\frac{1}{f'_{\text{eff}}} = \frac{1}{f'} + \frac{1}{f'_m} + \frac{1}{f'} = \frac{2}{f'} + \frac{2}{R}$$

**Aufgabe 2.5.**

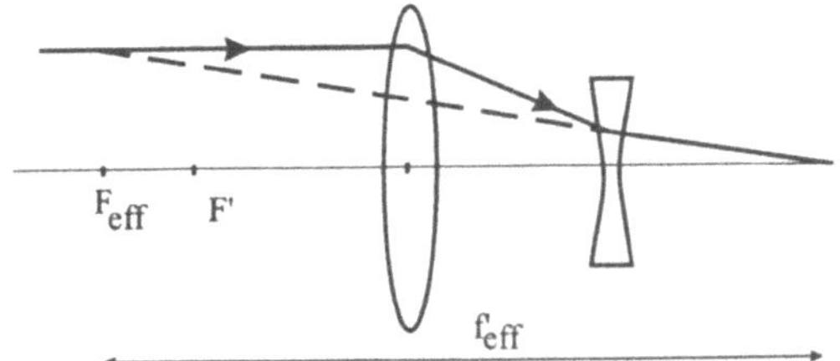


**Abb. L.2.7.** Teleobjektiv

In diesem System (Abb. L.2.7) erzeugt die Sammellinse ein reelles Bild eines unendlich fernen Objektes, das mit der Zerstreuungslinse in die bildseitige Brennebene des Gesamtsystems abgebildet wird, sofern

$$d < f'_1 + f'_2 \quad \text{mit} \quad f'_2 < 0$$

ist. Diese Linsenkombination ermöglicht eine lange Brennweite $f'_{\text{eff}}$ bei kurzer Baulänge des Objektivs (geringeres Gewicht und Trägheitsmoment.
Die Zerstreuungslinse erzeugt das virtuelle Bild eines unendlich fernen Objektes, das mittels der Sammellinse in $F'_{\text{eff}}$ im Endlichen abgebildet wird, falls

$$d > f'_1 + f'_2 \quad \text{mit} \quad f'_1 < 0$$

ist. Dies entspricht dem Bauprinzip von Weitwinkelobjektiven, Abb. L.2.8 (eine kürzere Brennweite entspricht einem größerem Gesichtsfeld).

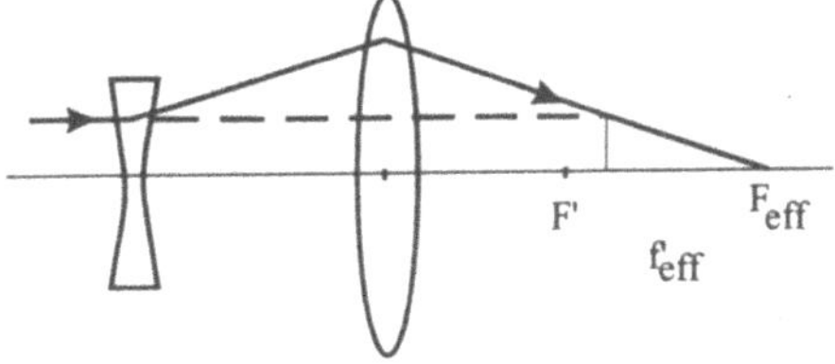


**Abb. L.2.8.** Weitwinkelobjektiv

**Aufgabe 2.6.**

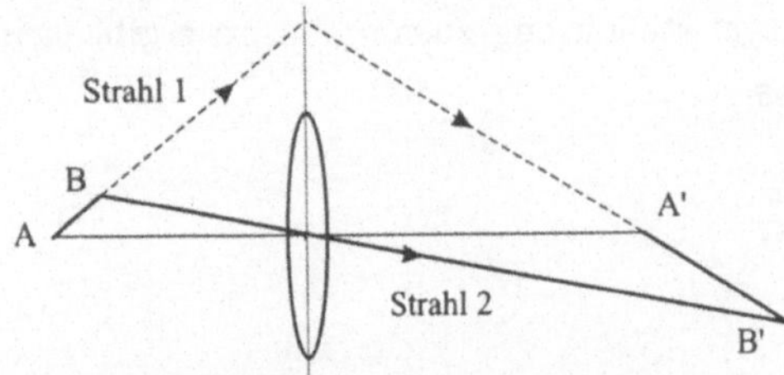


**Abb. L.2.9.** Abbildung einer geneigten Objektebene

In Abb. L.2.9 sind A und A′ konjugierte Punkte. B ist irgendein Punkt der geneigten Objektebene, die nicht parallel zur Hauptebene ist. Zeichnet man einen Strahl 1 von A durch B, so schneidet dieser die Hauptebene der Linse und verläuft dann nach den Abbildungsgesetzen durch A′. In B′ schneidet dieser Strahl dann den von B ausgehenden Mittelpunktstrahl 2 . Da B ein beliebiger Punkt ist, wird jeder Punkt der Objektebene auf einen Punkt in der durch A′ und B′ definierten Bildebene senkrecht zur Zeichenebene abgebildet.

**Aufgabe 2.7.**

**(a)** Für eine Linse mit einem Brechungsindex $n$ in einem Medium mit $n'$ lautet die Linsengleichung

$$\frac{1}{f'} = (n - n')\left(\frac{1}{R_1} - \frac{1}{R_2}\right) = (n - n')A\,.$$

Damit ist in Luft $1/f'_a = (n - 1)\,A$, in einer Flüssigkeit $1/f'_l = (n - n'_l)\,A$. Beide Gleichungen liefern zusammen

$$f'_l = \frac{n - 1}{n - n'_l}\,f'_a\,.$$

Also wird die Brennweite einer Linse beim Eintauchen in eine Flüssigkeit vergrößert. Im Fall $n'_l = n$ hat sie keine Brechkraft mehr ($f'_l = \infty$).

**(b)** Nein, denn z.B. bei der dargestellten plankonvexen Linse mit $n = n'_l$ und Flüssigkeit auf der Seite der gekrümmten Oberfläche ist die Brennweite der Linse unbestimmbar, es sei denn man kennt ihre Krümmungsradien (siehe Abb. L.2.10).

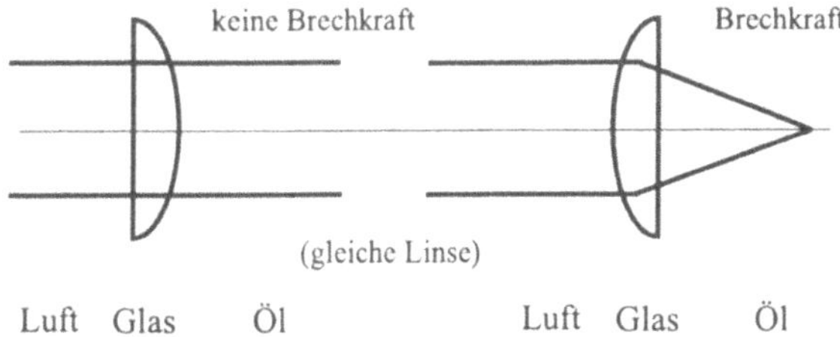


**Abb. L.2.10.** Unterschiedliche Brechkraft einer Sammellinse

(c) Der objektseitige Brennpunktstrahl verläßt entsprechend Abb. L.2.11 die Linse parallel zur optischen Achse in einem Abstand, der durch die Lage von F bestimmt wird. Damit ist der Abbildungsmaßstab $m$ unabhängig von $n_l'$ (weil das Bild der Pfeilspitze auf dem Strahl liegt).

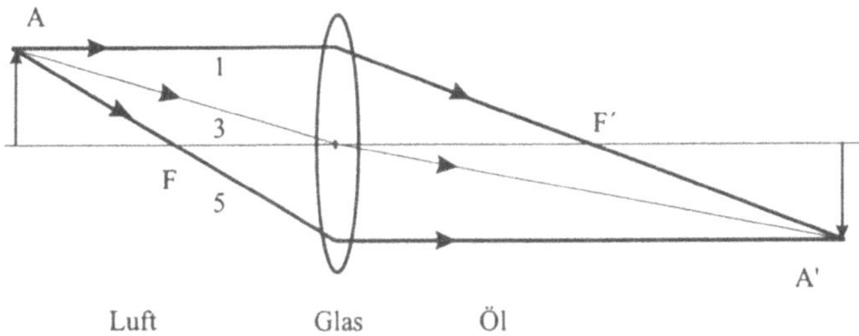


**Abb. L.2.11.** Zur Abbildung in eine Flüssigkeit

Der objektseitige Parallelstrahl wird zum bildseitigen Brennpunktstrahl und schneidet den bildseitigen Parallelstrahl in A′. Im paraxialen Fall sieht der Mittelpunktstrahl zwei parallele Grenzflächen senkrecht zur optischen Achse (vergl. Abb. L.2.12). Wendet man zweimal das Brechungsgesetz an, so findet man, daß $i' = i/n'$ gilt. Der Strahl wird so gebrochen, daß der Winkel $i'$ in der Flüssigkeit genau um den Faktor $1/n'$ kleiner als der Winkel $i$ in Luft ist, und er deshalb die beiden anderen Strahlen genau in A′ trifft.

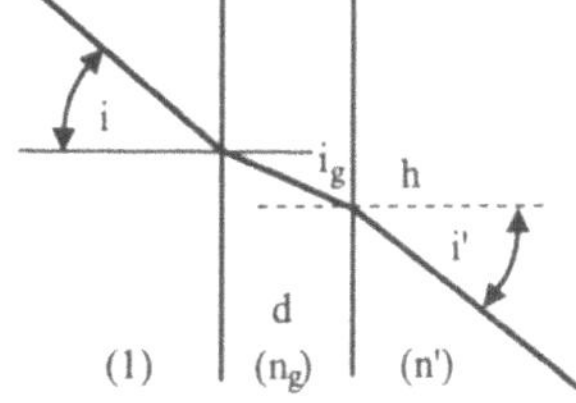


**Abb. L.2.12.** Strahlenverlauf für den Mittelpunktsstrahl

## Aufgabe 2.8.

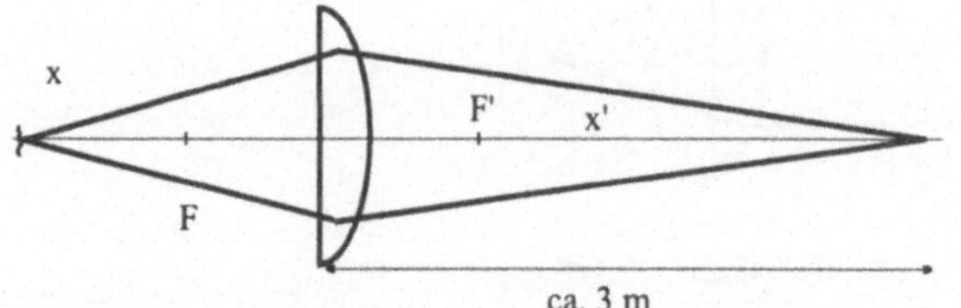


**Abb. L.2.13.** Kollimation

Zur schnellen Lösung verwenden wir die Newtonsche Form der Abbildungsgleichung: $x\,x' = -f'^2$. Da $x' = 3\,\text{m} - 5\,\text{cm} \approx 3\,\text{m}$ ist, folgt

$$x = -\frac{f'^2}{x'} \approx \frac{5}{6}\,\text{mm}\,.$$

Damit muß die Linse etwa 1 mm in Richtung der Quelle verschoben werden.

## Aufgabe 2.9.

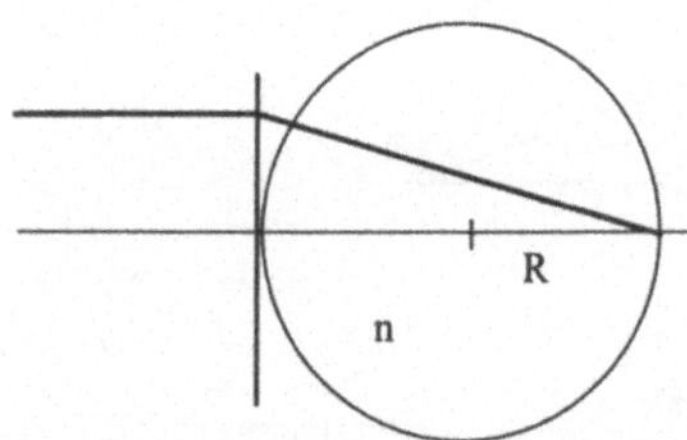


**Abb. L.2.14.** Abbildung mit einer Kugel

Es genügt, eine einzige brechende Fläche zu betrachten, durch die der Strahlverlauf mit der „Lin"-Gleichung beschrieben wird

$$\frac{n}{l'} - \frac{1}{l} = \frac{n-1}{R}\,,$$

wobei hier $l = -\infty$ und $l' = 2R$ sind. Damit ergibt sich der Brechungsindex der Kugel zu $n = 2$.

## Aufgabe 2.10.

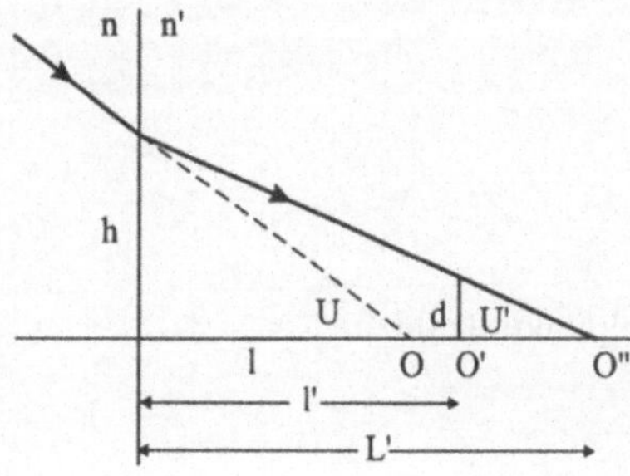


**Abb. L.2.15.** Zur Queraberration

Mit Hilfe von trigonometrischen Betrachtungen findet man

$$\delta = (L' - l') \tan u' \quad \text{und}$$

$$h = l \tan u = L' \tan u' .$$

Daraus folgt

$$\delta = l \tan u - l' \tan u' .$$

Aus der „Lin"-Gleichung für $R = \infty$ erhält man $l = l' n/n'$, und damit ergibt sich die Queraberration zu

$$\delta = (n \tan u - n' \tan u') l'/n' .$$

Mit $l' = 170\,\mu\text{m}$, der typischen Dicke eines Deckglases, und der numerischen Apertur eines 40×–Objektives, $NA = \sin u = 0,65$, (siehe Abschn. 3.8.), findet man für $\delta$ einen Wert von $16\,\mu\text{m}$, der bei einer Wellenlänge von 550 nm deutlich größer ist als die beugungsbedingte Auflösungsgrenze von $0,61\lambda/NA \approx 0,5\,\mu\text{m}$ des Objektivs.

## Aufgabe 2.11.

Die Brennweite des als plankonkave Linse wirkenden Hohlspiegels ist für $n = 1,5$

$$f'_S = \frac{R}{n-1} = -20\,\text{cm} .$$

Somit wird eine Sammellinse benötigt, die in Kombination mit dem Spiegel eine Gesamtbrennweite von $f'_{ges} = R$ erzeugt. Für ihre Brennweite ergibt sich aus

$$\frac{1}{f'_l} = \frac{1}{R} - \frac{1}{f'_S}$$

der Wert $f'_l \approx 7\,\text{cm}$.

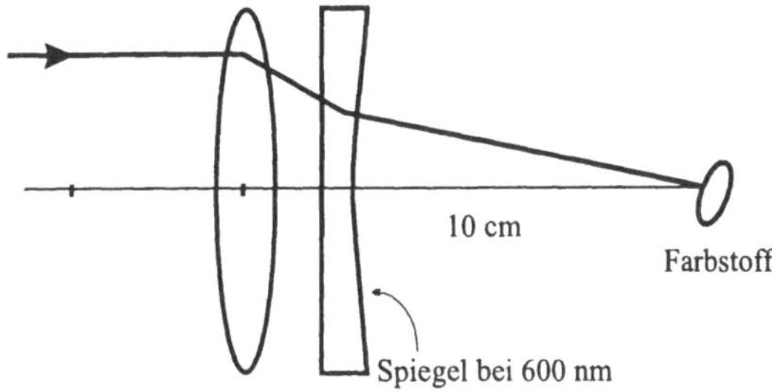


**Abb. L.2.16.** Fokussierung mit einer Linsenkombination

# Kapitel 3

## Beispiel 3.1. aus Abschn. 3.1

Aus der Abbildungsgleichung

$$\frac{n'}{l'} - \frac{1}{l} = \frac{n'}{f'}$$

folgt für das auf $l = \infty$ eingestellte Auge aus

$$\frac{n'}{l'} = \frac{n'}{f'}$$

eine Brechkraft von $P' = 60\,\mathrm{dpt}$. Die in der Gleichung enthaltene Bildweite $l'$ entspricht mit 22 mm der Länge Hauptebene – Netzhaut, die nicht variiert werden kann. Das Auge stellt auf nähere Objekte in der Entfernung $l$ scharf, indem es seine Brechkraft um $P_a$ ändert. Zusätzliche Brechkräfte $P_c$, die aus der Kurz- oder Weitsichtigkeit stammen, müssen addiert werden. Damit gilt

$$P - \frac{1}{l} = P + P_a + P_c \,,$$

also

$$\frac{1}{l} = -(P_a + P_c) \,.$$

## Beispiel 3.2. aus Abschn. 3.2.4

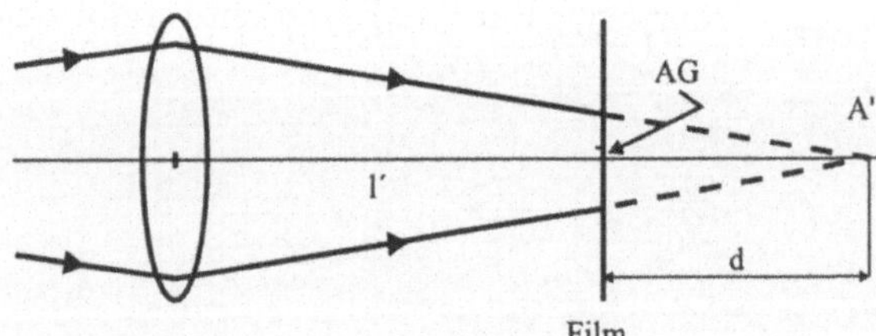


**Abb. L.3.1.** Hyperfokale Distanz

Aus der Abb. L.3.1 entnimmt man mit der Newtonschen Form der Abbildungsgleichung für ferne Objekte (d.h. $|H| \gg |f|, m = 0$)

$$H\delta = -f'^2 \,.$$

Mit (3.7)

$$\delta = \phi(1 - m)AV$$

folgt dann

$$H = \frac{-f'^2}{\phi} AV \,.$$

Damit wird für kleine Linsenbrennweiten die hyperfokale Distanz $H$ kleiner und die Schärfentiefe größer. Die kleinste Entfernung $H_\delta$, bei der noch eine scharfe Abbildung entsteht, ergibt sich aus der Abbildungsgleichung $H_\delta 2\delta = -f'^2$ zu $H_\delta = H/2$.

### Beispiel 3.3. aus Abschn. 3.4

Im ersten Fall blickt das Auge auf ein virtuelles Bild im Abstand $l' = -d_v$ (siehe Abb. L.3.2) und sieht es unter einem Winkel

$$\alpha = \frac{h'}{l} = \frac{h}{l} \,.$$

Ohne Lupe beträgt der Sehwinkel dagegen

$$\alpha_v = -\frac{h}{d_v} \,.$$

Für den Abstand des Objekts von der Linse gilt die Abbildungsgleichung

$$\frac{1}{l} = -\frac{1}{d_v} - \frac{1}{f'} \,.$$

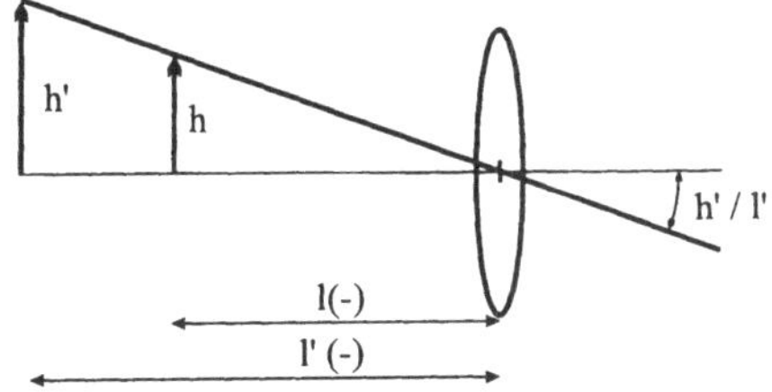


**Abb. L.3.2.** Vergrößerung der Lupe (direkter Kontakt des Auges mit der Lupe)

Die Vergrößerung ist dann

$$V = \frac{\alpha}{\alpha_v} = -\frac{d_v}{l} = 1 + \frac{d_v}{f'} \,.$$

Im zweiten Fall (Abb. L.3.3) sieht das Auge das Objekt unter einem Sehwinkel von
$\alpha = h/f'$ anstatt unter $\alpha_v = h/d_v$. Damit ist die Vergrößerung nur noch

$$V = \frac{\alpha}{\alpha_v} = \frac{d_v}{f'} \,.$$

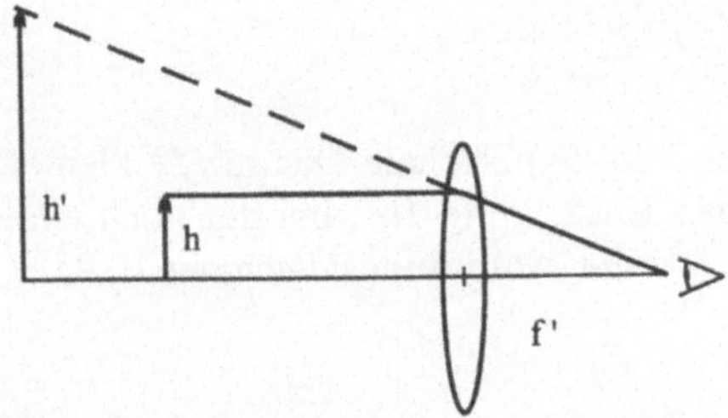


**Abb. L.3.3.** Vergrößerung der Lupe (Auge von der Lupe entfernt)

Die Vergrößerung nimmt mit zunehmendem Abstand des Auges von der Linse ab, da sich das Auge dabei auch immer weiter vom virtuellen Bild des Objekts entfernt.

## Aufgabe 3.1.

Um den Nahpunkt ohne Korrektur zu finden, verwenden wir $P_a = 2\,\text{dpt}$ und $P_c = 5\,\text{dpt}$ und erhalten

$$\frac{1}{l} = -(5+2)\,\text{dpt}$$

und somit $l \approx -14\,\text{cm}$. Für den Fernpunkt ergibt sich ohne Korrektur mit $P_a = 0$

$$\frac{1}{l} = -5\,\text{dpt}$$

und folglich $l = -20\,\text{cm}$. Mit der Korrektur von $-5\,\text{dpt}$ liegt der Fernpunkt (wie es sein muß) im Unendlichen. Der Nahpunkt liegt aber nun bei

$$\frac{1}{l} = -2\,\text{dpt}\ ,$$

d.h. bei $-50\,\text{cm}$. Der Patient benötigt also eine Lesebrille.

## Aufgabe 3.2.

**(a)** Die Abb. L.3.4 zeigt den Fall des Brillenglases für einen Kurzsichtigen. Die Lage der Hauptebenen ist durch $P'$ (ohne Brille) und durch $P'_c$ (mit Brille) gegeben. Die Dreiecke OP′R und QP′R sind einander ähnlich. Damit gilt

$$\frac{y+\alpha d}{L} = \frac{y+\frac{y}{f}d}{L} = \frac{y}{L-\Delta L}$$

mit $\alpha = y/f$. Daraus folgt

$$\Delta L = \frac{Ld}{f+d}\ .$$

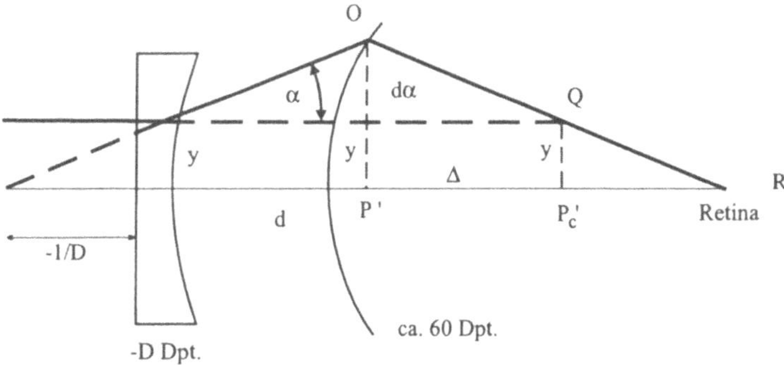


**Abb. L.3.4.** Verschiebung der Hauptebenen durch Brillengläser

Für den Abbildungsmaßstab $m_{\mathrm{B}}$ mit Brille gilt

$$\frac{m}{m_{\mathrm{B}}} = \frac{h'}{h'_{\mathrm{B}}} \, .$$

Damit erhält man

$$\frac{\Delta m}{m} = \frac{m_{\mathrm{B}}}{m} - 1 = \frac{h'_{\mathrm{B}}}{h'} - 1 = \frac{y + \alpha d}{y} - 1 \, .$$

Mit $\alpha = y/f$ folgt

$$\frac{\Delta m}{m} = \frac{d}{f} \, .$$

Daher ändert sich der Abbildungsmaßstab nicht, wenn wie im Falle von Kontaktlinsen $d = 0$ ist.

**(b)** Entsprechend der letzten Gleichung ist eine Änderung des Abbildungsmaßstabes einer Änderung der Brechkraft proportional. Die maximal akzeptable Brechkraftdifferenz zwischen beiden Augen beträgt daher 10 dpt.

**(c)** Die Brechkraft der Kataraktlinse entspricht der der Linse des Auges, also 17 dpt. Die Vergrößerungsänderung beträgt somit etwa 17%, was die Augen nicht mehr vertragen können.

## Aufgabe 3.3.

**(a)** Die Linse $L_1$ projiziert das Bild des Objekts nach $\infty$. Damit ändert ein beliebiger Zwischenraum $d$ nicht den Objektabstand für die Linse $L_2$, folglich auch nicht den Abbildungsmaßstab. Ein Freiraum zwischen den Linsen kann jedoch Vignettierung verursachen (vergl. Abb. L.3.5).

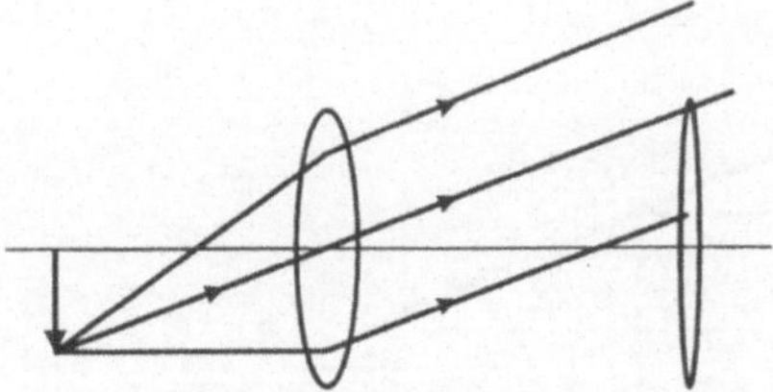

**Abb. L.3.5.** Zum Linsenabstand bei der Nahphotographie, Objekt in der Brennebene

**(b)** Für die Abbildung mit $L_1$ gilt

$$x'_1 = -\frac{f'^2_1}{x_1} = \frac{(50\,\mathrm{mm})^2}{0,25\,\mathrm{mm}} = 10\,\mathrm{m} \gg f'_2 \,.$$

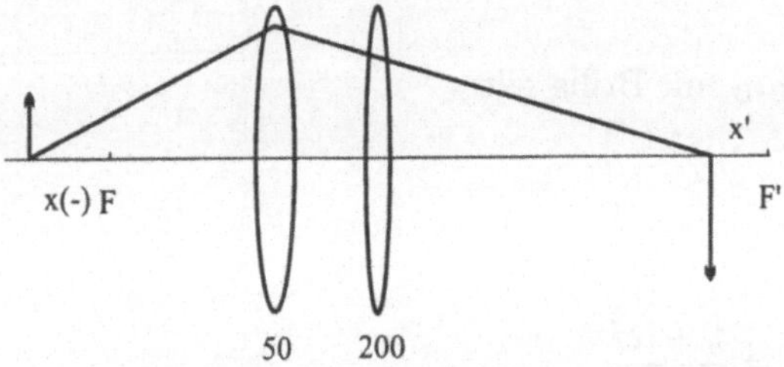


**Abb. L.3.6.** Zum Linsenabstand bei der Nahphotographie, Objekt außerhalb der Brennebene

Deswegen darf für einen kleinen Linsenabstand $x_2 = l' = x'_1$ gesetzt werden. Man erhält mit $f'_2 = 200\,\mathrm{mm}$

$$x'_2 = -\frac{f'^2_2}{x'_1} = -4\,\mathrm{mm} \,.$$

Der Abbildungsmaßstab beträgt anstelle von

$$m = \frac{f'_2}{f'_1}$$

bei $x_1 = 25\,\mathrm{mm}$

$$m = \frac{l'}{l} = \frac{f'_2 - x'_2}{f'_1 + x_1} \,.$$

Die relative Abweichung des Abbildungsmaßstabs beträgt so

$$\delta m = \frac{x'_2}{f'_2} + \frac{x_1}{f'_1} = \frac{0,25}{50} + \frac{4}{200} = 2,5\% \,.$$

## Aufgabe 3.4.

Für die Blende $\Phi = 8$ folgt bei $f' = 5\,\text{mm}$

$$D_{\text{Kam}} = \frac{f'}{\Phi} = \frac{50\,\text{mm}}{8} = 6,25\,\text{mm}\,.$$

Die Winkelauflösung des Kamera-Objektivs beträgt damit bei $\lambda = 550\,\text{nm}$ nach (3.22) $\alpha_{\text{min}}^{(\text{Obj})} \approx 0,1\,\text{mrad}$, die des Films ebenfalls

$$\alpha_{\text{min}}^{(\text{Film})} = AG/f' = 0,005\,\text{mm}/50\,\text{mm} = 0,1\,\text{mrad}\,.$$

Objektiv und Film sind angepaßt. Die Winkelauflösung des Teleskops sollte nach (3.23) den Wert

$$\alpha'_{\text{min}} = \frac{1,22\lambda/D^{(\text{Tel})}}{V_f} = 0,1\,\text{mrad}$$

nicht überschreiten. Es folgt für die förderliche Vergrößerung

$$V_f = \frac{0,1\text{mrad}}{1,22\lambda} D_{[\text{cm}]}^{(\text{Tel})} = 1,49 D_{[\text{cm}]}^{(\text{Tel})}$$

und nicht

$$V_f = 5 D_{[\text{cm}]}^{(\text{Tel})}\,,$$

weil sich das Winkelauflösungsvermögen des Auges zu dem der Kamera wie 0,3 mrad/0,1 mrad = 3 verhält. Das Teleskop benötigt bei der Kamera eine geringere Vergrößerung zum Erreichen des Auflösungsvermögens als beim Auge.

## Aufgabe 3.5.

Die optische Dichte $D$ ist proportional zur Menge der zu metallischem Silber reduzierten Halogenid-Körner. Wurde der Film solange belichtet, daß die mittlere optische Dichte $D_{\text{Bild}}$ nach der Entwicklung 0,5 beträgt, so sind $D_{\text{Bild}}/D_{max}$ =0,5/4=1/8 der Pigmente als reines Silber im Film verblieben, 7/8 wurden herausgelöst.

## Aufgabe 3.6.

**(a)** Das $i$. Objekt in Abb. L.3.7 wird unter einem Winkel $\alpha_i = h_i/l_i$ betrachtet, das Bild $i'$ des Objektes unter einem Winkel $\alpha'_i = V\,h'_i/d$ mit $V = 10$ als Vergrößerungsfaktor für das Photo. Bei einem Abstand $d$ vom Bild erscheinen die Bilder $i'$ unter demselben Sehwinkel wie die Objekte

$$\frac{h_i}{l_i} = V\frac{h'_i}{d}\,.$$

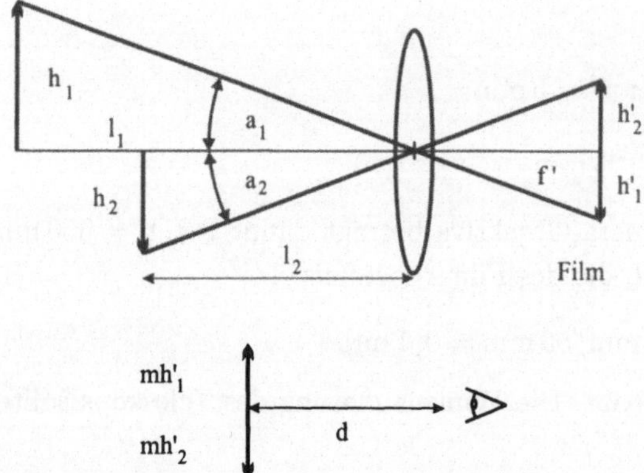


**Abb. L.3.7.** Perspektivisches Zentrum

Auf dem Film ist

$$\frac{h_i'}{f'} = \frac{h_i}{l_i} \,.$$

Damit folgt für den perspektivisch richtigen Abstand $d = Vf'$ (= 50 cm in diesem Fall).

**(b)** Wenn man die Objekte aus einem um $\Delta$ größeren Abstand als $l_i$ photographiert, werden sie um einem Faktor $(1 + \Delta/l_i)$ verkleinert. Das nähere Objekt wird mehr verkleinert als das weiter entfernte. Betrachtet man das Photo aus einem um $\Delta$ größeren Abstand als $d$, so erscheint jedes Bild um denselben Faktor $(1 + \Delta/d)$ verkleinert. Daher erscheint auf dem Photo das nahe Objektbild zu groß.

## Aufgabe 3.7.

Es gilt die Newtonsche Abbildungsgleichung

$$xx' = -f'^2$$

mit $x = -999f' \approx -1000f'$. Wird auf ein Objekt in dieser Entfernung fokussiert, so liegt die hintere Brennebene der Linse um einen Abstand $x' = f'/1000$ vor der Bildebene.
Für die Schärfentiefe ergibt sich

$$\delta = \frac{\Phi}{AV} = 11/(100\,\text{Linien/mm}) \approx 0,1\,\text{mm} \,.$$

Für eine Brennweite von $f' \leq 100$mm liegt das Bild für weit entfernte Objekte innerhalb dieser Schärfentiefe vor dem Film.

**Aufgabe 3.8.**

Mit Brillengläsern ist die deutliche Sehweite des Wissenschaftlers

$$d_v = \frac{1}{P_a} = 25\,\text{cm}\ ,$$

ohne Brille ist sie hingegen

$$d'_v = \frac{1}{P_a - P_d} = \frac{1}{4+5} \approx 11\,\text{cm}\ .$$

Dadurch, daß er das Objekt aus näherer Entfernung betrachten kann, hat er eine Vergrößerung von

$$V = \frac{d_v}{d'_v} \approx 2,3$$

erreicht.
Andere Betrachtungsweise: Das Abnehmen der Brille entspricht dem Blick durch eine Lupe der Brechkraft 5 dpt ($f' = 20\,\text{cm}$). Entsprechend Beispiel 3.3. gilt dann

$$V = 1 + \frac{d_v}{f'} = 1 + \frac{25\,\text{cm}}{20\,\text{m}} = 2,25\ .$$

**Aufgabe 3.9.**

Die Gleichung $V = 1 + d_v/f'$ gilt allgemein. Für einen Kurzsichtigen ist $d_v < 25\,\text{cm}$. Soll die Vergrößerung 2 überschreiten, so muß $f' < d_v$ sein.
In Anlehnung an Aufg. 3.8. zeigt ein Beispiel mit $f' = 5\,\text{cm}$ und $d'_v = 11\,\text{cm}$ für einen Kurzsichtigen, daß die Vergrößerung $V' = 3$ gegenüber $V = 6$ für einen Normalsichtigen mit $d_v = 25\,\text{cm}$ ist.

**Aufgabe 3.10.**

(a) Aus der Newtonschen Abbildungsgleichung folgt

$$x = -\frac{f'^2}{g}$$

($g$ = Tubuslänge). Die Brennweite des Objektivs berechnet sich aus der Vergrößerung mit Hilfe der Abbildungsgleichung (2.22) und der Beziehung

$$l' = f' + g \quad \text{zu}$$

$$f' = -\frac{g}{V} = 4\,\text{mm}\ .$$

Damit folgt für den Abstand vordere Brennebene – Objekt $x = -0,1\,\text{mm}$.

**(b)** Für einen Abstand $x = -0,2\,\text{mm}$ des Objekts von der vorderen Brennebene beträgt der Abstand des Bildes von der hinteren Brennebene

$$x' = \frac{f'^2}{x} = 80\,\text{mm}\,.$$

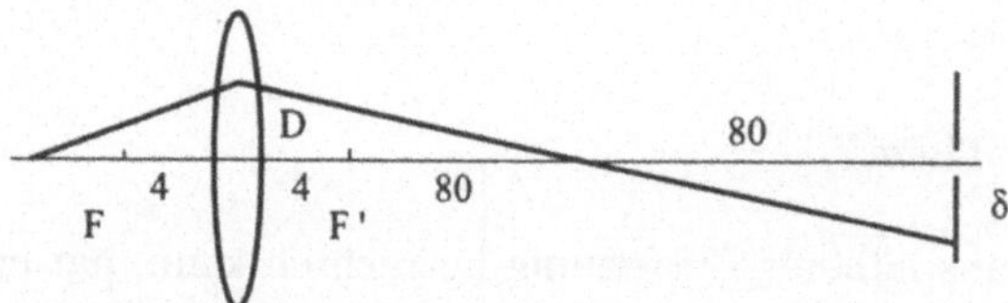


**Abb. L.3.8.** Konfokales Scanning-Mikroskop

**(c)** Den ähnlichen Dreiecken aus Abb. L.3.8 entnimmt man für die Konfiguration aus (b) das Verhältnis

$$\frac{2\delta}{g - x'} = \frac{D}{f + x'}\,.$$

Der Objektivdurchmesser berechnet sich aus der numerischen Apertur zu

$$D = -2fNA = 5\,\text{mm}\,.$$

Damit erhält man für den Durchmesser des Zerstreuungskreises $2\delta = 5,2\,\text{mm}$.

**(d)** Nimmt man gleichförmige Ausleuchtung der Blendenebene (Blendendurchmesser $d = 11\,\mu\text{m}$) an, so beträgt der Anteil transmittierter Intensität

$$\frac{(11\,\mu\text{m})^2}{(5\,\text{mm})^2} = 4,5 \cdot 10^{-6}\,.$$

**Aufgabe 3.11.**

**(a)** Für kleine Winkel ergibt sich

$$\alpha = \frac{h}{l} = \frac{1\,\text{cm}}{1\,\text{m}} = 0,01\,\text{rad}$$

**(b)** Das Objektiv bildet das Objekt ungefähr mit dem Abbildungsmaßstab

$$m = \frac{f_{\text{ob}}^2}{l} = 0,05$$

ab ($l = 1\,\text{m}$). Damit ist die Zwischenbildhöhe $h' = mh = 0,05\,\text{cm}$.
Mit $f'_{\text{ok}} = 2{,}5\,\text{cm}$ vergrößert das Okular das Zwischenbild um den Faktor

$$V_{\text{ok}} = \frac{d_v}{f'_{\text{ok}}}\,.$$

Daraus folgt, daß der scheinbare Sehwinkel

$$\alpha' = h'/f'_{\text{ok}} = 0{,}02\,\text{rad}$$

ist.

**(c)** Die Vergrößerung ist $V = \alpha'/\alpha = 2$ und nicht $V = mV_{\text{ok}} = 1/2$, weil sich das Objekt nicht in der deutlichen Sehweite befindet, sondern in vierfachem Abstand.

## Aufgabe 3.12.

**(a)** Nach (3.30) ist

$$V_{\text{f}} = 300NA \approx 200 .$$

Aus (3.12) und (3.13) folgt $V_{\text{f}} = mV_{\text{ok}}$, also beträgt die gesuchte Okularvergrößerung $V_{\text{ok}} = 200/40 = 5$ und $AG = 0{,}61\lambda/NA = 0{,}55\,\mu\text{m}$.

**(b)** Die förderliche Vergrößerungs ist nach (3.18)

$$V_{\text{f}} = 5D_{[\text{cm}]} = 37{,}5 = -\frac{f'_{\text{ob}}}{f'_{\text{ok}}} .$$

Mit $V_{\text{ok}} = d_v/f'_{\text{ok}}$ erhält man

$$V_{\text{ok}} = -\frac{d_v}{f'_{\text{ob}}} \cdot V_{\text{f}} \approx 10 .$$

Mit dem Teleskop lassen sich 2 Sterne im Winkelabstand von 10 µrad noch trennen ($\alpha_{\text{min}} = 1{,}22\lambda/D = 9\,\mu\text{rad}$).

## Aufgabe 3.13.

Nach (3.7) gilt für die Schärfentiefe

$$\delta = \phi\frac{1-m}{\delta} .$$

In paraxialer Näherung gilt analog zu (3.4)

$$\phi = \frac{1}{2NA} .$$

Auf der Objektseite der Linse muß noch $m$ durch $1/m$ ersetzt werden. Dann gilt wegen $m \gg 1$

$$\delta = \phi \cdot AG = \frac{AG}{2NA} .$$

Mit (3.25) erhalten wir

$$\delta = \frac{0,61\,\lambda}{2(NA)^2}\,,$$

im Gegensatz zu dem aus der Wellentheorie folgenden Wert $\lambda/2(NA)^2$.

**Aufgabe 3.14.**

Die Winkelauflösung $\alpha = 0,3\,\mathrm{mrad}$ des Auges soll von der Kamera erreicht werden

$$\frac{AG}{f'_{\mathrm{ob}}} = \alpha\,.$$

Damit ist

$$f'_{\mathrm{ob}} = \frac{AG}{\alpha} = \frac{0,01\,\mathrm{mm}}{0,0003\,\mathrm{rad}} \approx 35\,\mathrm{mm}$$

und entspricht einem gängigen Weitwinkelobjektiv.

**Aufgabe 3.15.**

**(a)** Nach (3.17) gilt für das Verhältnis der Durchmesser von Eintrittspupille $e$ und Austrittspupille $e'$

$$\frac{e}{e'} = V.$$

Beim Feldstecher ist $e = 50\,\mathrm{mm}$ und $V = 10$. Damit folgt $e' = 5\,\mathrm{mm}$.
Bei der Kamera ist für die Blendenzahl $\phi = f'_{\mathrm{ob}}/D = 2$ bei $f'_{\mathrm{ob}} = 50\,\mathrm{mm}$ der Öffnungsdurchmesser $D = 25\,\mathrm{mm}$ und damit 5mal größer, als er sein müßte. Eine Blendenzahl von $\phi = f'_{\mathrm{ob}}/e' = 10$ würde ausreichen.
Zur Vermeidung einer Vignettierung sollten die Austrittspupille des Feldstechers und die Eintrittspupille der Kamera zusammenfallen.

**(b)** Wenn die Kamera beugungsbegrenzt ist (was bei F/10 der Fall ist), dann nimmt das Auflösungsvermögen bei kleiner Apertur ab. Ist das Auflösungsvermögen des Films schlechter, so kann die Blendenöffnung so weit verkleinert werden, bis das beugungsbegrenzte Auflösungsvermögen des Objektivs dem des Films entspricht. Dabei nimmt allerdings die Exposition ab.

**(c)** Die Eintrittspupille des Systems hat die 100fache Fläche der Kamera-Öffnung und damit das 100fache Lichtaufnahmevermögen. Im Gegenzug wird aber auch die Bildfläche 100mal vergrößert, so daß die Expositionszeit dieselbe bleibt wie ohne Feldstecher. Damit wird die Exposition durch den Objektivdurchmesser der Kamera bestimmt, solange die Blendenzahl größer als

10 ist. Für Blendenzahlen < 10 wird die Exposition durch den Feldstecher bestimmt, weil die effektive Blende dann durch den Durchmesser der Austrittspupille festgelegt wird.

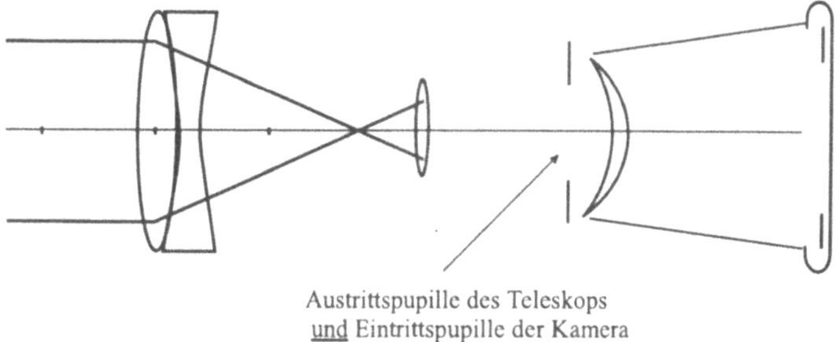


**Abb. L.3.9.** Ankopplung eines Feldstechers an eine Kamera

**Aufgabe 3.16.**

**(a)** Das Auflösungsvermögen des Films ist nach (3.27)

$$\delta = \frac{AG}{f'_{\text{ob}}} \approx 1\,\text{mrad}$$

und damit 3mal schlechter als das des Auges.

**(b)** Folglich genügt ein bezüglich des Auges um einen Faktor 3 geringerer Objektivdurchmesser am Teleskop, um die förderliche Vergrößerung zu erreichen, weil der Film ein um denselben Faktor schlechteres Auflösungsvermögen als das Auge hat.
Der Durchmesser der Austrittspupille des Teleskops braucht nach (3.23) den Wert $e' = 1{,}22\lambda/\delta = 0{,}07\,\text{cm}$ nicht zu überschreiten. Die förderliche Vergrößerung des Teleskops ist $V_{\text{f}} = D/e' = 14D_{[\text{cm}]}$.

# Kapitel 4

**Aufgabe 4.1.**

Mit $L = L_0 \cos^m\theta$ lautet (4.15)

$$\mathrm{d}^2\phi = (L_0\,\mathrm{d}S)2\pi \sin\theta \cos^{m+1}\theta\,\mathrm{d}\theta\ .$$

Die Integration über $\theta$ in den Grenzen von 0 bis $\theta_0$ liefert mit der Substitution $\mathrm{d}\cos\theta = \sin\theta\,\mathrm{d}\theta$

$$d\phi = \frac{2\pi}{m+2} L_0 \, dS \left[1 - \cos^{m+2}\theta_0\right]$$

für die von einem Flächenelement $dS$ in einen Kegel des halben Öffnungswinkels $\theta_0$ ausgehende Strahlungsleistung. Für $m = 0$ erhält man das bekannte Ergebnis (4.17)

$$d\phi = \pi L_0 \, dS \sin^2\theta_0 \; .$$

Da $1 - \cos^{m+2}\theta_0$ für $m > 0$ schneller ansteigt als $\sin^2\theta_0$, wird mehr Leistung in einen engen Kegel gestrahlt.

## Aufgabe 4.2.

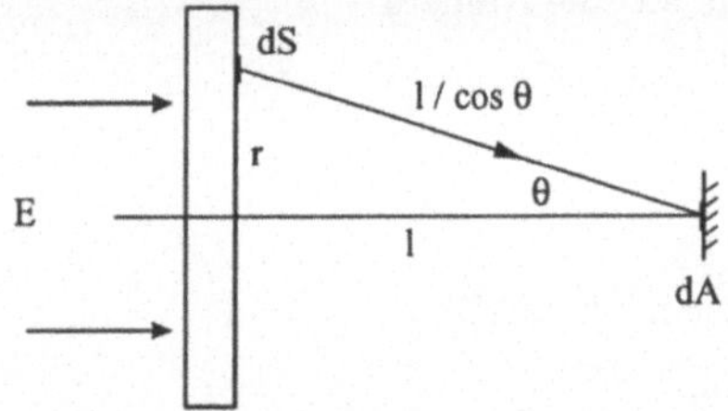


**Abb. L.4.1.** Lambertscher Strahler

Nach (4.2) ist die Strahlungsleistung, die von einem Flächenelement $dS$ (siehe Abb. L.4.1) ausgeht, gegeben durch

$$d^2\phi = L \, dS \cos\theta \, d\Omega \; ,$$

wobei die Strahldichte eines Lambertschen Strahlers in den gesamten Raum $L = E/(2\pi)$ ist (4.22). Von der Oberfläche des Strahlers aus gesehen nimmt das Flächenelement $dA$ im Abstand $l$ nach (4.31) einen Raumwinkel

$$d\Omega = \frac{\cos\theta \, dA}{(l/\cos\theta)^2}$$

ein. Um über die kreisförmige Fläche S zu integrieren, schreiben wir

$$dS = 2\pi r \, dr$$

mit $r = l \tan\theta$ und $dr = l \, d\theta / \cos^2\theta$. Mit (4.2) erhält man

$$d^2\phi = E \, dA \sin\theta \cos\theta \, d\theta$$

in Analogie zu (4.15). Die Integration über $\theta$ bis zu einem Winkel $\theta_0$ ergibt

$$d\phi = E \, dA \cdot \frac{1}{2} \sin^2\theta_0 \equiv E' \, dA \; .$$

Damit ist die Bestrahlungsstärke von $dA$ gleich $E' = \frac{1}{2} E \sin^2\theta_0$. Für $\theta_0 \to 90°$ folgt $E' = E/2$. Mit einem nur reflektierenden Lambertschen Strahler entfällt der Faktor 1/2, und es wird $E' = E$.

**Aufgabe 4.3.**

Grob gesehen resultiert die Bestrahlungsstärke bei $h$ von der Ausstrahlung einer Halbebene her (siehe Abb. 4.17) und entspricht bei $h = 0$ mit $\theta_0 = 90°$ nach dem Ergebnis der Aufgabe 4.2 $E' = E/4$. Für nicht zu große $h$ kann man näherungsweise die Bestrahlungsstärke nach

$$E' = \frac{E}{2} \int_{\theta_0}^{\pi/2} \sin\theta \cos\theta \, \mathrm{d}\theta$$

berechnen, wobei

$$\tan\theta_0 = \frac{h}{t}$$

ist. Man findet

$$E'(\theta_0) = \frac{E}{4} \cos^2\theta_0 \, .$$

Der Belichtungsspielraum eines Films entspricht $\pm 1/2$ Blendenzahl oder einem Faktor von $\sqrt{2} \approx 1,4$. Daher entspricht die Breite der belichteten Fläche dem Wert von $h$, bei dem

$$\cos^2\theta_0 = \frac{1}{1,4} \approx 0,7$$

ist. Daraus folgt $\theta_0 \approx 30°$ und mit

$$\frac{h}{t} = \tan 30° \approx \sin 30° = \frac{1}{2}$$

das Ergebnis

$$h = \frac{t}{2} \, .$$

**Aufgabe 4.4.**

(a) Die Blende mit einem Durchmesser von $d = 0,07\,\mathrm{cm}$ wird als Lambertscher Strahler einer Strahlungsleistung $\Phi_0 = M_\lambda \Delta\lambda \pi d^2/4$ angenommen. In den zugehörigen Raumwinkel $\Omega$ wird nach (4.17) und mit

$$\tan\theta_0 = \frac{D}{2l} = \frac{Dm}{l'} \approx \frac{Dm}{f'} = \frac{NA}{40}$$

die Strahlungsleistung

$$\Phi = \frac{\pi}{4} M_\lambda \Delta\lambda d^2 (NA/40)^2 = 4,6 \cdot 10^{-2}\,\mu\mathrm{W}$$

emittiert. Das ist auch die Strahlungsleistung, die in die Faser eingekoppelt wird.

**(b)** Es ist $NEP = 10^{-11}\,\mathrm{W}\sqrt{10\,\mathrm{Hz}}/\sqrt{\mathrm{Hz}} = 3\cdot 10^{-11}\,\mathrm{W}$. Die Ausgangsleistung der schlechtesten Faser ist

$$\Phi_f = \Phi T = 4{,}6\cdot 10^{-2}\,\mu\mathrm{W}\cdot 0{,}01 = 4{,}6\cdot 10^{-10}\,\mathrm{W}\,.$$

Der vorgeschlagene Detektor kann also problemlos eingesetzt werden.

## Aufgabe 4.5.

Mit (4.30) und (4.31) gilt für die durch die Linse auf das Bild fallende Strahlungsleistung (siehe auch Abb. 4.8)

$$\mathrm{d}^2\Phi = \mathrm{d}^2\Phi' = \frac{\mathrm{d}S'L'\,\mathrm{d}A}{l'^2}\cos^4\theta_0\,.$$

Mit der Fläche der Linse

$$\int \mathrm{d}A = \frac{\pi}{4}D^2$$

erhalten wir

$$\mathrm{d}\Phi' = \frac{\mathrm{d}S'L'}{l'^2}\cos^4\theta\frac{\pi}{4}D^2\,.$$

Die Bestrahlungsstärke auf einem Flächenelement des Bildes beträgt

$$E' = \frac{\mathrm{d}\Phi'}{\mathrm{d}S'}\,.$$

Es ergibt sich die Bestrahlungsstärke auf dem Bild

$$E' = \frac{L'}{l'^2}\cos^4\theta\frac{\pi}{4}D^2\,.$$

Die scheinbare Strahlungsdichte der Linse entspricht der der Quelle.

## Aufgabe 4.6.

**(a)** Im elektrischen Feld $E$ erfährt das Elektron eine Kraft $F = eE$, die es mit

$$a = \frac{F}{m} = \frac{eV}{md}$$

beschleunigt. Nach der Zeit $t$ besitzt es die Geschwindigkeit $v = at + v_0$. Der fließende Strom beträgt bei $v_0 = 0$ somit

$$i = ev = \frac{e^2V}{md}t \propto \frac{V}{d}t\,.$$

Beschleunigt mit $a$ legt das Elektron die Strecke $d = a\tau^2/2$ in der Zeit

$$\tau = \sqrt{\frac{2d}{a}} = d\sqrt{\frac{2m}{eU}} = 120\,\mathrm{ps}$$

zurück, wenn $U = 3\,\mathrm{kV}$ und $d = 2\,\mathrm{mm}$ sind.

**(b)** Ist $v_0 = 0$, so beträgt die Energie der Elektronen nach Durchlaufen der Spannung $U = 3\,\mathrm{kV}$

$$W = eU = 3000\,\mathrm{eV}\,,$$

was sehr viel größer ist als die Anfangsenergie von 1 eV, die damit vernachlässigt werden kann.

**(c)** Mit $d = 1\,\mathrm{cm}$ und $U = 100\,\mathrm{V}$ erhält man eine Flugzeit von $\tau = 4\,\mathrm{ns}$. Die Endenergie der Elektronen ist 100 eV und damit immer noch deutlich größer als die Anfangsenergie von 1 eV.

## Aufgabe 4.7.

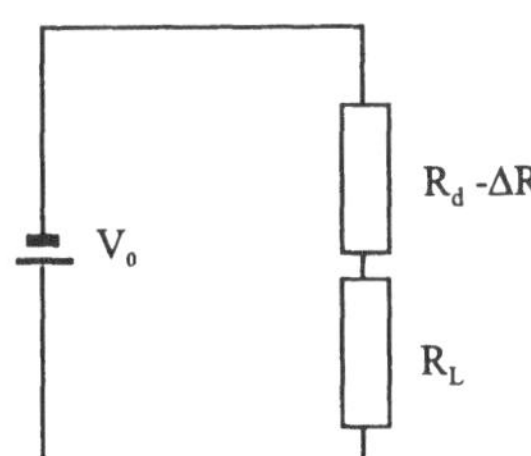


**Abb. L.4.2.** Schaltbild eines Photodetektors

Nach (4.59) ist

$$V_L = V_0 \frac{R_L}{R_d + R_L} \quad \text{ohne Lichteinfall und}$$

$$V_L' = V_0 \frac{R_L}{R_d - \Delta R + R_L} \quad \text{bei Lichteinfall.}$$

Für die Signalspannung

$$\Delta V_L = V_L' - V_L$$

erhält man

$$\Delta V_L = V_0 R_L \left[\frac{1}{R_L + R_d - \Delta R} - \frac{1}{R_L + R_d}\right]$$

und mittels einer Entwicklung für kleine $\Delta R$

$$\Delta V_L \approx \frac{V_0 R_L}{R_L + R_d}\left[1 + \frac{\Delta R}{R_L + R_d} - 1\right] = V_0 R_L \frac{\Delta R}{(R_L + R_d)^2}\,.$$

Nun bestimmen wir das Maximum der Funktion $\Delta V_L(R_L)$

$$\frac{\mathrm{d}(\Delta V_L)}{\mathrm{d}R_L} = \frac{V_0 \Delta R}{(R_L + R_d)^2} - \frac{2V_0 R_L \Delta R}{(R_L + R_d)^3} = 0$$

und erhalten aus

$$\frac{2R_L}{R_L + R_d} = 1$$

den das Maximum von $\Delta V_L$ ergebenden Widerstand

$$R_L = R_d \, .$$

Beträgt der Arbeitswiderstand des Detektors im Umgebungslicht $R'$, so wird $R_L = R'$ gewählt.

**Aufgabe 4.8.**

Ist $N$ die Anzahl der pro Sekunde auf den Detektor fallenden Photonen, so ist bei 100 % Quantenausbeute $N$ auch die Anzahl der pro Sekunde herausgelösten Photoelektronen. Letztere machen einen elektrischen Strom von $i = Ne$ gegenüber einer einfallenden Leistung von $\Phi = N\,h\nu$ aus. Damit ist bei $h\nu = 2\,\mathrm{eV}$

$$\mathcal{R}_{\mathrm{vis}} = \frac{i}{\Phi} = 0,5\frac{A}{W}$$

die Effektivität des Detektors.

**Aufgabe 4.9.**

Mit $L_\theta = L_0/\cos\theta$ lautet (4.30)

$$\mathrm{d}^2\Phi = L_\theta \,\mathrm{d}S\,\mathrm{d}\Omega \, .$$

Die in den Halbraum ($\Omega = 2\pi$) abgestrahlte Energie ist folglich

$$\mathrm{d}\Phi_0 = 2\pi L_0 \,\mathrm{d}S \, ,$$

so daß man

$$\frac{\mathrm{d}^2\Phi}{d\Phi_0} = \frac{\mathrm{d}\Omega}{2\pi}$$

erhält.

# Kapitel 5

## Beispiel 5.1. aus Abschn. 5.4.1

Der Brechungswinkel im Medium sei $\theta'$. Es ist erforderlich, die Phasendifferenz zwischen den Lichtwegen AG und ABFC zu bestimmen (Abb. L.5.1). Aufgrund des Brechungsgesetzes folgt zunächst eine Übereinstimmung der optischen Wege $\overline{AG} = n\overline{FC}$. So muß noch der optische Weg $\overline{AB} + \overline{BF}$ bestimmt werden. Nach (5.36) ist

$$\phi_{ABF} = \frac{2\pi}{\lambda/n}[\overline{AB} + \overline{BF}]$$

und

$$\phi_{ABF} = \frac{2\pi n}{\lambda} 2d \cos\theta' \, .$$

Mit

$$\sin(90^\circ - 2\theta) = \frac{\overline{BF}}{\overline{AB}} = \cos 2\theta'$$

und

$$\cos\theta' = \frac{d}{\overline{AB}}$$

erhält man

$$\overline{AB} + \overline{BF} = \overline{AB}(1 + \cos 2\theta') = 2\overline{AB}\cos^2\theta' = 2d\cos\theta' \, .$$

Für konstruktive Interferenz ergibt sich z.B.

$$\frac{4\pi n}{\lambda} d\cos\theta' = 0, 2\pi, 4\pi, \ldots = 2m\pi$$

oder anstelle von (5.48a)

$$m\lambda = 2n\cos\theta' .$$

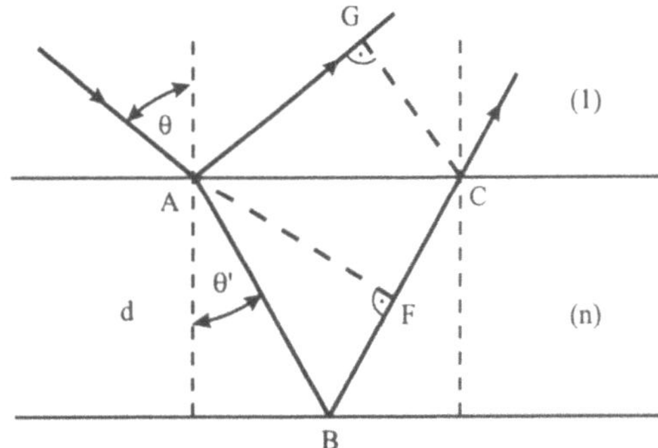


**Abb. L.5.1.** Reflexion an der planparallelen Platte

Bei diesem Vorgehen sind jegliche Phasenänderungen bei der Reflexion am dünnen Medium unberücksichtigt geblieben.

## Beispiel 5.2. aus Abschn. 5.5.1

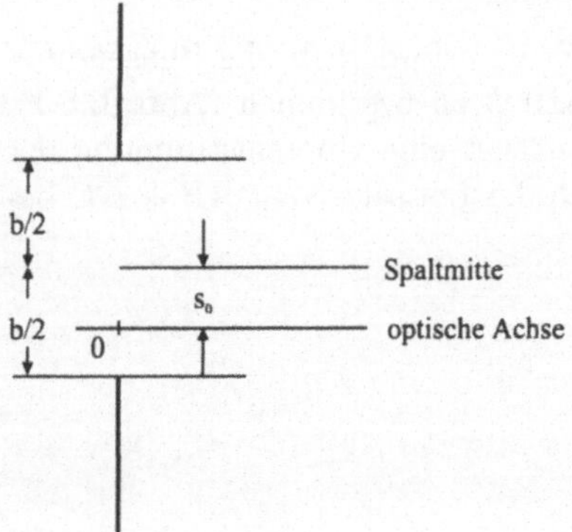


**Abb. L.5.2.** *Off-Axis*-Fraunhofer-Beugung

Wegen (5.56) gilt

$$E(\theta) = A\frac{\mathrm{e}^{-ikr}}{r}\int_{-b/2+s_0}^{+b/2+s_0} \mathrm{e}^{-iks\sin\theta}\mathrm{d}s\,.$$

Mit der Substitution $s' = s - s_0$ ergibt sich

$$E(\theta) = A\frac{\mathrm{e}^{-ikr}}{r}\mathrm{e}^{-iks_0\sin\theta}\int_{-b/2}^{+b/2} \mathrm{e}^{-iks'\sin\theta}\mathrm{d}s'\,,$$

was (5.56) multipliziert mit dem Phasenfaktor $\mathrm{e}^{-iks_0\sin\theta}$ entspricht (*Verschiebungs-Theorem*). Der Phasenfaktor beeinflußt jedoch nicht die Intensitätsverteilung, die immer noch um $\theta = 0$ zentriert ist.

## Aufgabe 5.1.

Aufgrund der unterschiedlichen Wellenlängen müssen die Intensitäten der zu beiden Wellenlängen gehörenden Streifensysteme addiert werden. Die Sichtbarkeit verschwindet, wenn ein $\lambda_1$-Maximum mit einem $\lambda_2$-Minimum zusammenfällt (Abb. L.5.3).

$$m\lambda_1 = d\sin\theta_m \quad \text{Max. für } \lambda_1$$

$$(m+1/2)\lambda_2 = d\sin\theta_m \quad \text{Min. für } \lambda_2\,.$$

Mit

$$\lambda_2 = \lambda_1 + \Delta\lambda$$

folgt nach elementaren Umformungen

$$\frac{\Delta\lambda}{\lambda_1} = -\frac{1}{2m+1}\,.$$

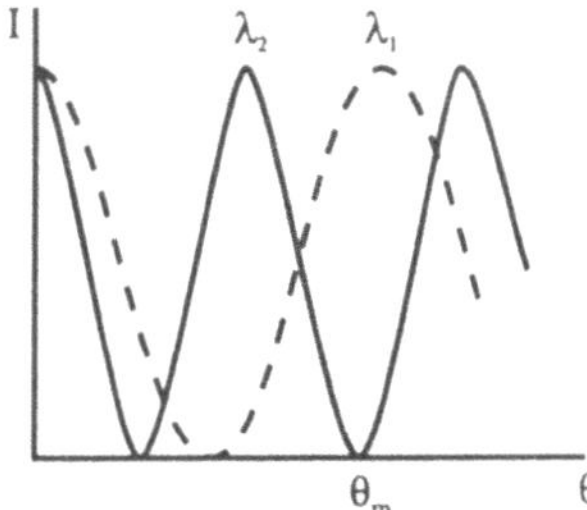


**Abb. L.5.3.** Interferenzmuster mit zwei Wellenlängen

## Aufgabe 5.2.

$$E_1 = A\mathrm{e}^{-\mathrm{i}[kx-\omega t]}$$

$$E_2 = A\mathrm{e}^{-\mathrm{i}[kx-(\omega+\Delta\omega)t]}$$

$$E_1 + E_2 = A\mathrm{e}^{-\mathrm{i}[kx-\omega t]}\left(1+\mathrm{e}^{\mathrm{i}\Delta\omega t}\right)$$

$$E_1 + E_2 = A\mathrm{e}^{-\mathrm{i}[kx-\omega t]}\cdot 2\mathrm{e}^{-\mathrm{i}\Delta\omega t/2}\cos(\Delta\omega t/2)\,.$$

Die gesuchte Intensität beträgt dann im Zeitbereich

$$I = |E_1 + E_2|^2 = 4A^2\cos^2(\Delta\omega t/2)$$

(Schwebung mit $\Delta\omega/2$). In ähnlicher Weise ergibt sich so für den Ortsbereich

$$I = 4A^2\cos^2(\Delta kx/2)$$

(Schwebung mit $\Delta k/2$). Die Wellen sind für $t = 0$ in Phase, kommen allmählich außer Phase und sind für

$$\frac{\Delta\omega t}{2} = 0, \pi, 2\pi, \ldots$$

wieder in Phase, d.h. es ergibt sich für

$$t = \frac{1}{\Delta\nu}, \frac{2}{\Delta\nu}, \ldots$$

konstruktive Interferenz.

## Aufgabe 5.3.

(a) Der Abstand zwischen Quelle und Schirm (Abb. L.5.4) betrage $L$. $\alpha$ sei der spitze Winkel des Prismas. Vom Schirm aus erscheinen zwei Quellen in einem Abstand von

$$d = \frac{\alpha}{n}L\,.$$

Aus (5.37) folgt dann

$$I = 4A^2\cos^2\left(\frac{\pi}{\lambda}\frac{\alpha}{n}L\sin\theta\right)\,.$$

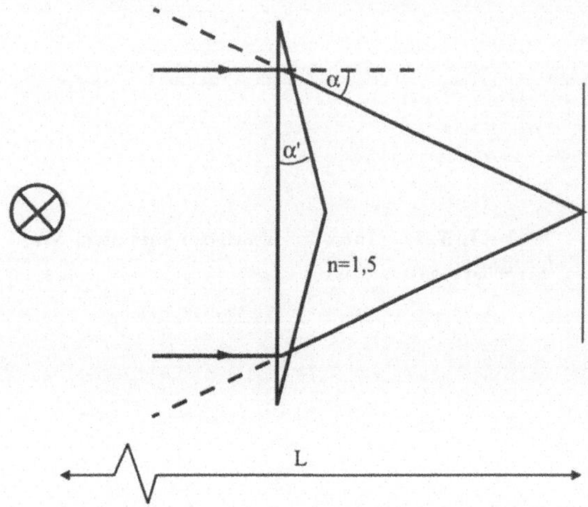


**Abb. L.5.4.** Fresnelsches Biprisma

**(b)** Eine virtuelle Quelle befindet sich bei $-d/2$ (Abb. L.5.5), das Licht weist jedoch einen Phasensprung von $\pi/2$ auf. Daher gilt mit $\sin\theta \approx h/L$

$$I = 4A^2 \sin^2\left(\frac{\pi}{\lambda} L \sin\theta\right) .$$

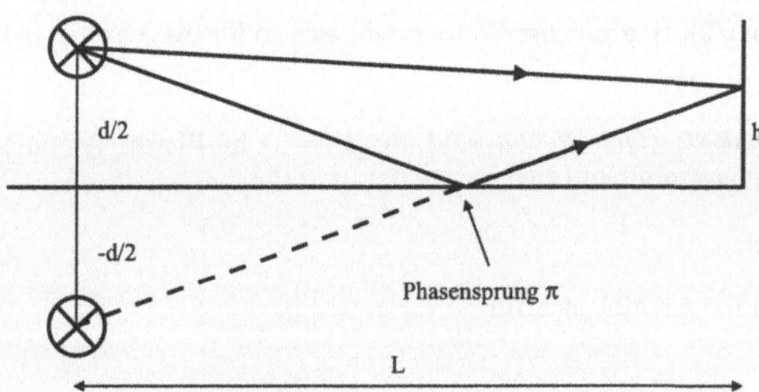


**Abb. L.5.5.** Lloydscher Spiegel

**Aufgabe 5.4.**

Es gilt nach (5.42) mit $\beta = \pi/\lambda d \sin\theta$

$$I(\theta) = A^2 \frac{\sin^2 N\beta}{\sin^2 \beta} .$$

Unter Verwendung der Regel von Bernoulli-de l'Hospital ergibt sich

$$\lim_{\beta\to 0,\pi,\dots} I(\theta) = A^2 \frac{\lim\left[\frac{\mathrm{d}}{\mathrm{d}\beta}\sin^2 N\beta\right]}{\lim\left[\frac{\mathrm{d}}{\mathrm{d}\beta}\sin^2\beta\right]}$$

$$= A^2 \frac{\lim [2N \sin N\beta \cos N\beta]}{\lim [2 \sin \beta \cos \beta]} .$$

Da der Nenner noch immer eine Polstelle besitzt, muß die Regel nochmals angewandt werden.

$$\lim_{\beta \to 0,\pi,\ldots} I(\theta) = A^2 \frac{\lim \left[2N^2 \cos^2 N\beta + 2N^2(-\sin^2 N\beta)\right]}{\lim 2 \left[\cos^2 \beta - \sin^2 \beta\right]}$$

$$= A^2 \frac{\lim \left[2N^2 \cos 2N\beta\right]}{\lim [2 \cos 2\beta]} = N^2 A^2 .$$

**Aufgabe 5.5.**

$$E = A_1 + A_2 e^{-i\phi}$$

$$I = A_1^2 + A_2^2 + A_1 A_2 e^{i\phi} + A_1 A_2 e^{-i\phi}$$

$$= A_1^2 + A_2^2 + 2A_1 A_2 \cos \phi .$$

Mit dem Additionstheorem $\cos \phi = 2 \cos^2(\phi/2) - 1$ erhält man

$$I = A_1^2 + A_2^2 - 2A_1 A_2 + 4A_1 A_2 \cos^2 \phi/2$$

$$= (A_1 - A_2)^2 + 4A_1 A_2 \cos^2 \phi/2 .$$

Damit ist

$$I_{\text{max}} = (A_1 + A_2)^2$$

und

$$I_{\text{min}} = (A_1 - A_2)^2 .$$

Für $A_1 = A_2 = A$ folgt (5.23)

$$I = 4A^2 \cos^2 \phi/2 .$$

**Aufgabe 5.6.**

**(a)** Die Phasenänderungen an Vorder- und Rückseite der Schicht sind in diesem Falle identisch. Für $m\lambda = 2nd$ oder $\lambda/4nd = 1/2m$ treten daher Maxima auf, Minima dagegen bei $(m + 1/2)\lambda = 2nd$ oder $\lambda/4nd = 1/(2m + 1)$ (vgl. (5.47) mit $\theta = 0$ und $k = 2\pi n/\lambda$). Wegen $n < n_g$ wirkt die Schicht als Antireflexschicht; die Reflexionsmaxima entsprechen dem Wert des unbeschichteten Glases.

**(b)** Siehe Abb. L.5.6

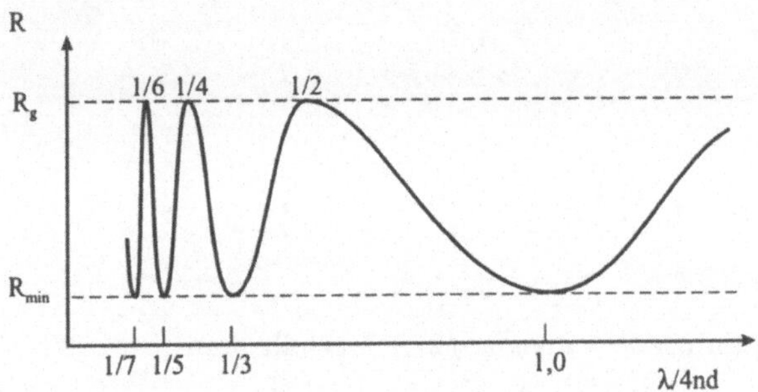


**Abb. L.5.6.** Reflexionsgrad der Antireflexschicht

**(c)** Das erhaltene Bild ist wegen des zusätzlich auftretenden Phasensprunges genau umgekehrt zu Abb. L.5.6.

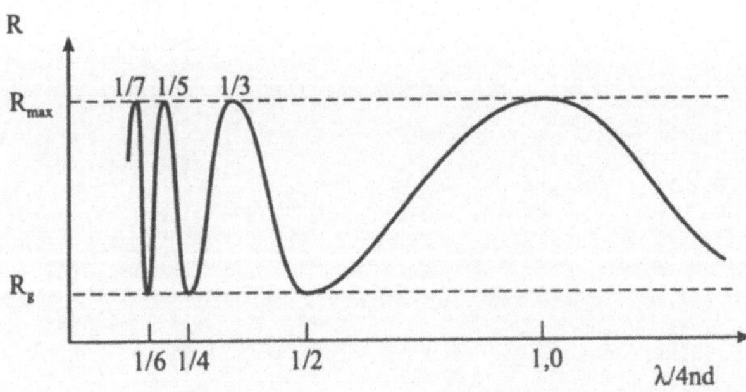


**Abb. L.5.7.** Reflexionsgrad der Hochreflexionsschicht

**Aufgabe 5.7.**

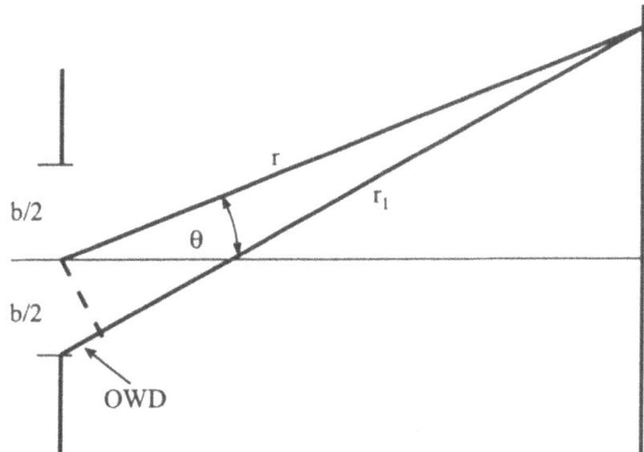


**Abb. L.5.8.** Fraunhofer-Beugung am Spalt

**(a)** Die optische Wegdifferenz ergibt sich nach Abb. L.5.8 zu

$$OWD(r, r_1) = \frac{b}{2} \sin\theta \, .$$

Für das erste Minimum gilt jedoch $\sin\theta = \lambda/b$ (5.60). Man erhält damit

$$OWD(r, r_1) = \frac{\lambda}{2} \, .$$

Da jeder Punkt der Spaltöffnung mit einem anderen so gepaart werden kann, daß für dieses Punktepaar $OWD = \lambda/2$ gilt, muß unter diesem Winkel ein Minimum auftreten.

**(b)** Gemäß Abb. L.5.9 gilt

$$OWD = \frac{D}{2} \sin\theta \quad \text{mit}$$

$$\sin\theta = \frac{D/2}{D^2/\lambda} = \frac{\lambda}{2D} \, ,$$

woraus sofort

$$OWD = \frac{\lambda}{4}$$

folgt. Im Grenzfall der Fraunhoferbeugung (Schirmabstand unendlich groß) sind die Strahlen parallel und weisen so keine OWD auf.

Entsprechend Abschn. 5.5.6 ist die optische Abbildung für Aberrationen der Wellenfront in der Größenordnung von $\lambda/4$ nahezu beugungsbegrenzt. Folglich ist $D^2/\lambda$ die kleinste Entfernung, bei der das Beugungsmuster angenähert dem der Fraunhoferbeugung entspricht.

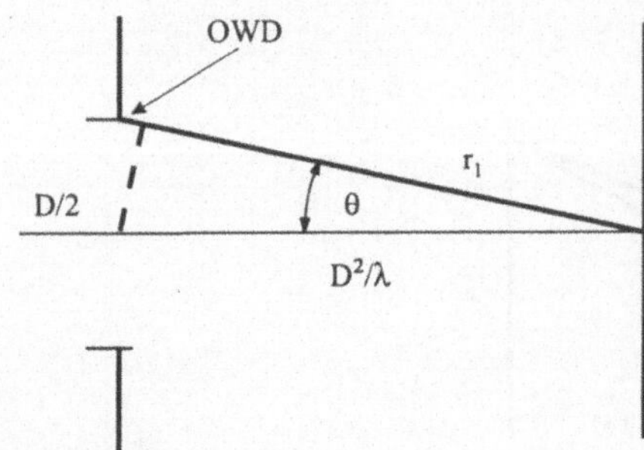


**Abb. L.5.9.** Zur Beugung an einer kreisförmigen Öffnung

**Aufgabe 5.8.**

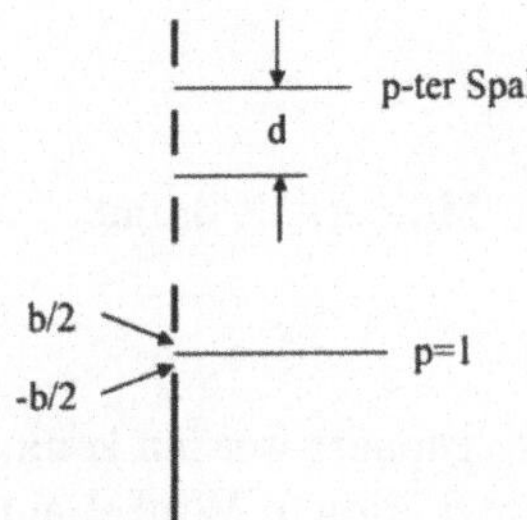


**Abb. L.5.10.** Beugung am Gitter mit endlicher Spaltbreite

In Verallgemeinerung von (5.56) erhält man

$$E(\theta) = \sum_{p=1}^{N} A \frac{\mathrm{e}^{-ikr}}{r} \int_{-b/2+s_0}^{+b/2+s_0} \mathrm{e}^{-iks\sin\theta} \mathrm{d}s$$

$$= A\frac{\mathrm{e}^{-ikr}}{r} \sum_{p=1}^{N} \left. \frac{\mathrm{e}^{-iks\sin\theta}}{-ik\sin\theta} \right|_{pd-b/2}^{pd+b/2} ,$$

woraus sich nach geringfügigen Umformungen

$$E(\theta) = \frac{1}{r} \frac{\sin[(1/2)kb\sin\theta]}{(1/2)ik\sin\theta} A\mathrm{e}^{-ikr} \sum_{p=1}^{N} \mathrm{e}^{-ikpd\sin\theta}$$

ergibt (vgl. (5.57) und (5.39)).

**Aufgabe 5.9.**

**(a)** Aus (5.75) und (5.78) folgt (siehe Abb. 5.16)

$$s_m^2 = m\lambda f' = m s_1^2 .$$

Mit $\Delta s_m = s_m - s_{m-1}$ erhält man

$$\Delta s_m = \sqrt{m}s_1 - \sqrt{m-1}s_1 = s_1\sqrt{m}\left(1 - \sqrt{1 - \frac{1}{m}}\right) .$$

Durch Entwickeln der Wurzel ergibt sich

$$\Delta s_m \approx \frac{s_1}{2\sqrt{m}} = \frac{s_1^2}{2s_m} = \frac{\lambda f'}{2s_m} .$$

Der Film muß noch zwischen einer hellen und einer dunklen Zone unterscheiden können. Daher wird nun die Auflösungsgrenze $AG$ gleich der Zonenbreite gesetzt.

$$AG = \frac{\lambda f'}{2s_m} ,$$

und wir finden

$$s_m = \frac{\lambda f'}{2AG} .$$

**(b)** Eine Linse dieser Öffnung und dieser Brennweite hätte eine Auflösungsgrenze von (3.19)

$$AG_{\text{Linse}} = \frac{1,22\lambda f'}{D} = \frac{1,22\lambda f'}{2s_m} = \frac{1,22\lambda f'}{2\lambda f'}2AG$$

oder

$$AG'_{\text{Linse}} \approx AG_{\text{Film}} .$$

Ein dem Film angepaßtes Objektiv ist etwa genauso groß wie die größte mit diesem Film herstellbare Zonenplatte.

**Aufgabe 5.10.**

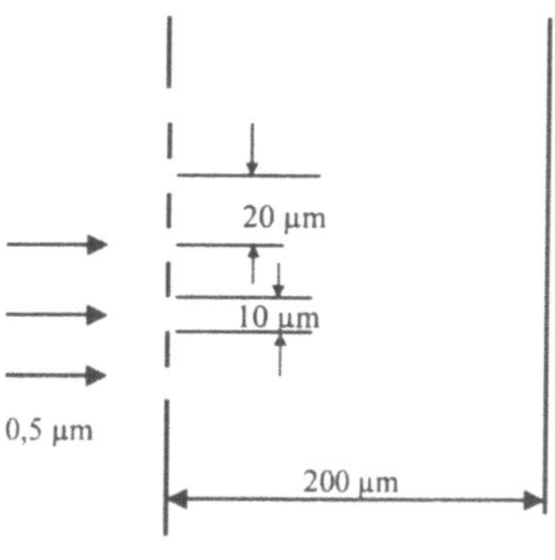


**Abb. L.5.11.** Fünffachspalt

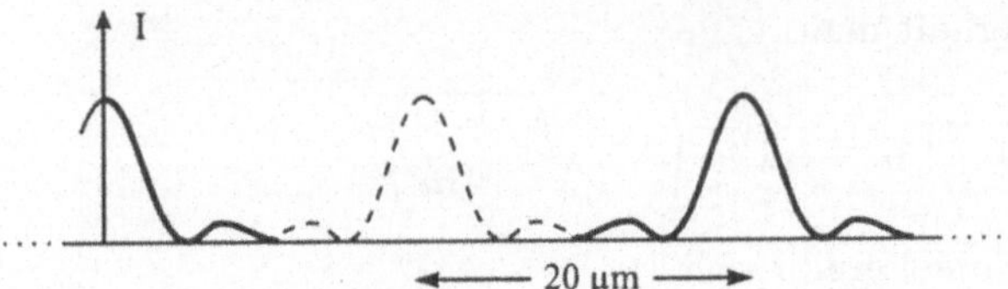


**Abb. L.5.12.** Beugungsmuster am Fünffachspalt

Für einen Spalt ist (siehe Abschn. 5.5.4)

$$\frac{(b/2)^2}{\lambda} = \frac{(10\,\mu\text{m}/2)^2}{0,5\,\mu\text{m}} = 50\,\mu\text{m}\,.$$

Die Beobachtungsebene befindet sich so im Fernfeld des Einzelspalts. Für den Schirm als Ganzes gilt

$$\frac{\text{Gesamtausdehnung}^2}{\lambda} = \frac{(130/2)^2}{0,5}\,\mu\text{m} \approx 10^4\,\mu\text{m} \gg 200\,\mu\text{m}\,,$$

der Beobachtungsschirm befindet sich also sehr wohl im Bereich der Nahfeldbeugung. Das Beugungsmuster des Einzelspalts hat eine halbe Breite von (5.60)

$$\frac{\lambda}{b} \times 200\,\mu\text{m} = \frac{0,5\,\mu\text{m}}{10\,\mu\text{m}} \times 200\,\mu\text{m} = 5\,\mu\text{m}\,.$$

Da die Spalte einen gegenseitigen Abstand von 20 µm haben, überlappen diese Beugungsmuster einander kaum, und man sieht 5 nahezu isolierte Einzelspaltbilder (Abb. L.5.12).

**Aufgabe 5.11.**

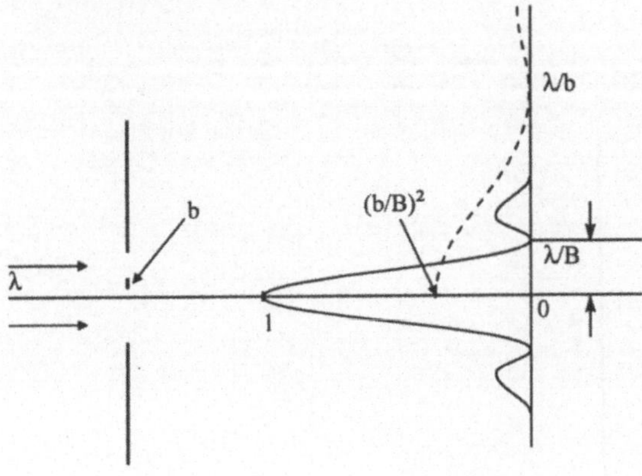


**Abb. L.5.13.** Haar im Spalt

Es soll angenommen werden, daß das Haar das Beugungsmuster in der Nähe des Nullpunkts nicht merklich verändert. Daher befindet sich dort ein starkes

Maximum der Breite $2\lambda/B$ (Abb. L.5.13). Außerhalb dieses Bereiches nutzt man das Babinet-Prinzip, nach dem das Beugungsmuster des Haares dem eines Spalts der Breite $b$ entspricht. Entsprechend (5.59b) ist seine Intensität um $(b/B)^2$ geringer als die des Hauptmaximums. Das Haupt-Beugungsmuster ist daher kaum beeinflußt.

## Aufgabe 5.12.

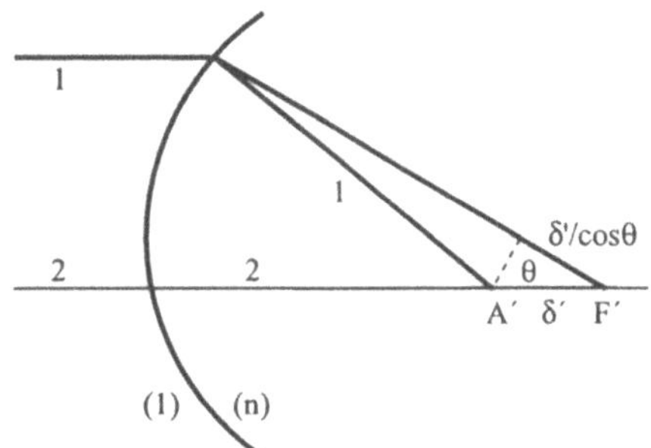


**Abb. L.5.14.** Zur Fokustiefe

Der Beobachtungsschirm befinde sich bei $F'$, während das Objekt in $A'$ fokussiert wird (vergl. Abb. L.5.14). Die OWD zwischen den Lichtwegen (1) und (2) beträgt

$$OWD = \delta' \left( \frac{1}{\cos\theta} - 1 \right) \approx \delta' \left( \frac{1}{(1-\theta^2)^{1/2}} - 1 \right) \approx \delta' \frac{\theta^2}{2} \, .$$

Um die Fokustiefe zu berechnen, setzt man diese OWD, multipliziert mit $n$, gleich $\lambda/4$ (siehe Abschn. 5.5.6)

$$\frac{n\delta'\theta^2}{2} = \frac{\lambda}{4} \, .$$

Die numerische Apertur ist $NA = n\theta$. Daraus folgt

$$\delta' = \frac{n\lambda}{2(NA)^2} \, .$$

Mit der geometrisch-optischen Formel (3.7) ($m = 0$ und $l \to -\infty$) und

$$AG = 1/AV = 1,22\lambda\phi$$

erhält man (in Luft)

$$\delta' = \phi \cdot AG = 1,22\lambda\phi \, .$$

$$\phi \approx \frac{1,22\lambda}{4(NA)^2}$$

stellt eine akzeptable Näherung dar.

**Aufgabe 5.13.**

Für eine Frequenz gilt

$$I_\omega(d) = 4I_0 \cos^2\left(\frac{\omega d}{\mathrm{c}}\right) .$$

Insgesamt ergibt sich

$$I_{\text{ges}}(d) = \int_{\omega_0-\Delta\omega/2}^{\omega_0+\Delta\omega/2} 4I_0 \cos^2\left(\frac{\omega d}{\mathrm{c}}\right) \mathrm{d}\omega$$

$$I_{\text{ges}}(d) = 4I_0 \frac{\mathrm{c}}{d}\left[\frac{1}{2}\frac{\omega d}{\mathrm{c}} + \frac{1}{4}\sin\left(\frac{2\omega d}{\mathrm{c}}\right)\right]_{\omega_0-\Delta\omega/2}^{\omega_0+\Delta\omega/2} .$$

Mit dem Additionstheorem

$$\sin(a+b) - \sin(a-b) = 2\cos a \sin b$$

findet man

$$I_{\text{ges}}(d) = 2I_0 \frac{\mathrm{c}}{d}\left[\frac{\Delta\omega d}{\mathrm{c}} + \cos\left(\frac{2\omega_0 d}{\mathrm{c}}\right)\sin\left(\frac{\Delta\omega d}{\mathrm{c}}\right)\right]$$

$$= 2I_0\Delta\omega\left[1 + \cos\left(\frac{2\omega_0 d}{\mathrm{c}}\right)\frac{\sin\left(\frac{\Delta\omega d}{\mathrm{c}}\right)}{\left(\frac{\Delta\omega d}{\mathrm{c}}\right)}\right] .$$

Die sinc-Funktion erreicht zunächst ihre erste Nullstelle bei

$$\frac{\Delta\omega d}{\mathrm{c}} = \pi \text{ oder}$$

$$d = \frac{\mathrm{c}\pi}{\Delta\omega}$$

und bleibt bei steigendem $d$ klein, so daß der Term in den eckigen Klammern gegen Eins konvergiert und keine Modulation der Streifen mehr zu beobachten ist.

**Aufgabe 5.14.**

Um Interferenzen sehen zu können, müssen die Bündel möglichst parallel gemacht werden. Sie werden daher mit Hilfe der beiden mittleren Spiegel zusammengeführt. Die transversale Kohärenzlänge sei

$$d = \frac{\lambda L}{2\delta}$$

mit der Entfernung des Sterns $L$ und seinem Durchmesser $\delta$. $\alpha = \delta/L$ ist dann der Winkeldurchmesser des Sterns, es gilt $d = \lambda/2\alpha$. Um $\alpha$ zu messen, wird $B$ so lange erhöht, bis der Kontrast der Interferenzen verschwindet. Es gilt

$$\alpha = \frac{\lambda}{2B}$$

und

$$B = d = \frac{\lambda}{2\alpha} = \frac{0{,}5\,\mu\mathrm{m}}{2 \times 10^{-8}\,\mathrm{rad}} \approx 25\,\mathrm{m}\,.$$

Man kann jedoch die Basisbreite reduzieren, wenn man die Sichtbarkeit der Streifen über einen kleineren Teil von $B$ genau genug messen kann.

**Aufgabe 5.15.**

Bei der Lösung der Aufgabe soll vorausgesetzt werden, daß die Atmosphäre zwar Phasenänderungen verursacht, aber den Weg des Lichts nicht verändert. Um Interferenzeffekte beobachten zu können, muß das Licht über eine Fläche in der Größenordnung der Pupillenöffnung kohärent sein. Nach (5.98) gilt

$$d = \frac{\lambda L}{2\delta}\,.$$

Für einen Stern gilt $\delta/L \approx 10^{-8}$, woraus mit $d \approx 25\,\mathrm{m}$ ein Wert folgt, der sehr viel größer als der Pupillendurchmesser des Auges ist. Bei einem Planeten ($\delta/L \approx 10^{-4}$) ergibt sich ein Wert von $d \approx 2{,}5\,\mathrm{mm}$, der kleiner als der Durchmesser einer dunkeladaptierten Pupille ist. Das Sternenlicht ist also kohärent, während das eines Planeten in Bezug auf die Pupille partiell kohärent oder inkohärent ist.

**Aufgabe 5.16.**

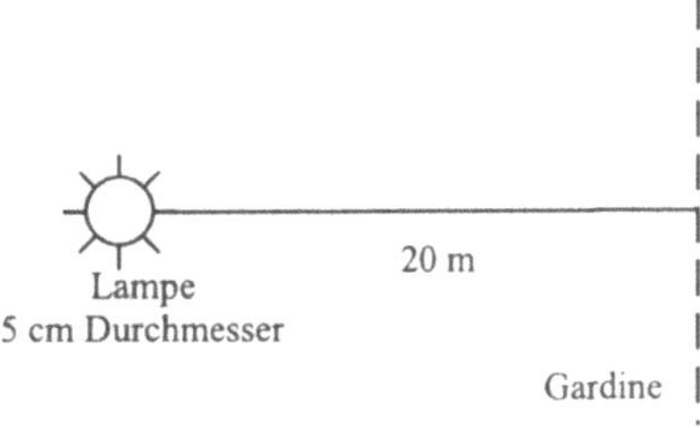


**Abb. L.5.15.** Lampe hinter einer Gardine

Am Ort der Gardine beträgt die transversale Kohärenzlänge nach (5.98) etwa

$$d = \frac{\lambda L}{2\delta} = \frac{0{,}55\,\mu\mathrm{m} \times 20\,\mathrm{m}}{2 \times 5\,\mathrm{cm}} \approx 0{,}1\,\mathrm{mm}\,.$$

Daher kann es sich um eine Interferenzerscheinung handeln, vorausgesetzt, daß das Gewebe feiner als 10 Fäden pro mm ist.

**Aufgabe 5.17.**

Der Speckleradius beträgt nach (5.101)

$$r = \frac{1,6\lambda L}{D} = \frac{1,6 \times 0,633\,\mu\text{m} \times 1\,\text{cm}}{2\,\text{mm}} \approx 5\,\mu\text{m}\,.$$

Um für das menschliche Auge unsichtbar zu sein, müssen sich die Speckles schneller als etwa 1 Speckleradius in 1/30 s bewegen, so daß die Winkelgeschwindigkeit $\Omega$ der Scheibe

$$\Omega \geq \frac{5\,\mu\text{m}/\frac{1}{30}s}{2\pi \times 2,5\,\text{cm}} \approx \frac{1}{1000}\,\text{U/s} \ll 1\,\text{U/min}$$

ist. Da sowohl der Speckleradius als auch die scheinbare Geschwindigkeit im Bild vergrößert werden, ist das Resultat unabhängig vom Abbildungsmaßstab.

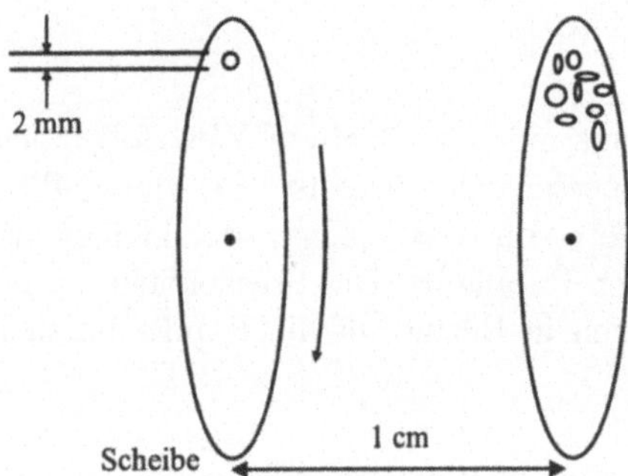


**Abb. L.5.16.** Rotierende Streuscheibe

**Aufgabe 5.18.**

(a) Die Kondensorlinse in Abb. L.5.17 möge gleichmäßig mit weißem Licht ausgeleuchtet sein. Dann gilt für die transversale Kohärenzlänge (5.99)

$$d_c = \frac{0,16\lambda L}{\delta}$$

mit $\delta/2L = NA_c$. Es ergibt sich

$$d_c = \frac{0,16\lambda}{2NA_c} = \frac{0,08\lambda}{NA_c}\,.$$

(b) Für das Objekt gilt nach (5.100)

$$AG_0 = \frac{0,61\lambda}{NA_0}\,.$$

Das System ist kohärent für $d_c > AG_0$, d.h. bei

$$\frac{0,08\lambda}{NA_c} > \frac{0,61\lambda}{NA_0} .$$

Daraus folgt

$$NA_c < \frac{0,08}{0,61} NA_0 = 0,13 NA_0 .$$

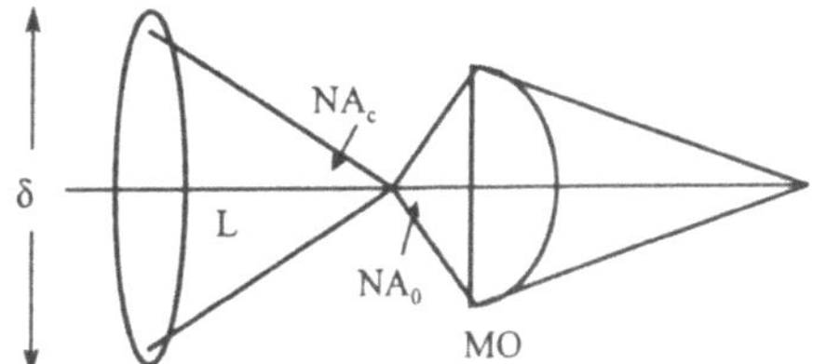


**Abb. L.5.17.** Mikroskopbeleuchtung

# Kapitel 6

## Aufgabe 6.1.

(a) Blazing bedeutet, daß das Zentrum des Beugungsmusters eines bestimmten Gitters mit dem Interferenzmaximum erster Ordnung der Wellenlänge $\lambda_1$ zusammenfällt (siehe Abb. L.6.1). Die Maxima von $\lambda_1$ befinden sich bei

$$\sin\theta = 0, \frac{\lambda_1}{d}, \frac{2\lambda_1}{d}, \ldots .$$

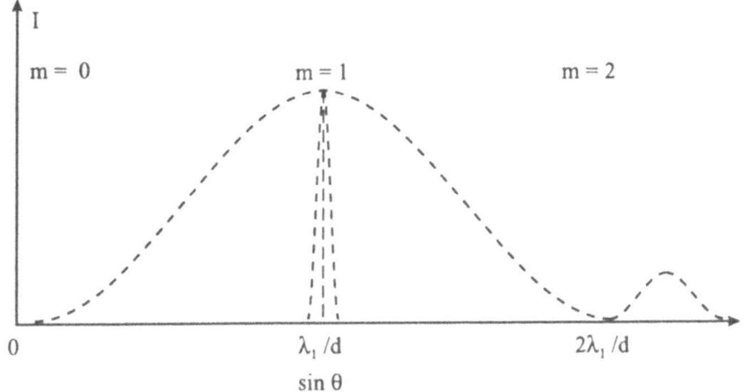


**Abb. L.6.1.** Fehlende Ordnungen am geblazten Gitter

Die Halbwertsbreite der Einhüllenden beträgt jedoch $\lambda_1/b$, und bei einem geeignet hergestellten Gitter gilt $b = d$.

**(b)** Bei der Wellenlänge $2\lambda_1$ liegen die Maxima (5.60) bei

$$\sin\theta = 0, \frac{2\lambda_1}{d}, \frac{4\lambda_1}{d}, \ldots .$$

Das Zentrum der Einhüllenden befindet sich bei $\sin\theta = \lambda_1/d$; ihre Breite beträgt $2\lambda_1/d$. Die nullte und erste Ordnung sind sichtbar (Abb. L.6.2).

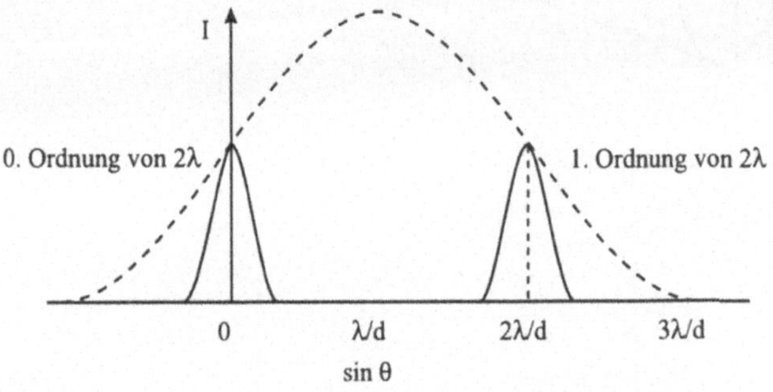


**Abb. L.6.2.** Verhältnisse bei doppelter Wellenlänge

## Aufgabe 6.2.

**(a)** Es gilt

$$m\lambda = d\sin\theta \text{ oder}$$

$$\sin\theta = \frac{m\lambda}{d} \text{ , d.h.}$$

$$\theta = \arcsin(\frac{m\lambda}{d}) .$$

Die Gitterperiode ergibt sich zu $d = (1/714)\,\text{mm} = 1,4\,\mu\text{m}$. Daraus folgt für

$$m = 1 \text{ und } \lambda = 400\,\text{nm} \rightarrow \theta = 17°,$$

$$m = 1 \text{ und } \lambda = 700\,\text{nm} \rightarrow \theta = 30°,$$

$$m = 2 \text{ und } \lambda = 400\,\text{nm} \rightarrow \theta = 35°,$$

$$m = 2 \text{ und } \lambda = 700\,\text{nm} \rightarrow \theta = 90° .$$

Man beobachtet daher zwei komplette Spektren zwischen 17° und 30° bzw. zwischen 35° und 90° auf beiden Seiten zur Normalen.

**(b)** Die Spektren überlappen einander nicht, weil unabhängig von $d$

$$1 \cdot (700\,\mathrm{nm})/d < 2 \cdot (400\mathrm{nm})/d$$

gilt. Überlappende Spektren und damit mögliche fehlerhafte Resultate beobachtet man nur im Falle eines breiteren Spektralbereichs oder höherer Ordnungen.

**Aufgabe 6.3.**

Aus dem Ansatz

$$(m+1)\lambda_{\mathrm{min}} = m\lambda_{\mathrm{max}}$$

folgt

$$\lambda_{\mathrm{max}} - \lambda_{\mathrm{min}} = \Delta\lambda = \frac{\lambda_{\mathrm{min}}}{m} \; .$$

Im Falle der Ordnungen 1 und 2 erhält man

$$2 \cdot \lambda_{\mathrm{min}} = 1 \cdot \lambda_{\mathrm{max}} \; ,$$

d.h., die 1. und 2. Ordnung überlappen einander, wenn $\Delta\lambda = \lambda_{\mathrm{min}}$ gilt.

**Aufgabe 6.4.**

Im Zentrum des Interferenzmusters gilt

$$m\lambda = 2d \; .$$

Außerhalb des Zentrums sind Ordnungen genau dann sichtbar, wenn

$$(m-p)\lambda = 2d\cos\theta \approx 2d\left(1 - \frac{\theta^2}{2}\right)$$

gilt ($\theta$ klein). Aus diesen beiden Gleichungen folgt

$$p\lambda = d\theta^2 \quad , \text{ d.h.}$$

$$\theta = \left(\frac{p\lambda}{d}\right)^{1/2}$$

oder der Radius $r$ in der Brennebene der Linse

$$r = f'\theta = f'\left(\frac{p\lambda}{d}\right)^{1/2} \; .$$

Liegt im Zentrum des Interferenzmusters kein Maximum, kann man nach wie vor $m'\lambda = 2d$ mit $m' = m + \epsilon$ schreiben ($\epsilon < 1$). Das Ergebnis $\theta = (p'\lambda/d)^{1/2}$ gilt genauso bis auf die Tatsache, daß $p'$ keine ganze Zahl ist.

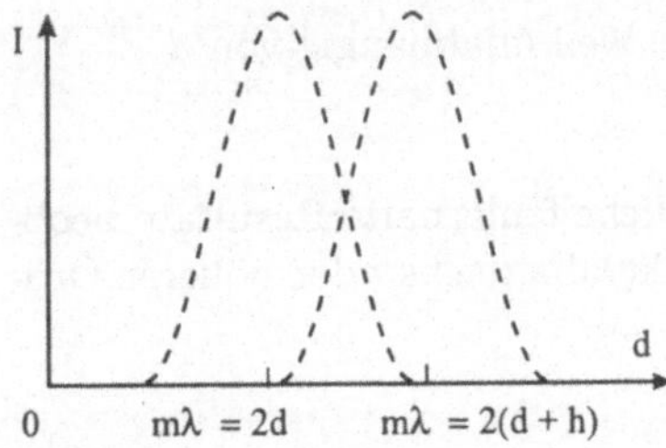


**Abb. L.6.3.** Zum Einfluß der Oberflächengüte beim Fabry-Perot-Interferometer

## Aufgabe 6.5.

Die Stufe teile einen der Spiegel. Man beobachtet so Maxima bei

$$m\lambda = 2d \quad \text{bzw.}$$

$$m\lambda = 2(d+h)\ .$$

Bei inkohärenter Überlagerung beider Profile entspricht das letztere Maximum einer zusätzlichen Wellenlänge

$$m\left(\lambda - \frac{2h}{m}\right) = 2d\ .$$

Die scheinbare Wellenlängendifferenz beträgt somit

$$\Delta\lambda = \frac{2h}{m} = \frac{h}{d}\lambda\ .$$

Die Transmissionskurve des Interferometers wird merklich verbreitert, wenn $\Delta\lambda$ etwa der spektralen Auflösungsgrenze (6.19) entspricht, d.h.

$$\frac{h}{d}\lambda = \frac{1}{\mathcal{F}} \times \Delta\lambda = \frac{\lambda^2}{2d\mathcal{F}}$$

$$h = \frac{\lambda}{2\mathcal{F}}\ .$$

Für $\mathcal{F} = 50$ und $\lambda = 500\,\text{nm}$ findet man z.B. $h_{\max} = 5\,\text{nm}$. Optische Oberflächen weisen typische Rauhtiefen von 2 – 3 nm auf.

## Aufgabe 6.6.

(a) Punktdetektor
Für $\lambda_1$ gilt (für $\theta = 0$) $m\lambda_1 = 2d$. $\lambda_2$ wird noch aufgelöst, wenn das zugehörige Maximum unter einem Winkel von $\theta_2 > \lambda/D$ ($D$ ist die begrenzende Apertur) erscheint

$$m\lambda_2 = 2d\cos\left(\frac{\lambda_2}{D}\right) \approx 2d\left(1 - \frac{\lambda_2^2}{2D^2}\right)\ .$$

Durch Subtraktion beider Gleichungen ergibt sich eine Auflösungsgrenze von

$$\Delta\lambda = (\lambda_2/D)^2 \cdot \frac{d}{m} \, .$$

(**b**) Photographische Platte

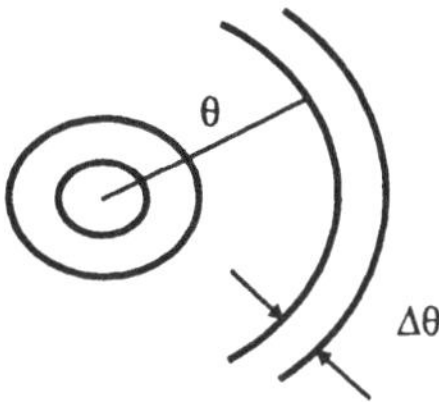


**Abb. L.6.4.** Zum Auflösungsvermögen des Fabry-Perot-Interferometers

Es gilt

$$m\lambda = 2d\cos\theta$$

und entsprechend

$$m\Delta\lambda = 2d\sin\theta\Delta\theta \, .$$

Die Größe

$$\Delta\theta = \frac{m\Delta\lambda}{2d\sin\theta}$$

wird nun für den Fall der minimal auflösbaren Wellenlängendifferenz mit $\lambda/D$ gleichgesetzt

$$\Delta\lambda = \frac{\lambda}{D} \cdot \frac{2d\sin\theta}{m} \, .$$

Das Ergebnis hängt von $\theta$ ab, da die Ringe bei steigendem $\theta$ zusammenrücken, während $\lambda/D$ konstant bleibt. Fall (b) führt zu einer besseren Auflösung, wenn

$$\frac{\lambda}{D}\frac{2d\sin\theta}{m} < \frac{\lambda^2 d}{D^2 m}$$

gilt, d.h. für

$$\sin\theta \approx \theta < \frac{\lambda}{2D} \text{ (in rad)}.$$

Diese Beziehung ist meistens erfüllt. Es sei daran erinnert, daß bei diesem Vorgehen die Beugung als limitierender Faktor betrachtet wurde.

**Aufgabe 6.7.**

Es gilt

$$m\lambda_0 = 2d \quad \text{bei senkrechtem Einfall}$$

und

$$m(\lambda_0 - \Delta\lambda) = 2d\cos\theta \quad \text{bei schrägem Einfall.}$$

Die Subtraktion dieser Gleichungen ergibt

$$m\Delta\lambda = 2d(1-\cos\theta) \approx 2d\left[1 - \left(1 - \frac{\theta^2}{2}\right)\right] = \theta^2 d$$

$$\theta^2 = \frac{m\Delta\lambda}{d} = \frac{2\Delta\lambda}{\lambda_0}$$

$$\theta = \left(\frac{2\Delta\lambda}{\lambda_0}\right)^{1/2} .$$

**Aufgabe 6.8.**

Die spektrale Auflösungsgrenze des Gitters beträgt (6.7)

$$\Delta\lambda = \frac{\lambda}{mN} .$$

Diese Größe wird mit dem freien Spektralbereich des Fabry-Perot-Interferometers (6.26)

$$\Delta\lambda_{\mathrm{FSB}} = \frac{\lambda^2}{2d}$$

gleichgesetzt. Man erhält

$$\frac{\lambda}{mN} = \frac{\lambda^2}{2d} .$$

Der optimale Spiegelabstand beträgt daher

$$d = \frac{\lambda mN}{2} .$$

# Kapitel 7

## Beispiel 7.1. aus Abschn. 7.1.1

**(a)** Die zu den entferntesten Objektpunkten gehörende maximale Raumfrequenz ergibt sich aus der optischen Wegdifferenz bezogen auf benachbarte Interferenzmaxima

$$OWD = \lambda = 2d \sin\phi \, .$$

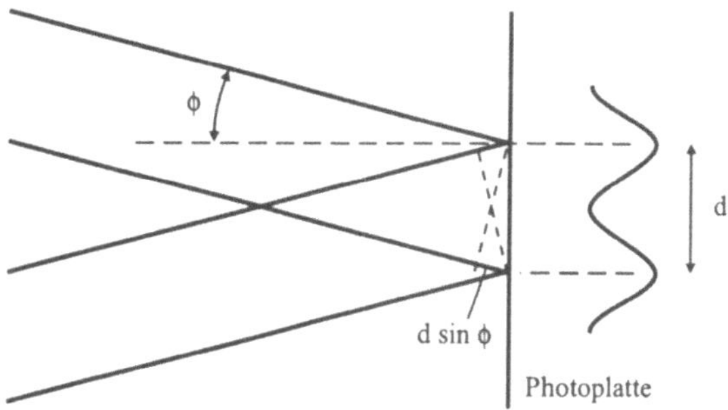


**Abb. L.7.1.** Gitterperiode bei der Aufzeichnung eines Hologramms

Die minimale Gitterperiode beträgt dann

$$d_{\min} = \frac{\lambda}{2\sin\phi} \, .$$

**(b)** Das Auslesebündel rekonstruiert nicht nur die Objektwelle, sondern wird durch die nach (a) entstandenen Gitter in einen Winkelbereich um die nullte Ordnung gebeugt. Nach der Gittergleichung gilt

$$\lambda = d_{\min}(\sin\theta - \sin\theta') \, .$$

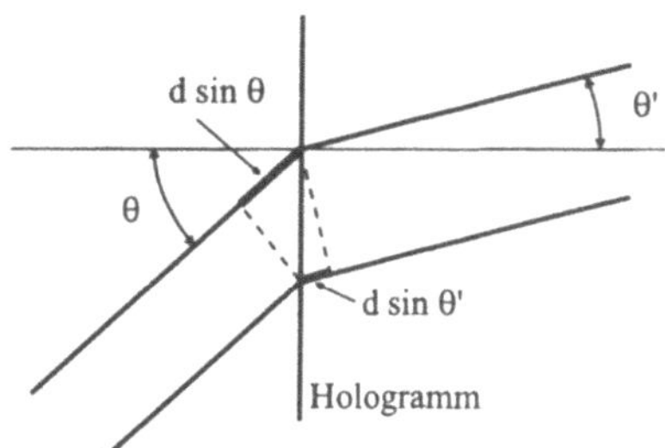


**Abb. L.7.2.** Winkel bei der Rekonstruktion

Nach (a) ergibt sich

$$2\sin\phi = \sin\theta - \sin\theta' \, .$$

Um ein Überlappen mit dem rekonstruierten Objektbündel zu vermeiden, muß $\theta' > \phi$ gelten

$$\sin\theta' = \sin\theta - 2\sin\phi > \sin\phi\,,$$

d.h. ungefähr

$$\theta > 3\phi\,.$$

Dieses Ergebnis bedeutet, daß das Referenzbündel unter einem Winkel einfallen muß, der mindestens 3 mal so groß wie der halbe Sehwinkel des Objekts ist. Dieser Satz gilt streng nur für Fourierhologramme (z.B. angepaßte Filter), da bei der Herleitung stillschweigend vorausgesetzt wurde, daß nur ebene Wellen auf die Photoplatte einfallen.

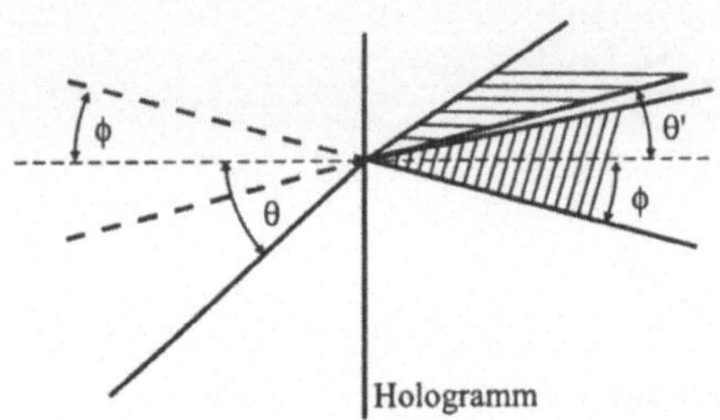


**Abb. L.7.3.** Vermeidung des Überlappens

**Aufgabe 7.1.**

Die Interferenz zwischen Objekt- und Referenzwelle ist durch (3.2) und (7.4)

$$I = \frac{\mathcal{E}}{t} = A_\mathrm{i}^2 + A_\mathrm{o}^2 + A_\mathrm{o}A_\mathrm{i}\left[\mathrm{e}^{\mathrm{i}(\psi_\mathrm{o}-\psi_\mathrm{i})} + \mathrm{e}^{-\mathrm{i}(\psi_\mathrm{o}-\psi_\mathrm{i})}\right]$$

gegeben. Die Schwärzungskurve hat laut Aufgabenstellung die Form

$$t_a = t_0 - \beta\mathcal{E} - \beta'\mathcal{E}^2.$$

Die ersten beiden Terme ergeben die Rekonstruktion nach (7.6); der dritte Term ergibt

$$\beta'\mathcal{E}^2 = \beta' t^2\left[A_\mathrm{i}^2 + A_\mathrm{o}^2 + A_\mathrm{i}A_\mathrm{o}\left(\mathrm{e}^{\mathrm{i}(\psi_\mathrm{o}-\psi_\mathrm{i})} + \mathrm{e}^{-\mathrm{i}(\psi_\mathrm{o}-\psi_\mathrm{i})}\right)\right]^2 \quad \text{bzw.}$$

$$\frac{\mathcal{E}^2}{t^2} = \left(A_\mathrm{i}^2 + A_\mathrm{o}^2\right)^2 + 2\left(A_\mathrm{i}^2 + A_\mathrm{o}^2\right)A_\mathrm{i}A_\mathrm{o}\left(\mathrm{e}^{\mathrm{i}(\psi_\mathrm{o}-\psi_\mathrm{i})} + \mathrm{e}^{-\mathrm{i}(\psi_\mathrm{o}-\psi_\mathrm{i})}\right)$$

$$+A_\mathrm{i}^2A_\mathrm{o}^2\left(\mathrm{e}^{\mathrm{i}(\psi_\mathrm{o}-\psi_\mathrm{i})} + \mathrm{e}^{-\mathrm{i}(\psi_\mathrm{o}-\psi_\mathrm{i})}\right)^2.$$

Der letzte Term führt auf

$$A_\mathrm{i}^2A_\mathrm{o}^2\left(\mathrm{e}^{2\mathrm{i}(\psi_\mathrm{o}-\psi_\mathrm{i})} + \mathrm{e}^{-2\mathrm{i}(\psi_\mathrm{o}-\psi_\mathrm{i})} + 2\right).$$

Nun soll $A_i^2$ von vornherein konstant sein (Referenzwelle). $A_\mathrm{o}^2$ ist das Quadrat der Amplitude der Objektwelle. Der Term $\mathrm{e}^{\pm 2\mathrm{i}\psi_\mathrm{o}}$ führt zur Rekonstruktion von Wellen, die sich in Richtung des doppelten Winkels der Referenzwelle

ausbreiten. Dagegen entspricht $e^{\pm 2i\psi_i}$ der um den Faktor 2 gestörten Phase der Objektwelle.
Auf diese Weise erhält man zwei zusätzliche Bilder, die durch den Term $A_i^2$ gestört sind, im Exponenten den Faktor 2 enthalten und sich an anderen Positionen als das Bild des Objektes in Abb. 7.4 befinden.

## Aufgabe 7.2.

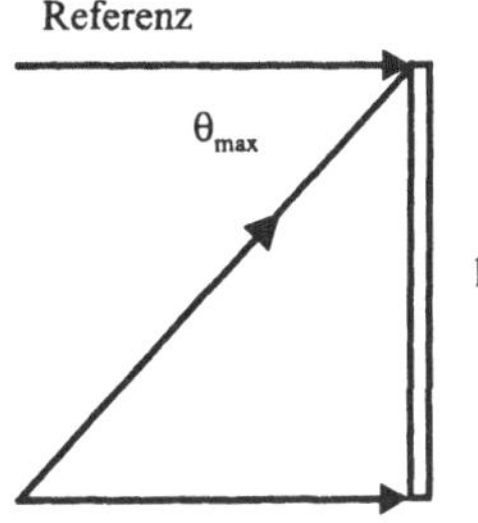


**Abb. L.7.4.** Off-Axis-Hologramm

Die feinsten Streifen haben eine Periode von (7.11)

$$d = \frac{\lambda}{\sin\theta_{\max}} .$$

Damit der Film diese auflöst, muß

$$d \approx AG_{\text{Film}}$$

gelten. Daraus folgt mit

$$\tan\theta_{\max} = \frac{h}{l}$$

$$h = l\tan\theta_{\max} = \frac{\lambda l}{AG_{\text{Film}}} \frac{1}{\sqrt{1 - \frac{\lambda^2}{AG^2_{\text{Film}}}}} ,$$

woraus bei $h \gg \lambda$

$$h = \frac{\lambda l}{AG_{\text{Film}}}$$

folgt. Die Auflösungsgrenze bei der Rekonstruktion ist

$$AG_{\text{Rek}} \approx \frac{\lambda l}{h} \approx \frac{\lambda l}{\frac{\lambda l}{AG_{\text{Film}}}} \approx AG_{\text{Film}}$$

(vgl. Aufg. 5.9.).

**Aufgabe 7.3.**

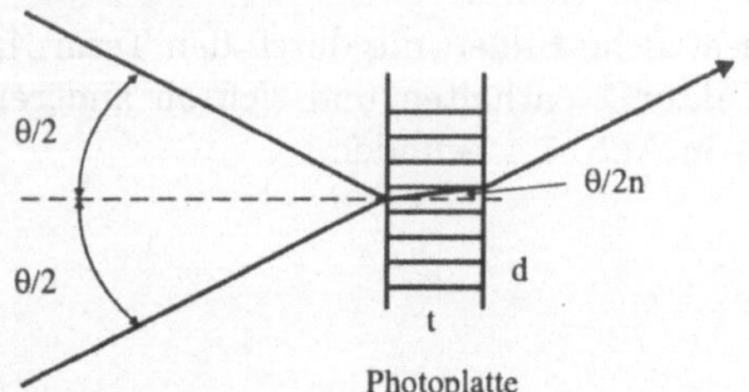


**Abb. L.7.5.**
Dickes Hologramm

Aus Symmetriegründen stehen die Gitterebenen senkrecht zur Oberfläche. Das Hologramm kann dann als dick angesehen werden, wenn ein Strahl des einfallenden Lichts mehr als eine Ebene des Gitters schneidet. Unter Beachtung des Brechungsgesetzes

$$\sin\theta \cdot 1 = \sin\theta' \cdot n$$

erhält man

$$\tan\frac{\theta'}{2} = \frac{d}{t} = \frac{\frac{\sin(\theta/2)}{n^2}}{\sqrt{1 - \frac{\sin^2(\theta/2)}{n^2}}}\,.$$

Die Gitterperiode beträgt

$$d = \frac{\lambda}{2\sin\frac{\theta}{2}}\,.$$

Damit erhält man

$$\frac{d}{t} = \frac{1}{\sqrt{\frac{4n^2d^2}{\lambda^2} - 1}} \approx \frac{\lambda}{2nd}$$

für $4nd \gg \lambda$. Daraus resultiert das Kriterium für dicke Gitter

$$t \geq \frac{2nd^2}{\lambda}\,.$$

**Aufgabe 7.4.**

Übersteigt $l - l'$ die Kohärenzlänge $l_c$, so entstehen keine Streifen und kein Bild. Mit $l - l' = l_c$ als Kohärenzlänge und aus geometrischen Überlegungen findet man

$$h = \sqrt{l_c(l_c + 2l)}\,.$$

Für $l > l_c$ folgt

$$h \approx \sqrt{2ll_c}\,.$$

Dieses Resultat ist unabhängig von $\theta$, so daß $h$ nicht notwendig in der Einfallsebene liegen muß. Diejenigen Objektpunkte, die außerhalb eines Ellipsoids mit den Halbachsen $l_c$ und $h$ liegen, werden am betrachteten Punkt der Photoplatte nicht aufgezeichnet.

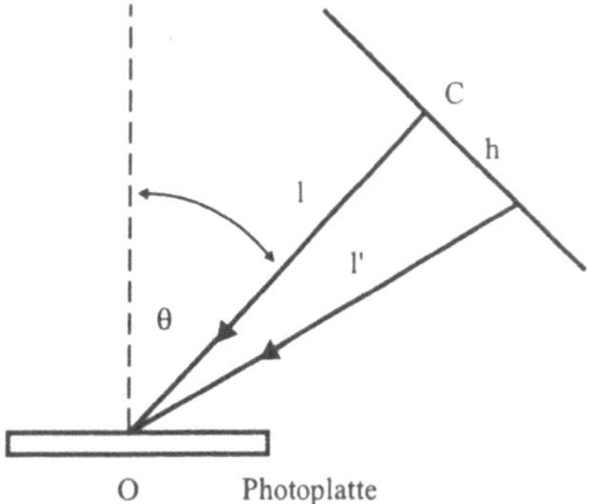


**Abb. L.7.6.** Zum Einfluß der zeitlichen Kohärenz

**Aufgabe 7.5.**

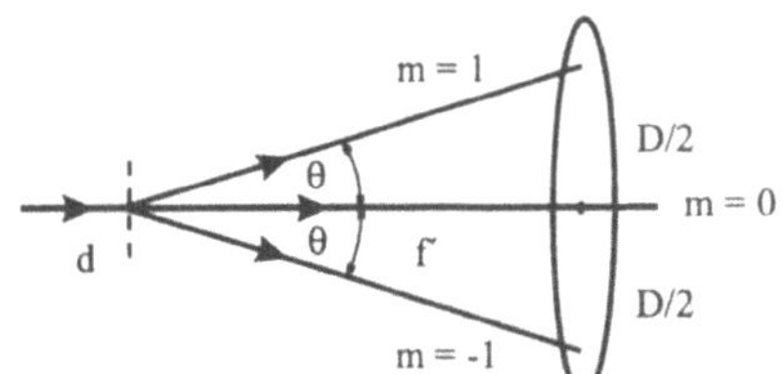


**Abb. L.7.7.** Zur Auflösung optischer Systeme

**(a)** Die erste Beugungsordnung passiert die Linse (vgl. Abb. L.7.7), wenn $\sin\theta = NA$ gilt (3.26). Nach der Gittergleichung erhält man

$$1 \cdot \lambda = d \sin\theta = d \cdot NA \ ,$$

was eine Auflösungsgrenze (minimale Gitterperiode) von

$$d_{\min} = \left(\frac{\lambda}{NA}\right)$$

ergibt.

**(b)** In diesem Fall ist das Licht nullter Ordnung auf den oberen Rand der Linse gerichtet, die erste Ordnung auf den unteren (Abb. L.7.8).

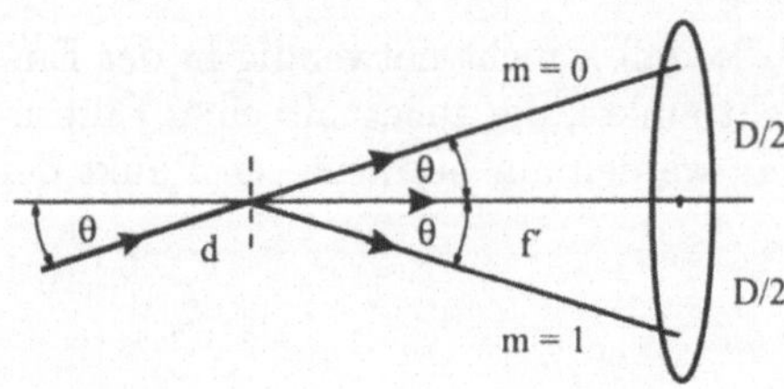


**Abb. L.7.8.** Auflösung bei schiefer Beleuchtung

Aus (6.2)

$$m\lambda = d(\sin i + \sin\theta)$$

wird nun

$$1 \cdot \lambda = 2d\sin\theta = 2dNA \text{ , d.h.}$$

$$d_{\min} = \frac{1}{2}\left(\frac{\lambda}{NA}\right) .$$

**(c)** Bei der Dunkelfeldbeleuchtung erreichen zwei beliebige benachbarte Beugungsordnungen die gegenüberliegenden Ränder der Linse (siehe Abb. L.7.9). Mit

$$m\lambda = d(\sin i + \sin\theta_{\mathrm{m}})$$

und

$$(m+1)\lambda = d(\sin i + \sin\theta_{\mathrm{m+1}})$$

erhält man ($\theta_{\mathrm{m}} \to \theta$, $\theta_{\mathrm{m+1}} \to -\theta$ )

$$\lambda = 2d\sin\theta = 2dNA$$

und

$$d_{\min} = \frac{1}{2}\left(\frac{\lambda}{NA}\right) .$$

Dabei ist anzumerken, daß das Bild sowohl bei (b) als auch bei (c) die doppelte Raumfrequenz aufweist.

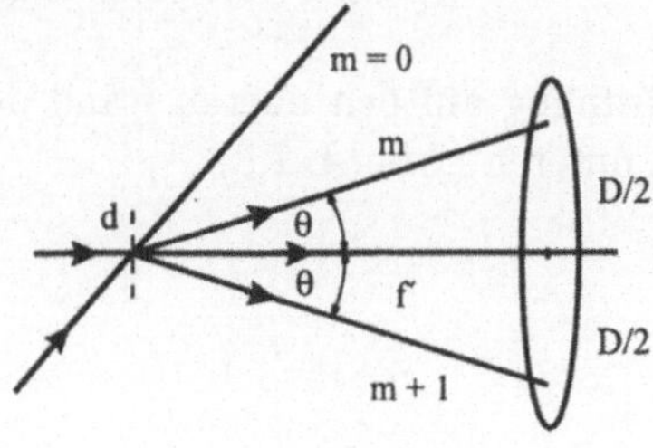


**Abb. L.7.9.** Auflösung bei Dunkelfeldbeleuchtung

**Aufgabe 7.6.**

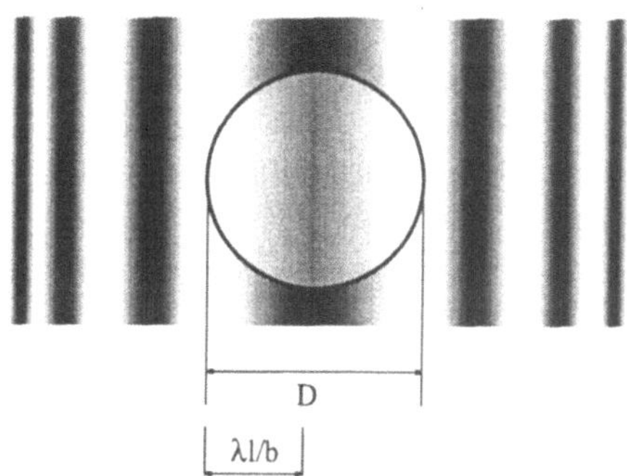


**Abb. L.7.10.** Beeinflussung des Beugungsmusters eines eindimensionalen Spaltes durch eine Linse

Das Beugungsmuster eines eindimensionalen Spaltes wird – wie skizziert – durch die Linse abgeschnitten. Überträgt die Linse das zentrale Beugungsmaximum und eine höhere Beugungsordnung, so kann man den Spalt als aufgelöst ansehen, unabhängig von der Form der Öffnung (siehe auch Aufg. 7.5.). Die Rotationssymmetrie der Linse spielt also keine Rolle.

**Aufgabe 7.7.**

$$\mathcal{F}\left[\frac{\mathrm{d}g(x)}{\mathrm{d}x}\right] = \int_{-\infty}^{\infty} \frac{\mathrm{d}g(x)}{\mathrm{d}x} \mathrm{e}^{-2\pi \mathrm{i} f_x x} \mathrm{d}x \ .$$

Durch partielle Integration erhält man

$$\mathcal{F}\left[\frac{\mathrm{d}g(x)}{\mathrm{d}x}\right] = g(x)\mathrm{e}^{-2\pi \mathrm{i} f_x x}\Big|_{-\infty}^{\infty} - \int_{-\infty}^{\infty} g(x)(-2\pi \mathrm{i} f_x)\mathrm{e}^{-2\pi \mathrm{i} f_x x} \mathrm{d}x \ .$$

Mit der Annahme

$$\lim_{x \to \pm\infty} g(x) = 0$$

folgt

$$\mathcal{F}\left[\frac{\mathrm{d}g(x)}{\mathrm{d}x}\right] = 2\pi f_x \int_{-\infty}^{\infty} g(x)\mathrm{e}^{-2\pi \mathrm{i} f_x x} \mathrm{d}x \propto f_x G(f_x) \ .$$

Die Fouriertransformierte des Objekts ergibt bei Multiplikation mit $f_x$ die Amplitude in der Fourierebene, die bei Rücktransformation die gesuchte Ableitung des Objekts liefert.
Eine Maske der Transmission $t_0 + bf_x$ muß verwendet werden, da keine negativen Transmissionswerte erzeugt werden können.
Der Zusatzterm $t_0$ führt zu einer Rücktransformation mit zwei Termen

$$t = t_0 g(x) + b\frac{\mathrm{d}g(x)}{\mathrm{d}x} \ .$$

Der Transmissionsgrad beträgt

$$T = |g(x)|^2 + b\left|\frac{\mathrm{d}g(x)}{\mathrm{d}x}\right|^2 + gt_0 b\frac{\mathrm{d}g^*(x)}{\mathrm{d}x} + g^* t_0 b\frac{\mathrm{d}g(x)}{\mathrm{d}x}\,.$$

Bei einem Phasenobjekt $g(x) = \mathrm{e}^{\mathrm{i}\phi(x)}$ eliminieren die beiden letzten Terme einander, der erste Term liefert $|g(x)|^2 \doteq$ konst., so daß man in diesem Fall die gewünschte Ableitung erhält – bei einem Amplitudenobjekt dagegen überlagern sich $g(x)$ und seine Ableitung.

**Aufgabe 7.8.**

Die Fouriertransformierte von $g(x)$ lautet

$$E(f_x) = \int_{-b/2}^{b/2} \cos\frac{\pi x}{b}\mathrm{e}^{-2\pi\mathrm{i}f_x x}\mathrm{d}x\,.$$

Mit

$$\cos a = \frac{1}{2}\left(\mathrm{e}^{\mathrm{i}a} + \mathrm{e}^{-\mathrm{i}a}\right)$$

erhält man

$$E(f_x) = \frac{1}{2}\int_{-b/2}^{b/2} \mathrm{e}^{-\pi\mathrm{i}\left(2f_x - \frac{1}{b}\right)x}\mathrm{d}x + \frac{1}{2}\int_{-b/2}^{b/2} \mathrm{e}^{-\pi\mathrm{i}\left(2f_x + \frac{1}{b}\right)x}\mathrm{d}x\,.$$

Ähnlich wie in (5.56) ergibt sich

$$E(f_x) = \frac{b}{4}\,\mathrm{sinc}\pi\left(f_x b - \frac{1}{2}\right) + \frac{b}{4}\mathrm{sinc}\pi\left(f_x b + \frac{1}{2}\right)\,.$$

Als Funktion der Koordinate $\xi$ in der Fourierebene folgt mit der Ortsfrequenz

$$f_x = \frac{\xi}{\lambda f'}$$

für die Amplitude

$$E(\xi) \propto \mathrm{sinc}\left[\pi\left(\frac{\xi}{\lambda f'/b} - \frac{1}{2}\right)\right] + \mathrm{sinc}\left[\pi\left(\frac{\xi}{\lambda f'/b} + \frac{1}{2}\right)\right]$$

$$= \mathrm{sinc}\left[\pi\left(\frac{\xi}{AG} - \frac{1}{2}\right)\right] + \mathrm{sinc}\left[\pi\left(\frac{\xi}{AG} + \frac{1}{2}\right)\right]\,.$$

Das Maximum der sinc-Funktionen tritt auf bei

$$\pi\left(\frac{\xi}{AG} \pm \frac{1}{2}\right) = 0 \quad \text{, d.h. bei} \quad \xi = \mp\frac{1}{2}AG$$

und ist durch Nullstellen mit dem Abstand $AG = \lambda f'/b$ begrenzt.
Die „Füße" (sekundäre Maxima) löschen einander bei $\xi = 2AG$ teilweise aus: Das erste Nebenmaximum der sinc-Funktion hat eine Amplitude von $-1/(3\pi/2)$, das zweite von $1/(5\pi/2)$. Die Summe dieser Werte beträgt $-(2/\pi)(1/3 - 1/5) = 4/(15\pi) \approx 1/10$ mit einer Intensität von ca. $1/(15^2)$

des Hauptmaximums oder 1/4 des entsprechenden Wertes der gleichförmigen Apertur. Die Breite des Hauptmaximums beträgt etwa $(3/2)AG$.

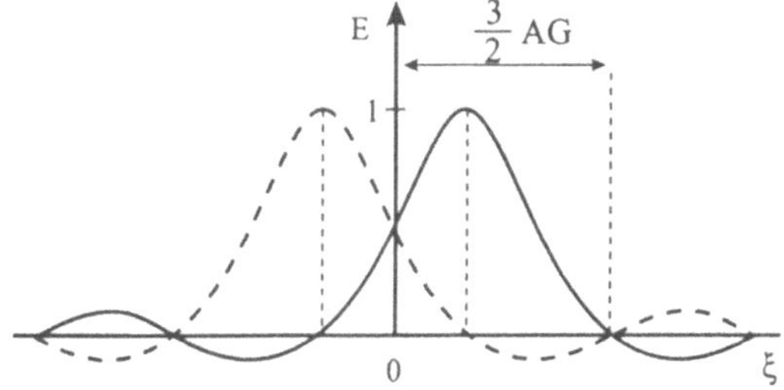


**Abb. L.7.11.** Apodisation

### Aufgabe 7.9.

Nach (7.33) ist

$$g(x) = \mathrm{e}^{\mathrm{i}\phi(x)} \simeq 1 + \mathrm{i}\phi(x) - \phi^2(x) .$$

Die Fouriertransformierte lautet demzufolge

$$G(f_x) = \int_{-b/2}^{b/2} \left[1 + \mathrm{i}\phi(x) - \phi^2(x)\right] \mathrm{e}^{-2\pi \mathrm{i} f_x x} \mathrm{d}x$$

$$= G_1(f_x) + \mathrm{i}G_2(f_x) - G_3(f_x) \text{ mit}$$

$$G_3(f_x) = \int_{-b/2}^{b/2} \phi^2(x) \mathrm{e}^{-2\pi \mathrm{i} f_x x} \mathrm{d}x .$$

Die Phasenplatte bewirkt die Transformation $G_1(f_x) \to \mathrm{i}G_1(f_x)$:

$$G'(f_x) = \mathrm{i}\left[G_1(f_x) + G_2(f_x)\right] - G_3(f_x) .$$

Die Rücktransformation bewirkt

$$g'(x') = \mathrm{i}\left[1 + \phi(x')\right] - \phi^2(x')$$

mit der Intensität

$$|g'(x')|^2 = 1 + 2\phi(x') + \phi^2(x') + \phi^4(x') .$$

Der wichtigste Fehlerterm ist $\phi^2(x')$ und rührt von $G_2$ und nicht von $G_3$ her. Fordert man

$$\phi^2(x') < \frac{1\,\mathrm{rad}}{10} \cdot 2\phi(x') ,$$

so folgt daraus

$$\phi(x') < \frac{2\,\mathrm{rad}}{10} .$$

Als Funktion der Wellenlänge $\lambda$ entspricht das

$$\frac{2}{10}\,\mathrm{rad} \times \frac{1\lambda}{2\pi\,\mathrm{rad}} \approx \frac{\lambda}{30} .$$

**Aufgabe 7.10.**

Entsprechend (7.61) beträgt die OTF

$$\begin{aligned} T(f_x) &= \int_{-\infty}^{\infty} r(x')\mathrm{e}^{-2\pi \mathrm{i} f_x x'} \mathrm{d}x' \\ &= \int_{-d/2}^{d/2} r_0 \mathrm{e}^{-2\pi \mathrm{i} f_x x'} \mathrm{d}x' \\ &= r_0 d \operatorname{sinc}(\pi f_x d) \end{aligned}$$

(vgl. (5.59a)). Die OTF fällt auf 0 für

$$\pi f_x d = \pi \quad , \text{d.h.}$$

$$f_x = \frac{1}{\text{Breite der Impulsantwort}} ,$$

d.h. wenn die Periode der in Abb. 7.23 dargestellten Balkenstruktur gleich der Breite der Impulsantwort ist, wird das Objekt nicht aufgelöst. Ist dagegen $f_x > 1/d$, wird die OTF kleiner als Null, und es tritt ein Phasensprung von $\pi$ im Bild auf (siehe Abb. 7.23 c), was zu einer Scheinauflösung führen kann.

**Aufgabe 7.11.**

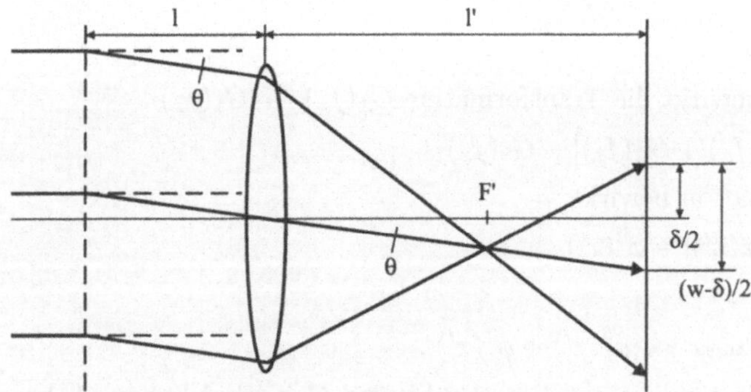


**Abb. L.7.12.** Zur Auflösung von Ortsfrequenzen bei der optischen Abbildung

Beide Wellen überlappen einander bei $\delta/2$ solange, bis $\theta$ so groß wird, daß (in Abb. 7.24) der unterste Strahl der betrachteten Beugungsordnung die Bildebene jetzt bei $\delta/2$ und nicht bei 0 schneidet. Für kleine Winkel gilt

$$\theta_c(\delta) = \left(\frac{w}{2} - \frac{\delta}{2}\right) / l' = \frac{w - \delta}{2l'}$$

$$\theta_c(0) \equiv \theta_c = \frac{w}{2l'} \, .$$

Daraus folgt

$$\theta_c(\delta) = \theta_c - \frac{\delta}{2l'} \, .$$

Man eliminiert nun $l'$ durch (7.69)

$$\theta_c = \frac{D}{2l} = \frac{mD}{2l'}$$

und erhält

$$\theta_c(\delta) = \theta_c - \frac{\delta}{mD/\theta_c} = \theta_c \left[1 - \frac{\delta}{mD}\right] \, .$$

Mit $f_c = \theta_c/\lambda$ ergibt sich

$$f_c(\delta) = f_c \left[1 - \frac{\delta}{mD}\right] \, .$$

**Aufgabe 7.12.**

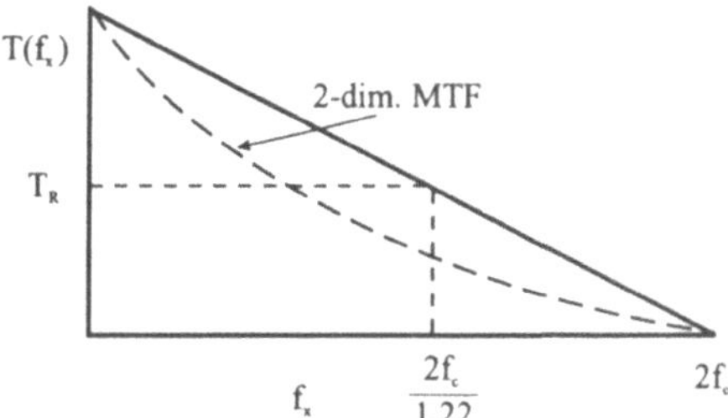


**Abb. L.7.13.** Zur MTF

Die Auflösungsgrenze nach Rayleigh beträgt $1,22\lambda l'/D$. Die zugehörige Raumfrequenz ist $(m = 1)$

$$f_x = [1,22\lambda l'/D]^{-1} = \frac{2f_c}{1,22} \, .$$

Im eindimensionalen Fall erhält man nach dem Strahlensatz

$$\frac{1}{2f_c} = \frac{T_R}{2f_c\left(1 - \frac{1}{1,22}\right)}$$

$$T_R = 1 - \frac{1}{1,22} = 0,18 \, .$$

Mit der gegebenen Approximation für den zweidimensionalen Fall ergibt sich

$$T(u = \frac{2}{1,22}) = 0,15 \, .$$

**Aufgabe 7.13.**

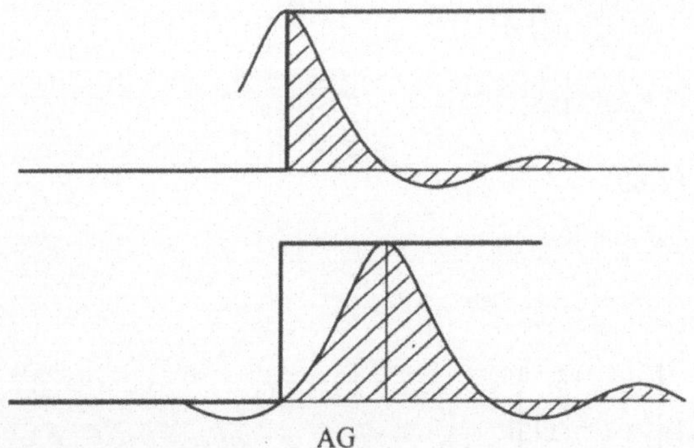


**Abb. L.7.14.** Zur Kantenantwort

Man betrachte zunächst die Amplitude des Bildes, die man durch eine Faltung, d.h. durch eine Verschiebung der Impulsantwort gegen die Kante und anschließende Integration, findet. Genau am Ort der Kante (oberes Bild) nimmt das Integral (schraffierte Fläche) den Wert 1/2 an (das Integral über die Impulsantwort sei gleich 1), d.h. die relative Intensität an diesem Punkt beträgt 1/4. Das Faltungsintegral nimmt weiter zu, bis eine Nullstelle der Impulsantwort erreicht ist (unteres Bild); danach verringert es sich wieder. Daher ist das Maximum in Abb. 7.20 eine Auflösungsgrenze vom Ort der Kante, d.h. vom Punkt der relativen Intensität 1/4 entfernt. Ist die Kohärenz des Lichtes nicht bekannt, liegt die Kante irgendwo zwischen den Punkten der relativen Intensität 1/2 und 1/4.

**Aufgabe 7.14.**

Die schraffierte Fläche beträgt

$$\frac{1}{2}(w-x)h\frac{w-x}{w} ,$$

d.h. sie ist quadratisch von $x$ abhängig (erstes Bild in Abb. L.7.15). So entspricht das Bild der Kante etwa der in der zweiten Zeichnung dargestellten Funktion. Aus Symmetriegründen befindet sich das Bild der Kante bei der relativen Intensität 1/2.

Ist die Impulsantwort asymmetrisch (im dritten Bild übertrieben dargestellt), so sieht die Faltung etwa wie im vierten Bild aus, und der Ort der Kante entspricht nicht mehr dem Wert 1/2 der relativen Intensität.

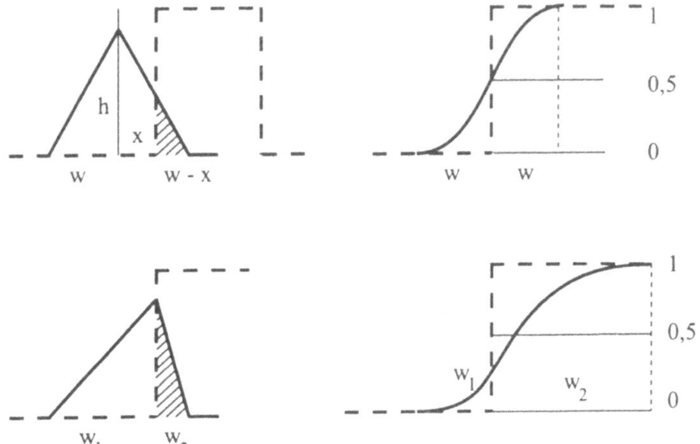


**Abb. L.7.15.** Zur Impulsantwort

## Aufgabe 7.15.

Bei kohärenter Beleuchtung ist die Darstellung aus Abb. L.7.15 sinngemäß zu wiederholen. Es müssen lediglich die Funktionen in Bild 2 und 4 quadriert werden, um die Intensitätswerte zu erhalten.

## Aufgabe 7.16.

(a) Der Radius des Airyscheibchens beträgt $0,61\lambda/NA \times 40 \approx 20\,\mu\text{m}$. Für den Lochdurchmesser wird die Hälfte dieses Wertes ($\simeq 10\,\mu\text{m}$) gewählt.

(b) Der durch ein Loch transmittierte Anteil beträgt

$$\frac{(10\,\mu\text{m})^2}{(250 \times 40\,\mu\text{m})^2} \approx 10^{-6}\,.$$

## Aufgabe 7.17.

(a) Das Gesichtsfeld erhält man, indem man die Größe der CCD-Matrix durch die Vergrößerung dividiert. Es ergeben sich $88 \times 66\,\mu\text{m}^2$.

(b)

$$\frac{\lambda}{2NA} = \frac{0,55\,\mu\text{m}}{1,3} = 0,42\,\mu\text{m}$$

entspricht der Periode des feinsten auflösbaren Gitters. Die kleinste auftretende Periode in der Bildebene beträgt $42\,\mu\text{m}$. Der leicht zu berechnende Pixelabstand von $11,3\,\mu\text{m}$ ist kleiner als die durch das Nyquist-Theorem geforderte halbe Gitterperiode.

**Aufgabe 7.18.**

**(a)** Die Auflösungsgrenze muß doppelt so groß wie der Pixelabstand sein, d.h.

$$\frac{1,22\lambda f'}{D} = 2 \times 11\,\mu\text{m}\,.$$

Mit

$$\phi = \frac{f'}{D} = \frac{22\,\mu\text{m}}{1,22\lambda} = 33$$

sollte das Objektiv mindestens eine Blendenzahl von 33 haben.

**(b)** Mit $\phi = 33$ und $D = 15\,\text{cm}$ ergibt sich $f' = 500\,\text{cm}$.

**(c)** Es gilt $V_\text{f} = 5 \cdot D_{[\text{cm}]}$, d.h. $V_\text{f} = 75$. Mit einem 10×-Okular ist

$$f'_\text{ok} = \frac{25\,\text{cm}}{10} = 2,5\,\text{cm}\,,$$

so daß

$$|V| = |-\frac{f'_\text{ob}}{f'_\text{ok}}| = \frac{500\,\text{cm}}{2,5\,\text{cm}} = 200 > V_\text{f}\,,$$

so daß es sich um eine leere Vergrößerung handelt.

**Aufgabe 7.19.**

Der Mittelwert des ersten und dritten Pixels beträgt

$$\frac{50+100}{2} = 75\,.$$

Pixel 2, welches nicht geändert werden soll, weicht von diesem Mittelwert um 25 ab. Daher muß der Wert des angegebenen Rauschfilters mindestens 26 betragen. Dieselbe Argumentation ist auch für die Schulter der Kurve gültig.

**Aufgabe 7.20.**

Der Kern −1 0 1 wird entlang des Bildes des Steges verschoben. Am linken Rand ergibt sich die Folge ...0 1 1 0.... Die Kante wird nach dieser Filterung durch zwei Einsen markiert, die sich innerhalb des Bildes des Steges befinden. Das Minimum (−1) am rechten Rand befindet sich ebenfalls innerhalb des Steges.

Das Bild einer Kante mit ...0 $\frac{1}{2}$ 1 1... ergäbe nach Faltung mit −1 0 1 die um den Ort der Kante symmetrische Folge ...0 $\frac{1}{2}$ 1 $\frac{1}{2}$ 0....

Der Kern −1 1 führt unabhängig von der Beschreibung der Kante zu einer unsymmetrischen Lage der resultierenden Folge um den Ort der Kante.

# Kapitel 8

## Aufgabe 8.1.

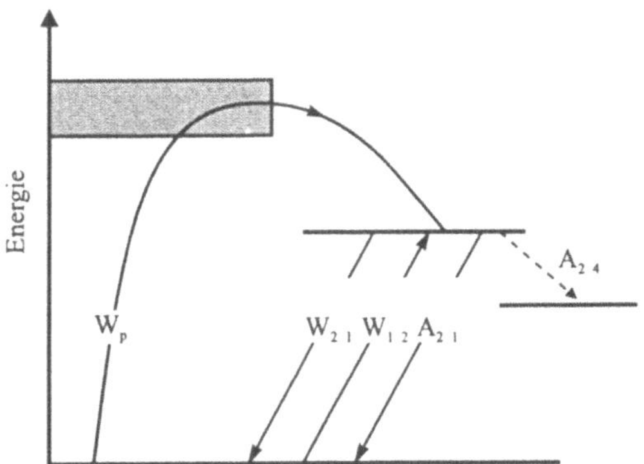


**Abb. L.8.1.** Zusätzliches Niveau beim 3-Niveau-Laser

Aus der Bilanzgleichung (8.14) wird

$$\frac{dN_2}{dt} = (W_P + W_{12})N_1 - (W_{21} + A_{21})N_2 - A_{24}N_2 ,$$

wobei im Rahmen einer Kurzzeitnäherung $N_4 \approx 0$ gesetzt wurde. Diese Gleichung entspricht (8.14) mit $A_{21} \to A_{21} + A_{24}$. Es ergibt sich in Analogie zu (8.18) die normierte Besetzungsinversion

$$n = \frac{W_P - (A_{21} + A_{24})}{W_P + (A_{21} + A_{24}) + 2W_{12}}$$

mit der Schwelle

$$W_P > A_{21} + A_{24} .$$

## Aufgabe 8.2.

**(a)** Die Implusdauer beträgt $\tau = 2d/N\mathrm{c}$ (siehe Abb. 8.6), d.h.

$$\frac{1}{\tau} = N \cdot \frac{\mathrm{c}}{2d}$$

mit dem Modenabstand $\mathrm{c}/2d$ (8.30) und der Modenanzahl $N$. Die Gesamtbandbreite ergibt sich zu $N \cdot \mathrm{c}/2d = \Delta\nu$, woraus $\tau = 1/\Delta\nu$ folgt. Dies ist zugleich der kürzeste nach der Unschärferelation mögliche Lichtimpuls.

**(b)** Man nehme z.B. an, daß die Hälfte der Moden synchronisiert ist, während die andere Hälfte frei schwingt (free running). Für diesen Fall ergibt sich nach (8.31) und (8.33)

$$I(t) = \frac{N}{2}A^2 + A^2 \frac{\sin^2(\frac{N\phi}{4})}{\sin^2(\frac{\phi}{2})} .$$

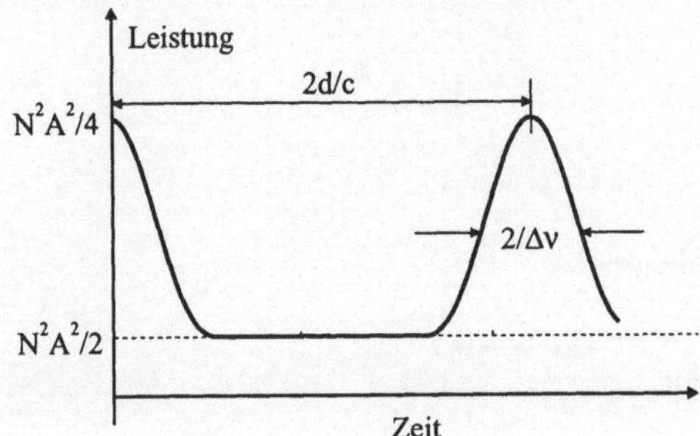


**Abb. L.8.2.** Zur Modenkopplung

Damit erhält man für $N \to N/2$ aus (a) die Pulsdauer

$$\tau' = \frac{2d}{(N/2)c} = 2\tau ,$$

d.h. den doppelten Wert der Pulsdauer bei vollständiger Modensynchronisation.

**Aufgabe 8.3.**

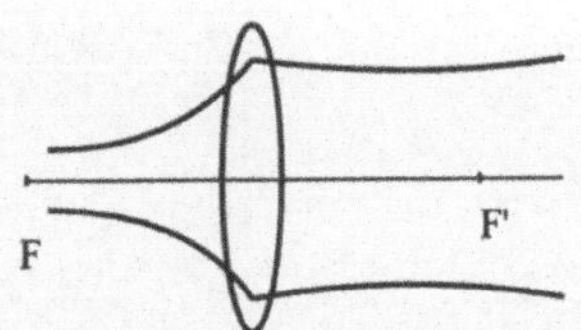


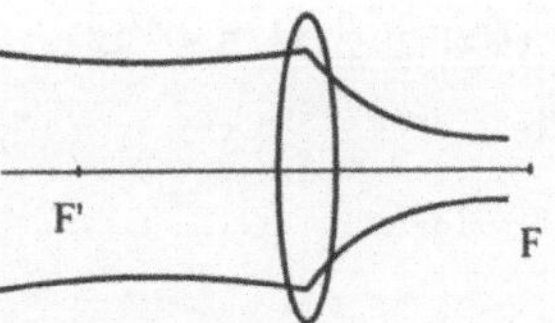


**Abb. L.8.3.** Gaußsche Bündel

**(a)** Nach (8.45) gilt

$$w(z) = w_0 \left[1 + \left(\frac{\lambda z}{\pi w_0^2}\right)^2\right]^{1/2}$$

Für $z = \delta$ sei

$$w(\delta) = 2w_0 = w_0 \left[1 + \left(\frac{\lambda \delta}{\pi w_0^2}\right)^2\right]^{1/2} .$$

Man erhält

$$1+\left(\frac{\lambda\delta}{\pi w_0^2}\right)^2=4$$

und daraus

$$\delta=\frac{\sqrt{3}\pi w_0^2}{\lambda}\ .$$

**(b)** Befindet sich bei $F$ eine schmale Taille, so zeigt (8.47) , daß in der Ebene der Linse $R \approx f$ gilt. Das Bündel wird daher näherungsweise kollimiert, obwohl es genaugenommen nur bei $F'$ eine ebene Wellenfront besitzt. Ist das Bündel dagegen bei $F$ ausgedehnt, gilt in der Linsenebene $R \approx \infty$, und das Bündel wird nach $F'$ fokussiert. (Die Begriffe schmal und ausgedehnt sind im Vergleich mit $f$ zu sehen, außerdem soll stets das gesamte Bündel die Linse passieren können.)

**(c)** Die Spotgröße in der Linsenebene beträgt

$$w(f)=w_0\left[1+\left(\frac{\lambda f}{\pi w_0^2}\right)^2\right]^{1/2}\approx\frac{\lambda f}{\pi w_0}\quad(f'=-f)$$

für $w_0^2 \ll \lambda f'$. Die Taille $w_0'$ bei $f'$ ist entsprechend (b) ungefähr gleich $w(f)$. Daher gilt

$$w_0'\approx\frac{\lambda f'}{\pi w_0}\ .$$

Aus (a) folgt damit ein Kollimationsbereich von

$$\delta'=\frac{\sqrt{3}\pi w_0'^2}{\lambda}\approx\frac{\sqrt{3}\pi}{\lambda}\left(\frac{\lambda f'}{\pi w_0}\right)^2=\frac{\sqrt{3}\lambda f'^2}{\pi w_0^2}\ .$$

**Aufgabe 8.4.**

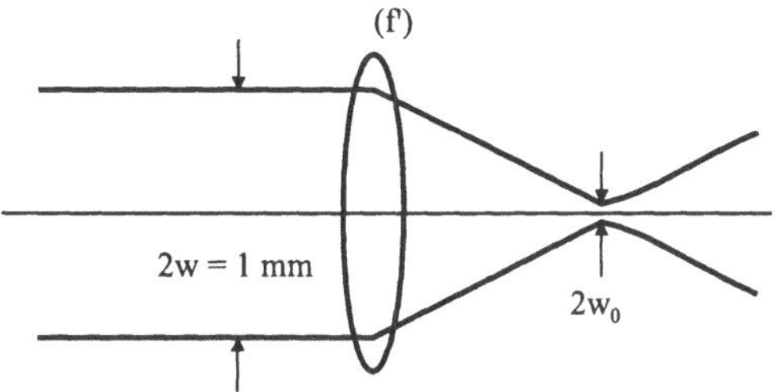


**Abb. L.8.4.** Fokussierung eines Gaußbündels

Wegen (8.45) beträgt $w_0$ in der Brennebene des Mikroobjektivs

$$w_0 \approx \frac{\lambda f'}{\pi w} .$$

Bei einem Mikroobjektiv mit der Brennweite $f' = 16\,\text{mm}$ (das ist wegen $10 = \frac{160\,\text{mm}}{f'}$ ein 10×-Objektiv) ergibt sich ($\lambda = 633\,\text{nm}$)

$$2w_0 \approx 13\,\mu\text{m} .$$

Der Durchmesser des Pinholes sollte deshalb 13 ... 20 µm betragen.

**Aufgabe 8.5.**

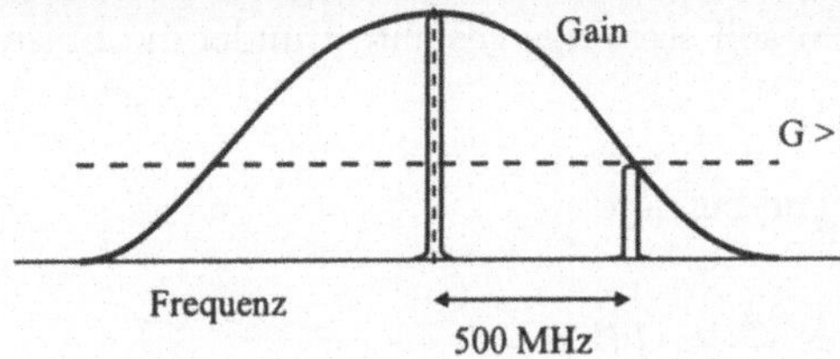


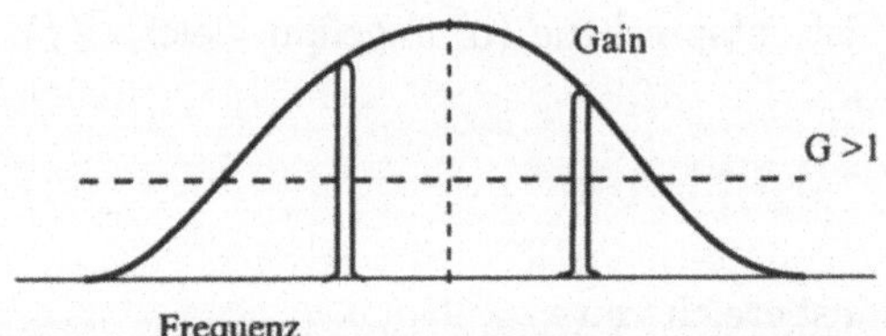


**Abb. L.8.5.** Longitudinalmoden beim He-Ne-Laser

Die Breite der Gainkurve ($G > 1$) beträgt nach Abschn. 8.4.4

$$2\Delta\nu \approx 1000\,\text{MHz} .$$

Als notwendige Bedingung für das Anschwingen nur einer einzigen Longitudinalmode erhält man für den Modenabstand

$$\frac{c}{2L} > \Delta\nu$$

und daraus eine Resonatorlänge von $L \leq 30\,\text{cm}$. Bei $L \leq 15\,\text{cm}$ schwingt immer nur eine Longitudinalmode an.

**Aufgabe 8.6.**

Nach (5.89) beträgt die Kohärenzlänge

$$l_c = \frac{\lambda^2}{2\Delta\lambda} ,$$

da entsprechend Aufg. 8.5. gerade zwei Moden anschwingen. Wegen (8.42) gilt

$$\Delta\lambda = \frac{\lambda^2}{2d} ,$$

so daß sich mit $l_c = d$ eine Übereinstimmung von Resonator- und Kohärenzlänge ergibt.

(Anmerkung: Der Kohärenzgrad oder die Sichtbarkeit von Streifen wird hier wieder 1 für OWD's von $2d$, $4d$ usw.)

**Aufgabe 8.7.**

Eine durch die Blende tretende ebene Welle gelangt nach Ausbreitung um $2d$ wieder zu dieser zurück (ein Umlauf im Resonator). Ist die Blende groß genug, ist das wieder auf die Blende fallende Bündel durch den geometrischen Schatten der Blende begrenzt. Die Beugung wird bedeutsam, wenn die Blende klein ist und (siehe Abb. 5.18)

$$2d < \frac{D^2}{4\lambda}$$

gilt. Für die gegebenen Werte findet man

$$D < \sqrt{8d\lambda} \approx 3\,\text{mm} .$$

Dieser Wert mag aus experimenteller Sicht etwas klein erscheinen, liegt aber in der richtigen Größenordnung.

**Aufgabe 8.8.**

Es gilt

$$w(z) \approx \frac{\lambda z}{\pi w_0} ,$$

für $z \gg w_0^2/\lambda$ (8.45). Aus der Aufgabenstellung folgt damit näherungsweise

$$w_0 \approx \frac{\lambda f'}{\pi \times 1\,\text{mm}} \approx \frac{0,6\,\mu\text{m} \times 4\,\text{mm}}{\pi \times 1\,\text{mm}} \approx 0,8\,\mu\text{m} .$$

Solange $z \gg 1\,\mu\text{m}$ gilt, ist die angegebene Formel für $w(z)$ korrekt. Daher ordne man einen Detektor einige cm von der Taille entfernt an und messe den

Abstand $z$ genau. Dann plaziere man eine Lochblende (Pinhole) mit einem gegenüber $w(z) \approx 1\,\mathrm{mm}$ sehr viel kleineren Durchmesser vor dem Detektor. Mit dieser Lochblende wird nun das Bündel abgetastet, das Gaußprofil verifiziert und der Abstand zwischen den $1/\mathrm{e}^2$-Punkten bestimmt. Daraus kann man leicht $w_0$ berechnen.

## Aufgabe 8.9.

Der Longitudinalmodenabstand beträgt

$$\Delta\nu = \frac{\mathrm{c}}{2d} = \frac{3 \times 10^8\,\mathrm{m/s}}{3\,\mathrm{m}} = 10^8\,\mathrm{s}^{-1} = 100\,\mathrm{MHz}\,.$$

Daher werden etwa 15 Moden angeregt, so daß die zeitliche Kohärenz der Laserstrahlung ungefähr der einer inkohärenten Quelle derselben Frequenzbreite entspricht.

## Aufgabe 8.10

Läßt man einen der Resonatorspiegel mit der Frequenz $f$ schwingen, so ergibt sich eine Frequenzmodulation jeder Mode. Das führt zu Seitenbändern, die innerhalb des Resonators keine Resonanz ergeben, wenn nicht gerade $f = \mathrm{c}/2d$ (oder ein Vielfaches dessen) gilt. Dann aber ergibt sich Resonanz zwischen den Seitenbändern und auf diese Weise die gewünschte Modensynchronisation.

Man kann sich die Frequenzmodulation sowohl als Änderung der Resonatorlänge als auch als Dopplerverschiebung der Frequenz (während der Spiegel sich bewegt) vorstellen. An den Umkehrpunkten der Bewegung des Spiegels gibt es diese Dopplerverschiebung nicht, und der Resonator erlaubt das Anschwingen aller Moden.

(Das ist ein Beispiel für einen Modenkopplungsmechanismus, der einfacher physikalisch veranschaulicht werden kann bei Verwendung von Moden als bei Verwendung von Impulsen, die sich vorwärts und rückwärts im Resonator ausbreiten. Praktisch kann der Spiegel nicht schnell genug bewegt werden. Der Laser wird deshalb durch eine Änderung der optischen Länge des Resonators (im Gegensatz zur physikalischen Länge) mit Hilfe elektrooptischer Bauelemente innerhalb des Resonators modengekoppelt.)

# Kapitel 9

## Beispiel 9.1. aus Abschn. 9.1.3

Der Reflexionsgrad R bei senkrechtem Einfall ergibt sich aus (9.3 a) bzw. (9.3 c) sowie dem Brechungsgesetz (2.1), indem man nach der Regel von L'Hopital den Grenzwert für i→0 berechnet,

$$r_{\|} = \lim_{i\to 0} \frac{\tan(i-i')}{\tan(i+i')} = \lim_{i\to 0} \frac{\frac{\mathrm{d}}{\mathrm{d}i}[\tan(i-i')]}{\frac{\mathrm{d}}{\mathrm{d}i}[\tan(i+i')]}$$

$$r_{\|} = \lim_{i\to 0} \frac{\frac{1}{\cos^2(i-i')}(1-\frac{\cos i}{\sqrt{n^2-\sin^2 i}})}{\frac{1}{\cos^2(i+i')}(1+\frac{\cos i}{\sqrt{n^2-\sin^2 i}})} = \frac{n-1}{n+1}$$

$$R = |r_{\|}|^2 = \left|\frac{n-1}{n+1}\right|^2 = \left(\frac{n-1}{n+1}\right)^2 .$$

Da bei senkrechtem Einfall zwischen $r_{\|}$ und $r_{\perp}$ nicht unterschieden werden kann, muß auch (9.3 c) das gleiche Ergebnis liefern,

$$r_{\perp} = \lim_{i\to 0} \frac{-\sin(i-i')}{\sin(i+i')} = -\lim_{i\to 0} \frac{\frac{\mathrm{d}}{\mathrm{d}i}[\sin(i-i')]}{\frac{\mathrm{d}}{\mathrm{d}i}[\sin(i+i')]}$$

$$r_{\perp} = \lim_{i\to 0} \frac{-\cos(i-i')(1-\frac{\cos i}{\sqrt{n^2-\sin^2 i}})}{\cos(i-i')(1+\frac{\cos i}{\sqrt{n^2-\sin^2 i}})} = -\frac{n-1}{n+1}$$

$$R = |r_{\perp}|^2 = \left|-\frac{n-1}{n+1}\right|^2 = \left(\frac{n-1}{n+1}\right)^2 .$$

## Beispiel 9.2. aus Abschn. 9.2.2

Um die durch einen Polarisator hindurchtretende Intensität zu bestimmen, ist der $E$-Feldvektor in die Komponenten $\|$ und $\perp$ zur Polarisatorachse zu zerlegen.
Diese Komponenten sind

$$E_{\|} = E_o \cos\theta$$

und

$$E_{\perp} = E_o \sin\theta .$$

Da die senkrecht polarisierte Komponente durch den Polarisator gesperrt wird, und nach (5.14) die Intensität proportional zum Quadrat der Amplitude der Feldstärke ist, folgt, daß die transmitierte Intensität

$$I_t = I_o \cos^2\theta$$

ist.

## Aufgabe 9.1.

Das Wesen dieser Aufgabe besteht darin, daß das transmittierte Bündel breiter als das einfallende und reflektierte Bündel ist, und daß diese Tatsache die transmittierte Intensität beeinflußt.

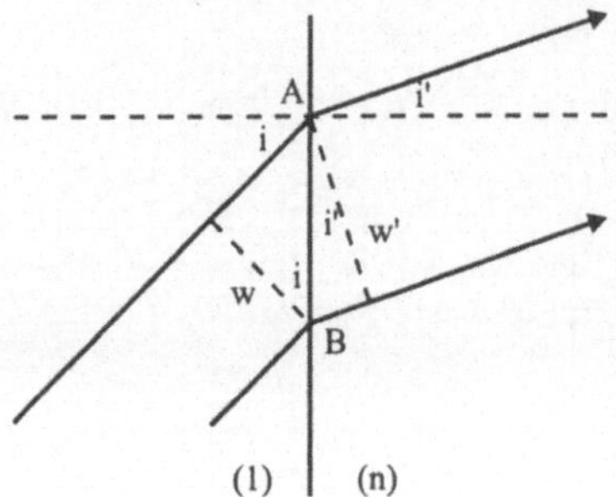


**Abb. L.9.1.** Brechung an einer Grenzfläche

Mit den Bündelweiten

$$\frac{w}{AB} = \cos i \text{ und } \frac{w'}{AB} = \cos i'$$

erhält man

$$\frac{w'}{w} = \frac{\cos i'}{\cos i} \, .$$

Mit der einfallenden Leistung $P$ gilt

$$P = P_{\text{refl}} + P_{\text{trans}} = Iwd = I_{\text{refl}}wd + I_{\text{trans}}w'd$$

(siehe Abschn. 5.1.2). Mit

$$I = I_{\text{refl}} + I_{\text{trans}}\frac{w'}{w}$$

folgt

$$1 = \frac{I_{\text{refl}}}{I} + \frac{I_{\text{trans}}}{I}\frac{\cos i'}{\cos i}$$

$$1 = R + nT\frac{\cos i'}{\cos i} \, .$$

## Aufgabe 9.2.

Licht horizontaler Polarisation (senkrecht zur Papierebene) besitzt keinen Brewsterwinkel und ist nach Reflexion bei jedem Winkel stärker als der vertikal polarisierte Anteil, manchmal sogar sehr viel stärker (siehe Abb. 9.3). Ein Polarisator zur Unterdrückung der horizontal polarisierten Komponente muß daher mit seiner Achse senkrecht ausgerichtet werden, d.h. die senkrechte Komponente würde transmittiert werden.

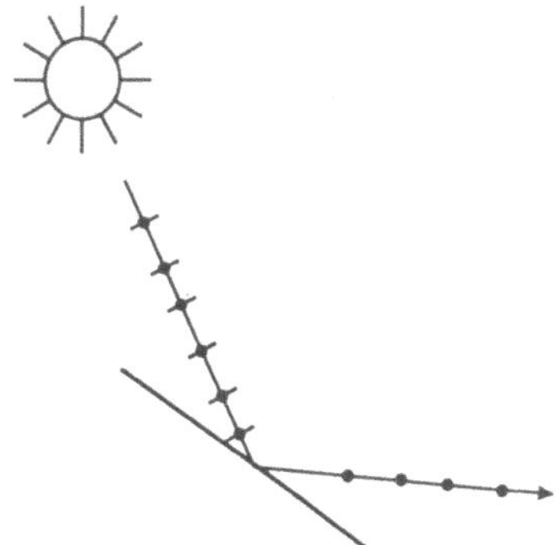

Abb. L.9.2. Zum Einfluß der Polarisation

## Aufgabe 9.3.

Bis zur Reflexion an der Hypotenuse spürt das Licht beider Polarisationsrichtungen den gleichen Brechungsindex. Danach wird der horizontal polarisierte Anteil zum außerordentlichen Strahl, so daß der Polarisationszustand elliptisch wird. Wegen des senkrechten Austritts beider Strahlen erfolgt an diesem Prisma keine Aufspaltung der Strahlen.

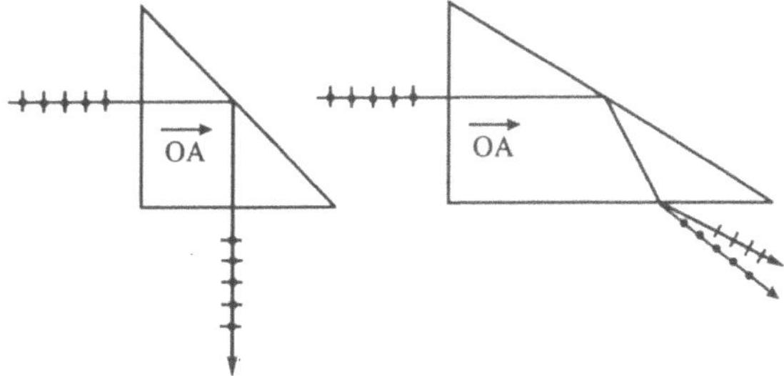


**Abb. L.9.3.** Doppelbrechendes Prisma

Ist das Prisma nicht gleichschenklig, fallen beide Strahlen nicht senkrecht auf die Austrittsfläche. Durch die unterschiedlichen Brechungsindizes für den ordentlichen und den außerordentlichen Strahl erfolgt nach dem Brechungsgesetz eine Aufspaltung nach dem Verlassen des Prismas.

## Aufgabe 9.4.

Das $\lambda/4$-Plättchen verzögere beispielsweise die vertikal polarisierte Komponente um $\lambda/4$ gegenüber der waagerecht polarisierten Komponente. Auf dem Rückweg wird diese Komponente erneut um $\lambda/4$ verzögert, was einer Gesamtverzögerung von $\lambda/2$ entspricht. Auf diese Weise erhält man wie bei einer $\lambda/2$-Platte eine Drehung der Polarisationsebene um $2 \times 45° = 90°$.

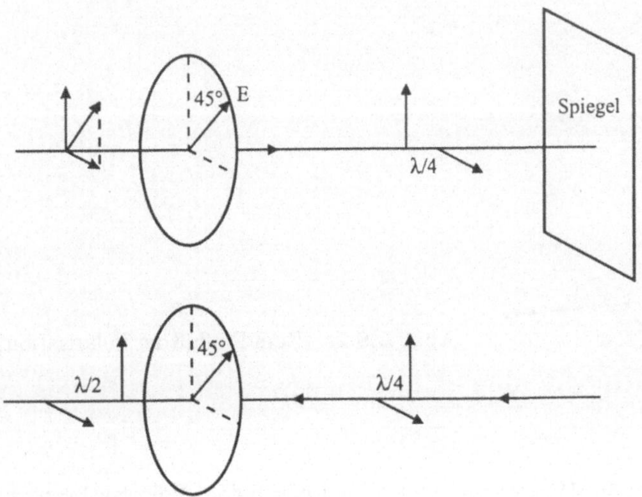


**Abb. L.9.4.** $\lambda/4$-Plättchen

Ein Polarisator, dessen Achse parallel zum Vektor der elektrischen Feldstärke des einfallenden Lichts gerichtet ist, würde daher kein am Spiegel reflektiertes Licht zur Quelle zurückgelangen lassen. [Anmerkung der Übersetzer: Im Gegensatz zu diesem Beispiel wird bei optische Isolatoren oft die Drehung der Polarisationsebene aufgrund des Faraday-Effekts ausgenutzt.]

**Aufgabe 9.5.**

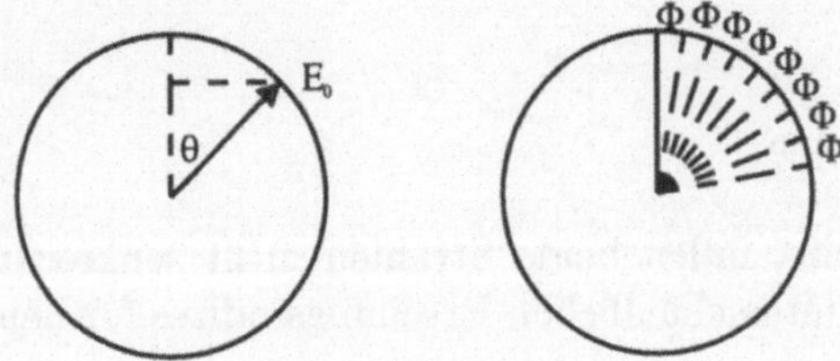


**Abb. L.9.5.** Drehung der Polarisationsebene durch eine Reihe von Polarisatoren

(a) Die Komponente von $E$ parallel zur Achse des Polarisators ist

$$E_{\parallel} = E_0 \cos\theta \ ,$$

die transmittierte Intensität beträgt so

$$I_{\text{trans}} = E_{\parallel}^2 = E_0^2 \cos^2\theta = I_0 \cos^2\theta \ .$$

Nun betrachte man eine Reihe von Polarisatoren, deren Achsen jeweils unter einem Winkel von $\phi$ zu der des vorhergehenden angeordnet seien. Man erhält

$$I_{\text{trans}} = E_0{}^2(\cos^2\phi)^m = I_0 \cos^{2m}\phi\,.$$

Um die Polarisationsebene des Lichts um einen bestimmten Winkel $\Phi$ zu drehen, setzt man $\Phi = m\phi$ und findet den Transmissionsgrad

$$\frac{I_{\text{trans}}}{I_0} = T = \cos^{2m}\frac{\Phi}{m}\,.$$

Daraus ergibt sich

$$T \approx \left[1 - \frac{\Phi^2}{2m^2}\right]^{2m} \approx 1 - \frac{\Phi^2}{m}\,.$$

Für $\Phi = 45° = \pi/4$ und $T = 0,9$ erhält man daraus

$$m = \frac{\pi^2}{16 \times 0,1} \approx \frac{100}{16} \approx 6\,.$$

**(b)** Für infinitesimale Winkel $\phi$ folgt $m \to \infty$ und unter Anwendung von Grenzwertsätzen berechnet man

$$\lim_{m\to\infty} T = \lim_{m\to\infty} \cos^{2m}\frac{\Phi}{m} = 1$$

für alle Werte von $\Phi$.

Die beschriebene Anordnung kann als Modell für die optische Aktivität angesehen werden.

## Aufgabe 9.6.

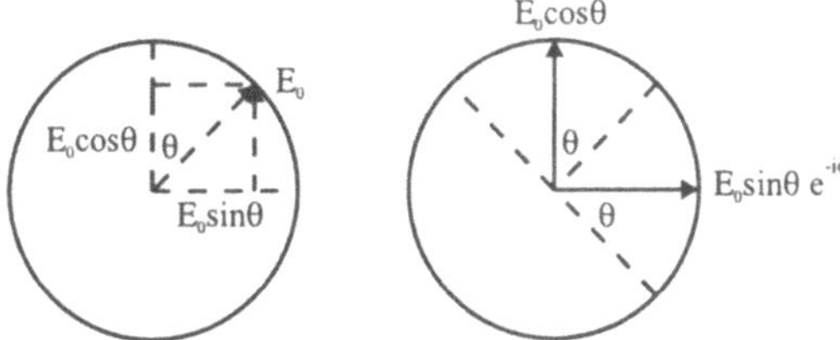


**Abb. L.9.6.** Phasenplatte zwischen gekreuzten Polarisatoren

Die durch den ersten Polarisator transmittierte Komponente falle unter einem Winkel von $\theta$ zu deren Achse auf die Phasenplatte. Die Komponenten $E_0 \cos\theta$ und $E_0 \sin\theta$ erfahren dort eine Phasenverschiebung $\phi$ gegeneinander. Die Komponente parallel zur Achse des Analysators ist

$$E_{\|} = E_0 \cos\theta \sin\theta - E_0 \sin\theta e^{-i\phi} \cos\theta\,,$$

woraus man die transmittierte Intensität zu

$$I_t = E_\parallel^2 = 4I_0 \cos^2\theta \sin^2\theta \sin^2\frac{\phi}{2}$$

findet. Für 45° erhält man einen Transmissionsgrad von

$$T = \frac{I_t}{I_0} = \sin^2\frac{\phi}{2} \,.$$

Sind dagegen Polarisator und Analysator parallel ausgerichtet, ergibt sich

$$E_\parallel = E_0 \cos^2\theta - E_0 \sin^2\theta e^{\mathrm{i}\phi}$$

und

$$T = \frac{I_t}{I_0} = \cos^4\theta + \sin^4\theta + 2\sin^2\theta\cos^2\theta\cos\phi \,.$$

Für 45° erhält man in diesem Falle einen Transmissionsgrad von

$$T = \frac{I_t}{I_0} = \cos^2\frac{\phi}{2} \,.$$

**Aufgabe 9.7.**

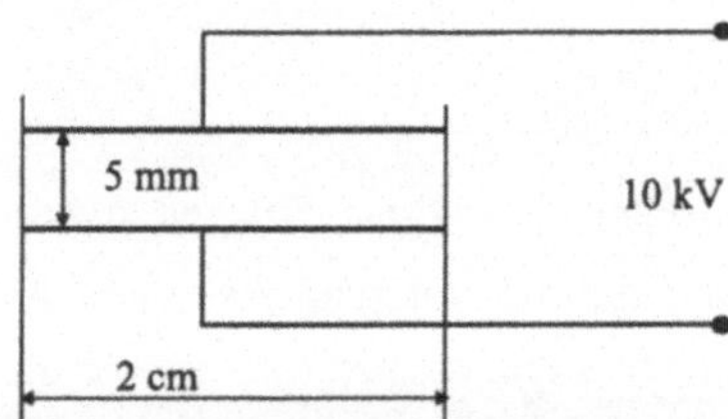


**Abb. L.9.7.** Kerrzelle

**(a)** Nach (9.28) gilt

$$\Delta n = K\lambda \boldsymbol{E}^2$$

und man findet mit $K = 2,4 \cdot 10^{-10}\mathrm{cmV}^{-2}$

$$E = \frac{10\,\mathrm{kV}}{5\,\mathrm{mm}} = 2 \cdot 10^6\,\frac{\mathrm{V}}{\mathrm{m}} \,.$$

Die Phasenverschiebung beträgt bei dieser Feldstärke

$$\Delta\phi = \frac{2\pi}{\lambda}\Delta n L \approx 2,4\,\mathrm{rad} \,.$$

Der Transmissionsgrad (vgl. Aufgabe 9.6) ist

$$T = \sin^2 1,2\,\mathrm{rad} \approx 0,87 \,.$$

**(b)** Bei der Pockelszelle gilt

$$\Delta n = pE \text{ mit } p = 8 \cdot 10^{-11}\,\frac{\text{m}}{\text{V}}\,.$$

Mit der oben berechneten Phasenverschiebung von 2,4 rad erhält man für eine Wellenlänge von $\lambda = 500\text{nm}$ eine erforderliche Feldstärke von

$$E = \frac{2,4\lambda}{2\pi pL} = 2,4\,\frac{\text{kV}}{\text{cm}}$$

und damit eine Spannung von 2,4 kV – d.h. etwa 1/10 des Wertes aus (a).

## Kapitel 10

### Aufgabe 10.1.

Die an der Stelle $x$ in einen Bereich $\mathrm{d}x$ eingekoppelte Leistung ist proportional zu $\mathrm{d}x$ und zur lokalen numerischen Apertur, d.h.

$$\mathrm{d}P(x) \propto NA(x) \cdot \mathrm{d}x\,.$$

Mit (10.34) gilt

$$NA(x) = \sqrt{n^2(x) - n_2^2} \approx \sqrt{2n_2\,(n(x) - n_2)}\,.$$

Für ein parabolisches Brechungsindexprofil (10.30)

$$n(x) = n_0 - \Delta n\frac{x^2}{a^2}$$

erhält man so

$$n(x) - n_2 = \Delta n\left(1 - \frac{x^2}{a^2}\right)\,.$$

Die eingekoppelte Leistung ist dann

$$\begin{aligned} P &\propto \int_{-a}^{a} NA(x)\mathrm{d}x = \sqrt{2n_2\Delta n}\int_{-a}^{a}\sqrt{1 - \frac{x^2}{a^2}}\mathrm{d}x \\ &= NA_0 a\frac{1}{2}\left[\frac{x}{a}\sqrt{1 - \frac{x^2}{a^2}} + \arcsin\frac{x}{a}\right]_{-a}^{a} \\ &= \frac{\pi}{2}aNA_0\,, \end{aligned}$$

wobei $NA_0$ die lokale numerische Apertur des Wellenleiters im Zentrum ist. Der berechnete Wert $(\pi/2)aNA_0$ ist kleiner als der eines mit stufenförmigem Brechungsindexprofil $(2aNA)$.

## Aufgabe 10.2.

Entsprechend Aufgabe 5.12 beträgt die Fokustiefe

$$\delta = \frac{n\lambda}{2NA^2} .$$

Wird ein Bündel in die Mitte des Kerns fokussiert, dann bleibt der Einfallspunkt im Fokus, solange

$$\alpha a < \frac{n\lambda}{2NA^2}$$

gilt. Für die Fokustiefe $\delta$ und den daraus resultierenden maximalen Wert für $\alpha$ ergeben sich mit den für eine Telekommunikationsfaser charakteristischen Parametern $n \approx 1,45$ (Quarzglas), $a = 25\,\mu\text{m}$ und $\lambda = 633\,\text{nm}$ die Werte der nachfolgenden Tabelle.

| $NA$ | $\delta$ | $\alpha$ |
|---|---|---|
| 0,5 | 1,8 µm | 4° |
| 0,65 | 1,1 µm | 2,5° |
| 0,95 | 0,5 µm | 1° |
| 1,25 | 0,3 µm | 0,7° |

Abweichungen der Stirnfläche von der Senkrechten zur Faserachse

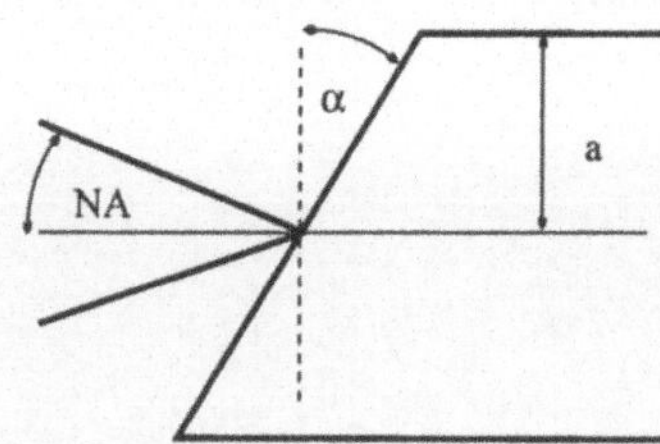


**Abb. L.10.1.** Einfluß der Fokustiefe bei Einkopplung eines Gaußbündels in eine Faser

## Aufgabe 10.3.

(a) Wenn wir $m < 1$ wählen, dann ist $a'$ kleiner $a$, und wegen

$$\theta = \frac{h}{f_1}$$

und

$$\theta' = \frac{h}{f_2'}$$

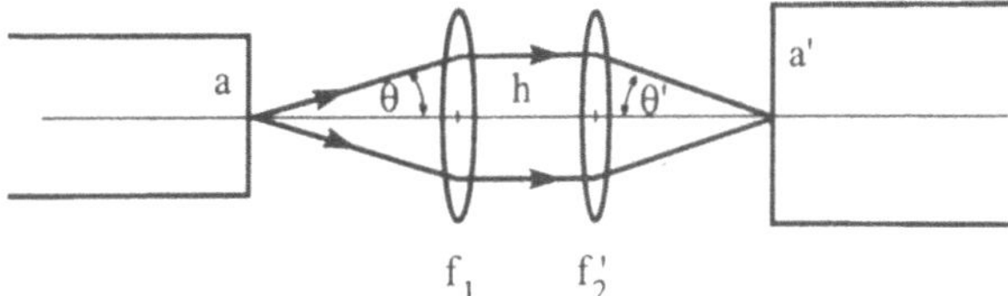


**Abb. L.10.2.** Kopplung zweier Fasern

gilt

$$\frac{\theta}{\theta'} = \frac{1}{m} > 1 .$$

Die numerische Apertur der zweiten Faser wird überfüllt; es geht Leistung verloren. Ebenso wird bei $m > 1$ der Kern überfüllt, was ebenfalls zu Verlusten führt.

Bemerkung: Das Ergebnis entspricht der Erhaltung der Strahldichte. Aus (4.39) – (4.48) folgt nämlich

$$L\mathrm{d}S\mathrm{d}\Omega = L\mathrm{d}S'\mathrm{d}\Omega' ,$$

d.h.

$$a^2 NA^2 = a'^2 NA'^2$$

und mit

$$\frac{a'}{a} = m = \frac{NA}{NA'}$$

eine umgekehrte Proportionalität zwischen $a$ und $NA$.

**(b)** Die erste Faser besitzt eine kleinere numerische Apertur, aber einen größeren Kern. Ausgehend von $m = 1$ können wir den Abbildungsmaßstab verringern, bis die numerische Apertur der zweiten Faser gerade ausgefüllt wird. Von da an ist die Effektivität nahezu konstant, bis $m$ so weit reduziert wird, daß die numerische Apertur der zweiten Faser überfüllt wird. Die numerischen Aperturen sind einander angepaßt, wenn

$$m = \frac{NA}{NA'} = \frac{0,15}{0,2} = 0,75$$

gilt.

Die Kerne sind angepaßt für

$$m = \frac{a'}{a} = \frac{50\,\mu\mathrm{m}}{100\,\mu\mathrm{m}} = 0,5 .$$

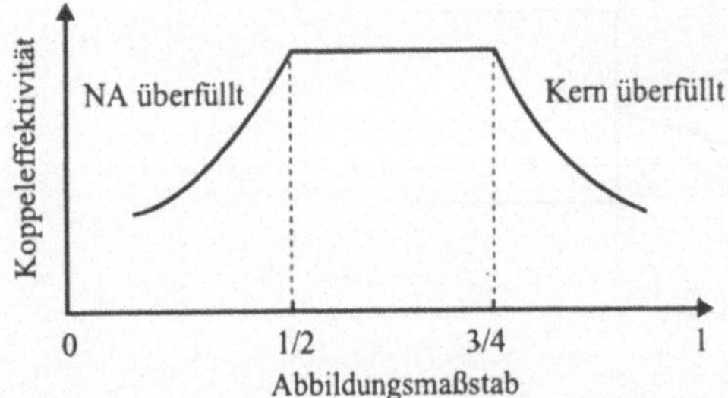


**Abb. L.10.3.** Effektivität der Einkopplung in eine Faser in Abhängigkeit vom Abbildungsmaßstab

Reduzieren wir $m$ unter $0,5$, so verlieren wir durch Fehlanpassung der numerischen Apertur gerade das, was wir durch die Anpassung der Durchmesser gewinnen. Genaugenommen gilt das jedoch nur für Stufenindexfasern bei homogener Beleuchtung.

**Aufgabe 10.4.**

Der Brechungsindex des Kerns betrage auch $1,5$. Der Einfachheit halber nehme man an, daß die Quelle in die Glasplatte (Dicke $t$) eingebettet sei.

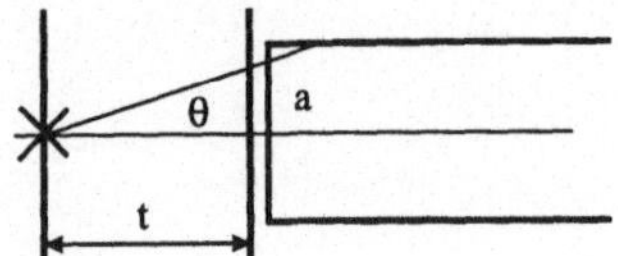


**Abb. L.10.4.** Einkopplung in eine Faser

Es sind zwei Fälle zu unterscheiden:
(i) Das gesamte auf die Faser einfallende Licht wird geführt, wenn

$$\frac{a}{t} \leq \tan\theta \approx \sin\theta = NA\,,$$

d.h.

$$t \geq \frac{a}{NA} = \frac{25\,\mu\text{m}}{0,15} \approx 170\,\mu\text{m}$$

gilt. In diesem Falle beträgt der durch die Faser geführte Anteil der einfallenden Leistung

$$\frac{\pi a^2/t^2}{4\pi} = \frac{a^2}{4t^2}\,.$$

(ii) Ist $t$ kleiner als $a/NA$, so werden nur Strahlen mit $\theta < NA$ geführt, und der geführte Anteil der einfallenden Leistung ist

$$\frac{\pi\sin^2\theta}{4\pi} \approx \frac{1}{4}NA^2\,.$$

**(a)** Wegen 1 mm> 170 µm trifft Fall (i) zu, und der geführte Anteil beträgt $a^2/4t^2 \approx 1,6 \times 10^4$.

**(b)** Für 250 µm ist $a^2/4t^2 = 2,5 \times 10^{-3}$, für 125 µm ergibt sich nach (ii) $5,6 \times 10^{-3}$.

**Aufgabe 10.5.**

**(a)** In paraxialer Näherung ist die Periode $L$ für alle Strahlen gleich. Daher betrachten wir einen gerade die Kern-Mantel-Grenzschicht streifenden Strahl. Nach (10.28) ist

$$n(a) \equiv n_2 = n_0 \left[1 - \frac{1}{2}\left(\frac{\pi a}{L}\right)^2\right]$$

$$\frac{\Delta n}{n_0} = \frac{1}{2}\left(\frac{\pi a}{L}\right)^2$$

$$L = \pi a \sqrt{\frac{n_0}{2\Delta n}} \, .$$

Mit $a = 50\,\mu\text{m}$ und $\Delta n = 0,01$ erhält man

$$L = \pi \times 50\,\mu\text{m} \times \sqrt{\frac{1,5}{0,02}} \approx 1,36\,\text{mm} \, .$$

**(b)** Die numerische Apertur ist $n$ mal der Sinus des zu $i$ komplementären Winkels, d.h. $n \cos i$. $\cos i$ entspricht jedoch dem Anstieg aus (10.26) für $z = 0$, d.h.

$$NA_0 = n_0 \cos i = n_0 \frac{r_m \pi}{L} = n_0 \frac{a\pi}{L}$$

$$= 1,5 \frac{50\,\mu\text{m}\,\pi}{1360\,\mu\text{m}} = 0,17 \, .$$

Probe:

$$NA \simeq \sqrt{2n\Delta n} = \sqrt{2 \times 1,5 \times 0,01} = 0,17$$

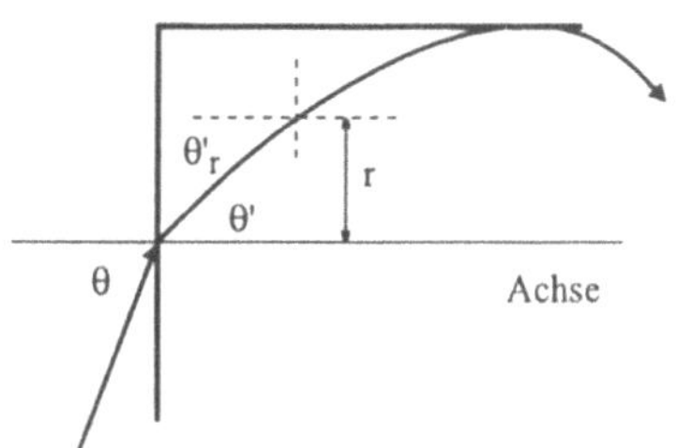


**Abb. L.10.5.** Numerische Apertur an der Kern-Mantel-Grenzfläche

Die Kurve in Abb. L.10.5 verdeutlicht den Verlauf eines Strahls, der unter $\theta = \arcsin NA$ auf die Achse der Faser einfällt. Ist die Faser entlang der gestrichelten Linien geschnitten, so wird jeder Strahl, der bei $r$ unter einem größerem Winkel als $\sin\theta_r = n \sin\theta'_r$ einfällt, an der Kern-Mantel-Grenzfläche gebrochen und verläßt die Faser. Bei $r \to a$ und $\theta'_r \to 0$ geht daher auch die lokale numerische Apertur gegen Null.

**Aufgabe 10.6.**

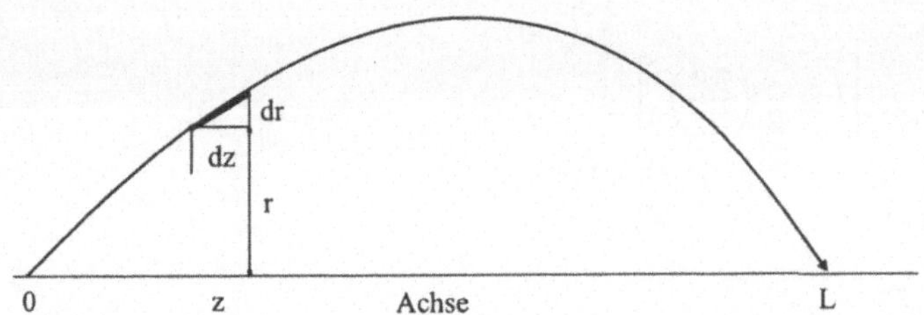


**Abb. L.10.6.** Strahlverlauf und Bogenlänge bei einer Gradientenindexfaser

Aus der Geometrie des Problems (siehe Abb. L.10.6) ergibt sich

$$ds = \sqrt{dz^2 + dr^2} = \sqrt{1 + \left(\frac{dr}{dz}\right)^2} dz\,.$$

Wegen (10.26) gilt aber

$$\frac{dr}{dz} = \frac{a\pi}{L} \cos\frac{\pi z}{L} < \frac{a\pi}{L} < 1$$

(siehe Aufgabe 10.5.). Man erhält nach Reihenentwicklung der Wurzel

$$ds \approx \left[1 + \frac{1}{2}\left(\frac{a\pi}{L}\right)^2 \cos^2\frac{\pi z}{L}\right] dz$$

$$= \left[1 + \frac{1}{2}\left(\frac{a\pi}{L}\right)^2 \frac{1}{2}\left(1 + \cos\frac{2\pi z}{L}\right)\right] dz$$

und damit die Gesamtbogenlänge

$$S = \int_0^L ds = L + \frac{1}{2}\left(\frac{a\pi}{L}\right)^2 \frac{1}{2}(L + 0)\,,$$

da das Integral über die Kosinusfinktion über eine Periode Null ergibt. Wir erhalten

$$\frac{S}{L} = 1 + \frac{1}{4}\left(\frac{a\pi}{L}\right)^2 .$$

Die Abschwächung pro Längeneinheit des extremen Strahls ist um den Faktor $S/L$ größer als die des axialen Strahls. Bei einer Monomode-Faser wird dagegen die einzige geführte Mode homogen abgeschwächt; das Strahlmodell darf nicht angewandt werden.

**Aufgabe 10.7.**

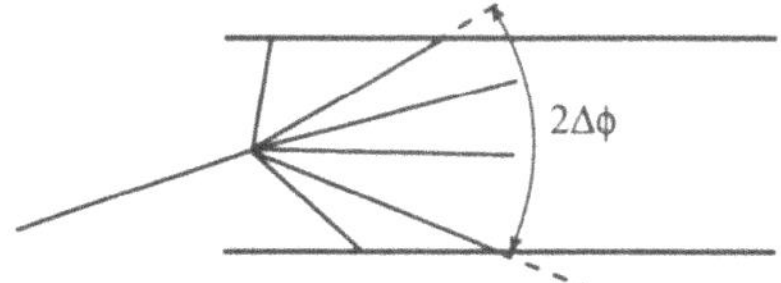


**Abb. L.10.7.** Fernfeld-Beugungswinkel und angeregte Moden

**(a)** Der Fernfeld-Beugungswinkel beträgt bei Beugung an einer Öffnung der Dicke $d$ gerade $\Delta\phi = \lambda/d$. Für die Moden gilt im Strahlmodell

$$m\lambda = 2d \sin\theta_m$$

$$(m+1)\lambda = 2d \sin\theta_{m+1} \, .$$

Durch Subtraktion dieser Gleichungen ergibt sich

$$\lambda = 2d\Delta\,(\sin\theta_m)$$

$$= 2d \cos\theta_m \Delta\theta_m \approx 2d\Delta\theta_m \, .$$

Daraus folgt

$$\Delta\theta_m \approx \frac{\lambda}{2d} = \frac{1}{2}\Delta\phi \, .$$

Das einfallende Bündel wird also durch die Beugung an der Eintrittsfläche auf 3 oder 4 Moden verteilt.

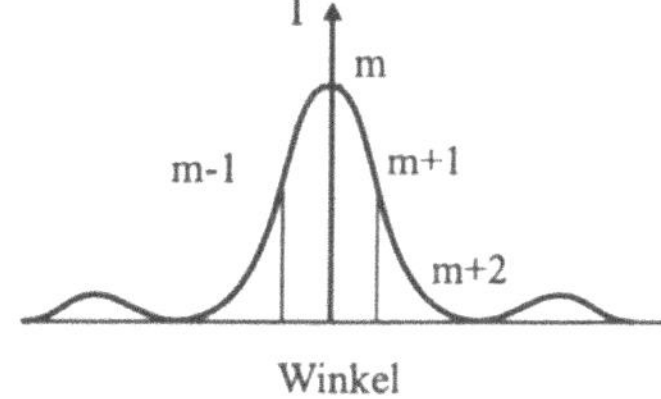


**Abb. L.10.8.** Beugungsmuster und angeregte Moden

**(b)** Das einfallende Bündel wird nur in die Ordnungen $m \pm 1$ gebeugt, da die Ordnungen mit $m \pm 2$ nahe der Nullstellen des Beugungsmusters liegen und höhere Ordnungen ohnehin schwach sind.

**(c)** Ist die Amplitude $E_i$ des einfallenden Bündels konstant, so wird aus dem Überlappungsintegral

$$\int_{-d/2}^{d/2} E_i(x)E_m(x)\mathrm{d}x \propto \int_{-d/2}^{d/2} E_m(x)\mathrm{d}x \approx 0$$

für ungerades $m$, da dann die Feldverteilung $E_m$ dieser Mode eine ungerade Funktion von $x$ ist (siehe Abb. 10.3). Daher ist zu erwarten, daß nur eine Mode angeregt wird. Bei einer nicht homogenen einfallenden Intensitätsverteilung würden andere Moden angeregt werden.

**Aufgabe 10.8.**

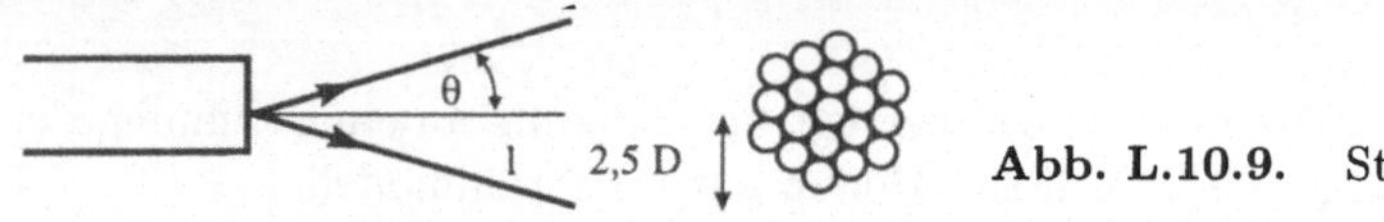


**Abb. L.10.9.** Sternkoppler

**(a)** Der Durchmesser des Faserbündels beträgt etwa 5 Faserdurchmesser, d.h. $5D$. Wenn der Durchmesser des von der linken Faser emittierten Bündels gerade $5D$ ist, werden alle Kerne der 19 Fasern gefüllt; dagegen wird keine numerische Apertur überfüllt. Man erhält

$$\frac{2,5D}{l} = \tan\theta \approx NA$$

$$l = \frac{2,5D}{NA} = \frac{2,5 \times 125\,\mu\text{m}}{0,2} = 1,6\,\text{mm}\,.$$

Die Kopplungseffektivität ist durch den Quotienten aus der Summe der Kernflächen und der Gesamtfläche des Faserbündels gegeben. Da in diesem Falle der Kerndurchmesser die Hälfte des Manteldurchmessers sein soll, ergibt sich die Effektivität zu

$$\eta = \frac{19 \cdot (\pi/4)(D/2)^2}{(\pi/4)(5D)^2} = \frac{19}{4 \times 25} = 19\%\,.$$

**(b)** Mit $\theta = \arcsin NA$ ist die Kopplungseffektivität in eine periphere Faser fast Null, da alle Strahlen einen Einfallswinkel größer als $\theta$ haben. Nur, wenn der Koppler länger ist und reflektierende Wände besitzt, kann dieser Winkel auf Werte unter $\theta$ reduziert werden.

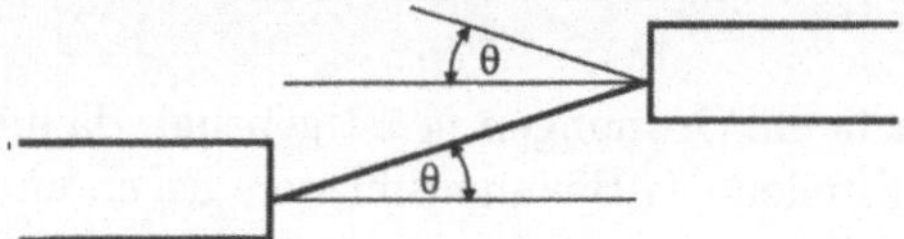


**Abb. L.10.10.** Sternkoppler mit Gradientenindexfasern

**Aufgabe 10.9.**

Die Taille des Gaußbündels hat einen Radius (8.45)

$$w_0 \approx \frac{\lambda f'}{\pi w} = \frac{0,633\,\mu\text{m} \times 20\,\text{mm}}{\pi \times 1\,\text{mm}} \approx 4\,\mu\text{m}\ .$$

Weisen sowohl der Laser als auch die Faser gaußförmige Moden auf, dann gilt nach (10.55)

$$T = 4\left[\frac{w_a}{w_o} + \frac{w_o}{w_a}\right]^{-2}$$

$$= \frac{4}{\left[\frac{5}{4} + \frac{4}{5}\right]^2} \approx \frac{4}{4,2} = 95\%\ .$$

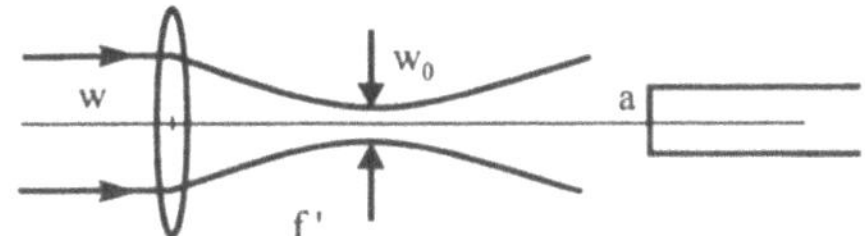


**Abb. L.10.11.** Einkopplung eines Gaußbündels

**Aufgabe 10.10.**

Entsprechend (10.50) und (10.52) gilt

$$E(r) = A\mathrm{e}^{-r^2/w^2}$$

$$2\pi \int_0^\infty A^2\mathrm{e}^{-2r^2/w^2} r\mathrm{d}r = 1\ .$$

Mit der Substitution $u = 2r^2/w^2$ und $\mathrm{d}u = (4r/w^2)\mathrm{d}r$ sowie $r\mathrm{d}r = \mathrm{d}u/4w^2$ folgt

$$2\pi A^2 \int_0^\infty \mathrm{e}^{-u}\frac{\mathrm{d}u}{4w^2} = \frac{\pi A^2}{2w^2}\left[-\mathrm{e}^{-u}\right]_0^\infty = \frac{\pi A^2}{2w^2}\ .$$

Wegen (10.52) folgt dann

$$\frac{\pi A^2}{2w^2} = 1$$

und

$$A = \sqrt{\frac{2}{\pi}}w \quad (10.51)\ .$$

**Aufgabe 10.11.**

In einer Dimension gilt analog zu (10.50) und (10.52)

$$E(x) = A\mathrm{e}^{-x^2/w^2}$$

$$\int_{-\infty}^{\infty} A^2 \mathrm{e}^{-2x^2/w^2} \mathrm{d}x = 1 \,.$$

Mit $u^2 = 2x^2/w^2$ sowie $\mathrm{d}x = (w/\sqrt{2})\mathrm{d}u$ folgt

$$A^2 \int_{-\infty}^{\infty} \mathrm{e}^{-u^2} \frac{w\mathrm{d}u}{\sqrt{2}} = \sqrt{2}A^2 w \int_0^{\infty} \mathrm{e}^{-u^2} \mathrm{d}u \,.$$

Da das Integral gerade $\sqrt{\pi}/2$ beträgt, folgt wegen (10.52)

$$\sqrt{\frac{\pi}{2}} w A^2 = 1$$

und

$$A = \left(\frac{2}{\pi}\right)^{1/4} \frac{1}{\sqrt{w}} \,.$$

**Aufgabe 10.12.**

Der Transmissionskoeffizient wird aus dem Überlappungsintegral

$$t = A_1 A_2 \int_{-\infty}^{\infty} \int_{-\infty}^{\infty} \mathrm{e}^{-(x^2+y^2)/w^2} \mathrm{e}^{-[(x+\delta)^2+y^2]/w^2} \mathrm{d}x\mathrm{d}y$$

berechnet, wobei $\delta$ der transversale Versatz ist und $A_1 = A_2$ durch (10.51) gegeben ist. Ohne Beschränkung der Allgemeinheit kann $w = 1$ gesetzt werden. Es ergibt sich mittels quadratischer Ergänzung im Exponenten

$$t = A^2 \mathrm{e}^{-\delta^2/2} \int_{-\infty}^{\infty} \int_{-\infty}^{\infty} \mathrm{e}^{[-2(x-\delta/2)^2 - 2y^2]} \mathrm{d}x\mathrm{d}y \,.$$

Mit den Substitutionen $u = \sqrt{2}(x - \delta/2)$ und $v = \sqrt{2}y$ erhalten wir

$$t = \frac{1}{2} A^2 \mathrm{e}^{-\delta^2/2} \int_{-\infty}^{\infty} \int_{-\infty}^{\infty} \mathrm{e}^{-u^2-v^2} \mathrm{d}u\mathrm{d}v \,.$$

Das Integral ergibt gerade $\pi$; wir erhalten mit (10.51) für $w = 1$

$$t = \mathrm{e}^{-\delta^2/2} \,.$$

Für $w \neq 1$ erhielte man

$$T = t^2 = \mathrm{e}^{-\delta^2/w^2} \,.$$

# Kapitel 11

## Aufgabe 11.1.

(i) Die Quelle wird mit dem Abbildungsmaßstab 1 auf eine 1 mm-Blende (weniger als 90% der Fläche des Glühfadens) abgebildet.

(ii) Ausgehend von der Faser wird zurückgerechnet: Der Bilddurchmesser auf der Stirnfläche muß 35 µm betragen. Daher folgt für die Abbildung der 1 mm-Blende $m = 35/1000$. Aus der Abbildungsgleichung ergibt sich (es soll angenommen werden, daß $l \leq 0,5\,\mathrm{m}$ ist)

$$l = -f'\left(1 + \frac{1}{|m|}\right) \approx -30f' \leq 0,5\,\mathrm{m}$$

$$f' \leq \frac{0,5\,\mathrm{m}}{30} \approx 17\,\mathrm{mm}\,.$$

Aufgrund der erforderlichen numerischen Apertur kann z.B. ein 20×-Mikroobjektiv mit $NA = 0,5$ genutzt werden. Die Tubuslänge (Abstand zwischen Bildebene und bildseitigem Brennpunkt) $g$ wird so gewählt, daß sich $m \approx 1/29$ ergibt. Die mögliche sphärische Aberration (da $g$ von dem Standardwert 160 mm abweicht, für den das Mikroobjektiv ausgelegt ist, siehe Abschn. 3.5) spielt bei dieser Anwendung keine Rolle. Das 20×-Mikroobjektiv besitzt eine Brennweite von $f' = 8\,\mathrm{mm}$ (Abschn. 3.5), so daß sich

$$l = -30f' \approx 240\,\mathrm{mm}$$

ergibt. Die Feldblende wird benötigt, um die numerische Apertur anzupassen. Ein 12,5 mm-Fernsehkameraobjektiv wäre ebenso anwendbar.

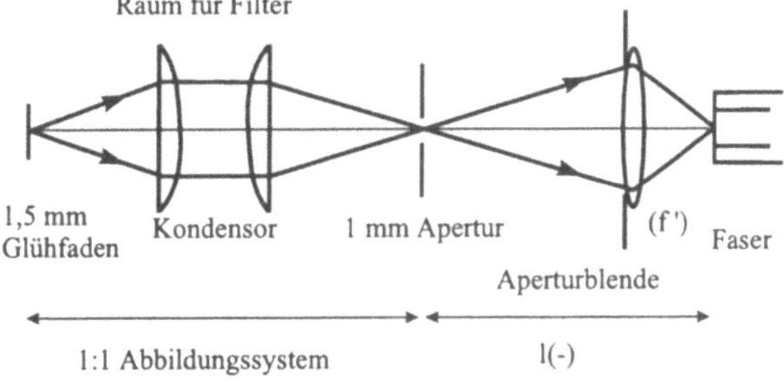


**Abb. L.11.1.** Einkopplung des Lichts einer Wolframlampe in eine Faser

(iii) Der Kondensor sollte eine Brennweite von 50 mm bis 100 mm haben. Die $NA \approx 0,14/29$ ist ziemlich klein, so daß beliebige Linsen verwendet werden können. (Bemerkung: Es gibt einen Bereich kollimierten Lichts, wo Filter eingesetzt werden können, siehe Aufgabe 6.7.)

**Aufgabe 11.2.**

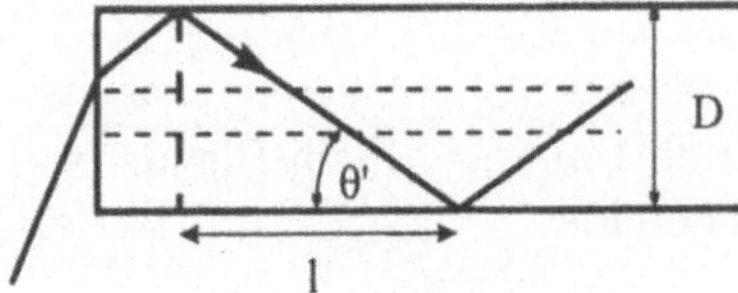


**Abb. L.11.2.** Strahlverlauf im Fasermantel

Mit $NA = 0,2$ und

$$n \sin\theta' \approx n\theta' \geq NA$$

folgt

$$\theta' \geq \frac{NA}{n} \,,$$

wobei $NA$ die numerische Apertur der Faser ist. Der Abstand zwischen aufeinanderfolgenden Reflexionen an der Mantel-Abstreifer-Grenzfläche beträgt $l = D/\theta'$, so daß bei einer Faserlänge $L$ gerade $N = L\theta'/D$ Reflexionen auftreten. Beträgt der Reflexionsgrad $R$, so schreiben wir

$$R^N = 10^{-6}$$

$$N log_{10} R = -6$$

$$L = \frac{-6D}{\theta' log_{10} R} \,.$$

Bei $R = 1\%$ ist $log_{10} R = -2$ und wir erhalten

$$L = \frac{-6 \times 125}{\frac{0,2}{1,5} \times (-2)} \,\mathrm{mm} \approx 3\,\mathrm{mm} \,.$$

Bei $R = 10\%$ beträgt $L = 6\,\mathrm{mm}$, so daß die Länge des Mantelmodenabstreifers unkritisch gegenüber der Wahl des Brechungsindex des verwendeten Öls ist.

**Aufgabe 11.3.**

Der Gesamtverlust beträgt $1\,\mathrm{dB/km} \times 5\,\mathrm{km} = 5\,\mathrm{dB} = 0,5\,\mathrm{B}$. Somit beträgt der Transmissionsgrad der Faser

$$T = 10^{-0,5} \approx \frac{1}{3} \,.$$

Die Effektivität der Einkopplung ist 30%, so daß der Gesamttransmissionsgrad 10% beträgt. Damit kommen am Ende der Faser 0,1 mW an. Die äquivalente Rauschleistung des Detektors ist

$$NEP = 10^{-10} \frac{W}{\sqrt{\mathrm{Hz}}} \times \sqrt{10\,\mathrm{MHz}} \approx 3 \cdot 10^{-4}\,\mathrm{mW} \,.$$

Da die transmittierte Leistung mit 0,1 mW größer als dieser Wert ist, ist der Detektor für diese Aufgabe geeignet. (Bemerkung: In der Telekommunikation ist es notwendig, die Bit-Fehler-Raten zu betrachten, anstelle ein Signal-Rausch-Verhältnis größer als 1 zu fordern.)

**Aufgabe 11.4.**

Es gilt

$$n(\lambda) = 1,45084 - 0,00334\lambda^2 + 0,00292\lambda^{-2} = a_0 - a_1\lambda^2 + a_2\lambda^{-2}$$

(mit $\lambda$ in µm). Für die Wellenlänge $\lambda = 1,3$ µm gilt so $n = 1,44692$.

**(a)** Zur Berechnung der Materialdispersion benötigen wir $\mathrm{d}^2n/\mathrm{d}\lambda^2$.

$$\frac{\mathrm{d}n}{\mathrm{d}\lambda} = -2a_1\lambda - \frac{2a_2}{\lambda^3}$$

$$\frac{\mathrm{d}^2n}{\mathrm{d}\lambda^2} = -2a_1 + \frac{6a_2}{\lambda^4}\,.$$

Für $\lambda = 1,3$ µm erhalten wir so $\mathrm{d}^2n/\mathrm{d}\lambda^2 = -0,00055\,\mu\mathrm{m}^{-2}$. Entsprechend (11.9) gilt

$$\frac{\Delta\tau}{\tau} = -\frac{\lambda}{n}\frac{\mathrm{d}^2n}{\mathrm{d}\lambda^2}\Delta\lambda$$

$$= -\frac{1,3\,\mu\mathrm{m}}{1,44692} \times (-0,00055\,\mu\mathrm{m}^{-2}) \times 0,1\,\mu\mathrm{m} = 4,9 \cdot 10^{-5}\,.$$

**(b)** Zur Berechnung der Wellenleiterdispersion benötigen wir (11.16)

$$\frac{\Delta\tau}{\tau} = -\sin^2\theta\frac{\Delta\lambda}{\lambda}$$

mit $n\sin\theta = NA$. Für eine Monomodefaser mit $a = 0,5$ µm gilt nach (10.21)

$$NA \approx \frac{1,2\lambda}{\pi a} = \frac{1,2 \times 1,3}{\pi \times 5} = 0,1\,.$$

$$\frac{\Delta\tau}{\tau} = -\left(\frac{NA}{n}\right)^2 \times \frac{0,1}{1,3} = -\left(\frac{0,1}{1,45}\right)^2 \times \frac{0,1}{1,3} = -3,7 \cdot 10^{-4}\,.$$

Damit dominiert die Wellenleiterdispersion gegenüber der Materialdispersion. Bei 3 km Faserlänge ergibt sich so ein Laufzeitunterschied von

$$\Delta\tau = -3,7 \cdot 10^{-4} \times \tau = -3,7 \cdot 10^{-4} \times \frac{3\,\mathrm{km}}{3 \cdot 10^5\,\mathrm{km/s}/1,45} \approx 5\,\mathrm{ns}$$

Die entsprechende Übertragungsbandbreite beträgt 0,2 GHz.

**Aufgabe 11.5.**

Nach (11.17) gilt

$$g = 2 - 2\Delta - 2\frac{n_0}{n_{g0}}\frac{\lambda}{\Delta}\frac{d\Delta}{d\lambda}\left(1 - \frac{\Delta}{2}\right)$$

mit dem $\Delta$-Parameter aus (10.32). Bei $\lambda = 850\,\text{nm}$ folgt nach (11.31) mit $n_2 = 1,45257$ (Mantel) und $\Delta n_0 = 0,01243$ im Kern $n_0 = 1,46500$. Dort gilt wegen (11.31) und (11.32)

$$\begin{aligned} n_0(\lambda) &= n_2(\lambda) + \Delta n_0(\lambda) \\ &= 1,46286 - 0,00331\lambda^2 + 0,00320\lambda^{-2} \\ &= b_0 - b_1\lambda^2 + b_2\lambda^{-2}\,. \end{aligned}$$

Nun soll der Profilparameter $g$ berechnet werden.

(i) Nach (10.32) ist

$$2\Delta = 2\Delta n/n$$

$$2\Delta = 2 \times \frac{0,01243}{1,465} = 0,0170\,.$$

(ii) Der dritte Term (5.33) ist $n_{g0} = n_0 - \lambda\frac{dn_0}{d\lambda}$.

$$\frac{dn_0}{d\lambda} = -2b_1\lambda - 2b_2\lambda^{-3}$$

(siehe Aufgabe 11.5).

$$\frac{dn_0}{d\lambda} = -2 \times 0,00331 \times 0,85^2 - 2 \times 0,00320 \times 0,85^{-3} = -0,01520$$

$$n_{g0} = 1,4650 + 0,01520 \times 0,85 = 1,47792$$

$$\frac{n_0}{n_{g0}} = 0,991 \approx 1\,.$$

(iii) Der Term $\frac{d\Delta}{d\lambda}$ ist

$$\frac{d\Delta}{d\lambda} = \frac{d}{d\lambda}\left(\frac{\Delta n_0}{n_0}\right) = \frac{\frac{d\Delta n_0}{d\lambda}}{n_0} - \frac{\Delta n_0}{n_0^2}\frac{dn_0}{d\lambda}$$

$$\frac{d\Delta n_0}{d\lambda} = 2 \times 3\cdot 10^{-5} \times \lambda - 2 \times 2,8\cdot 10^{-4} \times \lambda^{-3} = -0,00086\,.$$

Damit folgt

$$\frac{d\Delta}{d\lambda} = -0,00049\,.$$

(Bemerkung: Der erste Term dominiert infolge der Profildispersion, d.h. Änderungen von $\Delta n_0$ sind wichtiger als Änderungen von $n_0$.)

(iv) Der vierte Term ist

$$1 - \frac{\Delta}{2} = 1 - 0,0085/2 = 0,996 \approx 1 \; .$$

Somit gilt in guter Näherung

$$g = 2 - 2\Delta - 2\frac{\lambda}{\Delta}\frac{\mathrm{d}\Delta}{\mathrm{d}\lambda}$$

$$g = 2 - 0,0170 - 2\frac{0,85}{0,0085} \times (-0,00049) = 2,081 \; .$$

(Der Dispersionsterm überwiegt gegenüber dem Term $2\Delta$ ).

**Aufgabe 11.6.**

Um die Bandbreite zu bestimmen, muß die Linienbreite 100 nm in eine Frequenzbreite umgerechnet werden (5.91).

$$\frac{\Delta\nu}{\nu} = \frac{\Delta\lambda}{\lambda}$$

Mit $\Delta\lambda = 100\,\mathrm{nm}$ und $\lambda = 1,3\,\mu\mathrm{m}$ finden wir

$$\Delta\nu \approx 1,8 \cdot 10^{13}\,\mathrm{Hz} \; .$$

Bei einem Kanalabstand von 10 MHz beträgt so die Anzahl der übertragbaren Fernsehkanäle $2 \cdot 10^6$. Die entsprechende Audiokanalzahl ergibt sich bei einer Bandbreite von 10 kHz zu $2 \cdot 10^9$.

Leider ist gegenwärtig kein Verfahren bekannt, ein Lichtbündel in derartig viele Kanäle aufzuteilen.

**Aufgabe 11.7.**

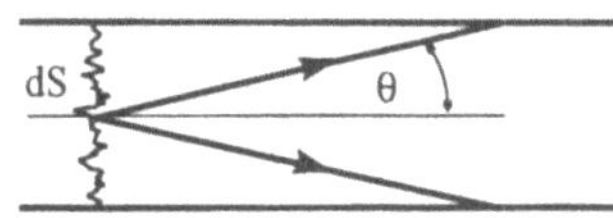


**Abb. L.11.3.** Zur Rückstreuung in einer Faser

(a) Aus

$$NA = 0,1 = n \sin\theta \approx n\theta$$

folgt

$$\theta \approx \frac{0,1}{1,5} = 0,07 \; .$$

Die innerhalb des Winkels $\theta$ von einem Flächenelement in den Kern gestreute Strahlungsleistung beträgt nach (4.17)

$$\mathrm{d}\Phi = \pi L \mathrm{d}S \sin^2\theta \,.$$

Die gesamte in eine Halbkugel gestreute Strahlungsleistung ist nach (4.18) $\pi L \mathrm{d}S$. Der Wert der Strahldichte $L$ ist hier nicht von Bedeutung. Der in Vorwärtsrichtung gestreute Anteil beträgt

$$\frac{\pi L \mathrm{d}S \sin^2\theta}{2\pi L \mathrm{d}S} = \frac{\sin^2\theta}{2} \approx \frac{0{,}07^2}{2} \approx 2{,}5 \cdot 10^{-3} \,,$$

derselbe Teil wird rückwärts gestreut.

**(b)** Der Gesamtverlust über 5 km beträgt 2 dB/km×5 km=10 dB, d.h. der Transmissionsgrad liegt bei 10%. Daher ist der rückkehrende Anteil durch

$$0{,}1 \times 2{,}5 \cdot 10^{-3} \times 0{,}1 \times \frac{1}{2}$$

gegeben (die 1/2 tritt wegen der unpolarisierten Streustrahlung auf; die Einkopplungsverluste wurden hier nicht betrachtet). Der rückgestreute Anteil beträgt somit $1{,}3 \cdot 10^{-5}$.

**(c)** Die auf den Detektor fallende Spitzenleistung (die von einem 5 km entfernten Punkt der Faser zurückkommende Leistung) beträgt $1\,\mathrm{mW} \times 1{,}3 \cdot 10^{-5} = 13\,\mathrm{nW}$. Bei einer Pulsdauer von 10 ns wird eine Bandbreite

$$\Delta f = 1/(10\,\mathrm{ns}) = 100\,\mathrm{MHz}$$

benötigt. Es gilt

$$\frac{13\,\mathrm{nW}}{\sqrt{100\,\mathrm{MHz}}} = 1{,}3 \cdot 10^{-12}\,\frac{\mathrm{W}}{\sqrt{\mathrm{Hz}}} \,.$$

Ein Si-Detektor sei durch $D^* = 10^{12}\,\mathrm{cm}\cdot\sqrt{\mathrm{Hz}}\mathrm{W}^{-1}$ (siehe Abb. 4.16) gekennzeichnet. Beträgt seine Fläche $8 \cdot 10^{-3}\,\mathrm{cm}^2$ (1 mm Durchmesser), so gilt (4.61)

$$\frac{NEP}{\sqrt{\Delta f}} = \frac{\sqrt{A}}{D^*} = \frac{\sqrt{8 \cdot 10^{-3}\,\mathrm{cm}^2}}{10^{12}} \approx 10^{-13}\,\frac{\mathrm{W}}{\sqrt{\mathrm{Hz}}} \,.$$

Somit kann man das 13 nW-Signal wirklich detektieren.

**Aufgabe 11.8.**

**(a)** Entsprechend (10.3.) gilt

$$NA = 0{,}1 \approx \sqrt{2n\Delta n}$$

$$\Delta n \approx \frac{(NA)^2}{2n} = \frac{0,01}{2 \times 1,46} = 0,0034$$

$$n_{\text{Kern}} = 1,457 + 0,0034 = 1,460 \; .$$

Der Reflexionsgrad beträgt bei senkrechtem Einfall

$$R = \left(\frac{n-1}{n+1}\right)^2 = 3,46\% \quad \text{am Mantel und}$$

$$R = 3,50\% \quad \text{am Kern} \; .$$

**(b)** Bei Nutzung einer Flüssigkeit mit angepaßtem Brechungsindex $n = 1,48$ gilt

$$R = \left(\frac{\mu-1}{\mu+1}\right)^2$$

mit $\mu = 1,48/n$ (9.6).

$$R = 6,1 \cdot 10^{-5} \quad \text{am Mantel und}$$

$$R = 4,6 \cdot 10^{-5} \quad \text{am Kern} \; .$$

Das Verhältnis der Reflexionsgrade beträgt im Falle (b) 1,3, im Gegensatz zu 1,01 bei (a). (Das reflektierte Signal ist nebenbei bemerkt viel schwächer, aber eine Verbesserung der Detektorfähigkeiten zu fordern, war nicht die Lösung dieser Aufgabe.)

**(c)** Hat die Flüssigkeit einen Brechungsindex zwischen denen von Kern und Mantel, so sind beide Reflexionen gleich stark. Dieser Spezialfall verdeutlicht, daß die Flüssigkeit einen Brechungsindex haben muß, der entweder höher als der des Kerns oder niedriger als der des Mantels sein muß.

**Aufgabe 11.9.**

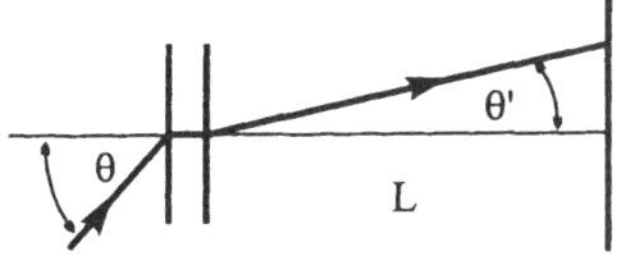


**Abb. L.11.4.** Aus einer Faser austretender Lichtkegel

Mit $NA = 0,5 = \sin\theta$ erhält man $\theta = 30°$.

**(a)** Aus $r/L = \tan 30°$ ergibt sich $r = 10\,\text{cm} \times 0,577 = 5,8\,\text{cm}$ .

**(b)** Nach (11.30) gilt

$$\sin^2\theta' = \sin^2\theta - 2n_{\text{Fl}}(n - n_{\text{Fl}}) \; .$$

Trifft das Bündel auf den Mantel, so benutzen wir $n = 1,457$ und erhalten

$$\sin^2\theta' = (0,5)^2 - 2 \times 1,464 \times (1,457 - 1,464)$$

und damit $\theta' = 31,3°$ sowie

$$r = 10\,\text{cm} \times \tan 31,3° = 6,1\,\text{cm}\,.$$

**(c)** Trifft das Bündel auf den Kern, so erhält man mit $n = 1,470$

$$\sin^2\theta' = (0,5)^2 - 2 \times 1,464 \times (1,470 - 1,464)$$

und damit $\theta' = 28,8°$ sowie

$$r = 10\,\text{cm} \times \tan 28,8° = 5,5\,\text{cm}\,.$$

**(d)** Aus (a) erhalten wir $5,8\,\text{cm}/\sqrt{2} = 4,1\,\text{cm} < 5,5\,\text{cm}$. Wäre der Radius nicht kleiner, würde das Bündel durch den Schirm abgedeckt werden, wenn es auf den Kern der Faser fokussiert wird.

**Aufgabe 11.10.**

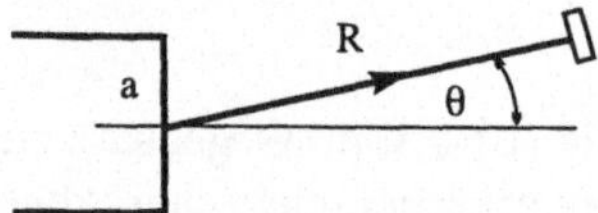


**Abb. L.11.5.** Nahfeld-Scanning

Zunächst muß sich der Detektor im Fernfeld des Faserkerns befinden, wovon man sich mittels

$$\frac{a^2}{\lambda} \approx \frac{(30\,\mu\text{m})^2}{0,85\,\mu\text{m}} \approx 1\,\text{mm} < R = 5\,\text{cm}$$

überzeugt. Um die Fernfeldverteilung voll aufzulösen und nicht über Kanten zu glätten, muß der Detektor kleiner als

$$\frac{\lambda}{a} \times R = \frac{0,85\,\mu\text{m}}{30\,\mu\text{m}} \times 5\,\text{cm} \approx 1,5\,\text{mm}$$

sein. Demzufolge muß eine Lochblende mit einem kleineren Durchmesser vor dem Detektor installiert werden.

## Kapitel 12

### Aufgabe 12.1.

Entspechend Abb. 9.5 ist die Phasenänderung bei der Reflexion in der Nähe des cutoff Null ($\theta = \theta_c$), so daß die Bedingung (10.19) $(2d/\lambda) \cdot NA < 1$ lautet. Die numerische Apertur ergibt sich aus (10.3) zu

$$NA = \sqrt{2n\Delta n} = \sqrt{2 \times 3,6 \times 0,036} \approx 0,51 \ .$$

Die Tiefe ergibt sich zu

$$d < \frac{\lambda}{2NA} = \frac{1,3\,\mu\text{m}}{2 \times 0,51} \approx 1,3\,\mu\text{m} \ .$$

### Aufgabe 12.2.

Nach (10.3) gilt

$$NA = \sqrt{2n\Delta n} = \sqrt{2 \times 1,5 \times 0,003} \approx 0,095 \ .$$

$$\frac{2d}{\lambda} NA = \frac{2 \times 4\,\mu\text{m}}{0,85\,\mu\text{m}} \times 0,095 \approx 0,89 < 1$$

Es handelt sich um einen Monomode-Wellenleiter.

### Aufgabe 12.3.

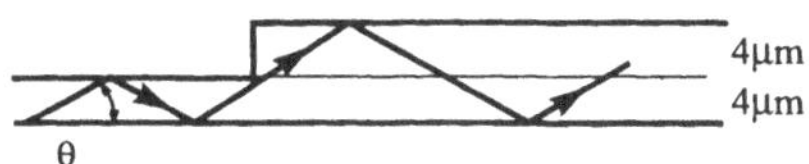


**Abb. L.12.1.** Stufe im Wellenleiter

Es wird die Grundmode betrachtet; Phasenverschiebungen bei der Reflexion sollen vernachlässigt werden. Dann gilt nach (10.5) ($OWD = \lambda \cdot 1$)

$$\lambda = 2n_1 d \cos i = 2n_1 d \sin\theta \ .$$

$$\sin\theta = \frac{\lambda}{2n_1 d} = \frac{0,85\,\mu\text{m}}{2 \times 1,5 \times 4\,\mu\text{m}} = 0,07 \ ,$$

so daß sich

$$n_{\text{eff}} = n_1 \cos\theta = 1,496$$

ergibt. Nach der Stufe ändert sich der effektive Brechungsindex um (12.5)

$$\Delta n_{\text{eff}} = \frac{\lambda^2}{4n_1 d^3} \Delta d = \frac{0,85^2}{4 \times 1,5 \times 4^3} \times 4 = 0,0075 \ ,$$

d.h. es gilt

$$n'_{\text{eff}} = 1,496 + 0,0075 = 1,504\,.$$

Der Reflexionsgrad ergibt sich zu (9.6) mit $\mu = n'/n_{\text{eff}}$

$$R = \left(\frac{\mu - 1}{\mu + 1}\right)^2 = 1,8 \cdot 10^{-6}\,.$$

**Aufgabe 12.4.**

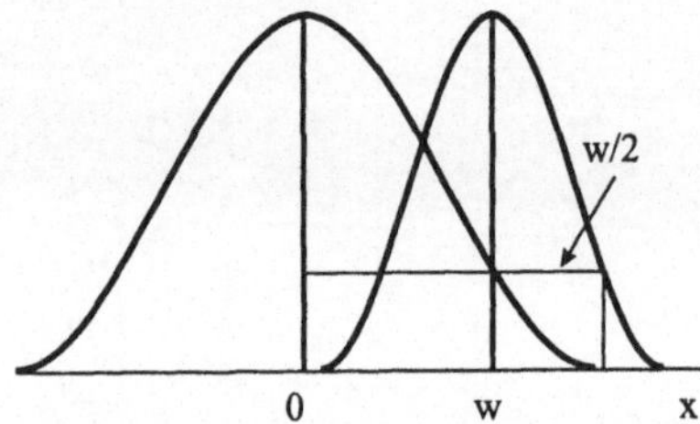


**Abb. L.12.2.** Modenüberlappung bei einem Verzweiger

Es wird das Überlappungsintegral zweier Gaußfunktionen benötigt, deren Maxima im Ursprung bzw. bei $x = w$ liegen (Abb. L.12.2). Es ergibt sich

$$t = AA' \int_{-\infty}^{\infty} \mathrm{e}^{-x^2/w^2} \mathrm{e}^{-(x-w)^2/(w/2)^2} \mathrm{d}x$$

(vgl. 10.53) mit

$$A = \left(\frac{2}{\pi}\right)^{1/4} \frac{1}{w^{1/2}}$$

(10.58) und

$$A' = \left(\frac{2}{\pi}\right)^{1/4} \frac{1}{(w/2)^{1/2}}\,.$$

Mit der Substitution $u = x/w$ erhalten wir

$$t = AA'w \int_{-\infty}^{\infty} \mathrm{e}^{-u^2} \mathrm{e}^{-4(u-1)^2} \mathrm{d}u$$

$$t = AA'w \int_{-\infty}^{\infty} \mathrm{e}^{-(\sqrt{5}u - \frac{4}{\sqrt{5}})^2} \mathrm{e}^{-4/5} \mathrm{d}u\,.$$

Mit $v = \sqrt{5}u - \frac{4}{\sqrt{5}}$ folgt

$$t = AA'w \cdot \mathrm{e}^{-4/5} \sqrt{\frac{\pi}{5}}\,.$$

Setzt man die Ausdrücke für $A$ und $A'$ ein, so erhält man

$$t = \frac{2}{\sqrt{5}} \mathrm{e}^{-4/5} \quad \text{und}$$

den Transmissionsgrad

$$T = t^2 = \frac{4}{5} \mathrm{e}^{-\frac{8}{5}} = 0,16 \,.$$

Da derselbe Anteil auch in den anderen Kanal übertragen wird, folgt für den Wirkungsgrad des Verzweigers

$$\eta = \frac{0,16 \times 2}{1} = 0,32 \,.$$

**Aufgabe 12.5.**

Nach (10.6) gilt

$$2m\pi = 2n_1 kd \cos i - 2\Phi \,.$$

Bei dieser Aufgabe darf $\Phi$ nicht vernachlässigt werden. Die Oberseite des Wellenleiters sei in Kontakt mit Luft, und man nehme $n_1 = 1,5$ an. Die Mode niedrigster Ordnung hat $m = 0$. Bei cutoff ist $i = i_\mathrm{c}$ mit dem kritischen Winkel $i_\mathrm{c}$ der Wellenleiter-Substrat-Grenzschicht. $i_\mathrm{c}$ ergibt sich aus

$$NA = 0,2 = n \sin\theta_\mathrm{c} = 1,5 \sin\theta_\mathrm{c}$$

$$\sin\theta_\mathrm{c} = \frac{0,2}{1,5} = 0,133$$

$$i_\mathrm{c} = \frac{\pi}{2} - \theta_\mathrm{c} = 82,3^\circ \,.$$

Bei dieser Aufgabe muß

$$2\Phi = \Phi_\mathrm{Luft} + \Phi_\mathrm{Substrat}$$

gesetzt werden. Entsprechend Abb. 9.5 gilt nahe dem kritischen Winkel $\Phi_\mathrm{Substrat} = 0$. Nimmt man $\Phi_\mathrm{Luft} = \pi$ (weit entfernt vom kritischen Winkel) an, so gilt ($m = 0$)

$$2m\pi = 0 = 2n_1 kd \cos i_\mathrm{c} - \pi - 0$$

$$2n_1 kd \cos i_\mathrm{c} = \pi$$

$$d = \frac{\lambda}{4n_1 \cos i_\mathrm{c}} = \frac{\lambda}{4 \times 1,5 \times 0,133} = 1,25\lambda \,.$$

**Aufgabe 12.6.**

**(a)** Nach (9.32) gilt

$$\sin\theta = \frac{\lambda/n}{2d}$$

$$d = \frac{\lambda/n}{2\sin\theta} = \frac{0,85\,\mu m/1,5}{2\sin 45°} = 0,40\,\mu m\,.$$

**(b)** Die Zahl der Gitterlinien beträgt

$$N = \frac{8\,\mu m}{d(\sin\theta)} = \frac{8\,\mu m}{0,40\,\mu m} \times \sqrt{2} = 28\,.$$

**(c)** Nach (6.7) ist in erster Ordnung

$$\Delta\lambda = \frac{\lambda/n}{N} = \frac{0,85\,\mu m/1,5}{28} = 20\,nm\,.$$

**(d)** Mit der Frage sind 100 nm außerhalb des Wellenleiters gemeint, da dort tatsächlich gemessen werden kann. Dann ist

$$\Delta\lambda = 20\,nm \times 1,5 = 30\,nm$$

und die Kanalzahl beträgt

$$K = \frac{100\,nm}{15\,nm} \approx 3\,.$$

Ist zwischen jeweils zwei Kanälen mit Signalübertragung ein freier Kanal erforderlich, beträgt die Kanalzahl 2.

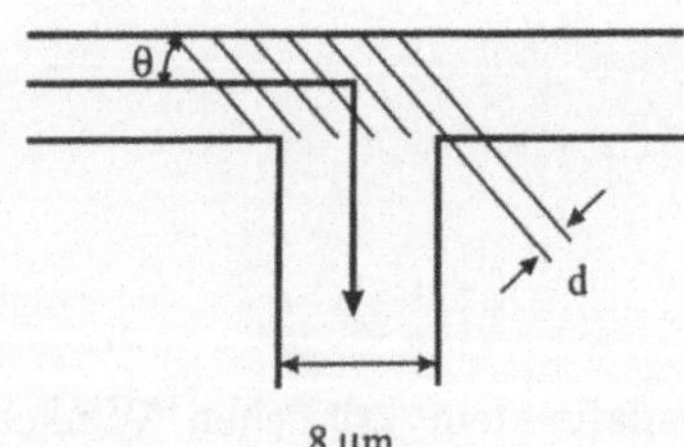


**Abb. L.12.3.** Wellenleiter mit Bragg-Reflektor

**Aufgabe 12.7.**

**(a)** Nach (12.6) ist

$$R = \frac{f'\Delta n}{n}\,.$$

Es werde angenommen, daß $n_{eff} \approx n = 3,6$ ist. Mit (12.5) erhält man

$$\Delta n = \frac{(m+1)\lambda^2}{4n_1 d^3}\Delta d\,.$$

Da der Wellenleiter nur 1 µm dick ist, soll $m = 0$ angenommen werden.

$$\Delta n = \frac{\lambda^2}{4n_1 d^3}\Delta d = \frac{0,85^2}{4 \times 3,6 \times 1^3} \times 0,5 = 0,025$$

$$R = 5\,\text{mm} \times \frac{0,025}{3,6} = 35\,\mu\text{m} .$$

**(b)**

$$\Delta n = \frac{0,85^2}{4 \times 1,5 \times 8^3} \times 6 = 0,0014$$

$$R = 5\,\text{mm} \times \frac{0,0014}{1,5} = 5\,\mu\text{m}$$

Daraus folgt, daß die Herstellung einer solchen Linse in einem dickeren Wellenleiter mit niedrigerem Brechungsindex ungünstiger ist.

## Aufgabe 12.8.

Sowohl das Objekt als auch sein Bild sollen sich auf der Peripherie der Linse befinden. Aus Symmetriegründen müssen die Hauptebenen durch den Mittelpunkt der Linse verlaufen; der Abbildungsmaßstab beträgt $m = 1$.

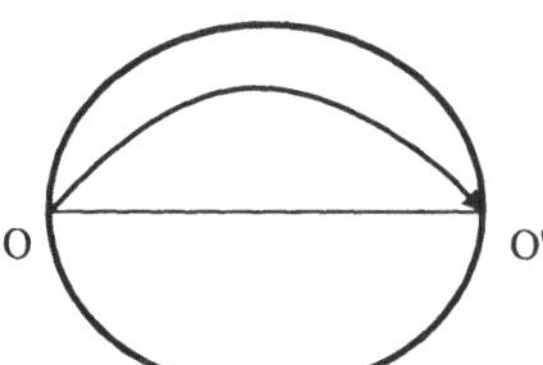


**Abb. L.12.4.** Luneburg-Linse

Die effektive Blendenzahl der Luneburg-Linse ist (vgl. Beispiel 2.2)

$$\Phi = \frac{f'(1+m)}{D} = \frac{l'}{D} = \frac{D/2}{D} = 0,5 .$$

## Aufgabe 12.9.

Nach (5.69) gilt für den Radius $s_m$ der m-ten Zone

$$m\lambda = s_m^2 \left(\frac{1}{a'}\frac{1}{a}\right) .$$

Daraus folgt

$$s_m = \frac{\sqrt{m\lambda}}{\sqrt{\frac{1}{a'}\frac{1}{a}}} .$$

Mit

$$\Delta s_m = s_{m+1} = s_m$$

$$\Delta s_m = \frac{\sqrt{\lambda}}{\sqrt{\frac{1}{a'}\frac{1}{a}}}\left(\sqrt{m+1} - \sqrt{m}\right)$$

und

$$s_1 = \frac{\sqrt{\lambda}}{\sqrt{\frac{1}{a'}\frac{1}{a}}}$$

findet man

$$\Delta s_m = s_1\sqrt{m}\left(\sqrt{1+\frac{1}{m}} - 1\right)$$

und durch Entwicklung der Wurzel

$$\Delta s_m = \frac{s_1}{2\sqrt{m}} .$$

**Aufgabe 12.10.**

Es gilt

$$Q = \frac{2\pi\lambda t}{nd^2} \geq 10$$

(siehe Aufgabe 7.3) für dicke Gitter. In diesem Fall entspricht die Gitterperiode $d$ der Größe $\Delta s_m$ aus Aufg. 12.9. $t$ ist die Dicke der Gitterlinse. Die Zonen der Linse werden mit zunehmendem Abstand vom Zentrum enger. Bei welchem Radius sind sie so eng, daß $Q > 10$ gilt?

$$Q = \frac{2\pi\lambda t}{n(\Delta s_m)^2}$$

$$\Delta s_m = \frac{s_1}{2\sqrt{m}}$$

Daraus folgen

$$\frac{8\pi m\lambda t}{ns_1^2} > 10$$

und

$$m > \frac{10ns_1^2}{8\pi\lambda t} .$$

In diesem Fall ist $f' = s_1^2/\lambda$, und es gilt

$$s_1 = \sqrt{f'\lambda} = \sqrt{10\,\mathrm{mm} \times 1\,\mu\mathrm{m}} = 100\,\mu\mathrm{m} .$$

$$m = \frac{1,5 \times (100\,\mu\mathrm{m})^2 \times 10}{8\pi \times 1\,\mu\mathrm{m} \times 1\,\mathrm{mm}} \approx 6\,.$$

Nur die innersten 5 Zonen weisen ein $Q < 10$ auf. Die äußerste Zone hat den Radius

$$s_m = s_1 \times \sqrt{25000} \approx 160 s_1\,.$$

Die sechste Zone besitzt dagegen den Radius

$$s_6 = s_1 \times \sqrt{6} \approx 2,4 s_1\,,$$

so daß alle Bereiche der Linse bis auf einen Anteil von

$$\frac{\sqrt{5}}{\sqrt{25000}} = 1,4\%$$

als dickes Gitter wirken und so einen großen Beugungswirkungsgrad aufweisen können.

**Aufgabe 12.11.**

**(a)** Man nehme an, daß die Gitterperiode so gewählt sei, daß die Bragg-Bedingung für die gezeigten Winkel erfüllt ist. Die Winkel $i'$ und $i$ sind nicht gleichgroß, da die im Wellenleiter geführte Welle in Wirklichkeit zwischen Superstrat und Substrat hin und her reflektiert wird und die Achse des Wellenleiters unter einem bestimmten Winkel schneidet. Dieser Tatsache wird bei dem Begriff des effektiven Brechungsindex Rechnung getragen. Mit denselben Argumenten, die zu (2.29) führten, folgt hier

$$n_{\mathrm{eff}} \sin i = -n_1 \sin i'$$

$$\sin i' = -\frac{n_{\mathrm{eff}}}{n_1} \sin i$$

mit

$$|\sin i'| < |\sin i|\,.$$

Mit $i = 45°$ gilt $i'' + 135° + i' = 180°$, d.h.

$$i'' = 45° - i' \quad (i' < 0)$$

$$\sin i_a = n_1 \sin(45° - i') \neq 0\,.$$

**(b)**

$$OWD = n_{\mathrm{eff}} a + n_1 b$$

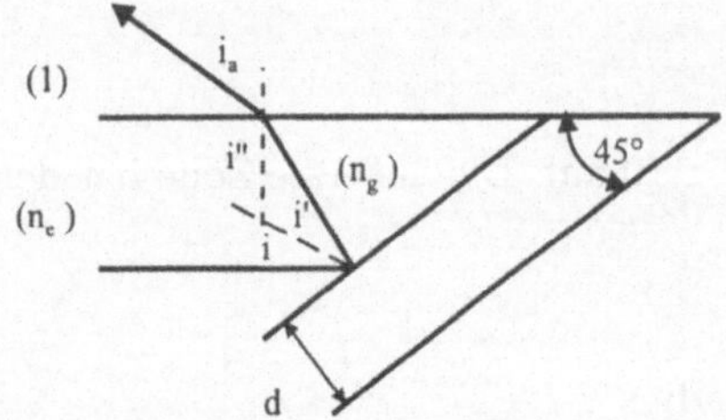


Abb. L.12.5. Wellenleitergitter

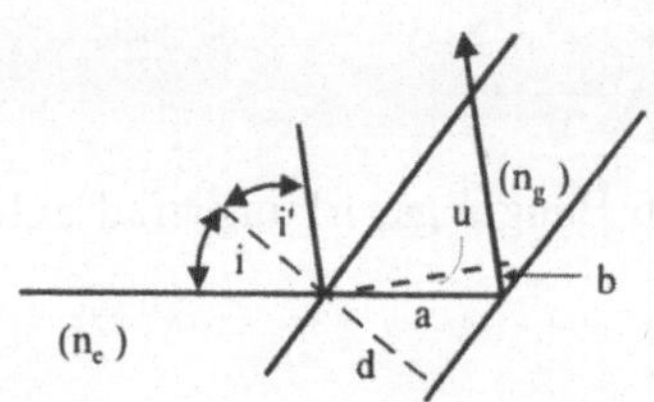


**Abb. L.12.6.** Auskopplung durch ein Wellenleitergitter

$$\frac{d}{a} = \cos i$$

$$a = \frac{d}{\cos i}$$

$$\frac{b}{a} = \sin u$$

mit

$$u + 90° + [180° - (90° - i) - (90° - i')] = 180°$$

$$u + i + i' = 90°$$

$$\sin u = \cos(i + i')$$

$$OWD = \lambda = n_{\text{eff}} \frac{d}{\cos i} + n_1 \frac{d}{\cos i} \cos(i + i')$$

$$d = \frac{\lambda \cos i}{n_{\text{eff}} + n_1 \cos(i + i')}$$

(Bemerkung: In der Praxis muß $n_{\text{eff}}$ sehr genau gemessen werden, wenn ein Gitter lithographisch und nicht holographisch hergestellt werden soll.)

**Aufgabe 12.12.**

Zuerst wird der Spalt betrachtet. Die Intensitätsverteilung ist

$$I(\theta) = \operatorname{sinc}^2\left(\frac{\pi}{\lambda}3w\sin\theta\right)$$

(5.59 b). Mit

$$v = \frac{\pi}{\lambda}3w\sin\theta$$

findet man Nullstellen für

$$v = \pi, 2\pi, 3\pi, \dots .$$

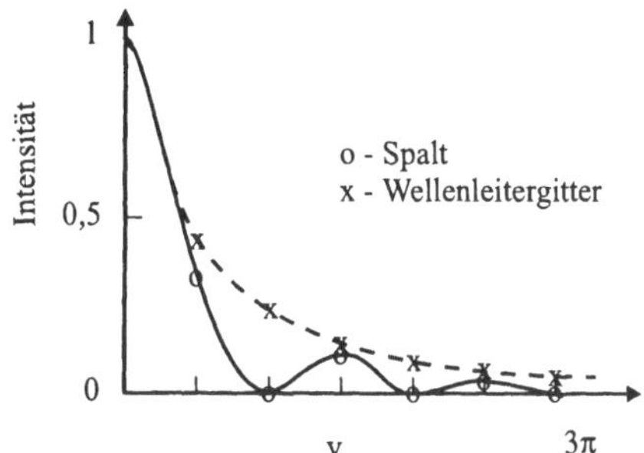


**Abb. L.12.7.** Beugung am Spalt und an einem Wellenleitergitter

Bei

$$v = 0, \pi/2, 3\pi/2, 5\pi/2 ...$$

ergeben sich Funktionswerte von

$$\operatorname{sinc}^2(v) = 1, \left(\frac{2}{\pi}\right)^2, \left(\frac{2}{3\pi}\right)^2, \left(\frac{2}{5\pi}\right)^2,$$

$$= 1,\ 0{,}4,\ 0{,}045,\ 0{,}016,\ ...$$

Wird die Lorentzfunktion (12.18) auf 1 normiert, so gilt

$$I'(\theta) = \frac{1}{1+(2v/3)^2}$$

mit $v$ wie oben. Für

$$v = 0, \pi/2, 3\pi/2, 5\pi/2, ...$$

erhalten wir demnach

$$I'(\theta) = 1,\ 0{,}48,\ 0{,}09,\ 0{,}035,\ \dots .$$

Die Lorentzfunktion führt für $v > \pi$, d.h. für $x >$AG zu größeren Intensitätswerten als die Beugung am Spalt.

# Empfohlene Literatur


## Kapitel 1

Sobel, M. I.: *Light* (University of Chicago Press, Chicago 1987)

## Kapitel 2

Demtröder, W.: *Experimentalphysik 2. Elektrizität und Optik* (Springer, Berlin Heidelberg 1995)

Hecht, E.: *Optics*, 2nd edn. (Addison-Wesley, Reading, Mass. 1987) Chaps. 4–6, deutsche Ausgabe: Hecht, E.: *Optik* (Addison-Wesley, Bonn 1989)

Iizuka, K.: *Engineering Optics*, 2nd edn., Springer Ser. Opt. Sci., Vol. 35 (Springer, Berlin Heidelberg 1987)

Jenkins, F. A., White, H. E.: *Fundamentals of Optics*, 4th edn. (McGraw-Hill, New York 1976) Chaps. 1–9

Klein, M. V., Furtak, T. E.: *Optik* (Springer, Berlin Heidelberg 1988) Kap. 3,4

Lipson, S., Tannhauser, D. S.: *Optik* (Springer, Berlin Heidelberg 1997)

Longhurst, R. S.: *Geometrical and Physical Optics*, 3rd edn. (Longmans, London 1973) Chaps. 1, 2

Martin, L. C.: *Technical Optics*, Vol. 1 (Pitman, London 1960) Chaps. 1–4, 8

Smith, W. J.: *Modern Optical Engineering* (McGraw-Hill, New York 1966)

Stavroudis, 0. N.: *Modular Optical Design*, Springer Ser. Opt. Sci., Vol. 28 (Springer, Berlin Heidelberg 1982)

## Kapitel 3

Iizuka, K.: *Engineering Optics*, 2nd edn., Springer Ser. Opt. Sci., Vol. 35 (Springer, Berlin Heidelberg 1987)

Kingslake, R. (ed.): *Applied Optics and Optical Engineering* (Academic, New York 1965) Vols. 1–5

Kingslake, R.: *Optical System Design* (Academic, Orlando, Fla. 1983)

Longhurst, R. S.: *Geometrical and Physical Optics*, 3rd edn. (Longmans, London 1973) Chaps. 3, 4, 14–16

Malacara, D. (ed.): *Physical Optics and Light Measurement*, Methods of Exp. Physics, Vol. 26 (Academic, Boston 1988)

Martin, L. C.: *Technical Optics* (Pitman, London 1966) Vol. 1, Chap. 5; Vol. 2

O'Shea, D. C.: *Elements of Modern Optical Design* (Wiley-Interscience, New York 1985)

Pawley, J. B. (ed.): *Handbook of Biological Confocal Microscopy*, rev. edn. (Plenum, New York 1990)

Shannon, R. R., Wyant, J. C. (eds.): *Applied Optics and Optical Engineering*, Vol. 7 (Academic, New York 1979)

Smith, W. J.: *Modern Optical Engineering* (McGraw-Hill, New York 1966)

Wilson, T. (ed.): *Confocal Microscopy* (Academic, London 1990)

Wilson, T., Sheppard, C.: *Theory and Practice of Scanning Optical Microscopy* (Academic, Boston 1984)

## Kapitel 4

Dereniak, E. L., Crowe, D. G.: *Optical Radiation Detectors* (Wiley, New York 1984)

*Electro-Optics Handbook*(RCA Corporation, Harrison, N.J. 1968)

Garbuny, M.: *Optical Physics* (Academic, New York 1965)

Keyes, R. J. (ed.): *Optical and Infrared Detectors*, 2nd edn., Topics Appl. Phys., Vol. 19 (Springer, Berlin Heidelberg 1980)

Kingston, R. H.: *Detection of Optical and Infrared Radiation*, Springer Ser. Opt. Sci., Vol. 10 (Springer, Berlin Heidelberg 1978)

Kressel, H. (ed.): *Semiconductor Devices*, 2nd edn., Topics Appl. Phys., Vol. 39 (Springer, Berlin Heidelberg 1982) Chaps. 2, 3, 10, 11

Kruse, P. W., McGlauchlin, L. D., McQuistan, R. B.: *Elements of Infrared Technology* (Wiley, New York 1962) Chaps. 2, 6–10

Malacara, D. (ed.): *Geometrical and Instrumental Optics*, Methods of Exp. Physics. Vol. 25 (Academic, Boston 1988)

Mauro, J. A. (ed.): *Optical Engineering Handbook* (General Electric Cornpany, Scranton, Pa. 1963)

Pankove, J. I. (ed.): *Display Devices*, Topics Appl. Phys., Vol. 40 (Springer, Berlin, Heidelberg 1980) Chap. 2

Walsh, J. W. T.: *Photometry*, 3rd edn. (Dover, New York 1958)

Wolfe, W. L.: Radiometry, in *Applied Optics and Optical Engineering*, Vol. 8, ed. by Shannon, R. R., Wyant, J. C. (Academic, New York 1980)

Wolfe, W. L., Zissis, G. J.: *The Infrared Handbook* (Environmental Research Institute of Michigan, Ann Arbor, Mich. 1978)

## Kapitel 5

Babić, V. M., Kirpičnikova, N. Y.: *The Boundary Layer Method in Diffraction Problems*, Springer Ser. Electrophys., Vol. 3 (Springer, Berlin Heidelberg 1979)

Dainty, J. C. (ed.): *Laser Speckle and Related Phenomena*, 2nd edn., Topics Appl. Phys., Vol. 9 (Springer, Berlin Heidelberg 1984)

Ditchburn, R. W.: *Light*, 2nd edn. (Wiley-Interscience, New York 1983) Chaps. 1–6

Frieden, B. R.: *Probability, Statistical Optics, and Data Testing*, Springer Ser. Inf. Sci., Vol. 10 (Springer, Berlin Heidelberg 1983)

Goodman, J. W.: *Statistical Optics* (Wiley-Interscience, New York 1985)

Hecht, E.: *Optics*, 2nd edn. (Addison-Wesley, Reading, Mass. 1987) Chaps. 2, 3, 7, 9, 10

Jenkins, F. A., White, H. E.: *Fundamentals of Optics*, 4th edn. (McGraw-Hill, New York 1976) Chaps. 11–18

Klein, M. V.: *Optics* (Wiley, New York 1970) Chaps. 7–11

Klein, M. V., Furtak, T. E.: *Optik* (Springer, Berlin Heidelberg 1988) Kap. 5–8

Lauterborn, W., Kurz, T., Wiesenfeldt, M.: *Kohärente Optik* (Springer, Berlin Heidelberg 1993), englische Ausgabe: Lauterborn, W., Kurz, T., Wiesenfeldt, M.: *Coherent Optics* (Springer, Berlin Heidelberg 1995)

Möller, K. D.: *Optics* (University Science Books, Mill Valley, Calif. 1988)

Reynolds, G. 0., DeVelis, J. B., Parrent, G. B., Jr., Thompson, B. J.: *The New Physical Optics Notebook* (SPIE Optical Engineering Press, Bellingham, Wash. 1989)

## Kapitel 6

Born, M., Wolf, E.: *Principles of Optics*, 6th edn. (Pergamon, New York 1980) Chaps. 7, 8

Candler, C.: *Modern Interferometers* (Hilger and Watts, Glasgow 1951)

Ditchburn, R. W.: *Light*, 2nd edn. (Wiley-Interscience, New York 1966) Chaps. 5, 6, 9

Françon, M.: *Optical Interferometry* (Academic, New York 1966)

Jones, R., Wykes, C.: *Holographic and Speckle Interferometry*, 2nd edn., Cambridge Studies in Modern Optics 6 (Cambridge University Press, Cambridge, 1989)

Petit, R. (ed.): *Electromagnetic Theory of Gratings*, Topics Curr. Phys., Vol. 22 (Springer, Berlin Heidelberg 1980)

Sawyer, R. A.: *Experimental Spectroscopy*, 3rd edn. (Dover, New York 1963)

Steel, W. H.: *Interferometry*, 2nd edn., Cambridge Studies in Modern Optics 1 (Cambridge University Press, Cambridge, 1987)

Tolansky, S.: *Introduction to Interferometry*, 2nd edn. (Wiley, New York 1973)

## Kapitel 7

Ballard, D. H., Brown, C. M.: *Computer Vision* (Prentice-Hall, Englewood Cliffs, N.J. 1982)

Bjelkhagen, H. I.: *Silver-Halide Recording Materials for Holography*, Springer Ser. Opt. Sci., Vol. 66 (Springer, Berlin Heidelberg 1993)

Casasent, D. (cd.): *Optical Data Processing, Applications*, Topics Appl. Phys., Vol. 23 (Springer, Berlin Heidelberg 1978)

Castleman, K. R.: *Digital Image Processing* (Prentice-Hall, Englewood Cliffs, N.J. 1979)

Cathey, W. T.: *Optical Information Processing and Holography* (Wiley, New York 1974)

Caulfield, H. J., Lu, S.: *The Applications of Holography* (Wiley-Interscience, New York 1970)

Das, P. K.: *Optical Signal Processing: Fundamentals* (Springer, Berlin Heidelberg 1990)

DeVelis, J.B., Reynolds, G. O.: *Theory and Applications of Holography* (Addison-Wesley, Reading, Mass. 1967)

Duffieux, P. M.: *The Fourier Transform and Its Applications to Optics*, 2nd edn. (Wiley, New York 1983)

Ekstrom, M. P.: *Digital Image Processing* (Academic, Boston 1984)

Gaskill, J. D.: *Linear Systems, Fourier Transforms, and Optics* (Wiley, New York 1978)

Gonzalez, R. C.: *Digital Image Processing*, 2nd edn. (Addison-Wesley, Reading, Mass. 1987)

Goodman, J. W.: *Introduction to Fourier Optics* (McGraw-Hill, New York 1968)

Horner, J. L.: *Optical Signal Processing* (Academic, Boston 1987)

Huang, T. S. (ed.): *Picture Processing and Digital Filtering*, 2nd edn., Topics Appl. Phys., Vol. 6 (Springer, Berlin Heidelberg 1979)

Inoue, S.: *Video Microscopy* (Plenum, New York 1986)

Jones, R., Wykes, C.: *Holographic and Speckle Interferometry*, 2nd edn., Cambridge Studies in Modern Optics 6 (Cambridge University Press, Cambridge, 1989)

Lee, S. H. (ed.): *Optical Information Processing*, Topics Appl. Phys. Vol. 48 (Springer, Berlin Heidelberg 1981)

Mecheis, S. E., Young, M.: *Video Microscopy with Submicrometer Resolution*; Appl. Opt. 30, 2202–2211(1991)

Nussbaumer, H. J.: *Fast Fourier Transform and Convolution Algorithms*, 2nd edn., Springer Ser. Inf. Sci., Vol. 2 (Springer, Berlin Heidelberg 1982)

Ostrovsky, Yu. I., Butusov, M. M., Ostrovskaya, G. V.: *Interferometry by Holography*, Springer Ser. Opt. Phys., Vol. 20 (Springer, Berlin Heidelberg 1980)

Rosenfeld, A., Kac, A. C.: *Digital Picture Processing*, 2nd edn., Vols. 1, 2 (Academic, New York 1982)

Smith, H. M. (ed.): *Holographic Recording Materials*, Topics Appl. Phys., Vol. 20 (Springer, Berlin Heidelberg 1977)

Smith, H. M.: *Principles of Holography*, 2nd edn. (Wiley-Interscience, New York 1975)

Stark, H. (ed.): *Applications of Optical Fourier Transforms* (Academic, New York 1982)

Steward, E. G.: *Fourier Optics: An Introduction* (Eilis Horwood, Chichester, U.K. 1983)

Stößel, W.: *Fourieroptik* (Springer, Berlin Heidelberg 1993)

Thompson, B. J.: Principles and Applications of Holography, in *Applied Optics and Optical Engineering*, Vol. 6, ed. by R. Kingslake, B. J. Thompson (Academic, New York 1980)

Wilson, T. and Sheppard, C.: *Theory and Practice of Scanning Optical Microscopy* (Academic, New York 1984)

Yaroslavsky, L. P.: *Digital Picture Processing. An Introduction*, Springer Ser. Inf. Sci., Vol. 9 (Springer, Berlin Heidelberg 1985)

Yu, F. T. S.: *Optical Information Processing* (Wiley, New York 1983)

## Kapitel 8

Arecchi, F. T., Schulz-Dubois, E. 0.: *Lasers Handbook* (North-Holland, Amsterdam, and American Elsevier, New York 1972)

Charschan, S. S. (ed.): *Lasers in Industry* (Van Nostrand Reinhold, New York 1972)

Das, P. K.: *Lasers and Optical Engineering* (Springer, Berlin Heidelberg 1991)

Eichler, J., Eichler, H.-J.: *Laser. Grundlagen, Systeme, Anwendungen* (Springer, Berlin Heidelberg 1991)

Kaiser, W.: *Ultrashort Laser Tubes and Applications*, 2nd edn., Topics Appl. Phys., Vol. 60 (Springer, Berlin Heidelberg 1993)

Kingslake, R., Thompson, B. J. (eds.): *Applied Optics and Optical Engineering*, Vol. 6 (Academic, New York 1980) Chaps. 1–3

Koechner, W.: *Solid-State Laser Engineering*, 4thd edn., Springer Ser. Opt. Sci., Vol. 1 (Springer, Berlin Heidelberg 1996)

Kogelnik, H.: Modes in Optical Resonators, in *Lasers*, Vol. 1, ed. by A. K. Levine (Dekker, New York 1966)

Lengyel, B. A.: *Lasers*, 2nd edn. (Wiley-Interscience, New York 1971)

Mollenauer, L. F., White, J. C., Pollock, C. R.: *Tunable Lasers*, 2nd edn., Topics Appl. Phys., Vol. 59 (Springer, Berlin Heidelberg 1992)

Rhodes, Ch. K. (ed.): *Excimer Lasers*, 2nd edn., Topics Appl. Phys., Vol. 30 (Springer, Berlin Heidelberg 1984)

Schäfer, F. P. (ed.): *Dye Lasers*, 3rd edn., Topics Appl. Phys., Vol. 1 (Springer, Berlin Heidelberg 1990)

Shapiro, S. L. (ed.): *Ultrashort Light Pulses*, 2nd edn., Topics Appl. Phys., Vol. 18 (Springer, Berlin Heidelberg 1984)

Shirnoda, K.: *Introduction to Laser Physics*, 2nd edn., Springer Ser. Opt. Sci., Vol. 44 (Springer, Berlin Heidelberg 1990)

Siegman, A. E.: *Lasers* (University Science Books, Mill Valley, Calif. 1986)

Sinclair, D. C., Bell, W. E.: *Gas Laser Technology* (Holt, Rinehart and Winston, New York 1969) Chaps. 4–7

Sliney, D., Wohlbarsht, M.: *Safety with Lasers and Other Optical Sources* (Plenum, New York 1980)

See articles on specific laser systems in Lasers, ed. by A. K. Levine, Vol. 1 (1966), Vol. 2 (1968), Vol. 3 (1971), ed. by A. K. Levine, and A. DeMaria (Dekker, New York)

Walls, D. F., Milburn, G. J.: *Quantum Optics* (Springer, Berlin Heidelberg 1994)

**Kapitel 9**

Ditchburn, R. W.: *Light*, 2nd edn. (Wiley-Interscience, New York 1963) Chaps. 12–16

Jenkins, F. A., White, H. E.: *Fundamentals of Optics*, 4th edn. (McGraw-Hill, New York 1976) Chaps. 20, 24 28, 32

Klein, M. V., Furtak, T. E.: *Optik* (Springer, Berlin Heidelberg 1988) Kap. 9

Lotsch, H. K. V.: Beam Displacement of Total Reflection: The Goos-Hänchen Effect, Optik 32, 116–137, 189–204, 299–319, and 553–569 (1970, 1971)

Meltzer, R. J.: Polarization, in *Applied Optics and Optical Engineering*, Vol. 1 (Academic, New York 1965)

Mills, D. L.: *Nonlinear Optics, Basic Concepts* (Springer, Berlin Heidelberg 1991)

Shen, Y.-R. (ed.): *Nonlinear Infrared Generation*, Topics Appl. Phys., Vol. 16 (Springer, Berlin Heidelberg 1977)

Terhune, R. W., Maker, P. D.: Nonlinear Optics, in *Lasers*, Vol. 2, ed. by A. K. Levine (Dekker, New York 1968)

Yariv, A.: *Introduction to Optical Electronics* (Holt, Rinehart and Winston, New York 1971) Chaps. 8, 9, 12

**Kapitel 10**

Allard, F. C. (ed.): *Fiber Optics Handbook for Engineers and Scientists* (McGraw-Hill, New York 1990)

Cherin, A. H.: *Introduction to Optical Fibers* (McGraw-Hill, New York 1983)

Enoch, J.M., Tobey, F. L., Jr. (eds.): *Vertebrate Photoreceptor Optics*, Springer Ser. Opt. Sci., Vol. 23 (Springer, Berlin Heidelberg 1981) Chap. 5

Geckeler, S.: *Optical Fiber Transmission Systems* (Artech House, Norwood, Mass. 1987)

Ghatak, A., Thyagarajan, K.: *Optical Electronics* (Cambridge University Press, Cambridge 1989)

Jeunhomme, L. B.: *Single-Mode Fiber Optics, Principles and Applications* (Dekker, New York 1990)
Kressel, H. (ed.): *Semiconductor Devices*, 2nd edn., Topics Appl. Phys., Vol. 39 (Springer, Berlin Heidelberg 1982)
Marcuse, D.: *Loss Analysis of Single-Mode Fiber Splices* Bell Syst. Tech. J. 56, 703–718 (1977)
Midwinter, J.: *Optical Fibers for Transmission* (Wiley, New York 1979)
Miller, S. E., Chynoweth, A. G.: *Optical Fiber Telecommunications* (Academic, New York 1979)
Senior, J. M.: *Optical Fiber Communications* (Prentice-Hall, Englewood Cliffs, N.J. 1985)
Sharma, A. B., Halme, S. J., Butusov, M. M.: *Optical Fiber Systems and Their Components*, Springer Ser. Opt. Phys., Vol. 24 (Springer, Berlin Heidelberg 1981)
Suematsu, Y., Iga, K.: *Introduction to Optical Fiber Communications* (Wiley, New York 1982)
Technical Staff of CSELT: *Optical Fibre Communication* (McGraw-Hill, New York 1980)

## Kapitel 11

Danielson, B. L., Day, G. W., Franzen, D. L., Kim, E. M., Young, M.: *Optical Fiber Characterization*, NBS Special Publ. 637 (Public Information Office, National Bureau of Standards, Boulder, Colo. 1982) Vol. 1
Chamberlain, G. E., Day, G. W., Franzen, D. L., Gallawa, R. L., Kim, E. M., Young, M.: *Optical Fiber Characterization*, NBS Special Publ. 637 (Public Information Office, National Bureau of Standards, Boulder, Colo. 1983) Vol. 2
Jeunhomme, L. B.: *Single-Mode Fiber Optics, Principles and Applications* (Dekker, New York 1990)
Marcuse, D.: *Principles of Optical Fiber Measurements* (Academic, New York 1981)

## Kapitel 12

Barnoski, M. K. (ed.): *Introduction to Integrated Optics* (Plenum, New York 1974)
Hunsperger, R. G.: *Integrated Optics: Theory and Technology*, 4th edn., Springer Ser. Opt. Sci., Vol. 33 (Springer, Berlin Heidelberg 1991)
Hutcheson, L. D. (ed.): *Integrated Optical Circuits and Applications* (Dekker, New York 1987)
Iga, K.: *Fundamentals of Micro-optics* (Academic, New York 1984)
Nishihara, H., Haruna, M., Suhara, T.: *Optical Integrated Circuits* (McGraw-Hill, New York 1989)

Nolting, H. P., Ulrich, R. (eds.): *Integrated Optics* (Springer, Berlin Heidelberg 1985)

Okoshi, T.: *Planar Circuits for Microwaves and Lightwaves*, Springer Ser. Electrophys., Vol. 18 (Springer, Berlin Heidelberg 1985)

Tamir, T.: *Integrated Optics*, 2nd edn., Topics Appl. Phys., Vol. 7 (Springer, Berlin Heidelberg 1979)

Tamir, T. (ed.): *Guided-Wave Optoelectronics*, 2nd edn., Springer Ser. Electronics Photonics, Vol. 26 (Springer, Berlin Heidelberg 1990)

# Sachverzeichnis